普通高等院校"十二五"土木工程类规划系列教材

U0296913

建 筑 施 工

主　编　胡利超　高涌涛

副主编　刘　静　谢冰莹

西南交通大学出版社

·成　都·

图书在版编目（CIP）数据

建筑施工 / 胡利超，高涌涛主编. —成都：西南
交通大学出版社，2013.9（2023.9 重印）
普通高等院校"十二五"土木工程类规划系列教材
ISBN 978-7-5643-2662-3

Ⅰ. ①建… Ⅱ. ①胡… ②高… Ⅲ. ①建筑工程 – 工
程施工 – 高等学校 – 教材 Ⅳ. ①TU7

中国版本图书馆 CIP 数据核字（2013）第 214899 号

普通高等院校"十二五"土木工程类规划系列教材
建筑施工
主编 胡利超 高涌涛
*
责任编辑 杨 勇
助理编辑 姜锡伟
封面设计 何东琳设计工作室
西南交通大学出版社出版发行
（四川省成都市金牛区二环路北一段 111 号西南交通大学创新大厦 21 楼
邮政编码：610031 发行部电话：028-87600564）
http://www.xnjdcbs.com
成都蓉军广告印务有限责任公司印刷
*
成品尺寸：185 mm × 260 mm 印张：28.5
字数：820 千字
2013 年 9 月第 1 版 2023 年 9 月第 10 次印刷
ISBN 978-7-5643-2662-3
定价：68.00 元

前　言

"建筑施工"是土木工程、工程管理专业重要的专业基础课。2010 年以后，我国土木工程领域相继实施《混凝土结构设计规范》（GB 50010—2010）、《建筑抗震设计规范》（GB 50011—2010）、《混凝土结构工程施工质量验收规范》（GB 50204—2011）等新规范，本次编写为了及时适应新规范的内容，对施工技术的内容进行了调整。考虑到高校的专业建设和课程内容体系改革，也为读者学习方便，本书更新了建筑施工技术方面的内容，同时增加了道路桥梁和施工组织设计的内容。

本书由攀枝花学院胡利超和成都理工大学高涌涛任主编，一共 15 章，由施工技术和施工组织两部分内容组成。各章内容和编者为：土方工程（高涌涛）、地基处理与桩基础工程（胡利超）、砌体工程（攀枝花学院刘静）、钢筋混凝土工程（胡利超）、预应力混凝土工程（高涌涛）、结构安装工程（胡利超）、防水工程（高涌涛）、装饰装修工程（高涌涛）、路面工程施工（高涌涛）、桥梁结构工程施工（高涌涛）、建筑施工组织设计概论（攀枝花学院谢冰莹）、流水施工基本原理（刘静）、网络计划技术（胡利超）、单位工程施工组织设计（刘静）、施工组织总设计（谢冰莹）。

本书在编写过程中得到了攀枝花学院、成都理工大学等有关部门的大力支持和同志们的热情帮助，同时引用了部分专家学者的文献资料，在此表示衷心感谢！

由于编者水平有限，不妥之处，敬请读者批评指正。

编　者
2013 年 6 月

目　　录

第1章 土方工程

1.1 土方工程的内容和施工要点

土方工程是土木工程施工中主要的分部工程之一，任何一项工程施工都是从土方工程开始的。

1.1.1 土方工程的内容

在土木工程施工中，常见的土方工程有：

（1）场地平整，其中包括确定场地设计标高，计算挖、填土方量，合理地进行土方调配等。

（2）开挖沟槽、基坑、竖井、隧道，修筑路基、堤坝，其中包括施工排水、降水，土壁边坡和支护结构等。

（3）土方回填与压实，其中包括土料选择、填土压实的方法及密实度检验等。

此外，在土方工程施工前，应完成场地清理、地面水的排除和测量放线工作；在施工中，则应及时采取有关技术措施，预防产生流砂、管涌和塌方现象，确保施工安全。

1.1.2 土方工程的施工要点

土方工程施工，要求标高、断面准确，土体有足够的强度和稳定性，土方量少，工期短，费用省。但由于土方工程施工具有面广量大、劳动繁重、施工条件复杂等特点，因此，在施工前，要做好土方工程施工的组织规划工作。

（1）为了减轻繁重的体力劳动、提高劳动生产率、加快工程进度、降低工程成本，在组织土方工程施工时，应尽可能采用先进的施工工艺和施工组织，实现土方工程施工综合机械化。

（2）要合理安排施工计划，尽量避开冬雨季施工；否则，应做好相应的准备工作。

（3）为降低土方工程施工费用、减少运输量和占用农田，要对土方进行合理调配、统筹安排。

（4）施工前要进行调查研究，了解土壤的种类和工程性质，土方工程的施工工期、质量要求及施工条件，施工地区的地形、地质、水文、气象等资料，以便编制切实可行的施工组织设计，拟订合理的施工方案。

1.2 土的工程性质及工程分类

土的工程性质对土方工程施工有直接影响，也是进行土方施工设计必须掌握的基本资料。土的工程性质主要有土的密度、土的含水量、土的渗透性和土的可松性。

1. 土的密度

与土方工程施工有关的土的密度是天然密度 ρ 和干密度 ρ_d。土的天然密度是指土在天然状态下单位体积的质量，它影响土的承载力、土压力及边坡的稳定性。土的干密度是指单位体积土中固体颗粒的质量，即土体空隙中无水时的单位土重，它在一定程度上反映了土颗粒排列的紧密程度，可用来作为填土压实质量的控制指标。

2. 土的含水量

土的含水量 w 是土中所含水的质量与土的固体颗粒质量之比，以百分数表示，即

$$w = \frac{m_{\text{w}}}{m_{\text{s}}} \times 100\% \tag{1-1}$$

式中　m_{w}——土中水的质量；

　　　m_{s}——土中固体颗粒经温度为 105 ℃烘干后的质量。

3. 土的渗透性

土的渗透性是指水在土体中渗流的性能，一般用渗透系数 K 表示，即单位时间内水透过土层的能力，常见土的渗透系数见表 1.1。土根据渗透系数不同，可分为透水性土和不透水性土。

在土方填筑时，根据不同土层的渗透系数，确定其填铺顺序；在降低地下水时，根据土层的渗透系数来确定降水方案和计算涌水量。

表 1.1　土的渗透系数

土的种类	K /（m/d）	土的种类	K /（m/d）
亚黏土、黏土	<0.1	含黏土的中砂及纯细砂	20～25
亚黏土	0.1～0.5	含黏土的细砂及纯中砂	35～50
含亚黏土的粉砂	0.5～10	纯粗砂	50～75
纯粉砂	1.5～5.0	粗砂夹卵石	50～100
含黏土的粉砂	10～15	卵石	100～200

4. 土的可松性

自然状态下的土，经过开挖后，其体积因松散而增大，回填以后虽经压实，仍不能恢复成原来的体积，这种性质称为土的可松性。各类土的可松性系数见表 1.2。

表 1.2　各种土的可松性参考值

土的类别	体积增加百分数		可松性系数	
	最初	最后	最初 K_{s}	最后 K_{s}'
一类土（种植土除外）	8～17	1～2.5	1.08～1.17	1.01～1.03
一类土（植物性土、泥炭）	20～30	3～4	1.20～1.30	1.03～1.04
二类土	14～28	2.5～5	1.14～1.28	1.02～1.05
三类土	24～30	4～7	1.24～1.30	1.04～1.07
四类土（泥灰岩、蛋白石除外）	26～32	6～9	1.26～1.32	1.06～1.09
四类土（泥灰岩、蛋白石）	33～37	11～15	1.33～1.37	1.11～1.15
五至七类土	30～45	10～20	1.30～1.45	1.10～1.20
八类土	45～50	20～30	1.45～1.50	1.20～1.30

土的可松性程度用可松性系数表示。土经开挖后的松散体积与原自然状态下的体积之比，称为最初可松性系数；土经回填压实后的体积与原自然状态下的体积之比，称为最终可松性系数。即

$$K_{\text{s}} = \frac{V_2}{V_1}, \quad K_{\text{s}}' = \frac{V_3}{V_1} \tag{1-2}$$

式中　K_{s}——土的最初可松性系数；

K'_s——土的最终可松性系数；

V_1——土在天然状态下的体积；

V_2——土在开挖后的松散体积；

V_3——土经回填压实后的体积。

1.3 场地平整

场地平整就是将原始地面改造成满足人们生活、生产所需要的场地平面，如满足后续建筑场地与已有建筑场地的标高对应关系，满足整个场地的排水要求等，并要力求场地内挖填平衡且总的土方量最小的过程。因此，必须针对具体情况进行科学合理的设计。

1.3.1 场地设计标高的确定

场地设计标高是进行场地平整和土方量计算的依据。在确定场地设计标高时，需要考虑以下因素：

（1）应满足建筑功能、生产工艺和运输的要求，同时需要考虑最高洪水水位的要求。

（2）应充分利用地形，尽量使挖填方平衡，尽量减少总的土方量。

（3）要有一定的排水坡度，使其能满足排水要求。

一般情况下，可按下列方法步骤确定场地设计标高。

1. 初步计算场地设计标高

初步确定场地设计标高根据场地挖填土方量平衡的原则进行，即场地内挖方总量等于填方总量。其确定方法和步骤如下：

（1）分方格网。在具有等高线的地形图上将施工区域划分为若干个方格，方格边长 a 一般为 10～40 m，通常取 20 m，如图 1.1（a）所示。

（2）确定各方格的角点高程。可以根据地形图上相邻两等高线的高程，用线性插入法求出。

（3）按挖填方平衡原则确定场地设计标高 H_0，如图 1.1（b）所示，即

$$H_0 na^2 = \sum \left(a^2 \frac{H_{11} + H_{12} + H_{21} + H_{22}}{4} \right)$$

$$H_0 = \sum \left(\frac{H_{11} + H_{12} + H_{21} + H_{22}}{4n} \right) \tag{1-3}$$

式中　H_0——所计算的场地设计标高（m）；

　　　a——方格边长（m）；

　　　n——方格数；

　　　H_{11}、H_{12}、H_{21}、H_{22}——任一方格的四个角点的标高（m）。

从图 1.1（a）可以看出，H_{11} 系一个方格的角点标高，H_{12} 及 H_{21} 系相邻两个方格的公共角点标高，H_{22} 系相邻的四个方格的公共角点标高。如果将所有方格的四个角点相加，则类似 H_{11} 这样的角点标高加一次，类似 H_{12}、H_{21} 的角点标高需加两次，类似 H_{22} 的角点标高要加四次。如令 H_1 为一个方格仅有的角点标高，H_2 为两个方格共有的角点标高，H_3 为三个方格共有的角点标高，H_4 为四个方格共有的角点标高，则场地设计标高 H_0 的计算公式可改写为下列形式

$$H_0 = \frac{\sum H_1 + 2\sum H_2 + 3\sum H_3 + 4\sum H_4}{4n} \tag{1-4}$$

（a）方格网划分

（b）场地设计标高示意图

图 1.1　场地设计标高 H_0 计算示意图

1—等高线；2—自然地面；3—场地设计标高平面

2. 场地设计标高的调整

按上述公式计算的场地设计标高 H_0 仅为一理论值，在实际运用中还需考虑以下因素进行调整。

1）土的可松性影响

由于土具有可松性，如按挖填平衡计算得到的场地设计标高进行挖填施工，填土多少有富余，特别是当土的最后可松性系数较大时更不容忽视。如图 1.2 所示，设 Δh 为土的可松性引起设计标高的增加值，则设计标高调整后的总挖方体积 V_w' 应为

$$V_w' = V_w - F_w \times \Delta h \tag{1-5}$$

总填方体积 V_t' 应为

$$V_t' = V_w' K_s' = (V_w - F_w \times \Delta h) K_s' \tag{1-6}$$

（a）理论设计标高　　　　　　　　　　（b）调整设计标高

图 1.2　设计标高调整计算示意

此时，填方区的标高也应与挖方区一样提高 Δh，即

$$\Delta h = \frac{V_t' - V_t}{F_t} = \frac{(V_w - F_w \times \Delta h) K_s' - V_t}{F_t} \tag{1-7}$$

移项整理简化得（当 $V_t = V_w$）

$$\Delta h = \frac{V_w (K_s' - 1)}{F_t + F_w K_s'} \tag{1-8}$$

故考虑土的可松性后，场地设计标高调整为

$$H_0' = H_0 + \Delta h \tag{1-9}$$

式中　　V_t、V_w——按理论设计标高计算的总挖方、总填方体积；

　　　　F_w、F_t——按理论设计标高计算的挖方区、填方区总面积；

　　　　K_s'——土的最后可松性系数。

2）场地挖方和填方的影响

由于场地内存在大型基坑挖出的土方、修筑路堤填高的土方，以及经过经济比较而将部分挖方

就近弃土于场外或将部分填方就近从场外取土，上述情况均会引起挖填土方量的变化。必要时，亦需调整设计标高。

为了简化计算，场地设计标高的调整值 H_0' 可按下列近似公式确定，即

$$H_0' = H_0 + \frac{Q}{na^2} \qquad (1-10)$$

式中　Q——场地根据 H_0 平整后多余或不足的土方量。

3）场地泄水坡度的影响

按上述计算和调整后的场地设计标高平整后，场地是一个水平面。但实际上由于排水的要求，场地表面均有一定的泄水坡度，平整场地的表面坡度应符合设计要求；如无设计要求时，一般应向排水沟方向做成不小于 2‰的坡度。所以，在计算的 H_0 或经调整后的 H_0' 基础上，要根据场地要求的泄水坡度，最后计算出场地内各方格角点实际施工时的设计标高。当场地为单向泄水及双向泄水时，场地各方格角点的设计标高求法如下：

（1）单向泄水时场地各方格角点的设计标高（图 1.3（a））。

图 1.3　场地泄水坡度示意图

以计算出的设计标高 H_0 或调整后的设计标高 H_0' 作为场地中心线的标高，场地内任意一个方格角点的设计标高为

$$H_{dn} = H_0 \pm li \qquad (1-11)$$

式中　H_{dn}——场地内任意一点方格角点的设计标高（m）；

　　　l——该方格角点至场地中心线的距离（m）；

　　　i——场地泄水坡度（不小于 2‰）；

　　　$\pm$——该点比 H_0 高则取"+"，反之取"–"。

例如，图 1.3（a）中场地内角点 10 的设计标高：

$$H_{d10} = H_0 - 0.5ai$$

（2）双向泄水时场地各方格角点的设计标高（图 1.3（b））。

以计算出的设计标高 H_0 或调整后的标高 H_0' 作为场地中心点的标高，场地内任意一个方格角点的设计标高为

$$H_{dn} = H_0 \pm l_x i_x \pm l_y i_y \qquad (1-12)$$

式中　l_x、l_y——该点于 x-x、y-y 方向上距场地中心线的距离（m）；

　　　　i_x、i_y——场地在 x-x、y-y 方向上的泄水坡度。

例如，图 1.3（b）中场地内角点 10 的设计标高

$$H_{d10} = H_0 - 0.5ai_x - 0.5ai_y$$

【例 1.1】　某建筑场地的地形图和方格网如图 1.4 所示，方格边长为 20 m × 20 m，x-x、y-y 方向上泄水坡度分别为 2‰和 3‰。由于土建设计、生产工艺设计和最高洪水位等方面均无特殊要求，试根据挖填平衡原则（不考虑可松性）确定场地中心设计标高，并根据 x-x、y-y 方向上泄水坡度推算各角点的设计标高。

图 1.4　某建筑场地方格网布置图*

【解】　① 计算角点的自然地面标高。

根据地形图上标设的等高线，用插入法求出各方格角点的自然地面标高。由于地形是连续变化的，可以假定两等高线之间的地面高低是呈直线变化的。如角点 4 的地面标高（H_4），从图 1.4 中可看出，处于与两等高线相交的 AB 直线上。由图 1.5，根据相似三角形特性，可写出：

$$h_x : 0.5 = x : l$$

则

$$h_x = \frac{0.5}{l} x$$

得

$$H_4 = 44.00 + h_x$$

图 1.5　插入法计算标高简图

图 1.6　插入法的图解法

在地形图上，只要量出 x（角点 4 至 44.0 等高线的水平距离）和 l（44.0 等高线和 44.5 等高线与 AB 直线相交的水平距离）的长度，便可算出 H_4 的数值。但是，这种计算是烦琐的，所以，通常采用图解法来求得各角点的自然地面标高。如图 1.6 所示，用一张透明纸，上面画出 6 根等距的

---

* 编者注：本书图中尺寸未标注单位者，除标高为 m 外，其余皆为 mm。

平行线（线条尽量画细些，以免影响读数的准确），把该透明纸放到标有方格网的地形图上，将 6 根平行线的最外两根分别对准点 A 与点 B，这时 6 根等距离的平行线将 A、B 之间的 0.5 m 的高差分成 5 等份，于是便可直接读得角点 4 的地面标高 $H_4 = 44.34$。其余各角点的标高均可类此求出。用图解法求得的各角点标高见图 1.4 方格网角点左下角。

② 计算场地设计标高 H_0（略）。

1.3.2 场地及边坡土方量计算

场地土方量的计算方法有两种：方格网法和断面法。场地地形较为平坦时，一般采用方格网法；场地地形较为复杂或挖填深度较大、断面不规则时，一般采用断面法。

1. 方格网法

1）划分方格网并计算场地各方格角点的施工高度

根据已有地形图（一般用 1：500 的地形图）划分若干个方格网，尽量与测量的纵横坐标网对应，方格一般采用 10 m × 10 m ~ 40 m × 40 m，将角点自然地面标高和设计标高分别标注在方格网点的左下角和右下角（图 1.7）。角点设计标高与自然地面标高的差值即各角点的施工高度，表示为

$$h_n = H_{dn} - H_n \tag{1-13}$$

式中　h_n——角点的施工高度，以"+"为填，以"-"为挖，标注在方格网点的右上角；

　　H_{dn}——角点的设计标高（若无泄水坡度时，即为场地设计标高）；

　　H_n——角点的自然地面标高。

图 1.7　　　　　　　　　　图 1.8

2）计算零点位置

在一个方格网内同时有填方或挖方时，要先算出方格网边的零点位置，即不挖不填点，并标注于方格网上。由于地形是连续的，连接零点得到的零线即成为填方区与挖方区的分界线（表 1.3）。零点的位置按相似三角形原理（图 1.8）用下式计算：

$$x_1 = \frac{h_1}{h_1 + h_2} \times a , \quad x_2 = \frac{h_2}{h_1 + h_2} \times a \tag{1-14}$$

式中　x_1、x_2——角点至零点的距离（m）；

　　h_1、h_2——相邻两角点的施工高度（m），均用绝对值；

　　a——方格网的边长（m）。

3）边坡土方量计算

为了维持土体的稳定，场地的边沿不管是挖方区还是填方区均需做成相应的边坡，因此在实际工程中还需要计算边坡的土方量。边坡土方量计算较简单，但限于篇幅这里就不介绍了，图 1.9 所示是场地边坡的平面示意图。

表 1.3 方格土方工程量计算公式

项 目	图 示	计算公式
1 点填方或挖方（三角形）		$V = \dfrac{1}{2}bc \cdot \dfrac{\Sigma h}{3} = \dfrac{bch_3}{6}$ 当 $b = c = a$ 时，$V = \dfrac{a^2 h_3}{6}$
2 点填方或挖方（梯形）		$V_- = \dfrac{b+c}{2} \cdot a \cdot \dfrac{\Sigma h}{4} = \dfrac{a}{8}(b+c)(h_1+h_3)$ $V_+ = \dfrac{d+e}{2} \cdot a \cdot \dfrac{\Sigma h}{4} = \dfrac{a}{8}(d+e)(h_2+h_4)$
3 点填方或挖方（五边形）		$V = \left(a^2 - \dfrac{bc}{2}\right)\dfrac{\Sigma h}{5} = \left(a^2 - \dfrac{bc}{2}\right)\dfrac{h_1+h_2+h_4}{5}$
4 点填方或挖方（正方形）		$V = \dfrac{a^2}{4} \cdot \Sigma h = \dfrac{a^2}{4}(h_1+h_2+h_3+h_4)$

注：1. a——方格网的边长（m）；b、c——零点到一角的边长（m）；h_1、h_2、h_3、h_4——方格网四角点的施工高程（m），用绝对值带入；Σh——填方或挖方施工高程的总和（m），用绝对值带入；V——挖方或填方体积（m³）。

2. 本表公式是按各计算图形底面积乘以平均施工高程而得出的。

图 1.9 场地边坡平面图

2. 断面法

沿场地的纵向或相应方向取若干个相互平行的断面（可利用地形图定出或实地测量定出），将所

取的每个断面（包括边坡）划分成若干个三角形和梯形，如图 1.10 所示。对于某一断面，其中三角形和梯形的面积为

$$f_1 = \frac{h_1}{2}d_1, \quad f_2 = \frac{h_1+h_2}{2}d_2, \quad \cdots, \quad f_n = \frac{h_n}{2}d_n \tag{1-15}$$

该断面面积为

$$F_i = f_1 + f_2 + \cdots + f_n$$

若

$$d_1 = d_2 = \cdots = d_n = d$$

则

$$F_i = d(h_1 + h_2 + \cdots + h_n) \tag{1-16}$$

图 1.10 断面法计算图

图 1.11 用累高法求断面面积

各个断面面积求出后，即可计算土方体积。设各断面面积分别为 F_1、F_2、$\cdots$、F_n，相邻两断面之间的距离依次为 l_1、l_2、$\cdots$、l_n，则所求土方体积为

$$V = \frac{F_1+F_2}{2}l_1 + \frac{F_2+F_3}{2}l_2 + \cdots + \frac{F_{n-1}+F_n}{2}l_n \tag{1-17}$$

图 1.11 所示是用断面法求面积的一种简便方法，叫"累高法"。此法不需用公式计算，只要将所取的断面绘于普通坐标纸上（d 取等值），用透明纸尺从 h_1 开始，依次量出（用大头针向上拨动透明纸尺）各点标高（h_1、$h_2\cdots$），累计得出各点标高之和，然后将此值与 d 相乘，即可得出所求断面面积。

1.3.3 土方调配

土方调配是指对挖土的利用、堆土和填土的取得三者之间关系进行的综合处理，确定挖-填方区的调配方向和数量，使土方工程的施工费用少、工期短、施工方便。土方调配步骤包括：划分调配区、计算土方调配区之间的平均运距、确定土方的最优调配方案、绘制土方调配图表。

1. 土方调配原则

土方调配原则主要有：

（1）应力求达到挖、填平衡和运输量最小的原则。这样可以降低土方工程的成本。然而，仅限于场地范围的平衡，往往很难满足运输量最小的要求。因此，还需根据场地和其周围地形条件综合考虑，必要时可在填方区周围就近借土，或在挖方区周围就近弃土，而不是只局限于场地以内的挖、填平衡，这样才能做到经济合理。

（2）应考虑近期施工与后期利用相结合的原则。当工程分期分批施工时，先期工程的土方余额应结合后期工程的需要而考虑其利用数量与堆放位置，以便就近调配。堆放位置的选择应为后期工程创造良好的工作面和施工条件，力求避免重复挖运。如先期工程有土方欠额时，可由后期工程地点挖取。

（3）尽可能与大型地下建筑物的施工相结合。当大型建筑物位于填土区而其基坑开挖的土方量又较大时，为了避免土方的重复挖、填和运输，该填土区暂时不予填土，待地下建筑物施工之后再行填土。为此，在填方保留区附近应有相应的挖方保留区，或将附近挖方工程的余土按需要合理堆放，以便就近调配。

（4）调配区大小的划分应满足主要土方施工机械工作面大小（如铲运机铲土长度）的要求，使土方机械和运输车辆的效率能得到充分发挥。

总之，进行土方调配，必须根据现场的具体情况、有关技术资料、工期要求、土方机械与施工方法，结合上述原则，予以综合考虑，从而做出经济合理的调配方案。

2. 土方调配区的划分

场地土方平衡与调配，需编制相应的土方调配图表，以便施工中使用。其方法如下：

1）划分调配区

在场地平面图上先划出挖、填区的分界线（零线），然后在挖方区和填方区适当地分别划出若干个调配区。划分时应注意以下几点：

（1）划分应与建筑物的平面位置相协调，并考虑开工顺序、分期开工顺序。

（2）调配区的大小应满足土方机械的施工要求。

（3）调配区范围应与场地土方量计算的方格网相协调，一般可由若干个方格组成一个调配区。

（4）当土方运距较大或场地范围内土方调配不能达到平衡时，可考虑就近借土或弃土，一个借土区或一个弃土区可作为一个独立的调配区。

计算各调配区的土方量，并将它标注于图上。

2）求出每对调配区之间的平均运距

平均运距即挖方区土方重心至填方区土方重心的距离。因此，求平均运距，需先求出每个调配区的土方重心。其方法如下：

取场地或方格网中的纵横两边为坐标轴，以一个角作为坐标原点，分别求出各区土方的重心坐标 x_0、y_0：

$$x_0 = \frac{\sum (x_i V_i)}{\sum V_i}, \quad y_0 = \frac{\sum (y_i V_i)}{\sum V_i} \tag{1-18}$$

式中　x_i、y_i——第 i 块方格的重心坐标；

　　　V_i——第 i 块方格的土方量。

填、挖方区之间的平均运距 L_0 为

$$L_0 = \sqrt{(x_{0t} - x_{0w})^2 + (y_{0t} - y_{0w})^2} \tag{1-19}$$

式中　x_{0t}、y_{0t}——填方区的重心坐标；

　　　x_{0w}、y_{0w}——挖方区的重心坐标。

为了简化 x_i、y_i 的计算，可假定每个方格（完整的或不完整的）上的土方是各自均匀分布的，于是可用图解法求出形心位置以代替方格的重心位置。

各调配区的重心求出后，标于相应的调配区上，然后用比例尺量出每对调配区重心之间的距离，

此即相应的平均运距（L_{11}、L_{22}、$L_{33}\cdots$）。

所有填挖方调配区之间的平均运距均需一一计算，并将计算结果列于土方平衡与运距表内。

当填、挖方调配区之间的距离较远，采用自行式铲运机或其他运土工具沿现场道路或规定路线运土时，其运距应按实际情况进行计算。土方调配的最优方案可以不止一个，这些方案的调配区或调配土方量可以不同，但它们的总土方运输量都是相同的，有若干最优方案可以提供更多的选择余地。

1.4　土方开挖

基坑土方开挖的顺序、方法必须与设计工况相一致，并遵循"开槽支撑，先撑后挖，分层开挖，严禁超挖"的原则。

1.4.1　开挖方式

基坑开挖方式，要根据基坑面积大小、开挖深度、支护结构形式、土质情况和工程环境条件等因素而定。目前常用的开挖方式有以下几种：

1. 分段分块开挖

当基坑平面不规则、开挖深浅不一、土质又较差时，为了加快支撑的形成，减少时效影响，可采用分块开挖方式。

分段分块的大小、位置和开挖顺序要根据开挖场地工作面条件、基坑平面和开挖深浅情况及施工工期的要求来决定。分段长度一般不大于 25 m。

分块开挖时，对土质条件好的，在开挖完一块土方后，应立即施工一块混凝土垫层或基础。必要时可在已封底的基底上与支护结构之间加斜撑，以保证支护结构的稳定性。对土质较差的，分块开挖时，不要一次挖到底，而是在靠近支护结构处，暂留一定宽度和深度的被动土区作为放坡，待被动土区外的土方挖完并浇筑好混凝土垫层后，再突击开挖这部分被动土区的土方，边开挖边浇筑混凝土垫层。

2. 分层开挖

当基坑较深、土质较软又不允许分段分块施工混凝土垫层或基础时，可采用分层开挖方式。

分层开挖的厚度，对软土地基一般为 2～3 m，硬质土一般不应超过 5 m。第一层开挖后，在确保运土汽车不陷入的情况下，才进行第二层开挖；否则，要填筑一定厚度的砂石来稳定基底后才能再开挖第二层。最后一层，机械开挖到坑底标高以上 0.3 m 处，留下 0.3 m 厚的余土，在施工混凝土垫层前采用人工挖土方法完成。

开挖顺序宜采用分层、对称的原则进行。根据现场工作面和出土方向情况，一般可从基坑中间向两边平行对称开挖，或从基坑两端对称开挖。如土方场内运输的出口在场地的东面，为保持东面出口的畅通，挖土顺序就宜先西面后东面。

进行两层或多层开挖时，一种是挖土机和运土汽车下至基坑内施工，这时需在基坑适当位置留设 1∶8～1∶10 的坡道，供运土汽车上下，坡道两侧须加固。当基坑太短时，可视场地情况，把坡度设在基坑外，或基坑内外结合。也可采用阶梯式分层开挖方法，即接力挖土法，每个阶梯台作为挖土机的接力作业平台，第一层挖出的土直接装车，第二层由另一台挖土机停在下面作业平台上，将挖出的第二层土甩给上面的一台挖土机，再由上面一台挖土机装车，将土运至指定的堆土场。

3. "中心岛"式开挖

"中心岛"式开挖是先挖去基坑中心部位的土,而周边一定范围内的土暂不开挖,以平衡支护结构外面产生的侧压力;待中心部位挖土结束,浇筑好混凝土垫层或施工完地下结构后,在支护结构与岛式部位之间设置临时斜撑或对撑,然后再进行支护结构内四周土方的开挖和结构施工。

4. "盆"式开挖

"盆"式开挖采取与岛式开挖相反的施工顺序,即先开挖基坑四周或两侧的土,中间留土墩,再进行周边支撑,浇筑混凝土垫层或地下结构施工,然后进行中间余留土墩的开挖和施工。

"中心岛"式开挖和"盆"式开挖两种开挖方式的优点是基坑内有较大空间,有利于机械化施工,加快施工进度;同时,还可以防止基坑底面回弹变形(隆起)过大等。但基坑土方分两次开挖,就要考虑两次开挖面的边坡稳定,防止塌方,必要时,要对开挖面做临时土体加固措施。同时,这种分次开挖和分开施工底板与地下结构的做法,要在设计允许条件下才可采用。

不论是先开挖中心还是先开挖四周或两侧,其关键是通过控制被动土压力的留土宽度和坡度来控制被动土压力区的本身稳定和对支护结构起被动土压力作用。

"中心岛"的范围,在满足被动土压力区土体稳定的条件下,应尽量大一些,以使第一次土方开挖范围加大;"中心岛"与支护结构之间支撑的长度减短,不仅可以节约支撑材料,同时可方便施工。但要注意的是,"中心岛"结构范围必须是结构施工能设置施工缝的部位。

这两种开挖方式较适用于土质较好的黏性土和密实的砂质土。对特别大型的基坑,其内支撑体系设置有困难时,采用这种方式,可以节省投资,加快施工进度。

1.4.2 土方边坡与土壁支撑

土壁的稳定,主要由土体内摩擦阻力和黏结力来保持平衡。一旦失去平衡,土体就会塌方,这不仅会造成人身安全事故,同时亦会影响工期,有时还会危及附近的建筑物。

造成土壁塌方的原因主要有:

① 边坡过陡,使土体的稳定性不足导致塌方,尤其是在土质差、开挖深度大的坑槽中;

② 雨水、地下水渗入土中泡软土体,从而增加土的自重同时降低土的抗剪强度,这是造成塌方的常见原因;

③ 基坑上口边缘附近大量堆土或停放机具、材料,或由于行车等动荷载,使土体中的剪应力超过土体的抗剪强度;

④ 土壁支撑强度破坏失效或刚度不足导致塌方。

为了防止塌方,保证施工安全,在基坑(槽)开挖时,可采取以下措施。

1. 放足边坡

土方边坡坡度大小的留设应根据土质、开挖深度、开挖方法、施工工期、地下水水位、坡顶荷载及气候条件等因素确定。一般情况下,黏性土的边坡可陡些,砂性土则应平缓些;当基坑附近有主要建筑物时,边坡应取 1 : 1.0 ~ 1 : 1.5。

根据《地基与基础工程施工工艺标准》(QCJJT-JS02—2004)的建议,在天然湿度的土中,当挖土深度不超过下列数值时,可不放坡、不支撑。

深度≤1.0 m,密实、中密的砂土和碎石类土(充填物为砂土);

深度≤1.25 m,硬塑、可塑的黏质砂土及砂质黏土;

深度≤1.5 m,硬塑、可塑的黏土和碎石类土(充填物为黏性土);

深度≤2.0 m,坚硬的黏土。

挖方深度超过上述规定时，应考虑放坡或做成直立壁加支撑。

《建筑地基基础工程施工质量验收规范》（GB 50202）规定，临时性挖方的边坡值应符合表 1.4 的规定。

表 1.4 临时性挖方边坡值

土的类别		边坡值（高：宽）
砂土（不包括细砂、粉砂）		1∶1.25～1∶1.50
一般性黏土	硬	1∶0.75～1∶1.00
	硬、塑	1∶1.00～1∶1.25
	软	1∶1.50 或更缓
碎石类土	充填坚硬、硬塑黏性土	1∶0.50～1∶1.00
	充填砂土	1∶1.00～1∶1.50

注：1. 设计有要求时，应符合设计标准。
2. 如采用降水或其他加固措施，可不受本表限制，但应计算复核。
3. 开挖深度，对软土不应超过 4 m，对硬土不应超过 8 m。

2. 设置支撑

为了缩小施工面、减少土方，或受场地的限制不能放坡时，可设置土壁支撑。如表 1.5 所列为一般沟槽支撑方法，主要采用横撑式支撑；表 1.6 所列为一般浅基坑支撑方法，主要采用结合上端放坡并加以拉锚等单支点板桩或悬臂式板桩支撑，或采用重力式支护结构如水泥搅拌桩等；表 1.7 所列为深基坑的支护方法，主要采用多支点板桩。

表 1.5 一般沟槽的支撑方法

支撑方式	简 图	支撑方式及适用条件
间断式水平支撑		两侧挡土板水平放置，用工具式或木横撑将木楔顶紧，挖一层土，支顶一层； 适于能保持立壁的干土或天然湿度的黏土类土，地下水很少，深度在 2 m 以内
断续式水平支撑		挡土板水平放置，中间留出间隔，并在两侧同时对称立竖楞木，再用工具式或木横撑上下顶紧； 适于能保持直立壁的干土或天然湿度的黏土类土，地下水很少，深度在 3 m 以内
连续式水平支撑		挡土板水平连续放置，不留间隙，然后两侧同时对称立竖楞木，上下各顶一根撑木，端头加木楔顶紧； 适于较松散的干土或天然湿度的黏土类土，地下水很少，深度为 3～5 m

续表 1.5

支撑方式	简 图	支撑方式及适用条件
连续或间断式垂直支撑		挡土板垂直放置,连续或留适当间隙,然后每侧上下各水平顶一根楞木,再用横撑顶紧; 适于土质较松散或湿度很高的土,地下水较少,深度不限
水平垂直混合支撑		沟槽上部连续或水平支撑,下部设连续或垂直支撑; 适于沟槽深度较大,下部有含水土层的情况

表 1.6　一般浅基坑的支撑方法

支撑方式	简 图	支撑方式及适用条件
斜柱支撑		水平挡土板钉在柱桩内侧,柱桩外侧用斜撑支顶,斜撑底端支在木桩上,在挡土板内侧回填土; 适于开挖较大型、深度不大的基坑或使用机械挖土
锚拉支撑		水平挡土板支在柱桩的内侧,柱桩一端打入土中,另一端用拉杆与锚桩拉紧,在挡土板内侧回填土; 适于开挖较大型、深度不大的基坑或使用机械挖土而不能安设横撑时使用
短柱横隔支撑		打入小短木桩,部分打入土中,部分露出地面,钉上水平挡土板,在背面填上捣实; 适于开挖宽度大的基坑,当部分地段下部放坡不够时使用
临时挡土墙支撑		沿坡脚用砖、石叠砌或用草袋装土砂堆砌,使坡脚保持稳定; 适于开挖宽度大的基坑,当部分地段下部放坡不够时使用

表1.7　一般深基坑的支撑方法

支护（撑）方式	简　图	支护（撑）方式及适用条件
型钢桩横挡板支撑		沿挡土位置预先打入钢轨、工字钢或H型钢桩，间距1~1.5 m，然后边挖方，边将3~6 cm厚的挡土板塞进钢桩之间挡土，并在横向挡板与型钢桩之间打入楔子，使横板与土体紧密接触； 适于地下水位较低，深度不很大的一般黏性或砂土层中应用
钢板桩支撑		在开挖基坑的周围打钢板桩或钢筋混凝土板桩，板桩入土深度及悬臂长度应经计算确定，如基坑宽度很大，可加水平支撑； 适于一般地下水、深度和宽度不很大的黏性砂土层中应用
钢板桩与钢构架结合支撑		在开挖的基坑周围打钢板桩，在柱位置上打入暂设的钢柱，在基坑中挖土，每下挖3~4 m，装上一层构架支撑体系，挖土在钢构架网格中进行，亦可不预先打入钢柱，随挖随接长支柱； 适于在饱和软弱土层中开挖较大、较深基坑，钢板桩刚度不够时采用
挡土灌注桩支撑		在开挖基坑的周围，用钻机钻孔，现场灌注钢筋混凝土桩，达到强度后，在基坑中间用机械或人工挖土，下挖1 m左右装上横撑，在桩背面装上拉杆与已设锚桩拉紧，然后继续挖土至要求深度。桩间土方挖成外拱形，使之起土拱作用。如基坑深度小于6 m，或邻近有建筑物，亦可不设锚拉杆，采取加密桩距或加大桩径处理。 适于开挖较大、较深（>6 m）基坑，邻近有建筑物，不允许支护，背面地基有下沉、位移时采用
挡土灌注桩与土层锚杆结合支撑		同挡土灌注桩支撑，但在桩顶不设锚桩锚杆，而是挖至一定深度，每隔一定距离向桩背面斜下方用锚杆钻机打孔，安放钢筋锚杆，用水泥压力灌浆；达到强度后，安上横撑，拉紧固定，在桩中间进行挖土，直至设计深度。如设2~3层锚杆，可挖一层土，装设一次锚杆。 适于大型较深基坑，施工期较长，邻近有高层建筑，不允许支护，邻近地基不允许有任何下沉位移时采用

续表 1.7

支护（撑）方式	简 图	支护（撑）方式及适用条件
挡土灌注桩与旋喷桩组合支护		系在深基坑内侧设置直径 0.6～1.0 m 的混凝土灌注桩，间距 1.2～1.5 m；在紧靠混凝土灌注桩的外侧设置直径 0.8～1.5 m 的旋喷桩，以旋喷水泥浆方式使形成的水泥土桩与混凝土灌注桩紧密结合，组成一道防渗帷幕，既可起抵抗土压力、水压力作用，又起挡水抗渗作用；挡土灌注桩与旋喷桩采取分段间隔施工。当基坑为淤泥质土层时，有可能在基坑底部产生管涌、涌泥现象，亦可在基坑底部以下用旋喷桩封闭。在混凝土灌注桩外侧设旋喷桩，有利于支护结构的稳定，防止边坡坍塌、渗水和管涌等现象发生。 适于土质条件差、地下水位较高，要求既挡土又挡水防渗的支护工程
双层挡土灌注桩支护		系将挡土灌注桩在平面布置上由单排桩改为双排桩，呈对称或梅花式排列，桩数保持不变，双排桩的桩径 d 一般为 400～600 mm，排距 L 为（1.5～3）d，在双排桩顶部设置圈梁使其成为整体刚架结构；亦可在基坑每侧中段设双排桩，而在四角仍采用单排桩。采用双排桩支护可使支护整体刚度增大，桩的内力和水平位移减小，提高护坡效果。 适于基坑较深，采用单排混凝土灌注桩挡土，强度和刚度均不能胜任时使用
地下连续墙支护		在开挖的基坑周围，先建造混凝土或钢筋混凝土地下连续墙，达到强度后，在墙中间用机械或人工挖土，直至要求深度。当跨度、深度很大时，可在内部加设水平支撑及支柱。用于逆作法施工，每下挖一层，把下一层梁、板、柱浇筑完成，以此作为地下连续墙的水平框架支撑，如此循环作业，直到地下室的底层全部挖完土，浇筑完成。 适于开挖较大、较深（>10 m）、有地下水、周围有建筑物、公路的基坑，作为地下结构的外墙一部分，或用于高层建筑的逆作法施工，作为地下室结构的部分外墙

续表 1.7

支护（撑）方式	简　图	支护（撑）方式及适用条件
地下连续墙与土层锚杆结合支护		在开挖基坑的周围先建造地下连续墙支护，在墙中部用机械配合人工开挖土方至锚杆部位，用锚杆钻机在要求位置钻孔，放入锚杆，进行灌浆；待达到强度，装上锚杆横梁，或锚头垫座，然后继续下挖至要求深度。如设 2～3 层锚杆，每挖一层装一层，采用快凝砂浆灌浆。 　　适于开挖较大、较深（>10 m）、有地下水的大型基坑，周围有高层建筑，不允许支护有变形，采用机械挖方，要求有较大空间，不允许内部设支撑时采用
土层锚杆支护		沿开挖基坑，边坡每 2～4 m 设置一层水平土层锚杆，直到挖土至要求深度。 　　适于较硬土层或破碎岩石中开挖较大、较深基坑、邻近有建筑物必须保证边坡稳定时采用
板桩（灌注桩）中央横顶支撑		在基坑周围打板桩或设挡土灌注桩，在内侧放坡挖中间部分土方到坑底，先施工中间部分结构至地面，然后再利用此结构作支承向板桩（灌注桩）支水平横顶撑，挖除放坡部分土方，每挖一层支一层水平横顶撑，直到设计深度，最后再建该部分结构。 　　适于开挖较大、较深的基坑，支护桩刚度不够，又不允许设置过多支撑时用
板桩（灌注桩）中央斜顶支撑		在基坑周围打板桩或设挡土灌注桩，在内侧放坡挖中间部分土方到坑底，并先施工好中间部分基础，再从基础向桩上方支斜撑，然后再把放坡的土方挖除，每挖一层，支一层斜撑，直至坑底，最后再建该部分结构。 　　适于开挖较大、较深基坑、支护桩刚度不够、坑内不允许设置过多支撑时用
分层板桩支撑		在开挖厂房群基础时，周围先打支护板桩，然后在内侧挖土方至群基础底标高，再在中部主体深基础四周打二级支护板桩，挖主体深基础土方，施工主体结构至地面，最后施工外围群基础。 　　适于开挖较大、较深基坑，当中部主体与周围群基础标高不等，而又无重型板桩时采用

1.4.3 基坑土方开挖方式

基坑开挖分两种情况：一是无支护结构基坑的放坡开挖；二是有支护结构基坑的开挖。

1. 无支护结构基坑放坡开挖工艺

采用放坡开挖（图1.12（a））时，一般基坑深度较浅，挖土机可以一次开挖至设计标高，所以在地下水位高的地区，软土基坑采用反铲挖土机配合运土汽车在地面作业。如果地下水位较低、坑底坚硬，也可以让运土汽车下坑，配合正铲挖土机在坑底作业。当开挖基坑深度超过4 m时，若土质较好、地下水位较低，并当场地允许、有条件放坡时，边坡宜设置阶梯平台，分阶段、分层开挖，每级平台宽度不宜小于1.5 m。

在采用放坡开挖时，要求基坑边坡在施工期间保持稳定。基坑边坡坡度应根据土质、基坑深度、开挖方法、留置时间、边坡荷载、排水情况及场地大小确定。放坡开挖应有降低坑内水位和防止坑外水倒灌的措施。若土质较差且基坑施工时间较长，边坡坡面可采用钢丝网喷浆进行护坡，以保持基坑边坡稳定。

放坡开挖基坑内作业面大，方便挖土机械作业，施工程序简单、经济效益好。但在城市密集地区施工时，条件往往不允许采用这种开挖方式。

2. 支护结构基坑的开挖工艺

支护结构基坑的开挖按其坑壁结构可分为直立壁无支撑开挖、直立壁内支撑开挖和直立壁拉锚（或土钉、土锚杆）开挖（图 1.12（b）、（c）、（d））。有支护结构基坑开挖的顺序、方法必须与设计工况相一致，并遵循"开槽支撑，先撑后挖，分层开挖，严禁超挖"和"分层、分段、对称、限时"的原则。

（a）放坡开挖　　　　　　　　　　（b）直立壁无支撑开挖

（c）直立壁内支撑开挖　　　　　　（d）直立壁土锚开挖

图1.12　基坑挖土方式

1）直立壁无支撑开挖工艺

这是一种重力式坝体结构，一般采用水泥土搅拌桩作坝体材料，也可采用粉喷桩等复合桩体作坝体。重力式坝体既挡土又止水，给坑内创造了宽敞的施工空间和可降水的施工环境。

基坑深度一般在5~6 m，故可采用反铲挖土机配合运土汽车在地面作业。由于采用止水重力坝的基坑，地下水位一般都比较高，因此很少使用正铲下坑挖土作业。

2）直立壁内支撑开挖工艺

在基坑深度大，地下水位高，周围地质和环境又不允许做拉锚和土钉、土锚杆的情况下，一般采用直立壁内支撑开挖形式。基坑采用内支撑，能有效控制侧壁的位移，具有较高的安全度，但减小了施工机械的作业面，影响挖土机械、运土汽车的效率，增加了施工难度。

采用直立壁内支撑的基坑，深度一般较大，超过挖土机的挖掘深度时，需分层开挖。在施工过程中，土方开挖和支撑施工需交叉进行。内支撑是指随着土方的分层、分区开挖，形成支撑施工工作面，然后施工内支撑，待内支撑达到一定强度以后进行下一层（区）土方的开挖，形成下一道内支撑施工工作面，重复上述施工步骤，从而逐步形成支护结构体系。所以，基坑土方开挖必须和支撑施工密切配合，根据支护结构设计的工况，先确定土方分层、分区开挖的范围，然后分层、分区开挖基坑土方。在确定基坑土方分层、分区开挖范围时，还应考虑土体的时空效应、支撑施工的时间、机械作业面的要求等。

当有较密内支撑或为了严格限制支护结构的位移时，常采用盆式开挖顺序，即在尽量多挖去基坑下层中心区域的土方后，架设十字对撑式钢管支撑并施加预紧力，或在挖去本层中心区域土方后，浇筑钢筋混凝土支撑，并逐个区域挖去周边土方，逐步形成对围护壁的支撑。这时使用的机械一般为反铲和抓铲挖土机。必要时，还可对挡墙内侧四周的土体进行加固，以提高内侧土体的被动土压力，满足控制挡墙变形的要求。图1.13所示为某广场基坑盆式开挖及支撑施工顺序示意图。

（a）每层分块示意图　（b）第一道支撑工况　（c）第二道支撑工况

（d）第三道支撑工况　　（e）坑底挖土及底板施工

图1.13　某广场基坑盆式开挖、支撑施工顺序示意图

3）直立壁土钉（或土锚杆或拉锚）开挖

当周围的环境和地质可以允许进行拉锚或采用土钉和土层锚杆时，应选用此方式，因为直壁拉锚开挖使坑内的施工空间宽敞，挖土机械效率较高。在土方施工中，需进行分层、分区段开挖，穿插进行土钉（或土锚杆）施工。土方分层、分区段开挖的范围应和土钉（或土锚杆）的设置位置一致，以满足土钉（土锚杆）施工机械的要求，同时也要满足土体稳定性的要求。

4）岛式开挖工艺

为了利用基坑中心部分土体搭设栈桥以加快土方外运、提高挖土速度，设直立壁土钉（或土锚杆）的基坑开挖或者采用周边桁架空间支撑系统的基坑开挖有时采用岛式开挖顺序（图1.14所示为某工程采用岛式开挖及支撑的施工顺序示意图），即先挖除挡墙内四周土方，待周边支撑形成后再开挖中间岛区的土方。中间环形桁架空间支撑系统形成一定强度后即可穿插开挖中间岛区土（图中4部分），同时钢筋混凝土支撑继续养护缩短了挖土时间。该开挖方式的缺点是由于先挖挡墙内四周的土方，挡墙的受荷时间长，在软黏土中时间效应显著，有可能增大支护结构的变形量，所以应用较少。

图1.14　岛式开挖及支撑的施工顺序示意图

3. 基坑土方开挖中应注意的事项

（1）支护结构与挖土应紧密配合，遵循先撑后挖、分层分段、对称、限时的原则。

挖土与坑内支撑安装要密切配合，每次开挖深度不得超过将要加支撑位置以下 500 mm，防止立柱及支撑失稳。每次挖土深度与所选用的施工机械有关。当采用分层分段开挖时，分层厚度不宜大于 5 m，分段的长度不大于 25 m，并应快挖快撑，时间不宜超过 1~2 d，以充分利用土体结构的空间作用，减少支护结构的变形。为防止地基一侧失去平衡而导致坑底涌土、边坡失稳、坍塌等情况，深基坑挖土时应注意对称分层开挖的方法。另外，如前所述，土方开挖宜选用合适的施工机械、开挖程序及开挖路线；而且开挖中除设计允许外，挖土机械不得在支撑上作业或行走。

（2）要重视打桩效应，防止桩位移和倾斜。

对一般先打桩、后挖土的工程，如果打桩后紧接着开挖基坑，由于开挖时地基卸土，打桩时积聚的土体应力释放，再加上挖土高差形成侧向推力，土体易产生一定的水平位移，使先打设的桩易产生水平位移和倾斜，所以打桩后应有一段停歇时间，待土体应力释放、重新固结后再开挖。同时，挖土要分层、对称，尽量减少挖土时的压力差，保证桩位正确。对于打预制桩的工程，必须先打工程桩再施工支护结构，否则也会由于打桩挤土效应，引起支护结构位移变形。

（3）注意减少坑边地面荷载，防止开挖完的基坑暴露时间过长。

基坑开挖过程中，不宜在坑边堆置弃土、材料和工具设备等，尽量减轻地面荷载，严禁超载。基坑开挖完成后，应立即验槽，并及时浇筑混凝土垫层，封闭基坑，防止暴露时间过长。如发现基底土超挖，应用素混凝土或砂石回填夯实，不能用素土回填。若挖方后不能立即转入下道工序或雨期挖方时，应在坑槽底标高上保留 15~30 cm 厚的土层不挖，待下道工序开工前再挖掉。冬期挖方时，每天下班前应挖一步（30 cm 左右）虚土或用草帘覆盖，以防地基土受冻。

（4）当挖土至坑槽底 50 cm 左右时，应及时抄平。

一般在坑槽壁各拐角处和坑槽壁每隔 2~4 m 处测设一水平小木桩或竹片桩，作为清理坑槽底和打基础垫层时控制标高的依据。

（5）在基坑开挖和回填过程中应保持井点降水工作的正常进行。

土方开挖前应先做好降水、排水施工，待降水运转正常并符合要求后，方可开挖土方。开挖过程中，要经常检查降水后的水位是否达到设计标高要求，要保持开挖面基本干燥，如坑壁出现渗漏水，应及时进行处理。通过对水位观察井和沉降观测点的定时测量，检查是否对邻近建筑物等产生不良影响，进而采取适当措施。

（6）开挖前要编制包含周详安全技术措施的基坑开挖施工方案，以确保施工安全。

4. 基坑支护工程的现场监测

在深基坑施工、使用过程中，出现荷载、施工条件变化的可能性较大，设计计算值与支护结构的实际工作状况往往不很一致。因此在基坑开挖过程中必须系统地进行监控，以防不测。基坑工程事故调查表明，在发生重大事故前，或多或少都有预兆，如果能切实做好基坑监测工作，及时发现事故预兆并采取适当措施，则可避免许多重大基坑事故的发生，减少基坑事故所带来的经济损失和社会影响。目前，开展基坑现场监测可以避免基坑事故的发生已形成共识。《建筑基坑支护技术规程》（JGJ120）已明确规定，在基坑开挖过程中，必须开展基坑工程监测。对于基坑工程监测项目，规程规定要结合基坑工程的具体情况，如工程规模大小、开挖深度、场地条件、周边环境保护要求等，可按表 1.8 进行选择。

由于基坑开挖到设计深度以后，土体变形、土压力和支护结构的内力仍会继续发展、变化，因此基坑监测工作应从基坑开挖以前制订监控方案开始，直至地下工程施工结束，全过程进行监测。基坑监控方案应包括监控目的、监控项目、监控报警值、监控方法及精度要求、监控点的布置、检测周期、工序管理和记录制度以及信息反馈系统等。

表 1.8 基坑监控项目表

监测项目 ＼ 基坑侧壁安全等级	一级	二级	三级
支护结构水平位移	应测	应测	应测
周围建筑物、地下管线变形	应测	应测	宜测
地下水位	应测	应测	宜测
桩、墙内力	应测	宜测	可测
锚杆拉力	应测	宜测	可测
支撑轴力	应测	宜测	可测
立柱变形	应测	宜测	可测
土体分层竖向位移	应测	宜测	可测
支护结构界面上侧向压力	宜测	可测	可测

从表 1.8 中可以看出，任何基坑侧壁安全等级的支护结构水平位移均属于应测项目。实际上，在深基坑开挖施工监测中，支护结构水平位移一般有两个测试项目，即围护桩（墙）顶面水平位移监测和围护桩（墙）侧向变形监测，而在不同深度上各点的水平位移监测，称为围护桩（墙）的测斜监测。

围护桩（墙）的顶面水平位移监测，是深基坑开挖施工监测的一项基本内容，通过围护桩（墙）顶面水平位移监测，可以掌握围护桩（墙）的基坑挖土施工过程中顶面的平面变形情况，并与设计值进行比较，分析其对周围环境的影响。另外，围护桩（墙）顶面水平位移数值可以作为测斜、测试孔口的基准点。围护桩（墙）顶面水平位移测试一般选用精度为 $2''$ 级的经纬仪。围护桩（墙）顶面水平位移监测点应沿其结构体延伸方向布设，水平位移观测点间距宜为 $10 \sim 15\,\mathrm{m}$，其测试方法有准直线法、控制线偏离法、小角度法、交会法等。

围护桩（墙）在基坑外侧水土压力作用下，会发生变形。要掌握围护桩（墙）的侧向变形，即在不同深度处各点的水平位移，可通过对围护桩（墙）的测斜监测来实现。

基坑变形的监控值，若设计有指标规定，以设计要求为依据；如无设计指标，可按表 1.9 的规定执行。

表 1.9 基坑变形的监控值   cm

基坑类别	围护结构墙顶位移监控值	围护结构墙体最大位移监控值	地面最大沉降监控值
一级	3	5	3
二级	6	8	6
三级	8	10	10

注：1. 符合下列情况之一者，为一级基坑：
    ① 重要工程或支护结构作主体结构的一部分；
    ② 开挖深度大于 10 m 的基坑；
    ③ 与邻近建筑物、重要设施的距离在开挖深度以内的基坑；
    ④ 基坑范围内有历史文物、近代优秀建筑、重要管线等需严加保护的基坑。
  2. 三级基坑为开挖深度小于 7 m，且周围环境无特别要求的基坑。
  3. 除一级和三级外的基坑属二级基坑。
  4. 当周围已有的设施有特殊要求时，尚应符合这些要求。

1.5 土方填筑

1.5.1 土料选择与填筑要求

为了保证填土工程的质量，必须正确选择土料和填筑方法。

对填方土料应按设计要求验收后方可填入；如设计无要求，一般按下述原则进行。

碎石类土、砂土（使用细、粉砂时应取得设计单位同意）和爆破石砟可用作表层以下的填料；含水量符合压实要求的黏性土，可用作各层填料；碎块草皮和有机质含量大于 8% 的土，仅用于无压实要求的填方。含有大量有机物的土，容易降解变形而降低承载能力；含水溶性硫酸盐大于 5% 的土，在地下水的作用下，硫酸盐会逐渐溶解消失，形成孔洞，影响密实性。因此，前述两种土以及淤泥和淤泥质土、冻土、膨胀土等均不应作为填土。

填土应分层进行，并尽量采用同类土填筑。如采用不同土填筑时，应将透水性较大的土层置于透水性较小的土层之下，不能将各种土混杂在一起使用，以免填方内形成水囊。

碎石类土或爆破石砟作填料时，其最大粒径不得超过每层铺土厚度的 2/3；使用振动碾时，不得超过每层铺土厚度的 3/4。铺填时，大块料不应集中，且不得填在分段接头或填方与山坡连接处。

当填方位于倾斜的山坡上时，应将斜坡挖成阶梯状，以防填土横向移动。

回填基坑和管沟时，应从四周或两侧均匀地分层进行，以防基础和管道在土压力作用下产生偏移或变形。

回填以前，应清除填方区的积水和杂物；如遇软土、淤泥，必须进行换土回填。在回填时，应防止地面水流入，并预留一定的下沉高度（一般不得超过填方高度的 3%）。

1.5.2 填土压实方法

填土的压实方法一般有：碾压、夯实、振动压实以及利用运土工具压实。对于大面积填土工程，多采用碾压和运土工具压实；对较小面积的填土工程，则宜用夯实机具进行压实。

1. 碾压法

碾压法是利用机械滚轮的压力压实土壤，使之达到所需的密实度。碾压机械有平碾、羊足碾和气胎碾。

平碾又称光轮压路机（图 1.15），是一种以内燃机为动力的自行式压路机。其按重量等级分为轻型（30~50 kN）、中型（60~90 kN）和重型（100~140 kN）三种，适于压实砂类土和黏性土，适用土类范围较广。轻型平碾压实土层的厚度不大，但土层上部变得较密实，当用轻型平碾初碾后，再用重型平碾碾压松土，就会取得较好的效果。如直接用重型平碾碾压松土，则由于强烈的起伏现象，其碾压效果较差。

（a）两轴两轮　　　　（b）两轴三轮

图 1.15 光轮压路机

羊足碾见图1.16和图1.17，一般无动力，靠拖拉机牵引。羊足碾有单筒、双筒两种；根据碾压要求，又可分为空筒及装砂、注水等三种。羊足碾虽然与土接触面积小，但对单位面积的压力比较大，土的压实效果好。羊足碾只能用来压实黏性土。

图1.16 单筒羊足碾构造示意图

1—前拉头；2—机架；3—轴承座；4—碾筒；5—铲刀；
6—后拉头；7—装砂口；8—水口；9—羊足头；

图1.17 羊足碾

气胎碾又称轮胎压路机（图1.18），它的前后轮分别密排着四个、五个轮胎，既是行驶轮，也是碾压轮。由于轮胎弹性大，在压实过程中，土与轮胎都会发生变形，而随着几遍碾压后铺土密实度的提高，沉陷量逐渐减少，因而轮胎与土的接触面积逐渐缩小，但接触应力则逐渐增大，最后使土料得到压实。气胎碾由于在工作时是弹性体，其压力均匀，填土压实质量较好。

碾压法主要用于大面积的填土，如场地平整、路基、堤坝等工程。

用碾压法压实填土时，铺土应均匀一致，碾压遍数要一样，碾压方向应从填土区的两边逐渐压向中心，每次碾压应有15～20 cm的重叠；碾压机械开行速度不宜过快，一般平碾不应超过2 km/h，羊足碾控制在3 km/h之内，否则会影响压实效果。

2. 夯实法

夯实法是利用夯锤自由下落的冲击力来夯实土壤的，主要用于小面积的回填土或作业面受到限制的环境下。夯实法分人工夯实和机械夯实两种。人工夯实所用的工具有木夯、石夯等；常用的夯实机械有夯锤、内燃夯土机、蛙式打夯机和利用挖土机或起重机装上夯板后的夯土机等，其中蛙式打夯机（图1.19）轻巧灵活，构造简单，在小型土方工程中应用最广。

图1.18 轮胎压路机　　　　　　　　　　　　**图1.19 蛙式打夯机**

1—夯头；2—夯架；3—三角胶带；4—底盘

3. 振动压实法

振动压实法是将振动压实机放在土层表面，借助振动机构使压实机振动土颗粒，土的颗粒发生相对位移而达到紧密状态。用这种方法振实非黏性土效果较好。

近年来，又将碾压和振动法结合起来而设计和制造了振动平碾、振动凸块碾等新型压实机械。振动平碾适用于填料为爆破碎石砟、碎石类土、杂填土或轻亚黏土的大型填方；振动凸块碾则适用于亚黏土或黏土的大型填方。当压实爆破石砟或碎石类土时，可选用重8～15 t的振动平碾，铺土厚度为 0.6~1.5 m，先静压，后振动碾压，碾压遍数由现场试验确定，一般为 6~8 遍。

1.5.3　影响填土的压实因素

填土压实质量与许多因素有关，其中主要影响因素为：压实功、土的含水量以及每层铺土厚度。

1. 压实功的影响

填土压实后的密度与压实机械在其上所施加的功有一定的关系。土的密度与所耗的功的关系见图 1.20。当土的含水量一定，在开始压实时，土的密度急剧增加，待到接近土的最大密度时，压实功虽然增加许多，而土的密度则没有变化。实际施工中，对不同的土应根据选择的压实机械和密实度要求选择合理的压实遍数。此外，松土不宜用重型碾压机械直接滚压，否则土层有强烈起伏现象，效率不高。如果先用轻碾，再用重碾压实就会取得较好的效果。

图 1.20　土的密度和压实功的关系

图 1.21　土的含水量对其压实质量的影响

2. 含水量的影响

在同一压实功条件下，填土的含水量对压实质量有直接影响。较为干燥的土，由于土颗粒之间的摩阻力较大而不易压实。当土具有适当含水量时，水起了润滑作用，土颗粒之间的摩阻力减小，从而易压实。每种土壤都有其最佳含水量。土在这种含水量的条件下，使用同样的压实功进行压实，所得到的密度最大（图 1.21）。各种土的最佳含水量 w_{op} 和所能获得的最大干密度，可由击实试验取得。施工中，土的含水量与最佳含水量之差可控制在 $-4\% \sim +2\%$ 范围内。

3. 铺土厚度的影响

土在压实功的作用下，压应力随深度增加而逐渐减小（图 1.22），其影响深度与压实机械、土的性质和含水量等有关。铺土厚度应小于压实机械压土时的有效作用深度，而且还应考虑最优土层厚度。铺得过厚，要压很多遍才能达到规定的密实度；铺得过薄，则要增加机械的总压实遍数。最优的铺土厚度应能使土方压实而机械的功耗费最少（表 1.10）。

表 1.10　填方每层的铺土厚度和压实遍数

压实机械	每层铺土厚度/mm	每层压实遍数
平碾	200~300	6~8
羊足碾	200~350	8~16
蛙式打夯机	200~250	3~4
人工打夯	不大于 200	3~4

1.5.4　密实度检验中的分层压实系数

填方压实后，应具有一定的密实度。密实度应按设计规定

图 1.22　铺土厚度对其压实质量的影响

控制干密度 ρ_{cd} 作为检查标准。土的控制干密度与最大干密度之比称为压实系数 λ_c。对于一般场地平整，其压实系数为 0.9 左右，对于地基填土（在地基主要受力层范围内），为 0.93～0.97。各结构类型不同填土部位的压实系数见表 1.11。

表 1.11　填土压实系数

结构类型	填土部位	压实系数 λ_c
砌体承重结构和框架结构	在地基主要持力层范围内	>0.96
	在地基主要持力层范围以下	0.93～0.96
简支结构和排架结构	在地基主要持力层范围内	0.94～0.97
	在地基主要持力层范围以下	0.91～0.93
一般工程	基础四周或两侧一般回填土	0.9
	室内地坪、管道地沟回填土	0.9
	一般堆放物件场地回填土	0.85

填方压实后的干密度，应有 90% 以上符合设计要求，其余 10% 的最低值与设计值的差，不得大于 0.08 g/cm³，且应分散，不宜集中。

检查土的实际干密度，一般采用环刀取样法，或用小轻便触探仪直接通过锤击数来检验。其取样组数为：基坑回填每 30～50 m³ 取样一组（每个基坑不少于一组）；基槽或管沟回填每层按长度 20～50 m 取样一组；室内填土每层按 100～500 m² 取样一组；场地平整填方每层按 400～900 m² 取样一组。取样部位应在每层压实后的下半部。试样取出后，先称出土的湿密度并测定含水量，然后用式（1-20）计算土的实际干密度 ρ_d：

$$\rho_d = \frac{\rho}{1+w} \tag{1-20}$$

式中　ρ——土的湿密度（g/cm³）

　　　w——土的湿含水量。

如用式（1-20）算得的土的实际干密度 $\rho_d \geqslant \rho_{cd}$，则压实合格；若 $\rho_d < \rho_{cd}$，则压实不够，应采取相应措施，提高压实质量。

1.6　土方机械化施工

土方工程的施工过程包括土方开挖、运输、填筑与压实等。由于土方工程量大、劳动繁重，施工时应尽可能采用机械化、半机械化施工，以减轻繁重的体力劳动、加快施工进度、降低工程造价。

1.6.1　推土机施工

推土机是土方工程施工的主要机械之一，是在履带式拖拉机上安装推土铲刀等工作装置而成的机械。按铲刀的操纵机构不同，推土机分为索式和液压式两种。索式推土机的铲刀借本身自重切入土中，在硬土中切土深度较小。液压式推土机由于用液压操纵，能使铲刀强制切入土中，切入深度较大。同时，液压式推土机铲刀还可以调整角度，具有更大的灵活性，是目前常用的一种推土机（图 1.23）。

图 1.23　液压式推土机外形图

推土机操纵灵活、运转方便、所需工作面较小、行驶速度快、易于转移、能爬 30°左右的缓坡，因此应用范围较广，适用于开挖一至三类土。其多用于挖土深度不大的场地平整，开挖深度不大于 1.5 m 的基坑，回填基坑和沟槽，堆筑高度在 1.5 m 以内的路基、堤坝，平整其他机械卸置的土堆；推送松散的硬土、岩石和冻土，配合铲运机进行助铲；配合挖土机施工，为挖土机清理余土和创造工作面。此外，推土机将铲刀卸下后，还能牵引其他无动力的土方施工机械，如拖式铲运机、松土机、羊足碾等，进行土方其他施工过程的施工。

推土机的运距宜在 100 m 以内，效率最高的推运距离为 40～60 m。为提高生产率，可采用下述方法：

1. 下坡推土

推土机顺地面坡势沿下坡方向推土（图 1.24），借助机械往下的重力作用，可增大铲刀切土深度和运土数量，可提高推土机能力和缩短推土时间，一般可提高生产率 30%～40%。但坡度不宜大于 15°，以免后退时爬坡困难。

图 1.24　下坡推土法

图 1.25　槽形推土

2. 槽形推土

当运距较远、挖土层较厚时，利用已推过的土槽再次推土，可以减少铲刀两侧土的散漏（图 1.25）。这样作业可提高效率 10%～30%。槽深以 1 m 左右为宜，槽间土埂宽约 0.5 m。在推出多条槽后，再将土埂推入槽内，然后运出。

此外，对于推运疏松土壤，且运距较大时，还应在铲刀两侧装置挡板，以增加铲刀前土的体积，减少土向两侧散失。在土层较硬的情况下，则可在铲刀前面装置活动松土齿，当推土机倒退回程时，即可将土翻松。这样，便可减少切土时的阻力，从而可提高切土运行速度。

3. 并列推土

对于大面积的施工区，可用 2～3 台推土机并列推土（图 1.26）。推土时两铲刀相距 15～30 cm，这样可以减少土的散失而增大推土量，能提高生产率 15%～30%。但平均运距不宜超过 50～75 m，亦不宜小于 20 m，且推土机数量不宜超过 3 台；否则倒车不便，行驶不一致，反而影响生产率的提高。

图 1.26　并列推土

4. 分批集中，一次推送

若运距较远而土质又比较坚硬时，由于切土的深度不大，宜采用多次铲土，分批集中，再一次推送的方法，使铲刀前保持满载，以提高生产率。

1.6.2　铲运机施工

铲运机是一种能够独立完成铲土、运土、卸土、填筑、整平的土方机械。按行走机构可分为拖式铲运机（图 1.27）和自行式铲运机（图 1.28）两种。拖式铲运机由拖拉机牵引，自行式铲运机的行驶和作业都靠本身的动力设备。

图 1.27　C6-2.5 型拖式铲运机外形图

图 1.28　C3-6 型自行式铲运机外形图

铲运机的工作装置是铲斗，铲斗前方有一个能开启的斗门，铲斗前设有切土刀片。切土时，铲斗门打开，铲斗下降，刀片切入土中。铲运机前进时，被切入的土挤入铲斗；铲斗装满土后，提起土斗，放下斗门，将土运至卸土地点。

铲运机对行驶的道路要求较低、操纵灵活、生产率较高。可在一至三类土中直接挖、运土，常用于坡度在 20° 以内的大面积土方挖、填、平整和压实，大型基坑、沟槽的开挖，路基和堤坝的填筑，不适于砾石层、冻土地带及沼泽地区使用。坚硬土开挖时要用推土机助铲或用松土机配合。

在土方工程中，常使用的铲运机的铲斗容量为 2.5 ~ 8 m³。自行式铲运机适用于运距在 800 ~ 3 500 m 的大型土方工程施工，以运距在 800 ~ 1 500 m 范围内时生产效率最高。拖式铲运机适用于运距为 80 ~ 800 m 的土方工程施工，而运距在 200 ~ 350 m 时，效率最高；如果采用双联铲运或挂大斗铲运时，其运距可增加到 1 000 m。运距越长，生产率越低，因此，在规划铲运机的运行路线时，应力求符合经济运距的要求。为提高生产率，一般采用下述方法：

1. 合理选择铲运机的开行路线

在场地平整施工中，铲运机的开行路线应根据场地挖、填方区分布的具体情况合理选择，这对提高铲运机的生产率有很大关系。铲运机的开行路线，一般有以下几种：

1）环形路线

当地形起伏不大、施工地段较短时，多采用环形路线（图 1.29（a））。环形路线每一循环只完成一次铲土和卸土，挖土和填土交替；挖填之间距离较短时，则可采用大循环路线（图 1.29（b）），一个循环能完成多次铲土和卸土，这样可减少铲运机的转弯次数，提高工作效率。

（a）环形路线

（b）大循环路线　　　　　　（c）"8"字形路线

图 1.29　铲运机开行路线

2）"8"字形路线

当施工地段较长或地形起伏较大时，多采用"8"字形开行路线（图 1.29（c））。这种开行路线，铲运机在上下坡时斜向行驶，受地形坡度限制小；一个循环中两次转弯方向不同，可避免机械行驶时的单侧磨损；一个循环完成两次铲土和卸土，减少了转弯次数及空车行驶距离，从而亦可缩短运行时间，提高生产率。

尚需指出，铲运机应避免在转弯时铲土，否则，铲刀受力不均易引起翻车事故。因此，为了充分发挥铲运机的效能，保证能在直线段上铲土并装满土斗，要求铲土区应有足够的最小铲土长度。

2. 下坡铲土

铲运机利用地形进行下坡推土，借助铲运机的重力，加深铲斗切土深度，缩短铲土时间；但纵坡不得超过 25°，横坡不大于 5°，铲运机不能在陡坡上急转弯，以免翻车。

1）跨铲法（图 1.30）

铲运机间隔铲土，预留土埂。这样，在间隔铲土时可形成一个土槽，减少向外撒土量；铲土埂时，铲土阻力减小。一般土埂高不大于 300 mm，宽度不大于拖拉机两履带间的净距。

2）推土机助铲（图 1.31）

地势平坦、土质较坚硬时，可用推土机在铲运机后面顶推，以加大铲刀切土能力，缩短铲土时间，提高生产率。推土机在助铲的空隙可兼做松土或平整工作，为铲运机创造作业条件。

3）双联铲运法（图 1.32）

当拖式铲运机的动力有富余时，可在拖拉机后面串联两个铲斗进行双联铲运。对坚硬土层，可用双联单铲，即一个土斗铲满后，再铲另一斗土；对松软土层，则可用双联双铲，即两个土斗同时铲土。

图 1.30　跨铲法　　　　　　　　图 1.31　推土机助铲

1—沟槽；2—土埂；A—铲土宽；　　　　　1—铲运机；2—推土机
B—不大于拖拉机履带净距

图 1.32　双联铲运法

4）挂大斗铲运

在土质松软地区，可改挂大型铲土斗，以充分利用拖拉机的牵引力来提高工效。

1.6.3　单斗挖土机施工

单斗挖土机是基坑（槽）土方开挖常用的一种机械。按其行走装置的不同，分为履带式和轮胎式两类。根据工作的需要，其工作装置可以更换。依其工作装置的不同，分为正铲、反铲、拉铲和抓铲四种。

1. 正铲挖土机

正铲挖土机的挖土特点是：前进向上，强制切土。它适用于开挖停机面以上的一至三类土，且需与运土汽车配合完成整个挖运任务，其挖掘力大，生产率高。开挖大型基坑时需设坡道，挖土机在坑内作业，因此适宜在土质较好、无地下水的地区工作；当地下水位较高时，应采取降低地下水位的措施，把基坑土中的水疏干。

1）正铲挖土机的作业方式

根据挖土机的开挖路线与汽车相对位置不同，其卸土方式有侧向卸土和后方卸土两种。

（1）正向挖土，侧向卸土（图 1.33（a））。

即挖土机沿前进方向挖土，运输车辆停在侧面卸土（可停在停机面上或高于停机面）。此法挖土机卸土时动臂转角小，运输车辆行驶方便，故生产效率高，应用较广。

（2）正向挖土，后方卸土（图 1.33（b））。

即挖土机沿前进方向挖土，运输车辆停在挖土机后方装土。此法挖土机卸土时动臂转角大、生产率低，运输车辆要倒车进入，一般在基坑窄而深的情况下采用。

2）正铲挖土机的工作面

挖土机的工作面是指挖土机在一个停机点进行挖土的工作范围。工作面的形状和尺寸取决于挖土机的性能和卸土方式。根据挖土机的作业方式不同，挖土机的工作面分为侧工作面与正工作面两种。

（a）侧向开挖　　　　　　　　　（b）正向开挖

图 1.33　正铲挖土机开挖方式

1—正铲挖土机；2—自卸汽车

挖土机侧向卸土方式就构成了侧工作面，根据运输车辆与挖土机的停放标高是否相同又分为高卸侧工作面（车辆停放处高于挖土机停机面）及平卸侧工作面（车辆与挖土机在同一标高），高卸、平卸侧工作面的形状及尺寸分别见图 1.34（a）和图 1.34（b）。

（a）高卸侧工作面　　　　　　　　（b）平卸侧工作面

图 1.34　侧工作面尺寸

挖土机后向卸土方式则形成正工作面，正工作面的形状和尺寸是左右对称的，其中右半部与图 1.34（b）平卸侧工作面的右半部相同。

3）正铲挖土机的开行通道

在正铲挖土机开挖大面积基坑时，必须对挖土机作业时的开行路线和工作面进行设计，确定出开行次序和次数，称为开行通道。当基坑开挖深度较小时，可布置一层开行通道（图 1.35）。基坑开挖时，挖土机开行三次。第一次开行采用正向挖土、后方卸土的作业方式，为正工作面；挖土机进入基坑要挖坡道，坡道的坡度为 1∶8 左右。第二、三次开行时采用侧方卸土的平侧工作面。

图 1.35　正铲一层通道多次开挖基坑

Ⅰ、Ⅱ、Ⅲ—通道断面及开挖顺序

当基坑宽度稍大于正工作面的宽度时，为了减少挖土机的开行次数，可采用加宽工作面的办法，挖土机按"之"字形路线开行（图1.36（a））。

当基坑的深度较大时，开行通道可布置成多层，图1.36（b）所示即为三层通道的布置。

（a）一层通道"之"字形开挖　　　（b）三层通道布置

图1.36　正铲开挖基坑

2. 反铲挖土机

反铲挖土机的挖土特点是：后退向下，强制切土。其挖掘力比正铲小，能开挖停机面以下的一至三类土（机械传动反铲只宜挖一、二类土），不需设置进出口通道，适用于一次开挖深度在 4 m 左右的基坑、基槽、管沟，亦可用于地下水水位较高的土方开挖。在深基坑开挖中，依靠止水挡土结构或井点降水，反铲挖土机通过下坡道，采用台阶式接力方式挖土也是常用方法。反铲挖土机可以与自卸汽车配合，装土运走，也可弃土于坑槽附近。履带式机械传动反铲挖土机的工作性能见图1.37，履带式液压反铲挖土机的工作性能见图1.38。

图1.37　履带式机械传动反铲挖土机工作尺寸　**图1.38　履带式液压反铲挖土机工作尺寸**

H—最大挖土高度；h—最大挖土深度；R—最大挖土半径

反铲挖土机的作业方式可分为沟端开挖（图1.39（a））和沟侧开挖（图1.39（b））两种。

沟端开挖，挖土机停在基坑（槽）的端部，向后倒退挖土，汽车停在基槽两侧装土。其优点是挖土机停放平稳，装土或甩土时回转角度小，挖土效率高，挖的深度和宽度也较大。基坑较宽时，可多次开行开挖（图1.40）。

（a）沟端开挖　　　　　　　　　（b）沟侧开挖

图1.39　反铲挖土机开挖方式

1—反铲挖土机；2—自卸汽车；3—弃土堆

图 1.40　反铲挖土机多次开行挖土

沟侧开挖，挖土机沿基槽的一侧移动挖土，将土弃于距基槽较远处。沟侧开挖时开挖方向与挖土机移动方向相垂直，所以稳定性较差，而且挖的深度和宽度均较小，一般只在无法采用沟端开挖或挖土不需运走时采用。

3. 拉铲挖土机

拉铲挖土机（图 1.41）的土斗用钢丝绳悬挂在挖土机长臂上，挖土时土斗在自重作用下落到地面切入土中。其挖土特点是：后退向下，自重切土。其挖土深度和挖土半径均较大，能开挖停机面以下的一、二类土，但不如反铲动作灵活准确。拉铲挖土机适用于开挖较深较大的基坑（槽）、沟渠，挖取水中泥土以及填筑路基、修筑堤坝等。

图 1.41　履带式拉铲挖土机

图 1.42　履带式抓铲挖土机

履带式拉铲挖土机的挖斗容量有 0.35 m³、0.5 m³、1 m³、1.5 m³、2 m³ 等数种。其最大挖土深度由 7.6 m（W_3-30）到 16.3 m（W_1-200）。

拉铲挖土机的开挖方式与反铲挖土机的开挖方式相似，可沟侧开挖也可沟端开挖。

4. 抓铲挖土机

机械传动抓铲挖土机（图 1.42）是在挖土机臂端用钢丝绳吊装一个抓斗。其挖土特点是：直上直下，自重切土。其挖掘力较小，能开挖停机面以下的一、二类土，适用于开挖软土地基基坑，特别是其中窄而深的基坑、深槽、深井，采用抓铲效果理想。抓铲还可用于疏通旧有渠道以及挖取水中淤泥等，或用于装卸碎石、矿渣等松散材料。抓铲也有采用液压传动操纵抓斗作业的，其挖掘力和精度优于机械传动抓铲挖土机。

5. 挖土机和运土车辆配套计算

基坑开挖采用单斗（反铲等）挖土机施工时，需用运土车辆配合，将挖出的土随时运走。因此，挖土机的生产率不仅取决于挖土机本身的技术性能，而且还应与所选运土车辆的运土能力相协调。为使挖土机充分发挥生产能力，应配备足够数量的运土车辆，以保证挖土机连续工作。

1）挖土机数量的确定

挖土机的数量 N，应根据土方量大小和工期要求来确定，可按下式计算：

$$N = \frac{Q}{P} \cdot \frac{1}{T \cdot C \cdot K} \text{（台）}$$

（1-21）

式中 Q——土方（m^3）；

P——挖土机生产率（m^3/台班）；

T——工期（工作日）；

C——每天工作班数；

K——时间利用系数（0.8~0.9）。

单斗挖土机的生产率 P，可查定额手册或按下式计算：

$$P = \frac{8 \times 3\,600}{t} \cdot q \cdot \frac{K_c}{K_s} \cdot K_B \quad (m^3/台班)$$ （1-22）

式中 t——挖土机每斗作业循环延续时间（s），如 W100 正铲挖土机为 25~40 s；

q——挖土机斗容量（m^3）；

K_c——土斗的充盈系数（0.8~1.1）；

K_s——土的最初可松性系数（查表 1.1）；

K_B——工作时间利用系数（0.7~0.9）。

在实际施工中，若挖土机的数量已经确定，也可利用公式来计算工期。

2）运土车辆配套计算

运土车辆的数量 N_1，应保证挖土机连续作业，可按下式计算：

$$N_1 = \frac{T_1}{t_1}$$ （1-23）

式中 T_1——运土车辆每一运土循环延续时间（min），

$$T_1 = t_1 + \frac{2l}{v_c} + t_2 + t_3$$ （1-24）

其中 l——运土距离（m）；

v_c——重车与空车的平均速度（km/h），一般取 20~30 km/h；

t_2——卸土时间，一般为 1 min；

t_3——操纵时间（包括停放待装、等车、让车等），一般取 2~3 min。

t_1——运土车辆每车装车时间（min）：

$$t_1 = n \cdot t$$

式中 n——运土车辆每车装土次数：

$$n = \frac{Q_1}{q \cdot \frac{K_c}{K_s} \cdot r}$$ （1-25）

其中 Q_1——运土车辆的载重量（t）；

r——实土密度（t/m^3），一般取 1.7 t/m^3。

1.7 排水、降水

在开挖基坑或沟槽时，土壤的含水层常被切断，地下水将会不断地渗入坑内。雨季施工时，地面水也会流入坑内。为了保证施工的正常进行，防止边坡塌方和地基承载能力的下降，必须做好基坑降水工作。降水方法可分为明排水法（如集水井、明渠等）和人工降低地下水法两种。

1.7.1　明排水法

现场常采用的方法是截流、疏导、抽取。截流即是将流入基坑的水流截住；疏导即将积水疏干；抽取是在基坑或沟槽开挖时，在坑底设置集水井，并沿坑底的周围或中央开挖排水沟，使水由排水沟流入集水井内，然后用水泵抽出坑外（图 1.43）。

（a）斜坡边沟　　　　　　　　（b）直坡边沟

图 1.43　集水井降低地下水位

1—水泵；2—排水沟；3—集水井；4—压力水管；5—降落曲线；6—水流曲线；7—板桩

四周的排水沟及集水井一般应设置在基础范围以外、地下水流的上游。基坑面积较大时，可在基础范围内设置盲沟排水。根据地下水量、基坑平面形状及水泵能力，集水井每隔 20～40 m 设置一个。

集水井的直径或宽度，一般为 0.6～0.8 m；其深度随着挖土的加深而加深，要始终低于挖土面 0.7～1.0 m，井壁可用竹、木等简易加固。当基坑挖至设计标高后，井底应低于坑底 1～2 m，并铺设 0.3 m 碎石滤水层，以免在抽水时将泥砂抽出，并防止井底的土被搅动。坑壁必要时可用竹、木等材料加固。

1.7.2　人工降低地下水位

人工降低地下水位就是在基坑开挖前，预先在基坑四周埋设一定数量的滤水管（井），在基坑开挖前和开挖过程中，利用真空原理，不断抽出地下水，使地下水位降低到坑底以下（图 1.44），从

图 1.44　轻型井点降低地下水位全貌图

根本上解决地下水涌入坑内的问题（图 1.45（a））；防止边坡由于受地下水流的冲刷而引起塌方（图 1.45（b））；使坑底的土层消除了地下水位差引起的压力，也防止了坑底土的上冒（图 1.45（c））；没有了水压力，使板桩减少了横向荷载（图 1.45（d））；由于没有地下水的渗流，也就防止了流砂现象的产生（图 1.45（e））。降低地下水位后，由于土体固结，还能使土层密实，增加地基土的承载能力。

（a）防止涌水　　　　　（b）使边坡稳定　　　　　（c）防止土的上冒

（d）减少横向荷载　　　　　　　（e）防止流砂

图 1.45　井点降水的作用

上述几点中，防治流砂现象是井点降水的主要目的。

流砂现象产生的原因，是水在土中渗流所产生的动水压力对土体作用的结果。如图 1.46（a）所示，对截取的一段砂土脱离体（两端的高低水头分别是 h_1、h_2）进行受力分析，容易得出动水压力的存在和大小。

（a）水在土中渗流时的脱离体受力图　　　　　（b）动水压力对地基土的影响

图 1.46　动水压力原理图

1、2—土粒

水在土中渗流时，作用在砂土脱离体中的全部水体上的力有：

$\gamma_w h_1 F$——作用在土体左端 a—a 截面处的总水压力，其方向与水流方向一致（γ_w——水的重度，F——土截面面积）；

$\gamma_w h_2 F$——作用在土体右端 b—b 截面处的总水压力，其方向与水流方向相反；

TlF——水渗流时整个水体受到土颗粒的总阻力（T——单位体积土体阻力），方向假设向右。

由静力平衡条件 $\sum X = 0$（设向右的力为正）有

$$\gamma_w h_1 F - \gamma_w h_2 F + TlF = 0$$

得
$$T = -\frac{h_1 - h_2}{l}\gamma_w \quad (\text{"} - \text{"表示实际方向与假设方向相反,即向左}) \quad (1\text{-}26)$$

式中　水头差 $\dfrac{h_1 - h_2}{l}$ 与渗透路径之比,称为水力坡度,以 i 表示。即上式可写成

$$T = -i\gamma_w \quad (1\text{-}27)$$

设水在土中渗流时对单位体积土体的压力为 G_D,由作用力与反作用力相等、方向相反的定律可知:

$$G_D = -T = i\gamma_w \quad (1\text{-}28)$$

我们称 G_D 为动水压力,其单位为 N/cm^3 或 kN/cm^3。由上式可知,动水压力 G_D 的大小与水力坡度成正比,即水位差 $h_1 - h_2$ 越大,则 G_D 越大;而渗透路径 L 越长,则 G_D 越小;动水压力的作用方向与水流方向(向右方向)相同。当水流在水位差的作用下对土颗粒产生向上的压力时,动水压力不但使土粒受到了水的浮力,而且还使土粒受到向上的动水压力作用。如果动水压力等于或大于土的浮重度 γ'_w,即

$$G_D \geqslant \gamma'_w$$

则土粒失去自重,处于悬浮状态,土的抗剪强度等于零,土粒能随着渗流的水一起流动,这种现象就叫"流砂现象"。

细颗粒(颗粒粒径在 0.005 ~ 0.05 mm)、均匀颗粒、松散(土的天然孔隙比大于 75%)、饱和的土容易发生流砂现象,但是否出现流砂现象的重要条件是动水压力的大小,即防治流砂应着眼于减小或消除动水压力。

防治流砂的方法主要有:水下挖土法、打板桩法、抢挖法、地下连续墙法、枯水期施工法及井点降水等。

① 水下挖土法即不排水施工,使坑内外的水压互相平衡,不致形成动水压力,如沉井施工,不排水下沉,进行水中挖土、水下浇筑混凝土,是防治流砂的有效措施。

② 打板桩法。将板桩沿基坑周围打入不透水层,便可起到截住水流的作用;或者打入坑底面一定深度,这样将地下水引至桩底以下才流入基坑,不仅增加了渗流长度,而且改变了动水压力方向,从而可达到减小动水压力的目的。

③ 抢挖法即抛大石块、抢速度施工。如在施工过程中发生局部的或轻微的流砂现象,可组织人力分段抢挖,挖至标高后,立即铺设芦席并抛大石块,增加土的压重以平衡动水压力,力争在未产生流砂现象之前,将基础分段施工完毕。

④ 地下连续墙法。此法是沿基坑的周围先浇筑一道钢筋混凝土的地下连续墙,从而起到承重、截水和防流砂的作用,它又是深基础施工的可靠支护结构。

⑤ 枯水期施工法即选择枯水期间施工,因为此时地下水位低,坑内外水位差小,动水压力减小,从而可预防和减轻流砂现象。

以上这些方法都有较大的局限,应用范围狭窄。采用井点降水方法降低地下水位到基坑底以下,使动水压力方向朝下,增大土颗粒间的压力,则不论细砂、粉砂都一劳永逸地消除了流砂现象。实际上,井点降水方法是避免流砂危害的常用方法。

1.7.3 井点降水

1. 井点降水的种类

井点降水有两类:一类为轻型井点(包括电渗井点与喷射井点);另一类为管井井点(包括深井

泵）。各种井点降水方法一般根据土的渗透系数、降水深度、设备条件及经济性选用，可参照表1.12选择，其中轻型井点应用最为广泛。

表 1.12　各种井点的适用范围

井点类型		土层渗透系数/（m/d）	降低水位深度/m
轻型井点	一级轻型井点	0.1 ~ 50	3 ~ 6
	二级轻型井点	0.1 ~ 50	6 ~ 12
	喷射井点	0.1 ~ 5	8 ~ 20
	电渗井点	<0.1	根据选用的井点确定
管井井点	管井井点	20 ~ 200	3 ~ 5
	深井井点	10 ~ 250	>15

2. 一般轻型井点

轻型井点设备由管路系统和抽水设备组成（图 1.47）。管路系统包括：滤管、井点管、弯联管及总管等。滤管（构造见图1.48）为进水设备，通常采用长 1.0 ~ 1.5 m、直径 38 mm 或 51 mm 的无缝钢管，管壁钻有直径为 12 ~ 18 mm 的呈梅花形排列的滤孔，滤孔面积为滤管表面积的 20% ~ 25%。骨架管外面包以两层孔径不同的滤网，内层为 30 ~ 50 孔/cm² 的黄铜丝或尼龙丝布的细滤网，外层为 3 ~ 10 孔/cm² 的同样材料粗滤网或棕皮。为使流水畅通，在骨架管与滤管之间用塑料管或梯形铅丝隔开，塑料管沿骨架管绕成螺旋形。滤网外面再绕一层粗铁丝保护网，滤管下端为一铸铁塞头。滤管上端与井点管连接。

井点管为直径 38 mm 或 51 mm、长 5 ~ 7 m 的钢管，可整根或分节组成。井点管的上端用弯联管与总管相连。

集水总管为直径 100 ~ 127 mm 的无缝钢管，每段长 4 m，其上装有与井点管连接的短接头，间距为 0.8 ~ 1.6 m。

抽水设备常用的有真空泵、射流泵和隔膜泵井点设备。

图 1.47　轻型井点设备工作原理

1—滤管；2—井点管；3—弯管；4—阀门；5—集水总管；6—闸门；
7—滤网；8—过滤箱；9—掏砂孔；10—水气分离器；11—浮筒；
12—阀门；13—真空计；14—进水管；15—真空计；
16—副水气分离器；17—挡水板；18—放水口；
19—真空泵；20—电动机；21—冷却水管；
22—冷却水箱；23—循环水泵；
24—离心水泵

图 1.48　滤管构造

井点管
粗铁丝保护网
粗滤网
细滤网
缠绕铁丝
管壁上小孔
钢管
铸铁头

1 000 ~ 1 500 mm

一套抽水设备的负荷长度（即集水总管长度）为 100 ~ 120 m。常用的 W5、W6 型干式真空泵，其最大负荷长度分别为 100 m 和 120 m。

3. 轻型井点的布置

井点系统的布置，应根据基坑大小与深度、土质、地下水位高低与流向、降水深度要求而定。

1）平面布置

当基坑或沟槽宽度小于 6 m，且降水深度不超过 5 m 时，可用单排线状井点（图 1.49），布置在地下水流的上游一侧，两端延伸长度不小于坑槽宽度。

图 1.49　单排线状井点布置

1—集水总管；2—井点管；3—抽水设备；4—基坑；5—原地下水位线；6—降低后的地下水位线

如宽度大于 6 m 或土质不良，则用双排线状井点（图 1.50），位于地下水流上游一排井点管的间距应小些，下游一排井点管的间距可大些。面积较大的基坑宜用环状井点（图 1.51），有时亦可布置成 U 形，以利挖土机和运土车辆出入基坑。井点管距离基坑壁一般可取 0.7 ~ 1.2 m，以防局部发生漏气。井点管间距一般为 0.8 m、1.2 m、1.6 m，由计算或经验确定。井点管在总管四角部位适当加密。

图 1.50　双排线状井点布置

1—井点管；2—集水总管；3—弯联管；4—抽水设备；5—基坑；6—黏土封孔；
7—原地下水位线；8—降低后地下水位线

2）高程布置

轻型井点的降水深度，从理论上讲可达 10.3 m，但由于管路系统的水头损失，其实际降水深度一般不超过 6 m。井点管埋设深度 H（不包括滤管）按下式计算：

图 1.51 环形井点布置图

1—井点管；2—集水总管；3—弯联管；4—抽水设备；5—基坑；6—黏土封孔；
7—原地下水位线；8—降低后地下水位线

$$H \geqslant H_1 + h + iL \tag{1-29}$$

式中 H_1——井点管埋设面至基坑底面的距离（m）；

h——降低后的地下水位至基坑中心底面的距离，一般取 0.5～1.0 m。

i——水力坡度，根据实测：单排井点 1/4～1/5，双排井点 1/7，环状井点 1/10～1/12；

L——井点管至基坑中心的水平距离，当井点管为单排布置时，L 为井点管至对边坡脚的水平距离。

根据上式算出的 H 值，如大于 6 m，则应降低井点管抽水设备的埋置面，以适应降水深度要求。即将井点系统的埋置面接近原有地下水位线（要事先挖槽），个别情况下甚至稍低于地下水位（当上层土的土质较好时，先用集水井排水法挖去一层土，再布置井点系统），就能充分利用抽吸能力，使降水深度增加。井点管露出地面的长度一般为 0.2～0.3 m，以便与弯联管连接，滤管必须埋在透水层内。

当一级轻型井点达不到降水要求时，可采用二级井点降水，即先挖去第一级井点所疏干的土，然后再在其底部装设第二级井点（图 1.52）。

4. 轻型井点的计算

井点系统的设计计算必须建立在可靠资料的基础上，如施工现场地形图、水文地质勘察资料、基坑的设计文件等。设计内容除井点系统的布置外，还需确定井点的数量、间距、井点设备的选择等。

图 1.52 二级轻型井点示意图

1——级井点管；2—二级井点管

图 1.53 水井的分类

1—承压完整井；2—承压非完整井；3—无压完整井；
4—无压非完整井

1）计算井点系统的涌水量

井点系统所需井点管的数量，是根据其涌水量来确定的；而井点系统的涌水量，则是按水井理论进行计算的。根据井底是否达到不透水层，水井可分为完整井与不完整井：凡井底到达含水层下面的不透水层顶面的井称为完整井，否则称为不完整井。根据地下水有无压力，又分为无压井与承压井，如图 1.53 所示。各类井的涌水量计算方法不同，其中以无压完整井的理论较为完善。

（1）无压完整井的环状井点系统涌水量。

对于无压完整井（图 1.54（a））的环状井点系统，涌水量计算公式为

$$Q = 1.366K \frac{(2H - S)S}{\lg R - \lg x_0} \tag{1-30}$$

式中　Q——井点系统的涌水量（$\mathrm{m^3/d}$）；

K——土的渗透系数（m/d），可以由实验室或现场抽水试验确定；

H——含水层厚度（m）；

S——基坑中心降水深度（m）；

R——抽水影响半径（m）；

x_0——井点管围成的大圆井半径或矩形基坑环状井点系统的假想圆半径（m）。

（a）无压完整井　　　　　　　　（b）无压非完整井

图 1.54　环状井点系统涌水量计算简图

应用式（1-30）计算涌水量时，需事先确定 x_0、R、K 值的数据。由于式（1-30）的理论推导是从圆形井点系统假设而来的，试验证明，对于矩形基坑，当其长宽比不大于 5 时，可以将环状井点系统围成的不规则平面形状化成一个假想半径为 x_0 的圆井进行计算，计算结果符合工程要求。即

$$\pi x_0^2 = F \qquad x_0 = \sqrt{\frac{F}{\pi}} \tag{1-31}$$

式中　F——环状井点系统包围的面积（$\mathrm{m^2}$）。

注意：当矩形基坑的长宽比大于 5，或基坑宽度大于 2 倍的抽水影响半径 R 时，就不能直接利用现有的公式进行计算，此时需将基坑分成几小块使其符合公式的计算条件，然后分别计算每小块的涌水量，再相加即得总涌水量。

抽水影响半径 R 系指井点系统抽水后地下水位降落曲线稳定时的影响半径，与土的渗透系数、含水层厚度、水位降低值及抽水时间等因素有关。在抽水 2~5 d 后，水位降落漏斗基本稳定，此时抽水影响半径可近似地按下式计算：

$$R = 1.95S\sqrt{HK} \tag{1-32}$$

（2）无压非完整井的环状井点系统涌水量。

在实际工程中往往会遇到无压非完整井的井点系统（图 1.54（b）），这时地下水不仅从井的侧面流入，还从井底渗入，因此涌水量要比完整井大。为了简化计算，仍可采用公式（1-30）。此时，仅将式中 H 换成有效含水深度 H_0，即

$$Q = 1.366K \frac{(2H_0 - S)S}{\lg R - \lg x_0} \tag{1-33}$$

同样，式（1-32）换成

$$R = 1.95S\sqrt{H_0 K} \tag{1-34}$$

H_0 可查表 1.13 确定，当算得的 H_0 大于实际含水层的厚度 H 时，仍取 H 值，视为无压完整井。

表 1.13　有效深度 H_0 值

$s'/(s'+l)$	0.2	0.3	0.5	0.8
H_0	$1.2(s'+l)$	$1.5(s'+l)$	$1.7(s'+l)$	$1.85(s'+l)$

注：s' 为井点管中水位降落值；l 为滤管长度。$s'/(s'+l)$ 的中间值可采用插入法求 H_0。

（3）承压完整井的环状井点系统涌水量。

承压完整环状井点系统涌水量计算公式为

$$Q = 2.73K \frac{MS}{\lg R - \lg x_0} \tag{1-35}$$

式中　M——承压含水层深度（m）；

其余符号意义同前。

2）确定井点管数量及井管间距

确定井点管数量先要确定单根井管的出水量。单根井点管的最大出水量为

$$q = 65\pi dl\sqrt[3]{K} \tag{1-36}$$

式中　d——滤管直径（m）；

$\quad\quad l$——滤管长度（m）；

$\quad\quad K$——渗透系数（m/d）。

井点管最少数量由下式确定：

$$n = 1.1 \times \frac{Q}{q} \tag{1-37}$$

式中　1.1——考虑井点管堵塞等因素的放大备用系数。

井点管最大间距为

$$D = \frac{L}{n} \tag{1-38}$$

式中　L——集水总管长度（m）。

实际采用的井点管间距 D 应当与总管上接头尺寸相适应，即采用 0.8 m、1.2 m、1.6 m 或 2.0 m。

3）井点管的埋设与使用

（1）井点管的埋设。

轻型井点的施工，大致包括下列几个过程：准备工作，井点系统的埋设、使用及拆除。

准备工作包括井点设备、动力、水源及必要材料的准备，排水沟的开挖，附近建筑物的标高观测以及防止附近建筑物沉降措施的实施。

埋设井点的程序是：先排放总管，再埋设井点管，用弯联管将井点管与总管接通，然后安装抽水设备。

井点管的埋设一般用水冲法进行，并分为冲孔（图 1.55（a））与埋管（图 1.55（b））两个过程。

（a）冲孔   （b）埋管

图 1.55 井点管的埋设

1—冲管；2—冲嘴；3—胶皮管；4—高压水泵；5—压力表；6—起重机吊钩；
7—井点管；8—滤管；9—填砂；10—黏土封口

冲孔时，先用起重设备将冲管吊起并插在井点的位置上，然后开动高压水泵，将土冲松，冲管则边冲边沉。冲孔直径一般为 300 mm，以保证井管四周有一定厚度的砂滤层，冲孔深度宜比滤管底深 0.5 m 左右，以防冲管拔出时，部分土颗粒沉于底部而触及滤管底部。

井孔冲成后，立即拔出冲管，插入井点管，并在井点管与孔壁之间迅速填灌砂滤层，以防孔壁塌土。砂滤层的填灌质量是保证轻型井点顺利抽水的关键。一般宜选用干净粗砂，填灌均匀，并填至滤管顶上 1～1.5 m，以保证水流畅通。

井点填砂后，在地面以下 0.5～1.0 m 范围内须用黏土封口，以防漏气。

井点管埋设完毕后，应接通总管与抽水设备进行试抽水，检查有无漏水、漏气，出水是否正常，有无淤塞等现象，如有异常情况，应检修好后方可使用。

（2）井点管的使用。

轻型井点使用时，应保证连续不断抽水，并准备双电源。若时抽时停，滤网易于堵塞，也容易抽出土粒，使水混浊，并引起附近建筑物由于土粒流失而沉降开裂。正常出水规律是"先大后小，先混后清"。抽水时需要经常观测真空度以判断井点系统工作是否正常，真空度一般应不低于 55.3～66.7 kPa；造成真空度不够的原因较多，但通常是由于管路系统漏气，此时应及时检查并采取措施。

井点管淤塞，一般可根据听管内水流声响，手扶管壁有振动感，夏、冬季手摸管子有夏冷、冬暖感等简便方法检查。如发现淤塞井点管太多，严重影响降水效果时，应逐根用高压水反向冲洗或拔出重埋。

地下构筑物竣工并进行回填土后，方可拆除井点系统。拔出井点管多借助于倒链、起重机等，所留孔洞用砂或土填实，对地基有防渗要求时，地面上 2 m 应用黏土填实。

5. 回灌井点法

轻型井点降水有许多优点，在基础施工中应用广泛，但其影响范围较大，影响半径可达百米甚至数百米，且会导致周围土壤固结而引起地面沉陷。特别是在弱透水层和压缩性大的黏土层中降水时，由于地下水流造成的地下水位下降、地基自重应力增加和土层压缩等，会产生较大的地面沉降；又由于土层的不均匀性和降水后地下水位呈漏斗曲线，四周土层的自重应力变化不一而导致不均匀沉降，会使周围建筑基础下沉或房屋开裂。因此，在建筑物附近进行井点降水时，为防止降水影响或损害区域内的建筑物，就必须阻止建筑物下地下水的流失。除可在降水区域和原有建筑物之间的土层中设置一道固体抗渗屏幕（如水泥搅拌桩、灌注桩加压密注浆桩、旋喷桩、地下连续墙）外，较经济也比较常用的是用回灌井点补充地下水的办法来保持地下水位。回灌井点就是在降水井点与要保护的已有建（构）筑物之间打一排井点，在井点降水的同时，向土层中灌入足够数量的水，形成一道隔水帷幕，使井点降水的影响半径不超过回灌井点的范围，从而阻止回灌井点外侧的建（构）筑物下的地下水流失（图 1.56）。这样，也就不会因降水而使地面沉降，或减少沉降值。

（a）回灌井点布置　　　　　　　　（b）回灌井点水位图

图 1.56　回灌井点布置

1—降水井点；2—回灌井点；3—原水位线；4—基坑内降低后的水位线；5—回灌后水位线

为了防止降水和回灌两井相通，回灌井点与降水井点之间应保持一定的距离，一般不宜小于 6 m，否则基坑内水位无法下降，失去降水的作用。回灌井点的深度一般应以控制在长期降水曲线下 1 m 为宜，并应设置在渗透性较好的土层中。

为了观测降水及回灌后四周建筑物、管线的沉降情况及地下水位的变化情况，必须设置沉降观测点及水位观测井，并定时测量记录，以便及时调节灌、抽量，使灌、抽基本达到平衡，确保周围建筑物或管线等的安全。

6. 其他井点简介

1）喷射井点

当基坑开挖较深，采用多级轻型井点不经济时，宜采用喷射井点。其降水深度可达 20 m，特别适用于降水深度超过 6 m，土层渗透系数为 0.1～2 m/d 的弱透水层。

喷射井点根据其工作时使用液体和气体的不同，分为喷水井点和喷气井点两种。其设备主要由喷射井管、高压水泵（或空气压缩机）和管路系统组成（图 1.57）。喷射井管由内管和外管组成，在内管下端装有喷射扬水器与滤管相连。当高压水（0.7～0.8 MPa）经内外管之间的环形空间通过扬水器侧孔流向喷嘴喷出时，在喷嘴处由于过水断面突然收缩变小，使工作水流具有极高的流速（30～60 m/s），在喷口附近造成负压形成一定真空，因而将地下水经滤管吸入混合室与高压水汇合；流经扩散管时，由于截面扩大，水流速度相应减小，使水的压力逐渐升高，沿内管上升经排水总管排出。

2）电渗井点

电渗井点适用于土的渗透系数小于 0.1 m/d，用一般井点不可能降低地下水位的含水层中，尤其宜用于淤泥排水。

电渗井点（图 1.58）的原理是在降水井点管的内侧打入金属棒（钢筋或钢管），连以导线，当通以直流电后，土颗粒会发生从井点管（阴极）向金属棒（阳极）移动的电泳现象，而地下水则会出现从金属棒（阳极）向井点管（阴极）流动的电渗现象，从而达到软土地基易于排水的目的。

（a）喷射井点设备简图　（b）喷射井点平面布置　（c）喷射扬水器详图

图 1.57　喷射井点设备及平面布置简图

1—喷射井管；2—滤管；3—进水总管；4—排水总管；5—高压泵；6—集水池；7—水泵；
8—内管；9—外管；10—喷嘴；11—混合室；12—扩散管；13—压力表

图 1.58　电渗井点降水示意图

1—基坑；2—井点管；3—集水总管；4—原地下水位；5—降低后地下水位；
6—钢管或钢筋；7—线路；8—直流发电机或电焊机

电渗井点是以轻型井点管或喷射井点管作阴极，$\phi 20 \sim \phi 25$ 的钢筋或 $\phi 50 \sim \phi 75$ 的钢管为阳极，埋设在井点管内侧，与阴极并列或交错排列。当用轻型井点时，两者的距离为 0.8 ~ 1.0 m；当用喷射井点时则为 1.2 ~ 1.5 m。阳极入土深度应比井点管深 500 mm，露出地面 200 ~ 400 mm。阴、阳极数量相等，分别用电线连成通路，接到直流发电机或直流电焊机的相应电极上。

3）管井井点

管井井点（图 1.59），就是沿基坑每隔 20 ~ 50 m 距离设置一个管井，每个管井单独用一台水泵（潜水泵、离心泵）不断抽水来降低地下水位的井点。用此法可降低地下水位 5 ~ 10 m，适用于土的渗透系数较大（$K = 20 \sim 200$ m/d）且地下水量大的砂类土层中。

如要求降水深度较大，在管井井点内采用一般离心泵或潜水泵不能满足要求时，可采用特制的深井泵，其降水深度可达 50 m。

近年来，在上海等地区应用较多的是带真空的深井泵，每一个深井泵由井管和滤管组成，单独配备一台电动机和一台真空泵，开动后达到一定的真空度，则可达到深层降水的目的，在渗透系数较小的淤泥质黏土中亦能降水。

（a）钢管管井　　　　　（b）混凝土管管井

图1.59　管井井点

1—沉砂管；2—钢筋焊接骨架；3—滤网；4—管身；5—吸水管；6—离心泵；7—小砾石过滤层；
8—黏土封口；9—混凝土实管；10—混凝土过滤管；11—潜水泵；12—出水管

第2章 地基处理与桩基础工程

2.1 地基处理

2.1.1 地基加固原理

地基处理的目的是采用各种地基处理措施和方法实现对地基岩土体的改良和加固，其作用主要有：① 提高地基的抗剪切强度和承载能力；② 降低地基的压缩性；③ 改善地基的透水特性；④ 改善地基的动力特性并提高地基抗震性能；⑤ 改善特殊岩土地基的不良工程特性。

天然地基的工程性质通常呈现不确定性、复杂性和区域性等特点，因此，对具有各种问题的地基进行妥善的加固和处理，不仅可以提高工程安全度、保证工程质量，而且可以加快工程建设速度、节省工程建设投资。

当工程结构的荷载较大，地基土质又较软弱（强度不足或压缩性大），不能作为天然地基时，可针对不同情况，采取各种人工加固处理的方法，以改善地基性质，提高承载力，增加稳定性，减少地基变形和基础埋置深度。

地基加固的原理是"将土质由松变实""将土的含水量由高变低"，由此即可达到地基加固的目的。工程实践中的各种加固方法，诸如机械碾压法、重锤夯实法、挤密桩法、化学加固法、预压固结法、深层搅拌法等，均是从这一加固原理出发的。

但须指出，在拟订地基加固处理方案时，应充分考虑地基与上部结构共同工作的原则，从地基处理、建筑、结构设计和施工方面均应采取相应的措施进行综合治理，绝不能单纯对地基进行加固处理，否则，不仅会增加工程费用，反而难以达到理想的效果。其具体的措施有：

（1）改变建筑体形，简化建筑平面。

（2）调整荷载差异。

（3）合理设置沉降缝。沉降缝位置宜设在：① 地基不同土层的交接处，或地基同一土层厚薄不一处；② 建筑平面的转折处，③ 荷载或高度差异处；④ 建筑结构或基础类型不同处；⑤ 分期建筑的交界处；⑥ 局部地下室的边缘；⑦ 过长房屋的适当部位。

（4）采用轻型结构、柔性结构。

（5）加强房屋的整体刚度，如采用横墙承重方案或增加横墙，增设圈梁，减小房屋的长高比，采用筏式基础、筏片基础、箱形基础等。

（6）对基础进行移轴处理，当偏心荷载较大时，可使基础轴线偏离柱的轴线。

（7）施工中正确安排施工顺序和施工进度，如对相邻的建筑，应先施工重、高（即荷载重、高度大）的建筑，后施工轻、低（即荷载轻、高度小）的建筑。对软土地基则应放慢施工速度，以便使地基能排水固结，提高承载力；否则，施工速度过快，将造成较大的孔隙水压力，甚至使地基发生剪切破坏。

2.1.2 地基处理方法

当结构物的天然地基可能发生下述情况之一和其中几个时，都必须对地基土采用适当的加固或改良措施，以提高地基土的承载力，保证地基稳定，减少结构物的沉降或不均匀沉降。

第2章 地基处理与桩基础工程

（1）强度和稳定性问题。即当地基的抗剪强度不能承担上部结构的自重及外荷载时，地基将会产生局部或整体剪切破坏。

（2）压缩及不均匀沉降问题。当地基在上部结构的自重及外荷载作用下产生过大的变形时，会影响其上部结构的正常使用。沉降量较大时，不均匀沉降也比较大；当超过结构所能容许的不均匀沉降时，结构可能开裂破坏。

（3）地下水流失及流砂和管涌问题。

（4）动力荷载作用下土的液化、失稳和震陷问题。

地基处理方法分类多种多样，往往同一种处理方法具有多种效果，而且地基处理新方法不断出现，传统方法的功能也在不断扩大，这都使分类越来越困难。因此，地基处理方法分类不宜太细。根据加固原理，地基处理方法的大致分类及其适用条件见表2.1。

表 2.1 地基处理方法分类及适用范围

地基处理方法	地基处理原理	施工方法		适用范围
排水固结法	软黏性土地基在荷载作用下，土中孔隙水排除，空隙比减小，地基固结变形，超静水压力消散，土的有效应力增大，地基土强度提高	堆载预压法		软黏土地基
		砂井法	袋装砂井	透水性低的软弱黏土地基
			塑料排水板	
			塑料管	
		砂井堆载预压法		
		降低地下水位法		饱和粉细砂地基
		真空预压法		软黏土地基
		电渗法		饱和黏土地基
振动挤密法	采用一定的手段，通过振动、挤压使地基土体空隙比减小、强度提高	表面压实法		浅层疏松黏性土、松散砂性土、湿陷性黄土及杂填土地基
		重锤夯实法		高于地下水位0.8 m以上稍湿的黏性土、砂土、湿陷性黄土、杂填土和分层填土地基
		强夯法		碎石土、砂土、低饱和度的黏性土、粉土、湿陷性黄土及填土地基的深层加固
		振冲、挤密法		松散的砂性土（小于0.005 mm的黏粒含量<10%）
		灰土挤密桩		地下水位以上，天然含水12%～25%、厚度5～10 m的素填土、杂填土、湿陷性黄土、含水率大的软弱地基
		砂石桩		松散砂土、素填土和杂填土地基
		水泥粉煤灰碎石桩（CFG桩）		黏性土、粉土、砂土和自重固结的素填土；对淤泥土质按经验或现场试验确定其适用性

续表 2.1

地基处理方法	地基处理原理	施工方法	适用范围
置换及拌入法	以砂、碎石等材料置换软弱地基，或在部分土体内掺入水泥、石灰等形成加固体，与未加固部分形成复合地基，从而提高地基承载力，减小压缩量	换土垫层法	软弱浅层地基处理
		高压旋喷注浆法	淤泥、淤泥质土、流塑、软塑或可塑性黏土、粉土、砂土黄土、素填土和碎石土地基
		深层搅拌桩	加固较深较厚的淤泥、淤泥土质、粉土和承载力小于 0.12 MPa 的饱和黏土及软黏土、沼泽地带泥炭土等地基
		振冲置换法（碎石桩）	软黏性土地基
		石灰桩	
灌浆法	用气压、液压或电化学原理把某些能固化的浆液注入各种介质的裂缝或空隙，以改变地基力学性质	渗入灌浆发	砂及砂砾、湿陷性黄土、黏性土地基
		劈裂灌浆法	
		压密灌浆发	
		电动化学灌浆	
加筋法	通过在土层中埋设高强度的土工合成物、拉筋受力杆件等，达到提高土的承载力、减少沉降的目的	土工合成材料法	软弱地基或用作反滤层、排水和隔离材料
		土钉墙	地下水位以上或经人工降低地下水位后的人工填土、黏性土地基
		加筋土	人工填筑的砂性土地基
冷热处理法	通过人工冷却，使地基冻结；或在软弱黏性土地基的钻孔中加热，通过焙烧使周围地基减少含水量，提高强度，减少压缩性	冻结法	饱和的砂土或软黏土中的临时性措施
		烧结法	

1. 换土垫层法

当建筑物基础下的持力层比较软弱，不能满足上部荷载对地基的要求时，常采用换土垫层法来处理软弱地基。换土垫层法是先将基础底面以下一定范围内的软弱土层挖去，然后回填强度较高、压缩性较低、没有侵蚀性的材料，如中粗砂、碎石或卵石、灰土、素土、石屑、矿渣等，再分层夯实后作为地基的持力层。

1）换土垫层法的原理

当软弱土地基的承载力和变形满足不了建筑物的功能要求而软弱土层的厚度又不是很大时，将基础底面一定范围内的软弱土层部分或全部挖除，然后分层换填强度较大的砂、砂石、素土、灰土、炉渣、粉煤灰或其他性能稳定、无侵蚀性的材料，并压实（夯实、振实）至要求的密实度为止，这种地基处理方法称为换土垫层法。

换土垫层法的加固原理是根据土中附加应力的分布规律，让垫层承受上部较大的应力，软弱层承担较小的应力，以满足上部结构对地基的要求。

2）垫层的分类和适用范围

垫层按其换填材料的不同，可分为砂垫层、砂卵石垫层、砂石垫层、碎石垫层、素土垫层、灰

第 2 章　地基处理与桩基础工程

土垫层、粉煤灰垫层、矿渣垫层和水泥土垫层等。由于各种材料具有不同的性质，换填后所形成的垫层，其作用也就不相同。因此，必须根据具体的工程情况和地基条件，选择恰当的换填材料，以满足其垫层作用的要求。

如一般地基上荷载较大的工程，垫层的主要作用是提高地基强度和减小其变形，此时应选择砂石、水泥土等强度高、压缩性低的材料；又如软土地基垫层的主要作用是加速排水固结，应选用砂石等透水性大的材料，而不得使用素土、灰土等材料。

选择换填材料时，除应满足其垫层作用的要求外，还应注意就地取材，充分利用地方材料，这样不仅材料来源丰富可保证工程的需要，而且价格便宜可降低工程费用。换填法适用于淤泥、淤泥质土、湿陷性黄土、素填土、杂填土地基及暗沟、暗塘等的浅层处理。

对于大面积填土，往往是压缩层深度大、沉降量绝对值也大，且沉降持续时间较长。采用大面积填土作为建筑地基，应符合《建筑地基基础设计规范》（GB 50007）的有关设计规定。换土垫层按其回填的材料可分为灰土垫层、砂垫层以及碎（砂）石垫层等。

3）灰土垫层

灰土垫层是将基础底面下一定范围的软弱土层挖去，用按一定体积比配合的石灰和黏性土拌和均匀后在最优含水量情况下分层回填夯实或压实而成。它适用于地下水位较低，基槽经常处于较干燥状态下的一般黏性土地基的加固。

4）砂垫层和砂石垫层

砂垫层和砂石垫层是将基础下面一定厚度的软弱土层挖除，然后用强度较高的砂或碎石等回填，并经分层夯实至密实，作为地基的持力层，以起到提高地基承载力、减少沉降、加速软弱土层排水固结、防止冻胀和消除膨胀土的胀缩等作用。施工前应将坑（槽）底浮土清除，且保证边坡稳定，防止塌方。槽底和两侧如有孔洞、沟、井和墓穴等，应在未做垫层前加以处理。施工中应按回填要求进行。

2. 夯实地基法

夯实地基法就是利用打夯工具或机具（如木人、石碾、铁碾、蛙式打夯机、火力夯、电力夯、重锤夯、强力夯等）夯击土壤，排出土壤中的水分，加速土壤的固结，以提高土壤的密实度和承载力的方法。其中，强力夯是用起重机械将大吨位夯锤（一般不小于 8 t）起吊到很高处（一般不小于 6 m），自由落下，对土体进行强力夯实。其作用机理是用很大的冲击能（一般为 500～800 kJ），使土中出现冲击波和很大的应力，迫使土中孔隙压缩，土体局部液化，夯击点周围产生裂隙，形成良好的排水通道，土体迅速固结，适用于黏性土、湿陷性黄土及人工填土地基的深层加固。但强力夯所产生的振动对现场周围已建成或在建的建筑物及其他设施有影响时，不得采用，必要时，应采取防振措施。

1）夯实机理

非饱和土体是由固相、液相和气相三部分组成的。冲击引起的振动在土中以振动波的形式向地下传播，这种振动波可分为体波和面波两大类。体波包括压缩波和剪切波，可在土体内部传播；而面波如瑞利波，只能在地表土层中传播。压缩波的质点运动属于平行于波阵方向的一种推拉运动，这种波使孔隙水压力增大，同时还使土粒错位。剪切波的质点运动引起和波阵面方向正交的横向位移，而瑞利波的质点运动则由水平和竖向分量所组成。剪切波和瑞利波的水平分量使土颗粒受剪，可使土得到密实；瑞利波的竖向分量起到松动的作用。巨大的夯击能量产生的冲击波和动应力在土中传播，使孔隙中气泡迅速排出或压缩，孔隙体积减小，形成较密实的结构。这种体积变化和塑性变化使土体在外荷载作用下达到新的稳定状态。可以认为非饱和土的夯实变形主要是由土颗粒的相对位移引起的。

夯击点位置可根据基础平面形状进行布置:对于某些基础面积较大的建筑物或构筑物,为便于施工,可按等边三角形或正方形布置夯点;对于办公楼、住宅建筑等,可根据承重墙位置布置夯点,一般采用等腰三角形布点,这样可保证横向承重墙以及纵墙和横墙交界处墙基下均有夯点;对于工业厂房,可以按柱网来设置夯击点。强夯夯击点布置宜采用等边三角形或正方形。对独立基础或条形基础,可根据基础形状与宽度相应布置。

夯点间距根据地基土的性质和要求加固深度来确定,以保证夯击能量能传递到深处和保护邻近夯坑周围所产生的辐射向裂隙。对于细颗粒土,为便于超孔隙水压力消散,夯点间距不宜过小,要求加固深度较大时,第一遍的夯点间距要适当大些。《建筑地基处理技术规范》(JGJ 79—2012)规定,强夯第一遍夯击点间距可取夯锤直径的 2.5 ~ 3.5 倍,第二遍夯击点位于第一遍夯击点之间,以后各遍夯击点间距可适当减小。强夯置换法夯击点间距一般比强夯法大,其间距应根据荷载大小和原土的承载力选定,当满堂布置时可取夯锤直径的 2 ~ 3 倍,对独立基础或条形基础可取夯锤直径的 1.5 ~ 2.0 倍。墩的计算直径可取夯锤直径的 1.1 ~ 1.2 倍。

2)重锤夯实法

重锤夯实法是用起重机械将夯锤提升到一定高度时,利用自由下落的冲击能重复夯打击实地基土表面,使其形成一层比较密实的硬壳层,从而使地基得到加固。

(1)重锤夯实设备。

重锤夯实使用的起重设备是带有摩擦式卷扬机的起重机。夯锤形状为一截头圆锥体,可用 C20 钢筋混凝土制作,其底部可采用 20 mm 厚钢板,以使重心降低。锤底直径一般为 0.7 ~ 1.5 m,锤重不小于 1.5 t。锤重与底面积的关系应符合锤重在底面上的单位静压力为 150 ~ 200 kPa。

(2)重锤夯实技术要求。

重锤夯实的效果与锤重、锤底直径、落距、夯实遍数和土的含水量有关。重锤夯实的影响深度大致相当于锤底直径,落距一般取 2.5 ~ 4.5 m,夯打遍数一般取 6 ~ 8 遍。随着夯实遍数的增加,夯沉量逐渐减少。所以,任何工程在正式夯实前,应先进行试夯,确定夯实参数。在试夯及地基夯实时,必须使土处在最优含水量范围内,才能得到最好的夯实效果。基坑(槽)的夯实范围应大于基础底面,每边应比基础设计宽度加宽 0.3 m 以上,以便于底面边角夯打密实。基坑(槽)边坡应适当放缓。夯实前,坑(槽)底面应高出设计标高,预留土层的厚度可为试夯时的总夯沉量再加 50 ~ 100 mm。在大面积基坑或条形基槽内夯打时,应按一夯挨一夯的顺序进行。在一次循环中,同一夯位应连夯两击,下一循环的夯位应与前一循环错开 1/2 锤底直径,落锤应平稳,夯位应准确。在独立柱基基坑内夯打时,一般采用先周边后中间或先外后里的跳夯法进行。夯实完后应将基坑(槽)表面修整至设计标高。

3)强夯法

强夯法是用起重机械将重锤(一般 10 ~ 40 t)吊起从高处(一般 6 ~ 30 m)自由落下,对地基反复进行强力夯实的地基处理方法。强夯所产生的振动和噪声很大,对周围建筑物和其他设施有影响,在城市中心不宜采用,必要时应采取挖防震沟(沟深要超过建筑物基础深)等防震、隔振措施。

(1)强夯机具设备。

强夯法的主要设备包括夯锤、起重设备、脱钩装置等。

① 夯锤。夯锤可用钢材制作,或以钢板为外壳、内部焊接骨架后灌注混凝土制成(夯锤底面为方形或圆形)。锤底面积宜按土的性质确定,锤底接地静压力值可取 25 ~ 40 kPa,对于细颗粒土,锤底接地静压力宜取较小值。夯锤的底面宜对称设置若干个与其顶面贯通的排气孔,孔径可取 250 ~ 300 mm。

第 2 章　地基处理与桩基础工程

② 起重机械。宜选用起重能力 15 t 以上的履带式起重机或其他专用起重设备，但必须满足夯锤起吊重量和提升高度的要求，并均需设安全装置，防止夯击时臂杆后仰。

③ 自动脱钩装置。要求有足够强度，起吊时不产生滑钩；脱钩灵活，能保持夯锤平稳下落；挂钩方便、迅速。

④ 检测设备。检测设备包括标准贯入度、静力触探或轻便触探等设备以及土工常规试验仪器。

（2）施工工艺和技术要求。

① 工艺流程。场地平整→布置夯位→机械就位→夯锤起吊至预定高度→夯锤自由下落→按设计要求重复夯击→低能量夯实表层松土。

② 施工技术要求。强夯施工场地应平整并能承受夯击机械荷载，施工前必须清除所有障碍物及地下管线。

强夯机械必须符合夯锤起吊重量和提升高度要求，并设置安全装置，防止夯击时起重机臂杆在突然卸重时发生后倾和减小臂杆的振动。安全装置一般采用在臂杆的顶部用两根钢丝绳锚系到起重机前方的推土机上。不进行强夯施工时，推土机可作平整场地用。

强夯施工必须严格按照试验确定的技术参数进行控制。强夯时，首先应检验夯锤是否处于中心，若有偏心应采取在锤边焊钢板或增减混凝土等方法使其平衡，防止夯坑倾斜。夯击时，落锤应保持平稳，夯位要正确，如有错位或坑底倾斜度过大，应及时用砂土将坑整平，予以补夯后方可进行下一道工序。夯击深度应用水准仪测量控制，每夯击一遍后，应测量场地下沉量，然后用土将夯坑填平，方可进行下一遍夯实。施工平均下沉量必须符合设计要求。

对于淤泥及淤泥质土地基的强夯，通常采用开挖排水盲沟（盲沟的开挖深度、间距、方向等技术参数应根据现场水文、地质条件确定），或在夯坑内回填粗骨料进行置换强夯。

强夯时会对地基及周围建筑物产生一定的振动，夯击点宜距现有建筑物 15 m 以上，如间距不足，可在夯点与建筑物之间开挖隔振沟带，其沟深要超过建筑物的基础深度，并有足够的长度，或把强夯场地包围起来。

施工完毕后应按《建筑地基基础工程施工质量验收规范》（GB 50202）规定的项目和标准进行验收，验收合格后方可进行下一道工序的施工。

根据实践经验，我国科研人员修正了法国梅纳最初提出的公式，按下式计算有效加固深度：

$$h = \alpha \sqrt{M \cdot H} \tag{2-1}$$

式中　H——加固土深度（m）；

　　　M——夯锤重量（kN）；

　　　h——落距（m）；

　　　α——折减系数，与土质、锤型、能级、施工工艺等有关，一般黏性土取 0.5，砂性土取 0.7，黄土取 0.35。

3. 预压法

预压法就是利用压路机、羊足碾、轮胎碾等机械碾压地基土壤，使地基压实排水固结的方法。也可采用预压固结法，即先在地基范围的地面上，堆置重物预压一段时间，使地基压密，以提高承载力，减少沉降量。为了在较短时间内取得较好的预压效果，要注意改善预压层的排水条件，常用的方法有砂井堆载预压法、袋装砂井堆载预压法、塑料排水带堆载预压法和真空预压法。

1）砂井堆载预压法

砂井堆载预压法是指在预压层的表面铺砂层，并用砂井穿过该土层，以利排水固结（图 2.1）。砂井直径一般为 300 ~ 400 mm，间距为砂井直径的 6 ~ 9 倍。

2）袋装砂井堆载预压法

袋装砂井堆载预压法是将砂先装入用聚丙烯编织布或玻璃纤维布、黄麻片、再生布等所制成的砂袋中，再将砂袋置于井中。井径一般为 70～120 mm，间距为 1.5～2.0 m。此法不会产生缩颈、断颈现象，透水性好，费用低，施工速度快。

3）塑料排水带堆载预压法

塑料排水带堆载预压法是将塑料排水带用插排机将其插入软土层中，组成垂直和水平排水体系，然后堆载预压，土中孔隙水沿塑料带的沟槽上升溢出地面，从而使地基沉降固结。

图 2.1　砂井地基
1—砂井；2—砂垫层；3—永久性填土；4—临时超载填土

图 2.2　真空预压地基
1—砂井；2—砂垫层；3—薄膜；4—抽水、气；5—黏土

4）真空预压法

真空预压法是利用大气压力作为预压荷载，无须堆载加荷。它是在地基表面砂垫层上覆盖一层不透气的塑料薄膜或橡胶布，四周密封，与大气隔绝，然后用真空设施进行抽气，使土中孔隙水产生负压力，将土中的水和空气逐渐吸出，从而使土体固结（图 2.2）。为了加速排水固结，也可在加固部位设置砂井、袋装砂井或塑料排水带等竖向排水系统。

4. 挤密桩施工法

先用带桩靴的工具式桩管打入土中，挤压土壤形成桩孔，然后拔出桩管，再在桩孔中灌入砂石或石灰、素土、灰土等填充料进行捣实，或者随着填充料的灌入逐渐拔出桩管。这种方法最适用于加固松软饱和土地基，其原理就是挤密土壤、排水固结，以提高地基的承载力，所以也称为挤密桩。桩的填充料是水泥、石屑、碎石、粉煤灰和水的拌和物，是一种低强度混凝土桩，是近年发展起来的处理软弱地基的一种新方法，具有较好的技术性能和经济效果，不但能提高地基的承载力，还可将荷载传递到深层地基中去。

此外，根据地基土质不同，亦可采用振动成孔器或振冲器成孔后灌入砂石挤密土壤。

1）灰土挤密桩

灰土挤密桩是利用锤击将钢管打入土中，侧向挤密土体形成桩孔，将管拔出后，在桩孔中分层回填 2：8 或 3：7 灰土并夯实而成，它与桩间土共同组成复合地基，承受上部荷载。

2）砂石桩

砂桩和砂石桩统称砂石桩，是利用振动、冲击或水冲等方式在软弱地基中成孔后，再将砂或砂卵石（或砾石、碎石）挤压入土孔中，形成大直径的由砂或砂卵（碎）石所构成的密实桩体，以起到挤密周围土层、增加地基承载力的作用。

3）水泥粉煤灰碎石桩

水泥粉煤灰碎石桩（Cement Fly-ash Gravel Pile）简称 CFG 桩，是近年发展起来的处理软弱地

基的一种新方法。它是在碎石桩的基础上掺入适量石屑、粉煤灰和少量水泥，加水拌和后制成的具有一定强度的桩体，其工艺流程见图 2.3。

（a）打入桩管（b）灌水泥、粉煤灰（c）成桩（d）碎石振动拔管

图 2.3　水泥粉煤灰碎石桩工艺流程

1—桩管；2—水泥粉煤灰碎石桩

（1）主要施工机具设备。

CFG 桩施工主要使用的机具设备有长螺旋钻机、振动沉拔管桩机或泥浆护壁成孔桩所采用的钻机和混合料输送泵。

（2）材料和质量要求。

① 水泥。根据工程特点、所处环境以及设计、施工的要求，可选用强度等级为 32.5 以上的普通硅酸盐水泥。施工前，对所用水泥应检验其初终凝时间、安定性和强度，作为生产控制和进行配合比设计的依据，必要时应检验水泥的其他性能。

② 褥垫层材料。褥垫层材料宜用中砂、粗砂、碎石或级配砂石等，最大粒径不宜大于 30 mm；不宜选用卵石，卵石咬合力差，施工扰动容易使褥垫层厚度不均匀。

③ 碎石、石屑、粉煤灰。碎石粒径为 20～50 mm，松散密度 1.39 t/m³，杂质含量小于 5%；石屑粒径为 2.5～10 mm，松散密度为 1.47 t/m³，杂质含量小于 5%；粉煤灰应选用Ⅲ级及Ⅲ级以上等级粉煤灰。

（3）施工工艺流程。

CFG 桩复合地基技术采用的施工方法有长螺旋钻孔灌注成桩，振动沉管灌注成桩，长螺旋钻孔、管内泵压混合料灌注成桩等。

① 长螺旋钻孔灌注成桩适用于地下水位以上的黏性土、粉土、素填土、中等密实以上的砂土。

② 振动沉管灌注成桩适用于粉土、黏性土及素填土地基。

③ 长螺旋钻孔、管内泵压混合料灌注成桩适用于黏性土、粉土、砂土以及对噪声或泥浆污染要求严格的场地。

（4）施工技术要求。

① 施工前应按设计要求由实验室进行配合比试验，施工时按配合比配制混合料。长螺旋钻孔、管内泵压混合料成桩施工的坍落度宜为 160～200 mm，振动沉管灌注成桩施工的坍落度宜为 30～50 mm，振动沉管灌注成桩后桩顶浮浆厚度应小于 200 mm。

② 桩机就位后，应调整沉管与地面垂直，确保垂直度偏差不大于 1%；对满堂布桩基础，桩位偏差不应大于 0.4 倍桩径；对条形布桩，桩位偏差不应大于 0.25 倍桩径；对单排布桩，桩位偏差不应大于 60 mm。

③ 应控制钻孔或沉管入土深度，确保桩长偏差在 ±100 mm 范围内。

④ 长螺旋钻孔、管内泵压混合料成桩施工在钻至设计深度后，应准确掌握提拔钻杆时间，混合料泵送量应与拔管速度相配合，遇到饱和砂土或饱和粉土层时，不得停泵待料；沉管灌注成桩施工

拔管速度应均匀，宜控制在 1.2～1.5 m/min，如遇淤泥土或淤泥质土，拔管速度可适当放慢。

⑤ 施工时，桩顶标高应高出设计标高，高出长度应根据桩距、布桩形式、现场地质条件和施打顺序等综合确定，一般不应小于 0.5 m。

⑥ 成桩过程中，抽样做混合料试块，每台机械一天应做一组（3 块）试块（边长 150 mm 的立方体），标准养护，测定其立方体 28 d 的抗压强度。

⑦ 冬期施工时混合料入孔温度不得低于 5 ℃，对桩头和桩间土应采取保温措施。

⑧ 施工完毕待桩体达到一定强度后（一般为 3～7 d），方可进行土方开挖。挖至设计标高后，应清除桩间土，剔除多余的桩头。在清土和截桩时，不得造成桩顶标高以下桩身断裂和扰动桩间土。

⑨ 褥垫层厚度宜为 150～300 mm，由设计确定。施工时虚铺厚度 $h = \Delta H / \lambda$，其中 λ 为夯填度，一般取 0.87～0.90。虚铺完成后宜采用静力压实至设计厚度；当基础底面下桩间土的含水量较小时，也可采用动力夯实法。对较干的砂石材料，虚铺后可适当洒水再进行碾压或夯实。

5. 深层搅拌法

深层搅拌法是指用旋喷或深层搅拌加固地基的方法。其原理是利用高压射流切削土壤，旋喷浆液（水泥浆、水玻璃、丙凝等），搅拌浆土，使浆液和土壤混合，凝结成坚硬的柱体或土壁。同理，化学加固中的硅化法、水泥硅化法和电动硅化法均是将水玻璃和氯化钙或水泥浆注入土中，使其扩散生成二氧化硅的胶体与土壤胶结"岩化"，亦是基于拌和的结果。

深层搅拌法是利用水泥浆作固化剂，采用深层搅拌机在地基深部就地将软土和固化剂充分拌和，利用固化剂和软土发生一系列物理、化学反应，使之凝结成具有整体性、水稳性好和较高强度的水泥加固体。它可与天然地基形成竖向承载的复合地基，也可作为基坑工程中的围护挡墙、被动区加固、防渗帷幕以及大体积水泥稳定土等，加固体形状可分为柱状、壁状、格栅状或块状等。

1）主要施工机具

深层搅拌法所用的施工机具主要有深层搅拌机、起重机、灰浆搅拌机、灰浆泵、冷却泵、机动翻斗车等。常用深层搅拌机的主要性能见表 2.2。

表 2.2　常用深层搅拌机的技术性能

功能项目	型　号			
	SJB-1	SJB30	SJB40	GPP-5
电机功率/kW	2×30	2×30	2×40	—
额定电流/A	—	2×60	2×75	—
搅拌轴转数/（r/min）	46	43	43	28、50、92
额定扭矩/（N·m）	—	2×6400	2×8500	—
搅拌轴数量/根	2	2	2	—
搅拌头距离/mm	—	515	515	—
搅拌头直径/mm	700～800	700	700	500
一次处理面积/m²	0.71～0.88	0.71	0.71	—
加固深度/m	12	10～12	15～18	12.5
外形尺寸（主机）/mm	—	950×482×1 617	950×482×1 737	4 140×2 230×15 490
总重量（主机）/t	4.5	2.25	2.45	—
最大送粉量/（kg/min）	—	—	—	100
储料量/kg	—	—	—	200
送料管直径/mm	—	—	—	50
最大送粉压力/MPa	—	—	—	0.5

第 2 章　地基处理与桩基础工程

2）对材料的要求

深层搅拌桩加固软土的固化剂可选用水泥，掺入量一般为加固土重的 7%~15%，每加固 1 m，土体掺入水泥约 110~160 kg。SJB-1 型深层搅拌机还可用水泥砂浆作固化剂，其配合比为 1：1~1：2（水泥：砂）。为增强流动性，可掺入水泥重量 0.2%~0.25% 的木质素磺酸钙减水剂，另加 1% 的硫酸钠和 2% 的石膏以促进速凝、早强。水灰比为 0.43~0.50；水泥砂浆稠度为 11~14 cm。

3）施工工艺与施工方法

（1）工艺流程。

水泥土搅拌桩的施工程序为：地上（下）清障→深层搅拌机定位、调平→预搅下沉至设计加固深度→配制水泥浆（粉）→边喷浆（粉）边搅拌提升至预定的停浆（灰）面→重复搅拌下沉至设计加固深度→重复喷浆（粉）或仅搅拌、提升至预定的停浆（灰）面→关闭搅拌机、清洗→移至下一根桩。

（2）施工要点。

① 施工时，先将深层搅拌机用钢丝绳吊挂在起重机上，用输浆胶管将储料罐、灰浆泵与深层搅拌机接通，开通电动机，借设备自重以 0.38~0.75 m/min 的速度沉至要求的加固深度；再以 0.3~0.5 m/min 的均匀速度提起搅拌机，与此同时开动灰浆泵，将水泥浆从深层搅拌机中心管不断压入土中，由搅拌叶片将水泥浆与深层处的软土搅拌，边搅拌边喷浆直到提至设计标高停浆，即完成一次搅拌过程。用同样的方法再一次重复搅拌下沉和重复搅拌喷浆上升，即完成一根柱状加固体。其外形呈"8"字形（轮廓尺寸：纵向最大为 1.3 m，横向最大为 0.8 m），一根接一根搭接，搭接宽度根据设计要求确定，一般宜大于 200 mm，以增强其整体性，即形成壁状加固体。几个壁状加固体连成一片，即形成块状体。

② 搅拌桩的桩身垂直偏差不得超过 1.5%，桩位的偏差不得大于 50 mm，成桩直径和桩长不得小于设计值。当桩身强度及尺寸达不到设计要求时，可采用复喷的方法。搅拌次数以一次喷浆、二次搅拌或二次喷浆、二次搅拌为宜，且最后一次提升搅拌宜采用慢速提升。

③ 施工时设计停浆面一般应高出基础底面标高 0.5 m，在基坑开挖时，应将高出的部分挖去。

④ 施工时若因故停喷浆，宜将搅拌机下沉至停浆点以下 0.5 m，待恢复供浆时，再喷浆提升。若停机时间超过 3 h，应清洗管路。

⑤ 壁状加固时，桩与桩的搭接时间不应大于 24 h，如间歇时间过长，应采取钻孔留出样头或局部补桩、注浆等措施。

⑥ 搅拌桩施工完毕应养护 14 d 以上才可开挖基坑，基底标高以上 300 mm 应采用人工开挖。

图 2.4 所示为水泥土深层搅拌桩施工工艺流程。深层搅拌机定位启动后，叶片旋转切削土壤，借设备自重下沉至设计深度；然后缓慢提升搅拌机，同时喷射水泥浆或水泥砂浆进行搅拌，待搅拌机提升到地面时，再原位下沉提升搅拌一次，这样便可使浆土均匀混合形成水泥土桩。

图 2.4　深层搅拌桩施工工艺流程

水泥土桩由于水泥在土中形成水泥石骨架，使土颗粒凝聚、固结，从而成为具有整体性、水密性较好、强度较高的水泥加固体。在工程中除用于对软土地基进行深层加固外，也常用于深基坑的支护结构和防水、防流砂的防渗墙。

图 2.5 所示则为单管旋喷桩的施工流程。它是利用钻机把带有特殊喷嘴的注浆管钻至设计深度后，用高压脉冲泵将水泥浆液由喷嘴向四周高速喷射切削土层，与此同时将旋转的钻杆徐徐提升，使土体与水泥浆在高压射流作用下充分搅拌混合，胶结硬化后即形成具有一定强度的旋喷桩。

（a）钻机就位钻孔　　（b）钻孔至设计标高　　（c）旋喷开始　（d）边旋喷边提升（e）旋喷结束成桩

图 2.5　单管旋喷桩施工工艺流程

单管旋喷浆液射流衰减大，成桩直径较小，为了获得大直径截面的桩，可采用二重管（即两根同心管，分别喷水、喷浆）旋喷或三重管（三根同心管，分别喷水、喷气、喷浆）旋喷。单管法和二重管法还可用注浆管射水成孔，无须用钻机成孔。

喷浆方式有旋喷、定喷和摆喷三种，能分别获得柱状、壁状和块状加固体。为此，旋喷法可用于处理地基，控制加固范围；可用于桩、地下连续墙、挡土墙、防渗墙、深基坑支护结构的施工和防管涌、流砂的技术措施。

2.2　桩基础工程

深基础一般在软弱土层上修筑建筑物，浅层地基的强度和变形不能满足要求时采用。深基础分为桩基础、墩柱式基础、沉井基础、地下连续墙等。桩基础是用承台或梁将沉入土中的桩联系成一个整体，以便承受上部结构荷载的一种基础。作为一种柱状构件，桩基础的作用是将上部结构的荷载传递到较硬、较密实、压缩性较小的土层或岩石上。桩基础按按受力情况分为端承桩和摩擦桩，按材料分为木桩、混凝土桩、钢筋混凝土桩、预应力混凝土桩和钢桩。

钢筋混凝土预制桩能承受较大的荷载，沉降变形小，施工速度快，故在工程中被广泛应用，常用的有实心方桩和预应力管桩。实心方桩截面边长一般为 200～600 mm；单根桩的最大长度根据打桩架的高度而定，一般在 27 m 以内；如需打入 30 m 以上的桩，则将桩预制成几段，在打桩过程中逐段接长。预应力管桩在工厂采用成套钢管胎膜用离心法生产，可大大减轻桩的自重；桩外径多为400～500 mm，壁厚为 80～100 mm；每节桩长度为 5 m、10 m、12 m 不等；桩段之间可用焊接或法兰螺栓连接，首节桩底端可设桩尖，亦可开口。

本节着重介绍预制钢筋混凝土实心方桩的施工，分预制桩和就地灌注桩两种。

第 2 章 地基处理与桩基础工程

2.2.1 钢筋混凝土预制桩施工

钢筋混凝土桩坚固耐久、不受地下水和潮湿的影响，可做成各种需要的断面和长度，能承受较大的荷载，应用广泛。

预制桩分为实心桩和管桩。实心桩大多为方形，断面一般为 200 mm × 200 mm ~ 450 mm × 450 mm，单桩长度一般为 27 m，必要时可到 31 m，超过 30 m 时一般分段预制，打桩过程中接桩。管桩一般在工厂内用离心法预制而成，与实心桩相比大大降低自重，外径为 400 mm、550 mm。

钢筋混凝土预制桩施工过程包括预制、起吊、运输、堆放和沉桩。对于这些不同的施工过程要根据工艺条件、土质情况、荷载特点等予以综合考虑，以便拟出合理的施工方案和技术措施。

1. 桩的预制、起吊、运输和堆放

1）桩的预制

较短的桩（10 m 以下）一般在预制厂预制，较长的桩一般在场内或场地附近预制。

预制时，两个以上吊点的桩根据打桩顺序来确定桩尖朝向，因为桩架上的滑轮有左右之分。钢筋混凝土预制桩的制作有并列法、间隔法、叠浇法、翻模法等，现场多采用叠浇法、间隔法制作。制作程序如下：现场布置→场地平整→浇地坪混凝土→支模→绑扎钢筋，安装吊环→浇筑桩混凝土→养护至 30%强度拆模→支土层模，涂刷隔离剂→重叠生产浇筑第 2 层桩→养护→起吊→运输→堆放。

预制场地要求：平整夯实，防止浸水沉陷。桩的制作场地应平整、坚实，不得产生不均匀沉降。当场地限制，叠浇预制桩时，其层数应根据地面承载能力和施工要求而定，一般不超过 4 层，必须在邻桩和下层桩达到设计强度等级的 30%后方可进行。重叠浇筑层数不宜超过 4 层，水平方向可采用间隔法施工。桩与桩、桩与底模间应涂刷隔离剂，防止黏结。

预制桩一般从通用图集中选取。纵向钢筋直径不宜小于 14 mm。配筋率与沉桩方法有关：锤击沉桩不宜小于 0.8%，静力压桩不宜小于 0.4%。制作时桩的纵向钢筋宜对焊连接，接头位置应相互错开。桩的主筋位置必须正确，保护层厚度不能过厚，以 25 mm 为宜，以防打桩时剥落。桩尖一般用钢板或粗钢筋制作，与钢筋骨架焊牢。桩顶设置钢筋网片，上下两端一定范围内的箍筋应加密（图 2.6）。

桩的混凝土强度等级不宜低于 C30（静压法沉桩时不宜低于 C20），混凝土浇筑时应由桩顶向桩尖连续浇筑，一次完成，不得中断。洒水养护时间不少于 7 d。桩的制作偏差应符合有关规范要求。桩顶应制作平整，否则易打偏或打坏。每根桩上标明编号和制作日期、（不设吊环时）绑扎位置。

桩的质量要求：

（1）表面平整、密实，掉角深度不得大于 10 mm，局部蜂窝和掉角面积不超过桩全面积的 0.5%，且不得过分集中。

（2）混凝土收缩裂纹深度不超过 20 mm，宽度不大于 0.25 mm。

（3）桩顶、桩尖不得有蜂窝、麻面、裂缝和掉角。

2）桩的起吊

预制桩需待桩身混凝土达到设计强度的 70%方可起吊，强度达到 100%才能运输和打桩，否则需作抗裂验算。

吊点位置确定原则：3 个及以下的吊点，按正、负弯矩相等计算；3 个以上的吊点，按反力相等计算。

当桩的混凝土达到设计强度的 70%后方可起吊，达到 100%后方可运输和打桩。如提前起吊，必须做强度和抗裂度验算，并采取相应的保证措施。由于桩的抗弯能力低，起吊弯矩往往是控制纵向钢筋的主要因素，因此吊点应符合设计规定，满足起吊弯矩最小（或正负弯矩相等）的原则（图 2.7）。在起吊和运输时必须做到平稳，不得损坏。如桩未设吊钩，捆绑时钢丝绳与桩之间应加衬垫，以免损坏棱角。

图 2.6　预制桩构造示意图　　　　图 2.7　桩的合理吊点位置

3）桩的运输和堆放

打桩前，需将桩从预制处运至现场堆放或直接运到桩架前以备打入土中。宜根据打桩顺序和速度，随打随运，这样可以减少二次搬运。

运桩前应检查混凝土质量、尺寸、桩靴牢固性及打桩标志；运到现场后检查外观，不合要求时，要与设计共同研究解决。

桩的运输方式：当运距较小时，桩采用滚筒（垫托板）、卷扬机或汽车、拖拉机运输；当运距较大时，采用轻便轨道小平台车运输。桩在运输中的支点应与吊点一致。

桩堆放时，场地应平整、坚实、排水畅通。垫木间距应与吊点位置相同，各层垫木应位于同一垂直线土。堆放层数不宜超过 4 层；对不同规格、不同材质的桩应分别堆放。

2. 沉桩前的准备工作

桩基础施工以前，应根据工程规模大小和复杂程度，编制分部工程施工方案，其内容包括：施

第 2 章　地基处理与桩基础工程

工法；沉桩机具设备的选择；现场准备工作；沉桩顺序和进度要求；现场平面布置；桩的预制、运输、堆放；质量安全措施以及劳动力、材料、机具设备供应计划等。

现场准备：处理障碍物、平整场地、抄平放线、铺设水电管网、沉桩机械设备的进场和安装以及桩的供应。

1）处理障碍物

处理空中、地上、地下的障碍物，如电线、旧建筑基础等，并对周围 10 m 内的建筑作全面检查，对危房和危险构筑物进行加固。

2）平整场地

建筑物基线以外 4～6 m 的区域作适当平整，做到平整坚实，桩架移动路线坡度小于 1%，修筑运输道路，落实排水措施。

3）抄平放线

现场或附近设两个以上水准点，抄平场地和检查桩入土深度，根据建筑物的轴线定桩位，偏差不大于 20 mm。

3. 沉桩方式

预制桩的沉桩方法有锤击法、振动法、静压法及水冲法等，其中以锤击法与静压法应用较多。

1）锤击沉桩

（1）打桩设备。

打桩设备包括桩锤、桩架及动力装置三部分，通过动力装置将桩锤提起，落到桩顶产生冲击力，使桩沉入土中。选择打桩设备时主要考虑桩锤与桩架。

桩架的作用是将桩提升就位，打桩过程中引导桩的方向，保证桩能沿着所要求的方向冲击。

动力装置包括驱动桩锤及卷扬机的动力设备（锅炉、空气压缩机等）和管道、滑轮组和卷扬机等。

① 桩锤。桩锤是对桩施加冲击力、打桩入土的主要机具，有落锤、汽锤、柴油锤、液压锤等。

Ⅰ. 落锤。落锤采用人力或卷扬机起吊桩锤，然后使其自由下落。利用锤的重力夯击桩顶，使之入土。落锤为铸铁块，质量为 0.5～1.5 t。其构造简单、使用方便、费用低，能随意调整其落锤高度，但施工速度慢、效率低，且桩顶易被打坏。落锤在软土层中应用较多，适用于施打小直径的钢筋混凝土预制桩或小型钢桩。

Ⅱ. 汽锤。汽锤是以蒸汽或压缩空气为动力进行锤击的，前者需要配备一套锅炉设备对桩锤外供蒸汽。根据其工作情况又可分为单动汽锤与双动汽锤。单动汽锤（图 2.8）质量为 1～15 t，常用为 3～10 t，冲击体只在上升时耗用动力，下降时依靠自重。单动汽锤冲击力较大，每分钟锤击数为 25～30 次，效率较高，可以施打各种类型的桩。双动汽锤（图 2.9）质量一般为 1～7 t。其外壳（汽缸）固定在桩头上，锤在外壳内上下运动。冲击体的升降均由蒸汽或压缩空气推动。双动汽锤冲击次数多达每分钟 100～200 次，工作效率高，因此适宜打各种类型的桩，还可用于拔桩、打斜桩及水下打桩。

Ⅲ. 柴油锤。柴油锤（图 2.10）是利用柴油燃烧爆炸，推动锤体往复运动打击桩体。汽缸下落时打桩，同时压缩缸内气体至燃烧，产生压力使汽缸上抛，进行第二次冲击。柴油锤按构造分为筒式、活塞式和导杆式 3 种，重 0.3～10 t。其体积小、锤击能量大、打桩迅速，每分钟锤击次数约 40～80 次，施工效率高。柴油锤可用于各类型桩及各种土层，但不适于硬土和松软土作业。在过软的土中作业往往会由于贯入度过大，汽缸燃烧时不能提供足够的反作用力，汽缸上升的高度不够，再次下落时不能保证将汽缸内的气体压缩到燃烧，柴油锤将停止工作。此外，由于振动、噪声、废气污染等公害，柴油锤在城市中施工受到一定限制。

图 2.8 单动汽锤　　　　图 2.9 双动汽锤

1—汽缸；2—活塞杆；3—活塞；4—活塞提升室；　　1—桩；2—垫座；3—冲击部分；
5—进汽口；6—排汽口；7—换向阀门　　　　4—蒸汽缸　　　　图 2.10 柴油锤构造示意图

Ⅳ. 液压锤。液压锤通过液压油提升和降落冲击缸体，缸体下部充满氮气。缸体下落时，冲击头先对桩头施加压力，可压缩的氮气再对桩施加压力，使压力施加过程加长，能获得更大的贯入度。液压锤分单作用液压锤和双作用液压锤。对于前者，冲击缸体通过液压装置提升后快速释放，自由下落打击桩体；对于后者，下落时以液压驱使下落，冲击缸体能获得更大加速度、更高的冲击速度与冲击能量，因此每一击能获得更大的贯入度。

液压锤具有很好的工作性能，不排出废气、无噪声、冲击频率高，并适合于水下打桩；但其构造复杂，造价高。软土中其启动性比柴油锤有很大改善；但因其结构复杂，维修保养工作量大、价格高，且作业效率比柴油锤低。

用锤击沉桩时，选择桩锤是关键。一是锤的类型；二是锤的质量。锤击应有足够的冲击能量，锤重应大于或等于桩重。实践证明，当锤重为桩重的 1.5～2.0 倍时，效果比较理想。桩锤过重，易将桩打坏。桩锤过轻，锤击能量的很大一部分被桩身吸收，回跳严重。施工中多采用"重锤轻击"方法，落距小、频率高，不易产生回跃与桩头受损，桩容易入土。锤重可参考表 2.3 进行选择。

表 2.3　锤重选择参考

锤型		柴油锤/t					
		2.0	2.5	3.5	4.5	6.0	7.2
锤的动力性能	冲击部分质量/t	2.0	2.5	3.5	4.5	6.0	7.2
	总质量/t	4.5	6.5	7.2	9.6	15.0	18.0
	冲击力/kN	2 000	2 000～2 500	2 500～4 000	4 000～5 000	5 000～700	7 000～10 000
	常用冲程/m	1.8～2.3					
桩的截面尺寸	混凝土预制桩的边长或直径/cm	25～35	35～40	40～45	45～50	50～55	55～60
	钢管桩直径/cm	40			60	90	90～100
持力层	黏性土粉土 一般进入深度/m	1.0～2.0	1.5～2.5	2.0～3.0	2.5～3.5	3.0～4.0	3.0～5.0
	静力触探比贯入阻力 P_t 平均值/MPa	3	4	5	>5		
	砂土 一般进入深度/m	0.5～1.0	0.5～1.5	1.0～2.0	1.5～2.5	2.0～3.0	2.5～3.5
	标准贯入击数 N（维修正）	15～25	20～30	30～40	40～45	45～50	50
常用的控制贯入度/(cm/10 击)		—	2～3		3～5	4～8	—
设计单位桩极限承载力/kN		400～1 200	800～1 600	2 500～4 000	3 000～5 000	5 000～7 000	7 000～10 000

第 2 章　地基处理与桩基础工程

② 桩架。

桩架的作用是吊桩就位、支持桩身、悬吊桩锤、在打桩过程中引导桩和桩锤的方向、保证桩的垂直度，还能起吊并小范围内移动桩。常见的桩架有两种：沿轨道行驶的多能桩架、装在履带底盘上的打桩架。

桩架高度应大于桩长、滑轮组高度、桩锤高度、桩帽及锤垫高度、起锤工作余位高度之和。采用落锤应包括落距高度。

桩架按其行走方式分类常有滚管式、履带式、轨道式及步履式等 4 种。

Ⅰ. 滚管式桩架：依靠两根滚管在枕木上滚动及桩架在滚管上滑动完成其行走及位移。这种桩架的优点是结构比较简单、制作容易、成本低，缺点是平面转向不灵活、操作复杂。

Ⅱ. 履带式桩架：以履带式起重机为底盘，增加立杆与斜杆用以打桩（图 2.11）。这种桩架具有垂直度调节灵活、稳定性好、装拆方便、行走迅速、适应性强、施工效率高等优点，适于各种预制桩和灌注桩施工，是目前常用的桩架之一。

Ⅲ. 轨道式桩架：需设置轨道，采用多电机分别驱动、集中操纵控制。它能吊桩、吊锤、行走、回转移位，导杆能水平微调和倾斜打桩，并装有升降电梯为打桩人员提供良好的操作条件。但这种桩架只能沿轨道开行，机动性能较差，施工不方便。

Ⅳ. 步履式桩架：通过两个可相对移动的底盘互为支撑、交替走步的方式前进，也可 360°回转。它不需铺设轨道，移动就位方便，打桩效率高。

桩架的选择应考虑下述因素：

桩的材料、桩的截面形状及尺寸大小、桩的长度及接桩方式、桩的数量、桩距及布置方式；

桩的数量、桩距及布置方式；

桩锤的形式、尺寸及重量；

现场施工条件、打桩作业空间及周边环境；

施工工期及打桩速率要求。

图 2.11　履带式打桩架构造图

桩架的高度必须适应施工要求。它一般等于桩长 + 桩帽高度 + 桩锤高度 + 滑轮组高度 + 起锤移位高度（取 1~2 m）。

（2）打桩施工。

打桩前应做好各种准备工作，包括清除障碍物、平整场地、定位放线、水电安装、安设桩机、确定合理打桩顺序等。桩基轴线定位点应设在打桩影响范围之外，水准点至少 2 个以上。依据定位轴线，将图上桩位一一定出，并编号记录在案。

① 打桩顺序。

打桩顺序的选择应结合地基土的挤压情况、桩距大小、桩机性能及工作特点、工期要求等因素综合确定。打桩顺序合理与否，直接影响打桩进度和施工质量及周围环境。

当桩较稀疏时（桩中心距大于 4 倍桩边长或桩径），可采用分段迎面打桩、横向逐排打桩上（图 2.12（a）、（b））。逐排打设时，桩架单方向移动，打桩效率高，但打桩前进方向一侧不宜有防侧移、防振动的建筑物、构筑物、地下管线等，以防被土体挤压破坏。由于土体的挤压使后打的桩打入困难，造成打入深度逐渐减小，建筑物会产生不均匀沉降。

61

当桩较密集时（桩中心距小于或等于 4 倍桩边长或桩径），一般当相邻桩中心距小于 4 倍桩径时应拟订合理的打桩顺序，应由中间向两侧对称施打或由中间向四周施打（图 2.12（c）、（d））。这样，打桩时土体由中间向两侧或向四周均匀挤压，易于保证施工质量。当桩数较多时，也可分区段施打。

（a）　　　　　　　（b）　　　　　　　（c）　　　　　　　（d）

图 2.12　打桩顺序

当施工区毗邻建筑物或地下管线时，应由被保护的一侧向另一方向施打，避免建筑物开裂或管线破裂。当基坑较大时，应将基坑划分为数段，并在各段范围内分别按上述顺序打桩。但各种情况下均不应采取自外向内或自周边向中间的打桩顺序，以避免中间土体挤压过密，使后续桩难以打入，或虽勉强打入，但使邻桩侧移或冒土。

根据桩的设计标高，先深后浅；根据桩的规格，先大后小，先长后短。

高层建筑塔楼（高层）与裙房（低层）的关系，宜先高后低。

打桩顺序应考虑到桩架移动工作量，打桩机是往后"退打"还是往前"顶打"，它涉及桩的运输和布置。打桩场地标高接近桩顶标高时，已打预制桩可能会留有一段在地面以上，影响桩机的前进，宜采用"退打"，随打随运，二次搬运量大。桩顶标高在场地标高以下可以"顶打"，桩可事先布置，减少二次搬运。

当桩需要打入地面以下时，采用一种工具式的短桩，一般长 2 ~ 3 m，多用钢材做成，置于桩顶，承受锤击。这一工具式短桩和这一施工工艺称为送桩。

此外，根据桩的设计标高及规格，打桩时宜先深后浅、先大后小、先长后短，这样可以减小后施工的桩对先施工桩的影响。因此，桩机移动一般是随打随后退。

② 打桩工艺。

打桩施工是确保桩基工程质量的重要环节，主要工艺过程如下：场地准备→确定桩位→桩机就位→吊起桩锤和桩帽→吊桩和对位→校正垂直度→自重插桩入土→固定桩帽和桩锤→校正垂直度→打桩→接桩→送桩→截桩等。

桩架就位后即可吊桩。将桩垂直对准桩位中心，缓缓送下，插入土中。桩插入时垂直偏差不得超过 0.5%。然后固定桩帽和桩锤，使桩身、桩帽、桩锤在同一铅垂线上。在桩锤和桩帽之间应加弹性衬垫，一般可用硬木、麻袋、草垫等。桩帽或送桩管与桩周围应有 5 ~ 10 mm 的间隙，以防损伤桩顶。

打桩宜采用"重锤低击"的方式。刚开始时，桩重心较高，稳定性不好，落距应较小。待桩入土至一定深度（约 2 m）且稳定后，再按规定的落距连续锤击。打桩过程不宜中断，否则，土壤固结会致使桩难以打入。用落锤或单动汽锤打桩时，最大落距不宜大于 1 m；用柴油锤时，应使锤跳动正常。在打桩过程中，遇有贯入度剧变，桩身突然发生倾斜、位移或有严重回弹，桩顶或桩身出现严重裂缝或破碎等异常情况时，应暂停打桩，及时研究处理。

如桩顶标高低于自然地面，则需用送桩管将桩送入土中，桩身与送桩管的纵轴线应在同一直线上。拔出送桩管后，桩孔应及时回填或加盖。

在打桩过程中，应做好沉桩记录，以便工程验收。

③ 接桩。

预制桩的接长方法有焊接法、法兰接以及浆锚法三种。前两种桩可用于各类土层，浆锚法仅适用于软土层。

第 2 章　地基处理与桩基础工程

焊接法接桩目前应用最多。接桩时检查上下节桩垂直度无误后，先将四角点焊固定，然后应两人同时于对角对称施焊，防止不均匀焊接变形。焊缝应连续饱满，上、下桩段间如有空隙，应用铁片填实焊牢。接长后，桩中心线偏差不得大于 10 mm，节点弯曲矢高不得大于 0.1%桩长。

法兰接桩是用法兰盘和螺栓联结，用于预应力管桩，接桩速度快。

浆锚法上节桩预留锚筋，下节桩预留锚筋孔（孔径为锚筋的 2.5 倍）。接桩时，上下对正，将熔化的硫黄胶泥注满锚筋孔和接头平面，然后将上节桩落下即可。该法不利于抗震，一级建筑的桩基或承受上拔力的桩应谨慎选用。

④ 打桩的质量控制。

打桩的质量检查主要包括沉桩过程中每米进尺的锤击数、最后 1 m 锤击数、最后 3 阵贯入度以及桩尖标高、桩身垂直度和桩位。

打桩停锤的控制原则为：摩擦桩的入土深度控制，应以设计标高为主，最后贯入度（最后 3 阵，每阵 10 击的平均入土深度，前提条件是打桩作业居于正常）可作参考；对于端承桩，以最后贯入度控制为主，而桩端标高仅作参考，如贯入度已达到设计要求而桩端标高未达到要求时，应继续锤击 3 阵，按每阵 10 击的贯入度不大于设计规定的数值加以确认，必要时应通过实验或与有关单位会商确定。

桩的垂直偏差应控制在 1%之内；平面位置的允许偏差应根据桩的数量、位置和桩顶标高按有关规范的要求确定，单排桩为 100 ~ 150 mm，多排桩为 1/3 ~ 1/2 桩径或边长。

⑤ 打桩对周围环境的影响及其防治。

打桩施工时对周围环境产生的不良影响主要有挤土效应、打桩产生的噪声和振动等问题。对环境的不利影响必须认真对待，否则将导致工程事故、经济和社会问题。

Ⅰ. 挤土效应。挤土效应是指在沉桩时土体中产生很高的超孔隙水压力和土压力，使之产生侧向位移和向上隆起，导致附近建筑物和市政管线发生变形，严重时甚至发生开裂或倾斜。可采取的措施如下：

a. 采用预钻孔沉桩法可减少地基土变位 30% ~ 50%，减少超孔隙压力值 40% ~ 50%。孔深一般为 1/3 ~ 1/2 桩长，直径比桩径小 50 ~ 100 mm。

b. 设置袋装砂井或塑料排水板，以消除部分超孔隙水压力、减少挤土现象。袋装砂井的直径一般为 70 ~ 80 mm，间距为 1 ~ 1.5 m，深度为 10 ~ 12 m；塑料排水板的间距及深度与其类似。

c. 采用井点或集水井降水措施降低地下水位，减小超孔隙水压力。

d. 选择合理的打桩设备和打桩顺序，控制打桩速度以及采用先开挖基坑后沉桩的施工顺序。

e. 设置防挤防渗墙。可采用打钢板桩、地下连续墙等措施，结合基坑围护结构综合考虑。

Ⅱ. 打桩振动。振动会导致相邻建筑物开裂、已沉桩上浮等危害，可采取的措施如下：

a. 在地面开挖防振防挤沟，能有效削弱振动的传播。防振沟一般宽 0.5 ~ 0.8 m，深度按沟边坡稳定考虑，宜超过被保护物的埋深。该方法可以与砂井排水等结合使用。

b. 在桩锤与桩顶之间加设特殊缓冲垫材或缓冲器。

c. 采用预钻孔法、水冲法、静压法相结合的施工工艺。

d. 设置减振壁（隔离板桩或地下连续墙），壁厚为 500 ~ 600 mm，深度为 4 ~ 5 m，距沉桩区 5 ~ 15 m 处减振效果显著，可减少振动 1/10 ~ 1/3。

Ⅲ. 打桩噪声。打桩噪声的危害取决于声压的大小，住宅区应控制在 70 ~ 75 dB，工商业区可控制在 70 ~ 80 dB。当沉桩区声压高于 80 dB 时，应采取如下防护措施，以减少噪声。

a. 控制噪声源，如选用适当的沉桩方法和设备，改进桩帽、垫材以及夹桩器。

b. 采用消声罩将桩锤封隔起来。

c. 采用遮挡防护。遮挡壁高度一般以 15 m 左右较为经济合理。

d. 时间控制防护，如午休和夜间停止沉桩，确保住宅区居民的正常生活和休息。

2）其他沉桩方式

（1）静力压桩。

静力压桩是利用桩机自重及配重来平衡沉桩阻力，在静压力的作用下将桩压入土中。由于施工中无振动、噪声和空气污染，故广泛应用于建筑物、地下管线较密集的地区。但它一般只适用于软弱土层。

静力压桩机分为机械式与液压式两种，前者只用于压桩，后者既能压桩也可拔桩。机械式压桩机如图 2.13 所示，是利用桩架自重和配重，通过滑轮组将桩压入土中。它由底盘、机架、动力装置等几部分组成，作业效率较低。液压式压桩机如图 2.14 所示。这种桩机采用液压传动，动力大、工作平稳，主要由桩架、液压夹桩器、动力设备及吊桩起重机等组成。压桩机作业时用起重机吊起桩体，通过液压夹桩器夹紧桩身并下压，沉桩入土。当夹桩器向上使力时，即可拔桩。

图 2.13　机械式压桩机

1—活塞压梁；2—油压表；3—桩帽；4—上端桩；5—配重；
6—底盘；7—轨道；8—预留钢筋；9—锚筋孔；
10—导笼口；11—操作平台；12—卷扬机；
13—滑轮组；14—桩架导向笼

图 2.14　液压式压桩机

1—操作室；2—桩；3—支腿平台；4—导向架；5—配重；
6—夹持装置；7—吊装拔杆；8—纵向行走装置；
9—横向行走装置

静力压桩一般分节进行，逐段接长。当第一节桩压入土中，其上端距地面 1 m 左右时将第二节桩接上，继续压入。压桩期间应尽量缩短停歇时间，否则土壤固结阻力大，致使桩压不下去。

接桩方法分为焊接法和浆锚法。焊接法消耗钢材较多，操作烦琐，影响工效，有时甚至影响压桩施工的顺利进行；浆锚法用热塑冷硬硫黄胶泥作为胶结材料，节约钢材，操作简便，接桩时间较短，有利于提高工效，保证压桩施工的顺利进行。

硫黄胶泥的重量配合比：硫黄∶水泥∶粉砂∶聚硫 780 胶 = 44∶11∶44∶1

硫黄∶石英砂∶石墨粉∶聚硫甲胶 = 60∶34.3∶3.5∶0.7

其中，聚硫 780 胶和聚硫甲胶是增塑剂，可改善胶泥韧性，并显著提高其强度。硫黄胶泥也可以作打桩的接桩。

与打桩相比，静力压桩有以下优点：

① 节约材料，降低成本。

锤击打入桩的混凝土强度是由施工中巨大的锤击应力控制的，其强度等级一般为 C30～C40，在使用期间根本无须这样大的强度，因而材料不能充分发挥作用；压桩避免了锤击应力，只需满足吊装弯矩（分段制作弯矩更小）、压桩和使用期间的受力即可，桩断面减小，主钢筋和局部加强筋可省略，混凝土强度等级可降低到 C20，此外可节省缓冲材料，桩顶不易破坏。与打桩相比，压桩可

第 2 章　地基处理与桩基础工程

节约混凝土 26%、钢筋 47%，降低造价 26%。

② 提高施工质量。

静力压桩可以避免打桩造成的桩身、桩尖、桩顶破坏，避免因土体隆起造成桩架倾斜、桩移位；可以消除振动，减轻对周围建筑物的影响。

③ 可以满足特殊要求。

静力压桩可以满足精密车间、无噪声要求或地下管道密布等特殊要求。

静力压桩的缺点是只适合软土地基，只限于压直桩，设备笨重。

（2）振动沉桩。

振动沉桩与打桩相似，用激振器代替桩锤，将桩与振动锤连接在一起（图 2.14），利用振动锤产生高频振动，激振桩身并振动土体，使土的内摩擦角减小、强度降低而将桩沉入土中。振动沉桩施工速度快、使用维修方便、费用低，但其耗电量大、噪声大。此法适用于软土、粉土、松砂等土层，不宜在砾石和密实的黏土层中沉桩。

对于端承桩，可以在桩旁插一根与之平行的射水管（水冲法），其下的喷嘴射出 400 kPa 的水冲松土体，离设计标高 1 m 以上时停止。

（3）射水沉桩。

射水沉桩是锤击沉桩的一种辅助方法。它利用高压水流从桩侧面或从空心桩内部的射水管中（图 2.15）冲击桩尖附近土层，以减少沉桩阻力。施工时一般是边冲边打，在沉入至最后 1～2 m 时停止射水，用锤击沉桩至设计标高，以保证桩的承载力。此法适于砂土和碎石土。

4. 打桩质量控制

1）锤击方式

打桩时锤击方式可采用轻锤高击、重锤低击两种方式。当消耗相同能量时，轻锤高击的动量较小，对桩头的冲击力大，回弹大，桩头易损坏；重锤低击的动量较大，对桩头的冲击力小，回弹小，大部分能量用来克服桩与土的摩阻力和桩尖阻力。此外，重锤低击的落距小，可以提高锤击频率，对于较密实的土层较容易穿过。

桩锤的具体落距，单动汽锤以 0.6 m 左右为宜，柴油锤不超过 1.5 m，自由落锤不超过 1.0 m。

打桩时速度应均匀、锤击间歇时间不应太长。桩锤经常回弹较大，入土速度慢，锤太轻时，应更换桩锤；桩锤发生突发的较大回弹，桩尖遇到障碍时，应停止后进行处理。打桩时还要随时注意贯入度的变化。

图 2.15　射水管构造

1—送桩管；2—弯管；3—腔管；4—桩管；5—射水管；6—导向环；7—导向板

2）质量要求

打桩质量从两个方面控制：一是贯入度或标高的设计要求；二是打入后的偏差在允许范围之内。打桩的控制原则：

（1）桩尖位于坚硬、硬塑的黏性土、碎石土、中密以上的砂土或风化岩等土层中时，以控制贯入度为主，桩尖持力层深度和桩尖标高可作参考。

（2）贯入度达到，而桩尖标高未达到，应继续锤击 3 阵，每阵 10 击的平均贯入度不应大于规定数值。

（3）桩尖位于其他软土层中时，以桩尖设计标高控制为主，贯入度可作参考指标。

（4）打桩时，若控制指标达到要求，而其他指标与要求相差较大时，应会同有关单位研究处理。

（5）贯入度应通过试桩确定，或作打桩试验与有关单位确定。

控制标高的预制桩，其桩顶标高的允许偏差为 – 50 ~ + 100 mm。

以上所述的贯入度是指最后贯入度，即最后一次冲击时桩的入土深度。实际施工过程中，一般以最后 10 击的桩的平均入土深度作为其最后贯入度。最后贯入度作为一个衡量打桩质量的重要指标，但也不能孤立、绝对地作为唯一指标。因为影响因素是多方面的，还应考虑地质情况变化，有无"送桩"，蒸汽压力稳定与否。

为了控制桩的垂直度和平面位置偏差，在提升就位时必须对准桩位，桩身要垂直，入土时的垂直度偏差应小于 0.5%。正式施打前，桩、桩帽、桩锤必须在同一垂直线上。施打开始时，先用较小落距，待桩入土稳住后，适当增加落距，正常施打。

打桩系隐蔽工程，应做好打桩记录。打桩记录是工程验收时鉴定桩质量的重要依据，包括：桩的规格长度、设计标高，自然地坪标高，桩锤类型、重量，桩帽重量，日期，桩入土每米锤击数，落距，桩顶与设计标高差，最后贯入度，施工单位，工程名称以及工程负责人。

3）打桩常见的质量问题及原因

（1）桩体倾斜。

施打前未按要求双向校核垂直度；遇有地下障碍物；场地不平整，桩机底盘不稳固水平。

（2）贯入度剧变。

地质情况不明，存在空洞、溶洞、夹层、古墓等；地下持力岩层起伏大；桩身破碎断裂。

（3）地面明显隆起，邻桩上浮或位移过大。

土被挤到极限密实度向上隆起，相邻的桩被浮起；沉桩引起的孔隙水压力把相邻的桩推向一侧或浮起。

（4）桩被打歪。

桩顶不平、桩身混凝土凸肚、桩尖偏心、接桩不正、土中有障碍物、桩初入土时歪斜。

（5）桩顶、桩身被打坏。

桩顶配筋构造、桩身混凝土保护层、桩帽材料、桩顶与桩轴线不垂直、桩帽不平或偏心、发生过打、桩身混凝土强度不够、桩垫厚度不够。

桩下沉速度慢而施打时间过长，锤击次数多或冲击能过大时称为"过打"。发生原因：桩尖通过硬土层；最后贯入度定得过小；锤的落距过大。遇到过打，要分析地质资料，判断土层情况，改善操作方法。

（6）桩打不下的原因。

遇到旧的灰土或混凝土基础；市区内初入土 1 ~ 2 m 就打不下去，贯入度突然变小，桩锤严重回弹。

桩顶或桩身被打坏，不能有效地传递冲击能；土层中有较厚的砂层或其他硬土层，或遇上孤石；桩尖破坏或桩身断裂；土的固结作用而形成土桩。

预制桩在施工中常遇到的问题有断桩、浮桩、滞桩、桩身扭转或位移、桩身倾斜或位移、桩急剧下沉等。其分析及处理方法可参考表 2.4。

2.2.2 灌注桩施工

灌注桩是一种就地成型桩，直接在桩位上成孔，然后灌注混凝土而成。预制桩施工速度快，机械化程度高，但在土层变化复杂的情况下，难以控制桩的长度，必然要截桩，造成浪费。与预制桩相比，灌注桩施工节约钢材和劳动力、技艺资金 50% 左右，基本不用木材，场地布置不考虑桩的布置和堆放。人工挖孔灌注桩可以清楚了解桩侧土层和桩端持力层的土质情况，减少了噪声和对附近建筑物的影响，无预制件的运输，设备相对轻便，应用比预制桩广泛；但也存在操作要求严格、质量不易控制、成孔时排出大量泥浆、桩需养护检测后才能开始下一道作业等缺点。

表 2.4　预制桩沉桩常见问题的分析及处理

常见问题	主要原因	防止措施及处理方法
桩头打坏	桩头强度低，配筋不当，保护层过厚，桩顶不平；锤与桩不垂直、有偏心，锤击轻，落锤过高，锤击过久；桩头所受冲击力不均匀；桩帽顶板变形过大，凹凸不平	严格按质量标准预制桩，加桩垫垫平桩头；采用纠正垂直度或低锤慢击等措施；对桩帽变形进行纠正
断桩	桩质量不符合要求；遇硬土层时锤击过度	加钢夹箍用螺旋栓拧紧后焊固补强；若已复核贯入度可不处理
浮桩	软土中相邻桩沉桩的挤土上拔作用	将上升的重新打入，如经静荷载试验不合格时需重打
滞桩	停打时间过长，打桩顺序不当，遇地下障碍物、坚硬土层或砂夹层	正确选择打桩顺序；用钻机钻透硬土层或障碍物或边射水边打入
桩身扭转或位移	桩尖不对称，桩身不垂直	可用撬棍，慢锤低击纠正，偏差不大时可不处理
桩身倾斜或位移	桩尖不正，桩头不平，桩帽与桩身不在同一直线上，桩距太近，邻桩打桩时土体挤压，遇横向障碍物压边，土层有陡的倾斜角	入土不深、偏差不大时，可用木架顶正再慢锤打入纠正；偏差过大时，应拔出填砂重打或补桩；障碍物不深时，可挖除填砂重打或补桩处理
桩急剧下沉	接头破裂或桩尖破裂，桩身弯曲或有严重的横向裂纹；落锤过高，接桩不垂直；遇软土层、土洞	加强沉桩前的检查，将桩拔出检查，改正重打或在原桩附近补桩处理
桩身跳动，桩锤回跃	桩身过曲，接桩过长，落锤过高；桩尖遇树根或坚硬土层	采取措施穿过或避开障碍物；换桩重打
接桩处松脱开裂	接桩处表面清洁不干净；接桩铁件或法兰不平，有较大间隙；焊接不牢或螺栓没拧紧，硫黄胶泥配比不当；未按规定操作	清理连接平面；矫正铁件平面；焊接或螺栓拧紧后锤击检查是否合格；对硫黄胶泥配比进行试验检查

灌注桩按成孔设备和方法可划分为：干作业成孔、泥浆护壁成孔、沉管灌注桩、冲孔灌注桩、爆扩灌注桩。

1. 灌注桩施工分类

灌注桩按照施工作业条件，分为干作业成孔灌注桩和泥浆护壁成孔灌注桩两大类。

1）干作业成孔灌注桩

干作业成孔灌注桩是利用成孔机具，在地下水位以上的土层中成桩的工艺，适用于黏土、粉土、填土、中等密实以上的砂土、风化岩层等土质。

目前常采用螺旋钻机成孔，它是利用动力旋转钻杆，使钻头的螺旋叶片旋转削土体，土块沿螺旋叶片上升排出孔外，如图 2.16 所示。钻头是钻进取土的关键装置，有多种类型，常用的有锥式钻头、平底钻头、耙式钻头等，如图 2.17 所示。锥式钻头适用于黏性土；平底钻头适用于松散土层；耙式钻头适用于杂填土，其钻头边镶有硬质合金刀头，能将碎砖等硬块削成小颗粒。螺旋钻机成孔直径一般为 300~600 mm，钻孔深度为 8~12 m。

图 2.16　步履式螺旋钻机

1—立柱；2—螺旋钻；3—上底盘；4—下底盘；
5—回转滚轮；6—行车滚轮

（a）锥式钻头

（b）平底钻头　　（c）耙式钻头

图 2.17　螺旋钻头

1—螺旋钻杆；2—切削片；3—导向尖；4—合金刀

　　干作业成孔灌注桩的工艺流程为：测定桩位→钻孔→清孔→下钢筋笼→浇注混凝土。

　　钻孔操作时要求钻杆垂直稳固、位置正确。如发现钻杆摇晃或难以钻进时，可能是遇到石块等异物，应立即停机，检查排除。钻孔时应随时清理孔口积土，遇到塌孔、缩孔等异常情况，应及时研究解决。当螺旋钻机钻至设计标高后，应在原位空转清土，以清除孔底回落虚土。钢筋笼应一次扎好，小心放入孔内，防止孔壁塌土。混凝土应连续浇筑，每次浇筑高度控制在 1.5 m 以内。

2）泥浆护壁成孔灌注桩

　　泥浆护壁成孔灌注桩是利用原土自然造浆或人工造浆护壁，并通过泥浆循环将被切削的土渣排出而成孔，再吊放钢筋笼，水下灌注混凝土成桩。它不论地下水位高或低的土层皆适用。

　　（1）泥浆护壁成孔灌注桩工艺流程。

　　泥浆护壁成孔灌注桩工艺流程如图 2.18 所示。

图 2.18　泥浆护壁成孔灌注桩工艺流程

　　（2）泥浆护壁成孔灌注桩施工要点。

　　① 埋设护筒。

　　钻孔前需在桩位处埋设钢护筒，护筒的作用有固定桩位、钻头导向、保护孔口、维持泥浆水头及防止地面水流入等。护筒一般用 4～5 mm 厚的钢板制成，内径应比钻头直径大 20 mm 以上。埋设护筒常用挖埋法。埋设深度：黏性土不宜小于 1.0 m；砂土中不宜小于 1.5 m，孔口处用翻土密实封填。筒顶高出地面 0.3～0.4 m，泥浆面应保持高出地下水位 1.0 m 以上。

　　② 护壁泥浆。

　　泥浆在桩孔内会吸附在孔壁上，甚至渗透进周围土孔隙中，避免了内壁漏水。它具有保持孔内水压稳定、保护孔壁以防止塌孔、携带土渣排出孔外以及冷却与润滑钻头的作用。

第 2 章　地基处理与桩基础工程

在砂土中钻孔，需在现场专门制备泥浆注入，泥浆是由高塑性黏土或膨润土和水拌和的混合物，还可在其中掺入其他掺合剂，如加重剂、分散剂、增黏剂及堵漏剂等。在黏土中钻孔，也可采用输入清水，钻进原土自造泥浆的方法。注入的泥浆相对密度应控制在 1.1 左右，排出泥浆的相对密度宜为 1.2～1.4。

③ 成孔。

成孔机械有回转钻机、潜水钻机、冲击钻机等，其中以回转钻机应用最多。

2. 钻孔灌注桩施工

钻孔灌注桩是利用钻孔机械（机动或人工）钻出桩孔，然后灌注混凝土而成的，属于无振动、无挤土的沉桩工艺，能适应各种土层条件下的施工。但是其承载力较低、沉降量大。为了提高承载能力，一般采用扩底灌注桩施工工艺。

1）钻孔灌注桩的机械设备

钻孔灌注桩的机械设备有人工操作和机动两种，工程量不大和缺乏动力时可用人工钻孔的机械设备。人工钻孔机械设备由机架、手摇卷扬机、钻杆和钻头组成，设备简单。普通机动钻孔机械设备有循环水钻机和潜水钻机两种。

（1）循环水钻机成孔。

循环水钻机由动力装置传动，带动带有钻头的钻杆强制旋转，钻头切削土体成孔。切削形成的土渣通过泥浆循环排出桩孔，根据泥浆循环方式的不同，分为正循环回转钻机和反循环回转钻机。

正循环工艺如图 2.19（a）所示。泥浆或高压水由空心钻杆内部注入，并从钻杆底部喷出，携带钻下的土渣沿孔壁向上流动，由孔口将土渣带出流入沉淀池，沉渣后的泥浆循环使用。该法是依靠泥浆向上的流动排渣，其提升力较小，孔底沉液较多。

反循环工艺如图 2.19（b）所示。泥浆带渣流动的方向与正循环工艺相反，它需启动砂石泵在钻杆内形成真空，土渣被吸出流入沉淀池。反循环工艺由于泵吸作用，泥浆上升的速度较快，排渣能力大，但土质较差或易塌孔的土层应谨慎使用。

回转钻机设备性能可靠，噪声和振动较小，钻进效率高，钻孔质量好。它适用于松散土层、黏土层、砂砾层、软质岩层等多种地质条件，应用比较广泛。

（a）正循环成孔工艺

1—钻头；2—泥浆循环方向；3—沉淀池；4、5—泥浆泵；
6—水龙头；7—钻杆；8—转机回转装置

（b）反循环成孔工艺

1—钻头；2—新泥浆流向；3—沉淀池；4—砂石泵；5—水龙头；
6—钻杆；7—回转装置；8—混合液流向

图 2.19　泥浆循环成孔工艺

（2）潜水钻机成孔。

潜水式工程电钻（简称潜水钻机）设备轻便，操作简单，使用时受限制较少。其特点是动力、减速机构与钻头紧紧相连在一起共同潜入水下工作，因此钻孔效率相对较高，钻杆不需旋转，可避免因钻杆折断发生工程事故；噪声小，劳动条件大为改善。如图 2.20 所示，它采用正循环工艺注浆、护壁和排渣，适用于淤泥、淤泥质土、黏性土、砂土及强风化岩层，不宜用于碎石土。

减速机构为行星齿轮，电机带动中心轮，中心轮带动行星轮，行星轮再带动最外的内齿圈，内齿圈与中心轮的转速比（即减速比）为 $1:4 \sim 1:4.5$。

潜水钻机既适用于水下钻孔，也可用于地下水位较低的干土层中钻孔。

（3）全叶螺旋钻机。

其原理为用动力旋转钻杆，钻头部分的螺旋刀片旋转削土，被削下的土随螺旋叶片上升而涌出孔外，螺旋钻杆可接长。它适用于地下水位以上一般黏性土、硬土或人工填土的地基成孔，成孔直径 300～500 mm，最大可达 800 mm，钻孔深度 8～12 m。

图 2.20　潜水钻机示意图
1—钻头；2—潜水钻机；3—转杆；4—护筒；
5—水管；6—卷扬机；7—控制箱

2）钻孔灌注桩的一般施工方法

钻孔灌注桩的施工，是先用钻孔机械进行钻孔，然后于桩内放入钢筋骨架，再灌注混凝土。土质较差时要注意防止孔壁坍塌，主要措施是在孔中注入泥浆水或注入清水（原土造浆）形成护壁。

3）常见问题

（1）孔壁坍塌。

钻孔施工过程中，排出的泥浆不断出现气泡，护筒内水位突然下降，都是塌孔的迹象。其原因是土质松散，加之泥浆护壁不好，护筒水位不高。发生塌孔时，要保证护筒内的水位高出 1.5 m，泥浆的稠度和比重要加大，操作时要避免碰撞孔壁。若是小塌孔，可加浓泥浆或加入黏土继续钻孔；大塌壁时，分析塌孔部位，用黏土回填至塌孔高度以上，停一段时间，待土及水位稳定后再行重钻。

（2）钻孔偏斜。

其原因是钻杆不垂直，钻头导向部分太短，导向性差，土质软硬不一，或者遇上孤石。钻孔倾斜除影响桩的质量外，还会造成放钢筋笼等的施工困难。发现有倾斜，应减慢速度，提起钻头，上下反复扫钻。

（3）混凝土超灌量。

为保证和衡量桩身的密实程度，灌注桩混凝土用灌注充溢系数（灌注混凝土体积与桩孔理论体积之比）来控制，充溢系数必须大于 1。但是混凝土量过大即产生超灌，造成浪费。中途尽量不随便停钻，避免过大的扩孔和土壁坍塌。

3. 冲孔灌注桩施工

冲孔灌注桩施工工艺始于盐井的开采。冲孔灌注桩适用碎石土、砂土、黏性土、风化岩层。

冲击钻机成孔如图 2.21 所示，它是用动力将冲锥式钻头提升到一定高度后，靠自由下落的冲击力来掘削硬质土和岩层，然后用淘渣筒排除渣浆。钻头形式有十字形、工字形、人字形等，一般用十字形。钻头锥顶和提升钢绳之间有自动转向装置。

图 2.21　冲击钻机示意图

1—滑轮；2—主杆；3—钻头；4—斜撑；
5—卷扬机；6—垫木

1）冲击成孔的施工

（1）开孔时应低锤勤击，地表为软弱土层时可加小片石和黏土块反复冲击造壁。

（2）必须保证泥浆的补给，保持泥浆面的稳定。

（3）开始钻基岩时要低锤勤击，以免偏斜，发生偏斜时应回填厚度为 30～50 cm 的片石，重新钻进。

（4）遇到孤石，要抛填相应硬度的片石或卵石，用高冲程冲击，或采用高低冲程交替冲击的方法将孤石击碎挤入孔壁。

（5）准确控制松绳长度，勤松、少松，又要免打空锤，少用高冲程，以免扰动孔壁，引起坍塌、扩孔、卡钻。

（6）经常检查钢丝绳磨损情况、卡扣松紧程度、转向装置工作情况。

2）清　孔

钻孔达设计标高后，应测量沉渣厚度，立即进行清孔。以原土造浆的钻孔，清孔可采用射水法，此时钻头只转不进，待泥浆相对密度降到 1.1 左右即可；注入制备泥浆的钻孔，采用换浆法清孔，即用稀泥浆置换出浓泥浆，待泥浆的相对密度降到 1.15～1.25 即认为清孔合格。在清孔过程中通过置换泥浆，使得孔底沉渣排出。剩余沉渣厚度的控制是：对端承桩不大于 50 mm，对摩擦端承桩及端承摩擦桩不大于 100 mm，对摩擦桩不大于 300 m。

对于孔底余留的块状卵石、碎石，可采用在转盘上焊绕网状钢丝绳，使钻具原位转动，石块便上升到绳网上面，提升钻杆即可排除。

清孔后，应尽快吊放钢筋笼并浇筑混凝土，浇筑混凝土在泥浆和水下作业采用导管法。为保证桩顶质量，混凝土应浇筑至超过桩顶设计标高约 500 mm，以便在凿除浮浆层后，桩顶混凝土达到设计强度要求。

3）常见问题的处理

（1）斜孔、弯孔和缩孔。

停钻，用黏土块或块石填至检孔器上 0.5～1.0 m 重新钻进。不得用钻头修孔，以防冲击钻头被卡住。

（2）卡钻。

交替紧绳、松绳，将钻头慢慢吊起，不得硬提猛拉。

（3）掉钻。

应立即打捞，为便于打捞，冲孔时钻头顶部应预先设打捞环、打捞套。

（4）坍孔。

坍孔产生的原因主要有：护筒埋置不严密而漏水或埋置太浅；孔内泥浆面低于孔外水位或泥浆密度不够；在流砂、软淤泥、松散砂层中钻进时，进尺、转速太快等。避免坍孔的措施是：护筒周围用黏土填封紧密；钻进中及时添加泥浆，使其高于孔外水位；遇流砂、松散土层时，适当加大泥浆密度，且进尺不要太快。

轻度坍孔可加大泥浆密度和提高其水位；严重坍孔时用黏土泥浆投入，待孔壁稳定后采用低速钻进。

（5）吊脚桩。

吊脚桩即在桩的底部有较厚泥砂而形成松软层。其产生原因有：清渣未净，残留沉渣过厚；清孔后泥浆密度过小，孔壁坍塌或孔底涌进泥砂，或未立即灌筑混凝土；吊放钢筋骨架、导管等物碰撞孔壁，使泥土坍落孔底。防止吊脚桩的措施是：注意泥浆浓度，及时清渣；做好清孔工作，达到要求立即灌筑混凝土；施工中注意保护孔壁，不让重物碰撞。

（6）断桩。

断桩指因有泥夹层而造成桩体混凝土不连续。造成断桩的原因有：首批混凝土多次灌筑不成功，再灌筑上层时出现一层泥夹层而造成断桩；孔壁坍塌将导管卡住，强力拔管时泥水混入混凝土内；导管接头不良，泥水进入管内。避免断桩的措施是：力争混凝土灌筑一次成功；选用较大密度、黏度和胶体率好的泥浆护壁；控制钻进速度，保持孔壁稳定；导管接头应用方丝扣联结，并设橡胶圈密封。

灌注桩严重塌方或导管无法拔出形成断桩，可在一侧补桩；深度不大时可挖出，对断桩作适当处理后，支模重新浇筑混凝土。

4. 沉管灌注桩施工

沉管灌注桩分为锤击沉管灌注桩和振动沉管灌注桩。

沉管灌注桩在施工过程中，对土体有挤密作用和振动影响，施工中应结合现场施工条件，考虑成孔顺序。

沉管到设计标高后，检查管内泥浆和渗水，再灌混凝土。为了提高桩质量和承载能力，沉管灌注桩常采用以下工艺：

套管成孔灌注桩是利用锤击沉管法或振动沉管法，将带有活瓣的钢制桩尖或钢筋混凝土预制桩靴的钢套管沉入土中，吊放钢筋笼，然后灌注混凝土并分段拔管而成。用锤击法沉管、拔管的称为锤击沉管灌注桩；用激振器沉管、拔管的称为振动沉管灌注桩。图 2.22 所示为沉管灌注桩的施工过程示意图。

（a）套管就位　　　　（b）沉入套管　　　　（c）初灌混凝土

（d）边拔管边灌注混凝土　　（e）插入钢筋笼灌筑混凝土并继续拔管　　（f）成桩

图 2.22　套管成孔灌注桩施工工艺

1）锤击沉管灌注桩

在锤击沉管灌注桩施工时，用桩架吊起钢套管，关闭桩尖活瓣或安放好预先设在桩位处的钢筋混凝土预制桩靴上，套管与桩靴连接处要垫以麻、草绳等，以防地下水渗入管内。然后缓缓放下套管，压进土中。套管顶端扣上桩帽，检查套管与桩锤是否在同一垂直线上，其偏斜不大于 0.5%时，

第 2 章　地基处理与桩基础工程

即可起锤沉套管。先用低锤轻击，若无偏移，才正常施打，直至符合设计要求的贯入度或标高。在检查管内无泥浆或水进入后即可灌注混凝土，套管内混凝土应尽量灌满，然后开始拔管。拔管时应保持连续低锤密击不停。拔管要均匀，不宜过高过快；拔管的速度对一般土层来说以不大于 1 m/min 为宜，在软弱土层及软硬土层交界处应控制在 0.8 m/min 以内。拔管中要随时探测混凝土落下的扩散情况，注意使管内的混凝土保持略高于地面，直到全管拔出为止。桩的中心距小于 5 倍桩管外径或小于 2 m 时，均应采取跳打的方式，且中间空出的桩需待邻桩混凝土达到设计强度的 50%以后方可施打，防止因挤土而使前面的桩发生桩身断裂。

为了改善灌注桩的质量、扩大桩径和提高桩承载能力，常采用复打法，包括全长复打和局部复打。复打的施工程序：在第一次灌注桩施工完毕拔出套管后（单打），及时清除管外壁上的泥土和桩孔周围地面的浮土，立即在原桩位安好桩靴和套管或关闭桩端活瓣，进行复打，使未凝固的混凝土向四周挤压扩大桩径；然后第二次浇筑混凝土，拔管方法与单打相同。复打时要注意：前后两次沉管的轴线应重合；复打必须在第一次灌注的混凝土初凝之前进行；如有配筋，钢筋笼应在第二次沉管后灌注混凝土之前就位。

施工中应做好施工记录，包括每米沉管的锤击数和最后 1 m 的锤击数，最后 3 阵每阵 10 击的贯入度及落锤高度。锤击沉管灌注桩适用于一般黏性土、淤泥质土、砂土和人工填土地基。

2）振动沉管灌注桩

振动沉管灌注桩大多采用激振器（振动锤）沉管，其设备如图 2.23 所示，激振器、套管、活瓣桩尖可依次联结在一起，并能利用滑轮组整体提升（故能拔管和反插施工）。施工时，先安装好桩机，关闭活瓣桩尖或安放好钢筋混凝土预制桩靴，徐徐放下套管，压入土中，即可开动激振器沉管。套管受振后与土体之间摩阻力减小，同时在振动锤自重的压力下，即能入土成孔。沉管时，必须严格控制最后两分钟的贯入速度，其值按设计要求或根据试桩和当地的施工经验确定。

图 2.23　振动沉管设备
1—振动器；2—漏斗；3—套管；4—吊斗；5—枕木；
6—机架；7—架底；8—卷扬机

振动沉管灌注桩可采用单打法、复打法或反插法等施工工艺。单打施工时，在沉入土中的套管内灌满混凝土，开动激振器振动 5～10 s 后开始拔管，然后边振边拔，每拔 0.5～1.0 m 停拔振动。如此反复，直至套管全部拔出。单打法施工在一般土层内拔管速度宜为 1.2～1.5 m/min，在较软弱土层中宜控制在 0.6～0.5 m/min。在拔管过程中，应分段添加混凝土，保持管内混凝土面高于地面或地下水位 1.0～1.5 m。复打法施工与锤击沉管灌注桩相同。反插法施工时，在套管内灌满混凝土后，先振动再开始拔管。每次拔管高度 0.5～1.0 m，向下反插深度 3～5 m，如此反复，并始终保持振动，直至套管全部拔出。反插法的拔管速度应小于 0.5 m/min。由于反插法能扩大桩径，使混凝密实，从而提高桩的承载能力，宜用于较差的软土地基。振动沉管灌注桩的适用范围除与锤击沉管灌注桩相同外，还包括稍密及中密的碎石土地基。

3）沉管灌注桩的施工要求

锤击沉管灌注桩的施工质量与材料、土层、施工工艺有直接关系。边锤击边成型，桩体质量直接受操作方法的影响。

（1）桩管内混凝土应尽量多灌，长管打短桩一次灌足，打长桩尽量满灌；拔管高度应控制在能满足第二次需要灌入的混凝土量为限，不宜过高，桩管内混凝土至少有 2 m 的高度。灌注过程中专人用测锤或浮标检查混凝土下降情况。

（2）拔管速度应均匀，一般土层不大于 1 m/min，软弱土层及软硬土层交界处应控制在 0.8 m/min 以内。

4）沉管灌注桩的质量问题及处理

（1）断桩。

断桩指桩身局部分离或断裂，更为严重的是一段桩没有混凝土。

原因：桩距离太近，相邻桩施工时混凝土还未具备足够的强度，受已形成桩的挤压而断裂。

处理方法：施工时，控制中心距离不小于 5 倍桩径；确定打桩顺序和行车路线，减少对新灌注混凝土桩的影响。采用跳打法或等已成型的桩混凝土达到 50%设计强度后，再进行下根桩的施工。

断桩一般常见于地面以下 1~3 m 的软硬土层交接处。其裂痕呈水平或略倾斜，一般都贯通整个截面。产生断桩的原因主要有：桩距过小，邻桩施打时土的挤压所产生的横向水平推力和隆起上拔力；软硬土层间传递水平力大小不同，对桩产生剪应力；桩身混凝土终凝不久，强度较弱时即承受外力。

避免断桩的措施有：考虑合理的打桩顺序，减少对新打桩的影响；采用跳打法或控制时间法以减少对邻桩的影响。

检查断桩的方法为：在 2~3 m 深度内可用木槌敲击桩头侧面，同时用脚踏在桩头上，如桩已断，会感到浮振；也可采用动测法，由波形曲线和频波曲线图形判断桩的质量与完整程度。断桩一经发现，应将断桩段拔出，将孔清理干净后，略增大面积或加上铁箍连接，再重新灌筑混凝土补做桩身。

（2）吊脚桩。

吊脚桩指桩底部混凝土隔空或松软，没有落实到孔底地基土层上的现象。

吊脚桩即在桩的底部混凝土隔空或混凝土中混进泥砂而形成松软层。其产生的原因有：预制钢筋混凝土桩靴强度不够，沉管时被破坏变形，水或泥砂进入桩管；桩尖的活瓣未及时打开，套管上拔一段后混凝土才落下。

处理方法：为防止活瓣不张开，开始拔管时，可采用密张慢拔的方法对桩脚底部进行局部翻插几次，然后再正常拔管；桩靴与套管接口处使用性能较好的垫衬材料，防止地下水及泥浆的渗入。

（3）缩颈。

缩颈桩又称瓶颈桩，即桩身局部范围截面缩小，不符合要求。其产生的原因主要有：在含水量大的黏性土中沉管时，土体受强烈扰动和挤压而产生很高的孔隙水压力，桩管拔出后，这种水压力便作用到新灌筑的混凝土桩上，使桩身发生不同程度的缩颈现象；拔管过快、混凝土量少或和易性差，使混凝土出管时扩散性差等。避免缩颈的措施是：施工中应经常测定混凝土的下落情况，发现问题及时纠正，一般可用复打法处理。

（4）混凝土灌注过量。

灌桩时混凝土用量比正常情况下大 1 倍以上。

原因：孔底有洞穴，饱和淤泥中施工，土体受到扰动，强度大大降低，在混凝土侧压力作用下，桩身扩大而混凝土用量增大。

第 2 章　地基处理与桩基础工程

防治方法：施工前应详细了解现场地质情况，对于在饱和淤泥软土中采用沉管灌注桩时，应先打试桩。

发现混凝土用量过大时，应与设计单位联系，改用其他桩型。

（5）套管进水进泥。

套管进水进泥常发生在地下水位高、饱和淤泥或粉砂土层中。原因为桩尖活瓣闭合不严、活瓣被打变形或预制钢筋混凝土桩靴被打坏。处理方法是：拔出套管，清除泥砂，修整桩尖活瓣或桩靴，用砂回填后重打。为避免套管进水进泥，当地下水位高时，可在套管沉至地下水位时先灌入 0.5 m 厚的水泥砂浆封底，再灌 1 m 高混凝土增压，然后继续沉管。

5）质量控制

桩尖位于坚硬、硬塑的黏性土、碎石土、中密以上的砂土或风化岩等土层时，以控制贯入度为主。沉管灌注桩适用于可塑、软塑和流塑的黏土、稍密及松散砂土，因此以控制标高为主，贯入度为参考指标。

若标高达到要求，而贯入度相差较大，应会同有关单位研究处理。

5. 爆扩灌注桩

爆扩灌注桩又称爆扩桩，一般采用简易麻花钻（手工或机动）在地面上钻出细长的小孔，在孔内安放炸药，利用爆炸的力量挤土成孔，然后在孔底安放炸药，在孔底爆破形成扩大头，最后灌注混凝土而成。爆扩桩的优点是成孔方法简单，节省劳动力，成本低，承载力较大。爆扩桩适用于地下水位以上的黏性土、黄土、碎石土及风化岩；桩长度一般 3～6 m，最长 10 m。

爆扩桩的施工除做好一般的施工准备以外，很重要的一项是进行试爆试验，即对爆扩大头的炸药量和成孔时的炸药管进行试验，以取得可靠的炸药用量数据来指导施工。炸药用量与扩大头尺寸和土质有关。

施工工艺流程：爆扩成型试验→制作药包成孔→检查修理桩孔→放扩大头药包→灌压爆混凝土→引爆→检查扩大头→安放钢筋骨架→二次灌混凝土→养护。

1）成　孔

成孔方法有人工成孔法、机钻成孔法、爆扩成孔法。机械成孔的设备和钻孔方法同钻孔灌注桩。人工成孔法使用的工具是洛阳铲、太阳铲或手摇钻。洛阳铲是带有开缝的圆筒；太阳铲是扁钢圈；手摇钻有螺旋形钻头和鱼尾形钻头（有装土筒）。

爆扩成孔法先用小直径洛阳铲或手提麻花钻钻出导孔，然后根据不同的土质放不同直径的炸药条，爆扩后形成桩孔。爆扩成孔应先进行试验，找出导管、炸药量及形成的桩孔直径数据，以便指导施工。装炸药的管材用玻璃管，既防水又透明，便于检查和插到导孔底部。

2）爆扩大头

包括放入炸药包，灌压爆混凝土，引爆，测量混凝土下落高度，捣实扩大头混凝土。重点是压爆混凝土的坍落度和灌入量的确定。引爆前需浇灌压爆混凝土，灌入量为扩大头体积的一半。混凝土坍落度在黏性土层中宜为 10～12 cm，在砂土及人工填土中宜为 12～14 cm，粗骨料粒径不宜大于 25 mm。混凝土灌注完毕后应立即引爆，时间间隔不宜超过 30 min，否则容易出现混凝土拒落事故。引爆时应注意引爆顺序：当桩距大于爆扩影响间距时，可采用单爆方式；当桩距小于爆扩影响间距时，宜采用联爆方式；当相邻桩扩大头不在同一标高时，引爆顺序应先深后浅。引爆后混凝土即落入扩大头空腔的底部，检查扩大头尺寸后，用振动棒振实混凝土。

3）灌筑桩身混凝土

扩大头底部混凝土振实后，应立即安放钢筋笼，然后连续灌注扩大头和桩身混凝土，不得中断，以免留下施工缝。桩顶需加盖草袋，终凝后浇水养护。在干燥的砂类土地区，还要在桩的周围浇水养护。

6. 人工挖孔灌注桩

人工挖孔灌注桩，简称人工挖孔桩，是采用人工挖掘方法成孔，然后安放钢筋笼，浇筑混凝土成为支撑上部结构桩基的施工工艺（图 2.24）。该方法不得用于软土、流沙地层及地下水较丰富和水压力大的土层中。人工挖孔桩所需的设备简单，施工速度快，土层情况明确，桩底沉渣清除干净，施工质量可靠且成本低廉。但工人在井下作业劳动条件差，必须制订可靠的安全措施，严格按操作规程施工。挖孔桩的直径除满足承载力要求外，还应考虑施工操作的需要。桩芯直径 D 不宜小于 800 mm，一般在 1.2 m 以上，桩底一般都有扩大头（墩基础），桩底扩大头直径一般为 $1.3 \sim 3.0D$。

图 2.24 人工挖孔灌注桩

1—护壁；2—纵筋；3—箍筋；
4—地梁；5—承台

人工挖孔桩优点是设备简单，施工现场较干净，噪声、震动少，对原有建筑影响小，施工速度快，各桩可同时施工，土层情况明确，沉渣能清除干净，质量可靠；适用于狭窄的市区，土层结构复杂地区，适应性强。

护壁厚度一般为 $0.1D + 5$ cm，护壁内等距放 8 根直径为 $6 \sim 8$ mm、长 1 m 的直钢筋，插入下层护壁，形成整体。

1）施工机具

人工挖孔桩施工机具简单，主要有电动机、潜水泵、提土桶、鼓风机工具或小型挖土机具、爆破材料，此外还有照明灯、对讲机、电铃等。

（1）电动葫芦、提土桶和软梯，用于施工人员的上下、材料和弃土的垂直运输。

（2）潜水泵，抽出桩孔中的积水。

（3）鼓风机和送风管，向桩孔中强制输入新鲜空气。

（4）挖土工具、照明灯具、对讲机、电铃，皆为挖土过程中的必需品。

2）施工工艺

为了确保人工挖孔施工的安全，必须进行有效支护，严防土体大面积坍塌，例如现浇钢筋混凝土护壁、喷射混凝土护壁、打设型钢或木板桩等。下面以现浇钢筋混凝土护壁为例说明人工挖孔桩的施工工艺。

（1）按设计图纸放线、确定桩位。

（2）开挖土方：采取分段开挖，每段高度一般为 0.5 ~ 1.0 m。开挖范围为设计桩心直径加护壁的厚度。钢筋混凝土护壁应每节高 1 m，并有 1∶0.1 的坡度。

（3）支设护壁模板。模板上大下小，高度与开挖施工段一致，宜采用工具式钢模板（或木模板）组合而成。

（4）放置操作平台。平台可用角钢和钢板制成半圆形，合起来即为一个整圆，临时安放在模板顶面。

（5）浇筑护壁混凝土。护壁混凝土要注意捣实，因为它起着防止土壁坍陷与防水的双重作用。第一节护壁厚度宜增加 10 ~ 15 cm，上下节护壁用钢筋拉接。

（6）拆除模板继续下一段的施工。当护壁混凝土强度达到 1.2 MPa，常温下约 24 h 后即可拆除模板。进入下一段的施工。如此循环，直至挖到设计深度。

第 2 章　地基处理与桩基础工程

（7）吊放钢筋笼（如果钢筋笼的高度不及孔深，则先浇注混凝土）。

（8）排除积水，浇筑桩身混凝土。当桩孔内渗水量不大时，抽除孔内积水后，用串筒法浇筑混凝土；如果桩孔内渗水量过大，积水过多不便排干，则应用导管法水下浇筑混凝土。

3）施工中注意的问题

（1）桩孔中心线偏差小于 5 cm，垂直度偏差小于 1%，桩径不小于设计桩径。挖到比较完整的持力层后，用小型钻机钻不小于桩径 3 倍的深孔取样鉴别，确认非孤石、无软弱下卧层及洞隙后才能终孔。

（2）注意防止土壁坍落及流砂事故，可采用钢护筒或钢筋混凝土沉井；流砂严重则可采用井点降水施工。

（3）地下水较多时应采用导管法浇筑水下混凝土。

4）安全防护

人工挖孔桩在开挖过程中，必须制订专门的安全措施。主要有：施工人员进入孔内，必须戴安全帽；孔内有人施工时，孔口必须设专人监督防护；护壁要高出地面 15～20 cm，挖出的土不得堆在孔四周 1.2 m 范围内，以防落入孔内；孔周围要设置 0.5 m 高的安全防护栏杆，每孔要设置安全绳及安全软梯；孔下照明应为安全用电装置，使用潜水泵要有防漏电装置；桩孔开挖深度超过 10 m 时，应设鼓风机向孔井中输送洁净空气，风量不少于 0.025 m^3/s。

7. 大直径扩底灌注桩施工扩底方式

大直径扩底灌注桩是以人工或机械的方法成孔并扩大桩孔底部，浇注混凝土而成。桩的直径大于 0.8 m，一般在 1～5 m，多为一柱一桩。此种桩具有很大的强度和刚度，能承受较大的上部荷载，工程中应用广泛。

大直径扩底灌注桩大多采用人工开挖，因此亦称为大直径人工挖孔桩或人工挖孔扩底灌注桩。当地下水位高、土层不适宜人工开挖时，可采用泥浆护壁成孔灌注桩工艺成孔，然后采用机械方法扩底。

1）人工挖孔扩底

人工挖孔扩底宜在无地下水或含微量地下水的硬塑至坚硬黏性土、中密至密实砂土、碎石土及风化岩层的持力层中采用。扩底前应在桩孔底面测量桩的中心位置。挖孔时，应四周均匀挖掘，由小而大扩成设计断面和形状，且开挖面应整齐，形状完好，尺寸准确。扩大头挖好后，应把废土清理干净，经检查验收合格后，才能吊放钢筋笼和灌注混凝土。灌注扩大头混凝土时应采取防止产生离析的措施，并应分层捣实。在相邻的群桩中施工时，宜采取跳挖跳灌的方式，施工时应采取绝对安全的防护技术安全措施。

2）反循环钻孔扩底

采用泥浆护壁钻机成孔时，成孔后即进行机械扩底。通常采用反循环钻机钻孔扩底法，扩底钻具有上开式、下开式、扩刀滑降式及扩刀推出式四种，如图 2.25 所示。

（1）上开式扩底：桩孔钻完后，在设计深度处，把扩底刀刃如伞一样反向打开进行扩底，扩底面积按设计尺寸逐步扩大，直至形成扩大头，见图 2.25（a）。

（2）下开式扩底：桩孔钻完后，在设计深度处，将关闭的扩底刀刃徐徐打开进行扩底，直至形成扩大头，见图 2.25（b）。

（3）扩刀滑降式扩底：桩孔钻完后，在设计深度处，扩底刀刃在沿着倾斜的固定导架下滑的同时，慢慢掘削成扩大头，见图 2.25（c）。

（4）扩刀推出式扩底：桩孔钻完后，在设计深度处，把刀刃的作用面向外侧缓慢伸展，掘削成扩大头，见图 2.25（d）。

反循环钻机最大扩底直径为桩身直径的 3 倍。扩底切削下来的土渣采用反循环钻机随泥浆排出。

| （a）上开式 | （b）下开式 | （c）扩刀滑降式 | （d）扩刀推出式 |

图 2.25　反循环钻孔扩底转钻具形式

3）爆扩法扩底

爆扩法扩底与爆扩成孔灌注桩的工艺相同，此处不再赘述。

2.3　地下连续墙

地下连续墙是深基坑的主要支护结构挡墙之一。

1. 施工工艺原理

地下连续墙是指在基础工程土方开挖之前，预先在地面以下浇筑的钢筋混凝土墙体。

地下连续墙的施工过程为：特制挖槽机→分段开挖沟槽→清除沉淀泥渣→放置钢筋骨架→导管浇筑水下混凝土→下一个单元槽段施工。

单元槽段之间用特制的接头，形成连续墙，起挡土和防水双重作用。连续墙单纯用作支护结构，费用较高；连续墙成为地下结构的组成部分（即两墙合一）则较为理想。

地下连续墙适用于地下水位高的软土地区，或当基坑深度大且邻近的建（构）筑物、道路和地下管线相距很近时采用。

2. 优缺点

1）优　点

适用于各种土质；对邻近的结构物和地下设施没有什么影响；可在各种复杂条件下施工；单体造价有时可能稍高，但其综合经济效果较好。

2）缺　点

易造成施工现场潮湿和泥泞，还需对废泥浆进行处理；地下连续墙中的墙面不够光滑，作为永久性结构需进行进一步处理；如只作临时挡土结构则不够经济。

3. 地下连续墙的施工

我国应用最多的是现浇的钢筋混凝土板式地下连续墙，有用作主体结构的一部分同时又兼作临时挡土墙的地下连续墙和纯为临时挡土墙两种。

第 2 章　地基处理与桩基础工程

1）导墙作用

挡土墙作用——防止地表土体不稳定坍塌，在挖槽前先筑导墙。

基准作用——明确挖槽位置与单元槽段的划分，是测定挖槽精度、标高、水平及垂直的基准。

支承作用——用于支承挖槽机、混凝土导管、钢筋笼等施工设备所产生的荷载。

其他作用——① 防止泥浆漏失；② 保持泥浆稳定；③ 防止雨水等地面水流入槽内；④ 起到相邻结构物的补强作用。

2）泥　浆

泥浆的主导作用是护壁，防止槽壁坍塌，同时具有携渣作用，便于土渣随同泥浆一同排出槽外，又可避免土渣沉积在工作面上影响挖槽机的挖槽效率。此外，泥浆还具有冷却和滑润作用，泥浆既可降低钻具的温度，又可起润滑作用而减轻钻具的磨损，有利于延长钻具的使用寿命和提高深槽挖掘的效率。

泥浆制备方法有：

制备泥浆——挖槽前利用专用设备事先制备好泥浆，挖槽时输入沟槽；

自成泥浆——挖槽时，向沟槽内输入的清水，与钻削下来的泥土拌和，边挖槽边形成泥浆；

半自成泥浆——当自成泥浆的某些性能指标不符合规定的要求时，在形成自成泥浆的过程中，加入一些需要的成分。

3）挖　槽

挖槽是地下连续墙施工的主要工序。槽宽为设计墙厚，挖槽采用抓斗或铲斗式挖槽机，开挖后，直接装运；用回转式成槽机的钻头、刃具钻削土层，借助泥浆循环排土；利用各种冲击式凿井机械组的钻头反复冲击土体，借助提砂筒将土排出槽外。

4）清　槽

清槽采用吸力泵、压缩空气、潜水泥浆泵，如吊放钢筋笼后清槽，则可利用混凝土导管压入清水或稀泥浆清孔。

5）槽段的连接

槽段分接头管、接头箱、隔板、预制构件四种接头，接头管连接是一种常用的接头形式。当单元槽段挖好后，于槽段端部放入接头管，然后吊放钢筋笼，浇注混凝土，待混凝土初凝后，将接头管旋转、拔出，使单元槽段端部形成半圆形接头。

6）钢筋笼安装

钢筋笼在地面按设计要求预制，用起重机整段吊起，安放到已挖好的槽段中，钢筋笼外侧安装预制水泥砂浆滚轮，以保证留有足够的混凝土保护层。墙体上的预留孔洞及预埋件应按设计要求，在钢筋笼组装时，安放牢固，并对孔洞周围加固处理。

7）浇注混凝土

方法同水下混凝土灌注。

浇筑地下连续墙时，混凝土要有较高的坍落度和较好的和易性，水灰比不大于 0.6，坍落度为 18 ~ 20 mm，水泥应采用 42.5 级或 32.5 级普通水泥或矿渣水泥，水泥用量不少于 370 kg/m³，可掺外加剂。导管一般为钢管，内径为 200 ~ 300 mm，每节长 2 ~ 3 m，用丝扣或法兰连接，导管数量应根据混凝土扩散度确定。

第 3 章　砌体工程

3.1　砌体材料

砌体工程所采用的材料主要是块材和砌筑砂浆，还有少量的钢筋砌体。工程所用的材料应有产品的合格证书、产品性能检测报告，块材、水泥、钢筋、外加剂等尚应有材料主要性能的进场复验报告。严禁使用国家明令淘汰的材料。

3.1.1　砌筑砂浆

砌筑砂浆常采用水泥砂浆和掺有石灰膏或黏土膏的水泥混合砂浆。水泥砂浆的强度较高，但流动性和保水性稍差，能够在潮湿环境下硬化，一般用于砌筑基础、地下室和其他地下砌体；水泥混合砂浆则广泛用于地上的砌体结构工程。为了节约水泥和改善砂浆性能，也可用适量的粉煤灰取代砂浆中的部分水泥和石灰膏，制成粉煤灰水泥砂浆和粉煤灰水泥混合砂浆。

1. 砌筑砂浆原材料

1）水　泥

水泥品种分为普通水泥、矿渣水泥、火山灰水泥、粉煤灰水泥。水泥品种要根据工程的特点、砌体所处的施工部位与环境以及施工要求等具体情况选择。水泥的强度值为砂浆强度等级的 4 ~ 5 倍较好。

砌筑砂浆宜采用普通硅酸盐水泥或矿渣硅酸盐水泥。水泥砂浆中水泥的强度等级不宜大于 32.5 级，水泥混合砂浆中的水泥不宜大于 42.5 级。水泥进场使用前应分批对强度、安定性进行复验。检验批应以同一生产厂家、同一编号为一批。当在使用中对水泥质量有怀疑或水泥出厂超过 3 个月（快硬硅酸盐水泥超过 1 个月）时，应进行复查试验，并按其结果使用。不同品种的水泥不得混合使用。

2）砂

砂浆中的砂子宜采用中砂，应过筛，不得含有草根等杂物。其含泥量要求：不小于 M5 的混合砂浆，不应超过 5%；小于 M5，不应超过 10%。人工砂、山砂及特细砂应经试配，能满足砌筑砂浆技术条件要求才可使用。

3）外掺料与外加剂

外掺料和外加剂的主要作用是改善和易性、节约水泥和砂浆用量。其中，无机塑化剂有石灰膏、磨细生石灰粉、粉煤灰、黏土膏等；有机塑化剂有微沫剂、皂化松香、纸浆废液等。

（1）石灰膏：由生石灰熟化而成。淋制石灰膏用小于 3 mm 的滤网过滤，熟化时间大于 7 d。磨细生石灰粉的熟化时间不得少于 2 d，生石灰粉不得直接用于砌筑砂浆中。化灰沉淀池中储存的石灰膏，应防止干燥、冻结和污染，不得使用脱水硬化的石灰膏。

（2）粉煤灰：其品质等级可采用Ⅲ级。粉煤灰的合理掺量根据砂浆强度等级和使用要求、计算和试验确定，砂浆中粉煤灰取代水泥量最大不宜超过 40%，砂浆中粉煤灰取代石灰膏量最大不宜超过 50%

（3）黏土膏：应使用粉质黏土或黏土制备。制备时宜用搅拌机加水搅拌而成，并通过孔径不大于 3 mm × 3 mm 的网过筛。黏土中的有机物含量可用比色法鉴定，其色泽应浅于标准色。

（4）外加剂：包括凡在砂浆中掺入的有机塑化剂、早强剂、缓凝剂、防冻剂等。应经检验和试配符合要求后，方可使用。有机塑化剂应有砌体强度的形式检验报告。

4）水

可饮用水均可拌制砂浆。其他水源须经试验鉴定，水质须符合建设部颁发的《混凝土用水标准》（JGJ 63—2006）。

2. 砌筑砂浆的技术要求

1）流动性（稠度）

砂浆的流动性是指砂浆拌和物在自重或外力作用下是否易于流动的性能。砂浆的流动性以砂浆的稠度表示，即以标准圆锥体在砂浆中沉入的深度来表示。沉入值越大，砂浆的稠度就越大，表明砂浆的流动性越大。拌和好的砂浆应具有适宜的流动性，以便能在砖、石、砌块上铺成密实、均匀的薄层，并很好地填充块材的缝隙。砂浆稠度可按下述指标选用：烧结普通砖砌体为 7～9 cm，烧结多孔砖、空心砖砌体为 6～8 cm，轻骨料混凝土小型空心砌块砌体为 6～9 cm，普通混凝土小型空心砌块、加气混凝土砌块砌体为 5～7 cm，石砌体为 3～5 cm。

2）保水性

砂浆的保水性是指砂浆拌和物保存的水分不致因泌水而分层离析的性能。砂浆的保水性以分层度表示，其分层度值不得大于 30 mm。保水性差的砂浆在运输、存放和使用过程中很容易产生泌水而使砂浆的流动性降低，造成铺砌困难，同时水分也易被块材所吸干而降低砂浆的强度和黏结力。为改善砂浆的保水性，可掺入石灰膏、黏土膏、粉煤灰等无机塑化剂，或微沫剂等有机塑化剂。

3）强度等级

砂浆的强度等级是用一组（6块）边长为 70.7 mm 的立方体试块，以标准养护、龄期为 28 d 的抗压强度为准。砂浆试块应在搅拌机出料口随机取样和制作，同盘砂浆只应制作一组试块。

4）黏结力

砌筑砂浆必须具有足够的黏结力，才能将块材胶结成为整体结构。砂浆黏结力的大小将直接影响到砌体结构的抗剪强度、耐久性、稳定性和抗震能力等。砂浆的黏结力与砂浆强度有关，还与砌筑底面或块材的潮湿程度、表面清洁程度及施工养护条件等因素有关。所以，施工中应采取提高黏结力的相应措施，以保证砌体的质量。

3. 砂浆的制备与使用

砂浆是由胶结料、细集料、掺加料和水配制而成的建筑工程材料，在建筑工程中起黏结、衬垫和传递应力的作用。水泥砂浆由水泥、细集料和水配制而成；水泥混合砂浆则由水泥、细集料、掺加料和水配制而成。

砌筑砂浆的种类、强度等级应符合设计要求。砂浆应通过试配确定配合比，砂浆的配制强度按规定应比设计强度等级提高 15%。水泥砂浆最小水泥用量不宜小于 200 kg/m³，如果水泥用量太少，不能填充砂子孔隙，稠度、分层度将无法保证。当砌筑砂浆的组成材料有变更时，其配合比应重新确定。施工中如采用水泥砂浆代替水泥混合砂浆时，应按现行国家标准《砌体结构设计规范》（GB 50003—2011）的有关规定考虑砌体强度降低的影响，重新确定砂浆强度等级，并以此重新设计配合比。

砌筑砂浆应采用搅拌机搅拌。搅拌时间应为：水泥砂浆和水泥混合砂浆不得少于 2 min；水泥粉煤灰砂浆和掺用外加剂的砂浆不得少于 3 min；掺用有机塑化剂的砂浆在 3～5 min。砂浆应随拌随用，水泥砂浆和水泥混合砂浆应分别在 3 h 和 4 h 内使用完毕；当施工期间最高气温超过 30 ℃ 时，应分别在拌成后 2 h 和 3 h 内使用完毕。对掺用缓凝剂的砂浆，其使用时间可根据具体情况延长。

3.1.2　块　材

1. 砖

砌体工程所用砖的种类有烧结普通砖（黏土砖、页岩砖等）、蒸压灰砂砖、粉煤灰砖、烧结多孔砖和烧结空心砖等。因黏土砖的生产毁坏耕地、污染环境，不符合国家产业政策，早已被严令禁用。烧结页岩砖仍是目前使用最普遍的一种，它与蒸压灰砂砖、粉煤灰砖的规格尺寸均为 240 mm × 115 mm × 53 mm，且均可用作承重。烧结多孔砖的孔洞沿竖直方向，即垂直于砖的大面，其规格较多，长度有 290 mm、240 mm、190 mm 等，宽度有 190 mm、140 mm、115 mm 等，高度一般为 90 mm，也可以作承重砌体。烧结空心砖的孔洞较大且沿水平方向，即平行于砖的大面和条面，其长度有 290 mm、240 mm 等，宽度有 240 mm、190 mm、115 mm 等，高度有 115 mm、90 mm，它强度较低，只能用于非承重砌体。

2. 砌　块

砌块的种类、规格很多，目前常用的砌块有普通混凝土小型空心砌块、轻骨料混凝土小型空心砌块、蒸压加气混凝土砌块、粉煤灰砌块等。普通混凝土空心砌块具有竖向方孔，其主规格尺寸为 390 mm × 190 mm × 190 mm，还有一些长度分别为 200 mm、190 mm、90 mm，但宽度与高度不变的辅助规格砌块，以配合主规格砌块使用，此种砌块可用作承重砌体。轻骨料混凝土小型空心砌块的规格尺寸与普通混凝土小型空心砌块完全相同。蒸压加气混凝土砌块的长度为 600 mm，宽度为 100 ~ 240 mm 多种，高度有 200 mm、250 mm、300 mm 等。粉煤灰砌块的长度为 880 mm，宽度为 240 mm，高度有 380 mm、430 mm 等。后三种砌块都只能用于非承重砌体。

3. 石　材

砌筑用石材分为毛石、料石两类，毛石又分为乱毛石和平毛石两种。乱毛石是指形状不规则的石块；平毛石是指形状不规则但有两个平面大致平行的石块。料石按其加工面的平整程度分为细料石、半细料石、粗料石和毛料石四种。

3.2　脚手架及垂直运输设施

脚手架是建筑工程施工中不可缺少的临时设施，其主要作用是为工人进行砌筑施工操作、堆放材料和短距离运送材料提供工作面。

基本要求：其宽度应满足上人操作、材料堆置和运输的需要，一般为 1.5 ~ 2 m；脚手架要有足够的强度、刚度和整体稳定性，坚固耐用，安全可靠；脚手架要构造简单，装拆方便，并能多次周转使用。

脚手架种类：

按用途：砌筑脚手架、装修脚手架、支撑（负荷）脚手架；

按搭设位置：外脚手架、里脚手架；

按材料：木脚手架、竹脚手架和金属脚手架；

按构造形式：多立杆式、门形、桥式、悬吊式、挂式、挑式、爬升式脚手架等。

随着高层建筑的发展，有低层脚手架、高层脚手架之分。

3.2.1　脚手架

1. 脚手架的种类

脚手架是在施工现场为工人操作、堆放材料、安全防护和解决高空水平运输而搭设的工作平台或作业通道，是施工临时设施，也是施工企业常备的施工工具。脚手架是便于施工活动和安全操作的一种临时设施。实践证明，砖砌体施工中，在距地面 0.6 m 时生产率最高，低于或高于 0.6 m 时生产率均下降。当砌筑到一定高度后，不搭设脚手架就无法进行施工操作。为此，考虑到工作效率和施工组织等因素，每次脚手架的搭设高度以 1.2 m 为宜，称为"一步架高"，又叫砌体的可砌高度。

脚手架种类很多，按用途分有结构作业脚手架、装修作业脚手架和支撑脚手架等；按搭设位置分有外脚手架和里脚手架；按使用材料分有木、竹脚手架和金属脚手架；按构造形式分有扣件式、碗扣式、框组式、悬挑式、吊式及附墙升降式等脚手架。本节仅介绍几种常用的脚手架。

2. 脚手架的搭设和使用要求

脚手架搭设应满足工人操作、材料堆放及运输要求。其宽度一般为 1.5 ~ 2 m，每步架高为 1.2 ~ 1.4 m。外脚手架所承受的施工荷载不得大于 3 kN/m²。脚手架应具有足够的强度和刚度，应铺满、铺稳，不得有空头板。过高的外脚手架和钢脚手架应设防雷接地装置，外侧应设安全网。

对脚手架的基本要求是：构造合理，应有适当的宽度、步架高度、离墙距离，能满足工人操作、材料堆置和运输的要求；脚手架结构应有足够的强度、刚度、稳定性，与结构拉结、支撑可靠，保证施工期间在可能出现的使用荷载（规定限值）作用下，不沉降、变形、摇晃、失稳；还应构造简单，且搭设、拆除和搬运方便，能长期周转使用。此外，还应考虑多层作业、交叉作业和多工种作业的需要，减少装拆次数；也应与垂直运输设施和楼层作业相适应，以确保材料从垂直运输安全转入楼层水平运输。

脚手架的自重及其上的施工荷载完全由脚手架基础传至地基。为使脚手架保持稳定不下沉，保证其牢固和安全，必须要有一个坚实可靠的脚手架基础。对脚手架地基与基础的要求如下：

（1）脚手架地基与基础的施工必须根据脚手架的搭设高度、搭设场地土质情况与现行国家标准的有关规定进行。

（2）应清除搭设场地杂物，平整搭设场地，并使排水畅通。

（3）脚手架底座底面标高宜高于自然地坪 50 mm。立于地面之上的立杆底部应加设宽度 ≥200 mm、厚度≥50 mm 的垫木、垫板或其他刚性垫块，每根立杆底部的支垫面积应符合设计要求，且不得小于 0.15 m²。

（4）当脚手架搭设在结构的楼面、挑台上时，除立杆底座下应铺设垫板或垫块外，还应对楼面、挑台等结构进行承载力验算。

（5）当脚手架基础下有设备基础、管沟时，在脚手架使用过程中不应开挖，否则必须采取加固措施。

脚手架搭设后，要严格验收。在使用期中要加强检查，防止局部失稳和整体失稳，造成人身安全事故。

3. 扣件式钢管脚手架

扣件式钢管脚手架有很多优点：装拆方便，搭设灵活，能适应结构平面及高度的变化，通用性强；承载能力大，搭设高度高，坚固耐用，周转次数多；材料加工简单，一次投资费用低，比较经济。故其在土木工程施工中使用最为广泛。除脚手架外，其钢管及扣件还可以搭设井架、上料平台和栈桥等。但它也存在一些缺点，如扣件（螺杆、螺母等）易丢易损，螺栓的紧固程度对受力有一定影响，节点处力作用线之间有偏心或有交汇距离等。

1）扣件式钢管脚手架的主要组成部件及作用

扣件式钢管脚手架由钢管杆件、扣件、底座、脚手板和安全网等部件组成，如图 3.1 所示。

图 3.1　扣件式钢管脚手架

（1）钢管杆件。杆件一般采用外径 48 mm、壁厚 3.5 mm 的焊接钢管或无缝钢管，也可用外径为 50 ~ 51 mm、壁厚 3 ~ 4 mm 的焊接钢管。根据杆件在脚手架中的位置和作用不同，可分为立杆、纵向水平杆（大横杆）、横向水平杆（小横杆）、连墙杆、剪刀撑、水平斜拉杆、纵向水平扫地杆、横向水平扫地杆等。

（2）扣件。它是钢管与钢管之间的连接件，有可锻铸铁铸造扣件和钢板压制扣件两种，其基本形式有三种，如图 3.2 所示。直角扣件用于两根垂直相交钢管的连接，它依靠扣件与钢管表面间的摩擦力来传递荷载；回转扣件用于两根任意角度相交钢管的连接；对接扣件则用于两根钢管对接接长的连接。

（a）直角扣件　　　　　（b）旋转扣件　　　　　（c）对接扣件

图 3.2　扣件形式

（3）底座。底座设在立杆下端，是用于承受立杆荷载并将其传递给地基的配件。底座可用钢管与钢板焊接而成，也可用铸铁制成。

（4）脚手板。脚手板是提供施工操作条件并承受和传递荷载给纵横水平杆的板件，当设于作操作层时起安全防护作用。脚手板可用竹、木、钢板等材料制成。

（5）安全网。安全网是保证施安全和减少灰尘、噪声、光污染的设施，包括立网和平网两部分。

2）扣件式钢管脚手架的构造要点

钢管外脚手架有双排脚手架和单排脚手架两种搭设方案。

（1）双排脚手架。

① 立杆。

立杆横距通常为 1.20 ~ 1.50 m，纵距为 1.20 ~ 2.0 m。每根立杆底部均应设置底座或垫板。立杆接长除顶层顶步可采用搭接外，其余各层各步接头必须用对接扣件连接。立杆上的对接扣件应交错布置，两根相邻立杆的接头不应设置在同一步距内；同步内隔一根立杆的两个相接接头在高度方向错开的距离不宜小于 500 mm；各接头中心至主接点的距离不宜大于 1/3 步距（图 3.3）。采用搭接时搭接长度不应小于 1 m，并用不少于两个旋转扣件扣牢。脚手架必须设置纵、横向扫地杆，纵向扫地杆距底座上皮不大于 200 mm，横向扫地杆紧靠其下方。立杆顶端应高出女儿墙上皮 1.0 m，高出檐口上皮 1.5 m。

② 纵向水平杆（大横杆）。

纵向水平杆宜设置在立杆的内侧，其长度不宜少于 3 跨，用直角扣件与立杆扣紧，其步距为 1.20 ~ 1.8 m。纵向水平杆接长宜采用对接扣件连接，也可采用搭接。对接扣件应交错布置：两根相邻纵向水平杆的接头不宜设在同步或同跨内；其相邻接头的水平距离不应小于 500 mm；接头中心至最近主接点的距离不宜大 1/3 纵距（图 3.3），采用搭接时搭接长度不应小于 1 m，并用不少于两个旋转扣件扣牢。

图 3.3　立杆、纵向水平杆接头位置

图 3.4　剪刀撑布置

③ 横向水平杆（小横杆）。

脚手架每一立杆节点处必须设置一根横向水平杆，搭接于纵向水平杆之上，用直角扣件扣紧且严禁拆除。在双排架中横杆靠墙一端的外伸长度不应大于 2/5 杆长，且不应大于 500 mm。操作层上中间节点处的横向水平杆宜按脚手板的需要等间距设置，但最大间距不应大于 1/2 立杆纵距。

④ 剪刀撑。

当单、双排架高度≤24 m 时，必须在脚手架外侧立面的两端各设置一道剪刀撑，并应由底至顶连续设置；横向中间每隔 15 m 设置一道（图 3.4）。其宽度不应小于 4 跨，且不应小于 6 m，斜杆与地面间的倾角为 45° ~ 60°。当双排架高度 >24 m 时，应在外侧立面整个长度和高度上连续设置剪刀撑。剪刀撑斜杆应用旋转扣件与立杆或横向水平杆的伸出端扣牢，旋转扣件距脚手架节点不宜大于 150 mm。剪刀撑斜杆接长宜采用搭接，搭接长度不小于 1 m，并用不少于两个旋转扣件扣牢。

⑤ 连墙件。

脚手架的稳定性取决于连墙件的布置形式和间距大小，脚手架倒塌的事故大多是因为连墙件设置不足或被拆掉。连墙件的数量和间距应满足设计的要求。连墙件必须采用可承受拉力和压力的构造（图 3.5）。采用拉筋必须配用顶撑，顶撑应可靠地顶在混凝土圈梁、柱等结构部位。高度超过 24 m 的双排脚手架，必须采用刚性连墙件与建筑物可靠连接。

⑥ 横向斜撑。

一字型、开口型双排脚手架的两端均必须设置横向斜撑，中间宜每隔 6 跨设置一道；高度在 24 m 以上的封闭型脚手架，除拐角处设置横向斜撑外，中间应每隔 6 跨设置一道。横向斜撑应在同一节间，由底至顶层呈"之"字形连续布置。

图 3.5 连墙杆

1—两只扣件；2—两根短管；3—拉筋与墙内埋设的钢环拉住；4—顶墙横杆

⑦ 护栏和挡脚板。

操作层必须设置高 1.20 m 的防护栏杆和高 0.18 m 的挡脚板，搭设在外排立杆的内侧。

⑧ 脚手板。

脚手板一般应设置在 3 根横向水平杆上。当板长度小于 2 m 时，允许设置在 2 根横向水平杆上，但应将板两端可靠固定，严防倾翻。自顶层操作层往下计，宜每隔 12 m 满铺一层脚手板。作业层脚手板应铺满、铺稳，离开墙面 120～150 mm。

（2）单排脚手架。

单排脚手架仅在外侧有立杆，其横向水平杆的一端与纵向水平杆或立杆相连，另一端则搁在内侧的墙上，插入墙内的长度应≥180 mm。单排脚手架构造要求与双排脚手架基本相同。由于单排脚手架的整体刚度差、承载力低，故不适用于下列情况：

① 墙体厚度小于或等于 180 mm；

② 建筑物高度超过 24 m；

③ 空斗砖墙、加气块墙等轻质墙体；

④ 砌筑砂浆强度等级小于或等于 M1.0 的砖墙。

3）扣件式钢管脚手架的搭设与拆除

（1）脚手架搭设要点。

① 脚手架搭设顺序：放置纵向水平扫地杆→逐根竖立立杆（随即与扫地杆扣紧）→安装横向水平扫地杆（随即与立杆或纵向水平扫地杆扣紧）→安装第一步纵向水平杆（随即与各立杆扣紧）→安装第一步横向水平杆→安装第二步纵向水平杆→安装第二步横向水平杆→加设临时斜撑杆（上端与第二步纵向水平杆扣紧，在装设两道连墙杆后可拆除）→安装第三、四步纵、横向水平杆→安装连墙杆、接长立杆、加设剪刀撑→铺设脚手板→挂安全网。

② 脚手架必须配合施工进度搭设，一次搭设高度不应超过相邻连墙杆以上两步。

③ 每搭完一步脚手架后，应按有关规范的要求校正步距、纵距、横杆及立杆的垂直度。

④ 底座、垫板均应准确地放在定位线上；垫板宜采用长度不少于 2 跨、厚度不小于 50 mm 的木垫板，也可采用槽钢。

⑤ 立杆搭设严禁将外径 48 mm 与 51 mm 的钢管混合使用；开始搭设立杆时应每隔 6 跨设置一根抛撑，直至连墙件安装稳定后，方可根据情况拆除。

⑥ 当搭至有连墙杆的构造点时，在搭设完该处的立杆、纵向水平杆、横向水平杆后，应立即设置连墙杆；连墙点的数量、位置要正确，连接牢固，无松动现象。

⑦ 在封闭型脚手架的同一步中，纵向水平杆应四周交圈，用直角扣件与内外角部立杆固定。

⑧ 搭设单排外脚手架时，在下列部位不得留设脚手眼：

Ⅰ．设计上不允许留脚手眼的部位；

Ⅱ．过梁上与过梁两端成 60°角的三角形范围内及过梁净跨度 1/2 的高度范围内；

Ⅲ．宽度小于 1 m 的窗间墙；

Ⅳ. 梁或梁垫下及其两侧各 500 mm 的范围内;

Ⅴ. 砖砌体门窗洞口两侧 200 mm 和转角处 450 mm 的范围内,其他砌体的门窗洞口两侧 300 mm 和转角处 600 mm 的范围内;

Ⅵ. 独立或附墙砖柱。

⑨ 剪刀撑、横向斜撑应随立杆、纵向和横向水平杆等同步搭设,各底层斜杆下端均必须支承在垫块或垫板上。

⑩ 扣件规格必须与钢管外径(48 mm 或 51 mm)相同;螺栓拧紧力矩不应小于 40 N·m,且不应大于 65 N·m。在主节点处固定横向水平杆、纵向水平杆、剪刀撑、横向斜撑等用的直角扣件、旋转扣件中心点的相互距离不应小于 150 m,对接扣件开口应朝上或朝内。各杆件端头伸出扣件盖板边缘的长度不应小于 100 mm。

(2)脚手架拆除要点。

① 拆架时应画出工作区标志和设置围栏,并派专人看守,严禁行人进入。拆架时统一指挥、上下呼应、动作协调,当解开与另一人有关的接头时应先行告知对方,以防坠落。

② 拆除作业必须由上而下逐层进行,严禁上下同时作业。

③ 连墙杆必须随脚手架逐层拆除,严禁先将连墙件整层或数层拆除后再拆脚手架;分段拆除高差不应大于 2 步,如高差大于 2 步,应增设连墙件加固;当脚手架拆至下部最后一根长立杆的高度(约 6.5 m)时,应先在适当位置搭设临时抛撑加固后,再拆除连墙杆。

④ 当脚手架采取分段、分立面拆除时,对不拆除的脚手架两端,应先设置连墙件和横向斜撑加固。

⑤ 各构配件严禁抛掷至地面。

⑥ 运至地面的构配件应及时检查、整修与保养,并按品种、规格随时码堆存放。

4. 碗扣式钢管脚手架

碗扣式钢管脚手架是一种多功能脚手架,其杆件接点处均采用碗扣承插锁固式轴向连接,具有承载力大,结构稳定可靠,通用性强,拼拆迅速方便,配件完善且不易丢失,易于加工、运输和管理等优点,故应用广泛。

1)碗扣式脚手架的构造特点

碗扣式脚手架是在一定长度的 ϕ48 mm×3.5 mm 钢管立杆和顶杆上,每隔 600 mm 焊有下碗扣及限位销,上碗扣则对应套在立杆上并可沿立杆上下滑动。安装时将上碗扣的缺口对准限位销后,即可将上碗扣抬起(沿立杆向上滑动),把横杆接头插入下碗扣圆槽内,随后将上碗扣沿限位销滑下,并沿顺时针方向旋转,以扣紧横杆接头,与立杆牢固地连接在一起,形成框架结构。每个下碗扣内可同时装 4 个横杆接头,位置任意,如图 3.6 所示。

2)碗扣式脚手架杆的配件规格及用途

碗扣式钢管脚手架的杆配件按其用途可分为主构件、辅助构件、专用构件 3 种。

(1)主构件。

① 立杆。立杆是用作脚手架的垂直承力杆。它由一定长度的 ϕ48 mm×3.5 mm 钢管上每隔 0.6 m 安装碗扣接头,并在其顶端焊接立杆连接管制成。立杆有 3.0 m 和 1.8 m 两种规格。

② 顶杆。顶杆即顶部立杆,其顶端设有立杆连接管,以便在顶端插入托撑。顶杆是用作支撑架、支撑柱、物料提升架等的顶端垂直承力杆,有 2.1 m、1.5 m、0.9 m 三种规格。

若将立杆和顶杆相互配合接长使用,就可构成任意高度的脚手架。立杆接长时,接头应错开,至顶层后再用两种长度的顶杆找平。

（a）连接前　　　　　　　　　　　　　　（b）连接后

图 3.6　碗扣接头

1—立杆；2—上碗扣；3—限位销；4—下碗扣；5—横杆；6—横杆接头

③ 横杆。横杆是用于立杆横向连接的杆件，或框架水平承力杆。它由一定长度的 $\phi48$ mm × 3.5 mm 钢管两端焊接横杆接头制成。横杆有 2.4 m、1.8 m、1.5 m、1.2 m、0.9 m、0.6 m、0.3 m 7 种规格。

④ 单排横杆。单排横杆是用作单排脚手架的横向水平杆。它仅在 $\phi48$ mm × 3.5 mm 钢管一端焊接横杆接头，有 1.8 m、1.4 m 两种规格。

⑤ 斜杆。斜杆用于增强脚手架的稳定和强度，提高脚手架的承载力。它是在 $\phi48$ mm × 2.2 mm 钢管两端铆接斜杆接头制成。斜杆有 3.0 m、2.546 m、2.343 m、2.163 m、1.69 m 5 种规格，可适用于 5 种框架平面。

⑥ 底座。底座安装在立杆的根部，起防止立杆下沉并将上部荷载分散传递给地基的作用。底座有一般垫座，其由 150 mm × 150 mm × 5 mm 的钢板在中心焊接连接杆制成；还有立杆可调座和立杆粗细调座等。

（2）辅助构件。

辅助构件系用于作业面及附壁拉结等的杆部件，有多种类别和规格。其中主要有以下 3 种：

① 间横杆。间横杆是为满足普通钢或木脚手板的需要而专设的杆件，可搭设于主架横杆之间的任意部位，用以减小支承间距或支撑挑头脚手板。

② 架梯。架梯是用于作业人员上下脚手架的通道，由钢踏步板焊在槽钢上制成，两端带有挂钩，可牢固地挂在横杆上。

③ 连墙撑。连墙撑是用于脚手架与墙体结构间的连接件，用以加强脚手架抵抗风荷载及其他永久性水平风荷载的能力，防止脚手架倒塌和增强稳定性。

（3）专用构件。

专用构件是有专门用途的构件。常用的有支撑柱专用构件（包括支撑柱垫座、转角座、可调座）、提升滑轮、悬挑架、爬升挑梁等。

3）碗扣式脚手架的搭设要点

（1）搭设顺序。

搭设顺序为：安设立杆底座→竖立杆→安横杆→安斜杆→接头锁紧→铺脚手板→竖上层立杆→插立杆连接销→安横杆……

第 3 章　砌体工程

（2）搭设注意事项。

① 应在已处理好的地基上按设计位置安放立杆垫座（或可调底座），其上再交错安装 3.0 m 和 1.8 m 的长立杆，调整立杆或底座，使同一层立杆接头不在同一平面内。

② 搭设中应注意控制架体的垂直度，总高的垂直度偏差不得超过 100 mm。

③ 连墙件应随脚手架的搭设而及时在设计位置设置，并尽量与脚手架和建筑物外表面垂直。

④ 脚手架应随结构物升高而随时搭设，但不应超过结构物 2 个步架。

5. 门式脚手架

门式钢管脚手架（简称门式脚手架）的基本受力单元是由钢管焊接而成的门形刚架（简称门架），是通过剪刀撑、脚手板（或水平梁）、连墙杆以及其他连接杆、配件组装成的逐层叠起的脚手架。它与结构物拉结牢固，形成整体稳定的脚手架结构。

门式脚手架的主要特点是尺寸标准、结构合理、承载力高、安全可靠、装拆容易并可调节高度，特别适用于搭设使用周期短或频繁周转的脚手架。但由于其组装件接头大部分不是螺栓紧固性的连接，而是插销或扣搭形式的连接，因此搭设较高大或荷重较大的支架时，必须附加钢管拉结紧固，否则会摇晃不稳。

门式脚手架的搭设高度 H 为：当两层同时作业的施工总荷载标准值 ≤ 3 kN/m^2 时，H ≤ 60 m；当总荷载为 3 ~ 5 kN/m^2 时，H ≤ 45 m。当架高为 19 ~ 38 m 时，可 3 层同时作业；当架高 ≤ 17 m 时，可 4 层同时作业。

1）门式脚手架的主要组成部件

门式脚手架由门架、剪刀撑（交叉支撑）和水平梁架（平行架）或脚手板构成基本单元，如图 3.7（a）所示。将基本单元相互连接起来并增加梯子、栏杆等部件即构成整片脚手架，如图 3.7（b）所示。

（a）基本单元　　　　　　　　（b）门式外脚手架

图 3.7　门式脚手架

1—门架；2—交叉支撑；3—水平梁架；4—调节螺栓；5—锁臂；6—梯子；7—栏杆；8—脚手板；9—交叉斜杆

① 门架。门架是构成脚手架的基本单元。它有多种形式，标准型是最基本的形式，标准门架宽度为 1.219 m，高有 1.9 m 和 1.70 m 两种。门架在垂直方向之间的连接用连接棒和锁臂。

② 水平梁架。水平梁架用于连接门架顶部成为水平框架，以增加脚手架的刚度。

③ 剪刀撑。剪刀撑是用于纵向连接两榀门架的交叉形拉杆。

④ 底座和托座。底座用于扩大脚手架的支撑面积和传递竖向荷载，分为固定底座和带轮底座。其中可调底座可调节脚手架的高度及整体水平度、垂直度；带轮底座多用于操作平台，以方便移动。

托座有平板和 U 形两种，置于门架的上端，多带有丝杠以调节高度，主要用于支模架。

⑤ 脚手板。脚手板采用钢定型脚手板，在板的两端装有挂扣，搁置在门架的横杆上并扣紧。此种脚手板不但提供操作平面，还可增加门架的刚度，因此，即使是无作业层，也应每隔 3~5 m 设置一层脚手板。

2）门式脚手架的构造要点

① 门架之间必须满设剪刀撑和水平梁架（或脚手板），并连接牢固。在脚手架外侧应设长剪刀撑，其高度和宽度为 3~4 个步距，与地面倾角 45°~60°，相邻长剪刀撑之间相隔 3~5 个架距。

② 整片脚手架必须适量设置水平加固杆（即大横杆），一般用 48 mm 的钢管，下面三层步架宜隔层设置，3 层以上则每隔 3~5 层设置一道。水平加固杆用扣件和门架立杆扣紧。

③ 应设置连墙件与结构拉结牢固。一般情况下，在垂直方向每隔 3 个步距和在水平方向每隔 4 个架距设一点，在转角处应适当加密。

④ 做好脚手架的转角处理。脚手架在转角处必须连接牢固并与墙拉结好，以确保脚手架的整体性。处理方法是利用钢管和扣件把处于角部两边的门架连接起来，连接杆可沿边长方向或斜向设置（图 3.8）。

图 3.8　转角处脚手架连接

1—连接钢管；2—门架；3—连墙杆

3）门式脚手架的搭设要点

（1）搭设顺序。

搭设顺序为：铺放垫木→拉线、放底座→自一端起立门架并随即安装剪刀撑→安装水平梁架（或脚手板）→安装梯子（需要时安装加强用通长大横杆）→安装连墙杆→插上连接棒、安装上一步门架、并装上锁臂→照上述步骤逐层向上安装→安装加强整体刚度的长剪刀撑→安装顶部栏杆。

（2）搭设注意事项。

① 交叉支撑、水平架、脚手板、连接棒和锁臂的设置应符合规范要求；不配套的门架与配件不得混合使用于同一脚手架中。

② 门架安装应自一端向另一端延伸，并逐层改变搭设方向，不得相对进行。搭完一步架后，应按规范要求检查并调整其水平度与垂直度。

③ 交叉支撑、水平架或脚手板应紧随门架的安装及时设置，连接门架与配件的锁臂、搭钩必须处于锁住状态。水平架或脚手板应在同一步内连续设置，脚手板要铺满。

④ 连墙件的搭设必须随脚手架搭设同步进行，严禁滞后设置或搭设完毕后补做；连墙件应连于上、下两榀门架的接头附近，且垂直于墙面、锚固可靠。当脚手架操作层高出相邻连墙件以上两步时，应采用确保脚手架稳定的临时拉结措施，直到连墙件搭设完毕后方可拆除。

⑤ 水平加固杆、剪刀撑必须与脚手架同步搭设；水平加固杆应设于门架立杆内侧，剪刀撑应设于门架立杆外侧并连接牢固。

⑥ 脚手架应沿结构物周围连续、同步搭设升高，在结构物周围形成封闭结构；如不能封闭时，在脚手架两端应按规范要求增设连墙件。

6. 附着升降式脚手架

近年来，随着高层建筑、高耸结构的不断涌现和在工程建设中脚手架所占比重的迅速扩大，对施工用的脚手架在施工速度、安全性能和经济效益等方面提出了更高的要求。附着升降式脚手架是附着于工程结构，并依靠自身带有的升降设备，实现整体或分段升降的悬空脚手架。它结构整体性好、升降快捷方便、机械化程度高、经济效益显著，是一种很有推广价值的外脚手架。按其附着支承方式可分为以下 7 种：套框式、导轨式、导座式、挑轨式、套轨式、吊套式、吊轨式。导轨式附着升降式脚手架的爬升过程示意如图 3.9 所示。附着升降式脚手架由架体、附着支承、提升机构和设备、安全装置和控制系统等 4 个基本部分构成。

（a）爬升前位置　　　（b）活动架爬升（半个层高）　　（c）固定架爬升（半个层高）

图 3.9　附着升降式脚手架

1—固定架；2—活动架；3—附墙螺栓；4—倒链

1）架　体

附着升降脚手架的架体由竖向主框架、水平梁架和架体板构成（图 3.10）。竖向主框架既是构成架体的边框架，也是与附着支承构件连接并将架体荷载传给工程结构的传载构件。水平梁架一般设于底部，承受架体板传下来的架体荷载并将其传给竖向主框架，同时水平梁架的设置也是加强架体整体性和刚度的重要措施。除竖向主框架和水平梁架的其余架体部分称为"架体板"，在承受风荷载等侧向水平荷载时，它相当于两端支承于竖向主框架之上的一块板。架体板应设置剪刀撑，以确保传载和安全工作的要求。

图 3.10　附着升降脚手架的架体构成

2）附着支承

附着支承是确保架体在使用和升降时处于稳定状态，避免晃动和抵抗倾覆作用的装置。它应达到以下要求：架体在任何状态（使用、上升或下降）下，与工程结构之间必须有不少于两处的附着支承点；必须设置防倾覆装置。

3）提升机构和设备

附着升降脚手架的提升机构取决于提升设备，共有吊升、顶升和爬升等三种方式。吊升式是挂置电动葫芦或手动葫芦，以链条或拉杆吊着架体沿导轨滑动而上升；提升设备为小型卷扬机时，则采用钢丝绳、依靠导向滑轮进行架体的提升。顶升式是通过液压缸活塞杆的伸长，使导轨上升并带动架体上升。爬升式是通过上下爬升箱带着架体沿导轨自动向上爬升。提升机构和设备应确保处于完好状况，且要工作可靠、动作稳定。

4）安全装置和控制系统

附着升降脚手架的安全装置包括防坠和防倾装置。防倾装置是采用防倾导轨及其他部件来控制架体水平位移的部件。防坠装置则是防止架体坠落的装置，即一旦因断链（杆、绳）等造成架体坠落时，能立即动作、及时将架体制停在防坠杆等支持结构上。

附着升降式脚手架的设计、安装及升降操作必须符合有关的规范和规定。其技术关键是：① 与建筑物有牢固的固定措施；② 升降过程均有可靠的防倾覆措施；③ 设有安全防坠落装置和措施；④ 具有升降过程中的同步控制措施。

7. 里脚手架

里脚手架是搭设在建筑物内部的一种脚手架，用于在地面或楼层上进行砌筑、装修等作业。里脚手架种类较多，在无须搭设满堂脚手架时，可采用各种工具式脚手架。这种脚手架具有轻便灵活、搭设方便、周转容易、占地较少等特点。下面介绍几种常用的里脚手架。

1）折叠式里脚手架

角钢折叠式里脚手架如图 3.11 所示，它采用角钢制成，每个重 25 kg；钢管（筋）折叠式里脚手架如图 3.12 所示，它采用钢管或钢筋制成，每个重 18 kg。这些折叠式里脚手架搭设时在脚手架上铺脚手板即可，其架设间距：砌筑作业时小于 1.80 m，装修作业时小于 2.20 m。该种脚手架可架设两步，第一步为 1 m，第二步为 1.65 m。

图 3.11 角钢折叠式里脚手架

图 3.12 钢管折叠式里脚手架

2）支柱式里脚手架

支柱式里脚手架由支柱及横杆组成，上铺脚手板。其搭设间距：砌筑作业时≤2 m，装修作业时≤2.50 m。套管式支柱如图 3.13 所示，每个支柱重 14 kg。搭设时插管插入立杆中，以销孔间距调节高度，在插管顶端的 U 形支托内搁置方木横杆用以铺设脚手板，其架设高度为 1.57～2.17 m。承插式钢管支柱如图 3.14 所示，每个支柱重 13.7 kg，横杆重 5.6 kg。其架设高度为 1.2 m、1.6 m、1.9 m，搭设第三步时要加销钉以保证安全。

图 3.13　套管式钢支柱　　　　　　　图 3.14　承插式钢支柱

此外还有马凳式里脚手架、伞脚折叠式里脚手架、梯式支柱里脚手架、门架式里手架以及平台架、移动式脚手架等里脚手架，广泛用于各种室内砌筑及装饰工程中。

3.2.2　垂直运输设施

垂直运输设备是指担负运输工程材料和施工人员上下的机械设备。土木工程施工中这类设备的作业量很大，常用的有井架、龙门架、施工电梯和塔式起重机等，有时也采用自行杆式起重机。塔式起重机与自行杆式起重机的具体内容详见本书 6.1 节中的介绍，在此不再赘述。本节仅介绍井架、龙门架和施工电梯这三种垂直运输设备。

1. 井　架

井架是建筑工程中进行砌筑和装修时最常用的垂直运输设备，它可用型钢或钢管加工成定型产品，或用其他脚手架部件（如扣件式、门式和碗扣式钢管脚手架等）搭设。一般井架为单孔，也可构成双孔或三孔。井架构造简单、加工容易、安装方便、价格低廉、稳定性好，且当设置有附着杆件与建筑物拉结时，无须设置缆风绳。为了满足运输多种材料的需要和扩大服务范围，可在井架内设吊盘，在井架上安装悬臂拔杆。

图 3.15 所示为普通型钢井架示意图。在井架内是吊盘或混凝土料斗，其吊重可达 1～3 t，由卷扬

机带动其升降。当为双孔或三孔井架时，可同时设吊盘及料斗，以满足同时运输多种材料的需要。型钢井架的搭设高度可达 60 m。当井架高度小于或等于 15 m 时，须设缆风绳一道；当高度大于 15 m 时，每增高 10 m 增设一道。每道缆风绳为 4 根，采用 9 mm 的钢丝绳，其与地面夹角为 45°。为了扩大起重运输服务范围，常在井架上安装悬臂桅杆，桅杆长 5~10 m，起重荷载 0.5~1 t，工作幅度 2.5~5 m。

井架在使用中应注意下列事项：

（1）井架必须立于可靠的地基或基座之上。井架立柱底部应设底座和垫木，其处理要求同外脚手架。

（2）在雷雨季节使用的、高度超过 30 m 的钢井架，应装设避雷电装置；没有装设避雷装置的井架，在雷雨天气应暂停使用。

（3）井架自地面 5 m 以上的四周（出料口除外），应使用安全网或其他遮挡材料（竹笆、篷布等）进行封闭，避免吊盘上材料坠落伤人。卷扬机司机操作观察吊盘升降的一面只能使用安全网。

（4）井架上必须有限位自停装置，以防吊盘上升时"冒顶"。

（5）吊盘内不要装长杆材料和零乱堆放的材料，以免材料坠落或长杆材料卡住井架酿成事故。吊盘不得长时间悬于井架中，应及时落至地面。

图 3.15 井 架

1—立杆；2—平撑；3—斜撑；4—钢丝绳；5—缆风绳；
6—天轮；7—导轨；8—吊篮；9—地轮；10—垫木；
11—摇臂把杆；12—滑轮组

图 3.16 龙门架

1—立杆；2—导轨；3—缆风绳；4—天轮；
5—吊篮停车安全装置；6—地轮；7—吊篮

2. 龙门架

龙门架由两立柱及天轮梁（横梁）构成，在龙门架上装设滑轮、导轨、吊盘（上料平台）及起重索、缆风绳等，即构成一个完整的垂直运输体系（图 3.16）。龙门架构造简单、制作容易、用材少、装拆方便，适用于中小型工程。但由于其立杆刚度和稳定性较差，一般常用于低层建筑。如果分节架设，逐步增高，并加强与建筑物的连接，也可以架设较大的高度。龙门架的构造，按其立杆的组成来分，目前常用的有组合立杆龙门架（如角钢组合、钢管组合、角钢与钢管组合、圆钢组合等）和钢管龙门架等。组合立杆龙门架具有强度高、刚度大的优点，其提升荷载为 0.6～1.2 t，提升高度可达 20～35 m。钢管龙门架是以单根杆件作为立杆而构成的，制作安装均较简便，但稳定性较差，在低层建筑中使用较为适合。

龙门架一般单独设置。在有外脚手架的情况下，可设在脚手架的外侧或转角部位，其稳定性靠四个方向的缆风绳来解决；亦可设在外脚手架的中间，用拉杆将龙门架的立杆与脚手架拉结起来，以确保龙门架和脚手架的稳定，但在垂直于脚手架的方向仍需设置缆风绳并设置附墙拉结。与龙门架相连的脚手架，应加设必要的剪刀撑予以加强。龙门架的安全装置必须齐全，正式使用前应进行试运转。

3. 建筑施工电梯

建筑施工电梯是人、货两用的垂直运输设备，其吊笼装在立柱外侧，如图 3.17 所示。按传动形式分为齿轮齿条式、钢丝绳式和混合式三种。施工电梯可载货 1.0～1.2 t，可乘 12～15 个人。由于它附着在建筑物外墙或其他结构部位上，故稳定性很好，并可随主体结构的施工逐步往上接高，架设高度在 100 m 以上。目前，施工电梯已广泛应用于高层建筑施工中。

图 3.17　建筑施工电梯

1—吊笼；2—小吊杆；3—架设安装杆；4—平衡箱；5—导轨架；6—底笼；7—混凝土基础

3.3　石砌体施工

3.3.1　材料要求

（1）石料要求质地坚实、无风化剥落和裂纹。块体的中部厚度不宜小于 150 mm。大小搭配使用，不可先用大块后用小块。

（2）砌筑前清除表面泥垢、水锈等杂质，必要时用水清洗。

（3）石砌体可用乱毛石、平毛石以及料石，强度不低于 MU20。

（4）石砌体所用砂浆应为水泥砂浆或混合砂浆，其品种与强度等级应符合设计要求。石基础的砂浆强度等级不低于 M5。

3.3.2　毛石砌体

1. 毛石砌体的砌筑要点

（1）双面拉准线，采用"铺浆法"砌筑（即先铺砂浆，再摆砌石块，最后砂浆填缝、塞砌小石块于大缝中）。砂浆必须饱满，叠砌面的黏灰面积（即砂浆饱满度）应大于 80%。砌筑第一皮最底层毛石基础时，按所放的基础边线砌筑；第二皮以上各皮则按准线砌筑。

（2）应分皮卧砌、上下错缝、内外搭砌，较大缝隙先填塞砂浆后塞碎石块。石砌体宜分皮卧砌，各皮石块间应利用毛石自然形状，经敲打修整使能与先砌毛石基本吻合、搭砌紧密。

（3）灰缝厚度宜为 20～30 mm，砂浆应饱满，石块间不得有直接接触或无砂浆。

（4）阶梯形毛石基础，上台阶的石块应至少压砌下台阶石块的1/2，相邻台阶的毛石应相互错缝搭接，内外搭砌，不得采用外面侧立毛石中间填心的砌筑方法；中间不得有铲口石（尖石倾斜向外的石块）、斧刃石（尖石向下的石块）和过桥石（仅在两端搭砌的石块），见图 3.18。

图 3.18　铲口石、斧刃石、过桥石

（5）每一皮内每隔 2 m 设置一块拉结石。基础宽度小于等于 400 mm 时，拉结石长与基础宽度相同；基础宽度大于 400 mm 时，两块拉结石内外搭接砌筑，搭接长度不应小于 150 mm，且其中一块长度不应小于该皮基础宽度的 2/3。

（6）转角处和交接处同时砌筑，否则留斜槎，斜槎长度不小于其高度，在斜槎处继续接砌时，应先将斜槎石面清理干净、浇水润湿后，方可砌筑。

（7）有高低台的毛石基础，应从低处砌起，并由高台向低台搭接，搭接长度不小于基础高度。毛石基础的最上一皮宜选用较大的平毛石砌筑；转角处、交接处、洞口处也应选用平毛石砌筑。毛石基础每天砌筑高度以 1.2 m 为宜。

2. 毛石基础

墙下条形毛石基础和柱下独立毛石基础断面为矩形、梯形、阶梯形，基顶宽度应比墙体底面宽度大 200 mm，基底宽依设计确定。梯形基础与地面之间的坡角大于 60°；阶梯形基础每台阶高度不小于 300 mm，一侧挑出宽度不大于 200 mm。

砌筑毛石基础的第一皮石块应坐浆，并将石块的大面向下。毛石基础的转角处、交接处应用较大的平毛石砌筑。

毛石基础的扩大部分，如做成阶梯形，上级阶梯的石块应至少压砌下级阶梯石块的 1/2，相邻阶梯的毛石应相互错缝搭砌（图 3.19）。

毛石基础必须设置拉结石，拉结石应均匀分布，毛石基础同皮内每隔 2 m 左右设置一块。拉结石长度：如基础宽度小于或等于 400 mm，应与基础宽度相等；如基础宽度大于 400 mm，可用两块拉结石内外搭接，搭接长度不应小于 150mm，且其中一块拉结石长度不应小于基础宽度的 2/3。

3. 毛石墙

毛石墙的第一皮及转角处、交接处和洞口处，应用较大的平毛石砌筑。每个楼层墙体的最上一皮，宜用较大的毛石砌筑。

毛石墙必须设置拉结石，拉结石应均匀分布，相互错开，毛石墙一般每 0.7 m^2 墙面至少设置一块，且同皮内拉结石的中距不应大于 2 m。拉结石的长度：如墙厚小于或等于 400 mm，应与墙厚相等；如墙厚大于 400 mm，可用两块拉结石内外搭接，搭接长度不应小于 150 mm，且其中一块拉结石长度不应小于墙厚的 2/3。

图 3.19　阶梯形毛石基础

3.3.3　料石砌体

1. 料石砌体的砌筑要点

料石砌体应采用铺浆法砌筑，料石应放置平稳，砂浆必须饱满。砂浆铺设厚度应略高于规定灰缝厚度。其高出厚度：细料石宜为 3 ~ 5 mm；粗料石、毛料石宜为 6 ~ 8 mm。

料石砌体的灰缝厚度：细料石砌体不宜大于 5 mm；粗料石和毛料石砌体不宜大于 20 mm。

料石砌体的水平灰缝和竖向灰缝的砂浆饱满度均应大于 80%。

料石砌体上下皮料石的竖向灰缝应相互错开，错开长度应不小于料石宽度的 1/2。

2. 料石基础

料石基础的第一皮料石应坐浆丁砌，以上各层料石可按一顺一丁的方式砌筑，料石至少压砌下级阶梯料石的 1/3（图 3.20）。

3. 料石墙

料石墙厚度等于一块料石宽度时，可采用全顺砌筑形式。

两顺一丁是两皮顺石与一皮丁石相间。

丁顺组砌是同皮内顺石与丁石相间，可一块顺石与丁石相间或两块顺石与一块丁石相间，见图 3.21。

图 3.20　阶梯形料石基础

两顺一丁　　　　丁顺组砌

图 3.21　料石墙砌筑形式

4. 料石平拱

用料石作平拱，应按设计要求加工。如设计无规定，则料石应加工成楔形，斜度应预先设计，拱两端部位的石块，在拱脚处坡度以 60°为宜。平拱石块数应为单数，厚度与墙厚相等，高度为两皮料石高。拱脚处斜面应修整加工,使拱石相吻合(图 3.22)。

砌筑时,应先支设模板,并以两边对称地向中间砌,正中一块锁石要挤紧。所用砂浆强度等级不应低于 M10,灰缝厚度宜为 5 mm。

3.3.4 石挡土墙

石挡土墙可采用毛石或料石砌筑。

砌筑毛石挡土墙应符合下列规定:

① 每砌 3~4 皮毛石为一个分层高度,每个分层高度应找平一次;

图 3.22 料石平拱示例

② 外露面的灰缝厚度不得大于 40 mm,两个分层高度间分层处的错缝不得小于 80 mm。

料石挡土墙宜采用丁顺组砌的砌筑形式。当中间部分用毛石填砌时,丁砌料石伸入毛石部分的长度应小于 200 mm。

石挡土墙的泄水孔当设计无规定时,施工应符合下列规定:

① 泄水孔应均匀设置,在每米高度上间隔 2 m 左右设置一个泄水孔;

② 泄水孔与土体间铺设长宽各为 300 mm、厚 200 mm 的卵石或碎石作流水层。

挡土墙内侧回填土必须分层夯填,分层松土厚度应为 300 mm。墙顶上面应有适当的坡度使流水在挡土墙外侧面。

3.3.5 石砌体质量

石砌体的轴线位置、垂直度及一般尺寸的允许偏差应符合表 3.1 和表 3.2 的要求。

表 3.1 石砌体的轴线位置及垂直度允许偏差

项目		允许偏差/mm							检验方法
		毛石砌体		料石砌体					
		基础	墙	毛料石		粗料石		细料石	
				基础	墙	基础	墙	墙、柱	
轴线位置		20	15	20	15	15	20	10	用经纬仪和尺检查;用其他测量仪器检查
前面垂直度	每层		20		20		10	7	用经纬仪、吊线和尺检查;用其他测量仪器检查
	全高		30		30		25	20	

表 3.2 石砌体的一般尺寸允许偏差

项目		允许偏差/mm							检验方法
		毛石砌体		料石砌体					
		基础	墙	基础	墙	基础	墙	墙、桩	
基础和墙砌体顶面标高		±25	±15	±25	±15	±15	±15	±10	用水准仪和尺检查
砌体厚度		+30	+20 -10	+30	+20 -10	+15	+10 -5	+10 -5	用尺检查
表面平整度	清水墙、柱	—	20	—	20		10	5	细料石用 2 m 靠尺和楔形塞尺检查,其他用两直尺垂直于灰缝拉 2 m 线和尺检查
	混水墙、柱	—	20	—	20		15	—	
清水墙水平灰缝平直度		—	—	—	—		10	5	拉 10 m 线和尺检查

3.4 砖砌体工程

砖砌体结构由于其成本低廉、施工简便并能适用于各种形状和尺寸的建筑物、构筑物，故在土木工程中，目前仍被广泛采用。

3.4.1 砌筑前的准备工作

1. 砌墙用砖的备料要求

（1）砖的品种、强度等级必须符合设计要求，规格一致。用于清水墙、柱表面的砖应边角整齐、色泽均匀一致。

（2）砌墙用砖要有出厂合格证或试验报告单，并要按规定进行进场验收和抽样复试；对砖的强度等级有怀疑时，也要及时进行复试检验鉴定。施工时，施砌的蒸压灰砂砖、粉煤灰砖的产品龄期不应小于 28 d。

（3）常温施工时，干砖在砌筑前一天浇水润湿，以免砖过多吸走砂浆中的水分而影响其黏结力，并可除去砖表面的粉尘。但若浇水过多而在砖表面形成一层水膜，则会产生跑浆现象，使砌体走样或滑动，流淌的砂浆还会污染墙面。

烧结普通砖、多孔砖的含水量以 10%～15%为宜，将砖砍断，其断面四周的吸水深度为 10～20 mm 时即为润湿程度合格；灰砂砖、粉煤灰砖的含水率为 5%～8%时为合格。砌筑施工时，如发现砖块又已风干、操作困难时，应用喷壶补水润湿，不应在脚手架上用水管浇砖。

2. 技术准备

1）抄 平

砌筑基础前应对垫层表面进行抄平。表面如有局部不平，高差超过 30 mm 处应用 C15 以上的细石混凝土找平，不得仅用砂浆或在砂浆中掺细碎砖或碎石填平。砌筑各层墙体前也应在基础顶面或楼面上定出各层标高并用水泥砂浆找平，使各层砖墙底部标高符合设计要求。

2）放 线

砌筑前应将砌筑部位清理干净并放线。砖基础施工前，应在建筑物的主要轴线部位设置标志板（龙门板）。标志板上应标明基础和墙身的轴线位置及标高；对外形或构造简单的建筑物，也可用控制轴线的引桩代替标志板。然后根据标志板或引桩在垫层表面上放出基础轴线及底宽线。砖墙施工前，也应放出墙身轴线、边线及门窗洞口等位置线。

砌筑基础前，应校核放线尺寸，其允许偏差应符合表 3.3 的规定。

表 3.3 放线尺寸的允许偏差

长度 L、宽度 B/m	允许偏差/mm	长度 L、宽度 B/m	允许偏差/mm
L（或 B）≤30	±5	60<L（或 B）≤90	±15
30<L（或 B）≤60	±10	L（或 B）>90	±20

3）制作皮数杆

为了控制每皮砖砌筑的竖向尺寸和墙体的标高，应事先用方木和角钢制作皮数杆，并根据设计要求、砖规格和灰缝厚度，在皮数杆上标明砌筑皮数及竖向构造的变化部位。在基础皮数杆上，竖向构造包括底层室内地面、防潮层、大放脚、洞口、管道、沟槽和预埋件等。墙身皮数杆上，竖向构造包括楼面、门窗洞口、过梁、圈梁、楼板、梁及梁垫等。

3. 基础垫层的施工

砖石基础的下部通常要做垫层，其作用是将基础承受的荷载比较均匀地传给地基。垫层施工前，应进行钎探和验槽，用以检验和判定槽底以下的地基土质是否与设计要求相符合；若不符合，则应对地基土进行处理或修改基础设计。

基础垫层的种类有素土夯实垫层、3：7 或 2：8 灰土垫层、三合土垫层、砂或砂石垫层、混凝土垫层等。混凝土垫层一般采用 C10 及以下的混凝土浇捣而成，这种垫层不怕雨水浸泡，强度较高，施工方法简便快速，因此应用最广。

3.4.2 砖砌体的组砌形式

1. 砖墙的组砌

普通砖墙的厚度有半砖（115）、3/4 砖（178，习惯称 18 墙）、一砖（240）、一砖半（365）、二砖（490）等几种，个别情况下还有 $1\frac{1}{4}$ 砖（303，习惯称 30 墙）。

组砌形式：

1）一顺一丁

同一皮中全部采用顺砖与同一皮中全部采用丁砖上下间隔砌成。其优点是整体好，砌筑效率较高，应用最广，适合一砖、一砖半和二砖墙。

2）梅花丁

每一皮中均采用丁砖与顺砖左右间隔砌成，每一块丁砖均在上下两块顺砖长度的中心，上下皮竖缝相错 1/4 砖长。其特点是灰缝整齐，外表美观，结构的整体性好，但砌筑效率较低，适合一砖或一砖半的清水墙。砖的规格偏差较大时，有利于减少墙面的不整齐性。

3）全顺砌法

各皮砖均为顺砖，上下皮竖缝相错 1/2 砖长。此砌法仅适用于半砖墙。

4）全丁砌法

全丁砌法是一面墙的每皮砖均为丁砖，上下皮竖缝相错 1/4 砖长。此法适于砌筑一砖、一砖半、二砖的圆弧形墙、烟囱筒身等。

5）空斗墙

全部或大部分采用侧立丁砖和侧立顺砖相间砌筑而成，在墙中由侧立丁砖、顺砖围成许多个空斗，所有侧砌斗砖均用整砖。

无眠空斗：全部由侧立丁砖和侧立顺砖砌成的斗砖层构成，无平卧层。

一眠一斗：一皮眠砖层和一皮侧砌的斗砖层上下间隔砌成。

一眠二斗：一皮眠砖层和二皮连续的斗砖层相间砌成。

一眠三斗：一皮眠砖层和三皮连续的斗砖层相间砌成。

无论采用哪一种组砌方法，空斗墙中每一皮斗砖层每隔一块侧砌顺砖必须侧砌块丁砖，相邻两皮砖之间均不得有连通的竖缝。

2. 砖柱的组砌

砖柱的断面主要是方形、矩形，也有多角形和圆形的。方柱的最小断面为 365 mm × 365 mm（临时房屋有 240 mm × 240 mm 方柱），矩形柱的最小断面为 240 mm × 365 mm。

3.4.3 砖砌体的施工工艺

砖砌体施工的一般工艺过程为：抄平放线→摆砖撂底→立皮数杆→盘角和挂线→砌筑→楼层标高控制→刮缝清理。

1. 摆砖样（撂底）

摆砖是指在放线的基础顶面或楼板上，按选定的组砌形式进行干砖试摆，并在砖与砖之间留出竖向灰缝宽度，使纵、横墙能准确地按照放线的位置咬槎搭砌，以期灰缝均匀、门窗洞口两侧的墙面对称，并尽量使门窗洞口之间或与墙垛之间的各段墙长为1/4砖长的整数倍，减少砍砖，节约材料，提高工效和施工质量。摆砖"横丁纵顺"，横墙均摆丁砖，纵墙均摆顺砖。

2. 立皮数杆

皮数杆是指在其上画有每皮砖厚、灰缝厚以及门窗洞口的下口、窗台、过梁、圈梁、楼板、大梁、预埋件等标高位置的一种木制标杆。其作用是控制砌体竖向尺寸和各种构配件设置标高。

皮数杆的位置在操作面的另一侧、四个大角、内外墙交接处、楼梯间及洞口较多的地方，间距为10～15 m。皮数杆应统一抄平。

砌基础时，应在垫层转角处、交接处及高低处立好基础皮数杆，砌墙体时，应在砖墙的转角处及交接处立起皮数杆（图3.23）。皮数杆间距不应超过15 m。立皮数杆时，应使杆上所示基准标高线与抄平所确定的设计标高相吻合。

3. 盘角、挂线

盘角又称立头角，是指墙体正式砌砖前，先在墙体的转角处由高级瓦工先砌起，并始终高于周围墙面4～6皮砖，作为整片墙体控制垂直度和标高的依据。要"三皮一靠，五皮一吊"，确保盘角质量。

挂线以盘角为依据，在两个盘角中间的墙外侧挂通线。

砌体角部是保证砌体横平竖立的主要依据，所以砌筑时

图3.23 皮数杆
1—皮数杆；2—准线；3—竹片；4—圆铁钉

应根据皮数杆在转角及交接处先砌几皮砖，并确保其垂直、平整，此工作称为盘角。每次盘角不应超过5皮砖，然后再在其间拉准线，依准线逐皮砌筑中间部分（图3.23）。砌筑一砖半厚及以上的砌体要双面挂线，其他可单面挂线。

4. 砌 筑

砌筑砖砌体时首先应确定组砌方法。砖基础一般采用一顺一丁的组砌方法。实心砖墙根据不同情况可采用一顺一丁、三顺一丁、梅花丁等组砌方法（图3.24）。各种组砌方法中，上、下皮砖的垂直灰缝相互错开均不应小于1/4砖长（60 mm）。多孔砖砌筑时，其孔洞须垂直于受压面。方型多孔砖一般采用全顺砌法，错缝长度为1/2砖长；矩形多孔砖宜采用一顺一丁或梅花丁的组砌方法，错缝长度为1/4砖长。此外，240 mm厚承重墙每层的最上一皮砖和砖砌体的阶台水平面上及挑出层，均应整砖丁砌。

| 全顺 | 两平一侧 | 全丁 | 一顺一丁 | 梅花丁 | 三顺一丁 |

图 3.24　砖的组砌形式

砖的砌筑方法有"三一"砌砖法、挤浆法、刮浆法等。

1）"三一"砌砖法

"三一"砌砖法即"一块砖、一铲灰、一挤揉",并随手将挤出的砂浆刮去的操作方法。其优点是灰浆容易饱满,黏结力好,墙面整洁,应用最广。实心砖墙或抗震烈度在Ⅷ度以上的砌砖工程更宜采用此法。

2）挤浆法

挤浆法是用灰勺、大铲或小灰桶将砂浆倒在墙顶面上,随即用大铲或推尺铺灰器将砂浆铺平（每次铺设长度不应大于 750 mm,当气温高于 30 ℃时,一次铺灰长度不应大于 500 mm）。其优点是一次铺灰连续挤砌 2~3 排顺砖,砌筑效率高。挤浆法也是应用较广的砌筑方法之一。

3）刮浆法

多孔砖和空心砖的规格或厚度大、竖缝高,砂浆难挤满,需先在竖缝的墙面上刮一层砂浆后再砌筑,此法称为刮浆法。砖墙每天砌筑高度以不超过 1.8 m 为宜,以保证墙体的稳定性。

5. 楼层标高控制

楼层的标高除用皮数杆控制外,还可在室内弹出水平线来控制,即：当每层墙体砌筑到一定高度后,用水准仪在室内从墙角引测出标高控制点,一般比室内地面或楼面高（200~500 mm）;然后根据该控制点弹出水平线,用以控制各层过梁、圈梁及楼板的标高。

6. 刮缝、清理

清水墙砌完一段高度后,要及时进行刮缝和清扫墙面,以利于墙面勾缝和整洁干净。

清水外墙面一般采用加浆勾缝,用 1:1.5 的细砂水泥砂浆勾成凹进墙面 4~5 mm 的凹缝或平缝;清水内墙面一般采用原浆勾缝。下班前应将施工操作面的落地灰和杂物清理干净。

3.4.4　钢筋混凝土构造柱施工

设置钢筋混凝土构造柱是提高多层砖砌体房屋抗震能力的一项重要措施,这在《建筑抗震设计规范》（GB 50011—2010）中有具体的规定。为保证房屋的抗震性能,施工中应注意以下施工要点：

（1）设有钢筋混凝土构造柱的抗震多层砖房,应先绑扎钢筋,而后砌筑砖墙,最后支模板、浇筑混凝土。必须在该层构造柱混凝土浇筑完毕后,才能进行上一层的施工。

（2）构造柱的竖向受力钢筋伸入基础圈梁内的锚固长度,以及绑扎搭接长度,均不应小于 35 倍钢筋直径。接头区段内的箍筋间距不应大于 200 mm。钢筋的保护层厚度一般为 20 mm。

（3）构造柱与墙体的连接处应砌成马牙槎。每一马牙槎沿高度方向的尺寸不超过 300 mm,退进尺寸不小于 60 mm。马牙槎从每层柱脚开始,应先退后进（图 3.25）。马牙槎处沿墙高每隔 500 mm 设置 2Φ6 拉结钢筋,每边伸入墙内不宜小于 1 m。拉结钢筋应位置正确,施工中不得任意弯折。

（4）构造柱的模板，必须与所在砖墙面严密贴紧，以防漏浆。在浇筑混凝土前，必须将砌体留槎部位和模板浇水湿润，将模板内的落地灰、砖渣和其他杂物清理干净，并在结合处注入适量与构造柱混凝土成分相同的去石水泥砂浆。

（5）浇筑构造柱的混凝土坍落度一般以 50～70 mm 为宜。浇筑时宜采用插入式振动器，分层捣实，但振捣棒应避免直接触碰钢筋和墙砖。严禁通过砖墙传振，以免砖墙变形和灰缝开裂。

图 3.25　砖墙马牙槎布置

3.4.5　砖砌体工程的质量要求和保证措施

砖砌体工程的质量要求可概括为 16 个字：横平竖直、砂浆饱满、组砌得当、接槎可靠。

1. 横平竖直

横平即要求每一皮砖的水平灰缝平直，且每块砖必须摆平。为此，首先应对基础或楼面进行抄平。砌筑时应严格按照皮数杆层层挂水平准线并将线拉紧，每块砖依照准线砌平。

竖直即要求砌体表面轮廓垂直平整，且竖向灰缝垂直对齐。因而，在砌筑过程中要随时用托线板进行检查，做到"三皮一吊、五皮一靠"，以保证砌筑质量。

2. 砂浆饱满

砂浆的饱满程度对砌体质量影响较大。因为砂浆不饱满，一方面会使砖块间不能紧密黏结，影响砌体的整体性；另一方面会使砖块不能均匀传力。水平灰缝的不饱满使砖块处于局部受弯、受剪的状态而易导致断裂；竖向灰缝的不饱满会明显影响砌块的抗剪强度。所以，为保证砌体的强度和整体性，要求水平灰缝的砂浆饱满度不得小于 80%。竖向灰缝不得出现透明缝、瞎缝和假缝。此外，还应保证砖砌体的灰缝厚薄均匀。水平灰缝厚度和竖向灰缝宽度宜为 10 mm，既不应小于 8 mm，也不应大于 12 mm。

3. 组砌得当

为保证砌体的强度和稳定性，对不同部位的砌体应选择采用正确的组砌方法。其基本原则是上、下错缝，内、外搭砌，砖柱不得采用包心砌法。同时，清水墙、窗间墙无竖向通缝；混水墙中长度大于或等于 300 mm 的通缝每间不超过 3 处，且不得位于同一面墙体上。

4. 接槎可靠

接槎是指相邻砌体不能同时砌筑而设置临时间断时，后砌砌体与先砌砌体之间的接合。

砖砌体的转角处和交接处应同时砌筑，严禁无可靠措施的内外墙分砌施工。对不能同时砌筑而又必须留置的临时间断处应砌成斜槎。斜槎水平投影长度不应小于高度的 2/3（图 3.26）。非抗震设防及抗震设防烈度为Ⅵ度、Ⅶ度地区的临时间断处，当不能留斜槎时，除转角处外，可留直槎，但直槎必须做成凸槎（图 3.27）。留直槎处应加设拉结钢筋，拉结钢筋的数量为每 120 mm 墙厚放置 1φ6 拉结钢筋（120 mm 厚墙放置 2φ6 拉结钢筋），间距沿墙高不应超过 500 mm；埋入长度从留槎处算起每边均不应小于 500 mm，对抗震设防烈度为Ⅵ度、Ⅶ度的地区，不应小于 1 000 mm，末端应有 90°弯钩。

为保证砌体的整体性，在临时间断处补砌时，必须将留设的接槎处表面清干净，浇水湿润，并填实砂浆，保持灰缝平直。

图 3.26　砖砌体斜槎　　　　　　　图 3.27　砖砌体直槎

5. 砖砌体工程验收

（1）保证项目满足以下要求：

① 砖的品种、强度等级必须符合设计要求。

② 砂浆品种及强度应符合设计要求。同品种、同强度等级砂浆各组试块抗压强度平均值不小于设计强度值，任一组试块的强度最低值不小于设计强度的 75%。当 6 个试件的最大值或最小值与 6 个试件的平均值之差超过 20% 时，以中间 4 个试件的平均值作为该组试件的抗压强度值。

③ 砌体砂浆必须密实饱满，实心砖砌体水平灰缝的砂浆饱满度不小于 80%。

④ 外墙转角处严禁留直槎，其他临时间断处留槎做法必须符合规定。

（2）基本项目满足如下要求：

① 砌体上下错缝：窗间墙及清水墙面无通缝；混水墙每间（处）无 4 皮砖的通缝（通缝指上下两皮砖搭接长度小于 25 mm）。

② 砖砌体接槎处灰浆应密实，缝、砖平直，每处接槎部位水平灰缝厚度小于 5 mm 或透亮的缺陷不超过 5 个。

③ 预埋拉筋的数量、长度均符合设计要求和施工规范的规定，留置间距偏差不超过一皮砖。

④ 构造柱留置正确，大马牙槎先退后进、上下顺直；残留砂浆清理干净。

⑤ 清水墙组砌正确，竖缝通顺，刮缝深度适宜、一致，棱角整齐，墙面清洁美观。

3.5　空心砌块砌体工程

普通混凝土小型空心砌块（以下简称小砌块）因其强度高、体积和重量不大、施工操作方便，并能节约砂浆和提高砌筑效率，所以常用作多层混合结构房屋承重墙体的材料。

3.5.1　砌筑前的准备工作

1. 材料准备

（1）小砌块使用前应检查其生产龄期，施工时所用的小砌块的产品龄期不应小于 28 d，以保证其具有足够的强度，并使其在砌筑前能完成大部分收缩，有效地控制墙体的收缩裂缝。

（2）砌筑小砌块前，应清除表面污物，并应去掉芯柱用小砌块孔洞底部的毛边，以免影响芯柱混凝土的浇筑，还应剔除外观质量不合格的小砌块。

（3）承重墙体严禁使用断裂的小砌块，应严格检查予以剔除。

（4）底层室内地面以下或防潮层以下的砌体，应提前采用强度等级不低于 C20 的混凝土灌实小砌块的孔洞。

（5）为控制小砌块砌筑时的含水量，普通混凝土小砌块一般不宜浇水，在天气干燥炎热的情况下，可提前洒水湿润。小砌块表面有浮水时不得施工，严禁雨天施工，为此，小砌块堆放时应做好防雨和排水处理。

（6）施工时所用的砂浆，宜选用专用的小砌块砌筑砂浆，以提高小砌块与砂浆间的黏结力，且保证砂浆具有良好的施工性能，满足砌筑要求。

2. 技术准备

小砌块砌筑前，其抄平、放线的技术准备工作与砖砌体工程相同；不同的是应根据小砌块的高度、规格和灰缝厚度确定砌块的皮数，制作皮数杆。

3.5.2 混凝土小型空心砌块砌体的施工要点

混凝土小型空心砌块砌体的施工工艺与砖砌体的工艺基本相同，即：摆底→立皮数杆→盘角和挂线→砌筑→楼层标高控制。为确保砌筑质量，进而保证小砌块墙体具有足够的抗剪强度和良好的整体性、抗渗性，施工中还应特别注意以下砌筑要点：

（1）由于混凝土小砌块的墙厚等于砌块的宽度（190 mm），其砌筑形式只有全部顺砌一种。墙体应对孔、错缝搭砌，搭接长度不应小于 90 mm。当墙体的个别部位不能满足上述要求时，应在水平灰缝中设置拉结钢筋（2φ6）或焊接钢筋网片（2φ4、横筋间距不大于 200 mm），但竖向通缝仍不得超过 2 皮小砌块。

（2）砌筑时小砌块应底面朝上反砌于墙上。因小砌块制作时其底部的肋较厚，而上部的肋较薄，且孔洞底部有一定宽度的毛边，反砌便于铺筑砂浆和保证水平灰缝砂浆的饱满度。

（3）砌体的灰缝应横平竖立。水平灰缝可采用铺浆法铺设，一次铺浆长度一般不超过 2 块主规格砌块的长度。竖缝凹槽部位应采用加浆法将砂浆填实。严禁用水冲浆灌缝。

（4）墙体的水平灰缝厚度和竖向灰缝宽度宜为 10 mm，既不应大于 12 mm，也不应小于 8 mm。水平灰缝的砂浆饱满度，应按净面积计算不得低于 90%；竖向灰缝的饱满度不得低于 80%；墙体不得出现瞎缝、透明缝。

（5）需要移动砌体中的小砌块或小砌块被撞动时，应重新铺砌。

（6）墙体的转角处和纵横墙交接处应同时砌筑。临时间断处应砌成斜槎，斜槎的水平投影长度不应小于高度的 2/3（图 3.28）。如留斜槎有困难，在非抗震设防部位，除外墙转角处外，临时间断处可留直槎，但应从墙面伸出 200 mm 砌成凸槎，并应沿墙高每隔 600 mm（3 皮砌块）设置拉结钢筋或钢筋网片。拉结筋埋入长度从留槎处算起，每边均不应小于 600 mm，钢筋外露部分不得任意弯曲（图 3.29）。

（7）砌块墙与后砌隔墙交接处，应沿墙高每隔 400 mm 在水平灰缝内设置不少于 2φ4、横筋间距不大于 200 mm 的焊接钢筋网片，钢筋网片伸入后砌隔墙内的长度不应小于 600 mm（图 3.30）。

（8）对设计规定的洞口、管道、沟槽和预埋件，应在砌筑墙体时预留和预埋，不得随意打凿已砌好的墙体。小砌块砌体内不宜设置脚手眼，如需要设置时，可用辅助规格的单孔小砌块（190 mm × 190 mm × 190 mm）侧砌，利用其孔洞作为脚手眼，墙体完工后用强度等级不低于 C15 的混凝土填实。

（9）在常温条件下，普通混凝土小砌块墙体的日砌筑高度应控制在 1.8 m 以内，以保证墙体的稳定性。

图 3.28　小砌块砌体斜槎

图 3.29　小砌块砌体直槎

图 3.30　砌块墙与后砌隔墙交接处钢筋网片

3.5.3　钢筋混凝土芯柱、构造柱施工

钢筋混凝土芯柱是按抗震设计要求，在混凝土小砌块房屋的外墙转角或某些内外墙交接处，于砌块的 3～7 个孔洞内插入钢筋，并浇筑混凝土而形成的。其施工要点如下：

（1）作芯柱的混凝土，宜选用专用的小砌块灌孔混凝土。当采用普通混凝土时，其坍落度不应小于 90 mm。

（2）在芯柱部位，每层楼的第一皮砌块，应采用开口小砌块或 U 形小砌块，以形成清理口。

（3）筑混凝土前，应清除孔洞内的砂浆等杂物，并用水冲洗湿润。将积水排出后再用混凝土预制块封闭清理口。

（4）墙体的砌筑砂浆强度大于 1 MPa 时，方可浇筑芯柱混凝土。

（5）浇筑芯柱混凝土前应先注入适量与芯柱混凝土成分相同的去石水泥砂浆，再浇筑混凝土。

混凝土小砌块房屋中也可用钢筋混凝土构造柱代替芯柱。构造柱的施工，与 3.4.4 所述相同，此处不再赘述。

3.6　填充墙砌体工程

钢筋混凝土框架结构和框架剪力墙结构以及钢结构房屋中的围护墙和隔墙，在主体结构施工后，常采用轻质材料填充砌筑，称为填充墙砌体。填充墙砌体采用的轻质块材通常有蒸压加气混凝土砌块、粉煤灰砌块、轻骨料混凝土小型空心砌块和烧结空心砖等。

3.6.1 砌筑前的准备工作

1. 材料准备

（1）在各类砌块和空心砖的运输、装卸过程中，严禁抛掷和倾倒，进场后应按品种、规格分别堆放整齐，堆置高度不宜超过 2 m。对加气混凝土砌块和粉煤灰砌块尚应防止雨淋。

各类砌块使用前应检查其生产龄期，施工时所用砌块的产品龄期应超过 28 d。

（2）用空心砖砌筑时，砖应提前 1～2 d 浇水湿润。砖的含水量宜为 10%～15%；用轻骨料混凝土小砌块砌筑时，可提前浇水湿润，但表面有浮水时，不得施工；用蒸压加气混凝土砌块、粉煤灰砌块砌筑时，应向砌筑面适量浇水。

2. 技术准备

填充墙砌体砌筑前，其抄平、放线的技术准备工作与砖砌体工程相同。在制作皮数杆时，一方面需考虑地面或楼面上至层梁底或板底的净空高度；另一方面还要考虑到轻骨料混凝土小型空心砌块初烧结空心砖必须整块体使用，不能切割；此外还需预留出墙底部的坎台高度和墙顶部的空隙高度。在综合考虑上述诸因素后，才能准确地确定砌筑的皮数。

3.6.2 填充墙砌体的施工要点

填充墙砌体施工的一般工艺过程为：筑坎台→排块摆底→立皮数杆→挂线砌筑→7 d 后塞缝、收尾。填充墙砌体虽为非承重墙体，但为了保证墙体有足够的整体稳定性和良好的使用功能，施工中应注意以下砌筑要点：

（1）采用轻质砌块或空心砖砌筑墙体时，墙底部应先砌筑烧结普通砖或多孔砖，或普通混凝土小型空心砌块的坎台，或现浇混凝土坎台，坎台高度不宜小于 200 mm。

（2）由于加气混凝土砌块和粉煤灰砌块的规格尺寸都较大（前者规格为长×高＝600 mm×200 mm、600 mm×250 mm、600 mm×300 mm 三种，后者为长×高＝880 mm×380 mm、880 mm×430 mm 两种），为了保证纵、横墙和门窗洞口位置的准确性，砌块砌筑前应根据建筑物的平面、立面图绘制砌块排列图，并根据排列图排块摆底。

（3）在采用砌块砌筑时，各类砌块均不应与其他块材混砌，以便有效地控制因砌块不均匀收缩产生的墙体裂缝。但对于门窗洞口等局部位置，可酌情采用其他块材补砌。空心砖墙的转角、端部和门窗洞口处，应采用烧结普通砖砌筑。普通砖的砌筑长度不小于 240 mm。

（4）填充墙砌筑时应错缝搭砌，蒸压加气混凝土砌块和粉煤灰砌块的搭砌长度不应小于砌块长度的 1/3；轻骨料混凝土小型空心砌块的搭砌长度不应小于 90 mm；空心砖的错砌长度为 1/2 砖长，竖向通缝均不应大于 2 皮块体。

（5）填充墙砌体的灰缝厚度和宽度应正确。蒸压加气混凝土砌块、粉煤灰砌块砌体的水平灰缝厚度及竖向灰缝宽度分别宜为 15 mm 和 20 mm；轻骨料混凝土小型空心砌块、空心砖砌体的灰缝应为 8～12 mm。各类砌块砌体的水平及竖向灰缝的砂浆饱满度均不得低于 80%；空心砖砌体的水平灰缝的砂浆饱满度不得低于 80%；竖向灰缝不得有透明缝、瞎缝、假缝。

（6）为保证填充墙砌体与相邻的主体结构（墙或柱）有可靠的连接，填充墙砌体留置的拉结钢筋或网片的位置应与块体皮数相符合。拉结钢筋或网片应置于灰缝中，其埋置长度应符合设计要求，竖向位置偏差不应超过一皮块体高度。

（7）填充墙砌至接近梁、板底时，应留一定空隙，待填充墙砌筑完并应至少间隔 7d 后，再将其补砌挤紧。通常可采用斜砌烧结普通砖的方法来挤紧，以保证砌体与梁、板底的紧密结合。

3.7　砌体工程冬期施工

当室外日平均气温连续 5 d 稳定低于 5 ℃ 时，砌体工程应采取冬期施工措施。在冬期施工期限以外，如果当日最低气温低于 0 ℃ 时，也应按冬期施工的规定执行。

3.7.1　砌体工程冬期施工的有关规定

1. 所用材料的规定

砂浆宜优先采用普通硅酸盐水泥拌制。灰膏、黏土膏和电石膏等应防止受冻，如遭冻结，应经融化后使用；不得使用受冻脱水粉化的石灰膏。

拌制砂浆所用的砂不得含有冰块和直径大于 10 cm 的冻结块。

砌体用砖或其他块材在砌筑前应清除表面污物、冰雪等，不得遭水浸冻。

2. 其他要求

（1）拌和砂浆宜采用两步投料法。水的温度不得超过 80 ℃，砂的温度不得超过 40 ℃，砂浆的使用温度应根据所采用的方法，符合相应的规定。

（2）对于冬期施工砂浆试块的留置，除应按常温规定要求外，还应增留不少于 1 组与砌体同条件养护的试块，测试检验 28 d 强度。

（3）普通砖、多孔砖和空心砖在气温高于 0 ℃ 条件下砌筑时，应浇水温润。在气温低于或等于 0 ℃ 条件下砌筑时，可不浇水，但必须增大砂浆稠度。对抗震设防烈度为 IX 度的建筑物，在普通砖、多孔砖和空心砖无法浇水湿润时，如无特殊措施，均不得砌筑。

3.7.2　砌体工程冬期施工方法

冬期施工时，砌体中的砂浆会在负温下冻结，停止水化作用，从而失去黏结力。经解冻后，砂浆的强度虽仍可继续增长，但其最终强度显著降低；而且由于砂浆的压缩变形增大，使得砌体的沉降量增大，稳定性随之降低。而当砂浆具有 30% 以上设计强度，即达到了砂浆允许受冻的临界强度值时，再遇到负温也不会引起强度的损失。因此，冬期施工时必须采取有效的措施，尽可能减少对砌体的冻害，以确保砌体工程的质量。冬期施工常用的方法有氯盐砂浆法、掺外加剂法、暖棚法和冻结法，一般多采用氯盐砂浆法。

1. 氯盐砂浆法

氯盐砂浆法是在拌和水中掺入氯盐（如氯化钠、氯化钙），以降低冰点，使砂浆在砌筑后可以在负温条件下不冻结，继续硬化，强度持续增长，从而不必采取防止砌体沉降变形的措施。采用该法时砂浆的拌和水应加热，砂和石灰膏在搅拌前也应保持正温，确保砂浆经过搅拌、运输至砌筑时仍具有一定的正温。此种方法施工工艺简单、经济可靠，是砌体工程冬期施工广泛采用的方法。

在采用氯盐砂浆法砌筑时，砂浆的使用温度不应低于 +5 ℃。如设计无要求，当日最低气温等于或低于 −15 ℃ 时，砌筑承重砌体的砂浆强度等级应按常温施工时提高一级，砌体的每日砌筑高度不宜超过 1.2 m。由于氯盐对钢材的腐蚀作用，在砌体中配置的钢筋及钢预埋件，应预先做好防腐处理。

由于掺盐砂浆会使砌体产生析盐、吸湿现象，故氯盐砂浆的砌体不得在下列情况下采用：对装饰工程有特殊要求的建筑物；使用湿度大于 80% 的建筑物；配筋、钢埋件无可靠的防腐处理措施的砌体；接近高压电线的建筑物（如变电所、发电站等）；经常处于地下水位变化范围内以及在地下未设防水层的结构。

2. 掺外加剂法

砌体工程冬期施工常用的外加剂有防冻剂和微沫剂。砂浆中掺入一定量的外加剂，可改善砂浆的和易性，从而减少拌和砂浆的用水量，以减小冻胀应力；可促使砂浆中的水泥加速硬化及在负温条件下凝结与硬化，从而获得足够的早期强度，提高抗冻能力。当采用掺外加剂法时，砂浆的使用温度不应低于 + 5 ℃。若在氯盐砂浆中掺加微沫剂时，应先加氯盐溶液后再加微沫剂溶液。其施工工艺与氯盐砂浆法相同。

3. 暖棚法

暖棚法是利用简易结构和廉价的保温材料，将需要砌筑的砌体和工作面临时封闭起来，进行棚内加热，则可在正温条件下进行砌筑和养护。暖棚法成本较高，因此仅用于较寒冷地区的地下工程、基础工程和量小又急需使用的砌体。

对暖棚的加热，宜优先采用热风机装置。采用暖棚法施工时，砂浆的使用温度不应低于 + 5 ℃；块材在砌筑时的温度不应低于 + 5 ℃；距离所砌的结构底面 0.55 m 处的棚内温度也不应低于 + 5 ℃。在暖棚内的砌体养护时间应根据暖棚内温度确定，以确保拆除暖棚时砂浆的强度能达到允许受冻的临界强度值。养护时间的规定如下：棚内温度为 + 5 ℃ 时养护时间不少于 6 d，棚内温度为 + 10 ℃ 时不少于 5 d，棚内温度为 + 15 ℃ 时不少于 4 d，棚内温度为 + 20 ℃ 时不少于 3 d。

4. 冻结法

冻结法是在室外用热砂浆砌筑，砂浆中不使用任何防冻外加剂，砂浆在砌筑后很快冻结，到融化时强度仅为零或接近零，转入常温后强度才会逐渐增长。由于砂浆经过冻结、融化、硬化三个阶段，其强度相应有不同程度的降低，且砌体在解冻时变形大、稳定性差，故使用范围受到限制。混凝土小型空心砌块砌体、承受侧压力的砌体、在解冻期间可能受到振动或动力荷载的砌体以及在解冻时不允许发生沉降的结构等，均不得采用冻结法施工。

为了弥补冻结对砂浆强度的损失，如设计未作规定，当日最低气温高于 - 25 ℃ 时，砌筑承重砌体的砂浆强度等级应提高一级；当日最低气温等于或低于 - 25 ℃ 时，应提高二级。采用冻结法施工时，为便于操作和保证砌筑质量，当室外空气温度分别为 0 ~ - 10 ℃、- 11 ~ - 25 ℃、- 25 ℃ 以下时，砂浆使用时的最低温度分别为 10 ℃、15 ℃、20 ℃。

当春季开冻期来临前，应从楼板上除去设计中未规定的临时荷载，并检查结构在开冻期间的承载力和稳定性是否有足够的保证，还要检查结构的减载措施和加强结构的方法。在解冻期间，应经常对砌体进行观测和检查，如发现裂缝、不均匀沉降、倾斜等情况，应立即采取加固措施，以消除或减弱其影响。

第4章　钢筋混凝土工程

钢筋混凝土结构按照施工方式可以分为整体式、装配式、装配整体式。

整体式钢筋混凝土结构整体性和抗震性能好，结构构件布置灵活，适应性强，钢筋消耗量少，施工时不需要大型的起重机械，使用广泛。钢筋混凝土工程施工技术的不断革新，现场机械化程度的不断提高，为其广泛应用带来了新的发展前景。

装配式钢筋混凝土结构采用预制构件，实行工厂化、机械化施工，可以大大加快施工速度，保证工程质量，降低工程成本，减轻劳动强度，提高劳动生产率，有利于现场文明施工，为改善现场施工管理和组织均衡施工提供了有利条件。

现浇钢筋混凝土结构工程包括模板工程、钢筋工程、混凝土工程三个主要分项工程。

4.1　模板工程

4.1.1　模板工程概述

模板是使混凝土结构和构件按设计的位置、形状、尺寸浇筑成型的模型板。模板系统包括模板和支架两部分：模板的作用是使混凝土成型，具有设计要求的形状和尺寸；支架的作用是保证模板的形状和位置正确，承受模板和新浇混凝土的重量和施工荷载。模板工程是指对模板及其支架的设计、安装、拆除等技术工作的总称，是混凝土结构工程的重要内容之一。模板工程的施工工艺包括选材、选型、设计、制作、安装、拆除、维护、周转。模板材料可以选用钢材、木材、塑料、胶合板、玻璃钢、铝合金、甚至包装泡沫等；支架的材料可以选用钢材、木材等，以钢材为主。

模板在现浇混凝土结构施工中使用量大而面广，每 $1 m^3$ 混凝土工程模板用量高达 $4 \sim 5 m^2$，其工程费用占现浇混凝土结构造价的 $30\% \sim 35\%$，劳动用工量占 $40\% \sim 50\%$。因此，正确选择模板的材料、类型和合理组织施工，对于保证工程质量、提高劳动生产率、加快施工速度、降低工程成本和实现文明施工，都具有十分重要的意义。

1. 模板的技术要求

模板设计时必须符合以下要求：

（1）模板及其支架应根据工程结构形式、荷载大小、地基土类别、施工设备和材料供应等条件进行设计。

（2）保证工程结构和构件各部分的形状、尺寸和位置正确。

（3）具有足够的强度、刚度和稳定性。

（4）构造简单，安装方便，便于钢筋的绑扎和安装，有于混凝土的浇筑和养护。

（5）模板接缝严密，不漏浆。

模板与混凝土的接触面应清理干净并涂刷隔离剂，但不得采用影响结构性能，或妨碍装饰工程施工的隔离剂。在涂刷模板隔离剂时，不得玷污钢筋和混凝土接槎处。清水混凝土工程及装饰混凝土工程，应使用能达到设计效果的模板。

第 4 章　钢筋混凝土工程

2. 模板的类型

（1）模板按所用的材料划分为：钢模板、胶合板模板、钢木（竹）组合模板、塑料模板、玻璃钢模板、铝合金模板、压型钢板模板、装饰混凝土模板、预应力混凝土薄板模板等。

木模板加工容易，拆装方便，一次投资少，能适应各种尺寸的需要，应用广泛，但周转率低，消耗大量的森林资源。

钢模板一次投资大，可多次使用，组合钢模板可以拼装成各种尺寸，适应多种结构形式，构造合理，拆装方便，应用最广。

（2）模板按施工方法划分为装拆式模板、活动式模板、永久性模板等。装拆式模板由预制配件组成，现场组装，拆模后稍加清理和修理可再周转使用，常用的有胶合板模板和组合钢模板以及大型的工具式定型模板，如大模板、台模、隧道模等。活动式模板是指按结构的形状制作成工具式模板，组装后随工程的进展而进行垂直或水平移动，直至工程结束才拆除的模板，如滑升模板、提升模板、移动式模板等。永久性模板则永久地附着于结构构件上，并与其成为一体，如压型钢板模板、预应力混凝土薄板模板等。

（3）模板按结构类型划分为基础模板、柱模板、梁模板、楼板模板、墙模板、楼梯模板、壳模板、烟囱模板、桥梁墩台模板等。

（4）模板按形式分为大模板、滑升模板、胎模、爬模、井模等。

现浇混凝土结构中采用高强、耐用、定型化、工具化的新型模板，有利于多次周转使用，安拆方便，是提高工程质量、降低成本、加快进度、取得良好经济效益的重要施工措施。

4.1.2　模板的构造和安装

1. 木模板

木模板通常预先做成两种形式的基本构件：一种是拼板，由 25 mm 厚、宽度小于 200 mm 的木板用 25 mm×35 mm 的拼条钉成。梁底模板因承受较大荷载加厚至 40～50 mm。拼板的大小应与混凝土的尺寸相适应。

另一种是将模板钉在边框上制成一定尺寸的定型板，长度一般为 700～1 200 mm，宽度为 200～400 mm。模板可用短料制成，刚度较好，不易损坏，利用率高。钢框定型模板包括钢框木胶合板模板和钢框竹胶合板模板。这两类模板是继组合钢模板后出现的新型模板，它们的构造相同（图 4.1）。但钢框木胶合板模板成本较高，推广受到限制；而钢框竹胶合板模板是利用我国丰富的竹材资源制成的多层胶合板模板，其成本低、技术性能优良，有利于模板的更新换代和推广应用。

图 4.1　钢框竹（木）胶合板模板

1—木板；2—拼条

在钢框竹胶合板模板中，用于面板的竹胶合板主要有 3～5 层竹片胶合板、多层竹帘胶合板等不同类型。模板钢框主要由型钢制作，边框上设有连接孔。面板镶嵌在钢框内，并用螺栓或铆钉与钢框固定；当面板损坏时，可将面板翻面使用或更换新面板。面板表面应做防水处理，制作时板面要与边框齐平。钢框竹胶合板有 55 系列（即钢框高 55 mm）和 63、70、75 等系列，其中 55 系列的边框和孔距与组合钢模板相互匹配，可以混合使用。

钢框定型模板具有如下特点：① 用钢量少，比钢模板可节省钢材约 1/2；② 自重轻，比钢模板约轻 1/3，单块模板面积比同重量钢模板增大 40%，故拼装工作量小，拼缝少；③ 板面材料的传热系数仅为钢模板的 1/400 左右，故保温性好，有利于冬期施工；④ 模板维修方便；⑤ 刚度、强度较钢模板差。目前，钢框定型模板已广泛应用于建筑工程的现浇混凝土基础、柱、墙、梁、板及筒体等结构，以及桥梁和市政工程等中，施工效果良好。

2. 组合钢模板

组合钢模板由钢模板及其配件（支撑件和连接件）组成。组合钢模板是按预定的几种规格、尺寸设计和制作的模板，它具有通用性，且拼装灵活，能满足大多数构件几何尺寸的要求，使用时仅需根据构件的尺寸选用相应规格尺寸的定型模板加以组合即可。组合钢模板应符合现行国家标准《组合钢模板技术规范》（GB 50214—2001）和《钢管脚手架扣件》（GB 15831—1995）的规定。钢材应符合《优质碳素结构钢》（GB/T 699—1999）中 A3 钢的要求。

组合钢模板的优点：① 组装灵活，通用性强；② 装拆方便，节省用工，工效比木模高两倍；③ 成型的混凝土构件尺寸准确、表面光滑、棱角整齐；④ 周转次数多；⑤ 节约木材，1 t 钢模板可代替 10 m³ 木材。

组合钢模板的缺点：一次投资大，要周转 50 次才能收回成本，因此要加强维护保养，加速周转增加使用次数，以提高经济效益。钢模板浇筑的混凝土表面光滑，黏着性差。

1）钢模板类型

钢模板的主要类型有平面模板、阴角模板、阳角模板和连接角模等。

（1）平面模板（图 4.2）。

平面模板由面板和肋条组成，钢模板板厚有 2.3 mm、2.5 mm 两种，用 A3 钢经过冷轧冲压整体成型工艺制作，边框及肋采用 55 mm × 2.8 mm 的扁钢，边框开有连接孔，孔距均为 150 mm，可以横竖拼装，可拼装成以 50 mm 晋级的任何尺寸的模板。钢模板尺寸精确，接缝严密，有四种类型，长度为 450 ~ 1 500 mm，以 150 mm 晋级，宽度为 100 ~ 300 mm，以 50 mm 晋级，平面模板用 P 表示。

图 4.2 平面模板结构示意

1—中纵肋；2—中横肋；3—面板；4—横肋；5—插销孔；6—纵肋；7—凸边；
8—凸鼓；9—U 形卡孔；10—钉子孔

平面模板可用于基础、柱、梁和墙等各种结构的平面部位。模板边肋与模板面的距离为 55 mm。

（2）转角模板（图 4.3）。

转角模板的长度与平面模板相同。其中，阴角模板用于墙体和各种构件内角（凹角）的转角部位，宽度为 150 mm×150 mm 和 100 mm×150 mm，用 E 表示；阳角模板用于柱、梁及墙体等外角（凸角）的转角部位，宽度为 100 mm×100 mm 和 50 mm×50 mm，用 Y 表示；连接角模亦用于梁、柱及墙体等外角（凸角）的转角部位，宽度 50 mm×50 mm，无支设面积，用 J 表示。

图 4.3　转角模板

（3）钢模板连接件。

组合钢模板的连接件主要有 U 形卡、L 形插销、钩头螺栓、紧固螺栓、对拉螺柱和卡扣件等。相邻模板的拼接均采用 U 形卡，U 形卡安装距离一般不大于 300 mm；L 形插销插入钢模板端部横肋的插销孔内，以增强两相邻模板接头处的刚度和保证接头处板面平整，钩头螺栓用于钢模板与内外钢楞的连接与紧固，紧固螺栓用于紧固内外钢楞；对拉螺栓用于连接墙壁两侧模板；卡扣件用于钢模板与钢楞或钢楞之间的紧固，并与其他配件一起将钢模板拼装成整体。卡扣件应与相应的钢楞配套使用，按钢楞的不同形状，分为 3 形卡（图 4.4）和蝶形卡（图 4.5）。

图 4.4　3 形扣件　　　　　图 4.5　蝴蝶扣件

（4）钢模板支承件。

组合钢模板的支承件包括钢楞、支柱、斜撑、柱箍、平面组合式桁架等。

与组合钢模板配合使用的钢管脚手架，钢管直径为 48 mm，其相应的扣件有直角扣件、旋转扣件、对接扣件和底座。

2）组合模板配板原则

钢模板规格型号多，对同一面积的模板可用不同规格的钢模板作出多种方式的排列组合。为使配板设计能提高效率、保证质量，一般应考虑下列原则：

（1）尽量采用规格最大的钢模板（P3015 或 P30l2），使模板总的块数少，减少拼缝，提高钢模板的装拆工效。

（2）应使木材拼补量最少。

（3）合理使用转角模板。对于构造上无特殊要求的转角，可不用阳角模板，一般可用连接角模代替。阳角模板宜用于长度大的转角处、柱头、梁口及其他短边转角部位；如无合适的阳角模板，也可用 55 mm 的木方代替。

（4）应使支承件布置简单、受力合理。模板的排列尽量采用横排或竖排，不宜采用横竖兼排的方式，因为这样会使支承件布置困难。

（5）在条件允许的情况下，钢模板端头宜错开布置，这样模板整体刚度较好，支承件布置也较方便。

3. 胶合板模板

胶合板模板目前在土木工程中被广泛应用，按制作材质可分为木胶合板和竹胶合板。这类模板一般为散装散拆式，也有加工成基本元件（拼板）在现场拼装的。胶合板模板拆除后可周转使用，但周转次数不多。

胶合板模板通常是将胶合板钉在木楞上而构成，胶合板厚度一般为 12～21 mm，木楞一般采用 50 mm×100 mm 或 100 mm×100 mm 的方木，间距在 200～300 mm。

胶合板模板具有以下优点：① 板幅大、自重轻，既可减少安装工作量，又可使模板的运输、堆放、使用和管理更加方便；② 板面平整、光滑，可保证混凝土表面平整，用作清水混凝土模板最为理想；③ 锯截方便，易加工成各种形状的模板，可用作曲面模板；④ 保温性好，能防止温度变化过快，冬期施工有助于混凝土的养护。

4. 模板安装方法

1）模板安装要求

（1）施工前应认真熟悉设计图纸、有关技术资料和构造大样图，进行模板设计，编制施工方案，做好技术交底，确保施工质量。

（2）模板安装前应根据模板设计图和施工方案做好测量放线工作，准确地标定构件的标高、中心轴线和预埋件等位置。

（3）应合理地选择模板的安装顺序，保证模板的强度、刚度及稳定性。一般情况下，模板应自下而上安装。在安装过程中，应设置临时支撑使模板安全就位，待校正后方可进行固定。

（4）模板的支柱必须坐落在坚实的基土和承载体上。安装上层模板及其支架时，下层楼板应具有承受上层荷载的承载能力，否则应加设支架。上、下层模板的支柱，应在同一条竖向中心线上。

（5）模板安装应注意解决与其他工序之间的矛盾，并应互相配合。模板的安装应与钢筋绑扎、各种管线安装密切配合。对预埋管、线和预埋件，应先在模板的相应部位画出位置线，做好标记，然后将它们按设计位置进行装配，并应加以固定。

（6）模板在安装全过程中应随时进行检查，严格控制垂直度、中心线、标高及各部分尺寸。模板接缝必须紧密。

（7）楼板模板安装完毕后，要测量标高。梁模应测量中央一点及两端点的标高；平板的模板测量支柱上方点的标高。梁底模板标高应符合梁底设计标高；平板模板板面标高应符合模板底面设计

第 4 章　钢筋混凝土工程

标高。如有不符，可打紧支柱下木楔加以调整。

（8）浇筑混凝土时，要注意观察模板受荷后的情况，如发现位移、鼓胀、下沉、漏浆、支撑颤动、地基下陷等现象，应及时采取有效措施加以处理。

模板经配板设计、构造设计和强度、刚度验算后，即可进行现场安装。为加快工程进度，提高安装质量，加速模板周转率，在起重设备允许的条件下，也可将模板预拼成扩大的模板块再吊装就位。

模板安装顺序是随着施工的进程来进行的，其顺序一般为：基础→柱或墙→梁→楼板。在同一层施工时，模板安装的顺序是先柱或墙，再梁、板同时支设。下面分别介绍各部位模板的安装。

2）基础模板

基础的特点是高度小而体积较大。如土质良好，阶梯形基础的最下一级可不用模板而进行原槽浇筑。

基础模板一般在现场拼装。拼装时先依照边线安装下层阶梯模板，然后在下层阶梯模板上安装上层阶梯模板。安装时要保证上、下层模板不发生相对位移，并在四周用斜撑撑牢固定。如有杯口还要在其中放入杯口模板。采用木模板时，其构造如图 4.6 所示。

3）柱模板

柱的特点是高度大而断面较小，因此柱模板主要解决垂直度、浇筑混凝土时的侧向稳定及抵抗混凝土的侧压力等问题，同时还应考虑方便浇注混凝土、清理垃圾与钢筋绑扎等问题。

图 4.6　阶梯形基础木模板
1—拼板；2—斜撑；3—木桩；4—铁丝

柱模板安装的顺序为：调整柱模板安装底面的标高→拼板就位→安装柱箍→检查并纠偏→设置支撑。

柱模板由四块拼板围成。当采用组合钢模板时，每块拼板由若干块平面钢模板组成，柱模四角用连接角模连接。柱顶梁缺口处用钢模板组合往往不能满足要求，可在梁底标高以下采用钢模板，以上与梁模板接头部分用木板镶拼，其构造如图 4.7 所示。采用胶合板模板时，柱模板构造如图 4.8 所示。

图 4.7　矩形柱钢模板
1—平面钢模板；2—柱箍；3—浇筑孔盖板

图 4.8　矩形柱胶合板模板
1—胶合板；2—木楞；3—柱箍；4—梁口；5—清理孔；
6—定位木框；7—清理孔盖板；8—拉紧螺栓

根据配板设计图可将柱模板预拼成单片、L形和整体式三种形式。L形为相邻两拼板互拼一个柱模,由两个L形板块组成;整体式即由四块拼板全部拼成柱的筒状模板,当起重能力足够时,整体式预拼柱模的效率最高。

为了抵抗浇筑混凝土时的侧压力及保持柱子断面尺寸不变,必须在柱模板外设置柱箍,其间距视混凝土侧压力的大小及模板厚度须通过设计计算确定。柱模板底部应留有清理孔,便于清理安装时掉下的木屑垃圾。当柱身较高时,为方便浇筑、振捣混凝土,通常沿柱高每2 m左右设置一个浇筑孔,以保证施工质量。

在安装柱模板时,应采用经纬仪或由顶部用垂球校正其垂直度,并检查其标高位置准确无误后,即用斜撑卡牢固定。当柱高≥4 m时,一般应四面支撑;柱高超过6 m时,不宜单根柱支撑,宜几根柱同时支撑连成构架。对通排柱模板,应先安装两端柱模板,校正固定后再在柱模板顶拉通长线校正中间各柱的模板。

4)梁模板

梁的特点是跨度较大而宽度一般不大,梁高可在1 m以上,工业建筑中有的高达2 m。梁的下面一般是架空的,因此梁模板既承受竖向压力,又承受混凝土的水平侧压力,这就要求梁模板及其支撑系统具有足够的强度、刚度和稳定性,不致产生超过规范允许的变形。

梁模板安装的顺序为:搭设模板支架→安装梁底模板→梁底起拱→安装侧模板→检查校正→安装梁口夹具。

梁模板由钢模板组成。采用组合钢模板时,底模板与两侧模板可用连接角模连接,梁侧模板顶部可用阴角模板与楼板模板相接,如图4.9所示。采用胶合板模板的构造如图4.10所示。两侧模板之间可根据需要设置对拉螺栓,底模板常用门形支架或钢管支架作为模板支撑架。

图4.9 梁和楼板钢模板

1—混凝土楼板;2—楼板底模;3—短管龙骨;4—托管大龙骨;5—立杆;6—联系横杆;7—通长上横杆;
8—通长下横杆;9—底座;10—阴角模板;11—长夹板;12—剪刀撑;13—通长下横杆;
14—梁底模板;15—梁侧模板;16—梁围檩钢管

梁模板应在复核梁底标高、校正轴线位置无误后进行安装。安装模板前需先搭设模板支架。支柱(或琵琶撑)安装时应先将其下面的土夯实,放好垫板以保证底部有足够的支撑面积,并安放木楔以便校正梁底标高。支柱间距应符合模板设计要求,当设计无要求时一般不宜大于2 mm;支柱之间应设水平拉杆、剪刀撑,使之互相联结成一个整体,以保持稳定;水平拉杆离地面500 mm设一道,以上每隔2 m设一道。当梁底距地面高度大于6 m时,宜搭设排架支撑,或满堂钢管模板支撑架;对于上下层楼板模板的支柱,应安装在同一条竖向中心线上,或采取措施保证上层支柱的荷载能传递至下层的支撑结构上,以防止压裂下层构件。为防止浇筑混凝土后梁跨中底模下垂,当梁的跨度≥4 m时,应使梁底模中部略为起拱,如设计无规定,起拱高度宜为全跨长度的1/1 000 ~ 3/1 000。起拱时可用千斤顶顶高跨中支柱,打紧支柱下楔块或在横楞与底模板之间加垫块。

图 4.10　梁和楼板钢胶合模板

（ $a = 200 \sim 300$ mm）

梁底模板可采用钢管支托或桁架支托，如图 4.11 所示。支托间距应根据荷载计算确定。采用桁架支托时，桁架之间应设拉结条，并保持桁架垂直。梁侧模可利用夹具夹紧，间距一般为 $600 \sim 900$ mm。当梁高在 600 mm 以上时，侧模方向应设置穿通内部的拉杆，并应增加斜撑以抵抗混凝土侧压力。

图 4.11　钢管支托和桁架支托

梁模板安装完毕后，应检查梁口平直度、梁模板位置及尺寸，再吊入钢筋骨架，或在梁板模板上绑扎好钢筋骨架后落入梁内。当梁较高或跨度较大时，可先安装一面侧模，待钢筋绑扎完后再安装另一面侧模进行支撑，最后安装好梁口夹具。对于圈梁，由于其断面小但很长，一般除窗洞口及某些个别地方架空外，其他部位均设置在墙上。故圈梁模板主要由侧模和固定侧模用的卡具组成，底模仅在架空部分使用。如架空跨度较大，也可用支柱（或琵琶撑）支撑底模。

5）楼板模板

板的特点是面积大而厚度一般不大，因此模板承受的侧压力很小。楼板模板及其支撑系统主要是抵抗混凝土的竖向荷载和其他施工荷载，保证模板不变形下垂。楼板模板安装的顺序为：复核板底标高→搭设模板支架→铺设模板。楼板模板采用钢模板时，由平面模板拼装而成，其周边用阴角模板与梁或墙模板相连接，如图4.9所示。采用胶合板模板的构造如图4.10所示。楼板模板可用钢楞及支架支撑，或者采用平面组合式桁架支撑，以扩大板下施工空间。模板的支柱底部应设通长垫板及木楔找平。挑檐模板必须撑牢拉紧，防止向外倾覆，确保施工安全。楼板模板预拼装面积不宜大于20 m²，如楼板的面积过大，则可分片组合安装。

6）墙模板

墙的特点是高度大而厚度小，其模板主要承受混凝土的侧压力，因此必须加强墙体模板的刚度，并保证其垂直度和稳定性，以确保模板不变形和发生位移。墙模板安装的顺序为：模板基底处理→弹出中心线和两边线→模板安装→加撑头及对拉螺栓→校正→固定斜撑。

墙模板由两片模板组成，用对拉螺栓保持它们之间的间距。采用钢制大模板时，其构造如图4.7所示；若采用胶合板模板时，其构造如图 4.12 所示；若采用组合钢模板拼装时，其构造如图 4.13所示。后两种墙模板背面均用横、竖楞加固，并设置足够的斜撑来保持其稳定。

墙模板用组合钢模板拼装时，钢模板可横拼也可竖拼；可预拼成大板块吊装也可散拼，即按配板图由一端向另一端，由下而上逐层拼装；如墙面过高，还可分层组装。在安装时，首先沿边线抹水泥砂浆做好安装墙模板的基底处理，弹出中心线和两边线，然后开始安装。墙的钢筋可以在模板安装前绑扎，也可以在安装好一侧的模板后设立支撑，绑扎钢筋，再竖立另一侧模板。为了保持墙体的厚度，墙板内应加撑头及对拉螺栓。对拉螺栓孔需在钢模板上画线钻孔，板孔位置必须准确平直，不得错位；预拼时为了使对拉螺孔不错位，板端均不错开；拼装时不允许斜拉、硬顶。模板安装完毕后在顶部用线坠吊直，并拉线找平后固定斜撑。

图 4.12　胶合板墙模

1—胶合板；2—内楞；3—外楞；4—斜撑；
5—内撑；6—穿墙螺栓

图 4.13　组合钢模板墙模

1—墙模板；2—竖楞；3—横楞；4—对拉螺栓

7）楼梯模板

楼梯模板由梯段底模、外帮侧模和踏步模板组成，如图4.14所示。楼梯模板的安装顺序为：安装平台梁及基础模板→安装楼梯斜梁或梯段底模板→楼梯外帮侧模→安装踏步模板。

楼梯模板施工前应根据设计放样，外帮侧模应先弹出楼梯底板厚度线，并画出踏步模板位置线。踏步高度要均匀一致，特别要注意在确定每层楼梯的最下一步及最上一步高度时，必须考虑到楼地面面层的厚度，防止因面层厚度不同而造成踏步高度不协调。在外帮侧模和踏步模板安装完毕后，应钉好固定踏步模板的挡木。

图 4.14　楼梯模板

4.1.3　模板工程施工设计

模板工程施工前应作模板放线图和配板图指导施工。

1. 模板放线图

建施图尺寸是装饰后的尺寸和标高，结施图尺寸是承重结构中心线和边线的尺寸和标高。施工所需的尺寸，如梁底标高、梁净长，需要施工人员另行计算。

模板放线图的作用是减少差错，作为模板放线、安装和质量检查的依据。在绘制过程中，若发现原设计图错误，应予以纠正。

模板放线图即每层模板安装后的平面图。应根据施工时模板放线的需要，将各有关图纸中对模板施工有用的尺寸综合起来，绘制在同一个图中。一般只画平面图，标高为相对标高。

2. 模板的配板设计

木拼板组装模板：木工根据模板放线图要求拼装模板。

定型木模板和组合钢模板：进行配板设计，画出配板图，以便备料、安装。

配板设计的要求：

（1）根据模板放线图画出模板面展开图，从构件平面图的左下角开始，以逆时针方向将构件模板面展开。

（2）在展开面上配板，绘制配板图。配板就是根据模板展开图的形状和尺寸，选用适当的模板布置在模板面展开图上。

（3）根据配板图进行支撑件的布置。

（4）列出模板和配件的规格和数量清单、面积比例。

模板系统的设计，包括选型、选材、荷载计算、结构计算、拟订制作安装和拆除方案及绘制模板图等。模板及其支架的设计应根据工程结构形式、荷载大小、地基土类别、施工设备和材料供应等条件进行。

3. 钢模板配板的设计原则

钢模板的配板设计除应满足前述模板的各项技术要求以外，还应遵守以下原则：

（1）配制模板时，应优先选用通用、大块模板，使其种类和块数最少，木模镶拼量最少。为了减少钢模板的钻孔损耗，设置对拉螺栓的模板可在螺栓部位改用 55 mm×100 mm 的刨光方木代替，或使钻孔的模板能多次周转使用。

（2）模板长向拼接宜错开布置，以增加模板的整体刚度。

（3）内钢楞应垂直于模板的长度方向布置，以直接承受模板传来的荷载；外钢楞应与内钢楞相互垂直，承受内钢楞传来的荷载并加强模板结构的整体刚度和调整平整度，其规格不得低于内钢楞。

（4）当模板端缝齐平布置时，每块钢模板应有两处钢楞支承；错开布置时，其间距可不受端部位置的限制。

（5）支承柱应有足够的强度和稳定性，一般支柱或其节间的长细比宜小于 110；对于连续形式或排架形式的支承柱，应配置水平支撑和剪刀撑，以保证其稳定性。

4.1.4　模板结构设计

模板结构设计的内容包括选型、选材、荷载计算、结构设计、绘制模板施工图，以及拟订制作、安装、拆除方案。

模板设计需要考虑拟建结构形式、荷载、地基土类别、施工设备与材料供应等条件，设计的详尽程度根据结构及施工条件来确定。

钢模板及其支架的设计应符合现行国家标准《钢结构设计规范》（GB 50017—2003）的规定，其截面塑性发展系数取其荷载设计值可乘的折减系数。采用冷弯薄壁型钢应符合国标《冷弯薄壁型钢结构技术规范》（GB 50018—2002）的规定，其荷载设计值不应折减。

木模板及其支架的设计应符合现行国家标准《木结构设计规范》（GB 50005—2003）的规定，当木材的含水率小于 25% 时，其荷载设计值可乘 0.9 的折减系数。

1. 模板的荷载

1）荷载标准值

作用在模板及其支架上的荷载及其标准值如下：

（1）模板及其支架的自重荷载。

模板及支架自重可根据模板设计图纸计算确定。

肋形楼板及无梁楼板的自重标准值可参考表 4.1。

表 4.1　模板及支架自重标准值　　　　　　　　　　　　　　kN/m²

模板构件名称	木模板	定型组合钢模板	钢框胶合板模板
平板的模板及小楞	0.30	0.50	0.40
楼板模板（其中包括梁的模板）	0.50	0.75	0.60
楼板模板及其支架（楼层高度为 4 m 以下）	0.75	1.10	0.95

（2）新浇混凝土的竖向荷载（自重）。

普通混凝土重力密度用 24 kN/m³，其他混凝土根据实际重力密度确定。

（3）钢筋施加的荷载。

根据设计图纸确定。一般梁板结构每立方米混凝土结构的钢筋自重标准值：楼板 1.1 kN；梁 1.5 kN。

（4）施工人员和施工设备施加的荷载。

模板及直接支承模板的小楞：均布活荷载 2.5 kN/m，另以集中荷载 2.5 kN 进行验算，取两者中较大的弯矩值；

支承小楞的构件：均布活荷载 1.5 kN/m²；

第 4 章　钢筋混凝土工程

支架立柱及其他支承结构构件：均布活荷载 $1.0\ kN/m^2$。

对大型浇筑设备（上料平台等）、混凝土泵等按实际计算。

木模板板条宽度小于 150 mm 时，集中荷载可以考虑由相邻两块板共同承受。

混凝土堆积料的高度超过 100 mm 时，则按实际计算。

（5）振捣混凝土时产生的荷载。

钢水平面模板 $2.0\ kN/m^2$；垂直面模板 $4.0\ kN/m^2$（作用范围在有效压头高度之内）。

（6）倾倒混凝土时产生的荷载。

倾倒混凝土时对垂直面模板产生的水平荷载标准值，可按表 4.2 采用。

表 4.2　倾倒混凝土时产生的水平荷载标准值

向模板内供料的方法	水平荷载/（kN/m^2）
用溜槽、串筒或导管输出	2
用容积小于 $0.2\ m^3$ 的运输器具倾倒	2
用容积为 $0.2 \sim 0.8\ m^3$ 的运输器具倾倒	4
用容积大于 $0.2\ m^3$ 的运输器具倾倒	6

注：作用范围在有效压头高度以内。

（7）新浇混凝土产生的侧压力。

采用内部振动器时，当混凝土浇筑速度在 6 m/h 以下时，应考虑新浇筑的混凝土作用于模板的最大侧压力。

当采用内部振捣器时，可按下列两式计算，并取其中的较小值：

$$F = 0.22\gamma_c T_0 \beta_1 \beta_2 v^{1/2} \qquad (4\text{-}1)$$

$$F = \gamma_c H \qquad (4\text{-}2)$$

图 4.15　混凝土侧压力

式中　F——新浇筑混凝土对模板的最大侧压力（kN/m^2），见图 4.15。

γ_c——混凝土的重力密度（kN/m^3）。

t_0——新浇混凝土的初凝时间（h），按实测确定，当缺乏试验资料时，可采用 $t_0 = 200/(T + 15)$ 计算（T 为混凝土的温度，℃）。

β_1——掺具有缓凝作用的外加剂取 1.2。

β_2——混凝土坍落度影响修正系数，当坍落度小于 30 mm 时，取 0.85；$50 \sim 90$ mm 时，取 1.0；$110 \sim 150$ mm 时，取 1.15。

v——混凝土的浇筑速度（m/h）。

H——混凝土侧压力计算位置处至新浇筑混凝土顶面的总高度（m）。

对于竖向模板来讲，侧压力是主要荷载。

影响混凝土侧压力的因素较多，如振捣方法、浇筑速度、混凝土温度、混凝土配合比和坍落度、水泥品种、外加剂种类、骨料的种类和级配、模板材料和构造、结构断面尺寸等。其中主要因素有浇筑速度、温度、容重、坍落度、外加剂性能和振捣方法。浇筑速度快，侧压力大；混凝土温度升高，侧压力变小；混凝土的容重和坍落度大，侧压力大；添加有缓凝剂，侧压力大；机械振捣比手工振捣侧压力大。

2）荷载设计值

将上述（1）～（7）项荷载标准值分别乘以相应的荷载分项系数，即可计算出模板及其支架的荷载设计值。

3）荷载组合

模板及其支架的荷载效应应根据结构形式按表 4.3 进行组合。

表 4.3　模板及其支架的荷载组合模板类别

模板类型	参与组合的荷载项	
	计算承载能力	验算刚度
平板和薄壳的模板及其支架	（1）（2）（3）（4）	（1）（2）（3）
梁和拱模板的底板及其支架	（1）（2）（3）（5）	（1）（2）（3）
梁、拱、柱（边长≤300 mm）、墙（厚≤300 mm）的侧面模板	（5）（6）	（6）
大体积结构、柱（边长>300 mm）、墙（厚>300 mm）的侧面模板	（6）（7）	（6）

2. 模板设计的计算规定

计算模板及其支架时的荷载设计值，应采用荷载标准值乘以相应的荷载分项系数求得，荷载（1）（2）（3）（6）的分项系数为 1.2，荷载（4）（5）（7）的分项系数为 1.4。

1）荷载折减（调整）系数

模板工程属临时性工程，由于我国目前还没有临时性工程的设计规范，只能按正式工程结构设计规范执行，并进行适当调整。

钢模板及其支架的设计，其荷载设计值可乘以系数 0.85 予以折减；但其截面塑性发展系数取 1.0。用冷弯薄壁型钢时，其荷载设计值不应折减，系数为 1.0。

对木模板及其支架的设计，当木材含水率小于 25%时，其荷载设计值可乘以系数 0.90 予以折减。

风荷载作用下验算模板及其支架的稳定性时，其基本风压值可乘以系数 0.80 予以折减。

2）模板结构的挠度要求

当验算模板及其支架的刚度时，其最大变形值不得超过下列允许值：① 对结构表面外露（不做装修）的模板，为模板构件计算跨度的 1/400；② 对结构表面隐蔽（做装修）的模板，为模板构件计算跨度的 1/250；③ 对支架的压缩变形值或弹性挠度，为相应的结构计算跨度的 1/1 000。支架的立柱或桁架应保持稳定，并用撑拉杆件固定。当验算模板及其支架在自重和风荷载作用下的抗倾覆稳定性时，其抗倾覆系数不小于 1.15，并符合有关的专业规定。

3. 模板结构设计的有关技术规定

（1）前述有关材料的规定。

（2）模板变形值的规定。

结构表面外露的模板——1/400，结构表面隐蔽的模板——1/250，支架的压缩变形或弹性挠度——1/1 000。

（3）有关稳定的规定。

支架柱或桁架必须用撑拉杆件固定，保持其稳定。

4.1.5　模板的拆除

1. 模板拆除时混凝土的强度

模板拆除取决于混凝土的强度、结构性质、混凝土硬化时的温度、混凝土所用材料（水泥和外加剂）、养护条件等。合理掌握模板的拆除时间和方法，有利于保证混凝土的质量，提高模板的周转使用次数，保证施工和结构的安全。

1）现浇构件的拆除时间

不承重的模板（侧模），在不损坏其表面和棱角时可以拆除；

承重的模板（底模），在混凝土达到规定强度后方可拆除。

2）预制构件的拆模时间

混凝土的拆模时间可根据有关试验资料确定。除达到强度要求外，应对已拆除侧模的结构构件进行检查，确认无影响结构性能的缺陷，而结构又有足够的承载能力后，始准拆除承重模板及其支架。

已拆除模板的结构，应在混凝土达到设计强度等级后，才允许承受全部计算荷载。承受的施工荷载较大时，应进行验算，必要时加设临时支撑，尤其应注意多层框架结构。

模板和支架的拆除是混凝土工程施工的最后一道工序，与混凝土质量及施工安全有着十分密切的关系。现浇混凝土结构的模板及其支架拆除时的混凝土强度，应符合以下规定。

侧模：应在混凝土强度能保证其表面及棱角不因拆模而受损伤时，方可拆除。

底模及其支架：拆除时的混凝土强度应符合设计要求；当设计无具体要求时，混凝土强度应符合表 4.4 的规定，且混凝土强度以同条件养护的试件强度为准。

表 4.4　底模拆除时的混凝土强度要求

构件类型	构件跨度/m	达到设计的混凝土立方体抗压强度标准值的百分率/%
板	≤2	≥50
	>2，≤8	≥75
	>8	≥100
梁、拱、壳	≤8	≥75
	>8	≥100
悬臂构件	—	≥100

已拆除模板及其支架的结构，应在混凝土强度达到设计的混凝土强度等级后，方可承受全部使用荷载。当施工荷载所产生的效应比使用荷载的效应更为不利时，必须经过验算，加设临时支撑，方可施加施工荷载。

2. 模板拆除的顺序和方法

一般顺序：先非承重模板，后承重模板；先侧板，后底板。框架结构：柱→楼板→梁侧板→梁底板。大型结构必须有详细的拆除方案。

框架结构的拆模顺序和方法如下：

1）柱模板

先柱箍及对拉螺栓，然后拆除四片模板。

拆除时要把模板的上端用绳系在梁或楼板模的支架上，用拉钩钩住插销孔拉出，不得用撬棍撬伤模板。拉不下时，可伴随木槌或塑料槌敲击。

2）楼板模板

先放低支架（调节螺旋、打掉楔块），拆掉部分楞木，然后逐块拆除模板，用绳子吊送至楼（地）面。严禁整块拆除、先拆支架、往下抛模板。

3）梁模板

先侧模，后底模。侧模拆除时，拆下支撑和对拉螺栓，木模可整片拆下，钢模逐块拆下。底模的拆除是先降低支架或打掉楔块，使其降到支架上，整片（木模）或逐块（钢模板）拆除。

4）楼梯模板

拆除顺序：梯级板→梯级侧板→梯板侧板→梯板底板。

模板的拆除，除逐块拆除外，可以整块吊走清理后使用，这样可以减少拼装用工。拆除后的模板应及时清理，刷隔离剂，分类堆放，以备使用。

模板拆除应按一定的顺序进行。一般应遵循先支后拆、后支先拆、先拆除非承重部位、后拆除承重部位以及自上而下的原则。重大复杂模板的拆除，事前应制订拆除方案。

5）模板拆除应注意的问题

（1）拆模时，操作人员应站在安全处，以免发生安全事故；待该片（段）模板全部拆除后，方可将模板、配件、支架等运出，进行堆放。

（2）拆模时不要用力过猛、过急，严禁用大锤和撬棍硬砸硬撬，以避免混凝土表面或模板受到损坏。

（3）模板拆除时，不应对楼层形成冲击荷载。拆下的模板及配件严禁抛扔，要有人接应传递，并按指定地点堆放；要做到及时清理、维修和涂刷好隔离剂，以备待用。

（4）多层楼板施工时，若上层楼板正在浇筑混凝土，下一层楼板模板的支柱不得拆除，再下一层楼板模板的支柱，仅可拆除一部分；跨度 4 m 及 4 m 以上的梁下均应保留支柱，其间距不得大于 3 m。

（5）冬期施工时，模板与保温层应在混凝土冷却到 5 ℃ 后方可拆除。当混凝土与外界温差大于 20 ℃ 时，拆模后应对混凝土表面采取保温措施，如加设临时覆盖，使其缓慢冷却。

（6）在拆除模板过程中，如发现混凝土出现异常现象，可能影响混凝土结构的安全和质量问题时，应立即停止拆模，并经处理认证后，方可继续拆模。

4.1.6　其他模板形式

1. 大模板

大模板在建筑、桥梁及地下工程中应用广泛，是指大尺寸的工具式模板，如一块墙面用一块大模板。

优点：因为其重量大，装拆皆需起重机械吊装，可提高机械化程度，减少用工量和缩短工期。

适用：剪力墙和筒体体系的高层建筑、桥墩、筒仓。

大模板一般由面板、加劲肋、竖楞、穿墙螺栓、支撑桁架、稳定机构和操作平台、穿墙螺栓等组成，是一种用于现浇钢筋混凝土墙体的大型工具式模板，如图 4.16 所示。面板是直接与混凝土接触的部分，多采用钢板制成。加劲肋的作用是固定面板，并把混凝土产生的侧压力传给竖楞。加劲肋可做成水平肋或垂直肋，与金属面板以点焊固定。竖楞的作用是加强大模板的整体刚度，承受模板传来的混凝土侧压力，竖楞通常用 65号或 80 号槽钢成对放置，两槽钢间留有空隙，以通过穿墙螺栓，竖楞间距一般为 1 000 ~ 2 000 mm。穿墙螺栓则是承受竖楞传来侧压力的主要受力构件。支撑桁架用螺栓或焊接与竖楞连接，其作用是承受风荷载等水平力，防止大模板倾覆，桁架上部可搭设操作平台。稳定机构为大

图 4.16　大模板构造示意图

1—面板；2—水平加劲肋；3—支撑桁架；4—竖楞；
5—调整水平度的螺旋千斤顶；6—固定卡具；
7—栏杆；8—脚手架；9—穿墙螺栓

模板两端桁架底部伸出的支腿，其上设置螺旋千斤顶，在模板使用阶段用以调整模板的垂直度，并把作用力传递到地面或楼面上；在模板堆放时用来调整模板的倾斜度，以保证模板稳定。操作平台是施工人员操作的场所，有两种做法：一是将脚手板直接铺在桁架的水平弦杆上，外侧设栏杆，其特点是工作面小、投资少、装拆方便；二是在两道横墙之间的大模板的边框上用角钢连接成为搁栅，再满铺脚手板，其特点是施工安全，但耗钢量大。

大模板在高层剪力墙结构施工中应用非常广泛，配以吊装机械通过合理的施工组织进行机械化施工。其特点是：① 强度、刚度大，能承受较大的混凝土侧压力和其他施工荷载；② 钢板面平整光洁，易于清理，且模板拼缝极少，有利于提高混凝土表面的质量；③ 重复利用率高，一般周转次数在 200 次以上；④ 重量大、耗钢量大、不保温。

2. 滑升模板

滑升模板是一种工业化模板，用于现场浇筑高耸构筑物和建筑物等竖向结构，如烟囱、筒仓、高桥墩、电视塔、竖井、沉井、双曲线冷却塔和高层建筑等。

施工特点：在构筑物或建筑物底部，沿其墙、柱、梁等构件的周边组装高 1.2 m 左右的滑升模板，随着向模板内不断地分层浇筑混凝土，用液压提升设备使模板不断地沿埋在混凝土中的支承杆向上滑升，直到需要浇筑的高度为止。

滑升模板主要由模板系统、操作平台系统、液压提升系统几部分组成，如图 4.17 所示。模板系统包括模板、围圈、提升架；操作平台系统包括操作平台（平台桁架和铺板）和吊脚手架；液压提升系统包括支承杆、液压千斤顶、液压控制台、油路系统。

图 4.17　滑升模板构造示意

1—千斤顶；2—高压油管；3—支撑杆；4—提升架；5—上下围圈；
7—操作平台桁架；8—搁栅；9—操作平台；10—外吊脚手架；
11—内吊脚手架；12—栏杆；13—混凝土墙体；
14—外挑脚手架

图 4.18　爬升模板

1—模板手拉葫芦；2—爬架手拉葫芦；3—外爬模；4—预留孔；
5—外爬架；6—螺栓；7—外墙；8—楼板模板；
9—楼板支架；10—支撑；11—安全网

滑升模板施工的特点是：① 可以大大节约模板和支撑材料；② 减少支、拆模板用工，加快施工速度；③ 由于混凝土连续浇筑，可保证结构的整体性；④ 模板一次性投资多、耗钢量大；⑤ 对建筑物立面造型和结构断面变化有一定的限制；⑥ 施工时宜连续作业，施工组织要求较严。

3. 爬升模板

爬升模板是在下层墙体混凝土浇筑完毕后，利用提升装置将模板自行提升到上一个楼层，然后浇筑上一层墙体的垂直移动式模板。它由模板、提升架和提升装置3部分组成，图4.18所示是利用电动葫芦作为提升装置的外墙面爬升模板示意图。

爬升模板采用整片式大平模，模板由面板及肋组成，不需要支撑系统；提升设备可采用电动螺杆提升机、液压千斤顶或导链。爬升模板将大模板工艺和滑升模板工艺相结合，既保持了大模板施工墙面平整的优点，又保持了滑模利用自身设备使模板向上提升的优点，即墙体模板能自行爬升而不依赖塔吊。爬升模板适于高层建筑墙体、电梯井壁、管道间混凝土墙体的施工。

4. 台 模

台模是浇筑钢筋混凝土楼板的一种大型工具式模板。在施工中可以整体脱模和转运，利用起重机从浇筑完的楼板下吊出，转移至上一楼层，中途不再落地，所以也称"飞模"。

台模按支撑形式分为支腿式和无支腿式。无支腿式台模悬挂于墙上或柱顶。支腿式台模由面板、檩条、支撑框架等组成，如图4.19所示。面板是直接接触混凝土的部件，可采用胶合板、钢板、塑料板等，其表面应平整光滑，具有较高的强度和刚度。支撑框架的支腿可伸缩或折叠，底部一般带有轮子，以便移动。单座台模面板的面积从 2 m^2 到 60 m^2 以上。台模自身整体性好，浇出的混凝土表面平整，施工进度快，适于各种现浇混凝土结构的小开间、小进深楼板。

图4.19 台模结构示意图

图4.20 隧道模结构示意图

1—支腿；2—可伸缩式横梁；3—檩条；4—面板；5—斜撑

5. 隧道模

隧道模是将楼板和墙体一次支模的一种工具式模板，相当于将台模和大模板组合起来，用于墙体和楼板的同步施工。隧道模有整体式和双拼式两种。整体式隧道模自重大、移动困难，现应用较少；双拼式隧道模在"内浇外挂"和"内浇外砌"的高、多层建筑中应用较多。

双拼式隧道模由两个半隧道模和一道独立模板组成，独立模板的支撑一般也是独立的，如图4.20所示。在两个半隧道模之间加一道独立模板的作用有两个：一是其宽度可以变化，使隧道模适应于不同的开间；二是在不拆除独立模板及支撑的情况下，两个半隧道模可提早拆除，加快周转。半隧道模的竖向墙模板和水平楼板模板间用斜撑连接，在模板的长度方向，沿墙模板底部设行走轮和千斤顶。模板就位后千斤顶将模板顶起，行走轮离开地面，施工荷载全部由千斤顶承担；脱模时松动千斤顶，在自重作用下半隧道模下降脱模，行走轮落到楼板下，可移出楼面，吊升至下一楼层继续施工。

6. 早拆模板体系

早拆模板体系是为实现早期拆除楼板模板而采用的一种支模装置和方法，其工艺原理实质上就是"拆板不拆柱"。早拆支撑利用柱头、立柱和可调支座组成竖向支撑系统，支撑于上下层楼板之间。拆模时使原设计的楼板处于短跨（立柱间距小于 2 m）的受力状态，即保持楼板模板跨度不超过相关规范所规定的拆模跨度要求。这样，当混凝土强度达到设计强度的 50%（常温下 3～4 d）时即可拆除楼板模板及部分支撑，而柱间、立柱及可调支座仍保持支撑状态。当混凝土强度增大到足以在全跨条件下承受自重和施工荷载时，再拆去全部竖向支撑，如图 4.21 所示。这类施工技术的模板与支撑用量少、投资小、工期短、综合效益显著，所以目前正在大力发展并逐步完善这一施工技术。

在早拆模板支撑体系中，关键的部件是早期柱头，如图 4.22（a）所示。柱头顶板尺寸为 50～150 mm，可直接与混凝土接触，两侧梁托可挂住支撑梁的端部，梁托附着在方形管上。方形管可以上下移动 115 mm；方形管在上方时，可通过支撑板锁住梁托，用锤敲击支撑板则梁托随方形管下落。可调支座插入立柱的下端，与地面（楼面）接触，用于调节立柱的高度，可调范围为 0～50 mm，如图 4.22（d）所示。

（a）支撑状态

（b）拆模状态

图 4.21 早期拆模方法

1—模板支撑梁；2—现浇模板

（a）早期柱头　　（b）模板支撑梁

（c）模板悬臂支撑梁　　（d）可调支座

图 4.22 早拆模板支撑体系部件

1—梁托；2—支撑板；3—方形管

4.2 钢筋工程

4.2.1 钢筋的种类

1. 钢筋的分类

钢筋的种类很多，土木工程中常用的钢筋，一般可按以下几方面分类。

土木工程用钢材分为钢筋、钢丝、钢绞线。

钢筋按化学成分可分为碳素钢筋和普通低合金钢筋。碳素钢筋按含碳量多少又可分为低碳钢筋（含碳量低于 0.25%）、中碳钢筋（含碳量 0.25%～0.7%）和高碳钢筋（含碳量 0.7%～1.4%）。普通低合金钢筋是在低碳钢和中碳钢的成分中加入少量合金元素得到的，如钛、钒、锰等，其含量一般不超过总量的 3%，以便获得强度高和综合性能好的钢种。

钢筋按屈服强度（MPa）分为 300 级、335 级、400 级和 500 级。钢筋级别越高，其强度及硬度越高，但塑性逐级降低。为了便于识别，在不同级别的钢材端头涂有不同颜色的油漆。

钢筋按轧制外形可分为光圆钢筋和变形钢筋（月牙形、螺旋形、人字形钢筋）。钢筋按供货形式可分为盘圆钢筋（直径不大于 10 mm）和直条钢筋（直径 12 mm 及以上）。直条钢筋长度一般为 6～12 m，根据需方要求也可按订货尺寸供应。钢筋按直径大小可分为钢丝（直径 3～5 mm）、细钢筋

（直径 6~10 mm）、中粗钢筋（直径 12~20 mm）和粗钢筋（直径大于 20 mm）。

普通钢筋混凝土结构中常用的钢筋按生产工艺可分为热轧钢筋、冷轧带肋钢筋、冷轧扭钢筋、余热处理钢筋、精轧螺纹钢筋等。

1）热轧钢筋

热轧钢筋是经热轧成型并自然冷却的成品钢筋，分为热轧光圆钢筋和热轧带肋钢筋。目前，HRB400 级钢筋正逐步成为现浇混凝土结构的主导钢筋。钢筋的力学性能如表 4.5 所示。

表 4.5　热轧钢筋的力学性能

强度代号	公称直径 d/mm	屈服点强度标准值/MPa	极限强度标准值/MPa
HRB300	6~22	300	420
HRB335	6~50	335	455
HRB400	6~50	400	540
HRB500	6~50	500	630

2）冷轧带肋钢筋

冷轧带肋钢筋是由热轧圆盘钢筋经冷轧后，在其表面带有沿长度方向均匀分布的三面或二面横肋的钢筋，分为 CRB550、CRB650、CRB800、CRB970、CRB1170 等 5 个牌号。CRB550 为普通钢筋混凝土用钢筋，其他牌号为预应力混凝土用钢筋。冷轧带肋钢筋在预应力混凝土构件中是冷拔低碳钢丝的更新换代产品，在普通混凝土结构中可代替 HPB235 级钢筋以节约钢材，是同类冷加工钢材中较好的一种，其力学性能见表 4.6。

表 4.6　冷轧带肋钢筋的力学性能

强度等级代号	公称直径 d/mm	抗拉强度 σ_b/MPa	伸长率/%		冷弯性能		
			δ_{10}	δ_{100}	弯曲角度	弯心直径	反复弯曲次数
		不小于					
CRB550	4~12	550	8.0	—	180°	$3d$	—
CRB650	4、5、6	650	—	4.0	—	—	3
CRB800		800	—	4.0	—	—	3
CRB970		970	—	4.0	—	—	3
CRB1170		1 170	—	4.0	—	—	3

3）冷轧扭钢筋

冷轧扭钢筋也称冷轧变形钢筋，是将低碳钢热轧圆盘钢筋经专用钢筋冷轧扭机调直、冷轧并冷扭一次成型，具有规定截面形状和节距的连续螺旋状钢筋。它具有较高的强度，足够的塑性性能，且与混凝土联结性能优异，用于工程建设中一般可节约钢材 30% 以上，有着明显的经济效益。冷轧扭钢筋的力学性能如表 4.7 所示。

表 4.7　冷轧扭钢筋的力学性能

钢筋代号	截面形状	钢筋类型	标志直径 d/mm	抗拉刚度 σ_b/MPa	伸长率 δ_5/（%）	冷弯性能	
						弯心角度	弯心直径
LZN	矩形	Ⅰ型	6.5~14	≧≥580	≥4.5	180°	$3d$
	菱形	Ⅱ型	12				

4）余热处理钢筋

余热处理钢筋是热轧成型后立即穿水，进行表面控制冷却，然后利用芯部余热自身完成回火处理所得的成品钢筋。钢筋表面形状为月牙肋，强度代号为 KL400，钢筋级别为Ⅲ级，公称直径 d 为 8～25 mm、28～40 mm。这种钢筋应用较少。

5）精轧螺纹钢筋

精轧螺纹钢筋是用热轧方法在整根钢筋表面上轧出不带纵肋螺纹外形的钢筋。其接长用连接器，端头锚固连接用螺母。该钢筋有 40SI2Mn、15M2SIB、40SI2MV 三种牌号，直径有 25 mm 和 32 mm 两种。

2. 钢筋进场的验收

钢筋进场时，应有产品合格证、出厂检验报告，并按品种、批号及直径分批验收。验收内容包括钢筋标牌和外观检查，并按有关规定抽取试件进行钢筋性能检验。钢筋性能检验又分为力学性能检验和化学成分检验。

1）外观检查

应对钢筋进行全数外观检查。检查内容包括钢筋是否平直，有无损伤，表面是否有裂纹、油污及锈蚀等。密折过的钢筋不得敲直后做受力钢筋使用，钢筋表面不应有影响钢筋强度和锚固性能的锈蚀或污染。

常用钢筋的外观检查要求为：热轧钢筋表面不得有裂缝、结疤和折叠，表面凸坎不得超过横肋的最大高度，外形尺寸应符合规定；对热处理钢筋，表面无肉眼可见的裂纹、结疤、折叠，如有凸块不得超过横肋高度，表面不得沾有油污；对冷轧扭钢筋，要求其表面光滑，不得有裂纹、折叠夹层等，也不得有深度超过 0.2 mm 的压痕或凹坑。

2）钢筋性能检验

（1）进场复验。

应按《钢筋混凝土用热轧带肋钢筋》（GB 1499.2—2007）、《钢筋混凝土用热轧光面钢筋》（GB 1499.1—2008）、《钢筋混凝土用余热处理钢筋》（GB 13014—1991）等标准的规定，抽取试件做力学性能检验，其质量必须符合有关标准的规定。

在做钢筋力学性能检验时，应从每批钢筋中任选两根，每根截取两个试件分别进行批次试验（包括屈服点、抗拉强度和伸长率的测定）和冲弯试验。如有一项检验结果不符合规定，则应从同一批钢筋中另取双倍数量的试件重做各项检验；如果仍有一个试件不合格，则该批钢筋为不合格产品，应不予验收或降级使用。

（2）满足抗震设防要求。

对有抗震设防要求的等级结构，其纵向受力钢筋的强度应满足设计要求；无具体要求时，对一、二级抗震等级，检验所得的强度实测值应符合下列规定：

① 钢筋的抗拉强度实测值与屈服强度实测值的比值不应小于 1.25；

② 钢筋的屈服强度实测值与强度标准值的比值不应大于 1.3。

（3）其他检验。

当发现钢筋脆断、焊接性能不良或力学性能显著不正常等现象时，应对该批钢筋进行化学成分检验或其他专项检验。

4.2.2　钢筋的加工

钢筋加工有调直、除锈、冷拉、冷拔、下料剪切、连接、弯曲等工序。

1. 钢筋除锈

钢筋由于保管不善或存放过久，其表面会结成一层铁锈，铁锈严重将影响钢筋和混凝土的黏结力，并影响到构件的使用效果，因此在使用前应清除干净。钢筋的除锈可在钢筋的冷拉或调直过程中完成（ϕ12 mm 以下钢筋），也可用电动除锈机除锈，还可采用手工除锈（用钢丝刷、砂盘）、喷砂和酸洗除锈等。

钢筋除锈方法有：钢丝刷、机动钢丝刷、喷砂、砂堆中往复拉。冷拉钢筋不需再除锈。对有颗粒和片状老锈的钢筋，除锈后有严重麻坑、蚀孔的钢筋，均不得使用。

2. 钢筋调直

钢筋调直方法有：冷拉调直、调直机调直（4~14 mm）、锤直和扳直（粗钢筋）。冷拉调直时，Ⅰ级钢筋冷拉率小于 4%，Ⅱ级和Ⅲ级钢筋冷拉率小于 1%。

细钢筋一般采用机械调直，可选用钢筋调直机、双头钢筋调直联动机或数控钢筋调直切断机。机械调直机具有钢筋除锈、调直和切断 3 项功能，并可在一次操作中完成。其中，数控钢筋调直切断机采用了光电测长系统和光电计数装置，切断长度可以精确到毫米，并能自动控制切断根数。

粗钢筋常采用卷扬机冷拉调直，且在冷拉时因钢筋变形，其上的锈皮自行脱落。冷拉调直时必须控制钢筋的冷拉率。

3. 钢筋切断

钢筋切断常采用手动液压切断器和钢筋切断机。前者能切断 ϕ16 mm 以下的钢筋，且机具体积小、重量轻、便于携带；后者能切断 ϕ（6~40）mm 的各种直径的钢筋。

钢筋剪切方法有：剪切机（钢筋直径在 40 mm 以内）、手动剪切器（钢筋直径在 12 mm 以内）、氧焊或电弧割切（钢筋直径在 40 mm 以上）。

4. 钢筋弯曲成型

钢筋根据设计要求常需弯折成一定形状。钢筋的弯曲成型一般采用钢筋弯曲机、四头弯筋机（主要用于弯制箍筋）。在缺乏机具设备的情况下，也可以采用手摇扳手弯制细钢筋，用卡盘与扳头弯制粗钢筋。对形状复杂的钢筋，在弯曲前应根据钢筋料牌上标明的尺寸画出各弯曲点。

钢筋弯曲工具有：弯曲机（钢筋直径为 6~40 mm）、扳钩（钢筋直径在 25 mm 以内）。

5. 钢筋冷拉

1）冷拉原理

钢筋冷拉是指在常温下对热轧钢筋进行强力拉伸。

拉应力超过钢筋的屈服强度，使钢筋产生塑性变形，以达到调直钢筋、提高强度、节约钢材的目的，对焊接接长的钢筋亦检验了焊接接头的质量。冷拉 HPB235 级钢筋多用于结构中的受拉钢筋，冷拉 HRB335、HRB400、RRB400 级钢筋多用作预应力构件中的预应力筋。

钢筋冷拉是在常温下，以超过钢筋屈服点的拉应力拉伸钢筋，使钢筋产生塑性变形，通过时效的作用，提高钢筋强度，节约钢材。

冷拉钢筋适用于Ⅰ~Ⅳ级钢筋，冷拉时钢筋被拉直，表面锈渣自动脱落，因此冷拉可同时完成调直和除锈工作。

冷拉Ⅱ~Ⅳ级钢筋通常用作预应力筋，冷拉Ⅰ级钢筋用作非预应力筋。冷拉钢筋一般不用作受压钢筋，即使用作受压钢筋也不利用冷拉后提高的强度。承受冲击荷载的构件不应用冷拉钢筋。

钢筋冷拉后内应力促使钢筋晶体组织自行调整的过程称为"时效"，时效后，钢筋强度提高，塑性降低，弹性模量恢复。

Ⅰ、Ⅱ级钢筋在常温下（自然时效）须 15 ~ 28 d 才能完成，可采用人工时效，即放入 100 ℃ 的水或水蒸气中蒸煮 2 h。

Ⅲ、Ⅳ级钢筋在自然条件下一般达不到时效的效果，一般采用通电加热至 150 ~ 300 ℃，保持 20 min 左右。

2）钢筋冷拉参数及控制方法

（1）钢筋冷拉参数。

冷拉参数有钢筋冷拉率和冷拉应力。

钢筋冷拉率是钢筋冷拉时包括其弹性和塑性变形的总伸长值与钢筋原长之比（%）。在一定限度范围内，冷拉率和冷拉应力越大，则屈服点提高越多，而塑性降低也越多，但仍有一定的塑性。冷拉强度与屈服点之比不宜太小，使钢筋有一定强度储备。

（2）冷拉控制方法。

钢筋冷拉可采用控制应力和控制冷拉率的方法。

用作预应力的钢筋宜采用控制应力的方法；不能分清炉批的热轧钢筋不应采用控制冷拉率的方法。

① 控制应力的方法（双控）。

满足控制应力的前提下，冷拉率不得超过最大冷拉率。

② 控制冷拉率的方法（单控）。

控制冷拉率应由试验确定。同炉批的钢筋中取不少于 4 个试样，根据冷拉应力测定各试件的冷拉率，取其平均值作为该批钢材实际采用的冷拉率，小于 1% 时取 1%。

为使钢筋变形充分发展，冷拉速度不宜过快，以 0.5 ~ 1 m/min 为宜，拉到规定值后须停 1 ~ 2 min，待钢筋变形充分发展后再放松钢筋。

3）钢筋冷拉质量

冷拉后，钢筋表面不应发生裂纹，或局部颈缩现象，并应按要求进行拉力和冷弯试验，质量应符合规定。冷弯试验时，不得有裂纹、起层、断裂现象。

4）冷拉设备

包括拉力装置、承力结构、钢筋夹具、测量装置、回程装置。钢筋冷拉时应缓缓拉伸，缓缓放松，并应防止斜拉，正对钢筋两端不许站人和跨越钢筋。

6. 钢筋冷拔

1）钢筋冷拔的特点和应用

冷拔是使直径为 6 ~ 8 mm 的 Ⅰ级钢筋强力通过特制的钨合金拔丝模孔，使钢筋产生塑性变形，改变物理力学性能的过程。

钢筋经过冷拔后，横向压缩（截面缩小），纵向拉伸，内部晶格产生滑移，抗拉强度可提高 50% ~ 90%，塑性降低，硬度提高。这种经过冷拔加工的钢丝称为冷拔低碳钢丝。冷拉是纯拉伸应力，冷拉后有明显的屈服点；冷拔拉、压兼有的三向应力，冷拔后没有明显的屈服点。冷拔低碳钢丝按机械性能分甲（预应力筋）、乙（非预应力筋）两级。

2）钢筋冷拔工艺

冷拔工艺流程为：轧头→剥皮→拔丝。

轧头是用一对轧辊将钢筋端部轧细，以通过拔丝模孔。

剥皮是使钢筋通过 3 ~ 6 个上下排列的辊子，剥除钢筋表面的氧化铁渣壳，以免进入拔丝模孔擦伤钢丝表面，也影响拔丝模的使用寿命。

剥皮后通过润滑剂盒润滑，进入拔丝模冷拔。

拔丝速度一般为 0.4 ~ 1 m/s。

润滑剂的配置：生石灰 100 kg、动植物油 20 kg、肥皂 4 ~ 8 条、水约 200 kg，可掺少量石蜡。先将油、肥皂加热化开，倒入水中，再将石灰投入，干燥、碾压、过筛即成。

3）影响钢筋冷拔质量的因素

影响钢筋冷拔质量的因素有原材料质量和冷拔总压缩率。

总压缩率越大，塑性降低越多，抗拉强度提高越大。为保证强度和塑性的相对稳定，必须控制总压缩率。

$\phi^b 5$ 由 $\phi 8$ 盘条多次冷拔而成，$\phi^b 3$ 和 $\phi^b 4$ 由 $\phi 6.5$ 盘条冷拔而成。冷拔次数过多，易变脆，生产率低；冷拔次数过少，易产生断丝和安全事故。前道钢丝和后道钢丝直径之比以 1:1.15 为宜，即：$\phi 8 \to \phi 7 \to \phi 6.3 \to \phi 5.7 \to \phi 5$，$\phi 6.5 \to \phi 5.5 \to \phi 4.6 \to \phi 4$。

冷拔过程中不得退火，否则会降低强度，冷拔丝经调直后，强度约降低 7%，而塑性增加。

4.2.3 钢筋的连接

钢筋在土木工程中的用量很大，但在运输时却受到运输工具的限制。当钢筋直径 $d < 12$ mm 时，一般以圆盘形式供货；当直径 $d \geq 12$ mm 时，则以直条形式供货，直条长度一般为 6 ~ 12 m。由此带来了钢筋混凝土结构施工中不可避免的钢筋连接问题。目前，钢筋的连接方法有机械连接、焊接连接和绑扎连接三类。机械连接由于具有连接可靠、作业不受气候影响、连接速度快等优点，目前已广泛应用于粗钢筋的连接。焊接连接和绑扎连接是传统的钢筋连接方法，与绑扎连接相比，焊接连接可节约钢材、改善结构受力性能、保证工程质量、降低施工成本，宜优先选用。

1. 钢筋的焊接

焊接连接是利用焊接技术将钢筋连接起来的连接方法，应用广泛。但焊接是一项专门的技术，要求对焊工进行专门培训，持证上岗。焊接施工受气候、电流稳定性的影响较大，其接头质量不如机械连接可靠。

在钢筋焊接连接中，普遍采用的有闪光对焊、电阻点焊、电弧焊、电渣压力焊及埋弧压力焊等。

钢筋的焊接效果取决于钢材的可焊性和焊接工艺。钢材的金属含量直接影响到可焊性，含碳、锰量高，可焊性降低；含适量的钛，可改善焊接性能；Ⅳ级钢筋的碳、锰、硅含量高，可焊性较差，但硅钛系列的钢筋可焊性尚好。

钢筋焊接时，焊缝温度较高，电弧焊达 1 500 ℃，闪光对焊达 2 000 ℃。不同的温度对钢材的性能有一定影响，热影响区包括半熔化区、过热区、正火区、部分相变区、再结晶区、蓝脆区。半熔化区和过热区金属冷却后，晶粒变大，塑性及韧性降低，容易产生裂纹，对焊接质量不利。

图 4.23　钢筋的对焊原理

1—钢筋；2—固定电极；3—可动电极；
4—机座；5—变压器；6—顶压机构；
7—固定支座；8—滑动支座

1）闪光对焊

闪光对焊是将两根钢筋沿着其轴线，使钢筋端面接触对焊的连接方法。闪光对焊需在对焊机上进行，操作时将两段钢筋的端面接触，通过低电压强电流，把电能转换为热能，待钢筋加热到一定温度后，再施加轴向压力顶锻，使两根钢筋焊合在一起，接头冷却后便形成对焊接头，对焊原理如图 4.23 所示。

闪光对焊不需要焊药，施工工艺简单，具有成本低、焊接质量好、工效高的优点。它广泛用于工厂或在施工现场加工棚内进行粗钢筋的对接接长，由于其设备较笨重，不便在操作面上进行钢筋的接长。

（1）钢筋对焊工艺。

将钢筋夹入对焊机两极，闭合电源，使钢筋两端面轻微接触。由于端面不平，电流密度和接触电阻很大，接触点熔化，形成"金属过梁"；过梁进一步加热，产生金属蒸气飞溅，称为烧化，形成闪光现象。

闪光对焊根据其工艺不同，可分为连续闪光焊、预热闪光焊、闪光—预热—闪光焊及焊后通电热处理等工艺。

① 连续闪光焊：当对焊机夹具夹紧钢筋并通电出现闪光后，继续将钢筋端面渐移近，即形成连续闪光过程。待钢筋烧化完一定的预留量后，迅速加压进行顶锻并立即断开电源，焊接接头即完成。该工艺适宜焊接直径在 25 mm 以下的钢筋。

② 预热闪光焊：在连续闪光焊前增加预热过程（均匀加热）。闭合电源，两钢筋交替接触、分开，两断面间断续闪光，形成预热，烧化到规定的预热留量后进行连续闪光和顶锻。

它是在连续闪光前增加一个钢筋预热过程，然后再进行闪光和顶锻。该工艺适宜焊接直径大于 25 mm 且端面比较平整的钢筋。

③ 闪光—预热—闪光焊：在预热闪光前再增加一次闪光过程，使不平整的钢筋端面先形成比较平整的端面，并将钢筋均匀预热。该工艺适宜焊接直径大于 25 mm 且端面不平整的钢筋。

④ 焊后通电热处理：Ⅳ级钢筋因焊接性能较差，其接头易出现脆断现象，可在焊后进行通电热处理，即待接头冷却至 300 ℃ 以下时，采用较低变压器级数，进行脉冲式通电加热，以 0.5 ~ 1 s/次为宜。热处理温度一般在 750 ~ 850 ℃ 范围内选择。该法可提高焊接接头处钢筋的塑性。

（2）闪光对焊参数。

闪光对焊参数决定钢筋对焊质量。其参数如下：

调伸长度：焊接前钢筋从焊接钳口伸出的长度。应使接头能均匀加热，顶锻时不旁弯。

烧化留量（闪光留量）和预热留量：烧化和预热烧化的长度。

顶锻留量：将钢筋顶锻压紧时缩短的长度。

烧化速度（闪光速度）：闪光过程的快慢，先慢后快，闪光比较强烈，以免焊缝金属氧化。

顶锻速度：挤压钢筋接头的速度，越快越好，不致焊口氧化。

变压器级次：调节焊接电流的大小。

2）电阻点焊

电阻点焊是将交叉的钢筋叠合在一起，放在两个电极间预压夹紧，然后通电使接触点处产生电阻热，钢筋加热熔化并在压力下形成紧密联结点，冷凝后即得牢固焊点，如图 4.24 所示。电阻点焊用于焊接钢筋网片或骨架，适于直径 6 ~ 14 mm 的 HPB235、HRB335 级钢筋及直径 3 ~ 5 mm 的钢丝。当焊接不同直径的钢筋，其较小钢筋直径小于 10 mm 时，大小钢筋直径之比不宜大于 3；其较小钢筋的直径为 12 ~ 14 mm 时，大小钢筋直径之比不宜大于 2。承受重复荷载并需进行疲劳验算的钢筋混凝土结构和预应力混凝土结构中的非预应力筋不得采用该法焊接。

图 4.24　电阻点焊机工作示意图
1—电极；2—电极臂；3—变压器二次线圈；4—变压器一次线圈；
5—断电器；6—调压开关；7—踏板；8—压紧机构

3）电弧焊

电弧焊是利用弧焊机在焊条与焊件之间产生高温电弧，使焊条和电弧燃烧范围内的焊件熔化，待其凝固后便形成焊缝或接头的焊接方法。其中电弧是指焊条与焊件金属之间空气介质出现的强烈持久的放电现象。电弧焊使用的弧焊机有交流弧焊机、直流弧焊机两种，常用的为交流弧焊机。

电弧焊的应用非常广泛，常用于钢筋的接长、钢筋骨架的焊接、钢筋与钢板的焊接、装配式钢筋混凝土结构接头的焊接及各种钢结构的焊接等。用于钢筋的接长时，其接头形式有帮条焊、搭接焊和坡口焊等。

熔化的金属会吸收空气中的氧、氮，降低其塑性和冲击韧性。为改善这一状况，焊条表面有一层药皮，在高温作用下，一部分被氧化，形成保护气体；另一部分则起脱氧作用，氧化物形成的熔渣浮于焊缝金属表面，起保护作用。

钢筋电弧焊接方式有搭接焊、帮条焊、坡口焊、熔槽焊。

（1）搭接焊。

该法适用于直径为 10 ~ 40 mm 的 Ⅰ、Ⅱ 级钢筋，宜采用双面焊，焊接前预弯，以保证钢筋的轴线在一条线上，如图 4.25 所示。焊接时最好采用双面焊，对其搭接长度的要求是：HPB235 级钢筋为 $4d$（钢筋直径），HRB335、HRB400 级钢筋为 $5d$。若采用单面焊，则搭接长度均须加倍。

| （a）双面焊 | （a）双面焊 |
| （b）单面焊 | （b）单面焊 |

| 图 4.25 搭接焊接头 | 图 4.26 帮条焊接头 |
| d—钢筋直径；l—搭接长度 | d—钢筋直径；l—搭接长度 |

（2）帮条焊。

该法适用于直径为 10 ~ 40 mm 的 Ⅰ ~ Ⅲ 级钢筋，宜采用双面焊，帮条宜采用与主筋一致的钢筋，或者低一个级别或规格。帮条焊接头如图 4.26 所示。钢筋帮条长度见表 4.8；主筋端面的间隙为 2 ~ 5 mm。所采用帮条的总截面面积：被焊接的钢筋为 HPB235 级时，应不小于被焊接钢筋截面面积的 1.2 倍；被焊接钢筋为 HRB335、HRB400 级时，应不小于被焊接钢筋截面面积的 1.5 倍。

表 4.8 钢筋帮条长度

钢筋级别	焊缝形式	帮条长度
HPB235 级	单面焊	≥8d
	双面焊	≥4d
HRB335 级 HRB400 级	单面焊	≥10d
	双面焊	≥5d

注：d 为钢筋直径。

第 4 章　钢筋混凝土工程

（3）坡口焊。

坡口焊接头多用于装配式框架结构现浇接头的钢筋焊接，分为平焊和立焊两种。钢筋坡口平焊采用 V 形坡口，坡口夹角为 55°~65°，两根钢筋的间隙为 4~6 mm，下垫钢板，然后施焊，见图 4.27（a）。钢筋坡口立焊，如图 4.27（b）所示。

（a）平焊　　　　　　　　（b）立焊

图 4.27　钢筋坡口焊接头

4）电渣压力焊

电渣压力焊是利用电流通过渣池产生的电阻热将钢筋端部熔化，然后施加压力使钢筋焊合的方法。它主要用于现浇结构中直径为 14~40 mm 的 HPB235、HRB335、HRB400 级钢筋的竖向或斜向（倾斜度在 4∶1 内）接长。这种焊接方法操作简单、工作条件好、工效高、成本低，比电弧焊接头节电 80%以上，比绑扎连接和帮条焊、搭接焊节约钢筋 30%，提高工效 6~10 倍。

电渣压力焊设备包括焊接电源、焊接夹具和焊剂盒等（图 4.28）。焊接夹具应具有一定刚度，上下钳口同心。焊剂盒呈圆形，由两个半圆形铁皮组成，内径为 80~100 mm，与所焊钢筋的直径相应，焊剂盒宜与焊接机头分开。焊剂除起到隔热、保温及稳定电弧作用外，在焊接过程中还能起到补充熔渣、脱氧及添加合金元素的作用，使焊缝金属合金化。当焊接完成后，先拆机头，待焊接接头保温一段时间后再拆焊剂盒，特别是在环境温度较低时，可避免发生冷脆现象。

5）埋弧压力焊

埋弧压力焊是将钢筋与钢板安放成工形连接形式，利用埋在接头处焊剂层下的高温电弧，熔化两焊件的接触部位形成熔池，然后加压顶锻使两焊件焊合，如图 4.29 所示。它适用于直径 6~8 mm 的 HPB235 级钢筋和直径 10~25 mm 的 HRB335 级钢筋与钢板的焊接。

图 4.28　电渣压力焊示意图

1、7—钢筋；2—固定电极；3—焊剂盒；4—导电剂；5—焊剂；
6—滑动电极；8—标尺；9—操纵杆；
10—滑动架；11—固定架

图 4.29　预埋件钢筋埋弧压力焊示意图

1—钢筋；2—钢板；3—焊剂；4—电弧；
5—熔池；6—焊接变压器

埋弧压力焊工艺简单，比电弧焊工效高、质量好（焊缝强度高且钢板不易变形）、成本低（不用焊条），施工中广泛用于制作钢筋预埋件。

钢筋焊接的接头类型及其适用范围，详见表4.9。

表 4.9 钢筋焊接接头类型与适用范围

焊接方法			适用范围	
			钢筋种类与级别	钢筋直径/mm
电阻电焊			热轧 HPB235、HRB335 级	6～14
			清除应力钢丝	4～5
			冷轧带肋钢筋 CRB550 级	4～12
闪光对焊			热轧 HPB235、HRB335、HRB400 级	10～40
			热轧 RRB400 级	10～25
			余热处理钢筋 KL400 级	10～25
电弧焊	帮条焊	双面焊	热轧 HPB235、HRB335、HRB400 级	10～40
			余热处理钢筋 KL400 级	10～25
		单面焊	热轧 HPB235、HRB335、HRB400 级	10～40
			余热处理钢筋 KL400 级	10～25
	搭接焊	双面焊	热轧 HPB235、HRB335、HRB400 级	10～40
			余热处理钢筋 KL400 级	10～25
		单面焊	热轧 HPB235、HRB335、HRB400 级	10～40
			余热处理钢筋 KL400 级	10～25
	坡口焊	平 焊	热轧 HPB235、HRB335、HRB400 级	18～40
			余热处理钢筋 KL400 级	18～25
		立 焊	热轧 HPB235、HRB335、HRB400 级	18～40
			余热处理钢筋 KL400 级	18～25
	钢筋与钢板搭接焊		热轧 HPB235、HRB335 级	8～10
	窄间隙焊		热轧 HPB235、HRB335、HRB400 级	16～40
	预埋件电弧焊	角 焊	热轧 HPB235、HRB335 级	6～25
		穿孔塞焊	热轧 HPB235、HRB335 级	20～25
电渣压力焊			热轧 HPB235、HRB335 级	14～40
预埋件埋弧压力焊			热轧 HPB235、HRB335 级	6～25

注：电阻点焊时，适用范围的钢筋直径系指较小钢筋的直径。

6）钢筋焊接要求

（1）焊接方式。

对接焊接宜用对焊、电弧焊、电渣压力焊、气压焊；钢筋骨架与网片的交叉焊接宜采用电阻点焊；钢筋与钢板的 T 型接头宜采用埋弧压力焊、电弧焊。

（2）焊接前要进行试焊，焊工要有考试和合格证，要在规定范围内操作。

（3）轴心和小偏心受拉构件均应焊接；普通混凝土中直径大于 22 mm 的钢筋、轻骨料混凝土中直径大于 20 mm 的 I 级钢筋以及直径大于 25 mm 的 II、III 级钢筋均宜用焊接；直径大于 32 mm 的受压钢筋应用焊接。

（4）对有抗震要求的受力钢筋，宜优先采用焊接或机械连接。纵向钢筋，一级抗震应用焊接，二级抗震宜用焊接。框架底层柱、剪力墙加强部位纵向钢筋，一、二级抗震应用焊接，三级抗震宜用焊接，钢筋接头不宜设在梁柱加密区内。

（5）钢筋接头应相互错开，在距焊接中心 35d（钢筋直径）且不小于 500 mm 的区段范围内，

第 4 章　钢筋混凝土工程

每根钢筋不得有两个接头，且有接头的钢筋面积应符合以下要求：非预应力筋受拉区不宜超过 50%，其他不限；预应力筋受拉区不宜超过 25%，其他不限。

（6）焊接接头距钢筋弯折处应大于 10d，且不在最大弯矩处。

2. 钢筋的机械连接

钢筋机械连接的优点很多，包括：设备简单、操作技术易于掌握、施工速度快；接头性能可靠，节约钢筋，适用于钢筋在任何位置与方向（竖向、横向、环向及斜向等）的连接；施工不受气候条件影响，尤其在易燃、易爆、高空等施工条件下作业安全可靠。虽然机械连接的成本较高，但其综合经济效益与技术效果显著，目前已在现浇大跨结构、高层建筑、桥梁、水工结构等工程中广泛用于粗钢筋的连接。钢筋机械连接的方法主要有套筒挤压连接和螺纹套筒连接。

1）钢筋螺纹套筒连接

钢筋螺纹套筒连接包括锥螺纹连接和直螺纹连接，它是利用螺纹能承受轴向力与水平力、密封自锁性较好的原理，靠规定的机械力把钢筋连接在一起。

（1）锥螺纹连接。

锥螺纹连接的工艺是：先用钢筋套丝机把钢筋的连接端加工成锥螺纹，然后通过锥螺纹套筒，用扭力扳手把两根钢筋与套筒拧紧，如图 4.30 所示。这种钢筋接头，可用于连接直径 10～40 mm 的 HRB335、HRB400 级钢筋，也可用于异直径钢筋的连接。

锥螺纹连接钢筋的下料，可用钢筋切断机或砂轮锯，但不准用气割下料，端头不得挠曲或有马蹄形。钢筋端部采用套丝机套丝，套丝时采用冷却液进行冷却润滑。加工好的丝扣完整数要达到要求（表 4.10）；锥螺纹的牙形应与牙形规吻合，小端直径必须在卡规的允许误差范围内（图 4.31）。锥螺纹经检查合格后，一端拧上塑料保护帽，另一端旋入连接套筒用扭力扳手拧紧，并扣上塑料封盖。运输过程中应防止塑料保护帽破坏使丝扣损坏。

图 4.30　钢筋锥螺纹套筒连接

1—已连接钢筋；2—锥螺纹套筒；3—待连接钢筋

图 4.31　锥螺纹牙形

1—卡规；2—锥螺纹；3—钢筋；4—牙形规

表 4.10　钢筋锥螺纹丝扣完整数

钢筋直径/mm	16～18	20～22	25～28	32	36	40
丝扣完整数	5	7	8	10	11	12

钢筋连接时，分别拧下塑料保护帽和塑料封盖，将带有连接套筒的钢筋拧到待连接的钢筋上，并用扭力扳手按规定的力矩值（表 4.11）把接头拧紧。连接完毕的接头要求锥螺纹外露不得超过一个完整丝扣，接头经检查合格后随即用涂料刷在套管上做标记。

表 4.11　锥螺纹钢筋接头的拧紧力矩值

钢筋直径/mm	16	18	20	22	25～28	32	36～40
拧紧力矩/（N·m）	118	145	177	216	275	314	343

（2）直螺纹连接。

直螺纹连接包括钢筋镦粗直螺纹连接和钢筋辊轧直螺纹套筒连接，目前前者采用较多。钢筋镦粗直螺纹套筒连接是先将钢筋端头镦粗，再切削成直螺纹，然后用带直螺纹的套筒将两根钢筋拧紧的连接方法。这种工艺的特点是：钢筋端部经冷镦后不仅直径增大，使套丝后丝扣底部的横截面面积不小于钢筋原横截面面积，而且冷镦后钢材强度得到提高，因而使接头的强度大大提高。钢筋直螺纹的加工工艺及连接施工与锥螺纹连接相似，但所连接的两根钢筋相互对顶锁定连接套筒。

直螺纹钢筋接头的拧紧力矩值如表 4.12 所示。

表 4.12　直螺纹钢筋接头的拧紧力矩值

钢筋直径/mm	16~18	20~22	25	28	32	36~40
拧紧力矩/（N·m）	100	200	250	280	320	350

2）钢筋套筒挤压连接

钢筋套筒挤压连接亦称钢筋套筒冷压连接。

适用：竖向、横向及其他方向的较大直径变形钢筋的连接。

优点：节省电能、不受钢筋可焊性好坏影响、不受气候影响、无明火、施工简便和接头可靠度高等。

套筒挤压连接是将变形钢筋插入特制钢套筒内，利用液压驱动的挤压机进行径向挤压，使钢套筒产生塑性变形，咬住钢筋实现连接。

钢筋套筒挤压连接的工艺参数，主要是压接顺序、压接力和压接道数。压接顺序应从中间逐道向两端压接。

钢筋套筒挤压连接的基本原理是：将两根待连接的钢筋插入钢套筒内，采用专用液压压接钳侧向或轴向挤压套筒，使套筒产生塑性变形，套筒的内壁变形后嵌入钢筋螺纹中，从而产生抗剪能力来传递钢筋连接处的轴向力。挤压连接有径向挤压和轴向挤压两种，如图 4.32 所示。它适用于连接直径 20~40 mm 的 HRB335、HRB400 级钢筋，当所用套筒的外径相同时，连接钢筋的直径相差不宜大于两个级差，钢筋间操作净距宜大于 50 mm。钢筋接头处宜采用砂轮切割机断料；钢筋端部的扭曲、弯折、斜面等应予以校正或切除，钢筋连接部位的飞边或纵肋过高时应采用砂轮机修磨，以保证钢筋能自由穿入套筒内。

（1）径向挤压连接。

挤压接头的压接一般分两次进行，第一次先压接半个接头，然后在钢筋连接的作业部位再压接另半个接头。第一次压接时宜在靠套筒空腔的部位少压一扣，空腔部位应采用塑料护套保护；第二次压接前拆除塑料护套，再插入钢筋进行挤压连接。挤压连接基本参数如表 4.13 所示。

（2）轴向挤压连接。

先用半挤压机进行钢筋半接头挤压，再在钢筋连接的作业部位用挤压机进行钢筋连接挤压。

（a）径向挤压

（b）轴向挤压

图 4.32　钢筋挤压连接

1—肋纹钢筋；2—钢筋筒；3—压模

表 4.13　YJ650 和 YJ800 型挤压机基本参数

钢筋直径/mm	钢套筒外径×长度/（mm×mm）	挤压力/kN	每端压接道数
25	43×75	500	3
28	49×196	600	4
32	54×224	650	5
36	60×250	750	6

注：压模宽度为 18 mm、20 mm 两种。

3. 钢筋的绑扎连接

钢筋绑扎连接主要是使用规格为 20～22 号的镀锌铁丝或绑扎钢筋专用的火烧丝将两根钢筋搭接绑扎在一起。其工艺简单、工效高、不需要连接设备，但因需要有一定的搭接长度而增加钢筋用量，且接头的受力性能不如机械连接和焊接连接，所以规范规定：轴心受拉及小偏心受拉杆件的纵向受力钢筋不得采用绑扎搭接接头；$d > 28$ mm 的受拉钢筋和 $d > 32$ mm 的受压钢筋，不宜采用绑扎搭接接头。

钢筋绑扎接头宜设置在受力较小处，在接头的搭接长度范围内，应至少绑扎 3 点以上。当焊接骨架和焊接网采用绑扎连接时，应符合下列规定：

（1）焊接骨架和焊接网的搭接接头不宜位于构件的最大弯矩处。

（2）受拉焊接骨架和焊接网在受力钢筋方向的搭接长度应符合表 4.14 的规定；受压焊接骨架和焊接网在受力方向的搭设长度为表 4.14 所列数值的 0.7 倍。

表 4.14　受拉焊接骨架和焊接网绑扎接头的搭接长度

钢筋类型	混凝土强度等级		
	C20	C25	≥C30
HPB235 级钢筋	30d	25d	20d
HRB335 级钢筋	40d	35d	30d
HRB400 级钢筋	45d	40d	35d
消除应力钢丝	250 mm	—	—

注：① 搭接长度除应符合本表规定外，在受拉区不得小于 250 mm，在受压区不得小于 200 mm；
　　② 当混凝土强度等级低于 C20 时，对 HPB235 级钢筋最小搭接长度不得小于 40d，HRB335 级钢筋不得小于 50d，HRB400 级钢筋不宜采用；
　　③ 当月牙纹钢筋直径 $d ≥ 25$ mm 时，其搭接长度按表中数值增加 5d 采用；
　　④ 当螺纹钢筋直径 $d ≤ 25$ mm 时，其搭接长度按表中数值减小 5d 采用；
　　⑤ 当混凝土在凝固过程中易受扰动时（如滑模施工），搭接长度宜适量增加；
　　⑥ 有抗震要求时，对 HPB235 级钢筋相应增加 10d，HRB335 级钢筋相应增加 5d。

4.2.4　钢筋的配料和代换

1. 钢筋的配料

钢筋加工前应根据图纸按不同构件先编制配料单，然后备料加工，配料应有顺序地进行。配料单应包括简图、直径、钢号、下料长度、总重量。

1）下料长度的计算

钢筋弯曲或弯钩后，中心线长度并没有改变，但简图和设计图中的尺寸是根据外包尺寸（大于中心线长度）计算的，如果按外包尺寸下料，弯钩太长造成浪费，或钢筋尺寸大于要求造成保护层不够甚至钢筋尺寸大于模板尺寸，影响施工。外包尺寸和中心线长度之间的差值，称为"量度差值"，其大小与钢筋和弯心直径以及弯曲角度等因素有关。

钢筋直线下料长度可按下列公式计算：

$$钢筋直线下料长度 = 钢筋外包尺寸之和 - 弯曲量度差$$

$$箍筋下料长度 = 箍筋周长 + 箍筋调整值$$

（1）钢筋外包尺寸。

$$钢筋外包尺寸 = 构件外形尺寸 - 保护层厚度$$

（2）对于箍筋，工地有按内包尺寸和外包尺寸两种考虑：

按内包尺寸：下料长度 = 图示尺寸 + 量度差值（能保证混凝土保护层厚度）

按外包尺寸：下料长度 = 图示尺寸 – 量度差值

构件中的钢筋，需根据设计图纸准确地下料（即切断），再加工成各种形状。为此，必须了解各种构件的混凝土保护层厚度及钢筋弯曲、搭接、弯钩等有关规定，采用正确的计算方法，按图中尺寸计算出实际下料长度。

2）弯曲量度差

钢筋弯曲成各种角度的圆弧形状时，其轴线长度不变，但内皮收缩、外皮延伸。而钢筋的量度方法是沿直线量取其外包尺寸，因此弯曲钢筋的量度尺寸大于轴线尺寸（即大于下料尺寸），两者之间的差值称为弯曲量度差。

（1）弯曲 180°时（图 4.33（a），弯心直径 $D = 2.5d$，外包标注）。

起弯点 A 到平直段末端：$8.5d$；

起弯点到弯曲弧顶：$2.25d$；

量度差值：$6.25d$。

（2）弯曲 90°时（图 4.33（b），弯心直径 $D = 2.5d$，外包标注）。

外包尺寸：$2(D/2 + d) = 2(2.5d/2 + d) = 4.5d$；

中心线尺寸：$(D + d)\pi/4 = (2.5d + d)\pi/4 = 2.75d$；

量度差：$4.5d - 2.75d = 1.75d$。

（3）弯曲 45°时（图 4.33（c），弯心直径 $D = 2.5d$，外包标注）。

外包尺寸：$2(D/2 + d)\tan(45°/2) = 2(2.5d + d)\tan(45°/2) = 1.86d$；

中心线尺寸：$\pi(D + d)45°/360° = \pi(2.5d + d)45°/360° = 1.37d$；

量度差：$1.86d - 1.37d = 0.49d$。

若 $D = 4d$ 时，则量度差为 $0.52d$。

（4）弯曲角为 α 时，弯心直径 D。

外包尺寸：$2(D/2 + d)\tan(\alpha/2)$；

中心线尺寸：$(D + d)\pi\alpha/360°$；

量度差：$2(D/2 + d)\tan(\alpha/2) - (D + d)\pi\alpha/360°$。

（a）半圆弯钩

（b）直弯钩

（c）斜弯钩

图 4.33　钢筋弯钩计算

根据上述理论推算并结合实际工程经验，弯曲量度差可按表 4.15 取值。

表 4.15　半圆弯钩增加长度参考值 　　　　　　　　　　　mm

钢筋直径 d	≤6	8～10	12～18	20～28	32～36
弯钩增加长度	40	6d	5.5d	5d	4.5d

3）箍筋调整值

箍筋调整值即弯钩增加长度和弯曲量度差两项之差或和，应根据量度得到的箍筋外包尺寸或内皮尺寸计算，实际工程可参考表 4.16 计算。

表 4.16　　箍筋调整值　　　　　　　　　　　　　　　　　mm

箍筋量度方法	箍筋直径			
	4~5	6	8	10~12
量外包尺寸	40	50	60	70
量内包尺寸	80	100	120	150~170

4）保护层厚度

受力钢筋的混凝土保护层厚度，应符合设计要求；当设计无具体要求时，不应小于受力钢筋直径，并应符合表 4.17 的规定。

表 4.17　纵向受力钢筋的混凝土保护层最小厚度　　　　　　　mm

环境与条件	构件名称	混凝土强度等级		
		≤C20	C25~C45	≤C50
室内正常环境	板、墙、壳	20	15	15
	梁	30	25	25
	柱	30	30	30
露天或室内潮湿环境	板、墙、壳	—	20	20
	梁	—	30	30
	柱	—	30	30
有垫层	基础	40		
无垫层		70		

2. 钢筋配料单与料牌

1）钢筋配料单

钢筋配料单是根据设计图中各构件钢筋的品种、规格、外形尺寸及数量进行编号，计算下料长度，并用表格形式表达出来的单子。钢筋配料单是钢筋加工的依据，也是提出材料计划、签发任务单和限额领料单的依据。合理的配料，不但能节约钢材，还能使施工操作简化。编制钢筋配料单时，首先按各编号钢筋的形状和规格计算下料长度，并根据根数计算出每一编号钢材的总长度；然后再汇总各规格钢材的总长度，算出其总质量。当需要成型的钢筋很长，尚需配有接头时，应根据原材料供应情况和接头形式来考虑钢筋接头的布置，并在计算下料长度时加上接头所需的长度。

钢筋配料单的具体编制步骤为：熟悉图纸（构件配筋表）→绘制钢筋简图→计算每种规格钢筋的下料长度→填写和编制钢筋配料单→填写钢筋料牌。

2）钢筋料牌

在钢筋工程施工中，仅有钢筋配料单还不能作为钢筋加工与绑扎的依据，还要对每一编号的钢筋制作一块料牌。料牌可用 100 mm×70 mm 的薄木板或纤维板等制成。料牌在钢筋加工的各过程中依次传递，最后系在加工好的钢筋上作为标志。施工中必须按料牌严格校核，准确无误，以免返工浪费。

3. 钢筋的代换

在施工过程中，钢筋的品种、级别或规格必须按设计要求采用，但往往由于钢筋供应不及时，其品种、级别或规格不能满足设计要求，此时为确保施工质量和进度，常需对钢筋进行变更代换。

1）代换原则和方法

（1）当结构构件配筋受强度控制时，钢筋可按强度相等的原则代换。计算方法如下：

$$A_{s1}f_{y1} \leqslant A_{s2}f_{y2}$$

即
$$n_1 d_1^2 f_{y1} \leqslant n_2 d_2^2 f_{y2}$$

$$n_2 \geqslant \frac{n_1 d_1^2 f_{y2}}{d_2^2 f_{y2}} \tag{4-3}$$

式中　　d_1、n_1、f_{y1}——原设计钢筋的直径、根数和设计强度；

　　　　d_2、n_2、f_{y2}——拟代换钢筋的直径、根数和设计强度。

（2）当构件按最小配筋率配筋时，钢筋可按面积相等的原则代换：

$$A_{s1} = A_{s2} \tag{4-4}$$

式中　　A_{s1}——原设计钢筋的计算面积；

　　　　A_{s2}——拟代换钢筋的计算面积。

（3）当结构构件受裂缝宽度或挠度控制时，代换后应进行裂缝宽度或挠度验算。

缺乏设计要求的钢筋品种和规格，经设计单位同意，可代换。

2）代换注意事项

钢筋代换时，应办理设计变更文件，并应符合下列规定：

（1）重要受力构件（如吊车梁、薄腹梁、桁架下弦等）不宜用 HPB235 钢筋代换变形钢筋，以免裂缝开展过大。

（2）钢筋代换后，应满足混凝土结构设计规范中所规定的钢筋间距、锚固长度、最小钢筋直径、根数等配筋构造要求。

（3）梁的纵向受力钢筋与弯起钢筋应分别代换，以保证正截面与斜截面强度。

（4）有抗震要求的梁、柱和框架，不宜以强度等级较高的钢筋代换原设计中的钢筋；如必须代换时，其代换的钢筋检验所得的实际强度，尚应符合抗震钢筋的要求。

（5）预制构件的吊环，必须采用未经冷拉的 HPB235 钢筋制作，严禁以其他钢筋代换。

（6）当构件受裂缝宽度或挠度控制时，钢筋代换后应进行刚度、裂缝验算；如以小直径钢筋代换大直径钢筋或强度等级低的钢筋代换强度等级高的钢筋，则可不作裂缝宽度验算。

在钢筋代换后，有时由于受力钢筋直径加大或根数增多，而需要增加钢筋的排数，则构件截面的有效高度 h_0 之值会减小，截面强度降低，此时需复核截面强度。

4.2.5　钢筋的绑扎与安装

钢筋绑扎用 20#～22# 铁丝或镀锌铁丝，过硬时可退火。搭接长度应符合要求，受压钢筋搭接长度为 0.85 倍锚固长度。搭接钢筋面积：搭接区段（$1.3L_d$）内，受拉区不超过 25%，受压区不超过 50%。绑扎搭接应在首、中、尾各绑扎一道。

钢筋绑扎前，应做好各项准备工作。首先须核对钢筋的钢号、直径、形状、尺寸及数量是否与配料单和钢筋加工料牌相符，如有错漏，应纠正增补；准备好钢筋绑扎用的铁丝，一般采用 20#～22# 铁丝；还需准备好控制混凝土保护层用的水泥砂浆垫块或塑料卡。为保证钢筋位置的准确性，绑扎前应画出钢筋的位置线，基础钢筋可在混凝土垫层上准确弹放钢筋位置线，板和墙的钢筋可在模板上画线，柱和梁的箍筋应在纵筋上画线。各种构件钢筋绑扎的施工要点如下：

双向受力的墙、板外围钢筋交点每点绑扎，其余梅花形绑扎；梁、柱内箍筋与主筋相交处应每点绑扎，箍筋弯钩应错开；相邻绑扎点的扎丝应相互垂直，避免顺风。

钢筋保护层和上下双层钢筋可垫混凝土块、短钢筋，应布置成梅花形，间距不大于 1 m。

第 4 章　钢筋混凝土工程

1. 钢筋的现场绑扎

1）基础钢筋绑扎

（1）基础钢筋网绑扎时，四周两行钢筋交叉点应每点扎牢，中间部分交叉点可相隔交错绑扎，但必须保证受力钢筋不产生位移。双向主筋的钢筋网，则须将全部钢筋相交点扎牢。绑扎时应注意相邻绑扎点的钢丝扣要成八字形，以免网片歪斜变形。

（2）基础底板采用双层钢筋网时，在上层钢筋网下面应设置钢筋撑脚或混凝土撑脚，每隔 1 m 放置一个，以保证钢筋位置的正确。

（3）钢筋的弯钩应朝上，不要倒向一边；但双层钢筋网的上层钢筋弯钩应朝下。

（4）独立柱基为双向钢筋时，其底面短边的钢筋应放在长边钢筋的下面。

（5）现浇柱与基础连接用的插筋一定要固定牢靠、位置准确，以免造成柱轴线偏移。

（6）基础中纵向受力钢筋的混凝土保护层厚度应按设计要求，且不应小于 40 mm；当无混凝土垫层时不应小于 70 mm。

2）柱钢筋绑扎

（1）柱钢筋的绑扎，应在模板安装前进行。

（2）箍筋的接头（弯钩叠合处）应交错布置在柱四角纵向钢筋上，箍筋转角与纵向钢筋交叉点均应扎牢，箍筋平直部分与纵向钢筋交叉点可间隔扎牢，绑扎箍筋时扣相互间应成八字形。

（3）柱中竖向钢筋采用搭接连接时，角部钢筋的弯钩（指 HPB235 级钢筋）应与模板成 45°（多边形柱为模板内角的平分角，圆形柱应与模板切线垂直），中间钢筋的弯钩应与模板成 90°。如果用插入式振捣器浇筑小型截面柱时，弯钩与模板的角度不得小于 15°。

（4）柱中竖向钢筋采用搭接连接时，下层柱的钢筋露出楼面部分，宜用工具式柱箍将其收进一个柱筋直径，以利上层柱的钢筋搭接。当柱截面有变化时，其下层柱钢筋的露出部分，必须在绑扎梁的钢筋之前，先行收缩准确。

（5）框架梁、牛腿及柱帽等钢筋，应放在柱的纵向钢筋内侧。

3）梁、板钢筋绑扎

（1）当梁的高度较小时，梁的钢筋可架空在梁顶模板上绑扎，然后再下落就位；当梁的高度较大（≥1.0 m）时，梁的钢筋宜在梁底模板上绑扎，然后再安装梁两侧或一侧模板。板的钢筋在梁的钢筋绑扎后进行。

（2）梁纵向受力钢筋采用双层排列时，两排钢筋之间应垫以直径≥25 mm 的短钢筋，以保持其设计距离。箍筋的接头（弯钩叠合处）应交错布置在两根架立钢筋上，其余同柱。

（3）板的钢筋网绑扎与基础相同，但应特别注意板上部的负弯矩钢筋位置，防止被踩下；尤其是雨篷、挑檐、阳台等悬臂板，要严格控制负筋的位置，以免拆模后断裂。绑扎负筋时，可在钢筋网下面设置钢筋撑脚或混凝土撑脚，间隔 1 m 放置一个，以保证钢筋位置的正确。

（4）板、次梁与主梁交叉处，板的钢筋在上，次梁的钢筋居中，主梁的钢筋在下；当有圈梁或垫梁时，主梁的钢筋在上。

（5）框架节点处钢筋穿插十分稠密时，应特别注意梁顶面纵筋之间至少保持 30 mm 的净距，以利于混凝土的浇筑。

（6）梁板钢筋绑扎时，应防止水电管线影响钢筋的位置。

现浇板负弯矩筋设置铁码。

4）墙钢筋绑扎

（1）墙钢筋的绑扎，也应在模板安装前进行。

（2）墙的钢筋，可在基础钢筋绑扎之后浇筑混凝土前插入基础内。

（3）墙的钢筋网绑扎与基础相同，钢筋的弯钩应朝向混凝土内。

（4）墙采用双层钢筋网时，在两层钢筋网间应设置撑铁或绑扎架，以固定钢筋的间距。撑铁可用直径 6～10 mm 的钢筋制成，长度等于两层网片的净距，其间距约为 1 m，相互错开排列。

在钢筋混凝土结构中，钢筋工程的施工质量对结构的质量起着关键性的作用，而钢筋工程又属于隐蔽工程，当混凝土浇筑后，就无法检查钢筋的质量。所以，从钢筋原材料的进场验收，到一系列的钢筋加工和连接，直至最后的绑扎就位，都必须进行严格的质量控制，才能确保整个结构的质量。

2. 钢筋网片、骨架的制作与安装

为了加快施工速度，常常把单根钢筋预先绑扎或焊接成钢筋网片或骨架，再运至现场安装。

钢筋网片和钢筋骨架的制作，应根据结构的配筋特点及起重运输能力来分段，一般绑扎钢筋网片的分块面积为 6～20 m²，焊接钢筋网片的每捆重量不超过 2 t；钢筋骨架分段长度为 6～12 m。为了防止绑扎钢筋网片、骨架在运输过程中发生歪斜变形，应采用加固钢筋进行临时加固。钢筋网片和骨架的吊点应根据其尺寸、重量、刚度来确定，宽度大于 1 m 的水平钢筋网片宜采用 4 点起吊；跨度小于 6 m 的钢筋骨架采用两点起吊；跨度大、刚度差的钢筋骨架应采用横吊梁 4 点起吊。

在钢筋网片和骨架安装时，对于绑扎钢筋网片、骨架，交接处的做法与钢筋的现场绑扎相同。当两张焊接钢筋网片搭接时，搭接区中心及两端应用铁丝扎牢，附加钢筋与焊接网连接的每个接点处均应绑扎牢固。

4.2.6　钢筋工程的质量要求

1. 钢筋加工的质量要求

（1）加工前应对所采用的钢筋进行外观检查。钢筋应无损伤，表面不得有裂纹、油污、颗粒状或片状老锈。

（2）钢筋调直宜采用机械方法，也可采用冷拉方法。当采用冷拉方法调直钢筋时，HPB235 级钢筋的冷拉率不宜大于 4%；HRB335 级、HRB400 级和 RRB400 级钢筋的冷拉率不宜大于 1%。

（3）受力钢筋的弯钩和弯折应符合下列规定：

① HPB235 级钢筋末端应做 180°弯钩，其弯弧内直径不应小于钢筋直径的 2.5 倍，弯钩的弯后平直部分长度不应小于钢筋直径的 3 倍。

② 当设计要求钢筋末端需做 135°弯钩时，HRB335 级、HRB400 级钢筋的弯弧内直径不应小于钢筋直径的 4 倍，弯钩的弯后平直部分长度应符合设计要求。

③ 钢筋作不大于 90°的弯折时，弯折处的弯弧内直径不应小于钢筋直径的 5 倍。

（4）除焊接封闭环式箍筋外，箍筋的末端应做弯钩，弯钩形式应符合设计要求。当设计无具体要求时，应符合下列规定：

① 箍筋弯钩的弯弧内直径除应满足上述第（3）条的规定外，还应不小于受力钢筋直径。

② 箍筋弯钩的弯折角度：对一般结构，不应小于 90°；对有抗震等要求的结构，应为 135°。

③ 箍筋弯后平直部分长度：对一般结构，不宜小于箍筋直径的 5 倍；对有抗震等要求的结构，不应小于箍筋直径的 10 倍。

（5）钢筋加工的形状、尺寸应符合设计要求，其偏差应符合表 4.18 的规定。

表 4.18　钢筋加工的允许偏差　　　　　　　　　　　　　　　　　mm

项　　　目	允许偏差
受力钢筋顺长度方向全长的净尺寸	±10
弯起钢筋的弯折位置	±20
箍筋内净尺寸	±5

2. 钢筋连接的质量要求

（1）纵向受力钢筋的连接方式应符合设计要求。

（2）在施工现场，应按国家现行标准的规定抽取钢筋机械连接接头、焊接接头试件做力学性能检验，其质量应符合有关规程的规定；并应按国家现行标准的规定对接头的外观进行检查，其质量应符合有关规程的规定。

（3）钢筋的接头宜设置在受力较小处。同一纵向受力钢筋不宜设置两个或两个以上的接头；接头末端至钢筋弯起点的距离不应小于钢筋直径的 10 倍。

（4）当受力钢筋采用机械连接接头或焊接接头时，设置在同一构件内的接头宜相互错开。纵向受力钢筋机械连接接头及焊接接头连接区段的长度为 $35d$（d 为纵向受力钢筋的较大直径）且不小于 500 mm，同一连接区段内，纵向受力钢筋的接头面积百分率应符合设计要求。当设计无具体要求时，应符合下列规定：在受拉区不宜大于 50%；接头不宜设置在有抗震设防要求的框架梁端、柱端的箍筋加密区；当无法避开时，对等强度高质量机械连接接头，不应大于 50%；在直接承受动力荷载的结构构件中，不宜采用焊接接头；当采用机械连接接头时，不应大于 50%。

（5）同一构件中相邻纵向受力钢筋的绑扎搭接接头宜相互错开。绑扎搭接接头中钢筋的横向净距不应小于钢筋直径，且不宜小于 25 mm。钢筋绑扎搭接接头连接区段的长度为 $1.3L$（L 为搭接长度）。在同一连接区段内，纵向受拉钢筋搭接接头面积百分率应符合设计要求。当设计无具体要求时，应符合以下规定：对梁类、板类及墙类构件，不宜大于 25%；对柱类构件，不宜大于 50%；当工程中确有必要增大接头面积百分率时，对梁类构件，不应大于 50%，对其他构件，可根据实际情况放宽。

（6）在梁、柱类构件的纵向受力钢筋搭接长度范围内，应按设计要求配置箍筋。当无设计要求时，应符合下列规定：箍筋直径不应小于搭接钢筋较大直径的 0.25 倍；受拉搭接区段的箍筋间距不应大于搭接钢筋较小直径的 5 倍，且不应大于 100 mm；受压搭接区段的箍筋间距不应大于搭接钢筋较小直径的 10 倍，且不应大于 200 mm；当柱中纵向受力钢筋直径大于 25 mm 时，应在搭接接头两个端面外 100 mm 范围内各设置两个箍筋，其间距宜为 50 mm。

3. 钢筋安装的质量要求

钢筋安装时，受力钢筋的品种、级别、规格和数量必须符合设计要求。应进行全数检查，检查方法为观察和用钢尺检查。安装位置的偏差应符合表 4.19 的规定。

表 4.19　钢筋安装位置的允许偏差和检验方法

项　目			允许偏差/mm	检验方法
绑扎钢筋网	长、宽		±10	钢尺检查
	网眼尺寸		±20	钢尺量连续三档，取最大值
绑扎钢筋骨架	长		±10	钢尺检查
	宽、高		±5	钢尺检查
受力钢筋	间距		±10	钢尺量两端、中间个一点，取最大值
	排距		±5	
	保护层厚度	基础	±10	钢尺检查
		柱、梁	±5	钢尺检查
		板、墙、壳	±3	钢尺检查
绑扎钢筋、横向钢筋间距			±20	钢尺量连续三档，取最大值
钢筋弯起点位置			20	钢尺检查
预埋件	中心线位置		5	钢尺检查
	水平高差		+3.0	钢尺和塞尺检查

注：① 检查预埋件中心线位置时，应沿纵横两个方向量测，并取其中较大值。
　　② 表中梁、板类构件上部纵向受力钢筋保护层厚度的合格率应达到 90%，且不得有超过表中数值 1.5 倍的尺寸偏差。

4.3 混凝土工程

混凝土工程包括配料、搅拌、运输、浇捣、养护等过程。在整个工艺过程中，各工序紧密联系又相互影响，若对其中任一工序处理不当，都会影响混凝土工程的最终质量。对混凝土的质量要求，不但要具有正确的外形尺寸，而且要获得良好的强度、密实性、均匀性和整体性。因此，在施工中应对每一个环节采取合理的措施，以确保混凝土工程的质量。

4.3.1 有关原材料的要求

工业与民用建筑的混凝土结构，应采用普通混凝土（密度 1 950～2 500 kg/m³）或者轻骨料混凝土（轻粗、细骨料，密度小于 1 950 kg/m³），组成混凝土的原材料包括水泥、砂、石、水、掺和料和外加剂。

1. 水 泥

常用的水泥品种有硅酸盐水泥、普通硅酸盐水泥、矿渣硅酸盐水泥、火山灰质硅酸盐水泥、粉煤灰硅酸盐水泥等 5 种；某些特殊条件下也可采用其他品种水泥，但水泥的性能指标必须符合现行国家有关标准的规定。水泥的品种和成分不同，其凝结时间、早期强度、水化热、吸水性和抗侵蚀的性能等也不相同，所以应合理地选择水泥品种。

水泥进场时应对其品种、级别、包装或散装仓号、出厂日期等进行检查，并应对其强度、安定性及其他必要的性能指标进行复验，其质量必须符合现行国家标准的规定。当在使用中对水泥质量有怀疑或水泥出厂超过两个月（快硬硅酸盐水泥超过一个月）时，应进行复验，并按复验结果使用。在钢筋混凝土结构、预应力混凝土结构中，严禁使用含氯化物的水泥。

入库的水泥应按品种、强度等级、出厂日期分别堆放，并树立标志，做到先到先用，并防止混掺使用。为了防止水泥受潮，现场仓库应尽量密闭。袋装水泥存放时，应垫起离地约 30 cm 高，离墙间距亦应在 30 cm 以上，堆放高度一般不要超过 10 包。露天临时暂存的水泥也应用防雨篷布盖严，底板要垫高，并采取防潮措施。

2. 骨 料

粗骨料最大粒径不得超过结构截面最小尺寸的 1/4 和钢筋最小间距的 3/4；混凝土实心板不得超过板厚的 1/2，且不得超过 50 mm。骨料按品种、规格分类堆放，不得混杂，严禁混入煅烧过的白云石或石灰块。

混凝土中所用细骨料一般为砂，根据其平均粒径或细度模数可分为粗砂、中砂、细砂和特细砂 4 种。混凝土用砂一般以细度模数为 2.5～3.5 的中、粗砂最为合适，孔隙率不宜超过 45%，因为砂越细，其总表面积就越大，需包裹砂粒表面和润滑砂粒用的水泥浆用量就越多；而孔隙率越大，所需填充孔隙的水泥浆用量也会增多，这不仅将增加水泥用量，而且较大的孔隙率也将影响混凝土的强度和耐久性。为了保证混凝土有良好的技术性能，砂的颗粒级配、含泥量、坚固性、有害物质含量等方面性质必须满足国家有关标准的规定，其中对砂中有害杂质含量的限制如表 4.20 所示。此外，如果怀疑砂中含有活性二氧化硅，可能会引起混凝土的碱-骨料反应时，应根据混凝土结构或构件的使用条件进行专门试验，以确定其是否可用。

混凝土中常用的粗骨料有碎石或卵石。由天然岩石或卵石经破碎、筛分而得的粒径大于 5 mm 的岩石颗粒，称为碎石；由自然条件作用而形成的粒径大于 5 mm 的岩石颗粒，称为卵石。

表 4.20　砂的质量要求

项　目	≥C30 混凝土	<C30 混凝土
含泥量，按质量计/%	≤3.0	≤5.0
泥块含量，按质量计/%	≤1.0	≤2.0
云母含量，按质量计/%	≤2.0	
轻物质含量，按质量计/%	≤1.0	
硫化物和硫酸盐含量，按质量计（折算为 SO_3）/%	≤1.0	
有机质含量（用比色法试验）	颜色不应深于标准色，如深于标准色，则应配制成水泥胶砂进行强度对比试验，抗压强度比不应低于 0.95	

石子的级配和最大粒径对混凝土质量影响较大。级配越好，其孔隙率越小，这样不仅能节约水泥，混凝土的和易性、密实性和强度也较高，所以碎石或卵石的颗粒级配应符合规范的要求。在级配合适的条件下，石子的最大粒径越大，其总表面积就越小，这对节省水泥和提高混凝土的强度都有好处。但由于受到结构断面、钢筋间距及施工条件的限制，选择石子的最大粒径应符合下述规定：石子的最大粒径不得超过结构截面最小尺寸的 1/4，且不得超过钢筋最小净间距的 3/4；对实心板，最大粒径不宜超过板厚的 1/3，且不得超过 40 mm；在任何情况下，石子粒径不得大于 150 mm。故在一般桥梁墩、台等大断面工程中常采用直径为 120 mm 的石子，而在建筑工程中常采用直径为 80 mm 或 40 mm 的石子。

石子的质量要求如表 4.21 所示。当怀疑石子中因含有活性二氧化硅而可能引起碱-骨料反应时，必须根据混凝土结构或构件的使用条件进行专门试验，以确定是否可用。

表 4.21　石子的质量要求

项　目	≥C30 混凝土	<C30 混凝土
针、片状颗粒含量，按质量计/%	<15	≤25
含泥量，按质量计/%	≤13.0	≤2.0
泥块含量，按质量计/%	≤0.5	≤0.7
硫化物和硫酸盐含量，按质量计（折算为 SO_3）/%	≤1.0	
卵石中有机质含量（用比色法试验）	颜色不应深于标准色，如深于标准色，则应配制成水泥胶砂进行强度对比试验，抗压强度比不应低于 0.95	

3. 水

拌制混凝土宜采用饮用水，采用其他来源水时必须符合现行国标《混凝土用水标准》（JGJ 63—2006）的规定。钢筋混凝土和预应力混凝土均不得用海水。

4. 外加剂

外加剂必须符合有关国家标准的规定，其品种和掺量应通过试验确定。蒸汽养护的混凝土和预应力混凝土中不宜掺引气剂或引气减水剂。掺用含氯盐的外加剂时，限制较大，应符合《混凝土结构工程施工质量验收规范》（GB 50204—2010）的规定。

为了改善混凝土的性能，以适应新结构、新技术发展的需要，目前广泛采用在混凝土中掺外加剂的办法。外加剂的种类繁多，按其主要功能可归纳为四类：一是改善混凝土流变性能的外加剂，如减水剂、引气剂和泵送剂等；二是调节混凝土凝结、硬化时间的外加剂，如早强剂、速凝剂、缓凝剂等；三是改善混凝土耐久性能的外加利，如引气剂、防冻剂和阻锈剂；四是改善混凝土其他性能的外加剂，如膨胀剂等。商品外加剂往往是兼有几种功能的复合型外加剂。现将常用外加剂及使用要求介绍如下。

1）常用外加剂

（1）减水剂。减水剂是一种表面活性材料，加入混凝土中能对水泥颗粒起扩散作用，把水泥凝胶体中所包含的游离水释放出来。掺入减水剂后可保证混凝土在工作性能不变的情况下显著减少拌和用水量，降低水灰比，提高其强度或节约水泥；若不减少用水量，则能增加混凝土的流动性，改善其和易性。减水剂适用于各种现浇和预制混凝土，多用于大体积和泵送混凝土。

（2）引气剂。引气剂能在混凝土搅拌过程中引入大量封闭的微小气泡，可增加水泥浆体积，减小与砂石之间的摩擦力并切断与外界相通的毛细孔道，因而可改善混凝土的和易性，并能显著提高其抗渗性、抗冻性和抗化学侵蚀能力。但混凝土的强度一般随含气量的增加而下降，使用时应严格控制掺量。引气剂适用于水工结构，而不宜用于蒸养混凝土和预应力混凝土。

（3）泵送剂。泵送剂是流变类外加剂中的一种，它除了能大大提高混凝土的流动性以外，还能使新拌混凝土在 6~8 min 时间内保持其流动性，从而使拌和物顺利地通过泵送管道，不阻塞、不离析且可塑性良好。泵送剂适用于各种需要采用泵送工艺的混凝土。

（4）早强剂。早强剂可加速混凝土的硬化过程，提高其早期强度，且对后期强度无显著影响，因而可加速模板周转、加快工程进度、节约冬期施工费用。早强剂适用于蒸养混凝土和常温、低温及最低温度不低于 −5 ℃ 环境中的有早强或防冻要求的混凝土工程。

（5）速凝剂。速凝剂能使混凝土或砂浆迅速凝结硬化，其作用与早强剂有所区别，它可使水泥在 2~5 min 内初凝，10 min 内终凝，并提高其早期强度、抗渗性、抗冻性，黏结能力也有所提高，但 7 d 以后强度则较不掺者低。速凝剂用于喷射混凝土或砂浆、堵漏抢险等工程。

（6）缓凝剂。缓凝剂能延缓混凝土的凝结时间，使其在较长时间内保持良好的和易性，或延长水化热放热时间，并对其后期强度的发展无明显影响。缓凝剂广泛应用于大体积混凝土、炎热气候条件下施工的混凝土以及需较长时间停放或长距离运输的混凝土。缓凝剂多与减水剂复合应用，可减小混凝土收缩，提高其密实性，改善耐久性。

（7）防冻剂。防冻剂能显著降低混凝土的冰点，使混凝土在一定负温度范围内，保持水分不冻结，并促使其凝结、硬化剂，在一定时间内获得预期的强度。防冻剂适用于负温条件下施工的混凝土。

（8）阻锈剂。阻锈剂能抑制或减轻混凝土中钢筋或其他预埋金属的锈蚀，也称缓蚀剂。阻锈剂适用于有以氯离子为主的腐蚀性环境中（海洋及沿海、盐碱地的结构），或使用环境中遭受腐蚀性气体或盐类作用的结构。此外，施工中掺有氯盐等可腐蚀钢筋的防冻剂时，往往同时使用阻锈剂。

（9）膨胀剂。膨胀剂能使混凝土在硬化过程中，体积非但不收缩，且有一定程度的膨胀。其适用范围有：补偿收缩混凝土（地下、水中的构筑物，大体积混凝土，屋面与浴厕间防水、渗漏修补等），填充用膨胀混凝土（结构后浇缝、梁柱接头等）和填充用膨胀砂浆（设备底座灌浆，构件补强、加固等）。

2）外加剂使用要求

在选择外加剂的品种时，应根据使用外加剂的主要目的，通过技术经济比较确定。外加剂的掺量，应按其品种并根据使用要求、施工条件、混凝土原材料等因素通过试验确定，该掺量应以水泥重量的百分率表示，称量误差不应超过 2%。此外，有关规范还规定：混凝土中掺用外加剂的质量及应用技术应符合现行国家标准和有关环境保护的规定。在预应力混凝土结构中，严禁使用含氯化物的外加剂。在钢筋混凝土结构中，当使用含氯化物的外加剂时，混凝土中氯化物的总含量应符合现行国家标准的规定。混凝土中氯化物和碱的总含量应符合现行国家标准和设计要求。

5. 矿物掺和料

矿物掺和料也是混凝土的主要组成材料，它是指以氧化硅、氧化铝为主要成分，且掺量不小于 5% 的具有火山灰活性的粉体材料。它在混凝土中可以替代部分水泥，起着改善传统混凝土性能的作用，某些矿物细掺和料还能起到抑制碱-骨料反应的作用。常用的掺和料有粉煤灰、磨细矿渣、沸石粉、硅粉及复合矿物等。混凝土中掺用矿物掺和料的质量应符合现行国家标准的有关规定，其掺量应通过试验确定。

4.3.2　混凝土的制备强度

混凝土的施工配合比，应保证混凝土强度等级及和易性，并应符合合理使用材料、节约水泥的原则。必要时，还应符合抗冻性、抗渗性等要求。

为了使混凝土达到设计要求的强度等级，并满足抗渗性、抗冻性等耐久性要求，同时还要满足施工操作对混凝土拌和物和易性的要求，施工中必须执行混凝土的设计配合比。由于组成混凝土的各种原材料直接影响到混凝土的质量，必须对原材料加以控制，而各种材料的温度、湿度和体积又经常在变化，同体积的材料有时重量相差很大，所以拌制混凝土的配合比应按重量计量，才能保证配合比准确、合理，使拌制的混凝土质量达到要求。

1. 原材料的计量

原材料的计量是混凝土拌制过程中的重要环节。只有保证混凝土计量的精确度，才能使所拌制的混凝土的强度、耐久性和工作性能满足设计和施工要求。

原材料的计量应以重量计，经常测定骨料中的含水率，以调整加水量；衡器应经常检验，保持准确，精度不应超过最大称量的 0.5%。

2. 混凝土配合比的确定

混凝土应按国家现行标准《普通混凝土配合比设计规程》（JGJ 55—2011）的有关规定，根据混凝土设计强度等级、耐久性和施工和易性等要求进行配合比设计，对有抗冻、抗渗等特殊要求的混凝土，其配合比设计尚应符合国家现行有关标准的专门规定。设计中还应考虑合理使用材料和经济的原则，并通过试配确定。

混凝土的施工配制强度可按下式确定：

$$f_{cu,0} \geqslant f_{cu,k} + 1.645\sigma \tag{4-5}$$

式中　$f_{cu,0}$——混凝土的施工配制强度（N/mm²）；

　　　$f_{cu,k}$——设计的混凝土立方体抗压强度标准值（N/mm²）；

　　　σ——施工单位的混凝土强度标准差（N/mm²）。

施工单位的混凝土强度标准差 σ 的取值，若施工单位具有近期同一品种混凝土强度的统计资料时，可按下式计算：

$$\sigma = \sqrt{\frac{\sum_{i=1}^{N} f_{cu,i}^2 - N \cdot \mu_{f_{cu}}^2}{N-1}} \tag{4-6}$$

式中　$f_{cu,i}$——统计周期内同一品种混凝土第 i 组试件的强度值（N/mm²）；

　　　$u_{f_{cu}}$——统计周期内同一品种混凝土 N 组试件强度的平均值（N/mm²）；

　　　N——统计周期内同一品种混凝土组试件的总组数，$N \geqslant 25$。

当混凝土的强度等级为 C20 或 C25 时，如计算得到的 $\sigma < 2.5\ N/mm^2$，则 $\sigma = 2.5\ N/mm^2$；当混凝土强度等级等于或高于 C30 时，如计算得到的 $\sigma < 3.0\ N/mm^2$，取 $\sigma = 3.0\ N/mm^2$。

施工单位无近期同一品种混凝土强度统计资料时，其强度标准差按表 4.22 选用。

表 4.22　混凝土强度标准差 σ 取值

混凝土强度等级	<C15	C20～C35	>C35
$\sigma/$（N/mm^2）	4.0	5.0	6.0

σ 反映了我国施工单位的混凝土施工技术和管理的平均水平，采用时可根据本单位情况作适当调整，混凝土的最大水灰比和最小水泥用量如表 4.23 所示。

表 4.23　混凝土的最大水灰比和最小水泥用量

混凝土所处的环境条件	最大水灰比		最小水泥用量/（kg/m^3）			
			普通混凝土		轻骨料混凝土	
	配筋	无筋	配筋	无筋	配筋	无筋
室内正常环境	0.65	不作规定	225	200	250	225
室内潮湿环境、非严寒和非寒冷地区的露天环境、与无侵蚀的水或土壤直接接触的环境	0.6	0.70	250	225	275	250
严寒和寒冷地区的露天环境、与无侵蚀的水或土壤直接接触的环境	0.55	0.55	275	250	300	275
使用除冰盐的环境、严寒和寒冷地区冬季水位变动的环境、滨海室外环境	0.50	0.50	300	275	325	300

注：① 表中的水灰比对轻骨料混凝土是指不包括轻骨料 1 h 吸水量在内的净用水量与水泥用量的比值；
　　② 当采用活性掺和料替代部分水泥时，表中最大水灰比和最小水泥用量为替代前的水灰比和水泥用量；
　　③ 当混凝土中加入活性掺和料或能提高耐久性的外加剂时，可适当降低最小水泥用量；
　　④ 寒冷地区系指最冷月份平均气温在 $-5 \sim -15$ ℃ 的地区，严寒地区系指最冷月份平均气温低于 -15 ℃ 的地区。

1）施工配合比的计算

混凝土的设计配合比是在实验室内根据完全干燥的砂、石材料确定的，但施工中使用的砂、石材料都含有一些水分，而且含水率随气候的改变而发生变化。所以，在拌制混凝土前应测定砂、石骨料的实际含水率，并根据测试结果将设计配合比换算为施工配合比：

$$1:S(1+w_s):G(1+w_g) \qquad (4-7)$$

1 kg 水泥需净加水量为：$\dfrac{w}{S}-S\cdot w_s-G\cdot w_g$。

2）施工配料

求出混凝土施工配合比后，还需根据工地现有搅拌机的出料容积计算出材料的每次投料量，并据此进行配制。

4.3.3　混凝土的拌制

混凝土的拌制过程分为原材料加工储存、原材料计量、混凝土的拌制。

在合理使用和节约原材料的原则下，好的混凝土既要满足硬化后具有设计要求的物理力学性能，也要在施工时具有良好的工作性（和易性）。因此，在拌制混凝土时，应注意原材料的选择和使用，严格控制原材料的计量精度，正确选择混凝土的搅拌制度，加强混凝土的拌制质量的检验，保证符合要求。

1. 混凝土搅拌的机理

混凝土搅拌的目的：将各种组成材料拌制成质地均匀、颜色一致、具备一定流动性的混凝土拌和物。

第4章 钢筋混凝土工程

为使混凝土均匀，设法使各组成颗粒和液滴都产生运动，使其运动轨迹相交，使每部分的颗粒扩散到其他成分中。

根据使颗粒运动方法的不同，普通混凝土搅拌机的搅拌机理有两种。

1）自落式扩散机理

将物料提升一定高度，自由落下，物料下落的时间、速度、落点和滚动距离各不相同，物料相互穿插、渗透、扩散，达到均匀混合的目的。自落式扩散机理又称重力扩散机理，其对应的搅拌机为自落式搅拌机。

2）强制式扩散机理

此机理即利用运动的叶片强迫物料颗粒朝各方向（环向、径向、竖向）运动，由于各颗粒的运动方向、速度不同，相互之间产生剪切滑移，以致相互穿插、扩散，使物料混合均匀。强制式扩散机理又称剪切扩散机理，其对应的搅拌机为强制式搅拌机。

2. 搅拌机的类型

根据搅拌机理的不同，搅拌机分为自落式搅拌机和强制式搅拌机。

搅拌机由搅拌筒、进料装置、卸料装置、传动装置、配水系统组成。搅拌机的容量分为出料容量、进料容量、几何容量。出料容量是指搅拌机每次可拌出的最大混凝土量；进料容量是指搅拌前搅拌筒能装的各种松散料的累积体积；几何容量是搅拌筒的几何容积。出料容量与进料容量的比值称为出料系数，一般为 0.6 ~ 0.7，取 0.67；进料容量与几何容量的比值称为利用系数，一般为 0.22 ~ 0.4。

混凝土搅拌机按其搅拌原理分为自落式搅拌机和强制式搅拌机两类；根据其构造的不同，又可分为若干种，如表 4.24 所示。自落式搅拌机主要是利用材料的重力机理进行工作，适用于搅拌塑性混凝土和低流动性混凝土；强制式搅拌机主要是利用剪切机理进行工作，适用于搅拌干硬性混凝土及轻骨料混凝土。

表 4.24　混凝土搅拌机类型

自落式	鼓筒式		
	双轴式	反转出料（JZ）	
		倾翻出料（JF）	
强制式	立轴式	涡桨式（JW）	
		行星式（JX）	定盘式
			盘转式
	卧轴式	单卧轴式（JD）	
		双卧轴式（JS）	

混凝土搅拌机一般是以出料容积标定其规格的，常用的有 250 L、350 L、500 L 型等。选择搅拌机型号时，要根据工程量大小、混凝土的坍落度要求和骨料尺寸等确定，既要满足技术上的要求，又要考虑经济效益和节约能源。

3. 搅拌制度

为了获得均匀优质的混凝土拌和物，除合理选择搅拌机的型号外，还必须正确地确定搅拌制度，包括搅拌机的转速、搅拌时间、装料容积及投料顺序等，其中搅拌机的转速已由生产厂家按其型号确定。

1）搅拌时间

搅拌时间即原材料全部投入搅拌筒起到开始卸料时所经历的时间。

为获得混合均匀、强度和工作性能都满足要求的混凝土所需的最短搅拌时间，称为最小搅拌时间，其取决于搅拌机的类型和容量、骨料的品种和粒径、对混凝土的工作性能要求等因素。混凝土的匀质性随搅拌时间延长而增加，但不能过长。

搅拌时间过长，混凝土匀质性无明显提高，混凝土强度增加很小，影响搅拌机的生产率，甚至由于水分蒸发和软弱骨料被长时间研磨而破碎变细，降低工作性，影响混凝土的质量。

若搅拌时间过短，混凝土拌和不均匀，其强度将降低；但若搅拌时间过长，不仅会降低生产效率，而且会使混凝土的和易性降低或产生分层离析现象。混凝土搅拌的最短时间可按表 4.25 采用。

表 4.25　混凝土搅拌的最短时间

混凝土坍落度/mm	搅拌机类型	搅拌机出料容积/L		
		<250	250 ~ 500	>500
≤30	强制式	60 s	90 s	120 s
	自落式	90 s	120 s	150 s
>30	强制式	60 s	60 s	90 s
	自落式	90 s	90 s	120 s

注：掺有外加剂时，搅拌时间应适当延长。

2）投料顺序

合理的投料顺序可提高搅拌质量、减少叶片和衬板的磨损、减少拌和物与搅拌筒的黏结、减少水泥飞扬、改善工作环境等。

在确定混凝土各种原材料的投料顺序时，应考虑如何保证混凝土的搅拌质量，减少混凝土的黏罐现象和水泥飞扬，减少机械磨损，降低能耗和提高劳动生产率等。目前采用的投料顺序有一次投料法和二次投料法。

（1）一次投料法：将原材料一起加入搅拌筒中进行搅拌。自落式搅拌机常用的顺序是：先砂（或石子），再水泥，然后石子（或砂），最后加水搅拌。

一次投料法是目前广泛使用的一种方法，即将材料按砂—水泥—石子的顺序投入搅拌筒内加水进行搅拌。这种投料顺序的优点是水泥位于砂石之间，进入搅拌筒时可减少水泥飞扬；同时，砂和水泥先进入搅拌筒形成砂浆，可缩短包裹石子的时间，也避免了水向石子表面聚集而产生的不良影响，可提高搅拌质量。该方法工艺简单，操作方便。

（2）二次投料法又可分为预拌水泥砂浆法和预拌水泥净浆法。

预拌水泥砂浆法：先将水泥、砂、水加入搅拌筒内充分搅拌，成为均匀的水泥砂浆后再加石子搅拌成均匀的混凝土。国内一般使用强制式搅拌机，搅拌砂浆 1 ~ 1.5 min 后，再加石子搅拌 1.5 min。国外是用双层搅拌机（复式搅拌机），上层搅拌水泥砂浆，送入下层与石子一起搅拌。

第 4 章　钢筋混凝土工程

预拌水泥净浆法：先将水泥和水充分搅拌成均匀的水泥净浆，再加砂、石子充分搅拌。国外使用的是高速搅拌机，对水泥净浆有活化作用。

二次投料法比一次投料法强度可提高 15%；强度相同的条件下，可节约水泥 15%～20%。

（3）水泥裹砂法（SEC 法）。该法搅拌的混凝土称为 SEC 混凝土，又称造壳混凝土。

程序：先将一定量的水加入砂，使其含水量到一定数值后再将石加入与湿砂拌匀，再投入水泥搅拌均匀，使砂石子表面形成一种低水灰比的水泥浆壳，此过程称为"成壳"，最后将剩余的水和外加剂加入，拌成混凝土，砂的含水率保持在 15%～25%。最后，SEC 法比一次投料法强度提高 20%～30%且混凝土不易产生离析，工作性好。

水泥裹砂法主要采取两项工艺措施：一是对砂子的表面湿度进行处理，控制在一定范围内；二是进行两次加水搅拌，第一次加水搅拌称为造壳搅拌，使砂周围形成黏着性很高的水泥糊包裹层；第二次加入水及石子，经搅拌后部分水泥浆便均匀地分散在已经被造壳的砂子及石子周围。国内外的试验结果表明：砂的表面湿度控制在 4%～6%，第一次搅拌加水量为总加水量的 20%～26%时，造壳混凝土的增强效果最佳。此外，增强效果与造壳搅拌时间也有密切关系，时间过短不能形成均匀的水泥浆壳，时间过长造壳的效果并不十分明显，强度并无较大提高，因而以 45～75 s 为宜。

3）进料容量

将搅拌前各种材料的体积累积起来的容量，又称进料容量。超过进料容量 10%以上，就会使材料在搅拌筒内无充分的空间进行掺和，影响混凝土拌和物的均匀性。反之，如装料过少，则又不能充分发挥搅拌机的效能。

预拌（商品）混凝土能保证混凝土的质量，节约材料，减少施工临时用地，实现文明施工，是今后的发展方向，国内一些大中城市已推广应用，不少城市已有相当的规模，有的城市已规定在一定范围内必须采用商品混凝土，不得现场拌制。

搅拌机的装料容积指搅拌一罐混凝土所需各种原材料松散体积的总和。为了保证混凝土得到充分拌和，装料容积通常只为搅拌机几何容积的 1/3～1/2。一次搅拌好的混凝土拌和物体积称为出料容积，约为装料容积的 0.5～0.75（又称出料系数）。如 J1-400 型自落式搅拌机，其装料容积为 400 L，出料容积为 260 L。搅拌机不宜超载，若超过装料容积的 10%，就会影响混凝土拌和物的均匀性；反之，装料过少又不能充分发挥搅拌机的功能，也影响生产效率。所以，在搅拌前应确定每盘混凝土中各种材料的投料量。

4.3.4　混凝土的运输

1. 对混凝土运输的要求

混凝土自搅拌机中卸出后，应及时运至浇筑地点。为了保证混凝土工程的质量，运输的基本要求是：

（1）混凝土运输过程中要能保持良好的均匀性，不分层、不离析、不漏浆。

（2）保证混凝土浇筑时具有规定的坍落度。

（3）保证混凝土在初凝前有充分的时间进行浇筑并捣实完毕。

（4）保证混凝土浇筑工作能连续进行。

（5）转送混凝土时，应注意使拌和物能直接对正倒入装料运输工具的中心部位，以免骨料离析。

2. 混凝土的运输工具

运输工具的要求是：不吸水、不漏浆。

混凝土运输分为地面水平运输、垂直运输和高空水平运输三种方式。地面水平运输常用的工具有双轮手推车、机动翻斗车、混凝土搅拌运输车和自卸汽车。当混凝土需要量较大、运距较远或使用商品混凝土时，多采用混凝土搅拌运输车和自卸汽车。混凝土搅拌运输车如图4.34所示。它是将锥形倾翻出料式搅拌机装在载重汽车的底盘上，可以在运送混凝土的途中继续搅拌，以防止在运距较远的情况下混凝土产生分层离析现象；在运输距离很长时，还可将配好的混凝土干料装入筒内，在运输途中加水搅拌，这样能减少由于长途运输而引起的混凝土坍落度损失。

图4.34 混凝土搅拌运输车外形示意图
1—搅拌筒；2—进料斗；3—固定卸料溜槽；4—活动卸料斗

混凝土的垂直运输，多采用塔式起重机、井架运输机或混凝土泵等，用塔式起重机时一般均配有料斗。

混凝土高空水平运输：如垂直运输采用塔式起重机，可将料斗中的混凝土直接卸到浇筑点；如采用井架运输机，则以双轮手推车为主；如采用混凝土泵，则用布料机布料。高空水平运输时应采取措施保证模板和钢筋不变位。

用塔机将混凝土放在吊斗中，可直接进行浇筑。

浇灌料斗分立式和卧式，立式料斗制作用料少，重量轻，易清洗高度高，使用时需挖坑；卧式料斗高度低，可配合翻斗车，不挖坑，放置点不受限，平面尺寸大，制作用料多，体型笨重，易积混凝土和雨水，不易清洗。

3. 混凝土输送泵运输

混凝土泵运输：以泵为动力，沿管道输送混凝土，可以一次完成水平及垂直运输，将混凝土直接输送到浇筑地点，是一种高效的混凝土运输方法，道路工程、桥梁工程、地下工程、工业与民用建筑施工皆可应用，在我国正大力推广。

我国目前主要采用的混凝土泵由活塞泵、料斗、液压缸和活塞、混凝土缸、分配阀、Y形输送管、冲洗设备、液压系统和动力系统等组成。

混凝土输送管包括钢管、橡胶、塑料软管。混凝土泵装在汽车上成混凝土泵车，车上还有可以伸缩或曲折的"布料杆"，混凝土至现场后，其坍落度应满足要求。

混凝土输送泵是一种机械化程度较高的混凝土运输和浇筑设备，它以泵为动力，将混凝土沿管运输送到浇筑地点，可一次完成地面水平、垂直和高空水平运输。混凝土输送泵具有输送能力大、效率高、作业连续、节省人力等优点，目前已广泛应用于建筑、桥梁、地下等工程中。该整套设备包括混凝土泵、输送管和布料装置，按其移动方式又分为固定式混凝土泵和混凝土汽车泵（或称移动泵车）。

采用泵送的混凝土必须具有良好的可泵性。为减小混凝土与输送管内壁的摩阻力，对粗骨料最大粒径与输送管径之比的要求是：泵送高度在50 m以内时碎石为1∶3，卵石为1∶2.5；泵送高度在50～100 m时碎石为1∶4，卵石为1∶3；泵送高度在100 m以上时碎石为1∶5，卵石为1∶4。

砂宜采用中砂，通过 0.315 mm 筛孔的砂粒不少于 15%，砂率宜为 35% ~ 45%。为避免混凝土产生离析现象，水泥用量不宜少，且宜掺加矿物掺和料（通常为粉煤灰），水泥和掺和料的总量不宜小于 300 kg/m³。混凝土坍落度宜为 10 ~ 18 cm。为提高混凝土的流动性，混凝土宜掺入适量外加剂，主要有泵送剂、减水剂和引气剂等。

在泵送混凝土施工中，应注意以下问题：应使混凝土供应、输送和浇筑的效率协调一致，保证泵送工作连续进行，防止输送管道阻塞；输送管道的布置应尽量取直，转弯宜少且缓，管道的接头应严密；在泵送混凝土前，应先用适量的与混凝土成分相同的水泥浆或水泥砂浆湿润输送管内壁；泵的受料斗内应经常有足够的混凝土，防止吸入空气引起阻塞；预计泵送的间歇时间超过初凝时间或混凝土出现离析现象时，应立即注入加压水冲洗管内残留的混凝土；输送混凝土时，应先输送至较远处，以便随混凝土浇筑工作的逐步完成；逐步拆除管道；泵送完毕，应将混凝土泵和输送管清洗干净。

4. 混凝土的运输时间

混凝土的运输应以最少的转运次数和最短的时间从搅拌地点运至浇筑地点，并在初凝前浇筑完毕。混凝土从搅拌机中卸出到浇筑完毕的延续时间不宜超过表 4.26 的规定。

表 4.26　混凝土从搅拌机中卸出到浇筑完毕的延续时间　　　　　　　　　min

气温	采用搅拌运输车		其他运输设备	
	≤C30	>C30	≤C30	>C30
≤25 ℃	120	90	90	75
>25 ℃	90	60	60	45

注：掺有外加剂或采用快硬水泥拌制的混凝土，其延续时间应通过试验确定。

4.3.5　混凝土的浇筑

混凝土的浇筑工作包括：布料摊平、捣实、抹面修整。

混凝土浇筑要保证混凝土的均匀性和密实性，要保证结构的整体性、尺寸准确和钢筋、预埋件的位置正确，拆模后混凝土表面要平整、光洁。

1. 混凝土浇筑的一般规定

（1）混凝土浇筑后，应均匀密实，填满整个空间；新、旧混凝土结合良好；钢筋及预埋件位置正确。

（2）做好充分的准备工作，拟订好施工方案，并应对模板和钢筋做好下列检查工作：

① 模板及其支架：尺寸、轴线、标高，强度、刚度、稳定性，接缝与孔洞，积水、木屑、垃圾、泥土，木模湿润。

② 钢筋工程：级别、直径、数量、位置、排列，保护层厚度，浮锈、油污，预埋件及预留孔位置，作隐蔽记录。

③ 混凝土浇筑前的准备工作包括：

Ⅰ. 检查模板的位置、标高、尺寸、强度、刚度等各方面是否满足要求，模板接缝是否严密。

Ⅱ. 检查钢筋及预埋件的品种、规格、数量、摆放位置、保护层厚度等是否满足要求，并做好隐蔽工程质量验收记录。

Ⅲ. 模板内的杂物应清理干净，木模板应浇水湿润，但不允许留有积水。

Ⅳ. 将材料供应、机具安装、道路平整、劳动组织等工作安排就绪，并做好安全技术交底。

浇筑前应检查模板、支架、钢筋和预埋件的正确性，并进行验收。

由于混凝土工程属于隐蔽工程，因而对混凝土量大的工程、重要工程或重点部位的浇筑，以及其他施工中的重大问题，均应随时填写施工记录。

（3）保证混凝土不离析，2 m 以上设串筒或溜槽，3 m 以上设振动串筒。

（4）混凝土宜分层浇筑，浇筑厚度要根据捣实方法和结构配筋情况而定。

（5）为保证结构的整体性，混凝土应连续浇筑，中途不停歇；必须停歇时应尽量缩短时间，并应在前层混凝土初凝前浇筑完毕。停歇的最长时间视水泥品种和混凝土凝结条件而定，无试验资料时，不超过表 4.27 的要求。

表 4.27　混凝土运输、浇筑和间歇的时间　　　　　　　　　　　　　　min

混凝土强度等级	气温	
	≤25 ℃	>25 ℃
≤C30	210	180
>C30	180	150

注：当混凝土中掺有促凝或缓凝外加剂时，其允许时间应通过试验确定。

（6）在混凝土浇筑过程中应经常观察模板及其支架、钢筋、预埋件和预留孔的情况，发现不正常的变形位移时，应立即停止浇筑，并应在混凝土初凝前修整完毕。

（7）由于技术原因或人力设备限制，间歇时间超过要求时，应留设施工缝，其位置应事先确定，留设原则是：剪力较小且便于施工的部位。

施工缝所形成的截面应与结构产生的轴向压力垂直，不得留斜槎。继续浇筑时，先浇筑的混凝土抗压强度必须达到 1.2 MPa。

施工缝处的处理：应清除已浇混凝土表面上的水泥薄膜、松动石子、软弱混凝土层，充分湿润和冲洗，清除残留积水。然后，先铺一层 10～15 mm 厚的水泥浆或与混凝土中砂浆成分相同的水泥砂浆即可继续浇筑混凝土。施工缝处的混凝土应特别注意细致捣实，使新旧混凝土结合紧密。

施工缝的预留位置为：

柱子：基础顶面、梁或牛腿底面、无梁楼盖柱帽的下面。

和板连成整体的大截面梁：板底面以上 20～30 mm 处。

单向板：平行于板短边的任何位置。

有主次梁的楼盖：宜顺着次梁方向浇筑，应留在次梁跨度的中间 1/3 梁跨长度范围内。

墙：门洞口过梁跨中 1/3 范围内，也可留在纵横墙的交接处。

2. 混凝土浇筑的技术要求

1）混凝土浇筑的一般要求

（1）混凝土拌和物运至浇筑地点后，应立即浇筑入模，如发现拌和物的坍落度有较大变化或有离析现象时，应及时处理。

（2）混凝土应在初凝前浇筑完毕，如已有初凝现象，则需进行一次强力搅拌，使其恢复流动性后方可浇筑。

（3）为防止混凝土浇筑时产生分层离析现象，混凝土的自由倾倒高度一般不宜超过 2 m。在竖向结构（如墙、柱）中混凝土的倾落高度不得超过 3 m，否则应采用串筒、斜槽、溜管或振动溜管等辅助设施下料。串筒布置应适应浇筑面积、浇筑速度和摊铺混凝土的能力，间距一般应不大于 3 m。其布置形式可分为行列式和交错式两种，以交错式居多。串筒下料后，应用振动器迅速摊平并捣实，如图 4.35 所示。

图 4.35　自高处倾落混凝土的方法

1—溜槽；2—挡板；3—串筒；4—料斗；5—节管；6—振动器

（4）浇筑竖向结构（如墙、柱）的混凝土之前，底部应先浇入 50 ~ 100 mm 厚与混凝土成分相同的水泥砂浆，以避免构件底部因砂浆含量较少而出现蜂窝、麻面、露石等质量缺陷。

（5）混凝土在浇筑及静置过程中，应采取措施防止产生裂缝；混凝土因沉降及干缩产生的非结构性的表面裂缝，应在终凝前予以修整。

2）浇筑层厚度

为保证混凝土的密实性，混凝土必须分层浇筑、分层捣实。其浇筑层的厚度应符合表 4.28 的规定。

表 4.28　混凝土浇筑层厚度　　mm

捣实混凝土的方法		浇筑层厚度
插入式振捣		振捣器作用部分长度的 1.25 倍
表面振动		200
人工捣固	在无筋混凝土、基础或配筋稀疏的结构中	250
	在梁、板、柱结构中	200
	在配筋密布的结构中	150
轻骨料混凝土	插入式振捣	300
	表面振动（振动时需加荷）	200

3）浇筑间歇时间

为保证混凝土的整体性，浇筑工作应连续进行。如必须间歇时，其间歇时间应尽可能缩短，并应在前层混凝土初凝之前，将次层混凝土浇筑完毕。混凝土运输、浇注及间歇的全部时间不应超过混凝土的初凝时间，可按所用水泥品种及混凝土条件确定，或根据表 4.27 确定。若超过初凝时间必须留置施工缝。

4）混凝土施工缝

若由于技术上或施工组织上的原因，不能连续将混凝土结构整体浇筑完成，且间歇的时间超过表 4.27 所规定的时间，则应在适当的部位留设施工缝。施工缝是指继续浇筑的混凝土与已经凝结硬化的先浇混凝土之间的新旧结合面，它是结构的薄弱部位，必须认真对待。

施工缝的位置应在混凝土浇筑之前预先确定，设置在结构受剪力较小且便于施工的部位，其留设位置应符合下列规定：① 柱子的施工缝留置在基础的顶面、梁或吊车梁牛腿的下面、吊车梁的上面、无梁楼板柱帽的下面（图 4.36）。② 与板连成整体的大截面梁，施工缝留置在板底面以下 20 ~ 30 mm 处；当板下有梁托时，留置在梁托下部（图 4.37）。③ 单向板的施工缝可留置在平行于板的短边的任何位置（图 4.38）。④ 有主次梁的楼板，宜顺着次梁方向浇筑，施工缝应留置在次梁跨度的中间 1/3 范围内；若沿主梁方向浇筑，施工缝应留置在主梁跨度中间的 2/4 与板跨度中间的 2/4 相重合的范围内（图 4.39）。⑤ 墙体的施工缝留置在门洞口过梁跨中的 1/3 范围内，也可留置在纵横墙的交接处。⑥ 双向受力的板、大体积混凝土结构、拱、弯拱、薄壳、蓄水池、斗仓、多层刚架及其他结构复杂的工程，施工缝的位置应按设计要求留置。

（a）梁板式结构　　　（b）无梁楼盖结构

图 4.36　浇筑柱的施工缝位置

1—有梁板；2—无梁楼盖

（a）无梁托的整体梁板　　（b）有梁托的整体梁板

图 4.37　浇筑与板连成整体的梁的施工缝位置

图 4.38　浇筑单向板的施工缝位置（$b/a \geqslant 2$）

图 4.39　浇筑有主次梁楼板的施工缝位置

1—板；2—次梁；3—柱；4—主梁

在施工缝处继续浇筑混凝土时，需待已浇筑的混凝土抗压强度达到 1.2 N/mm² 后才能进行，而且必须对施工缝进行必要的处理，以增强新旧混凝土的连接，尽量降低施工缝对结构整体性带来的不利影响。处理方法是：先在已硬化的混凝土表面清除水泥薄膜、松动石子以及软弱混凝土层，再将混凝土表面凿毛，并用水冲洗干净、充分湿润，但不得留有积水；然后在施工缝处抹一层 10~15 mm 厚与混凝土成分相同的水泥砂浆，继续浇筑混凝土时，需仔细振捣密实，使新旧混凝土接合紧密。

3. 现浇混凝土结构的浇筑方法

1）基础的浇筑

（1）浇筑台阶式基础时，可按台阶分层一次浇筑完毕，不允许留施工缝。垫层混凝土的浇筑顺序是先边角后中间，使混凝土能充满模板边角。施工时应注意防止垂直交角处混凝土出现脱空（即吊脚）、蜂窝现象。其措施是：将第一台阶混凝土捣固下沉 2~3 cm 后暂不填平，继续浇筑第二台阶时，先用铁锹沿第二台阶模板底圈内外均做成坡，然后分层浇筑，待第二台阶混凝土灌满后，再将第一台阶外圈混凝土铲平、拍实、抹平。

（2）浇筑杯形基础时，应注意杯口底部标高和杯口模板的位置，防止杯口模板上浮和倾斜。浇筑时，先将杯口底部混凝土振实并稍停片刻，然后对称、均衡浇筑杯口模板四周的混凝土。当浇筑杯口基础时，宜采用后安装杯口模板的方法，即当混凝土浇捣到接近杯口底时再安装杯口模板，并继续浇捣。为加快杯口芯模的周转，可在混凝土初凝后终凝前将芯模拔出，并随即将杯壁混凝土划毛。

（3）浇筑锥形基础时，应注意斜坡部位混凝土的捣固密实，在用振动器振捣完毕后，再用人工将斜坡表面修正、抹平，使其符合设计要求。

（4）浇筑现浇柱下基础时，应特别注意柱子插筋位置的准确，防止其移位和倾斜。在浇筑开始时，先满铺一层 5～10 cm 厚的混凝土并捣实，使柱子插筋下端和钢筋网片的位置基本固定，然后继续对称浇筑，并在下料过程中注意避免碰撞钢筋，有偏差时应及时纠正。

（5）浇筑条形基础时，应根据基础高度分段分层连续浇筑，一般不留施工缝。每段浇筑长度控制在 2～3 m，各段各层间应相互衔接，呈阶梯形向前推进。

（6）浇筑设备基础时一般应分层浇筑，并保证上、下层之间不出现施工缝，分层厚度为 20～30 cm，并尽量与基础截面变化部位相符合。每层浇筑顺序宜从低处开始，沿长边方向自一端向另一端推进，也可采取自中间向两边或自两边向中间推进的顺序。对一些特殊部位，如地脚螺栓、预留螺栓孔、预埋管道等，浇筑时要控制好混凝土的上升速度，使两边均匀上升，同时避免碰撞，以免发生歪斜或移位。对螺栓锚板及预埋管道下部的混凝土要仔细振捣，必要时采用细石混凝土填实。对于大直径地脚螺栓，在混凝土浇筑过程中宜用经纬仪随时观测，发现偏差及时纠正。预留螺栓孔的木盒应在混凝土初凝后及时拔出，以免硬化后再拔出会损坏预留孔附近的混凝土。

2）主体结构的浇筑

主体结构的主要构件有柱、墙、梁、楼板等。在多、高层建筑结构中，这些构件是沿垂直方向重复出现的，因此一般按结构层分层施工；如果平面面积较大，还应分段进行，以便各工序流水作业。在每层、每段的施工中，浇筑顺序为先浇筑柱、墙，后浇筑梁、板。

（1）柱子混凝土的浇筑。

柱子混凝土的浇筑宜在梁板模板安装完毕、钢筋绑扎之前进行，以便利用梁板模板来稳定柱模板，并用作浇筑混凝土的操作平台。浇筑一排柱子的顺序，应从两端同时开始向中间推进，不宜从一端推向另一端，以免因浇筑混凝土后模板吸水膨胀而产生横向推力，累积到最后一根柱造成弯曲变形。当柱截面在 40 cm×40 cm 以上且无交叉箍筋、柱高不超过 3.5 m 时，可从柱顶直接浇筑；超过 3.5 m 时需分段浇筑或采用竖向串筒输送混凝土。当柱截面在 40 cm×40 cm 以内或有交叉箍筋时，应在柱模板侧面开不小于 30 cm 高的门子洞作为浇筑口，装上斜溜槽分段浇筑，每段高度不超过 2 m（图 4.40、图 4.41）。柱子应沿高度分层浇筑，并一次浇筑完毕，其分层厚度应符合表 4.28 的规定。

图 4.40　从门子洞处浇筑混凝土　　　　图 4.41　从门子洞伸入振捣

（2）剪力墙混凝土的浇筑。

剪力墙混凝土的浇筑除遵守一般规定外，在浇筑门窗洞口部位时，应在洞口两侧同时浇筑，且使两侧混凝土高度大体一致，以防止门窗洞口部位模板的移动；窗户部位应先浇筑窗台下部混凝土，停歇片刻后再浇筑窗间墙处。当剪力墙的高度超过 3 m 时，亦应分段浇筑。

（3）梁与板混凝土的浇筑。

浇筑时先将梁的混凝土分层浇筑成阶梯形，当达到板底位置时即与板的混凝土一起浇筑，随着阶梯形的不断延长，板的浇筑也不断向前推进。倾倒混凝土的方向应与浇筑方向相反，如图 4.42 所示。当梁的高度大于 1 m 时，可先单独浇筑梁，在距板底以下 2~3 cm 处留设水平施工缝。

在浇筑与柱、墙连成整体的梁、板时，应在柱、墙的混凝土浇筑完后停歇 1~1.5 h，让其初步沉实，排除泌水后，再继续浇筑梁、板的混凝土。

图 4.42　混凝土的倾倒方向

4. 大体积混凝土的浇筑方案

大体积混凝土的浇筑特点：工程量大、浇筑面大，钢筋分布集中，管道与埋件较多，整体性要求较高，一般都要求连续浇筑，不留施工缝。

施工特点：必须掌握好混凝土浇筑速度，合理分层分段，保证各层段之间的良好结合，并应采取有效措施，防止混凝土出现温度和收缩裂缝。

大体积混凝土是指厚度大于或等于 1 m 且长度和宽度都较大的结构，如高层建筑中钢筋混凝土箱形基础的底板、工业建筑中的设备基础、桥梁的墩台等。大体积混凝土结构的施工特点：一是整体性要求高，一般都要求连续浇筑，不允许留设施工缝；二是由于结构的体积大，混凝土浇筑后产生的水化热量大，且聚积在内部不易散发，从而形成较大的内外温差，引起较大的温差应力，导致混凝土出现温度裂缝。因此，大体积混凝土施工的关键是：为保证结构的整体性，应确定合理的混凝土浇筑方案；为避免产生温度裂缝，应采取有效的措施降低混凝土内外温差。

1）浇筑方案的选择

为了保证混凝土浇筑工作能连续进行，应在下一层混凝土初凝之前，将上一层混凝土浇筑完毕。因此，在组织施工时，首先应按下式计算每小时需要浇筑混凝土的数量，即浇筑强度

$$v = BLH(t_1 - t_2) \tag{4-8}$$

式中　v——每小时混凝土的浇筑量 (m^3/h)；

　　　B、L、H——浇筑层的宽度、长度、厚度 (m)；

　　　t_1——混凝土的初凝时间 (h)；

　　　t_2——混凝土的终凝时间 (h)。

据混凝土的浇筑量，计算所需搅拌机、运输工具和振动器的数量，并据此拟订温度与混凝土硬化的关系，进行浇筑方案和劳动力的组织。大体积混凝土的浇筑方案需根据结构大小、混凝土供应等实际情况决定，一般有全面分层、分段分层和斜面分层三种方案（图 4.43）。

（a）全面分层　　　　　（b）分段分层　　　　　（c）斜面分层

图 4.43　大体积混凝土的浇筑方案

1—模板；2—新浇混凝土

温度的高低对混凝土强度的增长有很大影响。在温度合适的条件下，温度越高，水泥水化作用就越迅速、完全，强度就越高；当温度较低时，混凝土硬化速度较慢，强度就较低；当温度降至 0 ℃以下时，混凝土中的水会结冰，水泥颗粒不能和冰发生化学反应，水化作用几乎停止，强度也就无法增长。

（1）全面分层浇筑。

将结构分成厚度相等的浇筑层，每层皆从一边向另一边推进，在下层混凝土初凝前浇筑完上一层。浇筑方向：从短边开始沿长边进行。

适用于平面尺寸不太大的混凝土的浇筑，否则，混凝土浇筑强度过大，短时间资源需求量剧增，不均衡。

它是在整个结构内全面分层浇筑混凝土，要求每一层的混凝土浇筑必须在下层混凝土初凝前完成。此浇筑方案适用于平面尺寸不太大的结构，施工时宜从短边开始，沿长边方向推进，必要时也可从中间开始向两端推进或从两端向中间推进。

（2）分段分层浇筑。

将结构适当分段，当底层混凝土浇筑一段后，回头浇筑第二层，再回到第三层。

适用于：厚度不大而面积或长度较大的结构，其浇筑强度比全面分层低。

若采用全面分层浇筑，混凝土的浇筑强度太高，施工难以满足时，则可采用分段分层浇筑方案。它是将结构从平面上分成几个施工段，厚度上分成几个施工层，混凝土从底层开始浇筑，进行一定距离后就回头浇筑第二层，如此依次向前浇筑以上各层。施工时要求在第一层第一段末端混凝土初凝前，开始第二段的施工，以保证混凝土接合良好。该方案适用于厚度不大而面积或长度较大的结构。

（3）斜面分层浇筑。

结构的长度大大超过厚度，而混凝土的流动性又较大时，不能形成分层踏步，采用斜面分层浇筑方案：将混凝土一次浇筑到顶自然流淌形成斜面，振捣从下端开始，逐渐上移。该法很适应泵送混凝土，避免了输送管的反复拆除。

当结构的长度超过厚度的 3 倍时，宜采用斜面分层浇筑方案。施工时，混凝土的振捣应从浇筑层下端开始，逐渐上移，以保证混凝土的施工质量。

2）混凝土温度裂缝的产生原因及防治措施

大体积混凝土在凝结硬化过程中会产生大量的水化热。在混凝土强度增长初期，蓄积在内部的大量热量不易散发，致使其内部温度显著升高，而表面散热较快，这样就形成较大的内外温差。该温差使混凝土内部产生压应力，而使混凝土外部产生拉应力，当温差超过一定程度后，就易使混凝土表面产生裂缝。在浇筑后期，当混凝土内部逐渐散热冷却产生收缩时，由于受到基岩或混凝土垫层的约束，接触处将产生很大的拉应力。一旦拉应力超过混凝土的极限抗拉强度，便会在约束接触处产生裂缝，以致形成贯穿超过断面的裂缝。这将严重破坏结构的整体性，对于混凝土结构的承载能力的安全极为不利，在施工中必须避免。

为了有效地控制温度裂缝，应设法降低混凝土的水化热和减小混凝土的内外温差，一般将温差控制在 20~25 ℃以下，则不会产生温度裂缝。降低混凝土水化热的措施有：选用低水化热水泥配置混凝土，如矿渣水泥、火山灰水泥等；尽量选用粒径较大、级配良好的骨料，控制砂石含泥量，以减少水泥用量，并可减小混凝土的收缩；掺加粉煤灰等掺和料和减水剂，改善混凝土的和易性，以减少用水量，相应可减少水泥用量；掺加缓凝剂以降低混凝土的水化反应速度，可控制其内部的升温速度。减小混凝土内外温差的措施有：降低混凝土拌和物的入模温度，如夏季可采用低温水（地下水）或冰水搅拌，对骨料用水冲洗降温，或对骨料进行覆盖或搭设遮阳装置，以避免曝晒；必要时可在混凝土内部预埋冷却水管，通入循环水进行人工导热；冬季应及时对混凝土覆盖保温、保湿材料，避免其表面温度过低而造成内外温差过大；扩大浇筑面和散热面，减小浇筑层厚度和适当放慢浇筑速度，以便在浇筑过程中尽量多地释放出水化热，从而降低混凝土内部的温度。

此外，为了控制大体积混凝土裂缝的开展，在某些情况下，可在施工期间设置作为临时伸缩缝的"后浇带"，将结构分为若干段，以有效降低温度收缩应力。待混凝土经过一段时间的养护收缩后，再在后浇带中浇筑补偿收缩混凝土，将分段的混凝土连成整体。在正常的施工条件下，后浇带的间距一般为 20～30 m，带宽 0.7～1.0 m，混凝土浇筑 30～40 d 后用比原结构强度等级提高 1～2 个等级的混凝土填筑，并保持不少于 15 d 的潮湿养护。

5. 水下混凝土的浇筑

在钻孔灌注桩、地下连续墙等基础工程以及水利工程施工中常需要直接在水下浇筑混凝土，而且灌注桩与地下连续墙是在泥浆中浇筑混凝土。水下或泥浆中浇筑混凝土一般采用导管法，其特点是：利用导管输送混凝土并使其与环境水或泥浆隔离，依靠管中混凝土重力挤压导管下部管口周围的混凝土，使其在已浇筑的混凝土内部流动、扩散，边浇筑边提升导管直至混凝土浇筑完毕。采用导管法，不但可以避免混凝土与水或泥浆的接触，而且可保证混凝土中骨料和水泥浆不分离，从而保证了水下浇筑混凝土的质量。

导管法浇筑水下混凝土的主要设备有金属导管、盛料漏斗和提升机具等（图 4.44）。导管一般由钢管制成，管径为 200～300 mm，每节管长 1.5～2.5 m。导管下部设有球塞，球塞可用软木、橡胶、泡沫塑料等制成，其直径比导管内径小 15～20 mm。盛料漏斗固定在导管顶部，起着盛混凝土和调节导管中混凝土量的作用，盛料漏斗的容积应足够大，以保证导管内混凝土具有必需的高度。盛料漏斗和导管悬挂在提升机上。常用的提升机具有卷扬机、起重机、电动葫芦等，可操纵导管的下降和提升。

图 4.44 导管法浇筑水下混凝土示意图

1—导管；2—盛料漏斗；3—接头；4—提升吊索；5—球塞；6—铁丝

施工时，先将导管沉入水中底部距水底约 100 mm 处，导管内用铁丝或麻绳将球塞悬挂在水位以上 0.2 m 处，然后向导管内浇筑混凝土。待导管和盛料漏斗装满混凝土后，即可剪断吊绳，水深 10 m 以内时可立即剪断，水深大于 10 m 时可将球塞降到导管中部或接近管底时再剪断吊绳。此时混凝土靠自重推动球塞下落，冲出管底后向四周扩散，形成一个混凝土堆，并将导管底部埋于混凝土中。混凝土不断从盛料漏斗灌入导管并从其底部流出扩散后，管外混凝土面不断上升，导管也相应提升，每次提升高度应控制在 150～200 mm，以保证导管下端始终埋在混凝土内，其最小埋置深度如表 4.29 所示，最大埋置深度不宜超过 5 m，以保证混凝土的浇筑顺利进行。

表4.29 导管最小埋入深度

混凝土水下浇筑深度/m	导管埋入混凝土的最小深度/m	混凝土水下浇筑深度/m	导管埋入混凝土的最小深度/m
≤10	0.8	15~20	1.3
10~15	1.1	>20	1.5

当混凝土从导管底部向四周扩散时，靠近管口的混凝土均匀性较好、强度较高，而离管口较远的混凝土易离析，强度有所下降。为保证混凝土的质量，导管作用半径取值不宜大于4 m，当多根导管同时浇筑时，导管间距不宜大于6 m，每根导管浇筑面积不宜大于30 m²。采用多根导管同时浇筑时，应从最深处开始，并保证混凝土面水平、均匀地上升。相邻导管下口的标高差值不应超过导管间距的1/20~1/15。

混凝土的浇筑应连续进行，不得中断，应保证混凝土的供应量大于管内混凝土必须保持的高度所需要的混凝土量。

采用导管法浇筑时，由于与水接触的表面一层混凝土结构松软，故在浇筑完毕后应予以清除。软弱层的厚度，在清水中至少按0.2 m取值，在泥浆中至少按0.4 m取值。因此，浇筑混凝土时的标高控制，应比设计标高超出此值。

4.3.6 混凝土的捣实

混凝土浇筑入模后内部还存在很多空隙。为使硬化后的混凝土具有所要求的外形和足够的强度、刚度，必须使混凝土填满模板的每个角落（成型），并使内部空隙降低到一定程度以下（密实），具有足够的密实性。混凝土的捣实过程就是成型和密实的过程。

混凝土灌入模板以后，由于骨料间的摩阻力和水泥浆的黏滞力，使其不能自行填充密实，因而内部是疏松的，且有一定体积的空洞和气泡，不能达到所要求的密实度，从而影响混凝土的强度和耐久性。因此，混凝土入模后，必须进行捣实成型，以保证混凝土构件的外形及尺寸正确、表面平整，强度和其他性能符合设计及使用要求。混凝土密实成型的途径有几种：一是借助于机械外力（如机械振动）来克服拌和物内部的摩阻力而使之液化后密实；二是在拌和物中适当增加水分以提高其流动性，使之便于成型，成型后用离心法、真空抽吸法将多余的水分和空气排出；三是拌和物中添加有效减水剂，使其坍落度大大增加，实现自流浇注成型，这是一种有发展前途的方法。目前，施工中多采用机械振动成型的方法。

捣实方法有：人工捣实和机械捣实。

1. 人工捣实

人工捣实是利用撬棍、插钎等用人力对混凝土进行夯插，使混凝土成型密实的一种方法。

人工捣实的缺点是劳动强度大，混凝土密实性差，只能用于缺少机械或工程量不大的情况。人工捣实时，应特别注意分层浇筑，每层厚度控制在15 cm左右，应注意插全、插匀。

2. 机械捣实

1）机械振动成型

常用的混凝土振动机械按其工作方式分为内部振动器、外部振动器、表面振动器和振动台，如图4.45所示。

（a）内部振动器 （b）表面振动器　　　　（c）外部振动器　　　　　（d）振动台

图 4.45　振动机械示意

振动捣实原理：

新拌制的混凝土是具有弹、黏、塑性性质的一种多相分散体系，具有一定的触变性（剪应力作用下，黏度减小，剪应力撤除后，黏度逐渐复原的现象，称为触变性）。混凝土的捣实就是通过振动使混凝土的黏度降低，流动性增大，混凝土液化而成一种重质液体，流向各部位将模板填满。

混凝土的振动效果与振动参数有关：振动速度、振动加速度、振动制度（振幅、振动频率、振动延续时间）。

振动捣实是通过振动机械将一定频率、振幅、激振力的振动能量传给混凝土，强迫混凝土中的颗粒产生运动，从而提高混凝土的流动性，使混凝土达到良好的密实成型目的。

振动捣实设备简单，效率高，能保证混凝土具有良好的密实性，适用性强，应用广泛。

振动捣实机械按工作方法分：插入式、附着式、平板式振动器及振动台等。

（1）内部振动器施工。

内部振动器又称插入式振动器，常用的有电动软轴内部振动器（图 4.46）和直联式内部振动器（图 4.47）。电动软轴内部振动器由电动机、软轴、振动棒、增速器等组成。其振捣效果好，且构造简单，维修方便，使用寿命长，是土木工程施工中应用最广泛的一种振动器。

图 4.46　电动软轴内部振动器

图 4.47　直联式内部振动器

插入式振动器常用于振捣基础、柱、梁、墙及大体积结构混凝土。使用时一般应垂直插入，并插到下层尚未初凝的混凝土中约 50～100 mm，如图 4.48 所示。

图 4.48　插入式振动器插入深度

1—新浇筑层；2—已浇筑层；3—模板

第 4 章 钢筋混凝土工程

为使上、下层混凝土互相结合，操作时要做到快插慢拔。如插入速度慢，会先将表面混凝土振实，与下部混凝土发生分层离析现象；如拨出速度过快，则由于混凝土来不及填补而在振动器抽出的位置形成空洞。振动器的插点要均匀排列，排列方式有行列式和交错式两种，如图 4.49 所示。插点间距不应大于 1.5R（R 为振动器的作用半径），振动器与模板距离不应大于 0.5R，且振动中应避免碰振钢筋、模板、吊环及预埋件等，每一插点的振动时间一般为 20 ~ 30 s，用高频振动器时不应小于 10 s，过短不易振实，过长可能使混凝土分层离析。若混凝土表面已停止排出气泡，拌和物不再下沉并在表面呈现弹浆时，则表明已被充分振实。

（a）行列式　　　　（b）交错式

图 4.49　插点布置

（2）外部振动器施工。

附着式振动器是通过螺栓固定在模板上，通过模板振动带动混凝土的振动，又称为外部振动器，如图 4.50 所示。它适用于振实钢筋较密、厚度在 300 mm 以下的柱、梁、板、墙以及不宜使用插入式振动器的结构。

图 4.50　附着式振动器

1—电动机；2—轴；3—偏心块；4—护罩；5—机座

使用附着式振动器时模板应支设牢固，振动器应与模板外侧紧密连接，以便振动作用能通过模板间接地传递到混凝土中。振动器的侧向影响深度约为 250 mm，如构件较厚时，需在构件两侧同时安装振动器，振动频率必须一致，其相对应的位置应错开，以便振动均匀。混凝土浇筑入模的高度高于振动器安装部位后方可开始振动。振动器的设置间距（有效作用半径）及振动时间宜通过试验确定，一般距离 1.0 ~ 1.5 m 设置一台；振动延续时间则以混凝土表面成水平而且不再出现气泡时为止。

（3）表面振动器施工。

将附着式振动器固定在一个平板上，就成为平板振动器。每个位置振动至表面出浆，混凝土不下沉时，即可移到下一个位置，衔接不得低于 5 cm。

它适用于振动平面面积大、表面平整而厚度较小的构件，如楼板、地面、路面和薄壳等构件。

使用表面振动器时应将混凝土浇筑区划分若干排，依次拉排平拉慢移，顺序前进，移动间距应使振动器的平板覆盖已振完混凝土的边缘 30~50 mm，以防漏振。最好振动两遍，且方向互相垂直，第一遍主要使混凝土密实，第二遍主要使其表面平整。振动倾斜表面时，应由低处逐渐向高处移动，以保证混凝土振实。平板振动器在每一位置上的振动延续时间一般的为 25~40 s，以混凝土停止下沉、表面平整和均匀出现浆液为止。平板振动器的有效作用深度，在无筋及单层配筋平板中约为 200 mm，在双层配筋平板中约 120 mm。

（4）振动台施工。

振动台是一个支承在弹性支座上的平台，平台下有振动机械、模板固定在平台上，如图 4.51 所示。它一般用于预制构件厂内振动干硬性混凝土以及在试验室内制作试块时的振实。

图 4.51　振动台

1—振动平台；2—固定框架；3—偏心振动子；4—支承弹簧；5—同步器；6—电动机

采用机械振动成型时，混凝土经振动后表面会有水分出现，称泌水现象。泌水不宜直接排走，以免带走水泥浆，应采用吸水材料吸水。必要时可进行二次振捣，或二次抹光。如泌水现象严重，应考虑改变配合比，或采用减水剂。

2）离心法成型

离心法是将装有混凝土的模板放在离心机上，使模板以一定转速绕自身的纵轴旋转，模板内的混凝土由于离心力作用而远离纵轴，均匀分布于模板内壁以将混凝土中的部分水分挤出，使混凝土密实，如图 4.52 所示。此方法一般用于制作混凝土管道、电线杆、管桩等具有圆形空腔的构件。

（a）滚轮式离心机　　　　　　　　（b）车床式离心机

图 4.52　离心法成型示意

1—模板；2—主动轮；3—从动轮；4—电动机；5—卡盘；6—支承轴承

离心机有滚轮式和车床式两类，都具有多级变速装置。离心成型过程分为两个阶段：第一阶段是混凝土沿模板内壁分布均匀，形成空腔，此时转速不能太高，以免造成混凝土离析现象；第二阶段是使混凝土密度成型，此时可提高转速，增大离心力，以压实混凝土。

3）真空作业法成型

真空作业法是借助于真空负压，将水分从已初步成型的混凝土拌和物中吸出，并使混凝土密实成型的一种方法，如图 4.53 所示。它可分为表面真空作业与内部真空作业两种。此方法适用于预制平板和现浇楼板、道路、机场跑道、薄壳、隧道顶板、墙壁、水池、桥墩等混凝土的成型。

图 4.53 真空作业法成型示意

1—真空吸水装置；2—软管；3—吸水进口；4—集水箱；5—真空表；6—真空泵；7—电动机；8—手推小车

4.3.7 混凝土的养护

在混凝土浇筑后的初期，采取一定的工艺措施，建立适当的水化反应条件（温度、湿度）的工作，称为混凝土的养护。

混凝土的标准养护：(20 ± 3) ℃，相对湿度大于 90%的潮湿环境或水中的养护。所谓混凝土的养护，就是为混凝土硬化提供必要的温度和湿度条件，以保证其规定的龄期内达到设计要求的强度，并防止产生收缩裂缝。目前，混凝土养护的方法有自然养护、蒸汽养护、热拌混凝土热模养护、太阳能养护、远红外线养护等。虽然自然养护成本低，简单易行，但养护时间长，模板周转率低，占用场地大；而蒸汽养护时间可缩短到几个小时，热拌热模养护时间可减少到 5~6 h，模板周转率相应提高，占用场地大大减少。下面着重介绍自然养护和蒸汽养护。

1. 自然养护

混凝土的自然养护，即指在平均气温高于 5 ℃ 的自然条件下，于一定时间内使混凝土保持湿润状态。自然养护分为覆盖浇水养护和塑料薄膜养护两种方法。

覆盖浇水养护是用吸水保湿能力较强的材料，如草帘、麻袋、锯末等，将混凝土裸露的表面覆盖，并经常洒水使其保持湿润。

塑料薄膜养护是用塑料薄膜将混凝土表面严密地覆盖起来，使之与空气隔绝，防止混凝土内部水分的蒸发，从而达到养护的目的。塑料薄膜养护又有两种方法：薄膜布直接覆盖法和喷洒塑料薄膜养护液法。后者是指将塑料溶液喷涂在混凝土表面，溶剂挥发后结成一层塑料薄膜。这种养护方法用于不易洒水养护的高耸构筑物、大面积混凝土结构以及缺水地区。

对于一些地下结构或基础，可在其表面涂刷沥青乳液或用湿土回填，以代替洒水养护。对于表面积大的构件（如地坪、楼板、路面等），也可用湿土、湿砂覆盖，或沿构件周边用黏土等围住，在构件中间蓄水进行养护。

浇水养护时间一般不低于 7 d，浇水次数以能保证混凝土表面湿润为准，浇水的水质应与拌制时相同。

大体积混凝土应采用温控措施，将内外温差控制在 25 ℃ 或规定值内。

混凝土必须养护至其强度达到 1.2 N/mm² 以上，才准在上面行人和架设支架、安装模板，但不得冲击混凝土。

混凝土的凝结硬化，主要是水泥水化作用的结果，而水化作用需要适当的湿度和温度。混凝土浇筑后，因气候炎热、空气干燥、湿度过小，混凝土中的水分会蒸发过快而出现脱水现象，使已形成凝胶体的水泥颗粒不能充分水化，不能转化为稳定的结晶，缺乏足够的黏结力，从而会使混凝土表面出现片状或粉状剥落，影响混凝土的强度。同时，水分过早蒸发还会使混凝土产生较大的收缩变形，出现干缩裂缝，影响混凝土结构的整体性和耐久性。若温度过低，混凝土强度增长缓慢，则会影响混凝土结构和构件尽快投入使用。

混凝土的自然养护应符合下列规定：

（1）应在浇筑完毕后的 12 h 以内对混凝土加以覆盖并保湿养护。

（2）混凝土浇水养护的时间：对采用硅酸盐水泥、普通硅酸盐水泥或矿渣硅酸盐水泥拌制的混凝土，不得少于 7 d；对掺用缓凝型外加剂或有抗渗性要求的混凝土，不得少于 14 d。

（3）浇水次数应能保持混凝土处于润湿状态；当日平均气温低于 5 ℃ 时，不得浇水；混凝土养护用水应与拌制用水相同。

（4）用塑料薄膜覆盖养护混凝土，其敞露的全部表面应覆盖严密，并保证塑料布内有凝结水。

（5）凝土强度达到 1.2 MPa 以前，不得在上踩踏或安装模板及支架。

2. 蒸汽养护

蒸汽养护是将混凝土构件放置在充满饱和蒸汽或蒸汽与空气温和物的养护室内，在较高的温度和相对湿度的环境中进行养护，以加速混凝土的硬化，使其在较短的时间内达到规定强度的过程。蒸汽养护的过程分为静停、升温、恒温、降温四个阶段。

静停阶段：混凝土构件成型后在室温下停放养护一段时间，以增强混凝土对升温阶段结构破坏作用的抵抗力。对普通硅酸盐水泥制作的构件来说，静停时间一般应为 2~6 h；对火山灰质硅酸盐水泥或矿渣硅酸盐水泥则不需静停。

升温阶段：构件的吸热阶段。升温速度不宜过快，以免构件表面和内部产生过大温差而出现裂缝。升温速度：对薄壁构件（如多肋楼板、多孔楼板等）不得超过 25 ℃/h；其他构件不得超过 20 ℃/h；而干硬性混凝土制作的构件不得超过 40 ℃/h。

恒温阶段：升温后温度保持不变的阶段。此阶段混凝土强度增长最快，应保持 90%~100% 的相对湿度。恒温阶段的温度，对普通水泥的混凝土不超过 80 ℃，矿渣水泥、火山灰水泥可提高到 85~90 ℃；恒温时间一般为 5~8 h。

降温阶段：构件的散热阶段。降温速度不宜过快，否则混凝土会产达表面裂缝。一般情况下，构件厚度在 10 cm 左右时，降温速度不超过 20~30 ℃/h；此外，出室构件的温度与室外温度之差不得大于 40 ℃/h；当室外为负温时，不得大于 20 ℃/h。

4.3.8　混凝土的质量检查

混凝土质量检查包括施工过程和养护后的质量检查。

施工过程中的质量检查，即在混凝土制备和浇筑过程中对原材料的质量、配合比、坍落度等的检查，每一工作班至少检查两次，如遇特殊情况还应及时进行抽查。混凝土的搅拌时间应随时检查。

混凝土拌制过程中应检查混凝土组成材料的质量和用量，并在拌制地点检查坍落度。该检查每工作班至少有两次。此外，工作班内外界条件发生变化也应及时检查，混凝土的搅拌时间应随时检查。

对于拆模后的构件，应对工程质量进行检查，以评定是否合格，检查内容有：轴线、标高、截面尺寸、垂直度、混凝土的强度和表面外观质量等。

混凝土表面外观质量要求：不应有蜂窝、麻面、孔洞、露筋、缝隙及夹层、缺棱掉角和裂缝等。

1. 混凝土的质量验收

混凝土的质量验收包括施工过程中的质量检查和施工后的质量验收。

1）施工过程中混凝土的质量检查

（1）混凝土拌制过程中应检查其组成材料的质量和用量，每工作班至少 1 次。原材料每盘称量的允许偏差是：水泥、掺和料为 ±2%；粗、细骨料为 ±3%；水、外加剂为 ±2%。当雨天或含水中有显著变化时，应增加含水量检测次数，适时调整水和骨科的用量。

（2）应检查混凝土在拌制地点及浇筑地点的坍落度，每工作班至少检查 2 次，对于预拌（商品）

混凝土，也应在浇筑地点进行坍落度检查。实测的混凝土坍落度与要求坍落度之间的允许偏差是：要求坍落度<50 mm 时，为 ± 10 mm；要求坍落度在 50 ~ 90 mm 时，为 ± 20 mm；要求坍落度 > 90 mm 时，为 ± 30 mm。

（3）当混凝土配合比由于外界影响有变动时，应及时进行检查。

（4）混凝土的搅拌时间，也应随时进行检查。

2）施工后混凝土的质量验收

混凝土的质量验收，主要包括对混凝土强度和耐久性的检验、外观质量和结构构件尺寸的检查。

（1）结构混凝土的强度等级必须符合设计要求。用于检查结构构件混凝土强度的试件，应在混凝土的浇筑地点随机抽取。取样与试件留置应符合下列规定：每拌制 100 盘且不超过 100 m^3 的同配合比的混凝土，取样不得少于一次；当工作班拌制的同一配合比的混凝土不足 100 盘时，取样不得少于一次；当一次连续浇筑超过 1 000 m^3 时，同一配合比的混凝土每 200 m^3 取样不得少于一次；每一层楼、同一配合比的混凝土，取样不得少于一次。每次取样应至少留一组标准养护试件，同条件养护试件的留置组数应根据实际需要确定。

当混凝土试件强度评定不合格时，可采用非破损或局部破损的检测方法，对结构和构件的混凝土强度进行推定。非破损的方法有回弹法、超声波法和超声波回弹综合法，局部破损的方法通常采用钻芯取样检验法。

（2）对有抗渗要求的混凝土结构，其混凝土试件应在浇筑地点随机取样。同一工程、同一配合比的混凝土，取样不应少于一次，留置组数可根据实际需要确定。

（3）混凝土结构拆模后，应对其外观质量进行检查，即检查其外观有无质量缺陷。现浇结构的外观质量缺陷有露筋、蜂窝、孔洞、夹渣、疏松、裂缝、连接部位缺陷、外形缺陷（缺棱掉角、棱角不直、翘曲不平、飞边凸肋等）和外表缺陷（构件表面麻面、起皮、起砂、玷污等）。

现浇结构的外观质量不应有严重缺陷。对已经出现的严重缺陷，应由施工单位提出技术处理方案，并经监理（建设）单位认可后实施；对经处理的部分，应重新检查验收。

现浇结构的外观质量不宜有一般缺陷。对已经出现的一般缺陷，应由施工单位按技术处理方案进行处理，并重新检查验收。

（4）混凝土结构拆模后，还应对其外观尺寸进行检查。现浇结构尺寸检查的内容有轴线位置、垂直度、标高、截面尺寸、表面平整度、预埋设施中心线位置和预留洞中心线位置。设备基础尺寸检查的内容有坐标位置、不同平面的标高、平面外形尺寸、凸台上平面外形尺寸、凹穴尺寸、平面水平度、垂直度，预埋地脚螺栓（标高、中心）、预留地脚螺栓孔（中心线位置、深度、孔垂直度）和预埋活动地脚螺栓锚板（标高、中心线位置、锚板平整度）。

现浇结构不应有影响结构性能和使用功能的尺寸偏差。混凝土设备基础不应有影响结构性能和设备安装的尺寸偏差，其尺寸允许偏差和检验方法应按国家现行有关规范的规定执行。对超过尺寸允许偏差且影响结构性能和安装、使用功能的部位，应由施工单位提出技术处理方案，并经监理（建设）单位认可后实施。对经处理的部位，应重新检查验收。

2. 混凝土缺陷的技术处理

在对混凝土结构进行外观质量检查时，若发现缺陷，应分析原因，采取技术处理措施。常见缺陷的原因及处理办法有以下几种：

1）数量不多的小蜂窝、麻面

其主要原因是：模板接缝处漏浆；模板表面未清理干净，或钢模板未满涂隔离剂，或木模板湿润不够；振捣不够密实。处理方法是：先用钢丝刷或压力水清洗表面，再用 1 : 2 ~ 1 : 2.5 的水泥砂浆填满、抹平并加强养护。

2）蜂窝或露筋

其主要原因是：混凝土配合比不准确，浆少石多；混凝土搅拌不均匀，或和易件较差，或产生分层离析；配筋过密，石子粒径过大，使砂浆不能充满钢筋周围；振捣不够密实。处理方法是：先去掉薄弱的混凝土和突出的骨料颗粒，然后用钢丝刷或压力水清洗表面，再用比原混凝土强度等级高一级的细石混凝土填满，仔细捣实，加强养护。

3）大蜂窝和孔洞

其主要原因是：混凝土产生离析，石子成堆，混凝土漏振。处理方法是：在彻底剔除松软的混凝土和突出的骨料颗粒后，用压力水清洗干净并保持湿润状态 72 h，然后用水泥砂浆或水泥浆涂抹结合面，再用比原混凝土强度等级高一级的细石混凝土浇筑、振捣密实，并加强养护。

4）裂　缝

构件产生裂缝的原因比较复杂，如：养护不够，表面失水过多；冬季施工中，拆除保温材料时温差过大而引起的温度裂缝，或夏季烈日暴晒后突然降雨而引起的温度裂缝；模板及支撑不牢固，产生变形或局部沉降；拆模不当，或拆模过早使构件受力过早，大面积现浇混凝土的收缩和温度应力过大等。处理方法应根据具体情况确定：对于数量不多的表面细小裂缝，可先用水将裂缝冲洗干净后，再用水泥浆抹补；如裂缝较大较深（宽 1 mm 以内），应沿裂缝凿成凹槽，用水冲洗干净，再用 1∶2~1∶2.5 的水泥砂浆或用环氧树脂胶泥抹补；对于会影响结构整体性和承载能力的裂缝，应采用化学灌浆或压力水泥灌浆的方法补救。

4.3.9　混凝土的冬期施工

1. 混凝土冬期施工的基本概念

我国规范规定：根据当地多年气温资料统计，当室外日平均气温连续 5 d 稳定低于 5 ℃ 时，即进入冬期施工；当室外日平均气温连续 5 d 高于 5 ℃ 时，解除冬期施工。在冬期施工期间，混凝土应采取相应的冬期施工措施。

1）温度与混凝土硬化的关系

温度的高低对混凝土强度的增长有很大影响。在湿度合适的条件下，温度越高，水泥水化作用就越迅速、完全，强度就越高；当温度较低时，混凝土水化速度较慢，强度就较低；当温度降至 0 ℃ 以下时，混凝土中的水会结冰，水泥颗粒不能和冰发生化学反应，水化作用几乎停止，强度也就无法增长。

2）冻结对混凝土质量的影响

混凝土在初凝前或刚初凝时遭受冻结，此时水泥来不及水化或水化作用刚刚开始，本身尚无强度，水泥受冻后处于"休眠"状态。恢复正常养护后，其强度可以重新发展直到与未受冻的基本相同，几乎没有强度损失。

若混凝土在初凝后，本身强度很小时遭受冻结，此时混凝土内部存在两种应力：一种是水泥水化作用产生的黏结应力；另一种是混凝土内部自由水冻结，体积膨胀 8%~9% 所产生的冻胀应力。当黏结应力小于冻胀应力时，已形成的水泥石内部结构就很容易被破坏，产生一些微裂纹，这些微裂纹是不可逆的；而且冰块融化后会形成孔隙，严重降低混凝土的密实度和耐久性。在混凝土解冻后，其强度虽然能继续增长，但已不可能达到原设计的强度等级，从而极大地影响了结构的质量。

若混凝土达到某一强度值以上后再遭受冻结，此时其内部水化作用产生的黏结应力足以抵抗自由水结冰产生的冻胀应力，则解冻后强度还能继续增长，可达到原设计强度等级，对强度影响不大，只不过是增长缓慢而已。因此，为避免混凝土遭受冻结所带来的危害，必须使混凝土在受冻前达到这一强度值，这一强度值通常称为混凝土受冻的临界强度。

临界强度与水泥的品种、混凝土强度等级等有关。规范规定，冬期浇筑的混凝土，其受冻临界强度为：普通混凝土采用硅酸盐水泥或普通硅酸盐水泥配制时，应为设计混凝土强度标准值的 30%；采用矿渣硅酸盐水泥配制时，应为设计混凝土强度标准值的 40%，但混凝土强度等级为 C10 及以下时，不得小于 5.0 MPa；掺用防冻剂的混凝土，当室外最低气温不低于 – 15 ℃ 时不得小于 4.0 MPa，当室外最低气温不低于 – 30 ℃ 时不得小于 5.0 MPa。

在冬期施工中，应尽量使混凝土不受冻，或受冻时已使其达到临界强度值而可保证混凝土最终强度不受到损失。

2. 混凝土冬期施工方法

1）混凝土材料的选择及要求

配制冬期施工的混凝土，应优先选用硅酸盐水泥和普通硅酸盐水泥。水泥强度等级不应低于 42.5 级，最小水泥用量不应少于 300 kg/m³，水灰比不应大于 0.6。使用矿渣硅酸盐水泥时，宜采用蒸汽养护。

拌制混凝土所采用的骨料应清洁，不得含有冰、雪、冻块及其他易冻裂物质。在掺用含有钾、钠离子的防冻剂混凝土中，不得采用活性骨料或在骨料中混有这类物质的材料。

采用非加热养护法施工所选用的外加剂，宜优先选用含引气剂成分的外加剂，含气量宜控制在 2% ~ 4%。在钢筋混凝土中掺用氯盐类防冻剂时，氯盐掺量不得大于水泥重量的 1%（按无水状态计算）。掺用氯盐的混凝土应振捣密实，且不宜采用蒸汽养护。掺用防冻剂、引气剂或引气减水剂的混凝土施工，应符合现行国家标准的有关规定。

2）混凝土材料的加热

冬期施工中要保证混凝土结构在受冻前达到临界强度，就需要混凝土早期具备较高的温度，以满足强度较快增长的需要。温度升高所需要的热量，一部分来源于水泥的水化热，另一部分则只有采用加热材料的方法获得。加热材料最有效、最经济的方法是加热水，当加热水不能获得足够的热量时，可加热粗、细骨料，一般采用蒸汽加热。任何情况下不能直接加热水泥，可在使用前把水泥运入暖棚，使其温度缓慢均匀地升高。

由于温度较高时会使水泥颗粒表面迅速水化，结成外壳，阻止内部继续水化，形成"假凝"现象，而影响混凝土强度的增长，故规范对原材料的最高加热温度作了限制，如表 4.30 所示。

表 4.30　拌和水及骨料加热最高温度　　　　　　　　　　　　　　℃

项　目	拌和水	骨　料
强度等级小于 52.5 级的普通硅酸盐水泥、矿渣硅酸盐水泥	80	60
强度等级等于或大于 52.5 级的普通硅酸盐水泥、普通硅酸盐水泥	60	40

若水、骨料达到规定温度仍不能满足要求时，水可加热到 100 ℃，但水泥不得与 80 ℃ 以上的水直接接触。

冬期施工中，混凝土拌和物所需要的温度应根据当时的外界气温和混凝土入模温度等因素确定，再通过热工计算来确定原材料所需要的加热温度。

3）混凝土的搅拌与运输

混凝土搅拌前，应用热水或蒸汽冲洗搅拌机。投料顺序为先投入骨料和已加热的水，再投入水泥，以避免水泥"假凝"。混凝土搅拌时间应比常温下延长 50%，以使拌和物的温度均匀。混凝土拌和物的出机温度不宜低于 10 ℃，入模温度不得低于 5 ℃。施工中应经常检查混凝土拌和物的温度及和易性，若有较大差异，应检查材料加热的温度和骨料含水率是否有误，并及时加以调整。在运输过程中应减少运输时间和距离，使用大容量的运输工具并加以保温，以防止混凝土热量的散失和冻结。

4）混凝土的浇筑

混凝土在浇筑前，应清除模板和钢筋上的冰雪和污垢。冬期不得在强冻胀性地基上浇筑混凝土；在弱冻胀性地基上浇筑混凝土时，基土不得遭冻；在非冻胀性地基土上浇筑混凝土时，混凝土在受冻前的抗压强度不得低于临界强度。

对于加热养护的现浇混凝土结构，应注意温度应力的危害。加热养护时应合理安排混凝土的浇筑程序和施工缝的位置，以避免产生较大的温度应力；当加热养护温度超过 40 ℃ 时，应征得设计单位的同意，并采取一系列防范措施，如梁支座可处理成活动支座而允许其微幅伸缩，或设置后浇带，分段进行浇筑与加热。

分层浇筑大体积混凝土时，为防止上层混凝土的热量被下层混凝土过多吸收，分层浇筑的时间间隔不宜过长。已浇筑层的混凝土温度在未被上一层混凝土覆盖前，不应低于按热工计算的温度，且不应低于 2 ℃。采用加热养护时，养护前的温度也不得低于 2 ℃。

5）混凝土冬期的养护方法

混凝土浇筑后应采用适当的方法进行养护，保证混凝土在受冻前至少已达到临界强度，才能避免其强度损失。冬期施工中混凝土养护的方法很多，有蓄热法、蒸汽加热法、电热法、暖棚法、掺外加剂法等。

（1）蓄热法。

蓄热法是利用原材料预热的热量及水泥水化热，通过适当的保温措施，延缓混凝土的冷却，保证混凝土在冻结前达到所要求强度的一种冬期施工方法。该方法适用于室外最低温度不低于 - 15 ℃ 的地面以下工程，或表面系数（指结构冷却的表面积与其全部体积的比值）不大于 5 m^{-1} 的结构。

蓄热法养护具有施工简单、不需外加热源、节能、费用低等特点。因此，在混凝土冬期施工时应优先考虑采用，只有当确定蓄热法不能满足要求时，才考虑选择其他方法。

蓄热法养护的三个基本要素是混凝土的入模温度、围护层的总传热系数和水泥水化热值，应通过热工计算调整以上三个要素，使混凝土冷却到 0 ℃ 时，强度能达到临界强度的要求。

采用蓄热法时，宜选用强度等级高、水化热大的硅酸盐水泥或普通硅酸盐水泥，掺用早强型外加剂；适当提高入模温度；选用传热系数较小、价廉耐用的保温材料，如草帘、草袋、锯末、谷糠及炉渣等；保温层覆盖后要注意防潮和防止透风，对边、棱角部位要特别加强保温。此外，还可采用其他一些有利蓄热的措施，如：地下工程可用未冻结的土壤覆盖；用生石灰与湿锯末均匀拌和覆盖，利用保温材料本身发热来保温；充分利用太阳的热能，白天有日照时，打开保温材料，夜间再覆盖等。

（2）蒸汽加热法。

蒸汽加热养护分为湿热养护和干热养护两类。湿热养护是让蒸汽与混凝土直接接触，利用蒸汽的湿热作用来养护混凝土，常用的有棚罩法、蒸汽套法以及内部通汽法；而干热养护则是将蒸汽作为热载体，通过某种形式的散热器，将热量传导给混凝土使其升温，有毛管法和热模法等。

① 棚罩法（蒸汽室法）。

棚罩法是在现场结构物的周围制作能拆卸的蒸汽室，如在地槽上部加盖简易的盖子或在预制构件周围用保温材料（木材、篷布等）做成密闭的蒸汽室，通入蒸汽加热混凝土。棚罩法设施灵活、施工简便、费用较少，但耗气量大，温度不易均匀，适用于加热地槽中的混凝土结构及地面上的小型预制构件。

第 4 章 钢筋混凝土工程

② 蒸汽套法。

蒸汽套法是在构件模板外再用一层紧密不透气的材料（如木板）做成蒸汽套，蒸汽套与模板间的空隙约为 150 mm，通入蒸汽加热混凝土。采用蒸汽套法时能适当控制温度，其加热效果取决于保温构造，但设施较复杂、费用较高，可用于现浇柱、梁及肋形楼板等整体结构的加热。

③ 内部通汽法。

内部通汽法是在混凝土构件内部预留直径为 13～50 mm 的孔道，再将蒸汽送入孔内加热混凝土，当混凝土达到要求的强度后，排除冷凝水，随即用砂浆灌入孔道内加以封闭。内部通汽法节省蒸汽，费用较低，但进汽端易过热而使混凝土产生裂缝，适用于梁、柱、框架单梁等结构构件的加热。

④ 毛管法。

毛管法是在模板内侧做成沟槽，其断面可做成三角形、矩形或半圆形，间距 200～250 mm，在沟槽上盖以 0.5～2 mm 的铁皮，使之成为通蒸汽的毛管，通入蒸汽进行加热。毛管法用汽少，但仅适用于以木模浇筑的结构，对于柱、墙等垂直构件加热效果好，而对于平放的构件不易加热均匀。

⑤ 热模法。

热模法是在模板外侧配置蒸汽管，管内通蒸汽加热模板，向混凝土进行间接加热。为了减少热量损失，模板外面再设一层保温层。热模法加热均匀、耗用蒸汽少、温度易控制、养护时间短，但设备费用高，适用于墙、柱及框架结构的养护。

（3）电热法。

电热法施工主要有电极法、电热毯法、工频涡流加热法、远红外线养护法等。

① 电极法。

在混凝土内部或表面每隔 100～300 mm 的间距设置电极（直径 6～12 mm 的短钢筋或厚 1～2 mm、宽 30～60 mm 的扁钢），通以低压电流，由于混凝土的电阻作用，使电能变为热能，产生热量对混凝土进行加热。电极的布置应使混凝土温度均匀，通电前应覆盖混凝土的外露表面，以防止热量散失。为保证施工安全，电极与钢筋的最小距离应符合表 4.31 的规定，否则应采取适当的绝缘措施，振动混凝土时要避免接触电极及其支架。电极法仅适用于以木模浇筑的结构，且用钢量较大，耗电量也较高，只在特殊条件下采用。

表 4.31 电极与钢筋之间的最小距离

工作电压/V	65	87	106
电极与钢筋之间的最小距离/mm	50～70	80～100	120～150

② 电热毯法。

电热毯法采用设置在模板外侧的电热毯作为加热元件，适用于以钢模板浇筑的构件。电热毯由四层玻璃纤维布中间夹以电阻丝制成，其尺寸应根据钢模板外侧龙骨组成的区格大小而定，约为 300 mm × 400 mm，电压宜为 60～80 V，功率宜为每块 75～100 W。电热毯外侧应设置耐热保温材料（如岩棉板等）。在混凝土浇筑前先通电将模板预热，浇筑后根据混凝土温度的变化可连续或断续通电加热养护。

③ 工频涡流加热法。

工频涡流加热法是在钢模板外侧设置钢管，钢管内穿单根导线，利用导线通电后产生的涡流在管壁上产生热效应，并通过钢模板对混凝土进行加热养护。工频涡流法加热混凝土温度比较均匀，控制方便，但需制作专用模板，故模板投资大，适用于以钢模板浇筑的墙体、梁、柱和接头。

④ 远红外线养护法。

远红外线养护法是采用远红外辐射器向混凝土辐射远红外线，对混凝土进行辐射加热的养护方法。产生远红外线的能源除电源外，还可以用天然气、煤气、石油液化气和热蒸汽等，可根据具体条件选择。远红外线养护法具有施工简便、升温迅速、养护时间短、降低能耗、不受气温和结构表面系数的限制等特点，适用于薄壁结构、装配式结构接头处混凝土的加热等。

（4）暖棚法。

在所要养护的结构或构件周围用保温材料搭起暖棚，棚内设置热源，以维持棚内的正温环境，可使混凝土的浇筑和养护如同在常温下一样。暖棚内的加热宜优先选用热风机，可采用强力送风的移动式轻型热风机。采用暖棚法养护混凝土时，棚内温度不得低于 5 ℃，并应保持混凝土表面湿润。因搭设暖棚需大量材料和人工，能耗大，费用较高，故暖棚法一般只用于地下结构工程的混凝土量比较集中的结构工程。

（5）掺外加剂法。

在冬期混凝土施工中掺入适量的外加剂，可使其强度快速增长，在冻结前达到要求的临界强度，或改善混凝土的某些性能，以满足冬期施工的需要。这是冬期施工的有效方法，可简化施工工艺、节约能源、降低成本，但掺用外加剂应符合冬期施工工艺要求的有关规定。目前，冬期施工中常用的外加剂有早强剂、防冻剂、减水剂和引气剂。

① 防冻剂和早强剂。在冬期施工中，常将防冻剂与早强剂共同使用。防冻剂的作用是降低混凝土液相的冰点，使混凝土在负温下不冻结，并使水泥的水化作用能继续进行；早强剂则能提高混凝土的早期强度，使其尽快达到临界强度。

施工中须注意，掺有防冻剂的混凝土应控制水灰比；混凝土的初期养护温度不得低于防冻剂的规定温度，若达不到规定温度时应采取保温措施；对于含有氯盐的防冻剂，由于氯盐对钢筋有锈蚀作用，故应严格遵守规范对氯盐的使用及掺量的有关规定。

② 减水剂。减水剂具有减水及增强的双重作用。混凝土中掺入减水剂，可在不影响其和易性的情况下，大量减少拌和用水，使混凝土孔隙中的游离水减少，因而冻结时承受的破坏力就明显减少；同时，由于拌和用水的减少，可提高混凝土中防冻剂和早强剂的溶液浓度，从而提高混凝土的抗冻能力。

③ 引气剂。在混凝土中掺入引气剂，能在搅拌时引入大量微小且分布均匀的封闭气泡。当混凝土具有一定强度后受冻时，孔隙中的部分水会被冰的冻胀压力挤入气泡中，从而缓解了冰的冻胀压力和破坏性，故可防止混凝土遭受冻害。

第 5 章　预应力混凝土工程

5.1　预应力混凝土工程概述

预应力结构可以定义为：在结构承受外荷载之前，预先对其在外荷载作用下的受拉区施加压应力，以改善结构使用性能的结构形式。

在荷载作用下，当普通钢筋混凝土构件中受拉钢筋应力为 20～30 MPa 时，其相应的拉应变为 $(1.0\sim1.5)\times10^{-4}$，这大致相当于混凝土的极限抗拉应变，此时受拉混凝土可能会产生裂缝。但在正常使用荷载下，钢筋应力一般在 150～200 MPa，此时受拉混凝土不仅早已开裂，而且裂缝已展开较大宽度，另外构件的挠度也会比较大。因此，为限制截面裂缝宽度、减小构件挠度，往往需要对普通钢筋混凝土构件施加预应力。

对混凝土构件受拉区施加预应力的方法，是通过预应力钢筋或锚具，将预应力钢筋的弹性收缩力传递到混凝土构件上，并产生预应力。预应力的作用可部分或全部抵消外荷载产生的拉应力，从而提高结构的抗裂性；对于在使用荷载下出现裂缝的构件，预应力也会起到减小裂缝宽度的作用。

预应力混凝土与普通钢筋混凝土相比，具有以下明显的特点：

（1）在与普通钢筋混凝土同样的条件下，具有构件截面小、自重轻、刚度大、抗裂度高、耐久性好、节省材料等优点。工程实践证明，预应力混凝土可节约钢材 40%～50%，节省混凝土 20%～40%，减轻构件自重可达 20%～40%。

（2）可以有效地利用高强度钢筋和高强度等级的混凝土，能充分发挥钢筋和混凝土各自的特性，并能提高预制装配化程度。

（3）预应力混凝土的施工，需要专门的材料与设备、特殊的施工工艺，工艺比较复杂，操作要求较高，但用于大开间、大跨度与重荷载的结构中，其综合效益较好。

由于预应力混凝土结构的截面小、刚度大、抗裂性和耐久性好，其在世界各国的土木工程领域中得到广泛应用。近年来，随着高强度钢材及高强度等级混凝土的出现，促进了预应力混凝土结构的发展，也进一步推动了预应力混凝土施工工艺的成熟和完善。

预应力混凝土根据其预应力施加工艺的不同，可分为先张法和后张法两种。

先张法是指预应力钢筋的张拉在混凝土浇筑之前进行的一种施工工艺。它采用永久或临时台座在构件混凝土浇筑之前张拉预应力筋，待混凝土达到设计强度和龄期后，将施加在预应力筋上的拉力逐渐释放，在预应力筋回缩的过程中利用其与混凝土之间的黏结力，对混凝土施加预压应力。

后张法是指预应力钢筋的张拉在混凝土浇筑之后进行的一种施工工艺，它分为有黏结后张法和无黏结后张法两种。有黏结后张法施工是在混凝土构件中预设孔道，在混凝土的强度达到设计值后，在孔道内穿入预应力筋，以混凝土构件本身为支承张拉预应力筋，然后用特制锚具将预应力筋锚固形成永久预加应力，最后在预应力筋孔道内压注水泥浆，并使预应力筋和混凝土黏结成整体。无黏结后张拉不需要在混凝土构件中留孔，而是将无黏结预应力钢筋与普通钢筋一起绑扎形成钢筋骨架，然后浇筑混凝土，待混凝土达到预期强度后进行张拉，形成无黏结预应力结构。

预应力混凝土结构根据预应力度的不同，可分为全预应力混凝土、部分预应力混凝土和钢筋混凝土三类；按预应力筋在体内与体外位置的不同，预应力混凝土可分为体内预应力混凝土与体外预应力混凝土两类。

在预应力混凝土结构中所采用的混凝土应具有高强、轻质和高耐久性的性质。一般要求混凝土的强度等级不低于 C30。目前,我国在一些重要的预应力混凝土结构中,已开始采用 C50～C60 的高强混凝土,最高混凝土强度等级已达到 C100。

随着预应力结构跨径的不断增加,自重也随之增大,结构的承载能力将大部分用于平衡自重。追求更高的强度-自重比是混凝土材料发展的目标之一。此外,要求预应力混凝土具有快硬、早强的性质,可尽早施加预应力,加快施工进度,提高设备以及模板的利用率。

在预应力混凝土构件的施工中,不得掺用对钢筋有侵蚀作用的氯盐、氯化钠等,否则会发生严重的质量事故。

5.2　先张法

先张法是在构件浇筑混凝土之前,将预应力筋张拉到设计控制应力,用夹具固定在台座或钢模上,然后浇筑混凝土,待混凝土达到一定强度后,放松预应力筋,靠预应力筋与混凝土之间的黏结力使混凝土构件获得预应力。先张法一般适用于生产中小型预应力混凝土构件,多在固定的预制场生产,也可在施工现场生产。先张法施工示意图如图 5.1 所示。

（a）预应力筋固定在台座上

（b）浇筑混凝土构件

（c）张拉完成,切断预应力筋

图 5.1　先张法施工示意图

1—台座；2—横梁；3—台面；4—预应力钢筋；5—夹具；6—构件

5.2.1　台　座

台座是先张法施工的主要设备之一,它是张拉和临时固定预应力筋的支撑结构,承受预应力筋的全部张拉力,因此要求台座具有足够的强度、刚度和稳定性。台座按构造形式分为:墩式台座和槽式台座。

1. 墩式台座

墩式台座由台墩、台面与横梁等组成,如图 5.2 所示,目前常用的是台墩与台面共同受力的墩式台座,一般用于平卧生产的中小型构件,如屋架、空心楼板、平板等。台座尺寸由场地大小、构件类型和产量等因素确定,一般长度为 100～150 m,宽度为 2～4 m,这样张拉一次可生产多根构件,既减少张拉及临时固定工作,又可减少预应力损失。

图 5.2　墩式台座

1—混凝土；2—钢横梁；3—局部加厚的台面；4—预应力筋

1）台　墩

台墩一般由现浇钢筋混凝土制作而成，分为重力式和构架式两种。台墩除应具有足够的强度和刚度外，还应进行抗倾覆与抗滑移稳定性验算。

墩式台座抗倾覆验算的计算简图如图 5.3 所示，抗倾覆稳定性按下式计算：

$$K = \frac{M_1}{M} = \frac{GL + E_p e_2}{Ne_1} \geqslant 1.5 \tag{5-1}$$

墩式台座抗滑移验算，可按下式进行：

$$K_C = \frac{N_1}{N} \geqslant 1.3 \tag{5-2}$$

式中　K——抗倾覆安全系数（一般不小于 1.50）；

　　　K_C——抗滑移安全系数（一般不小于 1.30）；

　　　M——倾覆力矩（由预应力筋的张拉力产生）；

　　　N——预应力筋的张拉力；

　　　N_1——抗滑移力；

　　　e_1——张拉力合力作用点至倾覆点的力臂；

　　　M_1——抗倾覆力矩（由台座自重力和土压力等产生）；

　　　G——台墩的自重力；

　　　L——台墩重心至倾覆点的力臂；

图 5.3　墩式台座抗倾覆验算的计算简图

　　　E_p——台墩后面的被动土压力合力（当台墩埋置深度较浅时，可以忽略不计）；

　　　e_2——被动土压力合力至倾覆点的力臂。

如果考虑台面与台墩共同工作，则不做抗滑移计算，而应进行台面的承载力计算。

2）台　面

台面一般是在夯实的碎石垫层上浇筑一层厚度为 60～100 mm 的混凝土而成，台面略高于地坪，表面应当平整光滑，以保证构件底面平整。长度较大的台面，应每 10 m 左右设置一条伸缩缝，以适应温度的变化。

3）横 梁

横梁以台墩为支座，直接承受预应力筋的张拉力，其挠度不应大于 2 mm，并且不得产生翘曲。预应力筋的定位板必须安装准确，其挠度不应大于 1 mm。

2. 槽式台座

槽式台座由端柱、传力柱、横梁和台面等组成（图 5.4），既可承受张拉力，又可作为蒸汽养护槽，适用于张拉较高的大型构件，如吊车梁、箱梁等。

图 5.4　槽式台座

1—钢筋混凝土端柱；2—砖墙；3—下横梁；4—上横梁

槽式台座的长度一般不大于 76 m，宽度随构件外形及制作方式而定，一般不小于 1 m。为便于混凝土的运输、浇筑及蒸汽养护，台座宜低于地面。槽式台座一般与地面相平，以便运送混凝土和蒸汽养护，砖墙挡水和防水。端柱、传力柱的端面必须平整，对接接头必须紧密。

5.2.2　夹　具

夹具是先张法施工时为保持预应力筋拉力并将其固定在台座上的临时性锚固装置，按其作用分为张拉夹具和锚固夹具。对各种夹具的要求是：工作方便可靠、构造简单、加工方便。夹具种类很多，各地使用不一。常用的夹具有：

1. 钢丝夹具

先张法中钢丝夹具分两类：一类是将预应力筋锚固在台座或钢模上的锚固夹具（图 5.5）；另一类是张拉时夹持预应力筋用的张拉夹具（图 5.6）。锚固夹具与张拉夹具都是重复使用的工具。

（a）圆锥齿板式　　（b）圆锥槽式　　（c）楔形

图 5.5　钢丝的锚固夹具

1—套筒；2—齿板；3—钢丝；4、6—锥塞；5—锚板

（a）钳式　　　　（b）偏心式　　　　（c）楔形

图 5.6　钢丝的张拉夹具

1—钢丝；2—钳齿；3—拉钩；4—偏心齿条；5—拉环；6—锚板；7—楔块

第 5 章 预应力混凝土工程

2. 钢筋夹具

钢筋锚固多用螺母锚具、镦头锚具和销片夹具（图 5.7）等。张拉时可用连接器与螺母锚具连接，或用销片夹具等。

5.2.3 张拉设备

张拉设备应当操作方便、可靠，准确控制张拉应力，以稳定的速率增大拉力，在先张法中常用的是拉杆式千斤顶、穿心式千斤顶、台座式液压千斤顶、电动螺杆张拉机和电动卷扬张拉机等。

图 5.7 两片式销片夹具

1—销片；2—套筒；3—预应力筋

1. 拉杆式千斤顶

拉杆式千斤顶用于螺母锚具、锥形螺杆锚具、钢丝镦头锚具等。它由主油缸、主缸活塞、回油缸、回油活塞、连接器、传力架、活塞拉杆等组成。图 5.8 所示是用拉杆式千斤顶张拉时的工作示意图。张拉前，先将连接器旋在预应力筋的螺丝端杆上，相互连接牢固。千斤顶由传力架支承在构件端部的钢板上。张拉时，高压油进入主油缸，推动主缸活塞及拉杆，预应力筋通过连接器和螺丝端杆被拉伸。千斤顶拉力的大小可由油泵压力表的读数直接显示。当张拉力达到规定值时，拧紧螺丝端杆上的螺母，将预应力筋锚固在构件的端部。锚固后回油缸进油，推动回油活塞工作，千斤顶脱离构件，主缸活塞、拉杆和连接器回到原始位置。最后将连接器从螺丝端杆上卸掉，卸下千斤顶，张拉结束。

图 5.8 拉杆式张拉千斤顶张拉原理

1—主油缸；2—主缸活塞；3—进油孔；4—回油缸；5—回油活塞；6—回油孔；7—连接器；8—传力架；9—拉杆；
10—螺母；11—预应力筋；12—混凝土构件；13—预埋铁板；14—螺丝端杆

2. 穿心式千斤顶

穿心式千斤顶具有一个穿心孔，是利用双液压缸张拉预应力筋和顶压锚具的双作用千斤顶。穿心式千斤顶适用于张拉带 JM 型锚具、XM 型锚具的钢筋，配上撑脚与拉杆后，也可作为拉杆式千斤顶，张拉带螺母锚具和镦头锚具的预应力筋。图 5.9 所示为 JM 型锚具，图 5.10 所示为 YC-60 型千斤顶的安装示意图。

图 5.9 JM 型锚具的安装示意图

1—工作锚；2—YC-60 型千斤顶；3—工具锚；4—预应力筋束

（a）构造与工作原理　　　　　　　　（b）加撑脚后的外貌

图 5.10　YC60 型千斤顶

1—张拉油缸；2—顶压油缸（张拉活塞）；3—顶压活塞；4—弹簧；5—预应力筋；6—工具锚；7—螺帽；8—锚环；
9—构件；10—撑套；11—张拉杆；12—连接器；13—张拉工作油室；14—顶压工作油室；
15—张拉回程油室；16—张拉缸油嘴；17—顶压缸油嘴；18—油孔

3. 台座式千斤顶

台座式千斤顶是在先张法四横梁式或三横梁式台座上成组整体张拉或放松预应力筋的设备。当采用四横梁式装置时，拉力架由两根活动横梁和两根大螺杆组成，张拉时台座千斤顶推动拉力架横梁，带动预应力筋成组张拉，见图 5.11（a）。当采用三横梁式装置时，台座式千斤顶与活动横梁组装在一起，张拉时台座式千斤顶与活动横梁直接带动预应力筋成组张拉，见图 5.11（b）。

（a）四横梁式成组张拉装置　　　　　　（b）三横梁式成组张拉装置

图 5.11　预应力钢筋成组张拉装置

1—活动横梁；2—千斤顶；3—固定横梁；4—槽式台座；5—预应力筋；6—放松装置；7—连接器；
8—台座传力柱；9、10—后、前横梁；11—钢丝（筋）；12、13—拉力架横梁；
14—大螺杆；15—台座式千斤顶；16—螺母

4. 电动螺杆张拉机

电动螺杆张拉机主要适用于预制厂在长线台座上张拉冷拔低碳钢丝。其工作原理为：电动机正向旋转时，通过减速箱带动螺母旋转，螺母即推动螺杆沿轴向后移动，即可张拉钢筋。弹簧测力计上装有计量标尺和微动开关，当张拉力达到要求时，电动机能够自动停止转动。锚固好钢丝（筋）后，使电动机反向旋转，螺杆即向前运动，放松钢丝（筋），完成张拉过程。小型电动螺杆张拉机如图 5.12 所示。

5. 电动卷扬机

电动卷扬机主要用于长线台座上张拉冷拔低碳钢丝。工程上常用的是 LYZ-1 型电动卷扬机，其最大张拉力为 10 kN，最大张拉行程为 5 m，张拉速度为 2.5 m/min，电动机功率为 0.75 kW。LYZ-1 型又分为 LYZ-1A 型（支撑式）和 LYZ-1B 型（夹轨式）两种。

图 5.13 所示为采用卷扬机张拉单根预应力筋的示意图。

图 5.12　电动螺杆张拉机

1—电动机；2—手柄；3—前限位开关；4—后限位开关；
5—减速箱；6—夹具；7—测力器；
8—计量标尺；9—螺杆

图 5.13　用卷扬机张拉预应力筋

1—台座；2—放松装置；3—横梁；4—预应力筋；5—锚固夹具；
6—张拉夹具；7—测力计；8—固定梁；
9—滑轮组；10—卷扬机

5.2.4　先张法施工工艺

先张法施工工艺包括预应力筋的铺设、预应力筋的张拉、混凝土的浇筑与养护和预应力筋的放张等施工过程。

1. 预应力筋的铺设

在预应力筋铺设前，应对台面及模板涂刷隔离剂；为避免铺设预应力筋时因其自重下垂破坏隔离剂，玷污预应力筋，影响预应力筋与混凝土的黏结，应在预应力筋设计位置下面先放置好垫块或定位钢筋后铺设。

预应力钢丝宜用牵引车铺设。铺设时，钢筋接长或钢筋与螺杆的连接，可采用套筒双拼式连接器。钢筋采用焊接时，应合理布置接头位置，尽可能避免将焊接接头拉入构件内。

2. 预应力筋的张拉

先张法预应力筋的张拉有单根张拉和多根成组张拉。预应力筋的张拉工作是预应力混凝土施工中的关键工序，为确保施工质量，在张拉中应严格控制张拉应力、张拉程序、计算张拉力和进行预应力值校核。

1）张拉控制应力

预应力筋的张拉工作是预应力施工中的关键工序，应严格按设计要求进行。

预应力筋张拉控制应力的大小直接影响预应力效果，影响到构件的抗裂度和刚度，因而控制应力不能过低。但是，控制应力也不能过高，不允许超过其屈服强度，以使预应力筋处于弹性工作状态。否则会使构件出现裂缝的荷载与破坏荷载很接近，如此则很危险；此外，过大的超张拉会造成反拱过大，预拉区出现裂缝也是不利的。因此，预应力筋的张拉控制应力应符合设计要求。当施工中预应力筋需要超张拉时，可比设计要求提高 5%，但其最大张拉控制应力不得超过表 5.1 的规定。

表 5.1　最大张拉控制应力限值

预应力筋种类	先张法	后张法
碳素钢丝、刻痕钢丝、钢绞线	$0.80f_{ptk}$	$0.75f_{ptk}$
冷拔低碳钢丝、热处理钢筋	$0.75f_{ptk}$	$0.70f_{ptk}$
冷拉钢筋	$0.95f_{pyk}$	$0.90f_{pyk}$

注：f_{ptk} 为预应力筋极限抗拉强度标准值；f_{pyk} 为预应力筋屈服强度标准值。

2）张拉程序

预应力筋的张拉程序有超张拉和一次张拉两种。所谓超张拉，就是指张拉应力超过规范规定的控制应力值。采用超张拉方法时，预应力筋可按下列两种张拉程序之一进行张拉：

$$0 \rightarrow 105\%\sigma_{con}（持荷 2 \text{ min}）\rightarrow \sigma_{con}$$ （5-3）

$$0 \rightarrow 103\%\sigma_{con}$$ （5-4）

第一种张拉程序中，超张拉5%并持荷2 min，其目的是在高应力状态下加速预应力筋松弛早期发展，以减少应力松弛引起的预应力损失。第二种张拉程序中，超张拉3%，其目的是弥补预应力筋的松弛损失，这种张拉程序施工简单，一般多采用。所谓应力松弛，是指钢材在常温高应力作用下，由于塑性变形而使应力随时间延续而降低的现象。这种现象在张拉后的前几分钟内发展得很快，往后则趋于缓慢。一般超张拉5%并持荷2 min，再回到控制应力，松弛已完成50%以上。

3）预应力筋伸长值的演算

张拉预应力筋可单根进行也可多根成组同时进行。同时张拉多根预应力筋时，应预先调整预应力，使其相互之间的应力一致。预应力筋张拉锚固后，对设计位置的偏差不得大于5 mm，也不得大于截面短边的4%。

预应力筋张拉后，一般应校核其伸长值，其理论伸长值与实际伸长值的误差不应超过10%。若超过，则应分析其原因，采取措施后再继续施工。

理论伸长值按下式计算：

$$\Delta l = \frac{F_p \cdot l}{A_p \cdot E_s}$$ （5-5）

式中　F_p——预应力筋张拉力；

　　　l——预应力筋长度；

　　　A_p——预应力筋截面面积；

　　　E_s——预应力筋的弹性模量。

预应力筋实际伸长值，宜在初应力为张拉控制应力10%左右时开始测量，但必须加上初应力下的推算伸长值。通过伸长值的检验，可以综合反映张拉力是否足够以及预应力筋是否有异常现象等。因此，对于伸长值的检验必须重视。

4）预应力筋张拉力计算

预应力筋张拉力的计算公式如下：

$$F_p = m\sigma_{con}A_p$$ （5-6）

式中　m——超张拉系数，取值1.03或1.05；

　　　σ_{con}——预应力筋张拉控制应力（N/mm²）；

　　　A_p——预应力筋截面面积（mm²）。

在张拉预应力筋的施工中应当注意以下事项：

（1）应首先张拉靠近台座截面重心处的预应力筋，以避免台座承受过大的偏心力。

（2）张拉机具与预应力筋应在同一条直线上，张拉应以稳定的速率逐渐加大拉力。

（3）拉到规定应力再顶紧锚塞时，用力不要过猛，以防钢丝折断。

（4）在拧紧螺母时，应时刻观察压力表上的读数，始终保持所需的张拉力。

（5）预应力筋张拉完毕后与设计位置的偏差不得大于5 mm，且不得大于构件截面最短边长的4%。

（6）同一构件中，各预应力筋的应力应均匀，其偏差的绝对值不得超过设计规定的控制应力值的 5%。

（7）台座两端应有防护设施，沿台座长度方向每隔 4～5 m 放一个防护架，张拉钢筋时两端严禁站人，也不准进入台座。

3. 混凝土的浇筑与养护

预应力筋张拉完毕后，应立即绑扎骨架、支模、浇筑混凝土。台座内每条生产线上的构件，其混凝土应连续浇筑。混凝土必须振捣密实，特别对构件的端部，要注意加强振捣，以保证混凝土强度和黏结力。浇筑和振捣混凝土时，不可碰撞预应力筋；在混凝土未达到一定强度前，不允许碰撞或踩动预应力筋；当叠层生产时，必须待下层混凝土强度达 8～10 N/mm² 后方可进行。

混凝土可采用自然养护或湿热养护。当采用湿热养护时，采取二次升温制，初次升温的温差不宜超过 20 ℃；当构件混凝土强度达到 7.5～10 N/mm² 时，再按一般规定继续升温养护，这样可以减少预应力的损失。

4. 预应力筋的放张

预应力筋放张过程是预应力的传递过程，是先张法构件能否获得良好质量的一个重要环节，应根据放张要求，确定正确的放张顺序、放张方法和相应的技术措施。

1）放张要求

在进行预应力筋的放张时，混凝土强度必须符合设计要求；当设计无具体规定时，混凝土强度不得低于设计标准值的 75%。对于重叠生产的构件，要求最上一层构件的混凝土强度不低于设计强度标准值的 75% 时可进行预应力筋的放张。过早放张由于混凝土强度不足，会产生较大的混凝土弹性回缩而引起较大的预应力损失或钢丝滑动。故放张过程中，应使预应力构件自由收缩，避免过大的冲击与偏心。

2）放张顺序

预应力筋的放张顺序，应符合设计要求，当设计无具体要求时，应符合下列规定：

（1）对承受轴心预压力的构件（加压杆、桩等），所有预应力筋应同时放张。

（2）对承受偏心预压力的构件，应先同时放张预应力较小区域的预应力筋，再同时放张预应力较大区域的预应力筋。

（3）当不能按上述规定放张时，应分阶段、对称、相互交错地放张，以防止在放张过程中构件产生翘曲、开裂及断筋现象。

3）放张方法

（1）对预应力钢丝或细钢筋的板类构件，放张时可直接用钢丝钳或氧炔焰切割，并宜从生产线中间处切断，以减少回弹量，且有利于脱模；对每一块板，应从外向内对称放张，以免构件扭转、两端开裂。

（2）对预应力筋数量较少的粗钢筋构件，可采用氧炔焰在烘烤区轮换加热每根粗钢筋，使其同步升温，钢筋内应力均匀徐徐下降，外形慢慢伸长，待钢筋出现颈缩现象时，即可切断。

（3）对预应力筋配置较多的构件，不允许采用剪断或割断等方式突然放张，以避免最后放张的几根预应力筋产生过大的冲击而断裂，致使混凝土构件开裂。为此，应采用千斤顶或在台座与横梁间设置砂箱（图 5.14）和楔块（图 5.15），或在准备切割的一端预先浇筑混凝土块等方法，进行缓慢放张。

图 5.14　砂箱放张法

1—活塞；2—钢套管；3—进砂口；4—钢套箱；
5—出砂口；6—砂

图 5.15　楔块放张法

1—台座；2—横梁；3、4—钢块；5—钢楔块；
6—螺杆；7—承力板；8—螺母

5.3　后张法

后张法施工是在浇筑混凝土构件时，在放置预应力筋的位置处预留孔道，待混凝土达到一定强度（一般不低于设计强度标准值的 75%）后，将预应力筋穿入孔道中并进行张拉，然后用锚具将预应力筋锚固在构件上，最后进行孔道灌浆的施工方法。预应力筋承受的张拉力通过锚具传递给混凝土构件，使混凝土产生预压应力。

图 5.16 所示为预应力混凝土构件后张法施工示意图。图 5.16（a）所示为制作混凝土构件并在预应力筋的设计位置上预留孔道，待混凝土达到规定的强度后，穿入预应力筋进行张拉。图 5.16（b）所示为预应力筋的张拉，用张拉机械直接在构件上进行张拉，混凝土同时完成弹性压缩。图 5.16（c）所示为预应力筋的锚固和孔道灌浆，预应力筋的张拉力通过构件两端的锚具，传递给混凝土构件，使其产生预压应力，最后进行孔道灌浆。

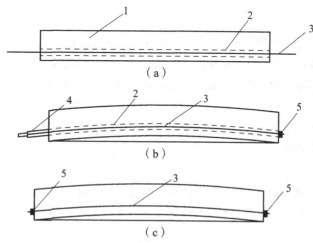

（a）

（b）

（c）

图 5.16　后张法施工示意图

1—混凝土构件；2—预留孔道；3—预应力筋；4—张拉千斤顶；5—锚具

后张法施工由于直接在混凝土构件上进行张拉，故不需要固定的台座设备，不受地点限制，灵活性大，适用于在施工现场生产大型预应力混凝土构件，特别是大跨度构件。后张法施工工序较多，工艺复杂，构件所用的锚不能重复利用。

第 5 章　预应力混凝土工程

5.3.1　锚　具

锚具是后张法结构或构件中保持预应力筋的张拉力,并将其传递到混凝土上的永久性锚固装置,是结构或构件的重要组成部分,是保证预应力值和结构安全的关键,故应尺寸准确,有足够的强度和刚度,工作可靠,构造简单,施工方便,预应力损失小,成本低廉。

锚具种类很多,按构造形式可分为螺杆锚具、夹片锚具、锥销式锚具、墩头锚具等;按工作特点可分为张拉端锚具、固定端锚具;按锚固的钢材不同可分为单根钢筋锚具、钢筋束锚具、钢绞线束锚具、钢丝束锚具等;按其锚固方式不同可分为支承式锚具、锥塞式锚具、夹片式锚具和握裹式锚具。

1. 支承式锚具

1)螺母锚具

螺母锚具由螺丝端杆、螺母及垫板组成（图 5.17）,适用于锚固直径为 18 ~ 36 mm 的冷拉 HRB335、HRB400 级钢筋。此锚具也可作先张法夹具使用。

（a）螺母锚具　　　　（b）螺丝端杆

（c）螺母　　　　（d）垫板

图 5.17　螺母锚具

2)墩头锚具

用于单根粗钢筋的墩头锚具一般直接在预应力筋端部热墩、冷墩或锻打成型。墩头锚具也适用于锚固多根钢丝束。钢丝束墩头锚具分为 A 型和 B 型。A 型由锚环和螺母组成,可用于张拉;B 型为锚板,用于固定端。钢丝束墩头锚具构造如图 5.18 所示。

（a）张拉端锚具（A 型）　　　　（b）固定端锚具（B 型）

图 5.18　钢丝束墩头锚具

1—锚环;2—螺母;3—锚板;4—钢丝束

3)精轧螺纹钢筋锚具

精轧螺纹钢筋锚具由垫板和螺母组成,是一种利用与该钢筋螺纹匹配的特制螺母锚固的支承式锚具,适用于锚固直径为 25 ~ 32 mm 的高强度精轧螺纹钢筋,如图 5.19 所示。

（a）锥面螺母与垫板

（b）平面螺母与垫板

图 5.19　精轧螺纹钢筋锚具

2. 锥塞式锚具

1）锥形锚具

锥形锚具由钢质锚环和锚塞组成（图 5.20），用于锚固钢丝束。锚环内孔的锥度应与锚塞的锥度一致。锚塞上刻有细齿槽，可夹紧钢丝防止滑动。

2）锥形螺杆锚具

锥形螺杆锚具用于锚固 14～28 根直径 5 mm 的钢丝束。它由锥形螺杆、套筒、螺母等组成（图 5.21）。

图 5.20　锥形锚具图

1—锚环；2—锚塞

图 5.21　锥形螺杆锚具

1—套筒；2—锥形螺杆；3—垫板；4—螺母；5—钢丝束

3. 夹片式锚具

1）单孔夹片锚具

单孔夹片锚具由锚环与夹片组成。夹片的种类很多，按片数可分为三片式与二片式；按开缝形式可分为直开缝与斜开缝（图 5.22）。

2）多孔夹片锚具

多孔夹片锚具又称预应力钢筋束锚具，是在一块多孔锚板上，利用每个锥形孔装一副夹片夹持一根钢筋或钢绞线的一种楔紧式锚具。这种锚具在现代预应力混凝土工程中广泛应用，主要的产品有：XM 型、QM 型、QVM 型、BS 型等（图 5.23～图 5.25）。

4. 握裹式锚具

钢绞线束固定端的锚具除了可以采用与张拉端相同的锚具外，还可选用握裹式锚具。握裹式锚具有挤压锚具和压花锚具两类。

（a）组装图　　　　　　　　　（b）锚环

（c）三片式夹片　　　（d）二片式夹片　　　（e）斜开缝夹片

图 5.22　单孔夹片锚具

1—钢绞线；2—锚环；3—夹片

图 5.23　XM 型锚具

图 5.24　QM 型锚具及配件

1—锚板；2—夹片；3—钢绞线；4—喇叭形铸铁垫板；5—弹簧圈；6—预留孔道的螺旋管；7—灌浆孔

图 5.25　BS 型锚具

1）挤压锚具

挤压锚具是利用液压压头机将套筒挤紧在钢绞线端头上的一种锚具（图 5.26）。套筒内衬有硬钢丝螺旋圈，在挤压后硬钢丝全部脆断，一半嵌入外钢套，一半压入钢绞线，从而增加钢套筒与钢绞线之间的摩阻力。锚具下设有钢垫板与螺旋筋。这种锚具适用于构件端部设计应力较大或端部尺寸受到限制的情况。

2）压花锚具

压花锚具是利用液压压花机将钢绞线端头压成梨形散花状的一种锚具（图 5.27）。梨形头的尺寸对于 ϕ15 mm 钢绞线不小于 ϕ95 mm × 150 mm。多根钢绞线梨形头应分排埋置在混凝土内。为提高压花锚四周混凝土及散花头根部混凝土的抗裂强度，在散花头的头部配置构造筋，在散花头的根部配置螺旋筋，压花锚距构件截面边缘不小于 30 cm。第一排压花锚的锚固长度，对 ϕ15 mm 钢绞线不小于 95 cm，每排相隔至少 30 cm。多根钢绞线压花锚具构造如图 5.28 所示。

图 5.26 挤压锚具的构造

图 5.27 压花锚具

1—波纹管；2—螺旋筋；3—钢绞线；4—钢垫板；5—挤压锚具

图 5.28 多根钢绞线压花锚具

1—波纹管；2—螺旋筋；3—灌浆管；4—钢绞线；5—构造筋；6—压花锚具

5.3.2 张拉机械

后张法张拉时所用的张拉千斤顶，与先张法基本相同，关键是在施工时应根据所用预应力筋的种类及其张拉锚固工艺情况，选用适合的张拉设备，以确保施工质量。在选用时，应特别注意以下三点：

（1）预应力的张拉力不得大于设备的额定张拉力。

（2）预应力筋的一次张拉伸长值，不得超过设备的最大张拉行程。

（3）当一次张拉不足时，可采取分级重复张拉的方法，但所用的锚具与夹具应适宜重复张拉的要求。

1. 拉杆式千斤顶（代号 YL）

拉杆式千斤顶适用于张拉以螺丝端杆锚具为张拉锚具的粗钢筋和以锥形螺杆锚具为张拉锚具的钢丝束。最大张拉力为 600 kN，张拉行程 150 mm。拉杆式千斤顶的构造示意图如图 5.29 所示。

图 5.29 拉杆式千斤顶构造示意图

1—预埋铁板；2—螺杆锚具；3—连接器；4—拉杆；5—撑脚；6—主缸体；7—主缸活塞；
8—副缸活塞；9—副缸体；10—螺母；11—钢筋；A—主油口；B—副油口

拉杆式千斤顶张拉预应力筋时，首先使连接器与预应力筋的螺丝端杆相连接，顶杆支撑在构件端部的预埋钢板上。高压油由 A 进入主缸时，则推动主缸活塞向左移动，并带动拉杆和连接器以及螺丝端杆同时向右移动，对预应力筋进行张拉。达到张拉力时，拧紧预应力筋的螺帽，将预应力筋锚固在构件的端部。高压油再由副油口 B 进入副缸，推动副缸使主缸活塞和拉杆向右移动，使其恢复初始位置。此时主缸的高压油流回高压油泵中去，完成一次张拉过程。

2. YC-60 型穿心千斤顶

YC-60 型穿心式千斤顶（图 5.30）适用于张拉各种形式的预应力筋，是目前我国预应力混凝土构件施工中应用最为广泛的张拉机械。YC-60 型穿心式千斤顶加装撑脚、张拉杆和连接器后，就可以张拉以螺丝端杆锚具为张拉锚具的单根粗钢筋、以锥形螺杆锚具和 DM5A 型墩头锚具为张拉锚具的钢丝束。YC-60 型穿心式千斤顶增设顶压分束器，就可以张拉以 KT-Z 型锚具为张拉锚具的钢筋束和钢绞线束。

图 5.30　YC-60 型穿心式千斤顶的构造示意图

1—工具锚；2—预应力筋；3—张拉油腔；4—张拉活塞；5—张拉缸体；6—顶压油腔；7—顶压活塞；8—回程油腔；
9—弹簧；10—夹片；11—锚环；12—构件；A—张拉缸油口；B—顶压缸油口；C—回程油口

张拉时，高压油从张拉缸油口 A 进入张拉油腔 3；同时，回程油口 C 回油。因张拉活塞 4 顶在构件 12 上，故张拉缸体逐渐向左移动而张拉预应力筋。当张拉力达到规定值时即进行顶压，关闭张拉油口 A，张拉缸持荷，高压油经回程油口 C 及顶压缸油口 B 进入顶压油腔 6，顶压活塞 7 右移，将夹片 10 顶入锚环 11 内，实现预应力筋的顶压锚固。回程时，松脱工具锚，回程油口 C 继续进油，同时打开张拉油口 A 回油。压力油使回程油口 8 容积增大，张拉缸体右移复位。此后，停止供油，打开回程油口 C，顶压活塞在弹簧 9 的回弹力下左移复位。顶压油腔回油，张拉完毕。

3. 锥锚式双作用千斤顶

锥锚式双作用千斤顶（图 5.31）适用于张拉以 KT-Z 型锚具为张拉锚具的钢筋束和钢绞线束，张拉以钢质锥形锚具为张拉锚具的钢丝束。

图 5.31　YC-60 型穿心式千斤顶的构造示意图

1—预应力筋；2—退楔翼片；3—楔块；4—退楔缸；5—张拉缸；6—大缸油腔；7—小缸油腔；8—锥形卡环；
9—小缸活塞；10—压簧；11—对中套；12—锚塞；A—大缸油口；B—小缸油口

张拉时，高压油从大缸油口 A 进入大缸油腔 6，小缸油口 B 回油。在大缸活塞 5 右移顶住对中套 11、锚环 13 和构件 14 后，高压油驱动大缸缸体 4 左移，张拉钢筋束直至规定值。顶压时，关闭大缸油口，大缸持荷；高压油从小缸油口进入小缸油腔 7，推动小缸活塞 9 右移，将锚塞 12 顶压进锚环中，以锚固钢丝束；同时，压簧 10 受压变形。回程时，A 油口回油，B 油口进油，大缸活塞左移，退楔翼板 2 顶退楔块使其松脱，大缸也同时复位，最后 B 油口回油，小缸活塞在压簧的回弹力下复位，张拉完毕。

5.3.3　预应力筋的制作

预应力筋的制作与钢筋的直径、钢材的品种、锚具的类型、张拉设备和张拉工艺有关。目前常用的预应力筋有单根钢筋、钢筋束、钢绞线束及钢丝束。

1. 单根钢筋的制作

单根钢筋的制作一般包括配料、对焊、冷拉等工序。单根预应力粗钢筋的下料长度应由计算确定，计算时应考虑结构的孔道长度、锚夹具厚度、千斤顶长度、焊接接头或墩头的预留量、冷拉伸长率、弹性回缩值、张拉伸长量等因素。

单根预应力筋的张拉端采用螺丝端杆锚具，固定端采用帮条锚具或墩头锚具。根据预应力筋是一端张拉还是两端张拉的情况，锚具与预应力筋的组合形式基本上有三种：两端都采用螺丝端杆锚具，一端螺丝端杆锚具另一端帮条锚具或镦头锚具，如图 5.32 所示。

（a）两端均采用螺丝端杆锚具　　（b）一端螺丝端杆锚具，另一端帮条锚具　　（c）一端螺丝端杆锚具，另一端镦头锚具

图 5.32　单根钢筋下料长度计算简图

1—预应力筋；2—螺丝端杆锚具；3—帮条（墩头）锚具；4—孔道；5—混凝土构件

（1）预应力筋两端采用螺丝端杆锚具的下料长度计算可参考下式：

$$L = \frac{l - 2l_1 + 2l_2}{1 + \gamma - \delta} + n\Delta \tag{5-7}$$

式中　l——构件孔道长度（mm）；

　　　l_1——螺丝端杆长度，一般为 320 mm；

　　　l_2——螺丝端杆的外露长度，一般为 120～150 mm 或按下式计算：

张拉端为 $l_2 = 2H + h + 5 \text{ mm}$，锚固端为 $l_2 = H + h + 10 \text{ mm}$；

　　　γ——钢筋的试验冷拉率；

　　　δ——钢筋冷拉的弹性回缩率，一般为 0.4%～0.6%；

　　　n——钢筋与钢筋、钢筋与螺丝端杆的对焊接头总数；

　　　Δ——每个对焊接头的压缩量，$\Delta = d$；

　　　H——螺母高度（mm）；

　　　h——垫板厚度（mm）。

（2）预应力筋一端采用螺丝端杆锚具，另一端采用帮条锚具或镦头锚具的下料长度计算可参考下式：

$$L = \frac{l - l_1 + l_2 + l_3}{1 + \gamma - \delta} + n\Delta \qquad 或 \qquad L = \frac{l - l_1 + l_2 + l_4}{1 + \gamma - \delta} + n\Delta$$

式中　l_3——帮条锚具长度，取值 70 ~ 80 mm；

　　　　l_4——镦头锚具长度，取值 2.25 倍钢筋直径加 15 mm（垫板厚度）。

2. 钢筋束（钢绞线束）的制作

钢筋束目前主要采用 3 ~ 6 根 Φ12 钢筋组成，钢绞线束主要采用 3 ~ 6 根 7Φ4 组成。由于其强度高、柔性好，而且钢筋不需要接头等优点，近年来钢筋束和钢绞线束预应力筋的应用越来越广泛。钢筋束所用钢筋一般是成圆盘状供应，长度较长，不需要对焊接长。钢筋束预应力筋的制作工艺一般是下料和编束。热处理钢筋及钢绞线下料切断时，宜采用切断机或砂轮锯切断，不得采用电弧切割。钢绞线切断前，在切口两侧 50 mm 处应用铅丝绑扎，以免钢绞线松散。钢筋束或钢绞线束预应力筋的编束，主要是为了保证穿入构件孔道中的预应力筋束不发生扭结。成束预应力筋宜采用穿束网套穿束。穿束前应逐根理顺，用铅丝每隔 1.0 m 左右绑扎成束，不得紊乱。钢筋束或钢绞线束的下料长度，主要与构件的长度、所选择的锚具和张拉机械有关，见图 5.33。

（a）两端张拉　　　　　　　　（b）一端张拉

图 5.33　钢筋束下料长度计算示意图

预应力筋两端同时张拉时，下料长度为

$$L = l + 2a \tag{5-8}$$

预应力筋一端张拉时，下料长度为

$$L = l + a + b \tag{5-9}$$

式中　L——预应力筋的下料长度；

　　　　l——构件的孔道长度；

　　　　a——张拉端余量；

　　　　b——固定端余量。

张拉端留量 a 固定端留量 b 与锚具和张拉机械有关，采用 JM12 型锚具和 YC60 型千斤顶张拉时，$a = 850$ mm，$b = 80$mm；对于钢筋束，若固定端采用镦头锚具，$b = 2.25d + 15$ mm。

3. 钢丝束的制作

钢丝束的制作，随着选用锚具形式的不同制作方法也有差异。一般需经下料、编束和安装锚具等工序。

1）制作工艺

当采用钢丝束作为预应力筋时，为了保证张拉时钢丝束中每根钢丝应力值的均匀性，钢丝束制作时必须等长下料，同束钢丝中下料长度的相对误差应控制在 $L/5\,000$ 以内，且不得大于 5 mm（L 为钢丝长度）。为保证达到上述下料精度，一般有两种方法：一种方法是应力下料，即拉钢丝拉至 300 MPa 应力状态下，画定长度，放松后剪切下料；另一种方法是用钢管限位法，即将钢丝通过小直径的钢管（钢管内径略粗于钢丝直径），在平直的工作台上等长下料。后一种方法比较简单，采用较广泛。钢丝下料后应逐根理顺进行编束，编束工作一般在比较平整的场地上进行，首先把钢丝理顺放平，然后隔 1.0 m 用 22 号铁丝将钢丝编成帘子状，然后每隔 1 m 放置一个螺旋衬圈，再将编好的钢丝帘绕衬圈围成圆束，如图 5.34 所示。编束的目的是防止钢丝互相扭结。

图 5.34 钢丝编束示意图

1—钢丝；2—铅丝；3—衬圈

2）下料长度计算

采用锥形螺杆锚具两端同时张拉（图 5.32）时，预应力筋的下料长度计算公式如下：

$$L = L_0 + \Delta = l - 2l_5 + 2l_6 + 2(l_7 + D) + \Delta \tag{5-10}$$

式中 L——预应力筋的下料长度；

     L_0——预应力筋的成品长度；

     l——构件的孔道长度；

     l_5——锥形螺杆长度（可取 380 mm）；

     l_6——锥形螺杆的外露长度（可取 120 mm）；

     l_7——锥形螺杆的套筒长度（可取 100 mm）；

     D——钢丝伸出套筒长度（可取 20 mm）；

     Δ——钢丝应力下料后的弹性回缩值（由试验确定）。

采用锚杯式镦头锚具一端张拉（图 5.32）时，预应力筋的下料长度计算公式如下：

$$L = l + 2a + 2\delta - 0.5(H - H_1) - \Delta L - C \tag{5-11}$$

式中 L——预应力筋的下料长度；

     l——构件的孔道长度；

     a——锚板厚度或锚杯底部厚度；

     δ——钢丝镦头余量（取钢丝直径的 2 倍）；

     H——锚杯高度；

     H_1——螺母高度；

     ΔL——张拉时钢丝伸长值；

     C——混凝土弹性压缩值（当其值很小时可略去不计）。

5.3.4   后张法施工工艺

后张法的施工工艺主要包括：预留孔道、预应力筋制作、预应力筋的穿入敷设、预应力筋的张拉与锚固和孔道灌浆。

1. 预留孔道

预留孔道方法有钢管抽芯法、胶管抽芯法、预埋管法等。其基本要求是：孔道的尺寸与位置应正确，孔道应平顺，接头不漏浆，端部的预埋钢板应垂直于孔道中心线，灌浆孔及泌水管的孔径应能保证浆液畅通。

第 5 章　预应力混凝土工程

1）钢管抽芯法

钢管抽芯法适用于留设直线孔道。钢管抽芯法是预先将钢管敷设在模板的孔道位置上，在混凝土浇筑后每隔一定时间慢慢转动钢管，防止它与混凝土黏住，待混凝土初凝后、终凝前抽出钢管形成孔道。选用的钢管要求平直，表面光滑，敷设位置准确。钢管用钢筋井字架固定，间距不宜大于 1.0 m。每根钢管的长度不超过 15 m，以便于转动和抽管。钢管两端应各伸出构件外 0.5 m 左右。较长的构件可采用两根钢管，中间用套管连接，其连接方法见图 5.35。

图 5.35　钢管连接方式

1—钢管；2—白铁皮套管；3—硬木塞

准确地掌握抽管时间很重要。抽管时间与水泥品种、气温和养护条件有关。抽管宜在混凝土初凝后、终凝以前进行，以用手指按压混凝土表面不显指纹为宜。抽管过早，会造成塌孔事故；抽管太晚，混凝土与钢管黏结牢固，抽管困难，甚至抽不出来。常温下抽管时间在混凝土浇筑后 3～5 h。抽管顺序宜先上后下进行。抽管方法可用人工抽管或卷扬机抽管，抽管时必须速度均匀，边抽边转并与孔道保持在一直线上。抽管后应及时检查孔道情况，并做好孔道清理工作，以防止以后穿筋困难。

2）胶管抽芯法

胶管有布胶管和钢丝网胶管两种。布胶管采用 5～7 层帆布夹层、壁厚 6～7 mm 的普通橡皮管，可用于直线、曲线或折线孔道。胶管安放于设计位置后，用钢筋井字架固定，直线孔道井字架间距不宜大于 0.5 m，曲线孔道适当加密；在浇筑混凝土前，在胶管中以 0.5～0.8 N/mm² 的压力充水或充气，管径增大约 30 mm，待浇筑的混凝土初凝后，放出压缩空气或压力水，管径缩小，混凝土脱离，随即抽出胶管形成孔道。钢丝网胶管质硬，具有一定的弹性，抽管时在拉力作用下断面缩小，易于拔出。

胶管抽芯与钢管抽芯相比，具有弹性好、便于弯曲、不需转动等优点，不仅可以留设直线孔道，而且可以留设曲线孔道。使用胶管留设孔道时，胶管必须具有良好的密封装置，抽管时间应比钢管略迟。

3）预埋管法

预埋管法是利用与孔道直径相同的波纹管埋在构件中，无须抽出，一般采用金属或塑料波纹管制作。预埋管法因省去抽管工序，且孔道留设的位置、形状也易保证，故目前应用较为普遍。金属波纹管由镀锌薄钢带经波纹卷管机压波卷成；塑料波纹管是以高密度聚乙烯或聚丙乙烯塑料为原料，用挤塑机或专用制管机经热挤压定形而成，具有质量小、刚度好、弯折方便、连接简单等优点。

波纹管应在 1 kN 径向力作用下不变形，使用前应做灌水试验，检查有无渗漏现象。波纹管的固定采用钢筋井字架，间距不宜大于 0.8 m，曲线孔道时应加密，并用铁丝绑扎牢固。

2. 预应力筋的制作

1）钢丝下料与编束

消除应力钢丝放开后可直接下料，下料如发现钢丝表面有电接头或机械损伤，应随时剔除。采用镦头锚具时，钢丝的等长要求较严，同束钢丝下料长度的相对差值，不应大于 $L/5\,000$，且不得大于 5 mm（L 为钢丝下料长度）。

编束可保证钢丝束两端钢丝的排列顺序一致，在穿束与张拉时不致紊乱。

2）钢绞线下料与编束

为了防止在下料过程中钢绞线紊乱并弹出伤人，应将钢绞线盘卷在事先制作的铁笼内，从盘卷中央逐步抽出。钢绞线下料宜用砂轮切割机切割，不得采用电弧切割。

钢绞线用 20 号铁丝绑扎编束，间距为 1～1.5 m。编束时应先将钢绞线理顺，使各根钢绞线松紧一致。如果钢绞线是单根穿入孔道，则不必编束。

3. 预应力筋的穿束

1）穿束顺序

预应力筋穿入孔道，简称穿束。穿束可分为先穿束法和后穿束法两种。

先穿束法：在浇筑混凝土之前穿束。此法按穿束与预埋螺旋管之间的配合，可分为以下三种：

（1）先穿束后装管。先将预应力筋穿入钢筋骨架内，后将螺旋管逐节从两端套入并连接。

（2）先装管后穿束。先将螺旋管安装就位，后将预应力筋穿入。

（3）二者组装放入。即在构件外侧的脚手架上将预应力筋与螺旋管组装后，从钢筋骨架顶部放入设计部位。

后穿束法：在混凝土浇筑之后穿束。此种穿束方法不占工期，便于用通孔器或高压水通孔，穿束后立即可以张拉，易于防锈，但穿束时比较费力。

2）穿束方法

根据一次穿入数量，可分为整束穿和单束穿。对钢丝束一般应整束穿；对钢绞线优先采用整束穿也可用单根穿。穿束工作可由人工、卷扬机或穿束机进行。

（1）人工穿束。

可利用起重设备将预应力筋吊起，工人站在脚手架上将其逐步穿入孔内。束的前端应扎紧并裹胶布，以便顺利通过孔道。对多波曲线束，宜采用特制的牵引头，工人在前头牵引，后头推送，用对讲机随时联系，保持前后两端同时用力。

（2）卷扬机穿束。

主要用于超长束、特重束、多波曲线束等整束穿入。卷扬机的电动机功率为 1.5～2.0 kW，卷扬机速度宜为 10 m/min，束的前端应装有穿束网套或特别的牵引头。

（3）穿束机穿束。

穿束机是一种专门用来穿束的设备，主要用于大型桥梁与构筑物单根钢绞线的穿入。

4. 预应力筋的张拉

预应力筋张拉时结构的混凝土强度应符合设计要求，当设计无具体要求时，不应低于设计强度等级的 75%。在预应力筋张拉中，主要是解决好张拉控制应力、张拉方式、张拉顺序、张拉程序、张拉伸长值校核等问题。

1）张拉控制应力

预应力钢筋的张拉控制应力值 σ_{con} 的限值见表 5.1。预应力筋伸长值的演算、预应力筋张拉力的计算与先张法相同。

2）张拉方法

（1）一端张拉方式。

适用于长度 ≤30 m 的直线预应力筋与锚固损失影响长度 $L_F \geq L/2$（L 为预应力筋长度）的曲线

第 5 章 预应力混凝土工程

预应力筋。设计认可放宽以上限制的，也可将张拉端分别设置在构件的两端。

（2）两端张拉方式。

适用于长度 > 30 m 的直线预应力筋与锚固损失影响长度 $L_F < L/2$ 的曲线预应力筋。当张拉设备不足或由于张拉顺序安排关系，也可先在一端张拉完成后，再移到另一端张拉，补足张拉力后锚固。

（3）分批张拉方式。

适用于配有多束预应力筋的构件或结构。在确定张拉力时，应考虑束间的弹性压缩损失影响，或将弹性压缩损失平均值统一增加到每根预应力筋的张拉力内。

（4）分段张拉方式。

适用于多跨连续梁板的逐段张拉。在第一段混凝土浇筑与预应力筋张拉锚固后，第二段预应力筋利用锚头连接器接长。

（5）分阶段张拉方式。

这是为了平衡各阶段的荷载所采取的分阶段逐步施加预应力的方式，具有应力、挠度与反拱容易控制，省材料等优点。

（6）补偿张拉方式。

这是一种在早期预应力损失基本完成后，再进行张拉，以弥补损失，达到预期的预应力效果的方式，在水利工程与岩土锚杆中应用较多。

3）张拉顺序

预应力筋的张拉顺序应符合设计要求，当设计无具体要求时，可采用分批、分阶段对称张拉，以使混凝土不产生超应力、构件不扭转与侧弯、结构不变位等。因此，对称张拉是一项重要原则。同时，还要考虑到尽量减少张拉机械的移动次数。

对配有多根预应力筋的预应力混凝土构件，由于不可能同时一次张拉，应分批、对称地进行张拉。分批张拉时，要考虑后批预应力筋张拉时对混凝土产生的弹性压缩，而引起前批张拉锚固好的预应力筋应力值的降低，所以对前批张拉的预应力筋的张拉应力值应增加$\Delta\sigma$，且

$$\Delta\sigma = \frac{E_s}{E_c} \cdot \frac{(\sigma_{con} - \sigma_1)A_p}{A_n} \tag{5-12}$$

式中　$\Delta\sigma$——前批张拉钢筋应增加的应力；

　　　E_s——钢筋的弹性模量（MPa）；

　　　E_c——混凝土的弹性模量（MPa）；

　　　σ_1——预应力筋的第一批应力损失值（包括锚具变形与摩擦损失，MPa）；

　　　A_p——后批张拉的预应力筋截面面积（mm^2）；

　　　A_n——混凝土构件的净截面面积（mm^2）。

采用分批张拉时，应按上式计算出分批张拉的预应力损失值，分别加到前批张拉预应力筋的张拉控制应力值内或同一张拉值逐根复位补足。

4）张拉程序

后张法预应力筋的张拉程序一般与先张法相同，应根据构件类型、张拉锚固体系、松弛损失取值等因素确定。

5）张拉伸长值校核

对张拉伸长值进行校核，可以综合反映张拉力是否足够，孔道摩阻损失是否偏大，以及预应力筋是否有异常现象等。根据《混凝土结构工程施工质量验收规范》（GB 50204）的规定：如实际伸长值比计算伸长值偏差超过 ±6%，应暂停张拉，在采取措施予以调整后，方可继续张拉。预应力筋的伸长值Δl（mm）可按下式计算：

$$\Delta l = \frac{F_p l}{A_p E_s}$$

(5-13)

预应力筋的实际伸长值,应在初应力为张拉控制应力的 10% 左右时开始量测,但必须加上初应力以下的推算伸长值;对后张法,还应扣除混凝土构件在张拉过程中的弹性回缩。

6)张拉注意事项

(1)在预应力作业中应特别注意安全。在任何情况下,作业人员均不得站在预应力筋的两端操作,张拉千斤顶的后面应设防护装置。

(2)操作千斤顶和测量伸长值的人员,应站在千斤顶的侧面工作;在油泵开动的过程中,不得擅自离开岗位。

(3)确实做到千斤顶、孔道与锚环三对中,以使张拉工作顺利进行,使测得的数据准确,避免过大的孔道摩擦。

(4)采用锥锚千斤顶张拉钢丝束时,应先使千斤顶张拉缸进油,至压力表略有启动时暂停,检查每根钢丝的松紧并进行调整,然后再打紧楔块。

(5)钢丝束镦头锚固体系,在张拉过程中应随时拧紧螺母,锚固时如遇钢丝束偏长或偏短,应增加螺母或用连接器解决。

(6)新的工具锚夹片在第一次使用前,应在夹片背面涂上润滑剂,以后每使用 5~10 次,应将工具锚上的挡板连同夹片一同卸下,向锚板的锥孔中再涂上一层润滑剂,以防夹片在退楔时卡住。

(7)多根钢绞线束所用的夹片锚固体系,如遇到个别钢绞线滑移,可在更换夹片后用小型千斤顶单根张拉。

(8)当预应力筋是逐根或逐束张拉时,应保证各阶段不出现对结构不利的应力状态;同时宜考虑后批张拉预应力筋所产生的结构构件的弹性压缩对先批张拉预应力筋的影响,确定张拉力。

(9)多根钢丝同时张拉时,构件截面中断丝和滑脱钢丝的数量,不得大于钢丝总数的 3%,且一束钢丝中只允许一根;对多跨双向连续板,其同一截面应按每跨计算。

(10)每个构件张拉完毕后,应检查端部和其他部位有无裂缝,并填写张拉记录表。

(11)长期外露的锚具,应涂刷防锈油漆,或用混凝土、砂浆封裹,以防止腐蚀。

5. 灌浆与封锚

有黏结预应力筋张拉后应随即进行孔道灌浆,以防预应力筋锈蚀,同时可增加结构的抗裂性和耐久性。

灌浆前,用压力水冲洗和湿润孔道;灌浆过程中,用电动或手动灰浆泵,水泥浆应均匀缓慢地注入,中途不得中断。灌满孔道并封闭气孔后,宜再加注压力至 0.5~0.6 MPa,并稳定一段时间,以确保孔道灌浆的密实性。为使孔道灌浆密实,可在灰浆中加入 0.05%~0.10% 的铝粉或 0.25% 的木质素磺酸钙。对不掺外加剂的水泥浆,可采用二次灌浆法来提高灌浆的密实性。

灌浆顺序应先下后上,曲线孔道灌浆应由最低点注入水泥浆,至最高点排气孔排尽空气并溢出浓浆为止。

预应力筋锚固后的外露部分应采用机械方法切割,其外露长度不宜小于 30 mm。锚固的封闭保护应符合设计要求,当设计无具体要求时,应符合下列规定:

(1)应采取防止锚具腐蚀和遭受机械损伤的有效措施。

(2)凸出式锚固端锚具的保护层厚度不应小于 50 mm。

(3)外露预应力筋的保护层厚度:处于正常环境时,不应小于 20 mm;处于易受腐蚀的环境时,不应小于 50 mm。

5.4　无黏结预应力混凝土

在后张法预应力混凝土构件中，预应力筋分为有黏结和无黏结两种。

有黏结的预应力是后张法的常规做法，张拉后通过灌浆使预应力筋与混凝土黏结。

无黏结预应力是近几年发展起来的新技术，其做法是在预应力筋表面刷涂油脂并包塑料带（管）后如同普通钢筋一样先铺设在支好的模板内，再浇筑混凝土，待混凝土达到规定的强度后，进行预应力筋张拉和锚固。这种预应力工艺是借助两端的锚具传递预应力，无须留孔灌浆，施工简便，摩擦损失小，预应力筋易弯成多跨曲线形状等，但对锚具锚固能力要求较高，适用于大柱网整体现浇楼盖结构，尤其在双向连续平板和密肋楼板中使用最为经济合理。

目前无黏结预应力混凝土平板结构的跨度，单向板可达 9 ~ 10 m，双向板为 9 m × 9 m，密肋板为 12 m，现浇梁跨度可达 27 m。

5.4.1　无黏结预应力筋的制作

无黏结预应力筋一般是由钢绞线或 $7\phi5$ 高强钢丝组成的钢丝束，通过专用设备涂包防腐油脂和塑料套管而构成的一种新型预应力筋，其截面如图 5.36 所示。

5.4.2　无黏结预应力筋锚具

无黏结预应力结构中，预应力筋的张拉力完全借助于锚具传递给混凝土，外荷载作用引起预应力筋受力的变化也全部由锚具承担。因此，无黏结预应力筋用的锚具不仅受力较大，而且承受重复荷载。

图 5.36　无黏结预应力筋截面

1—钢绞线或钢丝束；2—防腐润滑油脂；
3—塑料管

1. 张拉端

锚具张拉端凸出混凝土表面如图 5.37 所示；锚具凹进混凝土表面如图 5.38 所示。

图 5.37　突出式锚具张拉端的构造

1—无黏结预应力筋；2—螺旋筋；3—承压钢板；
4—夹片锚具；5—混凝土圈梁

图 5.38　凹入式锚具张拉端的构造

1—无黏结预应力筋；2—螺旋筋；3—承压钢板；
4—夹片锚具；5—砂浆

2. 固定端

挤压锚具固定端由挤压锚具、承压板和螺旋筋等组成，如图 5.39 所示。

5.4.3　张拉设备及机具

配套张拉设备有千斤顶和油泵，机具有压顶器（液压和弹簧两种）、张拉杆、工具锚等几种。

图 5.39 挤压锚具固定端的构造

1—承压板；2—螺旋筋；3—无黏结预应力筋；4—挤压元件

1. 前卡千斤顶

无黏结预应力筋一般均采用前卡千斤顶单根张拉方法。YCQ20 型前卡穿心千斤顶与 QM 型锚具配合，可以采用不压顶工艺张拉，施工效率很高。对于要求压顶的锚具，也可安装顶压器；对于群锚，还可以安装双筒撑套。

2. 电动高压油泵

电动高压油泵是为千斤顶、挤压机或 LD-10 型镦头器提供高压的设备。在无黏结预应力混凝土施工中，常用的有中型泵和小型泵两种。中型泵可以和各种液压设备配套使用，但在高层建筑中略显笨重；另外一种手提式小型油泵，比较轻便，但油箱太小，可与 YCQ20 型千斤顶及 LD-10 镦头器配套使用，但速度较慢，易发热，使用时须待冷却。

5.4.4 无黏结预应力施工

无黏结预应力在施工中，主要问题是无黏结预应力筋的铺设、张拉和端部锚头处理。无黏结筋在使用前应逐根检查外包层的完好程度。对有轻微破损者，可包塑料带补好；对破损严重者应予以报废。

1. 无黏结预应力筋的铺设

在单向连续梁板中，无黏结筋的铺设比较简单，如同普通钢筋一样铺设在设计位置上；在双向连续平板中，无黏结筋一般为双向曲线配筋，两个方向的无黏结筋互相穿插，给施工操作带来困难，因此确定铺设顺序很重要。铺设双向配筋的无黏结筋时，应先铺设标高低的无黏结筋，再铺设标高较高的无黏结筋，并应尽量避免两个方向的无黏结筋相互穿插编结。人工编序比较烦琐而且极易出错，根据编序特点采用电子计算处理较为合理。

无黏结筋应严格按设计要求的曲线形状就位并固定牢靠。铺设无黏结筋时，无黏结筋的曲率可垫铁马凳控制。铁马凳高度应根据设计要求的无黏结筋曲率确定，铁马凳间隔不宜大于 2 m 并应用铁丝将其与无黏结筋扎紧；也可以用铁丝将无黏结筋与非预应力钢筋绑扎牢固，以防止无黏结筋在浇筑混凝土过程中发生位移，绑扎点的间距为 0.7 ~ 1.0 m。无黏结筋控制点的安装偏差：矢高方向 ± 5 mm；水平方向 ± 30 mm。

2. 无黏结预应力筋的张拉

由于无黏结预应力筋一般为曲线配筋，故应两端同时张拉。无黏结筋的张拉顺序应与其铺设顺序一致，先铺设的先张拉，后铺设的后张拉。成束无黏结筋正式张拉前，宜先用千斤顶往复抽动 1 ~ 2 次以降低张拉摩擦损失。无黏结筋的张拉过程中，当有个别钢丝发生滑脱或断裂时，可相应降低张拉力，但滑脱或断裂的数量不应超过结构同一截面无黏结预应力筋总量的 2%。

3. 无黏结预应力筋的端部锚头处理

无黏结筋端部锚头的防腐处理应特别重视。采用 XM 型夹片式锚具的钢绞线，张拉端头构造简单，无须另加设施，端头钢绞线预留长度不小于 150 mm，多余部分切断并将钢绞线散开打弯，埋设在混凝土中以加强锚固，见图 5.40。

图 5.40　钢绞线端部锚头处理

1—锚环；2—夹片；3—埋件；4—钢绞线；
5—散开打弯钢丝；6—圈梁

第6章 结构安装工程

结构安装就是用起重机将预制构件或构件单元安放到设计位置的工艺过程。它是装配式结构工程施工的主导工程，对整个工程质量、施工进度和工程造价等有着直接的影响，应予以充分重视。

结构吊装具有设计标准化、构件定型化、产品工厂化、安装机械化的优点，可以改善劳动条件、加快施工进度，从而提高劳动生产率。

结构吊装有以下特点：

（1）基础轴线及标高、构件的几何尺寸及预埋件位置是否正确直接影响工程质量和施工速度。因此在吊装前应做好基础与构件的检查工作。

（2）有的预制构件在运输和吊装过程中，由于吊点和支点的原因，其受力状态和使用时不一致，甚至完全相反，需进行吊装验算，必要时应采取相应的加强措施。

（3）构件的尺寸与重量取决于已有起重机的能力，构件的吊装方法也随起重机而异。设计时构件的种类应尽量少，重量尽量轻、体积要小，但不能极端，否则吊次过多，不能充分发挥机械的效率，装配工作量大。

（4）结构吊装时，构件重量大，且为高空作业，工作面狭小，易发生安全事故，必须加强安全教育，采取可靠的安全措施。

（5）采用大型机械时，其费用较高，应在施工前进行充分细致的施工方案编制和选择，精心组织，尽量不让施工机械闲置，充分发挥其效能，降低机械费开支。

6.1 起重机械

起重机械是施工中采用的重要设备，合理选择与使用起重机械对减轻劳动强度、提高劳动生产率、加速工程进度、降低工程造价有重要作用。

6.1.1 索具设备

结构安装过程中使用的索具设备主要有：钢丝绳、滑轮组、卷扬机、吊钩、卡环、横吊梁。

1. 钢丝绳

1）钢丝绳的规格

钢丝绳是由直径相同的光面钢丝捻成钢丝股，再由6股钢丝股和1股绳芯搓捻而成，钢丝绳按每股钢丝的根数可分为3种规格。

（1）6×19+1：6股钢丝股，每股19根钢丝，中间加一根绳芯。这种钢丝粗、硬而耐磨，不易弯曲，一般用作缆风绳。

（2）6×37+1：6股钢丝股，每股37根钢丝，中间加一根绳芯。这种钢丝细，较柔软，用于穿滑车组和作起重绳。

（3）6×61+1：6股钢丝股，每股61根钢丝，中间加一根绳芯。这种钢丝质地软，用于重型起重机械。

2）钢丝绳的种类

按钢丝和钢丝股搓捻方向不同可分为顺捻绳和反捻绳两种。

顺捻绳：每股钢丝的搓捻方向与钢丝股的搓捻方向相同，其柔性好、表面平整、不易磨损，但易松散和扭结卷曲，吊重物时易使重物旋转，一般用于拖拉或牵引装置。

反捻绳：每股钢丝的搓捻方向与钢丝股的搓捻方向相反，钢丝绳较硬，不易松散，吊重物不扭结旋转，多用于吊装工作。

2. 卷扬机

卷扬机又称绞车，按驱动方式分为手动和机动两种。建筑施工常用的电动卷扬机有快速和慢速两种，慢速卷扬机（JJM 型）主要用于吊装结构、冷拉钢筋和张拉预应力筋，快速卷扬机（JJK 型）主要用于垂直运输和水平运输以及打桩作业。

卷扬机在使用时必须用地锚固定，以防作业时产生滑动或倾覆。

1）手动卷扬机

手动卷扬机为人力启动的主要工具，主要有手摇卷扬机、绞磨两种。

（1）手摇卷扬机由机架、手摇柄、齿轮、卷筒组成。额定牵引力 5～50 kN，手柄施力 0.15 kN 左右。

（2）绞磨又称绞盘，分木制和铁制两种。其构造简单，操作方便，小型的应用广；需较大的场地，用人多，牵引力小，不如手摇卷扬机安全。绞磨由竖轴、细腰卷筒、机架、棘轮、棘爪、推杆组成。棘轮和棘爪的作用是防止卷筒突然反转。

2）机动卷扬机

常用的机动卷扬机为电动卷扬机，也有内燃机或蒸汽机作动力的。电动卷扬机由电动机、减速机构、卷筒、电磁制动器等组成。电动卷扬机牵引力大，操作轻便安全，应用广泛。

使用卷扬机时的注意事项：为使钢丝绳能自动地在卷筒上往复缠绕，卷扬机的安装位置距第一个导向滑轮的距离应大于卷筒长度 a 的 15 倍，即绳的摆角不大于 4°。钢丝绳从下引入卷筒，近水平进入，减少倾覆力矩。

3. 滑轮组

滑轮组由若干个定滑轮和动滑轮以及钢丝绳组成。其特点是：既可以省力，又可以根据需要改变用力方向。滑轮组可用作简单的起重工具，又是起重机的重要部件。

滑轮组中共同负担构件重量的绳索根数称为工作线数，也就是在动滑轮上穿绕的绳索根数。滑轮组起重省力的多少，主要取决于工作线数和滑动轴承的摩阻力大小。滑轮组的绳索跑头可分为从定滑轮引出和从动滑轮上引出两种。

负担重量的根数，称为工作线数，3 根工作线数称"走3"。

钢丝绳在滑轮组上的穿法分为顺穿法和花穿法。

顺穿法：将钢丝绳从一侧开始按顺序穿过各个滑轮。滑轮组滑轮数目较多时易卡绳，称"咬绳"。

花穿法：间隔或跳跃式穿绳，跑头从中间穿出，两侧钢丝绳受力相差较小，能避免咬绳。"四·四"（4门）滑轮组以上，宜采用花穿法。

6.1.2 起重机械

用于结构吊装的起重机械主要有：桅杆式起重机、自行式起重机、塔式起重机。

1. 桅杆式起重机

桅杆式起重机的特点：能在比较狭窄的工地使用，制作简单，拆装方便，起重量也较大，可达

100 t 以上，受地形限制小，能解决大型机械缺乏和不足的困难；但其服务半径小，灵活性差，移动较困难，而且需要设置较多的缆风绳，故一般仅用于安装工程量集中的工程。

1）桅杆式起重机的构造和性能

桅杆式起重机分为独脚桅杆、悬臂桅杆、人字桅杆、牵缆式桅杆，如图 6.1 所示。

（a）独脚拔杆　　　　　　　　　（b）人字拔杆

（c）悬臂拔杆　　　　　　（d）牵缆式桅杆起重机

图 6.1　桅杆式起重机

1—拔杆；2—缆风绳；3—起重滑轮组；4—导向装置；5—拉索；
6—主缆风绳；7—起重臂；8—回转盘

（1）独脚桅杆。

俗称"拔杆"，主要构成材料为木料或钢材。

单根独脚桅杆适用于预制柱、梁和屋架等构件的吊装。多根独脚桅杆组合可用于大型结构的整体吊装。

独脚桅杆组成部分：拖子，供移动时使用；缆风绳，维持桅杆的稳定，6～12 根，多用钢丝绳，也可用麻绳；桅杆，承重部件；卷扬机，动力设备；滑轮组，转换受力方向，省力机构；锚碇，固定缆风绳、卷扬机，平衡卷扬机拉力。

施工时，桅杆有≤10°的倾角 β，以防吊装构件撞击桅杆。

① 木独脚桅杆。

由圆木做成，起吊高度为 8～15 m，起重量在 3～10 t。若提高起重量，可用 2～3 根组合，中间绑加劲杆。桅杆接长处，做成阶梯形，铁丝或钢丝绳绑扎牢固。

② 管式独脚桅杆。

由钢管做成，起吊高度可达 30 m，起重量可达 45 t。

③ 格构式独脚桅杆。

由格构柱做成，起吊高度可达 75 m，起重量达 100 t。柱体由多段组成，既便于改变高度，又方便运输。

（2）人字桅杆。

又称"人字拔杆"，由两根木杆或钢杆以钢丝绳绑扎或铁件铰接而成，底部设拉杆（绳）以平衡桅杆本身的水平推力，桅杆夹角以 30°为宜。其中一根桅杆的底部装有导向滑轮，起重绳通过它联向卷扬机，另用一根钢丝绳联向锚碇，保证底部稳定。

其特点是：起重量大，侧向稳定性好，构件起吊后的活动范围较小，可用于吊装重型柱等构件。

（3）悬臂桅杆。

在桅杆中部或 2/3 高度处安装一根悬臂，增加起重高度和工作半径。为使铰接处的桅杆得以加强，用撑杆和拉绳（钢丝绳）进行加固。

其特点是：起升高度大，工作幅度大，起重臂可左右转动，可达 120°～270°，为吊装工作带来方便。但起重量较小，多用于轻型构件的吊装。

（4）牵缆式桅杆。

起重臂可以起伏，整个机身可以 360°回转，起重量一般为 15～60 t，适用于构件多而集中的吊装；灵活性好，能在较大的服务范围内将构件吊到需要位置上。

2）桅杆的竖立

桅杆竖立之前要做好准备工作：桅杆的拼接、钢丝绳的穿绕、缆风绳的固定、锚碇和卷扬机的设置，并经仔细检查后，方可着手竖立。竖立方法有滑行法、旋转法、倒杆法。

（1）滑行法。

设置一根辅助桅杆，其长度为工作桅杆的一半加 3～3.5 m，将辅助桅杆立于地面靠近工作桅杆重心，并在底端安装好拖子，辅助桅杆的滑轮组连接于工作桅杆重心上的 1～1.5 m 处，开动卷扬机，工作桅杆和拖子沿地面滑行到安装位置，最后收紧缆风绳。

（2）旋转法。

将工作桅杆下端固定在辅助桅杆根部，顶端略加垫高；用辅助桅杆的滑轮组将工作桅杆绕辅助桅杆下端支点转起，此时必须稳住工作桅杆，以免摇晃；当工作桅杆升高到 60°～70°时制动卷扬机，用缆风绳将其拉到安装位置。辅助桅杆的高度应为工作桅杆高度的 1/3～1/4。

高度和重量不大的桅杆，可以直接将顶端垫高，直接用滑轮组与卷扬机相连，开动卷扬机，桅杆绕下支垫旋转竖立。

（3）倒杆法。

将辅助桅杆竖立，用一套滑轮组将其与工作桅杆组成直角三角形，用另一套滑轮组通过锚碇与卷扬机相连，开动卷扬机将辅助桅杆扳倒，当工作桅杆到 60°～70°时，停止卷扬机，用缆风绳将工作桅杆竖立。辅助桅杆的高度应为工作桅杆高度的 1/3～1/4。

此法应注意两点：工作桅杆底部系好绳索连向锚碇，以免在竖立过程中滑动；工作桅杆转动的反面用缆风绳予以控制以防转动过度而倾倒。

桅杆竖立后，将缆风绳收紧到初拉力，固定底部，以防摇晃和倾倒。

2. 自行式起重机

自行式起重机按行走机构分为履带式、轮胎式。轮胎式分为汽车起重机和轮胎起重机。

自行式起重机的优点是灵活性大，移动方便，能为整个工地服务，适用范围广，起重机本身是一个安装好的整体，一到现场即可投入使用，无须拼接安装；其缺点是稳定性小。

1）履带式起重机

履带式起重机对施工现场适应性强，因此发展较快，应用较广。

　　履带式起重机，由于履带的面积大，故对地面的压强较低，行走时不超过 0.2 MPa，起重时不超过 0.4 MPa，可以在较坎坷的松软路面行驶，必要时可垫路基箱。

　　履带式起重机是一种通用的起重机械，它由行走装置、回转机构、机身及起重臂等部分组成（图 6.2）。行走装置为链式履带，以减少对地面的压力；回转机构为装在底盘上的转盘，使机身可回转 360°；机身内部有动力装置、卷扬机及操纵系统；起重臂是用角钢组成的格构式杆件，下端铰接在机身的前面，随机身回转，起重臂可分节接长。常用的履带式起重机起重量为 100～500 kN，目前最大的起重量达 3 000 kN，最大起重高度可达 135 m，广泛用于单层工业厂房、旱地桥梁等结构的安装工程，以及其他吊装工程中。

图 6.2　履带式起重机

1—行走装置；2—回转机构；3—机身；4—起重臂

　　（1）履带式起重机的技术性能。

　　履带式起重机的主要技术性能包括 3 个主要参数：起重量 Q、起重半径 R 和起重高度 H。起重量 Q 是指起重机安全工作所允许的最大起重物的重量，一般不包括吊钩的重量；起重半径 R 是指起重机回转中心至吊钩的水平距离；起重高度 H 是指起重吊钩中心至停机面的垂直距离。

　　起重量 Q、起重半径 R 和起重高度 H 这 3 个参数之间存在相互制约的关系，且与起重臂的长度 L 和仰角 α 有关。当臂长一定时，随着起重臂仰角的增大，起重量 Q 增大，起重半径 R 减小，起重高度 H 增大；当起重臂仰角一定时，随着起重臂臂长的增加，起重量 Q 减小，起重半径 R 增大，起重高度 H 增大。

　　（2）履带式起重机的操作要求。

　　为了保证履带式起重机安全工作，在使用中应注意以下事项：

　　① 吊装时，起重机吊钩中心到起重臂顶部定滑轮之间应保持一定的安全距离，一般为 2.5～3.5 m。

　　② 满载起吊时，起重机必须置于坚实的水平地面上，先将重物吊离地面 20～30 cm，检查并确认起重机的稳定性、制动器的可靠性和起吊构件绑扎的牢固性后，才能继续起吊。起吊时动作要平稳，并禁止同时进行两种及以上动作。

　　③ 对无提升限定装置的起重机，起重臂最大仰角不得超过 78°。

　　④ 起重机行驶的道路应平整坚实，允许的最大坡度不应超过 3°。

　　⑤ 双机抬吊构件时，构件的重量不得超过两台起重机所允许起重量总和的 75%。

2）汽车式起重机

汽车式起重机是把起重机构安装在普通载重汽车或专用汽车底盘上的一种自行式起重机。其构造与履带式基本相同，只是底盘上装有可伸缩的支腿。其行驶的驾驶室与起重操纵室是分开的，如图 6.3 所示。起重臂的构造形式有桁架臂和伸缩臂两种，目前普遍使用的是液压伸缩臂起重机。

汽车式起重机的优点是行驶速度快，转移方便，对路面损伤小。因此，特别适用于流动性大，经常变换地点的作业。其缺点是起重作业时必须将可伸缩的支腿落地，且支腿下需安放枕木以增大机械的支撑面积，并保证必要的稳定性。这种起重机不能负荷行驶，也不适于在松软或泥泞的地面上工作。它广泛用于构件运输、装卸作业和结构安装工程中。

3）轮胎式起重机

轮胎式起重机是把起重机构安装在加重型轮胎和轮轴组成的特制底盘上的一种全回转式起重机，其上部构造与履带式起重机基本相同，但行走装置为轮胎，如图 6.4 所示。起重机设有 4 个可伸缩的支腿，在平坦地面上进行小起重量吊装时，可不用支腿并吊物低速行驶，但一般情况下均使用支腿以增加机身的稳定性，并保护轮胎。与汽车式起重机相比，其优点有横向尺寸较宽、稳定性较好、车身短、转弯半径小等。但其行驶速度较汽车式慢，故不宜做长距离行驶，也不适于在松软或泥泞的地面上工作。它适用于作业地点相对固定而且作业量较大的场合。

图 6.3　QY-8 型汽车式起重机

图 6.4　轮胎式起重机

1—变幅索；2—起重索；3—起重杆；4—支腿

3. 塔式起重机

1）塔式起重机的类型和特点

塔式起重机简称塔吊，是一种塔身直立、起重臂安装在塔台顶部并可作 360° 回转的起重机械。除用于结构安装工程外，也广泛用于多层和高层建筑的垂直运输。

（1）塔式起重机的类型。

塔式起重机的类型很多，按其在工程中使用和架设方法的不同可分为轨道式起重机、固定式起重机、附着式起重机和内爬式起重机 4 种，见图 6.5。

① 轨道式塔式起重机。该起重机在直线或曲线轨道上均能运行，且可负荷运行，生产效率高。它作业面大，覆盖范围为长方形空间，适合于条状的建筑物或其他结构物。轨道式塔吊塔身的受力状况较好、造价低、拆装快、转移方便、无须与结构物拉结；但其占用施工场地较多，且铺设轨道的工作量大，因而台班费用较高。

（a）轨道式塔式起重机

1—被动台车；2—活动侧架；3—平台；4—第一节架；5—第二节架；

6—卷扬机构；7—操纵配电系统；8—司机室；9—互换节架；

10—回转机构；11—起重臂；12—中央集电环；

13—超负荷保险装置；14—塔顶；15—塔帽；

16—手摇变幅机构；17—平衡臂；

18—吊构；19—固定侧架；

20—主动台车

（b）固定式塔式起重机

1—液压千斤顶；2—顶升套架；

3—锚固装置；4—建筑物

（c）附着式自身塔式起重机的顶升过程

（d）附着杆的布置形式

（e）内爬式起重机

图 6.5　塔式起重机

② 固定式塔式起重机。该起重机的塔身固定在混凝土基础上。它安装方便，占用施工场地小，但起升高度不大，一般在 50 m 以内，适合于多层建筑的施工。

③ 附着式塔式起重机。该起重机的塔身固定在建筑物或构筑物近旁的混凝土基础上，且每隔 20 m 左右的高度用系杆与近旁的结构物用锚固装置连接起来。因其稳定性好，故而起升高度大，一般为 70 ~ 100 m，有些型号可达 160 m。起重机依靠顶升系统，可随施工进程自行向上顶升接高。它占用施工场地很小，特别适合在较狭窄工地施工，但因塔身固定，服务范围受到限制。

④ 内爬式塔式超重机。该起重机安装在建筑物内部的结构上（常利用电梯井、楼梯间等空间），借助于爬升机构随建筑物的升高而向上爬升，一般每隔 1 ~ 2 层楼便爬升 1 次。由于起重机塔身短，用钢量省，因而造价低。它不占用施工场地，不需要轨道和附着装置，但须对结构进行相应的加固，且不便拆卸。内爬式塔式起重机适用于施工场地非常狭窄的高层建筑的施工；当建筑平面面积较大时，采用内爬式起重机也可扩大服务范围。

（2）塔式起重机的特点。

各类塔式起重机共同的特点是：塔身高度大，臂架长，作业面大，可以覆盖广阔的空间；能吊运各类施工用材料、制品、预制构件及设备，特别适合吊运超长、超宽的重大物体；能同时进行起升、回转及行走动作，同时完成垂直运输和水平运输作业，且有多种工作速度，因而生产效率高；可通过改变吊钩滑轮组钢丝绳的倍率，来提高起重量，能较好地适应各种施工的需要；设有较安全的安全装置，运行安全可靠；驾驶室设在塔身上部，司机视野好，便于提高生产率和保证安全。

2）塔式起重机的选用

选用塔式起重机时，首先应根据施工对象确定所要求的参数。塔式起重机的主要参数有起重幅度、起重量、起重力矩和起重高度。

（1）起重幅度。

起重幅度又称回转半径或工作半径，是从塔吊回转中心线至吊钩中心线的水平距离，它又包括最大幅度和最小幅度两个参数。对于采用俯仰变幅臂架的塔吊，最大幅度是指当动臂处于接近水平或与水平夹角为 15°时的幅度；当动臂仰成 63° ~ 65°（个别可仰至 85°）时的幅度，则为最小幅度。

施工中选择塔式起重机时，首先应考察该塔吊的最大幅度是否能满足施工需要。

（2）起重量。

起重量包括最大幅度时的起重量和最大起重量两个参数。起重量由重物、吊索、铁扁担或容器等的重量组成。

起重量参数的变化很大，在进行塔吊选型时，必须依据拟建工程的构造特点、所吊构件或部件的类型及重量、施工方法等，作出合理的选择，尽量做到既能充分满足施工需要，又可取得最大经济效益。

（3）起重力矩。

起重幅度和与之相对应的起重量的乘积，称为起重力矩。塔吊的额定起重力矩是反映塔吊起重能力的一项首要指标。在进行塔吊选型时，初步确定起重幅度和起重量的参数后，还必须根据塔吊技术说明书中给出的数据，核查是否超过额定起重力矩。

（4）起重高度。

起重高度是自轨道基础的轨顶表面或混凝土基础顶面至吊钩中心的垂直距离，其大小与塔身高度及臂架构造形式有关。选用时，应根据拟建工程的总高度、预制构件或部件的最大高度、脚手架构造尺寸以及施工方法等确定。

近年来，国内外新型塔式起重机不断涌现。国内研制的有 QT4-10、QT16、QT25、QJ45、QT60、QT80、QT100 及 QTZ200、QTZ250 型等塔式起重机。

6.2 单层工业厂房结构安装

单层工业厂房常采用装配式钢筋混凝土结构。主要承重构件中除基础现浇外，柱、吊车梁、屋架、天窗架和屋面板等均为预制构件。根据构件的尺寸、重量及运输构件的能力，预制构件中较大的一般在现场就地制作，中小型的多集中在工厂制作。结构安装工程是单层工业厂房施工的主导工种工程。

6.2.1 结构安装前的准备工作

结构安装前的准备工作包括场地清理，道路的修筑，基础的准备，构件的运输、排放、堆放、拼装加固、检查清理、弹线编号，吊装机具的准备。

1. 基础的准备

建筑物的基础一般在施工现场就地浇筑，分为钢筋混凝土杯形基础、钢柱基础。

1）装配式钢筋混凝土基础

基础浇筑时应保证定位轴线和杯口尺寸的正确，以便柱的吊装。基础的准备工作主要有标高调整和弹线。

（1）标高调整。

为保证柱牛腿设计标高符合要求，需测出基础杯口原有标高（小柱中心，大柱 4 个角点）；再量出牛腿顶面到柱底面的距离，结合柱底面制作误差，计算基础杯口底标高调整值，并在杯口内作标记；然后用水泥砂浆或细石混凝土垫至标记处。

（2）弹线。

杯口顶面上弹出建筑物的纵横定位轴线和柱的吊装线，作为柱对位和校正的依据。弹线时应注意柱、基对应。

杯形基础做好后应盖好，基坑回填时近基础的土面应低于杯口面，以防止污物、泥土、地面水落入基础中。

2）钢柱基础的准备

钢柱基础通常设计为平面，用锚栓将钢柱与基础连成整体。注意保证基础顶面的标高、锚栓的位置准确。

保证锚栓位置的方法是，将锚栓安置在用角钢制作的固定架上（与基础模板分开），然后浇筑混凝土。锚栓的螺纹应涂黄油，并用套子套住。

（1）一次浇筑法。

将柱脚基础一次浇筑到设计标高。将混凝土浇筑到设计标高以下 4~6 cm，接着用细石混凝土精确找平到设计标高。此法少一次浇筑工序，节约时间，但要求钢柱制作尺寸十分准确，且要保证细石混凝土与下层混凝土紧密连接。

（2）二次浇筑法。

柱脚基础分两次浇筑到设计标高。第一次将混凝土浇筑到设计标高以下 4~6 cm，待混凝土达

第6章 结构安装工程

到一定强度后，放置钢垫板并精确校准其标高，然后吊装钢柱。钢柱校正后在柱脚钢板下浇筑细石混凝土。多一道工序，但钢柱容易校正，适用于重型钢柱。

2. 构件的运输与堆放

1）构件的运输

装配式钢筋混凝土构件在预制厂制作，也可在施工现场制作。重量不大而数量很多的定型构件在预制厂制作，如屋面板、连系梁、轻型吊车梁等；尺寸和重量大、运输不方便的构件在现场制作，如柱、屋架、重型吊车梁等。

现场条件不满足，运输条件许可时，柱、屋架也可在预制厂制作。预制厂预制的构件，在吊装前需运至吊装地点就位。

运输工具有汽车、火车、船舶。汽车运输灵活方便，可直接运至现场，故预制构件一般采用载重汽车、半托式或全托式的平板拖车运输。构件在运输过程中必须保证不倾倒、不变形、不破坏，为此有如下要求：构件的强度，当设计无具体要求时，不得低于混凝土设计强度标准值的75%；构件的支垫位置要正确，数量要适当；装卸时吊点位置要符合设计要求；运输道路要平整，有足够的宽度和转弯半径。

（1）汽车运输方法。

大型屋面板和6 m以内的吊车梁、连系梁均用载重汽车运输，运输时用木垫垫好，并适当固定。鱼腹式吊车梁，采用倒放的方式，用铁丝穿入预留孔中将各梁连在一起，这样比较稳定。

① 柱的运输。

6 m以内的小柱采用载重汽车运输，较长的柱采用拖车运输，见图6.6。

图6.6 柱的运输

1—柱子；2—倒链；3—钢丝绳；4—垫木；5—铅丝；6—鱼腹式吊车梁；7—大型屋面板；
8—木杆；9—钢拖架首节；10—钢拖架中间节；
11—钢绳架尾节；12—屋架

柱侧放刚度较大时，应侧放，但应防止倾倒。柱太长，采用两点支撑，抗弯能力不足时可采用平衡梁三点支撑，以缩短悬臂长度，减少运输中出现裂缝的可能。

② 屋架的运输。

屋架一般尺寸较大，侧向刚度较差，用拖车或特制的钢拖架运输，防倾倒措施可靠，拖架用拖车头或拖拉机牵引。

18 m内的钢屋架可在载重汽车上加装运输支架，将屋架悬挂在支架两侧运输，用绳索绑牢，屋架两端头用角钢或杉木联系，以免在运输中左右摇摆。

（2）构件运输中应注意的问题。

运输构件，既要提高效率，又要注意保证构件运输过程中不损坏、不变形，并要为吊装作业创造有利条件。

① 混凝土强度。混凝土强度不得低于设计规定；无设计规定时，不得低于混凝土设计强度的70%。

② 支撑位置。支撑位置和装卸时的吊点一致，较长而重的构件应根据吊装方法和运输方向确定装车方向。

③ 运输道路。运输道路平整坚实，有足够的宽度和转弯半径。

④ 构件运输顺序。构件运输顺序和卸车位置应按施工组织设计的规定进行，以免造成现场混乱，增加二次搬运。

2）构件的堆放

预制构件运输到现场后应按平面图规定的位置堆放，避免二次搬运。构件堆放应符合下列规定：堆放构件的场地应平整坚实，并具有排水措施；构件就位时，应根据设计的受力情况搁置在垫木或支架上，并应保持稳定；大型构件（柱、屋架）应按施工组织设计规定的构件排放布置图排放，小型构件（屋面板、连系梁等）按规定的适当位置堆放；重叠堆放的构件，吊环应向上，标志朝外；构件之间垫以垫木，上下层垫木应在同一垂直线上；重叠构件的堆垛高度应根据构件和垫木强度、地面承载力及堆垛的稳定性确定；薄腹梁、屋架等立放构件，应从两边撑牢；采用支架靠放的构件必须对称靠放和吊运，上部用木块隔开。

3. 构件的拼装和加固

为了便于运输和避免扶直过程中损坏构件，天窗架及大型屋架可制成两个榀，运到现场后拼装成整体。

构件的拼装分为平拼和立拼两种。前者将构件平放拼装，拼装后扶直，一般适用于小跨度构件，如天窗架。后者适用于侧向刚度较差的大跨度屋架，不容易移动和扶直的构件；构件拼装时在吊装位置呈直立状态，可减少移动和扶直工序。

对于一些侧向刚度较差的天窗架、屋架，在拼装、焊接、翻身扶直及吊装过程中，为了防止变形和开裂，一般都用横杆进行临时加固。

天窗架、大跨度屋架和组合屋架，为便于运输，避免在扶直过程中被损伤，一般预制成块，到工地拼装。拼装前应检查混凝土强度、外形尺寸、裂缝损伤情况。

1）天窗架的拼装

用横杆临时夹紧，在一面焊好、扶直矫正后，再焊另一面。应注意防止焊接、扶直、吊装过程中发生变形。

2）预应力混凝土屋架拼装（图6.7）

图6.7　预应力混凝土屋架拼装

1—砖砌支垫；2—垫块；3—三角支架；4—绑扎铁丝；5—木楔；6—屋架

（1）做好屋架块体支墩。

砖支墩应高出地面 300 mm，顶面在同一水平面上，牢固无沉陷，每个块体两个支墩。支墩上放垫木，高度由起拱确定，其上弹出屋架拼装基准线（跨度、中轴、边线）。起拱高度：预应力混凝土屋架为 $l/1\,000$，钢筋混凝土屋架为 $l/700 \sim l/600$。

（2）竖立支架。

支架的作用是稳定屋架，应有足够的强度、刚度和稳定性。立柱用直径不小于 100 mm 的圆木制成，埋入土中约 1 m，两侧加斜撑。每榀屋架用 6～8 个支架。

（3）块体就位。

块体拼装前应清除孔道内的杂物，然后将块体吊到支墩上按拼装基准线就位。预留孔道连接处用铁皮管或其他方式连接，防止灌注立缝时混凝土或砂浆流入孔道内。

（4）穿预应力筋。

穿筋后对屋架的跨度、起拱、侧向弯曲再进行检查。

（5）焊接上弦拼接钢板及灌注下弦接头立缝。

灌注前接头处的混凝土表面应清洗干净、充分湿润后填入细石混凝土或砂浆。填缝要密实。

（6）张拉预应力筋和孔道灌浆。

在立缝灌注的混凝土或砂浆达到设计要求后，方可张拉预应力筋和孔道灌浆。

（7）焊接下弦拼接钢板及灌注上弦接头立缝。

待预应力筋孔道灌浆的砂浆强度达到设计要求后，方可进行吊装。组合屋架的拼装基本上与上述工序相同。

3）钢屋架的拼装

钢屋架一般在拼装台上进行平拼。拼装台表面应经过水准仪抄平。拼装时，将拼装块体吊到拼装台上，拼装接口处拼装螺栓，检查并校正跨距、起拱，拧紧螺栓进行电焊，钢屋架翻身焊接另一面。拼装台较高，可采用仰焊。钢屋架刚度较差，翻身、扶直、起吊应用杉木绑扎加固。

4. 构件的检查和清理

（1）构件的型号和数量是否与设计相符，尤其外运而来的构件。

（2）在吊装之前应对所有构件进行全面检查，检查的主要内容如下。

① 构件的外观：包括构件的型号、数量、外观尺寸（总长度、截面尺寸、侧向弯曲）、预埋件及预留洞位置以及构件表面有无空洞、蜂窝、麻面、缺陷、变形、裂缝等缺陷。

② 件的强度：当设计无具体要求时，一般柱子要达到混凝土设计强度的 75%，大型构件（大孔洞梁、屋架）应达到 100%，预应力混凝土构件孔道灌浆的强度不应低于 15 MPa。

构件的检查应作出记录，不合格构件应会同有关单位（设计、质量监督）进行研究并采取措施后，才可吊装。

（3）构件的外形尺寸、预埋件的位置和尺寸。

柱：总长度、柱脚到牛腿面的长度、柱脚底面的平整度、截面尺寸、预埋件的位置尺寸。

屋架：总长度、侧向弯曲、连接屋面板、天窗架、支撑等构件用的预埋件的位置。

吊车梁：总长度、高度、侧向弯曲、预埋件位置。

（4）构件清理工作主要是清理预埋件上的砂浆、污物。

5. 构件的弹线和编号

构件在质量检查合格后，即可在构件上弹出吊装的定位墨线，作为吊装时定位、校正的依据。对形状复杂的构件要标出重心和绑扎点的位置。

在对构件弹线的同时，应依据设计图纸对构件进行编号，编号应写在明显的部位，对上下、左右难辨的构件，还应注明方向，以免吊装时出错。对外形一样而配筋或预埋件不同的构件，拆模后就注明。

柱：在3个侧面上弹出吊装准线，矩形柱为几何中心线，工字形柱在翼缘上弹吊装准线，避免视差。柱顶和牛腿面弹出屋架和吊车梁的吊装准线。

屋架上弦顶面弹出几何中心线，并延至屋架两端下部，用于检查屋面板、屋架的垂直度，再从屋架中央向两端弹出天窗架、屋面板、檩条的吊装定位线作为纵横吊装基准线。

吊车梁应在梁的两端及顶面弹出吊装定位准线。

6.2.2 构件吊装工艺

结构构件吊装工序一般为：绑扎、吊升、对位、临时固定、校正、最后固定。

1. 柱的安装

1）柱的绑扎

柱绑扎的要求是牢固可靠、易绑易拆。绑扎方法应根据柱的形状、几何尺寸、重量、配筋、吊装方法、所用的吊具来确定。

绑扎工具：吊索（千斤绳）、普通卡环（插销带螺纹）、活络卡环、销子、横吊梁。为使其在高空中脱钩方便，宜采用活络式卡环。为避免吊装柱子时吊索磨损柱表面，要在吊索与构件之间垫麻袋或木板等。

绑扎点的数量和位置应根据柱的形状、断面、长度、配筋和起重机性能等情况确定。对中、小型柱（≤130 kN）采用一点绑扎，绑扎点一般选在牛腿下；对重型柱或细而长的柱子，需采用两点绑扎，绑扎点的位置应使两根吊索的合力作用线高于柱子的重心，这样才能保证柱子起吊后自行回转直立。

常用的绑扎方法有斜吊绑扎法和直吊绑扎法两种。

（1）斜吊绑扎法。当柱子平放起吊的抗弯强度满足要求时，可采用此法。柱子在平放状态下绑扎并直接从底模起吊，柱起吊后柱身略呈倾斜状态（图6.8），吊索在柱子的宽面一侧，吊钩可低于柱顶，因此起重臂可短些。另一种是用专用柱销绑扎，其优点是免除用吊索捆绑的困难，尤其是大直径钢丝绳。斜吊绑扎法的特点是柱不需翻身，起重臂长和起重高度都可以小一些，但由于柱吊离地面后呈倾斜状态，对位不大方便。

（2）直吊绑扎法。当柱子平放起吊的抗弯强度不能满足要求时，需先将柱子翻身，以提高柱截面的抗弯能力。柱起吊后柱身呈垂直状态，吊索分别在柱子两侧并通过横吊梁与吊钩相连（图6.9）。这种绑扎法的特点是柱起吊后呈垂直状态，对位容易，横吊梁应高于柱顶面，起重臂较长。

（a）一点卡环绑扎

（b）两点卡环绑扎

（c）一点柱销绑扎

图 6.8　柱斜吊绑扎

1—吊索；2—活络卡环；3—卡环插销拉索；4—滑轮；5—柱销；
6—插销；7—垫圈；8—插销拉索；9—柱销拉索

（a）柱翻身绑扎

（c）起吊状态

（b）一点绑扎

（d）两点绑扎

图 6.9　柱直吊绑扎

1、2—起重绳；3—定滑轮；4—横吊梁

（3）两点绑扎法。一点起吊抗弯刚度不够时采用，下绑扎点距重心的距离小于上绑扎点到重心的距离，柱吊起后能自行回转到直立状态。

2）柱的吊升

柱的吊升方法根据柱在吊升过程中的运动特点分为旋转法和滑行法两种。

（1）旋转法（图 6.10）。柱脚靠近基础，柱的绑扎点、柱脚、柱基中心 3 点共弧，弧的曲率半径等于起重机的工作半径；起重机在起吊过程中臂的仰角和臂长不变，通过升钩改变高度，只作回转，使柱子绕着柱脚旋转成直立状态，然后吊离地面，略转动起重臂，将柱放入基础杯口。柱脚的位置在柱直立以前是不动的，直立后升钩，柱脚离地旋转至基础上方，再插入杯口。

优点：柱在吊装过程中震动小，生产率高。

缺点：对起重机的机动性（回转）要求高，需同时完成收钩和回转的操作，宜用自行式起重机。

（a）旋转过程　　　（b）平面布置　　　（a）旋转过程　　　（b）平面布置
　　　图 6.10　旋转法吊装过程　　　　　　　图 6.11　滑行法吊装过程

（2）滑行法（图 6.11）。柱的绑扎点离杯口基础近，柱脚离基础远，起吊过程中，起重机的仰角、臂长不变，臂也不旋转，仅起重钩上升，而柱脚沿地面滑行（被拖向）到基础，至绑扎点位置柱身呈直立状态，然后吊离地面，略转动超重臂，最后提升插入杯口基础。起吊前起重钩和杯口中心在同一垂直线上。

滑行法吊升柱时，起重机只收钩。柱脚沿地面滑行，滑行法吊升时，柱受震动较大，应用滑橇等措施，减少柱脚与地面的摩擦。但滑行法对起重机的机动性能要求较低，只需完成收钩上升一个动作，适用于人字桅杆、独脚桅杆，长而重的柱为便于构件布置和吊升也常采用此法。

旋转法和滑行法是两种基本的方法，应力求以这两种基本的方法来布置和起吊构件。

采用旋转法不能使三点共弧时，可采用两点共弧。

（3）双机抬吊。分为双机一点抬吊（图 6.12）和双机两点抬吊（图 6.13）。

　　　图 6.12　双机一点抬吊　　　　　　　图 6.13　双机两点抬吊
　　　　　　　　　　　　　　　1、4—吊车；2—柱；3—基础

一点抬吊：两个起重机吊钩位于一点，起重臂不可能水平旋转，只能采用滑行法。柱的布置：绑扎点位于杯口基础附近，两台起重机停放位置相对立，其吊钩均位于基础上方。两台起重机升钩、落钩、回转等速度均应一致，一般选用同型号起重机，并在柱脚处加滑橇。

两点抬吊：两个起重机吊钩位于不同地方，吊装过程起重臂必须旋转，采用旋转法，一台抬上吊点，一台抬下吊点。柱的布置：吊点与基础中心处于起重机工作半径的圆弧上，两台起重机并立于柱的一侧。起吊时，两机同时以同一起升速度起升吊钩，使柱子离地面的高度大于下吊点至柱底面的距离后，吊钩停止上升。然后两台起重机吊臂同时向杯口回转，上吊点回转升钩，下吊点仅回转，直至柱子垂直，对准杯口。最后双机以相同的速度缓慢落钩，将柱插入杯口中。

3）柱的对位和临时固定

（1）柱的对位。

柱脚插入杯口后，并不立即降入杯底，而是在离杯底 30～50 mm 处进行对位。对位的方法是用八块木楔或钢楔从柱的四周放入杯口，每边放两块，用撬棍拨动柱脚或通过起重机操作，使柱的吊装准线对准杯口上的定位轴线，并保持柱的垂直。

（2）柱的临时固定。

柱对位后，放松吊钩，柱沉至杯底。再复核吊装准线的对准情况后，对称地打紧楔块，将柱临时固定（图 6.14）。然后起重机脱钩，拆除绑扎索具。当柱较高、基础杯口深度与柱长度之比小于1/20，或柱的牛腿较大时，仅靠柱脚处的楔块不能保证临时固定柱子的稳定，这时可采取增设缆风绳或加斜撑的方法来加强柱临时固定时的稳定性。

临时固定可用钢楔或木楔，钢楔易拔出，一般做成两个尺寸配合使用。

图 6.14　柱的临时固定
1—柱；2—楔子；3—基础；4—混凝土

（a）螺旋千斤顶平顶法　　　（b）千斤顶斜顶法

图 6.15　柱垂直度校正方法

4）柱的校正

柱子对位后将楔块略加打紧，放松吊钩，柱自重沉入杯底，再观察吊装准线。柱的校正内容包括平面位置、标高和垂直度三个方面。柱的平面位置通过钢楔校正，柱垂直度用千斤顶校正。由于柱的标高校正已在基础抄平时完成，平面位置校正在对位过程中也已完成，因此柱的校正主要是指垂直度的校正。

柱垂直度的控制方法是用两台经纬仪在柱相邻的两边检查柱吊装准线的垂直度。其允许偏差值：当柱高 $H<5$ m 时，为 5 mm；柱高 $H=5～10$ m 时，为 10 mm；柱高 $H>10$ m 时，$H/1\,000$ 为且不大于 20 mm。

柱垂直度的校正方法：当柱的垂直偏差较小时，可用打紧或放松楔块的方法或用钢钎来纠正；偏差较大时，可用螺旋千斤顶斜顶、平顶、钢管支撑斜顶等方法纠正（图 6.15）。

5）柱的最后固定

柱的校正完成后应立即进行最后固定。最后固定的方法是在柱脚与基础杯口间的空隙内灌注细石混凝土，其强度等级应比构件混凝土强度等级提高两级。细石混凝土的浇筑分两次进行：第一次浇筑到楔块底部，第二次在第一次浇筑的混凝土强度达25%设计强度后，拔出楔块，将杯口灌满细石混凝土，见图6.16。

（a）第一次浇筑细石混凝土　　（b）第二次浇筑细石混凝土

图 6.16　柱子最后固定

图 6.17　吊车梁吊装

2. 吊车梁的吊装

吊车梁的安装应在柱子杯口第二次浇筑的细石混凝土强度达到设计强度的75%以后进行。

1）绑扎、安装就位和临时固定

绑扎：吊车梁的绑扎点应对称设在梁的两端，使吊钩的垂线对准梁的重心，两点绑扎水平起吊就位。梁两端设拉绳控制转动，避免悬空时碰撞柱子。

就位：缓慢落钩，使吊车梁端面中心线与牛腿面的轴线对准。轴线未对准，应吊起，重新就位（图6.17）。

临时固定：一般来说，吊车梁的自身稳定性较好，对位后不需进行临时固定，仅用垫铁垫平。但当吊车梁横截面的高宽比大于4时，除用铁片垫平外，可用铁丝将吊车梁临时绑在柱子上，以防倾倒。

2）吊车梁的校正和最后固定

吊车梁的校正内容包括标高、平面位置和垂直度。标高取决于牛腿面的标高，在吊装柱子时已进行过调整，仍有误差可以在轨道安装时进行调整。吊车梁的平面位置和垂直度的校正，对一般的中小型吊车梁，校正工作应在厂房结构校正和固定后进行。这是因为，在安装屋架、支撑及其他构件时，可能引起吊车梁位置的变化，影响吊车梁位置的准确性。对于较重的吊车梁，由于脱钩后校正困难，可边吊边校，但屋架等构件固定后，需再复查一次。吊车梁的垂直度用线坠检查，当偏差超过规范规定的允许值（5 mm）时，在梁的两端与柱牛腿面之间支座处垫斜垫铁予以纠正。

吊车梁平面位置的校正主要是检查吊车梁纵向轴线的直线度和跨距是否符合要求。常用方法主要有：通线法、平移轴线法、边吊边校法。

（1）通线法：又称拉钢丝法。它根据定位轴线在厂房两端的地面上定出吊车梁的安装轴线位置并打入木桩，用钢尺检查两列吊车梁的轨距是否满足要求；然后用经纬仪将厂房两端的4根吊车梁的位置校正正确；最后在4根已校正好的吊车梁端部设置支架，高约200 mm，并根据吊车梁的定位轴线拉钢丝通线图（图6.18）。

图 6.18 通线法校正吊车梁

1—通线；2—支架；3—经纬仪；4—木桩；5—柱子；6—吊车梁；7—悬重物

（2）平移轴线法：吊车梁数量多、钢丝不易拉紧时采用。

在柱列边设置经纬仪，逐根将杯口上柱的吊装准线投影到吊车梁顶面处的柱身上，并做出标志（图 6.19）。若标志线至柱定位轴线的距离为 a，则标志距吊车梁定位轴线的距离为 $\lambda - a$，其中 λ 为柱定位轴线到吊车梁定位轴线之间的距离。根据柱的定位轴线到吊车梁定位轴线之间的距离逐根调整吊车梁，并检查两列吊车梁之间的跨距 L_k。这种方法适用于同一轴线上吊车梁数量较多的情况。

图 6.19 平移轴线法

1—经纬仪；2—标志；3—柱子；4—柱基础；5—吊车梁

（3）边吊边校法：较重吊车梁脱钩后移动困难，采用边吊边校法。

吊车梁的最后固定：吊车梁校正完毕后，用连接钢板与柱侧面、吊车梁顶端的预埋件相焊接，并在接头处支模，浇筑细石混凝土。

3. 屋架的吊装

屋架吊装工艺包括绑扎、扶直、就位、临时固定、校正和最后固定。

1）屋架的绑扎

屋架吊装时绑扎点应位于上弦肋节点处，高于屋架重心，左右对称，这样屋架起吊后不易倾覆和转动，在屋架两端应加拉绳，以控制屋架的转动。

吊索与水平线的夹角不得小于 45°，避免屋架承受过大压力。为减少屋架的起重高度和横向压力，可采用横吊梁进行吊装。屋架跨度小于 18 m，两点绑扎；屋架跨度大于 18 m，四点绑扎；屋架跨度超过 30 m，应采用横吊梁，减少绑扎吊索高度；三角形组合屋架，因其刚性较差且下弦杆不能承受压力，要采用横吊梁（图 6.20）。

2）屋架的扶直与就位

单层工业厂房的屋架一般均在施工现场平卧叠浇，因此，在吊装屋架前，需将平卧制作的屋架扶成直立状态，然后吊放到设计规定的位置排放，这个施工过程称为屋架的扶直与就位。

屋架扶直方式分为正向扶直和反向扶直，见图 6.21。

（a）跨度≤18 m　　　　　　　　　　（b）跨度>18 m

（c）跨度≥30 m　　　　　　　　（d）三角形组合屋架

图 6.20　屋架绑扎

（a）正向扶直　　　　　　　　　　（b）反向扶直

图 6.21　屋架的扶直

（1）正向扶直：起重机动作为升钩升臂。起重机位于屋架下弦杆一边，吊钩对准屋架上弦中点，收紧吊索，起臂使屋架脱模，然后使吊钩上升、起臂，以下弦为轴使屋架旋转成直立状态。

（2）反向扶直：起重机动作为升钩降臂。起重机位于屋架上弦杆一边。首先以吊钩对准屋架中心，收紧吊钩，接着使吊钩上升并同时降低起重臂，使屋架以下弦为轴缓慢转为直立状态。

正向扶直升起吊臂，而反向扶直落下吊臂，一般升臂比落臂易于操作且较安全，故应尽可能采用正向扶直。

在扶直的过程中，起重机吊钩对准屋架中心，吊索左右对称，与水平面夹角应大于60°。屋架数榀在一起叠浇时，为防止屋架下滑造成损伤，应在屋架两端搭设枕木垛，其高度与屋架的底面平齐。叠浇的屋架之间有粘连时，应用撬杠等去除黏结后再扶直。

3）屋架的吊升、对位与临时固定

屋架采用悬吊法吊升。屋架起吊后旋转至设计位置上方，超过柱顶约 300 mm，然后缓缓下落在柱顶上，进行对位，力求对准安装准线。屋架对位以建筑物的轴线为准，对位前事先将建筑物轴线用经纬仪投放到柱顶面上。对位后立即进行临时固定，然后起重机脱钩。

第一榀屋架的临时固定方法是：用四根缆风绳从两边拉牢。若已吊装完抗风柱，可将屋架与抗风柱连接。第二榀屋架及以后的屋架用屋架校正器临时固定在前一榀屋架上，每榀屋架至少需要两个屋架校正器（图 6.22）。

图 6.22 屋架校正器

1—钢管；2—撑脚；3—屋架上弦

4）屋架的校正与最后固定

屋架的校正内容是检查并校正其垂直度，检查采用经纬仪或垂球，校正用屋架校正器或缆风绳。屋架上弦中部对通过两个支座中心的垂直面偏差不得大于 $h/250$（h 为屋架高度）。

（1）经纬仪检查：在屋架上安装 3 个卡尺，1 个安装在屋架上弦中央，另 2 个安装在屋架的两端，卡尺与屋架的平面垂直。从屋架上弦的几何中心线量取 500 mm 并在卡尺上做标志，然后在距屋架中心线 500 m 处的地面上设置 1 台经纬仪，检查 3 个卡尺上的标志是否在同一垂直面上（图 6.23）。

图 6.23 屋架临时固定和校正

1—工具式支撑；2—卡尺；3—经纬仪

（2）垂球检查：卡尺设置与经纬仪检查方法相同。从屋架上弦的几何中心线向卡尺方向量 300 mm 并在 3 个卡尺上做出标志，然后在两端卡尺的标志处拉一条通线，在中央卡尺标志处向下挂垂球，检查 3 个卡尺上的标志是否在同一垂直面上。

屋架校正完毕立即按设计固定，牢固稳定后起重机才可松钩。

中、小型屋架一般均用单机吊装，当屋架跨度大于 24 m 或重量较大时，可考虑采用双机抬吊。

4. 屋面板的安装

屋面板一般预埋有吊环，用 4 根等长的带吊钩吊索吊升固定。屋面板的安装顺序应自檐口两边左右对称地逐块铺向屋脊，避免屋架不对称受力。屋面板对位后，立即用电焊固定。

5. 天窗架的安装

天窗架的吊装应在天窗架两侧的屋面板吊装完成后进行，其吊装方法与屋架的吊装基本相同。

6.2.3　结构吊装方案

结构吊装方案主要根据厂房结构形式、跨度、构件重量、安装高度、吊装工程量、工期要求，并结合施工现场条件、现有起重机械设备等因素综合考虑后，着重解决起重机的选择、结构吊装方法、起重机开行路线、构件平面布置等问题。

1. 结构吊装方法

单层工业厂房的结构吊装方法有分件吊装法和综合吊装法。

1）分件吊装法

分件吊装法是指起重机每开行一次，只吊装一种或两种构件。通常分三次开行安装完毕：第一次开行吊装柱，并逐一进行校正和最后固定；第二次吊装吊车梁、连系梁及柱间支撑等；第三次以节间为单位吊装屋架、天窗架、屋面板屋面支撑等构件。

分件吊装法由于每次吊装的基本上是同类构件，可根据构件的重量和安装高度选择不同的起重机或同种起重机不同的起重臂；同时每次吊装同类构件，在吊装过程中不需要频繁更换索具，容易熟练操作，所以吊装速度快，能充分发挥起重机的工作性能；在吊装相应位置另一种构件之前，有充分的校正时间。另外，构件可分批进场，供应单一，现场不致拥挤，现场的平面布置以及校正等比较容易组织。因此，目前一般单层工业厂房多采用分件吊装法。但分件吊装法由于起重机开行路线长，停机点多，从施工组织的角度，不能为吊装的后续工程及早提供工作面，后续工程不能与吊装工程搭接施工。

2）综合吊装法

综合吊装法是指起重机在厂房跨中一次开行中，分节间吊装完所有各种类型构件，又称节间吊装法。先吊 4～6 根柱子，接着就进行校正和最后固定，然后吊装该间的吊车梁、连系梁、屋架、屋面板和天窗架等构件。

综合吊装法的特点是能及早为后续工程提供工作面，使后续工程与吊装工程搭接，形成流水作业，有利于加快工程进度；起重机的停机点少，开行路线短。但由于一种机械同时吊装多种类构件，索具更换频繁，操作多变，影响生产效率的提高，安装小构件时，起重机不能充分利用其起重能力；另外，构件供应、平面布置复杂，且构件校正和最后固定的时间紧张，不利于施工组织。所以，一般情况下不采用这种吊装方法，只有当采用桅杆式等移动困难的起重机，或者对某些特殊结构（如门架式结构），或必须为后续工程及早提供工作面时才采用。

2. 起重机的选择

起重机选择包括起重机类型、型号的确定。

1）起重机类型的选择

起重机类型的选择应根据厂房的结构形式、构件重量、安装高度、吊装方法及现有起重设备条件来确定，要综合考虑其合理性、可行性和经济性。一般中小型厂房由于平面尺寸较大、构件较轻、安装高度不大，厂房内设备安装多在厂房结构安装完成后进行（封闭式施工），采用履带式起重机。

当缺乏上述起重设备时，可采用自制桅杆式起重机。重型厂房跨度大、构件重、安装高度大，厂房内设备安装往往与结构吊装同时进行，所以，一般选用大型自行式起重机以及重型塔式起重机与其他起重机械配合使用。

同一型号的起重机，有几种不同长度的起重臂。如果构件的重量、安装高度相差较大时，可用同型号不同臂长的起重机。

第 6 章　结构安装工程

2）起重机型号的选择

起重机的型号要根据构件的尺寸、重量和安装高度确定。所选起重机的 3 个工作参数，即起重量、起重高度和起重半径都必须满足构件吊装的要求。

（1）起重量 Q。

起重机的起重量必须大于或等于所安装构件的重量与索具重量之和，即必须满足下式要求：

$$Q > Q_1 + Q_2 \tag{6-1}$$

式中　Q——起重机的起重量（kN）；

　　　Q_1——构件的重量（kN）；

　　　Q_2——索具的重量（kN）。

（2）起重高度 H。

起重机的起重高度必须满足构件的吊装高度要求（图 6.24）：

$$H \geqslant h_1 + h_2 + h_3 + h_4 \tag{6-2}$$

式中　H——起重机的起重高度（m）；

　　　h_1——安装支座表面的高度（m），从停机面算起；

　　　h_2——安装空隙，不小于 0.3 m；

　　　h_3——绑扎点至构件吊起底面的距离（m）；

　　　h_4——索具高度，自绑扎点至吊钩面的距离（m）。

（a）安装屋架　　　　　　　　　　（b）安装柱子

图 6.24　起重高度计算简图

（3）起重半径 R。

起重半径的确定一般分为 3 种情况。

① 起重机可开到构件附近，不需验算起重半径。根据计算的起重量 Q 和起重高度 H，查阅起重机性能曲线或性能表，即可选择起重机的型号和起重臂长度 L；并可查得相应起重量和起重高度下的起重半径 R，作为确定起重机开行路线和停机点位置的依据。

② 当起重机不能直接开到吊装位置附近时，就需根据实际情况确定吊装时的最小起重半径 R。根据起重量 Q、起重高度 H 和起重半径 R 三个参数参阅起重机性能曲线或性能表，选择起重机的型号和起重臂长度 L。

③ 起重臂需要跨过已安装好的结构（或障碍）去吊装构件（如跨过屋架或天窗架吊装屋面板）时，为不使起重臂与结构相碰，或使宽度较大构件不碰起重臂，需确定起重机吊装该构件时的最小起重臂长度 L 及相应的起重半径 R，并据此及起重量 Q、起重高度 H 查阅起重机性能曲线或性能表，

选择起重机的型号和起重臂长度 L。

确定起重机的最小起重臂长的方法有数解法和图解法（图 6.25）。其中，根据数解法的几何关系，起重臂的最小长度可按下式计算：

$$L \geqslant l_1 + l_2 = \frac{h}{\sin\alpha} + \frac{f+g}{\cos\alpha} \tag{6-3}$$

式中　L——起重臂长度（m）；

　　　h——起重臂底绞至构件吊装支座顶面的距离（$h = h_1 - E$）（m）；

　　　h_1——停机面至构件吊装支座顶面的高度（m）；

　　　E——起重臂底绞至停机面的距离（m）；

　　　f——起重吊钩需跨越已安装好构件的水平距离（m）；

　　　g——起重臂轴线与已安装好结构的水平距离，一般为 1 m。

（a）数解法　　　　　　　　　　　（b）图解法

图 6.25　起重机最小臂长计算

为求得最小起重臂长，可对式（6-3）进行微分，并令 $\mathrm{d}l/\mathrm{d}\alpha = 0$。即

$$\frac{\mathrm{d}l}{\mathrm{d}\alpha} = \frac{-h\cos\alpha}{\sin^2\alpha} + \frac{(f+g)\sin\alpha}{\cos^2\alpha} = 0 \tag{6-4}$$

$$\alpha = \arctan\sqrt[3]{\frac{h}{f+g}} \tag{6-5}$$

将 α 值代入式（6-5）即可求出所需的最小起重臂长。然后由实际采用的 L 及 α 值计算出起重半径：

$$R = F + L\cos\alpha \tag{6-6}$$

式中　F——起重机回转中心至起重臂铰的距离（m）。

起重机型号选定后，根据厂房的构件吊装工程量、工期及起重机的台班产量，计算所需的起重机数量。

3. 起重机开行路线及停机位置

采用分件吊装时，起重机开行路线有以下几种（图 6.26）：

（1）柱跨内布置：

$R > L/2$，在跨中开行，停机点吊 2 根柱（图 6.26（a））；

$R > \sqrt{(L/2)^2 + (b/2)^2}$，在跨中开行，每个停机点可吊 4 根柱（图 6.26（b））；

$R < L/2$，跨内靠边开行，停机点吊 1 根柱（图 6.26（c））；

$R > \sqrt{a^2 + (b/2)^2}$，在跨内靠边开行，每停机点吊 2 根柱（图 6.26（d））。

（2）柱跨外布置：在跨外沿轴线开行，每个停机点可吊 1 ~ 2 根柱。

（3）屋架扶直就位及屋盖系统吊装时，起重机在跨中开行。

单跨厂房采用分件吊装法时需确定开行路线，画出停机位置图。

起重机从 A 轴线进场，沿跨外开行吊装 A 列柱，再沿 B 轴线跨内开行吊装 B 列柱，然后转到 A 轴线扶直屋架并将其就位，再转到 B 轴线吊装 B 列吊车梁、连系梁，随后转到 A 轴线吊装 A 列吊车梁、连系梁，最后转到跨中吊装屋盖系统，见图 6.27。

图 6.26　起重机吊装柱时的开行路线及停机位置

　　　　　吊装柱的开行路线及停机位置
　　　　　扶直屋架及屋架就位的开行路线
　　　　　吊装吊车梁及连系梁的开行路线及停机位置
　　　　　吊装屋架及屋面板的开行路线及停机位置

图 6.27　起重机开行路线及停机点位置

当多跨并列且有纵横跨时可先吊装纵向跨，然后吊装横向跨。高低跨并列时应先吊装高跨，后吊装低跨。面积较大或有多跨时，为加速工程进度，可将厂房划分若干施工段，选用多台起重机同时进行施工，每台起重机可独立作业，负责完成一个区段的全部吊装任务；也可选用不同性能的起重机协同作业，分别吊装柱和屋盖系统，组织大流水施工。

4. 构件平面布置

起重机型号、结构吊装方案确定后，现场预制构件的平面布置是吊装工程中一件很重要的工作。构件布置得合理，可以免除构件在场内的二次搬运，充分发挥起重机械的效率。构件的平面布置与吊装方法、起重机械性能、构件制作方法等有关，主要要求如下：

① 每跨构件尽可能布置在跨内，如确有困难时，可考虑布置在跨外而便于吊装的地方。

② 构件布置方式应满足吊装工艺要求，尽可能布置在起重机的起重半径之内，尽量减少起重机负重行走的距离及起重臂起伏的次数。

③ 构件布置时应满足吊装顺序的要求，并注意构件安装时的朝向，避免在空中调头，影响施工进度和安全。

④ 构件之间应留有一定的距离（一般不小于 1 m），以便于支模和浇筑混凝土。预应力构件还应考虑抽管、穿筋的操作场所。

⑤ 各种构件均应力求占地最少，保证起重机械、运输车辆运行道路的畅通，并保证起重机械回转时不致与构件碰撞。

⑥ 所有构件应布置在坚实的地基上，在新填土上布置时，土要夯实，并采取一定措施防止下沉影响构件质量。

构件平面布置分为预制、吊装两个阶段。

1）预制阶段构件布置

（1）柱的布置。由于柱的起吊方法有旋转法和滑行法两种，为配合这两种起吊方法，预制柱的布置可采取下列两种方式：

① 斜向布置：采用自行式起重机按旋转法吊柱时，宜斜向排列，按三点共弧或两点共弧布置。

按三点共弧作斜向布置时，其预制位置可采用图 6.28 所示的作图法确定。其步骤如下：以杯口基础为圆心，以起重半径画弧，与开行路线的交点即停机点；以停机点为圆心，以起重半径画弧并通过杯口基础；在杯口基础附近的弧上确定柱脚位置；以柱脚为圆心，以柱脚到绑扎点的距离为半径画弧，与前一弧线的交点即为绑扎点。通过柱脚和绑扎点确定柱布置位置。

图 6.28　柱子斜向布置方法之一

对于牛腿的朝向，当布置在跨内时，牛腿应面向起重机；布置在跨外时，牛腿应背向起重机。若场地限制、柱过长，三点共弧困难，则可按两点共弧布置（图 6.29、图 6.30）。

图 6.29　柱子斜向布置方法之二

（柱脚与柱基两点共弧）

图 6.30　柱子斜向布置方法之三

（吊点与柱基两点共弧）

②纵向布置：当采用滑行法起吊时，柱可按纵向布置，预制时与厂房纵轴平行排列。若柱长小于 12 m，为节约模板及场地，两柱可以叠浇，排成一行；若柱长大于 12 m，也可叠浇排成两行。布置时，可将起重机停在两柱之间，每停一点吊两根柱。柱的吊点应安排在起重机吊装该柱时的起重半径上，见图 6.31。

（a）

（b）

图 6.31　柱子纵向布置

（2）屋架的布置。屋架一般跨内平卧叠浇预制，每叠 2 ~ 3 格。布置方式有正面斜向、正反斜向及正反纵向布置等 3 种，见图 6.32。

（a）斜向布置

（b）正反斜向布置

（c）正反斜向布置

图 6.32　屋架预制时的集中布置方式

屋架应优先采用正面斜向布置，以便于屋架扶直就位。

屋架平卧预制时尚应考虑屋架扶直就位要求和扶直的先后次序，先扶直的放在上层并按轴线编号，标记出屋架两端朝向及预埋件位置。

屋架正面斜向布置时，下弦与厂房纵轴线的夹角为 $10° \sim 20°$；预应力屋架的两端应留出 $l/2 + 3$ m 的距离作为抽管、穿筋的操作场地；如一端抽管时，应留出 $l + 3$ m 的距离。用胶皮管作预留孔时，可适当缩短。每两垛屋架间要留 1 m 左右的空隙，以便支模和浇筑混凝土。

2）吊装阶段构件的就位布置及运输堆放

（1）屋架的扶直就位。

屋架扶直就位位置分同侧就位和异侧就位。就位方式分为靠柱边斜向就位和靠柱边成组纵向就位。

① 斜向就位：屋架靠柱边斜向就位，可按下述作图法确定，见图6.33。

图 6.33　屋架斜向排放

（虚线表示屋架预制时位置）

Ⅰ. 确定起重机吊装屋架时的开行路线及停机位置。

Ⅱ. 确定屋架的就位位置，若先安装抗风柱，①轴屋架需退到②轴线屋架的附近就位，使①轴屋架在吊装过程中不碰已安装的抗风柱，具体通过作图定位。

② 纵向就位：以 4~5 榀为一组靠柱边顺轴线纵向排列。屋架与柱之间、屋架与屋架之间的净距不小于 0.2 m，相互之间应用铅丝及支撑拉紧撑牢。

每组屋架之间应留 3 m 左右的间距作为横向通道。

每组屋架就位中心线应在该组屋架倒数第二榀安装轴线之后 2 m 外，可避免在已安装好的屋架下绑扎和起吊屋架；起吊后也不致与已安装的屋架相碰，见图 6.34。

图 6.34　屋架的组成纵向排放

（虚线表示屋架预制时的位置）

（2）吊车梁、连系梁、屋面板。

吊车梁、连系梁、屋面板一般在场外预制，然后运至工地就位吊装。

构件运到现场后按编号及构件吊装顺序进行就位或集中堆放。梁式构件叠放不宜超过 2 层；大型屋面板叠放不宜超过 8 层。

吊车梁、连系梁的就位位置，一般在其吊装位置的柱列附近，跨内跨外均可。条件允许可不就位，"随吊随运"。

屋面板的就位位置，跨内跨外均可。

堆放位置应根据起重机吊屋面板时所选用起重半径确定。当布置在跨内时，约后退 3~4 个节间；当布置在跨外时，应向后退 1~2 个节间开始堆放。

6.3　钢结构安装

6.3.1　钢构件的制作与堆放

1. 钢构件的制作

钢构件加工制作的工艺流程为：放样→号料与矫正→画线→切割→边缘加工→制孔→组装→连接→摩擦面处理→涂装。

1）放　样

放样工作包括核对图纸各部分的尺寸、制作样板和样杆，作为下料、制弯、制孔等加工的依据。

2）号料与矫正

号料是指核对钢材的规格、材质、批号，若其表面质量不满足要求，应对钢材进行矫正。

3）画 线

画线是指按照加工制作图，并利用样板和样杆在钢材上画出切割、弯曲、制孔等加工位置。

（1）切割。钢材切割有使用气割、等离子切割等高温热源方法的，也有使用剪切、切削、摩擦热等机械加工方法的。

（2）边缘加工。对尺寸要求严格的部位或当图纸有要求时，应进行边缘加工。边缘和端部加工的方法主要有铲边、刨边、铣边、碳弧气刨、气割和坡口机加工等。

（3）制孔。钢材机械制孔的方法有钻孔棚冲孔，钻孔设备通常有钻床、数控钻床、磁座钻及手提式电钻等。

（4）组装。钢构件的组装是把制备完成的半成品和零件按图纸规定运输单元，组装成构件和其部件。组装的方法有地样法、仿形复制装配法、立装法、卧装法、胎模装配法等。

（5）连接。钢构件连接的方法有焊接、铆接、普通螺栓连接和高强度螺栓连接等。连接是加工制作中的关键工艺，应严格按规范要求进行操作。

（6）摩擦面处理。采用高强度螺栓连接时，其连接节点处的钢材表面应进行处理，处理后的抗滑移系数必须符合设计文件的要求。摩擦面处理的方法一般有喷砂、喷丸、酸洗、砂轮打磨等。

（7）涂装。钢构件在涂层之前应进行除锈处理。涂料、涂装遍数、涂层厚度均应符合设计文件的要求。涂装时的环境温度和相对湿度应符合涂料产品说明书的要求。

钢构件涂装后，应按设计图纸进行编号，编号的位置应符合便于堆放、便于安装、便于检查的原则。对大型构件还应标明重量、重心位置和定位标记。

2. 钢构件的堆放

构件堆放的场地应平整坚实、排水通畅，同时有车辆进出的回路。在堆放时应对构件进行严格的检查，若发现有变形不合格的构件，应进行矫正，然后再堆放。已堆放好的构件要进行适当保护。不同类型的钢构件不宜堆放在一起。

6.3.2 钢结构单层工业厂房安装

1. 安装前的准备工作

1）施工组织设计

钢结构在安装前应进行安装工程的施工组织设计。其内容包括：计算钢结构构件和连接件数量；选择起重机械；确定构件吊装方法；确定吊装流水程序；编制进度计划，确定劳动组织，布置构件的平面位置；确定质量保证措施、安全保证措施等。

2）基础准备

钢柱基础的顶面通常设计为平面，通过地脚螺栓将钢柱与基础连成整体，施工时应保证基础顶面标高及地脚螺栓位置的准确。其允许偏差为：基础顶面标高差为 ±2 mm，倾斜度为 1/1 000；地脚螺栓位置允许偏差，在支座范围内为 5 mm。施工时可用角钢做成固定架，将地脚螺栓安置在与基础模板分开的固定架上。

为保证基础顶面标高的准确，施工时可采用一次浇筑法或二次浇筑法进行。

一次浇筑法：基础表面混凝土一次浇筑至设计标高以下 20～30 mm 处，然后在设计标高处设角钢或槽钢制作的导架，准确测定其标高，再以导架为依据，用水泥砂浆仔细铺筑支座表面，如图 6.35 所示。

　　二次浇筑法：基础表面混凝土先浇筑至距设计标高 50～60 mm 处，柱子吊装时，在基础面上安放钢垫板（不得多于 3 块）以调整标高，待柱子吊装就位后，再在钢柱脚底板下浇筑细石混凝土，如图 6.36 所示。用这种方法校正钢柱比较容易，多用于重型钢柱的吊装。

图 6.35　钢柱基础的一次浇筑法　　　　　图 6.36　钢柱基础的二次浇筑法

1—调整柱子用的钢垫板；2—柱子安装后浇筑的细石混凝土

3）构件的检查与弹线

　　在吊装钢构件之前，应检查构件的外形和几何尺寸，如有偏差应在吊装前设法消除。

　　在钢柱的底部和上部标出两个方向的轴线，在底部适当高度处标出标高准线，以便校正钢柱的平面位置、垂直度，屋架和吊车梁的标高等。对不易辨别上下、左右的构件，应在构件上加以标明，以免吊装时出错。

2. 构件安装工艺

1）钢柱的安装

　　（1）钢柱的吊升。钢柱的吊升可采用自行杆式或塔式起重机，用旋转法或滑行法吊升。当钢柱较重时，可采用双机抬吊，即用一台起重机抬柱的上吊点，一台起重机抬下吊点，采用双机并立相对旋转法进行吊装。钢柱经过初校，待垂直度偏差控制在 20 mm 以内方可使起重机脱钩。

　　（2）钢柱的校正与固定。钢柱的校正包括标高、平面位置和垂直度较正。标高的校正是在钢柱底部设置标高控制块（图 6.37（a））。平面位置的校正应用经纬仪从两个方向检查钢柱的安装准线。对于重型钢柱可用螺旋千斤顶加链条套环托座（图 6.38），沿水平方向顶校钢柱。钢柱的垂直度用经纬仪检测，如有偏差用螺旋千斤顶或油压千斤顶进行校正（图 6.37（b））。在校正过程中，应随时观察柱底部和标高控制块之间是否脱空，以防校正中造成水平标高的误差。

　　校正后为防止钢柱产生位移，应在柱底板四边用 10 mm 厚钢板定位，并电焊固定。钢柱复校后，紧固地脚螺栓，并将承重垫块上下点焊固定，防止移动。

图 6.37　钢柱垂直度矫正及承重块布置　　　　图 6.38　钢柱位置矫正

1—钢柱；2—承重垫块；3—千斤顶；4—钢托座；5—标高控制块　　　1—螺旋千斤顶；2—链条；3—千斤顶托座

2）钢吊车梁的安装

在钢柱吊装完成经校正固定于基础上之后，即可安装吊车梁。安装顺序应从有柱间支撑的节间开始。钢吊车梁均为简支梁，梁端之间应留有 10 mm 左右的间隙。梁的搁置处与柱牛腿面之间留有空隙，并设钢垫板。梁和牛腿用螺栓连接固定，梁与制动架之间用高强螺栓连接。

（1）钢吊车梁的吊升。钢吊车梁可用自行杆式起重机吊装，也可以用塔式起重机、桅杆式起重机等进行吊装；对重量很大的吊车梁，可用双机抬吊。

（2）钢吊车梁的校正与固定。吊车梁校正的内容包括标高、垂直度、轴线、跨距的校正。标高的校正可在屋盖吊装前进行，其他项目的校正可在屋盖安装完成后进行，因为屋盖的吊装可能会引起钢柱的变位。吊车梁标高的校正，用千斤顶或起重机使梁作竖向移动，并垫钢板，使其偏差在允许范围内。钢结构吊车梁轴线的校正同钢筋混凝土吊车梁。

3）钢屋架的安装与校正

（1）钢屋架的拼装、翻身扶直。钢屋架的侧向稳定性差，如果起重机的起重量、起重臂的长度允许时，应先拼装两榀屋架及其上部的天窗架、檩条、支撑等成为整体，然后再一次吊装。这样可以保证吊装的稳定性，同时也可提高吊装效率。钢屋架吊升时，为加强其侧向刚度，必要时应绑扎几道杉木杆，作为临时加固措施。

（2）钢屋架的吊升。钢屋架的吊装可采用内行杆式起重机、塔式起重机或桅杆式起重机等。根据屋架的跨度、重量和安装高度的不同，选用不同的起重机械和吊装方法。

（3）钢屋架的临时固定。屋架的临时固定可用临时螺栓和冲钉。

（4）钢屋架的校正与固定。钢屋架的校正内容主要包括垂直度和弦杆的正直度。垂直度用垂球检验，弦杆的正直度用拉紧的测绳进行检验。屋架的最后固定可用电焊或高强度螺栓。

3. 钢结构的连接与固定

钢结构的连接方法通常有三种：焊接、铆接和螺栓连接。对于焊接和高强度螺栓并用的连接，当设计无特殊要求时，应按先螺栓后焊接的顺序施工。钢构件的连接接头应经检查合格后方可紧固或焊接。

螺栓有普通螺栓和高强度螺栓两种。高强度螺栓又有高强度大六角头螺栓和扭剪型高强度螺栓。钢结构所用的扭剪型高强度螺栓连接副包括一个螺栓、一个螺母和一个垫圈。扭剪型高强度螺栓的优点是：受力好，耐疲劳，能承受动力荷载；施工方便，可拆换；可目视判定是否终拧，不易漏拧，安全度高。下面主要介绍高强度螺栓连接的施工。

1）摩擦面的处理

高强度螺栓连接时，必须对构件摩擦面进行加工处理。在制造厂进行处理可采用喷砂、喷水、酸洗或砂轮打磨等方法。处理好的摩擦面应有保护措施，不得涂油漆或污损。制造厂处理好的摩擦面，进场后应逐个进行所附试件抗滑移系数的复验，合格后方可安装。摩擦面抗滑移系数应符合设计要求。

2）连接板的安装

高强度螺栓连接板的接触面要平整，板面不能翘曲变形，安装前应认真检查，对变形的连接板应矫正平整。因连接构件的厚度不同，或制作和安装偏差等原因造成连接面之间的间隙，小于 1.0 mm 的间隙可不处理；1.0～3.0 mm 的间隙，应将高出的一侧磨成 1∶10 的斜面，打磨方向应与受力方向垂直；大于 3.0 mm 的间隙应加垫板，垫板两面的处理方法应与构件相同。

3）高强度螺栓的安装

（1）高强度螺栓的选用。高强度螺栓的形式、规格应符合设计要求。施工前，高强度大六角头螺栓连接副应按出厂批号复验扭矩系数，扭剪型高强度螺栓连接副应按出厂批号复验预拉力，复验合格后方可使用。选用螺栓长度时应考虑被连接构件的厚度、螺母厚度、垫圈厚度，且紧固后要露出 3 扣螺纹的余长。

（2）高强度螺栓连接副的存放。高强度螺栓连接副应按批号分别存放，并应在同批号内配套使用。在储存、运输、施工过程中不得混放，要防止锈蚀、污垢和碰伤螺纹等可能导致扭矩系数变化的情况发生。

（3）安装要求。钢结构安装前，应对连接摩擦面进行清理。高强度螺栓连接摩擦面应保持干燥、整洁，不应有飞边、毛刺、焊接飞溅物、焊疤、氧化铁皮、污垢等，除设计要求外摩擦面不应涂漆。

（4）临时螺栓连接。高强度螺栓连接时接头处应采用冲钉和临时螺栓连接。临时螺栓的数量应为接头上螺栓总数的 1/3，并不少于 2 个；冲钉的使用数量不宜超过临时螺栓数量的 30%。安装冲钉时不得因强行击打而使螺栓孔变形造成飞边。严禁使用高强度螺栓代替临时螺栓，以防因损伤螺纹造成扭矩系数增大。对错位的螺栓孔应采用铰刀或粗锉刀进行处理规整，不应采用气割扩孔。处理时应先紧固临时螺栓主板，至板间无间隙，以防切屑落入。钢结构应在临时螺栓连接状态下进行安装精度的校正。

（5）高强度螺栓安装。钢结构的安装精度经调整达到标准规定后，便可安装高强度螺栓。首先安装接头中那些未安装临时螺栓和冲钉的螺孔。高强度螺栓应能自由穿入螺栓孔，穿入方向应该一致。每个螺栓端部不得垫 3 个及以上的垫圈，不得采用大螺母代替垫圈。已安装的高强度螺栓用普通扳手充分拧紧后，再逐个用高强度螺栓换下冲钉和临时螺栓。在安装过程中，连接副的表面如果涂有过多的润滑剂或防锈剂，应使用干净的布轻轻擦拭掉，防止其安装后流到连接摩擦面中，不得用清洗剂清洗，否则会造成扭矩系数的变化。

4）高强度螺栓的紧固

为了使每个螺栓的预拉力均匀相等，高强度螺栓的拧紧可分为初拧和终拧。对于大型节点应分为初拧、复拧和终拧，复拧扭矩应等于初拧扭矩。

初拧扭矩值宜为终拧扭矩的 50%。终拧扭矩值可按下式计算

$$T_{\mathrm{c}} = K(P + \Delta P)d \tag{6-7}$$

式中　T_{c} ——终拧扭矩值（N·m）；

　　　P ——高强度螺栓设计预应力（kN）；

　　　ΔP ——预应力损失值（kN），取设计预应力的 10%；

　　　d ——高强度螺栓螺杆直径（mm）；

　　　K ——扭矩系数，扭剪型高强度螺栓取 0.13。

高强度螺栓多用电动扳手进行紧固，电动扳手不能使用的场合，用测力扳手进行紧固。紧固后用鲜明色彩的涂料在螺栓尾部涂上终拧标记以备查。高强度螺栓的紧固应按一定顺序进行，宜由螺栓群中央依次向外拧紧，并应在当天终拧完毕。

高强度螺栓连接副终拧后，螺栓丝扣应外留 2~3 扣，其中允许有 10% 的螺栓丝扣外露 1 扣或 4 扣。

对已紧固的螺栓，应逐个检查验收。对终拧用电动扳手紧固的扭剪型高强度螺栓，应以目测尾部梅花头拧掉为合格。对于用测力扳手紧固的高强度螺栓，仍用测力扳手检查是否紧固到规定的终拧扭矩值。高强度大六角头螺栓采用转角法施工时，初拧结束后应在螺母与螺杆端面同一处刻画出终拧角的起始线和终值线，以待检查；采用扭矩法施工时，检查时应将螺母回拧 30°~50° 再拧至原位，测定终拧扭矩值，其偏差不得大于 ±10%。欠拧、漏拧者应及时补拧，超拧者应予更换。

6.3.3　钢结构高层建筑安装

钢结构具有强度高、抗震性能好、施工速度快等优点，因而广泛用于高层和超高层建筑。其缺点是用钢量大、造价高、防火要求高。

1. 钢结构安装前的准备工作

1）钢构件的预检和配套

结构安装单位对钢构件预检的项目主要有构件的外形和几何尺寸、螺栓孔大小和间距、连接件位置、焊缝剖口、高强度螺栓节点摩擦面、构件数量规格等。构件的内在制作质量以制造厂质量报告为准。至于构件预检的数量，一般情况下关键构件全部检查，其他构件抽查 10% ~ 20%，预检时应记录一切预检的数据。

构件的配套应按安装流水顺序进行，以一个结构安装流水段（一般高层钢结构工程的安装是以一节钢柱框架为一个安装流水段）为单元，将所有钢构件分别由堆场整理出来，集中到配套场地。在数量和规格齐全之后进行构件预检和处理修复，然后根据安装顺序，分批将合格的构件由运输车辆供应到工地现场。配套中应特别注意附件（如连接板等）的配套，否则小小的零件将会影响到整个安装进度，一般对零星附件是采用螺栓或铅丝直接临时捆扎在安装节点上。

2）钢柱基础的检查

由于第一节钢柱直接安装在钢筋混凝土柱基的顶板上，故钢结构的安装质量和工效与柱基的定位轴线、基准标高直接相关。柱基的预检重点是定位轴线及间距、柱基顶面标高和地脚螺栓预埋位置。

（1）定位轴线检查。定位轴线从基础施工起就应重视，首先要做好控制桩。待基础混凝土浇筑后再根据控制桩将定位轴线引测到柱基钢筋混凝土板的顶面上，然后预检定位线是否同原定位线重合、封闭，每根定位轴线总尺寸误差值是否超过控制数，纵横定位轴线是否垂直、平行。定位轴线顶检是在弹过线的基础上进行的。

（2）柱间距检查。柱间距检查是在定位轴线确定的前提下进行的，采用标准尺实测柱距（应是通过计算调整过的标准尺）。柱间距偏差值应严格控制在 ± 3 mm 范围内。因为定位轴线的交点是柱基的中心点，是钢柱安装的基准点，钢柱竖向间距以此为准。框架钢梁连接螺孔的孔洞直径一般比高强螺栓直径大 1.5 ~ 2.0 mm，如柱距过大或过小，直接影响到整个竖向结构中框架梁的安装连接和钢柱的垂直度，安装中还会有安装误差。

（3）单独柱基中心线检查。检查单独柱基的中心线与定位轴线之间的误差，调整柱基中心线使其与定位轴线重合，然后以柱基中心线为依据，检查地脚螺栓的预埋位置。

（4）柱基地脚螺栓检查。检查内容为螺栓长度、垂直度及间距，以确定基准标高。

（5）基准标高实测。在柱基中心表面和钢柱底面之间，考虑到施工因素，规定有一定的间隙作为钢柱安装前的标高调整，该间隙规范规定为 50 mm。基准标高点一般设置在柱底板的适当位置，四周加以保护，作为整个高层钢结构施工阶段标高的依据。以基准标高点为依据，对钢柱的柱基表面进行标高实测，将测得的标高偏差用平面图表示，作为临时支承标高块调整的依据。

3）标高控制块的设置及柱底灌浆

为了精确控制钢结构上部的标高，在钢柱吊装之前，要根据钢柱预检的结果（实际长度、牛腿间距离、钢柱底板平整度等），在柱子基础表面浇筑标高控制块（图 6.39）。标高块用无收缩砂浆支模板浇筑，其强度不宜小于 30 N/mm²，标高块表面须埋设厚度为 16 ~ 20 mm 的钢板。浇筑标高块之前应凿毛基础表面，以增强黏结。

（a）单独方块形　　　（b）单独圆块形　　　（c）四块形

（d）十字架　　　（e）立模灌浆

图 6.39　临时支承标高块的设置

1—标高块；2—基础表面；3—钢柱；4—地脚螺栓；5—模板；6—灌浆口

待第一节钢柱吊装、校正和锚固螺栓固定后，要进行底层钢柱的柱底灌浆。灌浆前应在钢柱底板四周立模板，用水清洗基础表面，排除多余积水后再灌浆。灌浆用砂浆基本上保持自由流动，灌浆从一边进行，连续灌注。灌浆后用湿草包或麻袋等遮盖保护。

4）钢构件的现场堆放

按照安装流水顺序由中转堆场配套运入现场的钢构件，宜利用现场的装卸机械，尽量将其就位到安装机械的回转半径内。由运输造成的构件变形，在施工现场要加以矫正。

5）安装机械的选择

高层钢结构的安装均采用塔式起重机。塔式起重机应具有足够的起重能力，其臂杆长度应具有足够的覆盖面，以满足不同部位构件吊装的需要；多机作业时，臂杆要有足够的高差，以保证不碰撞地安全运转，各塔式起重机之间还应有足够的安全距离，确保臂杆不与塔身相碰。

6）安装流水段的划分

高层钢结构安装需按照建筑物的平面形状、结构形式、安装机械数量和位置等划分流水段。

平面流水段的划分应考虑钢结构安装过程中的整体稳定性和对称性，安装顺序一般由中央向四周扩展，以减少焊接误差。

立面流水段的划分以一节钢柱高度内的所有构件作为一个流水段。

2. 构件安装工艺

1）钢柱的安装

（1）绑扎与起用。

钢柱的吊点在吊耳处（柱子在制作时于吊点部位焊有吊耳，吊装完毕再割去）。根据钢柱的重量和起重机的起重量，钢柱的吊装可用双机抬吊或单机吊装（图 6.40）。单机吊装时需在柱子根部垫以垫木，以回转法起吊，严禁柱根拖地。双机抬吊时，钢柱吊离地面后在空中进行回直。

图 6.40　钢柱吊装

1—吊耳；2—垫木

（2）安装与校正。

钢结构高层建筑的柱子，多为 3 ～ 4 层一节，节与节之间用坡口焊连接。

在吊装第一节钢柱时，应在预埋的地脚螺栓上加设保护套，以免钢柱就位时破坏地脚螺栓的丝牙。钢柱吊装前，应预先在地面上将操作挂篮、爬梯等固定在施工需要的柱子部位上。

钢柱就位后，先调整标高，再调整位移，最后调整垂直度。柱子要按规范规定的数值进行校正，标准柱子的垂直偏差应校正到零。当上柱与下柱发生扭转错位时，可在连接上下柱的耳板处加垫板进行调整。

为了控制安装误差，对高层钢结构须预先确定标准柱（能控制框架平面轮廓的少数柱子），一般选择平面转角柱为标准柱。正方形框架取 4 根转角柱，长方形框架当长边与短边之比大于 2 时取 6 根柱，多边形框架则取转角柱为标准柱。

标准柱的检查一般取其柱基中心线为基准点，用激光经纬仪以基准点为依据对标准柱的垂直度进行观测，在柱子顶部固定有测量目标（图 6.41）。激光仪测量时，为了纠正由于钢结构振动产生的误差和仪器安置误差、机械误差等，激光仪每测一次转动 90°，在目标上共测 4 个激光点，以这 4 个激光点的相交点为准，量测安装误差。为使激光束通过，在激光仪上方的金属或混凝土楼板上必须固定或埋设一个小钢管。激光仪设在地下室底板上的基准点处。

除标准柱外，其他柱子的误差量测不用激光经纬仪，通常用丈量法，即以标准柱为依据，在角柱上沿柱子外侧拉设钢丝绳，组成平面封闭状方格，用钢尺丈量距离。超过允许偏差者则进行调整（图 6.42）。

图 6.41 钢柱顶的激光测量目标

图 6.42 钢柱校正用钢丝绳

1—花篮螺丝；2—钢丝绳；3—角柱

钢柱标高的调整是在每安装一节钢柱后，对柱顶标高进行一次实测。标高误差超过 6 mm 时，需进行调整，多用低碳钢钢板垫到规定的要求。如误差过大（大于 20 mm）不宜一次调整，可先调整一部分，待上节柱再调整，否则一次调整过大会影响支撑的安装和钢梁表面的标高。框架中柱的标高宜稍高些，因为钢框架安装工期较长，结构自重不断增大，中柱承受的结构荷载较大，基础沉降亦大。

钢柱轴线位移的校正是以下节钢柱顶部的实际柱中心线为准，所安装钢柱的底部对准下节柱的中心线即可。校正位移时应注意钢柱的扭转，钢柱扭转对框架安装很不利。

2）钢梁的安装

钢梁安装前应于柱子牛腿处检查标高和柱子间距。主梁安装前应在梁上装好扶手杆和扶手绳，待主梁安装就位后将扶手绳与钢柱系牢，以保证施工人员的安全。

钢梁一般在上翼缘处开孔，作为吊点。吊点位置取决于钢梁的跨度。为加快吊装速度，对重量较小的次梁和其他小梁，可利用多头吊索一次吊装数根构件。

安装框架主梁时，要根据焊缝收缩量预留焊缝变形量。安装主梁时对柱子垂直度的监测，除监测安放主梁的柱子两端的垂直度变化外，还要监测相邻的与主梁连接的各根柱子垂直度的变化情况，以保证柱子除预留焊缝收缩值外，各项偏差均符合规范规定。

安装楼层压型钢板时，先在梁上画出压型钢板铺放的位置线。铺放时要对正相邻两排压型钢板端头的波形槽口，以便使现浇混凝土层中的钢筋能顺利通过。

在每一节柱子高度范围内的全部构件安装、焊接、螺栓连接完成并验收合格后，才能从地面引测上一节柱子的定位轴线。

3. 钢结构构件的连接施工

钢构件的现场连接是钢结构施工中的重要问题。对连接的基本要求是：提供设计要求的约束条件，应有足够的强度和规定的延性，制作和施工简便。

目前，高层钢结构的现场连接主要是采用高强度螺栓和焊接。各节钢柱间多为坡口电焊连接。梁与柱、梁与梁之间的连接视约束要求而定，有的采用高强度螺栓连接，有的则是坡口焊和高强度螺栓连接共用。

高层钢结构柱与柱、柱与梁电焊连接时，应重视其焊接顺序。正确的焊接顺序能减少焊接变形，保证焊接质量。一般情况下应从中心向四周扩散，采用结构对称、节点对称的焊接顺序。钢结构焊接后，必须进行焊缝外观检验及超声波检验。

第7章 防水工程

7.1 屋面防水工程

屋面防水工程是房屋建筑的一项重要工程，屋面根据排水坡度分为平屋面和斜坡屋面两类；根据屋面防水材料的不同又可分为卷材防水层屋面（柔性防水层屋面）、瓦屋面、构件自防水屋面、现浇钢筋混凝土防水屋面（刚性防水屋面）等。

7.1.1 普通卷材屋面防水

1. 卷材防水材料及构造

卷材防水屋面所用的卷材有沥青防水卷材、高聚物改性沥青防水卷材及合成高分子卷材等，目前沥青卷材已被淘汰。卷材经粘贴后形成整片的屋面覆盖层可起到防水作用。卷材有一定的韧性，可以适应一定程度的胀缩和变形。粘贴层的材料取决于卷材种类：沥青卷材可用沥青胶做粘贴层；高聚物改性沥青防水卷材则用改性沥青胶；合成橡胶树脂类卷材及合成高分子系列的卷材，需用特制黏结剂冷粘贴于预涂底胶的屋面基层上，形成一层整体、不透水的屋面防水覆盖层。图 7.1 所示是卷材防水屋面构造图。

（a）无保温层屋面　　　　　　　　　（b）有保温层屋面

图 7.1　卷材防水屋面构造示意图

对于卷材屋面的防水功能要求，主要是：

耐久性，又叫大气稳定性，在日光、温度、臭氧影响下，卷材有较好的抗老化性能。

耐热性，又叫温度稳定性，卷材应具有防止高温软化、低温硬化的稳定性。

耐重复伸缩，在温差作用下，屋面基层会反复伸缩与龟裂，卷材应有足够的抗拉强度和极限延伸率。

保持卷材防水层的整体性，还应注意卷材接缝的黏结，使一层层的卷材黏结成整体防水层。

保持卷材与基层的黏结，防止卷材防水层起鼓或剥离。

第 7 章 防水工程

2. 基层与找平层

基层、找平层应做好嵌缝、找平及转角和基层处理等工作。

采用水泥砂浆找平层时，水泥砂浆抹平收水后应二次压光，充分养护，不得有酥松、起砂、起皮及起壳现象，否则，必须进行修补。屋面基层与女儿墙、立墙、天窗壁、烟囱、变形缝等突出屋面结构的连接处，以及基层的转角处，均应做成圆弧。圆弧半径参见表 7.1。

表 7.1　转角处圆弧半径

卷材种类	圆弧半径/mm
沥青防水卷材	100～150
高聚物改性沥青防水卷材	50
合成高分子防水卷材	20

找平层宜设分格缝，并嵌填密封材料。分格缝应留设在板端缝处，其纵横缝的最大间距：水泥砂浆或细石混凝土找平层不宜大于 6 m，沥青砂浆找平层不宜大于 4 m。

铺设防水层或隔汽层前找平层必须干燥、洁净。基层处理剂（冷底子油）的选用应与卷材的材性相容。基层处理剂可采用喷涂、刷涂施工。喷、刷应均匀，待第一遍干燥后再进行第二遍喷、刷，待最后一遍干燥后，方可铺设卷材。

3. 普通卷材的铺设

1）施工顺序及铺设方向

卷材铺贴在整个工程中应采取"先高后低、先远后近"的施工顺序，即高低跨屋面，先铺高跨后铺低跨；等高的大面积屋面，先铺离上料地点较远的部位，后铺较近部位。这样可以避免已铺屋面因材料运输人员踩踏和破坏。

卷材大面积铺贴前，应先做好节点密封、附加层和屋面排水较集中部位（檐口、天沟等）与分格缝的空铺条处理等，然后由屋面最低标高处向上施工。

施工段的划分宜设在屋脊、檐口、天沟、变形缝等处。

卷材铺贴方向应根据屋面坡度和周围是否有振动来确定。当屋面坡度小于 3% 时，卷材宜平行于屋脊铺贴；屋面坡度在 3%～15% 时，卷材可平行或垂直于屋脊铺贴。屋面坡度大于 15% 或受振动时，沥青防水卷材应垂直于屋脊铺贴；高聚物改性沥青防水卷材和合成高分子防水卷材可平行或垂直于屋脊铺贴，但上下层卷材不得相互垂直铺贴。

2）搭接方法、宽度和要求

卷材铺贴应采用搭接法，各种卷材的搭接宽度应符合表 7.2 的要求。同时，相邻两幅卷材的接头还应相互错开 300 mm 以上，以免接头处多层卷材相重叠而黏结不实。叠层铺贴，上下层两幅卷材的搭接缝也应错开 1/3 幅宽（图 7.2）。

表 7.2　卷材搭接宽度　　　　　　　　　　　　　　　mm

铺贴方法		短边搭接		长边搭接	
卷材种类		满黏法	空铺、点黏、条黏法	满黏法	空铺、点黏、条黏法
沥青防水卷材		100	150	70	100
高聚物改性沥青防水卷材		80	100	80	100
合成高分子防水卷材	胶黏剂	80	100	80	100
	胶黏带	50	60	50	60
	单缝焊	60，有效焊接宽度不小于25			
	双缝焊	80，有效焊接宽度>10×2 + 空腔宽			

当用高聚物改性沥青防水卷材点黏或空铺时，两头部分必须全黏 500 mm 以上。

平行于屋脊的搭接缝，应顺水流方向搭接；垂直于屋脊的搭接缝应顺年最大频率风向搭接。

叠层铺设的各层卷材，在天沟与屋面的连接处，应采用叉接法搭接，搭接缝应错开；接缝宜留在屋面或天沟侧面，不宜留在沟底。

图 7.2　卷材水平铺贴搭接要求

7.1.2　高分子卷材屋面防水

高分子卷材防水屋面施工的主体材料，常用的有三元乙丙橡胶卷材、氯化聚乙烯-橡胶共混防水卷材、氯磺化聚乙烯防水卷材、氯化聚乙烯防水卷材以及聚氯乙烯防水卷材等。高分子卷材还配有基层处理剂、基层胶黏剂、接缝胶黏剂、表面着色剂等。其施工分为基层处理和防水卷材的铺贴。图 7.3 所示为二布六胶高分子卷材防水层构造示意图。

图 7.3　高分子卷材防水层构造示意图

1—着色剂；2—上层胶黏剂；3—上层卷材；4，5—中层胶黏剂；6—下层卷材；
7—下层胶黏剂；8—底胶；9—层面基层

高分子防水卷材的铺贴有冷黏结法和热风焊接法两种施工方法。冷黏结法施工工序如下：

1. 底　胶

将高分子防水材料胶黏剂配制成的基层处理剂或胶黏带，均匀地深刷在基层的表面，在干燥 4 ~ 12 h 后再进行后道工序。胶黏剂涂刷应均匀、不露底、不堆积。

2. 卷材上胶

先把卷材在干净平整的面层上展开，用长滚刷蘸满搅拌均匀的胶黏剂，涂刷在卷材的表面，涂胶的厚度要均匀且无漏涂，但在沿搭接部位应留出 100 mm 宽的无胶带。静置 10 ~ 20 min，当胶膜干燥且手指触摸基本不黏手时，用纸筒芯重新卷好带胶的卷材。

3. 滚　铺

卷材的铺贴应从流水口下坡开始。先弹出基准线，然后将已涂刷胶黏剂的卷材一端先粘贴固定在预定部位，再逐渐沿基线滚动展开卷材，将卷材粘贴在基层上。卷材滚铺施工中应注意：铺设同一跨屋面的防水层时，应先铺排水口、天沟、檐口等处排水比较集中的部位，按标高由低到高的顺序铺；在铺多跨或高低跨屋面防水卷材时，应按先高后低、先远后近的顺序进行；应将卷材顺长方向铺，并使卷材长面与流水坡度垂直，卷材的搭接要顺流水方向，不应成逆向。

4. 上　胶

在铺贴完成的卷材表面再均匀地涂刷一层胶黏剂。

5. 复层卷材

根据设计要求可重复上述施工方法，再铺贴一层或数层高分子防水卷材，以达到屋面防水的效果。

6. 着色剂

在高分子防水卷材铺贴完成、质量验收合格后，可在卷材表面涂刷着色剂，起到保护卷材和美化环境的作用。

7.1.3 涂膜防水屋面施工

涂膜防水屋面是在屋面基层上涂刷防水涂料，经固化后形成一层有一定厚度和弹性的整体涂膜从而达到防水目的的一种防水屋面形式。涂料按其稠度有厚质涂料和薄质涂料之分，施工时有加胎体增强材料和不加胎体增强材料之别，具体做法视屋面构造和涂料本身性能要求而定。其典型的构造如图 7.4 所示，具体施工层次根据设计要求确定。

图 7.4 涂膜防水屋面构造示意图

1—细石混凝土；2—油膏嵌缝

特别需要指出的是，对于涂膜防水层，它是紧密地依附于基层形成具有一定厚度和弹性的整体防水膜而起到防水作用的。与卷材防水屋面相比，找平层的平整度对涂膜防水层质量影响更大，平整度要求更严格，否则涂膜防水层的厚度得不到保证，必将造成涂膜防水层的防水可靠性、耐久性降低。涂膜防水层是满黏于找平层的，按剥离区理论，找平层开裂容易引起防水层的开裂，因此涂膜防水层的找平层应有足够的强度，尽可能避免裂缝的发生，出现裂缝应作修补，通常涂膜防水层的找平层宜采用掺膨胀剂的细石混凝土，强度等级不低于 C15，厚度不小于 30 mm，宜为 40 mm。

1. 沥青基涂料施工

以沥青为基料配制成的水乳型或溶剂型防水涂料称为沥青基防水涂料。常见的有石灰乳化沥青涂料、膨胀土乳化沥青涂料和石棉乳化沥青涂料。其施工过程如下：

1）涂布前的准备工作

（1）基层表面的气孔、凹凸不平、蜂窝、缝隙、起砂等，应修补处理，基层必须干净、无浮浆、无水珠、不渗水。

（2）涂料施工前，基层阴阳角应做成圆弧形，阴角直径宜大于 50 mm，阳角直径宜大于 10 mm。

（3）涂料施工前，还应对阴阳角、预埋件、穿墙管等部位进行密封或加强处理。

（4）涂料使用前应搅拌均匀，因为沥青基涂料大都属厚质涂料，含有较多填充料，如搅拌不匀，不仅涂刮困难，而且未拌匀的杂质颗粒残留在涂层中会成为隐患。

（5）涂层厚度控制试验采用预先在刮板上固定铁丝或木条的办法，也可在屋面上做好标志控制。

（6）涂布时间间隔控制以涂料涂布后干燥并能上人操作为准，脚踩不黏脚、不下陷时即可进行后一涂层的施工，一般干燥时间不少于 12 h。

2）涂刷基层处理

基层处理剂一般采用冷底子油，涂刷时应做到均匀一致、覆盖完全。石灰乳化沥青防水涂料，夏季可采用石灰乳化沥青稀释后作为冷底子油涂刷一道；春秋季宜采用汽油沥青冷底子油涂刷一道。膨润土、石棉乳化沥青防水涂料涂布前可不涂刷基层处理剂。

3）涂布

涂布时，一般先将涂料直接分散倒在屋面基层上，用胶皮刮板来回刮涂，使它厚薄均匀一致、不露底、不存在气泡、表面平整，然后待其干燥。

自流平性能差的涂料刮平待表面收水尚未结膜时，用铁抹子进行压实抹光。抹压时间应适当，过早抹压，起不到作用；过晚抹压，会使涂料黏住抹子，出现月牙形抹痕。因此，为了便于抹压，加快施工进度，可以分条间隔施工，待阴影处涂层干燥后，再抹空白处。分条宽度一般为 0.8～1.0 m，并与胎体增强材料宽度一致，以便抹压操作。

涂膜应分层分遍涂布。待前一遍涂层干燥成膜后，检查表面是否有气泡、皱折不平、凹坑、刮痕等弊病，合格后才能进行后一遍涂层的涂布，否则应进行修补。第二遍的涂刮方向应与前一遍相垂直。

立面部位涂层应在平面涂刮前进行，视涂料自流平性能好坏而确定涂布次数。自流平性好的涂料应薄而多次进行，否则会产生流坠现象，使上部涂层变薄，下部涂层变厚，影响防水性能。

4）胎体增强材料的铺设

胎体增强材料的铺设可采用湿铺法或干铺法进行，但宜用湿铺法。铺贴胎体增强材料，铺贴应平整。湿铺法应在头遍涂层表面刮平后，立即不起翘，但也不能拉伸过紧。铺贴后用刮板或抹子轻轻压紧。

2. 高聚物改性沥青涂料及合成高分子涂料的施工

以沥青为基料，用合成高分子聚合物进行改性，配制成的水乳型或溶剂型防水涂料称为高聚物改性沥青防水涂料。与沥青基料相比，高聚物改性沥青防水涂料在柔韧性、抗裂性、强度、耐高低温性能、使用寿命等方面都有了较大的改进，常用的品种有氯丁橡胶改性沥青涂料、SBS 改性沥青涂料及 APP 改性沥青涂料等。

以合成橡胶或合成树脂为主要成膜物质，配制成的水乳型或溶剂型防水涂料称之为高分子防水涂料。由于合成高分子材料本身的优异性能，以此为原料制成的合成高分子防水涂料具有高弹性、防水性、耐久性和优良的耐高低温性能。常用的品种有聚氨酯防水涂料、丙烯胶防水涂料、有机硅防水涂料等。

胎体增强材料（也叫加筋材料、加筋布、胎体）是指在涂膜防水层中增强用的化纤无纺布、玻璃纤维网格布等材料。

高聚物改性沥青防水涂料和高分子防水涂料在涂膜防水屋面使用时其设计涂膜总厚度在 3 mm 以下的，称之为薄质涂料。

1）涂刷前的准备工作

（1）基层干燥程度要求。

基层的检查、清理、修整应符合前述要求。基层的干燥程度应视涂料特性而定，对高聚物改性沥青涂料，为水乳型时，基层干燥程度可适当放宽；为溶剂型时，基层必须干燥。对合成高分子涂料，基层必须干燥。

（2）配料和搅拌。

采用双组分涂料时，每份涂料在配料前必须先搅匀。配料应根据材料的配合比配制，严禁任意改变配合比。配料时要求计量准确，主剂和固化剂的混合偏差不得大于 ±5%。

涂料混合时，应先将主剂放入搅拌容器或电动搅拌器内，然后放入固化剂，并立即开始搅拌，并搅拌均匀，搅拌时间一般在 3～5 min。

搅拌的混合料以颜色均匀一致为标准。如涂料稠度太大涂布困难时，可掺加稀释剂，切忌任意使用稀释剂稀释，否则会影响涂料性能。

双组分涂料每次配置数量应根据每次涂刷面积计算确定，混合后的材料存放时间不得超过规定的可使用时间。不应一次搅拌过多以免使涂料发生凝聚或固化而无法使用，夏天施工时要尤其注意。

单组分涂料一般由铁桶或塑料桶密闭包装，打开桶盖后即可施工，但由于涂料桶装量大（一般为 100～200 kg），易沉淀而产生不均匀现象，故使用前还应进行搅拌。

（3）涂层厚度控制试验。

涂层厚度是影响涂膜防水质量的一个关键问题，但要手工准确控制涂层厚度是比较困难的。因为涂刷时每个涂层要涂刷几遍才能完成，而每遍涂膜不能太厚，如果涂膜过厚，会出现涂膜表面已干燥成膜，而内部涂膜的水分或溶剂却不能蒸发或挥发的现象。但涂膜也不宜过薄，否则就要增加涂刷遍数，增加劳动力及拖延施工工期。因此，涂膜防水施工前，必须根据设计要求的每平方米涂料用量、涂膜厚度及涂料材性事先试验确定每道涂料涂刷的厚度以及每个涂层需要涂刷的遍数。

（4）涂刷间隔时间试验。

在涂刷厚度及用量试验的同时，可测定每遍涂层的间隔时间。

各种防水涂料都有不同的干燥时间，因此涂刷前必须根据气候条件经试验确定每遍涂刷的涂料用量和间隔时间。

薄质涂料施工时，每遍涂刷必须待前遍涂膜实干后才能进行。薄质涂料每遍涂层表干时实际上已基本达到了实干。因此，可用表干时间来控制涂刷间隔时间。涂膜的干燥快慢与气候有较大关系，气温高，干燥就快；空气干燥、湿度小，且有风时，干燥也快。

2）涂刷基层处理剂

基层处理剂的种类有以下三种：

（1）若使用水乳型防水涂料，可用掺加 0.2%～0.5%乳化剂的水溶液或软化水将涂料稀释，其用量比例一般为：防水涂料：乳化剂水溶液或软水＝1：（0.5～1）。如无软水可用冷开水代替，切忌加入一般自来水或天然水。

（2）若使用溶剂型防水涂料，由于其渗透能力比水乳型防水涂料强，可直接用涂料薄涂作基层处理，如溶剂型氯丁胶沥青防水涂料或溶剂型再生胶沥青防水涂料等。若涂料较稠，可用相应的溶剂稀释后使用。

（3）高聚物改性沥青防水涂料也可用沥青溶液（即冷底子油）作为基层处理剂，或在现场以煤油：30 号石油沥青＝60：40 的比例配置而成的溶液作为基层处理剂。

基层处理剂涂刷时，应用刷子用力薄涂，使涂料尽量刷进基层表面的毛细孔中，并使基层可能留下来的少量灰尘等无机杂质，像填充料一样混入基层处理剂中，使之与基层牢固结合。这样即使屋面上灰尘不能完全清理干净，也不会影响涂层与基层的牢固黏结。特别在较为干燥的屋面上做溶剂型涂料时，使用基层处理剂打底后再进行防水涂料的涂刷，效果相当明显。

3）涂刷防水涂料

涂料涂刷可采用棕刷、长柄刷、胶皮刷、圆滚刷等进行人工涂布，也可采用机械喷涂。

用刷子涂刷一般采用蘸刷法，也可边倒涂料边用刷子刷匀。涂布时应先涂立面，后涂平面，涂布立面最好采用蘸涂法，涂刷应均匀一致。倒料时应注意控制涂料的均匀倒洒，不可在一处倒得过多，否则涂料很难刷开，会造成薄厚不均匀现象。涂刷时不能将气泡裹进涂料层中，如遇起泡应立即消除。涂刷遍数必须按事先试验确定的遍数进行。同时，前一遍涂层干燥后应将涂层上的灰尘、杂质清理干净后再进行后一遍涂层的涂刷。

涂料涂布应分条或按顺序进行，分条进行时，每条宽度应与胎体增强材料宽度相一致，以免操作人员踩踏刚涂好的涂层。每次涂布前，应严格检查前遍涂层是否有缺陷，如气泡、露底、漏刷、胎体增强材料皱折、翘边、杂物混入等现象，如发现上述问题，应先进行修补再涂布后遍涂层。

应当注意，涂料涂布时，涂刷致密是保证质量的关键。刷基层处理剂时要用力薄涂，涂刷后续涂料时则应按规定的涂层厚度均匀、仔细地涂刷。各道涂层之间的涂刷方向相互垂直，以提高防水层的整体性和均匀性。涂层间的接槎，在每遍涂刷时应退槎 50~100 mm，接槎时也应超过 50~100 mm，避免在搭接处发生渗漏。

4）铺设胎体增强材料

在涂料第二遍涂刷时，或第三遍涂刷前，即可加铺胎体增强材料。

由于涂料与基层黏结力较强，涂层又较薄，胎体增强材料不容易滑移，因此，胎体增强材料应尽量顺屋脊方向铺贴，以方便施工、提高劳动效率。

胎体增强材料可采用湿铺法或干铺法铺贴。

湿铺法就是边倒料、边涂刷、边铺贴的操作方法。施工时，先在已干燥的涂层上，用刷子将涂料仔细刷匀，然后将成卷的胎体增强材料平放在屋面上，逐渐推滚铺贴于刚刷上涂料的屋面上，用滚刷液压一遍，务必使全部布眼浸满涂料，使上下两层涂料能良好结合，确保其防水效果。

干铺法就是在上道涂层干燥后，边干铺胎体增强材料，边在已展平的表面上用橡皮刮板均匀满刮一道涂料。也可将胎体增强材料按要求在已干燥的涂层上展平后，先在边缘部位用涂料点黏固定，然后再在上面满刮一道涂料，使涂料浸入网眼渗透到已固化的涂膜上。当渗透性较差的涂料与比较密实的胎体增强材料配套使用时不宜采用干铺法。

胎体增强材料铺设后，应严格检查表面是否有缺陷或搭接不足等现象。如发现上述情况，应及时修补完整，使它形成一个完整的防水层，然后才能在其上继续涂刷涂料。面层涂料应至少涂刷两遍以上，以增加涂膜的耐久性。如面层做粒料保护层，可在涂刷最后一遍涂料时，随时撒铺覆盖粒料。

5）收头处理

为防止收头部位出现翘边现象，所有收头均用密封材料压边，压边宽度不得小于 10 mm。收头处的胎体增强材料应裁剪整齐，如有凹槽时应压入凹槽内不得出现翘边皱折、露白等现象，否则应先进行处理后再涂封密封材料。

7.2 地下防水工程

地下建筑埋置在土中，皆不同程度地受到地下水或土体中水分的作用。一方面，地下水对地下建筑有着渗透作用，而且地下建筑埋置越深，渗透水压就越大；另一方面，地下水中的化学成分复杂，有时会对地下建筑造成一定的腐蚀和破坏作用。因此，地下建筑应选择合理有效的防水措施，以确保地下建筑的安全耐久和正常使用。

7.2.1　地下工程的防水等级和防水方案选择

地下工程的防水等级标准按维护结构允许渗漏水量的多少划分为 4 级，见表 7.3。

表 7.3　地下工程防水等级标准

防水等级	标　　准
Ⅰ 级	不允许渗水，结构表面无湿渍
Ⅱ 级	不允许漏水，结构表面可有少量湿渍；湿渍总面积不大于总防水面积的 1‰，单个湿渍面积不大于 $0.1\ m^2$，任意 $100\ m^2$ 防水面积不超过 1 处
Ⅲ 级	有少量漏水点，不得有线流和漏泥砂；单个湿渍面积不大于 $0.3\ m^2$，单个漏水点的漏水量不大于 $2.5\ L/d$，任意 $100\ m^2$ 防水面积不超过 7 处
Ⅳ 级	有漏水点，不得有线流和漏泥砂；整个工程平均漏水量不大于 $2\ L/(m^2 \cdot d)$，任意 $100\ m^2$ 防水面积的平均漏水量不大于 $4\ L/(m^2 \cdot d)$

各类地下工程的防水等级见表 7.4。

表 7.4　各类地下工程的防水等级

防水等级	工程名称
一级	医院、餐厅、旅馆、影剧院、商场、冷库、粮库、金库、档案库、通信工程、计算机房、电站控制室、配电间、防水要求较高的车间、指挥工程、武器弹药库、防水要求较高的人员掩体、铁路旅客站台、行李房、地铁车站、城市人行地道
二级	一般生产车间、空调机房、发电机房、燃料室、一般人员掩蔽工程、电气化铁道隧道、地铁运行区间隧道、城市公路隧道、水泵房
三级	电缆隧道、水下隧道、非电气化铁路隧道、一般公路隧道
四级	取水隧道、污水排放隧道、人防疏散干道、涵洞

目前，地下工程的防水方案有以下几种：

（1）采用防水混凝土结构，它是利用提高混凝土结构本身的密实性来达到防水要求的。防水混凝土结构既能承重又能防水，应用较广泛。

（2）排水方案，即利用盲沟、渗排水层等措施，把地下水排走，以达到防水要求，此法多用于重要的、面积较大的地下防水工程。

（3）在地下结构表面设附加防水层，如在地下结构的表面抹水泥砂浆防水层，贴卷材防水层或刷涂料防水层等。

在进行地下工程防水设计时，应遵循"防排结合，刚柔并用，多道防水，综合治理"原则，并根据建筑物的使用功能及使用要求，结合地下工程的防水等级，选择合理的防水方案。

7.2.2　卷材防水层

地下卷材防水层是一种柔性防水层，是用沥青胶将几层卷材粘贴在地下结构基层的表面上而形成的多道防水层。它具有较好的防水性和良好的韧性，能够适应结构振动和微小变形，并能抵抗酸碱盐等溶液的侵蚀，但卷材吸水率大、机械强度低、耐久性差，发生渗漏后难以修补。因此，卷材防水层只适用于形式简单的整体钢筋混凝土结构基层和以水泥砂浆、沥青砂浆或沥青混凝土为找平层的基层。

地下卷材防水层宜采用耐腐蚀的卷材，如胶油沥青卷材、沥青玻璃布卷材、再生胶卷材等。铺贴石油沥青卷材必须用石油沥青胶结材料，铺贴胶油沥青卷材必须用胶油沥青胶结材料。

防水层所用沥青，其软化点应比基层及防水层周围介质可能达到的最高温度高出 20 ~ 25 ℃，且不低于 40 ℃。

地下结构采用卷材防水方案时，一般将防水卷材铺贴在地下需防水的结构的外表面，称为外防水。此种防水方案，卷材防水层可借助土压力压紧，并可与承重结构一起抵抗有压地下水的渗透和侵蚀作用，防水效果好。外防水的卷材防水层按照铺贴方式和其与防水结构施工的先后顺序，可分为外防外贴法和外防内贴法两种。

1. 外防外贴法施工

外防外贴法，简称外贴法，是在垫层上先铺好底板卷材防水层，进行混凝土底板与墙体施工，待墙体模板拆除后，再将卷材防水层直接铺贴在墙面上，然后砌筑保护墙，如图 7.5 所示。

外防外贴法的施工顺序：

（1）在混凝土底板垫层上做 1∶3 水泥砂浆找平层。

（2）水泥砂浆找平层干燥后，铺贴底板卷材防水层，并在四周伸出一定长度，以便与墙身卷材防水层搭接。

（3）四周砌筑保护墙，保护墙分为两部分，下部为永久保护墙，高度不小于底板厚度 + 100 mm，上部为临时保护墙，高度一般为 300 mm，用石灰砂浆砌筑，以便铲除。

（4）将伸出四周的卷材搭接接头临时贴在保护墙上，并用两块木板或其他合适材料将接头压于其间，进行保护，从而防止接头断裂、损伤、弄脏。

（5）底板与墙身混凝土施工。

（6）混凝土养护，墙体拆除。

图 7.5 外贴法施工示意图

图 7.6 内贴法施工示意图

（7）在墙面上抹水泥砂浆找平层并刷冷底子油。

（8）拆除临时保护墙，找出各层卷材搭接接头，并将其表面清理干净。

（9）接长卷材进行墙体卷材铺贴，卷材应错槎接缝，依次逐层铺贴。

（10）砌筑永久保护墙。

2. 外防内贴法施工

外防内贴法是在垫层四周先砌筑保护墙，然后将卷材防水层铺贴在垫层与保护墙上，最后进行混凝土底板与墙体施工，如图 7.6 所示。

外防内贴法的施工顺序是：

（1）在混凝土底板垫层四周砌筑永久性保护墙。

（2）在垫层表面及保护层墙面上抹 1∶3 水泥砂浆找平层。

（3）找平层干燥后，满涂冷底子油，沿保护墙及底板铺贴防水卷材。

（4）在立面上，在涂刷防水层最后一道沥青胶时，趁热黏上干净的热砂或散麻丝，待其冷却后，立即抹一层 10～20 mm 厚的 1:3 水泥砂浆保护层，在平面上铺设一层 30～50 mm 厚的 1:3 水泥砂浆或细石混凝土保护层。

（5）底板和墙体混凝土施工。

内贴法和外贴法相比，优点是卷材防水层施工较简单，底板与墙体防水层可一次铺贴完成，不必留接槎，施工占地面积小；缺点是结构不均匀沉降对防水层影响大，易出现漏水现象，竣工后出现漏水修补困难。

3. 油毡铺贴要求及结构缝的施工

保护墙每隔 5～6 m 及转角处必须留缝，在缝内用油毡条或沥青麻丝填塞，以免保护墙伸缩时拉裂防水层。地下防水层及结构施工时，地下水位要设法降到底部最低标高以下至少 300 mm，并防止地面水流入。

沥青卷材防水层施工时，气温不宜低于 5 ℃，最好在 10～25 ℃时进行。沥青胶的刷涂厚度一般为 1.5～2.5 mm，最大不超过 3 mm。卷材长、短边的接头宽度不小于 100 mm；上下两幅油毡压边应错开 1/3 幅油毡宽；各层油毡接头应错开 300～500 mm。两垂直面交角处的油毡要互相交叉搭接。应特别注意阴阳角部位，穿墙管（图 7.7）以及变形缝（图 7.8）部位的油毡铺贴，这是防水的薄弱环节，铺贴比较困难，操作要仔细，并增贴附加油毡层及采取必要的加强构造措施。

图 7.7　卷材防水层与
管道埋设件连接处做法

（a）墙体变形缝　　　（b）底板变形缝

图 7.8　变形缝处防水做法

1—需防水结构；2—浸过沥青的木丝板；3—止水带；4—填缝油膏；
5—卷材附加层；6—卷材防水层；7—水泥砂浆面层；
8—混凝土垫层；9—水泥砂浆找平层；
10—水泥砂浆保护层；11—保护墙

7.2.3　水泥砂浆防水层

水泥砂浆防水层是一种刚性防水层，即在结构的底面和侧面分别涂抹一定厚度的水泥砂浆，利用砂浆本身的憎水性和密实性来达到抗渗防水的效果。其防水原理是分层闭合，构成一个多层整体防水层，各层的残留毛细孔道互相堵塞住，使水分不可能透过其毛细孔，从而具有较好的抗渗防水性能。

这种防水层抵抗变形能力差，不适于受振动荷载影响的工程或结构易产生不均匀沉陷的工程，也不适于受腐蚀、高温及反复冻融的砖砌体工程。

常用的水泥砂浆防水层主要有刚性多层防水层、掺外加剂的防水砂浆防水层和膨胀水泥或无收缩性水泥砂浆防水层等类型。

1. 刚性多层防水层

刚性多层防水层是利用素灰和水泥砂浆分层交替抹压均匀密实，构成的一个多层防水层。这种防水层，做在迎水面时，宜采用 5 层交叉抹面；做在背水面时，宜采用 4 层交叉抹面，将第 4 层表面抹平压光即可。

1）材料要求

水泥砂浆防水层所用的水泥宜采用不低于 32.5 级的普通硅酸盐水泥或膨胀水泥，也可以用矿渣硅酸盐水泥。砂浆用砂应控制其含泥量和杂质含量。配合比按工程需要确定。水泥净浆的水灰比宜控制在 0.37 ~ 0.40 或 0.55 ~ 0.60。水泥砂浆灰砂比宜用 1∶2.5，其水灰比为 0.6 ~ 0.65，稠度宜控制在 70 ~ 80 mm。如掺外加剂或采用膨胀水泥时，其配合比应执行专门的技术规定。

2）多层刚性防水层施工

施工前，必须对基层表面进行严格而细致的处理，包括清理、浇水、凿槽和补平等工作，保证基层表面潮湿、清洁、坚实、大面积平整而表面粗糙，可增强防水层与结构表面的黏结力。

防水层的第 1 层是在基面抹素灰，厚 2 mm，分两次抹成；第 2 层抹水泥砂浆，厚 4 ~ 5 mm，在第 1 层初凝时抹上，以增强两层黏结；第 3 层抹素灰，厚 2 mm，在第 2 层凝固并有一定强度、表面适当洒水湿润后进行；第 4 层抹水泥砂浆，厚 4 ~ 5 mm，同第 2 层操作。

若采用 4 层防水，则此层应表面抹平压光。若用 5 层防水，则第 5 层刷水泥浆一遍，随第 4 层抹平压光。

刚性多层防水层，由于素灰与水泥砂浆层相互交替施工，各层粘贴紧密，密实性好。当外界温度发生变化时，每层的收缩变形均受到其他层的约束，不易发生裂缝。同时，各层的配合比、厚度和施工时间均不同，毛细孔形成也不一致，后一层施工能对前一层的毛细孔起到堵塞作用，所以具有较高的抗渗能力，防水效果良好。每层防水层施工要连续进行，不设施工缝。若不需留施工缝，则应留成阶梯坡形槎，接槎要依照层次顺序操作，层层搭接紧密。接槎一般宜留在地面上，也可留在墙面上，但均需离开阴阳角处 200 mm，接头方法如图 7.9 所示。

图 7.9　刚性防水层施工缝的处理

2. 掺外加剂的防水砂浆防水层

这种防水层是在普通水泥砂浆中掺入一定量的防水剂形成防水砂浆，防水砂浆在结构表面多层涂膜形成封闭防水系统，以达到防水目的。由于防水剂与水泥水化作用而形成不溶性物质或憎水性薄膜，可填充堵塞或封闭水泥砂浆中的毛细管道，从而获得较高的密实性，提高渗透能力。

常用的防水剂有防水浆、壁水浆、防水粉、氯化铁防水剂、硅酸钠防水剂等。

3. 膨胀水泥或无收缩性水泥砂浆防水层

这种防水层主要利用水泥的膨胀和无收缩特性来提高砂浆的密实性和抗渗性，涂抹方法和防水砂浆相同，需多层涂抹。但由于砂浆凝结块，故在常温下配制的砂浆必须在 1 h 内用完。

7.2.4　防水混凝土

防水混凝土是以调整混凝土配合比或掺外加剂等方法，来提高混凝土本身的密实性和抗渗性，使其具有一定防水能力的特殊混凝土。防水混凝土具有取材容易、施工简单、工期短、耐久性好、工程造价低等优点，因此，在地下工程防水中的到了广泛的应用。目前，常用的防水混凝土主要有普通防水混凝土、外加剂防水混凝土等。

1. 防水混凝土的性能与配制

普通防水混凝土除满足设计强度外，还须根据设计抗渗等级来配制。在普通防水混凝土中，水泥砂浆除满足填充、黏结作用外，还要求在石子周围形成一定数量和质量良好的砂浆包裹层，减少混凝土内部毛细作用及缝隙的形成，切断石子间相互连通的渗水通道，满足结构抗渗防水的要求。

普通防水混凝土宜采用普通硅酸盐水泥、火山灰硅酸盐水泥、粉煤灰硅酸盐水泥，水泥强度等级应不低于 42.5 级。如掺外加剂，也可用矿渣硅酸盐水泥。石子粒径不宜大于 40 mm，吸水率不大于 1.5%，含泥量不大于 1%。普通防水混凝土的配合比应通过试验选定。选定配合比时，应按设计要求的抗渗等级提高 0.2 MPa，其他各项技术指标应符合下列规定：每立方米混凝土的水泥用量不少于 320 kg；含砂率以 35% ~ 40% 为宜；灰砂比应为 1 : 2.5 ~ 1 : 2；水灰比不大于 0.6；坍落度不大于 60 mm，如掺外加剂或用泵送混凝土时，不受此限制。

外加剂防水混凝土是在混凝土中加入一定量的外加剂，如减水剂、加气剂、防水剂及膨胀剂等，以改善混凝土性能和结构的组成，提高其密实性和抗渗性，达到防水要求。

2. 防水混凝土的施工

防水混凝土工程质量除精心设计、合理选材外，关键还要保证施工质量。对施工中的各主要环节，如混凝土的搅拌、运输、浇筑、振捣、养护等，均应严格遵循施工及验收规范和操作规程的规定进行施工，以保证防水混凝土工程的质量。

1）施工重点

防水混凝土工程的模板应平整且拼缝严密不漏浆，并有足够的强度和刚度，吸水率要小。一般不宜用螺栓或铁丝贯穿混凝土墙固定模板，当墙高需要用螺栓贯穿混凝土墙固定模板时，应采取止水措施。一般可在螺栓中间加焊一块 100 mm × 100 mm 的止水钢板，阻止渗水通路。

为了防止钢筋的引水作用，迎水面防水混凝土的钢筋保护层厚度不得小于 30 mm，底板钢筋不能接触混凝土垫层。墙体的钢筋不能用铁钉或铁丝固定在模板上。严禁用钢筋充当保护层垫块，以防止水沿钢筋浸入。

防水混凝土应用机械搅拌、机械振捣，浇筑时应严格做到分层连续浇筑，每层厚度不宜超过 300 ~ 400 mm。两层浇筑时间间隔不应超过 2 h，夏季适当缩短。混凝土进入终凝（浇筑完成 4 ~ 6 h）即应覆盖，浇水湿润养护不少于 14 d。

2）施工缝

施工缝是防水薄弱部位之一，施工中应尽量不留或少留。底板的混凝土应连续浇筑，墙体不得留垂直施工缝。墙体水平施工缝不应留在剪力与弯矩最大处或底板与墙体交接处，最低水平施工缝距底板面不小于 200 mm，距穿墙孔洞边缘不小于 300 mm。施工缝的形式有平口缝、凸缝、高低缝、金属止水缝等，如图 7.10 所示。

（a）平口缝　　　（b）凸缝　　　（c）高低缝　　　（d）金属止水缝

图 7.10　防水施工缝的形式

在施工缝上继续浇筑混凝土前，应将施工缝处松散的混凝土凿除，清除浮料和杂物，用水清洗干净，保持湿润，铺上 10 ~ 20 mm 厚水泥砂浆，再浇筑上层混凝土。

第 8 章 装饰装修工程

建筑装饰装修是整个建筑工程中的重要组成部分。概括地说，建筑装饰的主要作用是：保护主体，延长其使用寿命；增强和改善建筑物的保温、隔热、防潮、隔音等使用功能；美化建筑物及周围环境，给人创造一个良好的生活、生产空间。

装饰装修工程的特点是：工程量大，工期长，一般装饰装修工程占项目总工期的 30%～50%；机械化施工的程度差，生产效率较低；工程资金投入大，民用建筑中可占土建部分总造价的 35%～45%；施工质量对建筑物使用功能和整体建筑效果影响很大。

装饰装修工程包装抹灰工程、门窗工程、玻璃工程、吊顶工程、隔断工程、饰面板（砖）工程、涂料工程、裱糊工程、刷浆工程、花饰工程，本章只重点介绍其中的部分内容。

8.1 抹灰工程

抹灰工程按工种部位可分为室内抹灰和室外抹灰，按抹灰的材料和装饰效果可分为一般抹灰和装饰抹灰。

一般抹灰采用石灰砂浆、混合砂浆、水泥砂浆、麻刀灰、纸筋灰和石膏灰等材料。装饰抹灰按所使用的材料、施工方法和表面效果可分为拉条灰、拉毛灰、洒毛灰、水刷石、水磨石、干黏石、斧剁石及弹涂、滚涂、喷砂等。

8.1.1 一般抹灰施工

1. 抹灰的组成及质量要求

1）抹灰层的组成

抹灰层一般由底层、中层及面层组成，见图 8.1。

底层主要起与基体牢固黏结和初步的找平作用。底层所用材料随着基体不同而异，对室内砖墙面多用石灰砂浆和水泥混合砂浆；混凝土墙面采用水泥混合砂浆或水泥砂浆。对外墙面和有防潮、防水要求的内墙面则应采用水泥砂浆或掺有防水剂的防水砂浆。

中层主要起找平作用，所用材料与底层基本相同。

面层主要起装饰作用。内墙面及顶棚面层抹灰材料一般多用纸筋灰、麻刀灰、石膏灰等，也可用混合砂浆压实抹光；外墙面应采用水泥砂浆表面压光。

图 8.1 抹灰层的组成

1—底层；2—中层；3—面层；4—基体

2）一般抹灰质量要求

一般抹灰按质量要求分为以下两个等级：

（1）普通抹灰。抹灰层一般由一层底层、一层中层和一层面层组成。

外观质量要求：表面光滑、洁净、接槎平整，分格缝应清晰。

（2）高级抹灰。抹灰层一般由一层底层、数层中层和一层面层组成。

外观质量要求：表面光滑、洁净，颜色均匀、无抹纹，分格缝和灰线应清晰美观。高级抹灰用于重要的大型公共建筑、高级宾馆或纪念性建筑物等。

抹灰层厚度视基体材料及所在部位、所用砂浆品种及抹灰质量要求等情况而定。

抹灰层的施工是分层进行的，涂抹水泥砂浆时，每遍厚度宜为 5~7 mm；涂抹石灰砂浆和混合砂浆时，每遍厚度宜为 7~9 mm。抹灰厚度必须严格控制，因为抹灰层过厚，自重增大，灰浆易下坠脱离基体，也易出现空鼓，而且由于砂浆内外干燥速度相差过大，表面易产生收缩裂缝。还有，当抹灰总厚度大于或等于 35 mm 时，还应采取加强措施。

2. 材料质量要求

1）石灰膏

抹灰用的石灰膏熟化时间，常温下一般不少于 15 d；使用时，石灰膏内不得含有未熟化的颗粒和其他杂质。罩面用的磨细石灰粉的熟化期不应少于 30 d。

2）砂

抹灰用的砂最好用中砂，细度模数大于 2.5，砂的颗粒坚硬洁净，含泥量不得超过 3%，砂在使用前需过筛。

3. 基体表面处理

为了保证抹灰层与基体之间能牢固黏结，抹灰层不致出现脱落、空鼓和裂缝等现象，在抹灰前，应将砖石、混凝土基体表面上的尘土、污垢和油渍等清除干净并洒水湿润。基体表面凹凸明显的部位，应事先剔平或用水泥砂浆补平。对砖墙灰缝应勾成凹缝式，使抹灰砂浆能嵌入灰缝内与砖墙基体牢固黏结；对较为光滑的混凝土墙面，应适当凿毛后涂抹一层混凝土表面处理剂，或采用 1∶1 水泥砂浆喷毛。喷毛点应均匀，墙面粗糙，使之能与抹灰层牢固黏结。

在砖墙和混凝土墙或木板墙等不同材料基体交接处的抹灰，为防止因两种不同基体材料胀缩不同而出现裂缝，应采取防止开裂的加强措施。当采用加强网时，加强网与各基体的搭接宽度不应小于 100 mm。

4. 抹灰施工

1）抹灰施工顺序

抹灰施工顺序，对整体来说，考虑到施工过程合理组织和成品保护，室内抹灰一般采用自下而上，室外抹灰采用自上而下。高层建筑抹灰在采取成品保护措施后，可采用分段进行施工。对单个房间的室内抹灰顺序，通常是先做墙面和顶棚，后做地面，而且是在自上而下完成外墙抹灰的同时，紧跟着自上而下完成各层地面施工。

此外，室内抹灰应待钢木门框及上下水、煤气等管道安装完毕，并将管道穿越的墙洞和楼板洞等填嵌密实后进行。外墙抹灰前，应先安装好钢、木或铝合金窗框、阳台栏杆和预埋铁件等，并将外墙上各种施工孔洞按防水要求堵塞密实。

2）抹灰施工方法

（1）设置标志或标筋。为了控制墙面抹灰层的厚度和垂直、平整度，抹灰前先在墙面上设置与抹灰层相同的砂浆做成的约 40 mm×40 mm 的灰饼（图 8.2）作为标志，在上下灰饼间用砂浆涂抹一条宽约 70~80 mm 的垂直灰埂，以灰饼面为准用刮尺刮平即为标筋。标志或标筋设置完成后即可进行底层抹灰。

（2）做护角。室内墙面、柱面和门洞口的阳角，宜用 1∶2 水泥砂浆做护角，以防止碰坏，护角高度不应低于 2 m，每侧宽度不应小于 50 mm。

图 8.2　挂线做标志块及标筋

A—引线；B—灰饼（标志块）；C—钉子；D—标筋

（3）抹灰层涂抹。墙面抹灰，如前所述应分层进行。分层涂抹时，对水泥砂浆和水泥混合砂浆的抹灰层，应待前一层抹灰层凝结后，方可涂抹后一层；石灰砂浆的抹灰层，应待前一层有七八成干后，方可涂抹后一层，使抹灰层之间加强黏结。

顶棚抹灰，是在靠近顶面四周的墙面上弹一条水平线，以控制抹灰层厚度，并作为抹灰找平的依据。涂抹时要求表面平顺，无抹纹及接槎现象，特别要注意抹灰层与基层之间必须黏结牢固，严防顶棚抹灰层脱落伤人。

不同抹灰层的砂浆强度不同，选用时应注意中层砂浆强度不宜高于底层，以免砂浆在凝结过程中产生较大的收缩应力，破坏强度较低的抹灰底层，导致抹灰层产生空鼓、脱落或裂缝。另外，底层砂浆强度与基体强度相差过大时，由于收缩变形性能相差悬殊，也容易产生开裂和脱落，故混凝土基体上不能直接抹石灰砂浆。还有水泥砂浆不得抹在石灰砂浆层上，罩面石灰膏不得抹在水泥砂浆层上。

为便于抹灰操作，对砂浆稠度的要求一般为：底层抹灰砂浆为 100～200 mm；中层抹灰砂浆为 70～90 mm；面层抹灰砂浆为 70～80 mm。

面层施工时，室内抹灰常用麻刀灰、纸筋灰、石膏灰或白水泥罩面。面层施工也应分层涂抹，每遍厚度为 1～2 mm，一般抹两边，最后用钢抹子压光，不得留抹纹。室外抹灰常用水泥砂浆罩面。由于面积大，为了不显露接槎，防止水泥砂浆抹面层收缩开裂，除要求认真细致操作，掌握好面层压抹时间，加强在潮湿条件下养护外，还应设置分格缝，留槎位置应留在分格缝处。水泥砂浆罩面通常多用木抹子抹成细毛面。这种做法，外墙面比较美观。为防止色泽不匀，应采用同一品种与规格的原材料，采用统一的配合比，固定专人进行配料。

一般抹灰工程质量的允许偏差应符合表 8.1 的要求。

表 8.1　一般抹灰的允许偏差和检验方法

项　　目	允许偏差/mm		检查方法
	普通抹灰	高级抹灰	
立面垂直度	4	3	用 2 m 垂直检测尺检查
表面平整度	4	3	用 2 m 垂直检测尺检查
阴阳角方正	4	3	用直角检测尺检查
分格条（缝）直线度	4	3	拉 5 m 线，不足 5 m 拉通线，用钢尺检查
墙裙、勒脚上口直线度	4	3	拉 5 m 线，不足 5 m 拉通线，用钢尺检查

注：① 普通抹灰，本表第 3 项阴角方正可不检查。
　　② 顶棚抹灰，本表第 2 项表面平整度可不检查，但应平顺。

8.1.2　装饰抹灰施工

装饰抹灰其底层和中层的做法与一般抹灰相同，面层则根据所用的装饰材料和施工方法的不同而有多种多样，现将主要几种叙述如下：

1. 水刷石面层施工

水刷石面层主要用于外墙装饰抹灰。为防止面层开裂，需设置分格缝。施工时，按设计要求在中层面上弹线分格，粘贴分格条。分格条目前多用塑料条，完工后不取出，施工较方便。

面层抹灰前，先在已硬化的中层上浇水湿润，并刮素水泥浆一遍（水灰比为 0.37~0.4），以便面层与中层牢固黏结，随后即抹水泥石子浆面层，面层厚度为 10~15 mm。石子除采用彩色石粒外，也可用小石子或石屑等。水泥石子浆的配合比视石子粒径而定，如所用的石子粒径为 6 mm，则水泥∶石子 = 1∶1.25；稠度宜为 50~70 mm。抹水泥石子浆面层时，必须分遍抹平压实，石子应分布均匀、紧密。待面层开始终凝时，先用棕刷蘸水自上而下将表面一层水泥浆洗刷掉，使彩色石子面外露 1~2 mm 为度。每个分格面层刷洗应一次完成，不宜留施工缝。需留施工缝时，应留在分格条处。

水刷石的外观质量要求为：石粒清晰，分布均匀，紧密平整，色泽一致，不得有掉粒和接槎痕迹。

2. 斩假石面层施工

斩假石也叫斧剁石，是仿天然石料的一种建筑饰面，在传统做法中属于中高档外墙饰面。

面层施工前，对中层的处理要求及分格缝的设置等与做水刷石时相同。

斩假石面层采用厚度为 10 mm 的水泥石子涂抹，用粒径为 6 mm 的石子，内掺 30%石屑，配合比为水泥∶石子 = 1∶1.25。

面层涂抹宜分两遍进行，即先抹一薄层，稍收水后再抹一层，待收水后用木抹子抹平压实。面层抹完后注意养护，防止烈日暴晒或遭受冻结，养护时间在常温下一般为 2~3 d，当面层强度约 5 MPa 时即可进行试剁，以石子不脱落为准。

剁石时一般自上而下，先剁转角和四周边缘，后剁中间墙面。在墙角、柱子等边棱部位，宜横向剁出边条或留出窄小边条不剁。剁完后用钢丝刷将墙面刷干净。

斩假石的外观质量要求是：剁纹均匀顺直，深浅一致，不得有漏剁处。阳角处横剁或留出不剁的边条，应宽窄一致，棱角不得有损坏。

3. 水磨石面层施工

水磨石面层多用于室内门厅、过道等地面装饰。按装饰效果要求，水磨石可分为普通水磨石和美术水磨石。其差别在于美术水磨石是以白水泥或彩色水泥为胶结料，掺入不同色彩的石粒所制成，二者施工工艺基本相同。水磨石面层厚度一般为 12~18 mm，视石粒粒径大小而定。

1）材料要求

（1）水泥。水泥强度等级不小于 42.5 级，白色或浅色的水磨石面层应采用白水泥；同颜色的面层应使用同一批水泥，以保证面层色泽一致。

（2）石粒。水磨石面层所用石粒应由质地密实、磨面光亮的大理石及白云石等岩石加工而成。其粒径一般为 4~14 mm，使用前应用水冲洗干净，晾干待用。

（3）颜料。应采用耐光、耐碱和着色力强的矿物颜料，不得使用酸性颜料，否则面层易产生变色、褪色现象。颜料的掺入量宜为水泥重量的 3%~6%。同一彩色面层应使用同厂同批的颜料，以求色光和着色力一致。

（4）分格条。水磨石面层的分格条，常用玻璃条或铜条，也可用彩色的塑料条。钢条主要用于美术水磨石面层。

2）施工要点

（1）镶嵌分格条。在基层上按设计要求的分格和图案设置分格嵌条。一般分格采用 1 m×1 m，从中间向四周分格，非整块地设在周边。嵌条时应用靠尺与分格线对齐，用水泥稠浆在嵌条两侧予以黏埋固定，分格条应横平竖直、顶面标高一致，并作为铺设面层的标准。

（2）铺设水泥石粒浆。分格条镶嵌养护后，在基层表面上刷一遍素水泥浆作为结合层。随刷随铺设面层的水泥石粒浆。其配合比为水泥∶石粒 = 1∶1～1∶1.25（体积比）。先将水泥与颜料过筛干拌，再掺入石粒，拌和后加水搅拌，拌和物稠度为 60 mm。水磨石拌和物的铺设厚度要比嵌条高出 1～2 mm。用滚筒滚压密实，待表面出浆后，再用钢抹子抹平压光；次日浇水养护。

（3）磨光。磨光是将面层的水泥浆磨掉，石粒抹平，使表面平整光滑。开磨前应先试磨，表面石粒不松动方可开磨。一般开磨时间：当平均温度 10～20 ℃ 时，从面层磨光后算起为 3～4 d。水磨石面层应使用磨石机分遍磨光，一般分 3 遍进行，即粗磨、中磨、细磨。每次磨光后，用同色水泥浆涂抹，以填补砂眼、磨痕，经养护 2～3 d 后再磨。最后，表面用草酸水溶液擦洗，使石子表面残存的水泥浆分解，石子清晰显露，晾干后进行打蜡，使其光亮如镜。

水磨石面层外观质量要求：表面平整光滑，石子显露均匀，无砂眼、磨纹和漏磨处，分格条位置准确且全部露出。

水磨石地面具有整体性能好、耐磨不起灰、光滑美观及可根据设计要求做成各种彩色图案、装饰效果好等优点，但最大的缺点是湿作业量大、工序多、工期也较长等。

装饰抹灰工程质量的允许偏差应符合施工质量验收规范的规定，例如水刷石与斩假石的立面垂直度允许偏差分别为 5 mm 和 4 mm；而表面平整度与阳角方正等的允许偏差均为 3 mm。

在抹灰工程中，材料质量是保证抹灰工程质量的基础，因此，抹灰工程所用的材料应有产品合格证书和性能检测报告，材料的品种、规格和性能应符合设计要求和国家现行产品标准的规定，材料进场时应进行现场验收，对影响抹灰工程质量与安全的主要材料性能进行现场抽样复验，不合格的材料不得用在抹灰工程上。

抹灰工程质量的关键是要确保抹灰层与基体黏结牢固，无空鼓，无开裂，无脱落。工程实践表明，抹灰层之所以出现空鼓、开裂、脱落等质量问题，主要原因是基体表面的尘土、污垢、油渍等清理不干净；基体表面光滑，抹灰前未作毛化处理或没有处理好；抹灰前基体表面浇水湿润不透；一次抹灰层过厚等。这些都会影响抹灰层与基体的黏结牢固程度。

8.2　饰面工程

饰面工程是指将天然石饰面板、人造石饰面板和饰面砖以及装饰混凝土板、金属饰面板等安装或粘贴到室内外墙面、柱面与地面上，以形成装饰面层的施工工作。由于饰面板与饰面砖表面平整，边角整体，具有各种不同色彩和光泽，故装饰效果好，多用于较高级建筑物的装饰和一般建筑物的局部装饰。

8.2.1　饰面板安装

1. 材料质量要求

1）天然石饰面板

天然石饰面板常用的主要有大理石与花岗岩饰面板两种。

大理石饰面板是由荒料经锯、磨、切等多道工序加工而成的板材。表面磨光后纹理雅致，质感细腻，色泽鲜艳，绚丽悦目，是一种高级饰面材料。

对大理石饰面板的质量要求是：石质细密，无隐伤，无腐蚀斑点，棱角齐全，表面平整，光泽度高，色泽美丽。

花岗岩饰面板是由荒料经锯解加工而成的。花岗岩具有质感粗狂，岩质坚硬密实，强度高，耐久性好，坚固不宜风化，色泽经久不变，装饰效果好等优点，是一种高级装饰材料。

对花岗岩饰面板的质量要求是：表面平整，棱角方正，颜色一致，无裂纹、砂眼、隐伤和缺角等现象。

2）人造石饰面板

人造石饰面板常用的主要有仿天然大理石、仿天然花岗岩及预制水磨石、水刷石饰面板等。

人造石饰面板材料是用天然大理石、花岗岩之碎石、石屑与石粉作为填充材料，由不饱和聚酯树脂为黏结剂，经搅拌、成型、研磨、抛光等工序制成的与天然大理石、花岗岩相似的板材。

人造石饰面板不仅花纹图案可由设计控制确定，而且其重量轻，强度高，厚度薄，耐腐蚀，抗污染，有较好的加工性，能制作成弧形、曲面，施工方便，装饰效果好，是现代建筑室内墙面、柱面装饰的理想材料。

对人造石饰面板的质量要求是：板材表面平整，几何尺寸准确，面层石粒均匀、洁净，颜色一致。

3）配　　件

安装饰面板用的铁制锚固件、连接件应镀锌或经防锈处理。镜面和光面的大理石、花岗岩饰面板应用铜制或不锈钢制的连接件。

各种饰面板均应具有产品合格证书、性能检测报告、进场验收记录和复验报告。对后置埋件应有现场拉拔强度检测报告。饰面板的品种、规格、颜色和性能必须符合设计要求。

2. 饰面板安装方法

对于面积不大于 1.2 m^2、不小于 0.5 m^2 的饰面板，其安装方法通常有湿挂安装法和干挂安装法两种。

1）湿挂安装法

（1）安装饰面板的墙面、柱面抄平后，分块弹线，并按弹线尺寸及花纹图案在平地上进行预拼并编号，以便安装时对号入座。

（2）剔凿出事先预埋在墙面或柱面内的锚固件，绑扎或焊接作为锚固面板用的钢筋网，并将钢筋网与预埋的锚固件连接牢固。

（3）将已选定的饰面板侧面和背面清洗干净后，进行修边钻孔，每块饰面板的上下边钻孔数量一般不少于 2 个，孔位宜在板宽的两端 1/4 处，中心距板材背面约 8 mm，孔径为 5 mm，深度为 15 mm，然后孔眼穿出板材背面。板材钻孔后即穿入防锈金属丝备用。

（4）饰面板安装时从最下一层的中间或一端开始，按部位编号将饰面板就位，用防锈金属丝将饰面板与墙或柱表面的预埋钢筋网绑扎固定（图 8.3）。对较大的饰面板在扶正吊直后还应采取临时固定措施，防止灌注水泥浆时板面位置移动。在安装固定过程中，要随时用拖线板靠直靠平，接缝宽度可垫木楔调整，并应确保板材外表面平整、垂直及上沿平顺，板与板接缝较平整。

（5）饰面板与基层间的间隙一般为 20～50 mm，灌注水泥砂浆前应用石膏灰将饰面板之间的缝隙封严，并浇水将板材背面和基层表面湿润，再分层灌注 1：2.5 水泥砂浆，每层灌注高度为 150～200 mm，插捣密实。待初凝后，经检查板面位置无移动时，再灌注上层面砂浆，直至距板上口 50～100 mm 为止。砂浆终凝后，将饰面板上口清理干净，按同样方法以此自上而下进行饰面板安装。

图 8.3 湿挂法安装固定示意图

1—立筋；2—铁环；3—定位木楔；4—横筋；5—铜丝或不锈钢丝绑牢；
6—大理石板；7—墙体；8—水泥砂浆

（6）饰面板安装完毕后，表面应清洗干净，接缝处宜用与板材相同颜色的水泥浆填抹，边抹边擦，使缝隙嵌浆密实，颜色一致。光面和镜面的饰面板，经清洗晾干后，方可打蜡擦亮。

当采用湿挂安装法时，石材应进行防碱背涂处理，使石材表面无泛碱等污染。

2）干挂安装法

干挂安装法是利用高强度和耐腐蚀的连接固定件，将饰面板挂在建筑物结构的外表面上，饰面板与基层之间留出 40~50 mm 空腔（图 8.4）。

干挂法安装饰面板多采用上下边支承方式，其所用的连接固定件由托板、舌板和钢针组成，并均用不锈钢制成。托板与舌板厚度为 6 mm，两者通过椭圆孔用螺栓连接，钢针直径为 4 mm，长度为 50 mm。按所用钢针规格要求，在每块饰面板上下各钻两个垂直孔，孔径取 6 mm，孔深取 30 mm。饰面板安装时，托板竖向边紧贴混凝土基体表面，通过不锈钢膨胀螺栓将托板固定在混凝土基体上。钢针穿过舌板，两端插入上下两块饰面板的直孔内，并用 1∶1.5 的白水泥环氧树脂灌孔加以固定。由于托板和舌板上所开孔洞均为椭圆形，故连接件可作三向移动，以调整饰面板的位置。

图 8.4 干挂法安装固定示意图

干挂安装法的优点是安装精度高，墙面平整。由于取消了砂浆黏结层，因此，除饰面板不受砂浆析碱污染影响外，还可减轻结构自重，提高施工效率；同时，因饰面板与基层之间留有空腔，还具有保温隔热和节能效果。此法多用于钢筋混凝土结构，不适宜用于砖墙结构。

此外，花岗岩薄板或厚度为 10~12 mm 的镜面大理石宜采用挂钩或胶黏法施工。对于小规格饰面板（变长小于 400 mm）可采用镶贴施工方法。

饰面板安装的质量要求为：饰面板安装用的预埋件、连接件的数量、规格、位置、连接方法和防腐处理必须符合设计要求。饰面板安装必须牢固。饰面板表面应平整、洁净、色泽一致、无裂痕和缺损。嵌缝应密实、平直，嵌缝材料色泽应一致，缝宽度和深度应符合设计要求。饰面板安装的允许偏差必须符合施工质量验收规范的规定。

8.2.2　饰面砖粘贴

1. 材料质量要求

饰面砖常用的主要有釉面砖和外墙面砖等。

1）釉面砖

釉面砖又叫釉面瓷砖或瓷砖，是用瓷土或优质陶土烧制而成的。颜色有白色、彩色、印花、图案等多样品种，表面光滑美观，易于清洗，且防潮耐碱，具有较好的装饰效果。常用的规格有 152 mm × 200 mm、152 mm × 152 mm 等，厚度为 5 mm 或 6 mm，另外，还有阳角条、阴角条、压顶条等配件砖，多用于厨房、卫生间、游泳池等的饰面材料。

对釉面砖的质量要求是：表面光洁，质地坚固，尺寸、色泽一致，不得有暗痕和裂纹，无缺角、掉棱、缺釉、脱釉及扭曲不平现象，吸水率不得大于 10%。

2）外墙面砖

外墙面砖通常以陶土为原料，经压制成型后煅烧而成，分为外墙釉面砖和无釉面砖两类。颜色有白、乳白、米黄、深黄、粉红、浅蓝和绿色等。常用的规格有 200 mm × 100 mm、150 mm × 75 mm 等，厚度为 12 mm。外墙面砖具有质地坚固、耐水抗冻、吸水率不大于 8%、经久耐用等性能，适用于建筑物外饰面，对外墙、柱起保护作用，并有良好的装饰效果。

对外墙面砖的质量要求是：表面平整光洁，边缘整齐，色泽一致，棱角不得损坏等。

各种饰面砖均应具有产品合格证书、性能检测报告和复验报告、进场验收记录。外墙饰面砖还应具有样板件的黏结强度检测报告。饰面砖的品种、规格、图案、颜色和性能必须符合设计要求。

2. 饰面砖的粘贴方法

1）粘贴前的准备工作

（1）饰面砖应粘贴在湿润、干净、平整的找平层上，为了保证找平层与基体黏结牢固，根据不同的基体，应进行不同的基体表面处理，其具体的处理方法与抹灰工程基体表面处理基本相同。

（2）粘贴饰面砖前应预排、弹线、立标志，以使接缝均匀，符合图案要求。

（3）饰面砖的接缝宽度应符合设计的要求。如粘贴釉面砖时，接缝宽度为 1～1.5 mm。

（4）粘贴前，应将饰面砖清扫干净，并浸水 2 h 以上，待表面晾干后方可使用。

2）饰面砖的粘贴

（1）粘贴面砖宜用 1∶1.5～1∶2 的水泥砂浆，厚度为 6～10 mm。将黏结砂浆铺满在瓷砖背面，逐块进行粘贴。此外，还可采用胶黏剂贴饰面砖的方法。

（2）粘贴面砖必须按弹线和标志自下而上逐行进行。每行粘贴宜从阳角开始，把非整砖留在阴角处。一面墙不宜一次粘贴到顶，以防塌落。

（3）粘贴釉面砖和外墙面砖接缝时，室外接缝应用水泥浆或水泥砂浆勾缝，室内接缝宜用与饰面砖相同颜色的石膏灰或水泥浆嵌缝。但潮湿的房间不得用石膏灰嵌缝。

饰面砖粘贴的质量要求是：饰面砖粘贴必须牢固，表面应平整、洁净、色泽一致，不得有歪斜翘曲、空鼓、缺棱、掉角和裂缝等缺陷。饰面砖接缝应平直、光滑、宽度一致，嵌缝应连续、密实、宽度和深度应符合设计要求。饰面砖粘贴允许的偏差必须符合施工质量验收规范的规定。

8.3　涂饰工程

涂饰工程是指将涂料施涂于建筑物的基层表面上，以形成装饰面层的一种饰面工程。

建筑涂料品种很多，通常可按下列几种方法进行分类：

（1）按涂料使用的部位分，有外墙涂料、内墙涂料、顶棚涂料、地面涂料和门窗涂料等。

（2）按涂料分散介质分，有溶剂型涂料、水溶性涂料和乳液型涂料（乳胶漆）等。

（3）按涂料成膜的质感分，有薄涂料、厚涂料和符合建筑涂料。

复层建筑涂料，原称喷塑涂料，又称浮雕型涂料。它由封底涂料、主层涂料和罩面涂料组成。封底涂料的作用是封闭基层，抗碱并增加基层与主层涂料的黏结力；主层涂料又称骨料，是用喷涂方法将骨料喷涂在封底涂层上，其喷点大小和疏密应均匀，不得连成片状，然后用滚涂方法滚压出带有立体质感、自然型的花纹图案，同时具有增加涂层黏结力和耐久性的作用；罩面涂料是涂膜的表面层，一般施涂两遍，用以保护主涂层和提高复层涂料耐候性、耐污染性，并使饰面层带有符合设计要求的色彩和光泽，起美化涂层的作用。

对建筑标准要求比较高的外墙涂料，除可用浮雕型涂料外，还可选用喷砂涂料、弹性涂料等。弹性涂料具有良好的抗裂性能，但造价高。

使用时，应在充分了解各种建筑涂料性能和实际使用效果的基础上，根据建筑标准和建筑物所处的环境条件等进行合理、正确的选择。

8.3.1　材料质量要求

（1）涂饰工程所用的建筑涂料必须有品名、种类、颜色、制作时间、储存有效期限、产品合格证书、产品性能检测报告和复验报告。

（2）用于外墙的涂料应具有耐水、耐碱、耐老化和黏结力强等性能，并使用具有耐碱和耐光性能的颜料。

（3）用于厨房、厕所、浴室等内墙的涂料，应具有耐水、耐碱和耐洗刷等性能。

（4）涂饰工程所用腻子的塑性与易涂性应满足施工操作要求，干燥后应坚实牢固，不得粉化、起皮。应根据基层、底层涂料和面层涂料的性能配套选用相应的腻子。

（5）涂料干燥时间，最好不大于 2 h。

8.3.2　基层处理

当基层为混凝土及砂浆抹灰表面时，为保证涂层与基层表面黏结牢固，基层表面的灰尘、污垢、溅沫和黏附砂浆等应清除干净，对疏松的表面应予铲除。对基层缺棱掉角处应采用 1∶3 水泥砂浆修补，表面麻面、缝隙及凹陷处应用腻子补平，或者在基层上满批腻子。基层腻子应平整牢固，无粉化、起皮和裂缝；厨房、卫生间墙面必须使用耐水腻子。

在混凝土或抹灰基层上涂刷溶剂型涂料时，基层的含水率不得大于 8%；涂刷水溶性和乳液型涂料时，含水率不得大于 10%。

当基层为木材表面时，应将木料表面的灰尘、污垢等清除干净，并将表面的缝隙、毛刺、掀岔和脂囊修整后，用腻子填补，再用砂纸磨光。较大的脂囊应用木纹相同的材料用胶镶嵌。木材基层缺陷处理后，表面还要作打底处理，使基层表面具有均匀吸收涂料的性能，保证面层色泽均匀一致。涂料施涂前，木材制品含水率不得大于 12%。

当基层为金属表面时，应将金属表面的灰尘、油渍、鳞皮、锈斑、焊渣和毛刺等认真清除干净。对潮湿的基层表面不得施涂涂料。

8.3.3 涂饰施工

1. 基本要求

（1）涂料工程施工时，施工环境应清洁干净，环境温度一般不宜低于 5 ℃，因为乳液型和水溶性涂料气温过低不宜成膜。因此，涂料施涂时的环境温度，应按涂料产品说明书的温度严格控制。

（2）涂料施涂时应注意气候条件的变化，当遇到大风、雨雾天气时，不可施工。

（3）涂料的工作黏度或稠度，应调整适当，使其在施涂时不流坠、不显刷纹。所有涂料在施涂前和施涂过程中均应充分搅拌。

（4）外墙涂料工程分段进行时，应以分格缝、墙的阴角处或水落管等为分界线。同一墙面应用同一批号的涂料；每遍涂料不宜施涂过厚；涂层应均匀，颜色一致。

（5）涂料的施涂遍数应根据涂料工程的质量等级而定。施涂溶剂型涂料时，后一遍涂料必须在前一遍涂料干燥后进行；施涂水溶性和乳液型涂料时，后一遍涂料必须在前一遍涂料表干后进行。每遍涂料应施涂均匀，各层必须结合牢固。

2. 施涂方法

涂料的施涂方法主要有刷涂、滚涂和喷涂等。

1）刷　涂

刷涂是人工用漆刷、排笔等将涂料刷涂在物体表面上的一种方法。此法工具简单，操作技术较易掌握，适用性强，大部分薄质涂料或云母片状厚质涂料均可采用。

涂刷顺序是先左后右、先上后下，先刷小面后刷大面。刷涂时，蘸料应适量均匀，涂料方向和行程长短均应一致，施涂垂直面时，最后一道涂料应由上向下刷。刷涂水平面时，最后一道涂料应顺光线照射方向刷。刷涂木材表面时，最后一道涂料应顺木纹方向刷。

刷涂质量要求：涂膜厚薄均匀，平整光滑，色泽一致，无漏刷、流挂、刷纹和起皮等。

2）滚　涂

滚涂是人工用滚筒蘸取涂料，再施加轻微压力，将其涂布在物体表面上的一种方法。滚筒表面可粘贴合成纤维长毛绒或其他多孔性吸附材料。滚涂施工时，滚筒在墙面上应轻缓平稳地来回滚动，直上直下，避免歪扭蛇行，以保证涂层厚度均匀一致，色泽、质感一致。此法适用于室内外墙面涂料施工，一般涂布比较均匀，无流挂现象。但边角处不易滚涂到位，仍须用刷涂配合完成。

3）喷　涂

喷涂是利用喷枪通过压缩空气将涂料喷涂于物体表面上的一种方法。涂料在高速喷射的空气流带动下，呈雾状小液滴喷到基层表面上形成喷层。喷涂的涂层较均匀，颜色也较一致，施工效率高，适用于大面积墙面施工。各种涂料均可使用，尤其是外墙涂料用得较多。

喷涂施工时，涂料稠度要适中，太稠不便施工，太稀易流淌，影响涂层厚度。喷枪与喷涂表面应保持垂直，喷射距离一般为 400～600 mm，过近涂层厚度难以控制，过远则涂料损耗大。空气压力在 0.5～0.8 MPa 选择确定，压力过低涂层质感差，过高涂料损耗大。喷枪移动时，应与喷涂墙面平行，运行速度应保持一致，以使涂层厚度不致变化太大。

采用机械喷涂时，应将门窗等不喷涂的部位认真遮盖好，以防玷污，做好成品保护。万一有污染，务必在涂料未干时就揩干净。

涂饰工程在涂层养护期满后，方可进行质量验收。

检查数量：室外涂饰工程 100 m² 应至少检查一处，每处不得少于 10 m²；室内涂饰工程每个检验批应至少抽查 10%，并不得少于 3 间。应检查所用的材料品种、颜色是否符合设计选定的样品要求。对各种涂料施涂的涂饰质量，必须符合施工质量验收规范的要求。

第9章　路面工程施工

9.1　路面等级与类型

9.1.1　路面等级

路面等级按面层材料的组成、结构强度、路面所能承担的交通任务和使用的品质划分为高级路面、次高级路面、中级路面和低级路面等4个等级。

9.1.2　路面类型

1. 路面基层的类型

按照现行规范，基层（包括底基层）可分为无机结合料稳定类和粒料类。无机结合料稳定类有水泥稳定土、石灰稳定土、石灰工业废渣稳定土及综合稳定土；粒料类分级配型和嵌锁型，前者有级配碎石（砾石），后者有填隙碎石等。

（1）水泥稳定土基层。在粉碎或原来松散的土中，掺入足量的水泥和水，经拌和得到的混合料在压实养生后，当其抗压强度符合规定要求时，称为水泥稳定土。其可适用于各种交通类别的基层和底基层，但水泥土不应用作高级沥青路面的基层，只能作底基层。在高速公路和一级公路的水泥混凝土面板下，水泥土也不应用作基层。

（2）石灰稳定土基层。在粉碎或原来松散的土中掺入足量的石灰和水，经拌和、压实及养生得到的混合料，当其抗压强度符合规定要求时，称为石灰稳定土。其适用于各级公路路面的底基层，可作二级和二级以下公路的基层，但不应用作高级路面的基层。

（3）石灰工业废渣稳定土基层。一定数量的石灰和粉煤灰或石灰和煤渣与其他集料相配合，加入适量的水，经拌和、压实及养生后得到的混合料，当其抗压强度符合规定要求时，称为石灰工业废渣稳定土，简称石灰工业废渣。其适用于各级公路的基层与底基层，但其中的二灰土不应用作高级沥青路面及高速公路和一级公路上水泥混凝土路面的基层。

（4）级配碎（砾）石基层。由各种大小不同粒径碎（砾）石组成的混合料，当其颗粒组成符合技术规范的密实级配要求时，称其为级配碎（砾）石。级配碎石可用于各级公路的基层和底基层，可用作较薄沥青面层与半刚性基层之间的中间层。级配砾石可用于二级和二级以下公路的基层及各级公路的底基层。

（5）填隙碎石基层。用单一尺寸的粗碎石作主骨料，形成嵌锁作用，用石屑填满碎石间的空隙，增加密实度和稳定性，这种结构称为填隙碎石。其可用于各级公路的底基层和二级以下公路的基层。

2. 路面面层类型

根据路面的力学特性，可把路面分为沥青路面、水泥混凝土路面和其他类型路面。

（1）沥青路面。沥青路面是指在柔性基层、半刚性基层上，铺筑一定厚度的沥青混合料面层的路面结构。沥青面层分为沥青混合料、乳化沥青碎石、沥青贯入式、沥青表面处治等 4 种类型。

沥青混合料可分为沥青混凝土混合料和沥青碎石混合料。沥青混凝土混合料是由适当比例的粗、细集料及填料组成的符合规定级配的矿料，与沥青拌和而制成的符合技术标准的沥青混合料，简称沥青混凝土，用其铺筑的路面称为沥青混凝土路面。而沥青碎石路面是由几种不同粒径大小的级配矿料，掺有少量矿粉或不加矿粉，用沥青作结合料，按一定比例配合，均匀拌和，经压实成型的路面。热拌热铺沥青混合料路面是指沥青与矿料在热态下拌和、热态下铺筑施工成型的沥青路面。热拌热铺沥青混合料适用于各种等级公路的沥青面层。高速公路、一级公路沥青面层均应采用沥青混凝土混合料铺筑，沥青碎石混合料仅适用于过渡层及整平层。其他等级公路的沥青面层的上面层，宜采用沥青混凝土混合料铺筑。

当沥青碎石混合料采用乳化沥青作结合料时，即为乳化沥青碎石混合料。乳化沥青碎石混合料适用于三级及三级以下公路的沥青面层、二级公路的罩面层施工以及各级公路沥青路面的联结层或整平层。乳化沥青碎石混合料路面的沥青面层宜采用双层式，单层式只宜在少雨干燥地区或半刚性基层上使用。

沥青贯入式路面是在初步压实的碎石（或轧制砾石）上，分层浇洒沥青、撒布嵌缝料，经压实而成的路面结构，厚度通常为 4～8 cm；当采用乳化沥青时称为乳化沥青贯入式路面，其厚度为 4～5 cm。沥青贯入式路面适用于二级及二级以下公路，也可作为沥青混凝土路面的联结层。

沥青表面处治是用沥青和集料按层铺法或拌和方法裹覆矿料，铺筑成厚度一般不大于 3 cm 的一种薄层路面面层。其适用于三级及三级以下公路、城市道路支路、县镇道路、各级公路施工便道以及在旧沥青面层上加铺的罩面层或磨耗层。

（2）水泥混凝土路面。水泥混凝土路面指以水泥混凝土面板和基（垫）层组成的路面，亦称刚性路面。

（3）其他类型路面。其他类型路面主要是指在柔性基层上用有一定塑性的细粒土稳定各种集料的中低级路面。

路面还可以按其面层材料分类，如水泥混凝土路面、黑色路面（指沥青与粒料构成的各种路面）、砂石路面、稳定土与工业废渣路面以及新材料路面。这种分类用于路面施工和养护工作以及定额管理等方面。表 9.1 列出了各级路面所具有的面层类型及其所适用的公路等级。

表 9.1　各级路面所具有的面层类型及其所适用的公路等级

公路等级	采用的路面等级	面层类型
高速，一、二级公路	高级路面	沥青混凝土
		水泥混凝土
二、三级公路	次高级路面	沥青灌入式
		沥青碎石
		沥青表面处治
四级公路	中级路面	碎、砾石（泥结或级配）
		半整齐石块
		其他粒料
四级公路	低级路面	粒料加固土
		其他当地材料加固或改善土

9.2 沥青混凝土和沥青碎石混凝土路面

9.2.1 沥青混凝土路面

沥青路面是采用沥青材料做结合料，用黏结矿物材料或混合料修筑面层的路面结构。沥青路面由于使用了黏结力较强的沥青材料作为结合料，不仅增强了矿料颗粒的黏结力，而且提高了路面的技术品质。由于沥青具有较好的弹性、黏性和塑性，使路面具有平整、耐磨、不扬尘、不透水、耐久、平稳舒适等特点。

沥青路面的缺点是：易被履带式车辆和坚硬物体所破坏；表面易被磨光而影响安全；温度稳定性差，夏天容易变软，冬天易脆开裂。

沥青路面属于柔性路面，其力学强度和稳定性主要依赖于基层和土层的特性。

1. 沥青混合料的分类

沥青混合料是由适当比例的粗集料、细集料及填料组成的矿质混合料与黏结材料沥青经拌和而成的混合材料。

沥青混合料按强度形成机理可分为嵌挤型和密实型两种。

（1）嵌挤型。嵌挤型沥青混合料的矿料颗粒较粗、尺寸较均匀，形成骨架空隙结构，强度主要由矿料间的嵌挤力和内摩擦力组成，沥青与矿料的黏附力及沥青自身的黏聚力次之。这种沥青混合料的剩余空隙较大，但高温稳定性较好，矿料为半开级配或开级配的沥青碎石即属于此类沥青混合料。

（2）密实型。若沥青混合料的矿料具有连续级配、沥青用量较大，则形成密实骨架结构，强度主要由沥青与矿料的黏聚力及沥青自身的黏聚力组成，矿料间的摩擦力次之。这种沥青混合料的剩余空隙率较小，防渗性能较好，但强度受温度影响比较大，沥青混凝土即属于此类混合料。

2. 材料质量要求

1）沥青

道路用沥青材料包括道路石油沥青、煤沥青、乳化石油沥青、液体石油沥青等。高速公路、一级公路的沥青路面，应选用符合"重交通道路石油沥青技术要求"的沥青以及改性沥青；二级及二级以下公路的沥青路面可采用符合"中、轻交通道路石油沥青技术要求"的沥青或改性沥青；乳化沥青应符合"道路乳化石油沥青技术要求"的规定；煤沥青不宜用于沥青面层，一般仅作为透层沥青使用。

2）矿料

沥青混合料的矿料包括粗集料、细集料及填料。粗、细集料形成沥青混合料的矿质骨架，填料与沥青组成的沥青胶浆填充于骨料间的空隙中并将矿料颗粒黏结在一起，使沥青混合料具有抵抗行车荷载和环境因素作用的能力。

（1）粗集料。粗集料形成沥青混合料的主骨架，对沥青混合料的强度和高温稳定性影响很大。沥青混合料的粗集料有碎石、筛选砾石、破碎砾石、矿渣，粗集料不仅应洁净、干燥、无风化、无杂质，还应具有足够的强度和耐磨耗能力以及良好的颗粒形状。

（2）细集料。细集料指粒径小于 5 mm 的天然砂、机制砂、石屑。热拌沥青混合料的细集料宜采用天然砂或机制砂，在缺少天然砂的地区，也可使用石屑，但高速公路和一级公路的沥青混凝土面层及抗滑表层的石屑用量不宜超过天然砂及机制砂的用量，以确保沥青混凝土混合料的施工和易性及压实性。细集料应洁净、干燥、无风化、无杂质并有一定级配，与沥青有良好的黏附能力。

（3）填料。沥青混合料的填料宜采用石灰岩或岩浆岩中的强基性岩石磨细而得到的矿粉。经试验确认为碱性、与沥青黏结良好的粉煤灰可作为填料的一部分，应具有与矿粉同样的质量。由于填料的粒径很小，比表面积很大，使混合料中的结构沥青增加，从而提高沥青混合料的黏结力，因此填料是构成沥青混合料强度的重要组成部分。矿粉应干燥、洁净，无团粒。

3. 热拌沥青混合料路面施工

沥青混凝土是一种优良的路面用材料，主要用于高速公路和一级公路的面层。热拌沥青碎石适用于高速公路和一级公路路面的过渡层或整平层以及其他等级公路和面层。选择沥青混合料类型应在综合考虑公路所在地区自然条件、公路等级、沥青层位、路面性能要求、施工条件及工程投资等因素的基础上，按要求确定。对于双层式或三层式沥青混凝土路面，其中至少应有一层是Ⅰ型密级配沥青混凝土。多雨潮湿地区的高速公路和一级公路，上面层宜选用抗滑表层混合料；干燥地区的高速公路和一级公路，宜采用Ⅰ型密级配沥青混合料作上面层。高速公路的硬路肩也宜采用Ⅰ型密级配沥青混合料作表层。

热拌沥青混合料路面采用厂拌法施工，集料和沥青均在拌和机内进行加热和拌和，并在热的状态下摊铺碾压成型。热拌沥青混合料路面施工按下列顺序进行。

1）施工准备

（1）原材料质量检查。沥青、矿料的质量应符合前述有关的技术要求。

（2）施工机械的选型和配套。根据工程量大小、工期要求、施工现场条件、工程质量要求，按施工机械应互相匹配的原则，确定合理的机械类型、数量及组合方式，使沥青路面的施工连续、均衡，施工质量高，经济效益好。施工前应检修各种施工机械，以便它们在施工时能正常运行。

（3）拌和厂址与备料。由于拌和机工作时会产生较大的粉尘、噪声等污染，再加上拌和厂内的各种油料及沥青均为可燃物，因此拌和厂的设置应符合国家有关环境保护、消防安全等规定，一般应设置在空旷、干燥、运输条件良好的地方。拌和厂应配备实验室及足够的试验仪器和设备，并有可靠的电力供应。拌和厂内的沥青应品种、分标号密闭储存。各种矿料应分别堆放，不得混杂，矿粉等填料不得受潮。

（4）试验路铺筑。高等级路面在大面积施工前应铺筑试验路；其他等级公路在施工经验或初次使用重要设备时，也应铺筑试验路段。通过铺筑试验路段，主要研究合适的拌和时间与温度，摊铺温度与速度，压实机械的合理组合、压实温度和压实方法，松铺系数，合适的作业段长度等，为大面积路面铺筑提供标准方法和质量检查标准。试验路的长度根据试验目的确定，通常在 100～200 m。

2）沥青混合料拌和

热拌沥青混合料必须在沥青拌和厂采用专用拌和机拌和。

拌和机拌和沥青混合料时，先将矿料粗配、烘干、加热、筛分、精确计量，然后加入矿粉和热沥青，最后强制拌和成沥青混合料。拌和时应严格控制各种材料的用量和拌和温度，确保沥青混合料的拌和质量。沥青与矿料的加热温度应调节到能使混合料出厂温度符合要求；超过规定加热温度的沥青混合料已部分老化，应禁止使用。沥青混合料的拌和时间以混合料拌和均匀、所有矿料颗粒全部被沥青均匀裹敷为准，拌和机拌和的沥青混合料应色泽均匀一致、无花白料、无结团块或粗细料严重离析现象。不符合要求的混合料应废弃，并需要对拌和工艺进行调整。

3）沥青混合料运输

热拌沥青混合料宜采用吨位较大的自卸汽车运输，汽车车厢应清扫干净并在内壁涂上一层薄的油水混合液。从拌和机向运料车上放料时应每放料一斗挪动一下车位，以减小集料离析现象。运料车应用篷布覆盖以保温、防雨、防污染，夏季运输时间短于 0.5 h 时可不覆盖。运到摊铺现场的沥青混合料应符合摊铺温度要求，已结成团块、遭雨淋湿的混合料不得使用。

4）沥青混合料摊铺

摊铺沥青混合料前应按要求在下承层上浇洒透层、黏层或铺筑下封层。基层表面应平整、密实、高程及路拱横坡符合要求且与沥青面层结合良好。下承层表面受到泥土污染时应清理干净。

摊铺时应尽量采用全路幅铺筑，以免出现纵向施工缝。通常采用两台以上摊铺机成梯队进行联合作业，相邻两幅摊铺带重叠 50~100 mm，相邻两台摊铺机相距 10~30 m，以免前面已摊铺的混合料冷却而形成冷接缝。摊铺机在开始受料前应在料斗内涂刷防止黏结的柴油，避免沥青混合料冷却后黏附在料斗上。

沥青混合料的松铺系数由试铺试验路确定，也可结合以往实践经验选用。摊铺过程中应随时检查摊铺层厚度及路拱横坡，并及时进行调整。摊铺速度一般为 2~6 m/min，面层下层的摊铺速度可稍快，而面层上层的摊铺速度应稍慢。

在沥青混合料摊铺过程中，若出现横断面不符合设计要求、构造物接头部位缺料、摊铺带边缘局部缺料、表面明显不平整、局部混合料明显离析及摊铺机后有明显拖痕时，可用人工局部找补或更换混合料，但不应由人工反复修整。

控制沥青混合料的摊铺温度是确保摊铺质量的关键之一，摊铺时应根据沥青品种、标号、稠度、气温、摊铺厚度等选用。高速公路和一级公路的施工气温低于 10 ℃，其他等级公路施工气温低于 5 ℃ 时，不宜摊铺热拌沥青混合料，必须摊铺时，应提高沥青混合料拌和温度，并符合低温摊铺要求。运料车必须覆盖以保温，尽可能采用高密度摊铺机摊铺并在熨平板加热摊铺后紧接着碾压，缩短碾压长度。

5）压 实

碾压是热拌沥青混合料路面施工的最后一道工序，沥青混合料的分层压实厚度不得大于 100 mm，温度应符合要求。碾压程序包括初压、复压和终压三道工序。

初压的目的是整平和稳定混合料，同时为复压制造有利条件。初压常用轻型钢筒压路机或关闭振动装置的振动压路机碾压两遍，碾压时必须将驱动轮朝向摊铺机，以免使温度较高处摊铺层产生推移和裂缝。压路机应从路面两侧向中间碾压，相邻碾压轮迹重叠，最后碾压中心部分，压完全幅为一遍。初压后检查平整度、路拱，必要时予以修复。

复压的目的是使混合料密实、稳定、成型，是使混合料的密实度达到要求的关键。初压后紧接着进行复压，一般采用重型压路机，碾压遍数经试压确定，应不少于 4 遍，达到要求的压实度为止。用于复压的轮胎式压路机的压实质量应不小于 15 t，用于碾压较厚的沥青混合料时，总质量应不小于 22 t，轮胎充气压力不小于 0.5 MPa，相邻轮带重叠 1/3~1/2 轮宽。当采用三轮钢筒压路机时，总质量不应低于 15 t。当采用振动压路机时，应根据混合料种类、温度和厚度选择振动压路机的类型，振动频率取 35~50 Hz，振幅取 0.3~0.8 mm，碾压层较厚时选用较大的振幅和频率，碾压时相邻轮带重叠 200 mm 宽。

终压的目的是消除碾压产生的轮迹，最后形成平整的路面。终压应紧接在复压后用 6~8 t 的振动压路机（关闭振动装置）进行，碾压 2~4 遍，直至无轮迹为止。

6）接缝处理

施工过程中应尽可能避免出现接缝，不可避免时做成垂直接缝，并通过碾压尽量消除接缝痕迹，以提高接缝处沥青路面的传荷能力。对接缝进行处理时，压实的顺序为先压横缝，后压纵缝。横向接缝可用小型压路机横向碾压，碾压时使压路机轮宽的 10~20 cm 置于新铺的沥青混合料上，然后边碾边移动直至整个碾压轮进入新铺混合料层上。对于热料与冷料相接的纵缝，压路机可置于热沥青混合料上振动压实，将热混合料挤压入相邻的冷结合边内，从而产生较高的密实度；也可以在碾压开始时，将碾压轮宽的 10~20 cm 置于热料层上，压路机其余部分置于冷却层上进行碾压，效果也较好。对于热料层相邻的纵缝，应先压实距接缝约 20 cm 以外的地方，最后压实中间剩下的一条窄混合料层，这样可获得良好的结合。

7）开放交通

压实后的沥青路面在冷却前，任何机械不得在其上停放或行驶，并防止矿料、油料等杂物的污染。热拌沥青混合料路面应待摊铺层完全自然冷却，混合料表面温度不高于 50 ℃（石油沥青）或 45 ℃（煤沥青）后开放交通。需提早开放交通时，可洒水冷却降低混合料温度。

9.2.2　沥青碎石混凝土路面

用乳化沥青与矿料在常温下拌和而成，压实后剩余空隙率在10%以上的常温冷却混合料，称为沥青碎石混凝土。由这类沥青混合料铺筑而成的路面称为沥青碎石混合料路面，也叫乳化沥青碎石混合料路面。

沥青碎石混合料适用于三级及三级以下公路的路面、二级公路的罩面以及各级公路的整平层。沥青的品种、规格、标号应根据混合料用途、气候条件、矿料类别等按规定选用，混合料配合比可按经验确定。

沥青碎石混凝土路面施工工序如下：

1. 混合料的制备

当采用阳离子乳化沥青时，矿料在拌和前需先用水湿润，使集料含水量达 5%左右，气温较高时可多加水，低温潮湿时少加水。矿料与乳液应充分拌和均匀，适宜的拌和时间应根据集料级配情况、乳液裂解速度、拌和机性能、气候条件等通过试拌确定。机械拌和时间不宜超过 30 s，人工拌和时间不宜超过 60 s。拌和的混合料应具有良好的施工和易性，以免在摊铺时出现离析。

2. 摊铺和碾压

拌和、运输和摊铺应在乳液破乳前结束，摊铺前已破乳的混合料不得使用。机械摊铺的松铺系数为 1.15～1.20，人工摊铺时松铺系数为 1.20～1.45。混合料摊铺完毕，厚度、平整度、路拱横坡等符合设计和规范要求，即可进行碾压。通常先采用 6 t 左右的轻型压路机匀速初压一两遍，使混合料初步稳定，然后用轮胎压路机或轻型钢筒式压路机碾压一两遍。当乳化沥青破乳（混合料由褐色转变为黑色）时，用 12～15 t 轮胎压路机或 10～12 t 钢筒式压路机复压两三遍，立即停止，待晾晒一段时间，水分蒸发后，再补充复压至密实。

3. 养护及开放交通

压实成型后，待水分蒸发完即可加铺上封层，铺加压实成型后的路面应做好早期养护工作，封闭交通 2～6 h 以上。开放交通初期控制车速不超过 20 km/h，并不得刹车或掉头。

9.2.3　沥青混凝土施工质量控制与验收

沥青路面施工质量控制的内容包括材料的质量检验、铺筑试验路、施工过程中的质量控制及交工质量检查与验收。

1. 材料质量检验

施工中的材料检查是指在每批材料进场时已进行过检查及批准的基础上，再抽查其质量稳定性。施工单位在施工过程中必须经常对各种施工材料进行抽样试验，对于沥青材料可根据实际情况只做针入度、软化点、延度的试验；检测粗集料的抗压强度、磨耗率、磨光值、压碎值、级配等指标和细集料的级配组成、含水量、含土量等指标；对于矿粉，应检验其相对密度和含水量并进行筛析。材料的质量以同一料源、同一次购入并运至生产现场为一"批"进行检查。

材料质量检查的内容和标准应符合前述有关的要求。

材料检查的另一项重要内容是矿料级配精度和油石比计量精度。例如，对于间歇式沥青混合料搅拌设备，二次筛分后砂石料再分别予以精确计量，是这种设备可以获得较高级配精度和油石比精度的重要保证。因为这种配料方式是将集料、矿粉和沥青分别予以计量，它们的配合比精度仅仅取决于各自称量系统的精度，排除了相互之间的制约。

2. 铺筑试验路

高等级道路在施工前应铺筑试验段。通过试拌、试铺为大面积施工提供标准方法和质量检查标准。

3. 施工过程中的质量控制

施工过程中的质量控制包括工程质量及外形尺寸两部分，其检查内容、频度、质量控制标准应符合规范规定要求。当检查结果达不到规定要求时，应追加检测数量，查找原因，作出处理。

4. 交工质量检查与验收

（1）施工单位自检自评。沥青路面施工完成后，施工单位将全线以 1~3 km 作为一个评定路段，按规定频率，随机选取测点，对沥青面层进行全线自检，计算平均值、标准差及变异系数，向主管部门提供全线检测结果及施工总结报告，申请交工验收。

（2）工程建设单位检查验收。工程建设单位或监理工程师、工程质量监督部门在接到施工单位交工验收报告并确认施工资料齐全后，应立即对施工质量进行交工检查与验收。检查验收应按随机抽样的方法，选择一定数量的评定路段进行实测检查，每一检查段的检查频度、试验方法及检测结果应符合规定要求。检查、实测项目由建设单位组织实施或委托有资质的专业检测单位提供检测结果。

9.3　水泥混凝土路面

9.3.1　水泥混凝土路面概述

水泥混凝土路面是指以素混凝土或钢筋混凝土板与基、垫层所组成的路面。水泥混凝土路面具有刚度大、强度高、整体性和稳定性好、耐久、抗侵蚀能力强、抗滑性好、利于夜间行车且养护费用少等优点；但缺点也比较明显，接缝多、对超载敏感性强，且行车噪声大，需养护一段时间才能开放交通；如有破损，修复较困难。

1. 材料质量要求

组成水泥混凝土路面的原材料包括水泥、集料、水、外加剂、接缝材料及局部使用的钢筋。

（1）水泥。混凝土的性能在很大程度上取决于水泥的质量。施工时应选用质量符合我国现行国家标准规定技术要求的水泥。通常应选用强度高、干缩性小、抗磨性能及耐久性能好的水泥，其强度以 42.5 MPa 为宜。

（2）粗集料。为了保证水泥混凝土具有足够的强度，良好的耐磨性、抗滑及耐久性能，应按规定选用质地坚硬、洁净、具有良好级配的粗集料，水泥混凝土集料的粒径宜在 5~40 mm。粗集料的颗粒组成可采用连续级配，也可采用间断级配。

（3）细集料。细集料的粒径宜为 0.15～5 mm。细集料尽量采用天然砂，也可采用人工砂。细集料要求颗粒坚硬耐磨，具有良好的级配，表面粗糙有棱角，清洁和有害杂质含量少，细度模数在 2.5 以上。

（4）水。用于清洗集料、拌和混凝土及养护用水，不应含有影响混凝土质量的油、酸、碱、盐类及有机物等。

（5）外加剂。常用的改善水泥混凝土技术性能的外加剂有流变剂、调凝剂及引气剂等三大类。

（6）接缝材料。接缝材料用于填塞混凝土路面板的各类接缝，按使用性能的不同，分为接缝板和填缝料两类。接缝板应能适应混凝土路面板的膨胀与收缩，施工时不变形，耐久性好。填缝料应与混凝土路面板缝壁黏附力强，回弹性好，能适应混凝土路面的胀缩，不溶于水，高温不挤出，低温不脆裂，耐久性好。

（7）钢筋。素混凝土路面的各类接缝需要设置钢筋制成的拉杆、传力杆，在板边、板端及角隅需要设置边缘钢筋和角隅钢筋，钢筋混凝土路面和连续配筋混凝土路面则要使用大量的钢筋。用于混凝土路面的钢筋应符合设计规定的品种和规格要求。

2. 混凝土配合比设计

混凝土配合比设计的主要工作是确定混凝土的水灰比、砂率及用水量等组成参数，按照相应规范要求进行。

9.3.2 施工准备工作

（1）选择混凝土拌和场地。拌和场地的选择首先应考虑使运送混合料的运距最短，同时拌和场地要接近水源和电源；此外，拌和场地应具有足够的面积，以供堆放砂石料和搭建水泥库房。

（2）做好混凝土各组成材料的试验，进行混凝土各组成材料的配合比设计。

（3）混凝土路面施工前，应对混凝土路面板下的基层进行强度、密实度及几何尺寸等方面的质量进行检验。基层质量检查项目及标准应符合基层施工规范要求。基层宽度应比混凝土路面板宽 30～35 cm 或与路基同宽。

（4）施工放样是混凝土路面施工的重要准备工作。首先根据设计图纸恢复路中心线和混凝土路面边线，在中心线上每隔 20 m 设一中桩；同时，布设曲线主点桩及纵坡边坡点、路面板胀缝等施工控制点，并在路边设置相应的边桩，重要的中心桩要进行拴桩。每隔 100 m 左右应设置一临时水准点，以便复核路面标高。由于混凝土路面一旦浇筑成功就很难拆除，所以测量放样必须经常复核，在浇捣过程中也要随时进行复核，确保混凝土路面的平面位置和高程符合设计要求。

9.3.3 机械摊铺法

1. 轨道式摊铺机施工

轨道式摊铺机施工是机械化施工中最普遍的一种方法。

1）轨道和模板的安装

轨道式摊铺机的整套机械在轨模上前后移动，并以轨模为基准控制路面的高程。摊铺机的轨道与模板同时进行安装，轨道固定在模板上，然后统一调整定位，形成的轨模既是路面边模又是摊铺机的行走轨道，如图 9.1 所示。轨道模板必须安装牢固，并校对高程，在摊铺机行使过程中不得出现错位现象。

图 9.1　轨道模板

1—轨道；2—模板；3—钢杆

2）摊铺及振捣

轨模式摊铺机有刮板式、箱式或螺旋式 3 种类型，摊铺时将卸在基层上或摊铺箱内的混凝土拌和物按摊铺厚度均匀地充满轨模范围内。

摊铺过程中应严格控制混凝土拌和物的松铺厚度，确保混凝土路面的厚度和标高符合设计要求。

摊铺机摊铺时，振捣机跟在摊铺机后面对拌和料做进一步的整平和捣实。振捣机的构造如图 9.2 所示。在振捣梁前方设置一道长度与铺筑宽度相同的复平梁，用于纠正摊铺机初平的缺陷并使松铺的拌和物在全宽范围内达到正确的高度，复平梁的工作质量对振捣密实度和路面平整度影响很大。复平梁后面是一道弧面振动梁，以表面平板式振动将振动力传到全宽范围内。振捣机械的工作行走速度一般控制在0.8 m/min，但随拌和物坍落度的增减可适当变化，混凝土拌和物坍落度较小时可适当放慢速度。

图 9.2　振捣机的构造

1—复平梁；2—松铺高度；3—弧面振捣梁；4—面层厚度

3）表面整修

它分为表面平整、精光及纹理制作两个工序。

（1）表面整平。振捣密实的混凝土表面用能纵向移动或斜向移动的表面整修机整平。纵向表面整修机工作时，整平梁在混凝土表面纵向往返移动，通过机身的移动将混凝土表面整平。斜向表面整修机通过一对与机械行走轴线成 10°左右的整平梁做相对运动来完成整平作业，其中一根整平梁为振动梁。机械整平的速度取决于混凝土的易整修性和机械特性。

机械行走的轨模顶面应保持平顺，以便整修机械能顺畅通行。整平时应使整平机械前保持高度为 10～15 cm 的壅料，并使壅料向较高的一侧移动，以保证路面板的平整，防止出现麻面及空洞等缺陷。

（2）精光及纹理制作。精光是对混凝土路面进行最后的精平，使混凝土表面更加致密、平整、美观，此工序是提高混凝土路面外观质量的关键工序之一。混凝土路面整修机配置有完善的精光机械，只要在施工过程中加强质量检查和校核，便可保证精光质量。

在混凝土表面制作纹理，是提高路面抗滑性能的有效措施之一。制作纹理时用纹理制作机在路面上拉毛、压槽或刻纹，纹理深度控制在 1~2 mm；在不影响平整度的前提下提高混凝土路面的构造深度，可提高表面的抗滑性能。纹理应与行车方向垂直，相邻板的纹理应相互沟通以利排水。适宜的纹理制作时间以混凝土表面无波纹水迹开始，过早或过晚均会影响纹理制作质量。

4）养 生

混凝土表面整修完毕，应立即进行湿治养生，以防止混凝土板水分蒸发或风干过快而产生缩裂，保证混凝土水化过程的顺利进行。在养护初期，可用活动三角形罩棚遮盖混凝土，以减少水分蒸发，避免阳光照晒，防止风吹、雨淋等。混凝土泌水消失后，在表面均匀喷洒薄膜养护剂。喷洒时在纵横方向各喷一次，养护剂用量应足够，一般为 0.33 kg/m³ 左右。在高温、干燥、大风时，喷洒后应及时用草帘、麻袋、塑料薄膜、湿砂等遮盖混凝土表面并适时均匀洒水。养护时间由试验确定，以混凝土达到 28 d 强度的 80%以上为准。

5）接缝施工

混凝土面层是由一定厚度的混凝土板组成的，它具有热胀冷缩的性质，温度变化时，混凝土板会产生不同程度的膨胀和收缩，这些变形会受到板与基础之间的摩擦力和黏结力以及板的自重和车轮荷载的约束，致使板内产生过大的应力，造成板的断裂或拱胀等破坏。为了避免这些缺陷，混凝土路面必须设置纵、横向接缝。横向接缝垂直于行车方向，共有三种，即胀缝、缩缝和施工缝；纵向接缝平行于行车方向。

（1）胀缝施工。胀缝应与混凝土路面中心线垂直，缝壁必须垂直于板面，缝宽均匀一致，缝中心不得有黏浆、坚硬杂物，相邻板的胀缝应设在同一横断面上。缝隙上部应灌填缝料，下部设置胀缝板。胀缝传力杆的准确定位是胀缝施工成败的关键，传力杆固定端可设在缝的一侧或交错布置。施工过程中固定传力杆位置的支架应准确、可靠地固定在基层上，使固定后的传力杆平行于板面和路中线，误差不大于 5 mm。

施工结束时设置胀缝，按图 9.3 所示安装、固定传力杆和接缝板。先浇筑传力杆以下的混凝土拌和物，用插入式振捣器振捣密实，并注意校正传力杆的位置，然后再摊铺传力杆以上的混凝土拌和物。摊铺机摊铺胀缝另一侧的混凝土时，先拆除端头钢挡板及钢钎，然后按要求铺筑混凝土拌和物。填缝时必须将接缝板以上的临时插入物清除。

图 9.3 胀缝施工示意图

胀缝两侧相邻板的高差应符合如下要求：高速公路和一级公路应不大于 3 mm，其他等级公路不大于 5 mm。

（2）横向缩缝施工。混凝土面板的横向缩缝一般采用锯缝的办法形成。当混凝土强度达到设计强度的 25%～30%时，用切割机切割，缝的深度一般为板厚的 1/4～1/3。合适的锯缝时间应控制在混凝土已达到足够的强度，而收缩变形受到约束时产生的拉应力仍未将混凝土面板拉断的时间范围内。锯缝时间以施工温度与施工后时间的乘积为 200～300 ℃·h 或混凝土抗压强度为 8～10 MPa 较为合适，也可按表 9.2 规定的时间来控制或通过试锯确定适宜的锯缝时间。

表 9.2　混凝土路面锯缝时间

昼夜平均气温/℃	5	10	15	20	25	30 以上
抹平至开始锯缝的最短时间/h	45～50	30～35	22～26	10～21	15～18	13～15

（3）施工缝设置。施工中断形成的横向施工缝尽可能设置在胀缝或缩缝处，多车道路面的施工缝应避免设在同一横断面上。施工缝设在缩缝处应增设一半锚固、另一半涂刷沥青的传力杆，传力杆必须垂直于缝壁，平行于板面。

（4）纵向接缝。纵缝一般做成平缝，施工时在已浇筑混凝土板的缝壁上涂刷沥青，并注意避免涂在拉杆上；然后浇筑相邻的混凝土板。在板缝上部应压成或锯成规定深度 3～4 cm 的缝槽，并用填缝料灌缝。

假缝型纵缝的施工应预先用门型支架将拉杆固定在基层上或用拉杆置放机在施工时置入。假缝顶面的缝槽采用锯缝机切割，深 6～8 cm，使混凝土在收缩时能从切缝处规则开裂。

2. 滑模式摊铺机施工

滑模式摊铺机施工混凝土路面作业过程如图 9.4 所示。铺筑混凝土时，首先由螺旋式摊铺器将堆积在基层上的混凝土拌和物横向铺开，刮平器进行初步刮平，然后振捣器进行捣实，随后刮平板进行振捣后的整平，形成密实而平整的表面，再使用振动式振捣板对拌和物进行振实和整平，最后用光面带进行光面。其余工序作业与轨道式摊铺机施工基本相同，但轨道式摊铺机与之配套的施工机械较复杂，工序多，不仅费工，而且成本高；而滑模式摊铺机由于整机性能好，操纵采用电子液压系统控制，生产效率高。

图 9.4　滑模式摊铺机摊铺工艺过程图

1—螺旋摊铺器；2—刮平器；3—振捣器；4—刮平板；5—振动振平板；6—光面带；7—混凝土面层

9.3.4　施工质量控制与竣工验收

1. 施工质量控制

（1）原材料质量检验。施工前，应对各种原材料进行质量检验，以检验结果作为材料质量是否符合要求的依据。在施工过程中，当材料规格和来源发生变化时，应及时对材料进行质量检验。材

第 9 章 路面工程施工

料质量检验的内容包括材料质量是否满足设计和规范要求，数量供应能否满足工程进度，材料来源是否稳定可靠，材料堆放和储存是否满足要求等。

（2）钢筋安装质量检查。混凝土钢筋网和传力杆的允许误差应符合《公路桥涵施工技术规范》（JTG/T F50—2011）的规定。

（3）混凝土工作性测试。为反映混凝土的工作性，一般用坍落度试验、维勃稠度试验和捣实因素试验来对其进行测定。

（4）混凝土强度检测。混凝土的强度检验应以 28 d 龄期的抗弯拉强度为标准。一般采用梁式试件测定抗弯拉强度；可用圆柱劈裂强度测定结果，由经验公式推算小梁抗弯拉强度；也可用蒸压法、超声-回弹法和射钉法等方法快速检测混凝土强度。

（5）表面功能检测。表面功能测定主要是针对抗滑性与舒适性、耐磨性检测。抗滑性采用表面构造深度来衡量其抗滑性，并用铺砂法进行检测。耐磨性是用磨耗机圆盘旋转 6 000 转后，混凝土表面环形轨道上均匀 6 点的平均磨耗深度作为磨耗指标来检测的。

2. 竣工验收

混凝土路面完工后，应根据设计文件、交工资料和施工单位提出的交工验收报告，按国家建设工程竣工验收的办法组织验收。

第10章 桥梁结构工程施工

10.1 桥梁结构施工常用施工机具与设备

10.1.1 常备式机具设备

（1）横撑式支撑。横撑式支撑多用于狭窄的基坑或沟槽开挖施工。根据放置挡土板方式的差异，横撑式支撑有四种：断续式水平支撑、连续式水平支撑、垂直支撑、锚拉支撑。

（2）钢板桩。钢板桩是一种挡土防水的支护结构。在开挖的基坑较深、地下水位较高或在水中进行基础施工时，采用钢板桩平衡坑壁的土压力和水压力。钢板桩由带锁口或钳口的热轧型钢制成。钢板桩互相连接就形成钢板桩墙或钢板桩围堰。

（3）脚手架及万能杆件。脚手架是工程构筑物修建过程中大量使用的施工辅助结构的统称。根据制作材质的不同，脚手架分为木制和钢制脚手架。目前，木制脚手架因重复使用率低、木材消耗多而应用较少，大量使用的是钢制脚手架。常用的钢管脚手架为扣件式连接方式。

另一种钢制脚手架是钢制万能杆件。铁道系统生产的万能杆件的类型有 M 型和 N 型。公路系统西安筑路机械厂生产的西乙型万能杆件，其规格基本与 N 型相同，材质为 16Mn 钢，由 24 种大小构件组成。

（4）常备模板结构。模板结构由模板和支架两部分组成。根据材质的不同，常备模板有钢模、木模和钢木结合模板三种，整套模板均由底模、侧模和端模三部分组成。

（5）贝雷桁架。贝雷桁架部件轻巧，各部件间以销子或螺栓相连，装拆方便，适用在非常时刻的紧急抢修。贝雷桥构件除桥面板和护轮木用松木或杉木外，都为合金钢制造，焊条用 T505X 型。

主梁可以数排并列或双层叠置以增加桥梁的承载能力。并列或叠置的一节梁统称为一格。加强弦杆是指在桁架上下弦杆处另加设的弦杆。设有加强弦杆的贝雷桥前面冠以"加强"二字，以示区别。各种组合的装配式公路钢桥习惯以先"排"后"层"来称呼，例如双排单层、加强的双排单层。贝雷桁架的组合形式计有十种。

10.1.2 桥梁施工主要起重机具设备

（1）钢丝绳。钢丝绳（简称钢绳）因具有强度高、自重轻、挠性好、运行平稳、极少突然断裂等优点而被广泛用于吊装作业，同时可作为悬索桥、斜拉桥的主要抗拉构件。

钢丝绳根据捻绕的次数，可分为单绕、双绕和三绕钢丝绳；根据钢丝绳捻绕的方向，可分为顺绕、交绕和混绕钢丝绳；根据钢丝在股中的互相接触状态，分为点接触、线接触和面接触钢丝绳。

（2）千斤顶。千斤顶适用于起落高度不大的起重，按其构造不同可分为螺旋式千斤顶、液压式千斤顶和齿条式千斤顶三大类。

（3）卡环。卡环也称卸扣或开口销环，一般用圆钢锻制而成，用于联结钢丝绳与吊钩、环链条之间及用于千斤绳捆绑物件时固定绳套。卸扣装卸方便，较为安全可靠。卡环分螺旋式、销子式和半自动式三种。弯环部分又分为直形和圆形两种。半自动式卸扣又称为半自动脱钩器，是根据普通卸扣改制的，使用很方便，只需在地面上拽一下拉绳，止动销就被弹盘压缩而缩入导向管内，吊绳则因自重而脱出扣环。

（4）滑轮。滑轮又称滑车或葫芦。滑轮种类很多，按制作材料不同可分为铁滑轮和木滑轮，后者只是外壳为木制，轮和轴仍是铁的，仅用于麻绳滑轮组。按转轮的多少，滑轮可分为单轮、双轮及多轮几种。

（5）滑轮组。滑轮组由定滑轮和动滑轮组成，它既能省力又可改变力的方向。定滑轮与动滑轮的数目可以相同，也可以相差一个。绳的死头可以固定在定滑轮上，也可固定在动滑轮上；绳的单头（又称跑头）可以由定滑轮引出，也可以由动滑轮上引出，一般用于吊重时，跑头均由定滑轮引出；有时跑头还穿过导向滑轮；为了减少拉力，有时采用双联滑轮组。

（6）卷扬机。卷扬机亦称绞车，绞车分手摇绞车与电动绞车。

（7）链滑车。常用链滑车分蜗杆传动与齿轮传动两种，前者效率较低，工作速度也不如后者。链滑车可在垂直、水平和倾斜方向的短距离内起吊和移动重物或绞紧构件以控制方向。

（8）锚碇。锚碇的种类按构造形式可分为地垄、钢筋锚环、水中锚碇和其他锚固点等。

（9）滑道。常用的滑道有滚辊滑道与滑板滑道两种。

（10）扒杆。扒杆可以用来提升重物、移梁和架梁等，是一种简易的起吊工具。施工单位一般根据工程的需要自行设计和加工制作。常用的扒杆种类有独脚扒杆、人字扒杆、摇臂扒杆和悬臂扒杆。

（11）龙门架（龙门起重机）。龙门架是一种"门"字形的垂直起吊设备。在龙门架两腿脚处设有轮子并置于铁轨上时，可沿轨道纵向移物；在龙门架顶横梁上设天车时，可横向移物。大型龙门架通常设于构件预制场吊移构件；或设在桥墩顶、墩旁安装大梁构件。

（12）浮吊。在通航河流上建桥，浮吊船是重要的工作船。常用的浮吊有铁驳轮船浮吊和用木船、型钢及人字扒杆等拼成的简易浮吊。

（13）缆索起重机。缆索起重机适用于高差较大的垂直吊装和架空纵向运输，吊运量从几吨至几十吨，纵向运距从几十米至几百米。缆索起重机是由主索、天线滑车、起重索、牵引索、起重及牵引绞车、主索地锚、塔架、风缆、主索平衡滑轮、电动卷扬机、手摇绞车、链滑车及各种滑轮等部件组成。在吊装拱桥时，缆索吊装系统除了上述各部件外，还有扣索、扣索排架、扣索地锚、扣索绞车等部件。

（14）架桥机。目前在我国使用的架桥机类型很多，其构造和性能也各不相同，最常用的有单梁式架桥机和双梁式架桥机两种类型。单梁式架桥机主要为胜利型 1 300 kN 架桥铺轨机（SL-130）。双梁式架桥机主要为红旗-130 型架桥机。它是在总结分析我国已有架桥机优缺点的基础上设计制造的。目前使用的架桥机还有长征-160 改进型，该机可吊装 40 m 预应力铁路简支梁。此外，在公路部门也经常使用万能杆件或贝雷梁拼装而成的各式架桥机。

（15）造桥机。造桥机是为适应建造更大跨度桥梁而开发研制的架设设备。原铁道部建筑设计研究院承担并成功试制了架设 40~60 m 跨度梁的造桥机，并在南（宁）昆（明）线上架设使用。

10.2　混凝土结构桥梁施工方法

10.2.1　就地浇筑法

1. 支架与拱架

1）支　架

支架按其构造分为支柱式、梁式和梁-柱式支架；按材料可分为木支架、钢支架、钢木混合支架和万能杆件拼装的支架等。支架通常按其构造划分。

（1）立柱式支架。立柱式支架构造简单，可用于陆地或不通航河道以及桥墩不高的小跨径桥梁施工。支架通常由排架和纵梁等构件组成。排架由枕木或桩、立柱和盖梁组成。一般排架间距4 m，桩的入土深度按施工设计要求设置，但不小于3 m。当水深大于3 m时，桩要用拉杆加强。一般需在纵梁下布置卸落设备。

（2）梁式支架。根据跨径不同，梁可采用工字钢、钢板梁或钢桁梁。一般工字钢用于跨径小于10 m、钢板梁用于跨径小于20 m、钢桁梁用于跨径大于20 m的情况。梁可以支承在墩旁支柱上，也可支承在桥墩预留的托架上或支承在桥墩处的横梁上。

（3）梁-柱式支架。当桥梁较高、跨径较大或必须在支架下设孔通航或排洪时可用梁-柱式支架。梁支承在桥墩台以及临时支柱或临时墩上，形成多跨的梁-柱式支架。

2）拱 架

拱架按结构分有支柱式、撑架式、扇形、桁式拱架、组合式拱架等；按材料分有木拱架、钢拱架、竹拱架和土牛拱胎。所谓土牛拱胎是在缺乏钢、木材的地区，先在桥下用土或砂、卵石填筑一个土胎（俗称土牛），然后在上面砌筑拱圈，待拱圈完成后将填土清除。

木拱架的加工、制作简单，架设方便，但耗材较多，在当前已不多用。目前多采取钢、木混合拱架，以减少木材用量。钢拱架多用常备构件拼装，虽一次投资大，但可多次周转使用，宜在多跨拱桥中选用。

（1）支柱式木拱架。其支柱间距小、结构简单且稳定性好，适于干岸河滩和流速小、不受洪水威胁、不通航的河道上使用。拱架一般可分为上下两部分，上部为拱架，下部为支架，上下部之间设置卸落设备。

（2）撑架式木拱架。其构造较为复杂，但支点间距可较大，对于较大跨径且桥墩较高时，可节省木材并可适应通航。

（3）扇形拱架。它是从桥中的一个基础上设置斜杆，并用横木联成整体的扇形，用以支承砌筑的施工荷载。扇形拱架比撑架式拱架更加复杂，但支点间距可以比撑架式拱架更大些，尤宜在拱度很大时采用。

（4）钢木组合拱架。它是在木支架上用钢梁代替木斜梁，可以加大支架的间距，减少材料用量。在钢梁上可设置变高的横木形成拱度，并用以支承模板。

也有用钢桁梁或贝雷梁与钢管脚手架组拼的拱架，它是在钢桁梁形成的平台上搭设立柱式钢管组成的。

（5）钢桁式拱架。通常用常备拼装式桁架拼成拱形拱架，即拱架由标准节段、拱顶段、拱脚段和连接杆等以钢销或螺栓连接而成。为使拱架能适应施工荷载产生的变形，一般拱架采用三铰拱。

桁式钢拱架也可用装配式公路钢桥桁架节段拼装组成或用万能杆件拼装组成。

2. 梁式桥的就地浇筑法

1）准备工作

现场浇筑施工的梁式桥，在浇混凝土前要进行周密的准备工作和严格的检查。一般来说，就地浇筑施工在正常情况下一次灌注的混凝土工作量较大，且需要连续作业，因此准备工作相当重要，不可疏忽大意。

在浇筑混凝土前，应会同监理部门对支架、模板、钢筋、预留管道和预埋件进行检查，合格后方可进行浇筑混凝土工作。

2）梁式桥混凝土的浇筑顺序

无论对任何一种形式的梁式桥，在考虑主梁混凝土浇筑顺序时，不应使模板和支架产生有害的下沉。为了对浇筑的混凝土进行振捣，浇筑混凝土应采用相应的分层厚度；当在斜面或曲面上浇筑混凝土时，一般从低处开始。

（1）简支梁混凝土的浇筑。

① 水平分层浇筑。对于跨径不大的简支梁桥，可在一跨全长内分层浇筑，在跨中合龙。分层的厚度视振捣器的能力而定，一般选用 15~30 cm；当采用人工捣实时，可选取 15~20 cm。为避免支架不均匀沉陷的影响，浇筑速度应尽量快，以便在混凝土失去塑性之前完成。

② 斜层浇筑。简支梁桥的混凝土浇筑应从主梁的两端用斜层法向跨中浇筑，在跨中合龙；当采用梁式支架，支点不设在跨中时，则应在支架下沉量大的位置先浇混凝土，使应该发生的支架变形及早完成。采用斜层浇筑时，混凝土的倾斜角与混凝土的稠度有关，一般可用 20°~25°。

③ 单元浇筑法。当桥面较宽且混凝土数量较大时，可分成若干纵向单元分别浇筑。每个单元可沿其长度分层浇筑，在纵梁间的横梁上设置连接缝，并在纵横梁浇筑完成后填缝连接。之后桥面板可沿桥全宽一次浇筑完成。桥面与纵横梁间设置水平工作缝。

（2）悬臂梁、连续梁混凝土的浇筑。悬臂梁和连续梁桥的上部结构在支架上浇筑时，由于桥墩为刚性支点，桥跨下的支架为弹性支撑，在浇筑时支架会产生不均匀沉降，因此在浇筑混凝土时应从跨中向两端墩台进行。

3. 拱桥的就地浇筑和砌筑施工

1）混凝土、钢筋混凝土拱桥的就地浇筑施工

在支架上就地浇筑上承式拱桥可分三个阶段进行：第一阶段浇筑拱圈或拱肋混凝土；第二阶段浇筑拱上立柱、连系梁及横梁等；第三阶段浇筑桥面系。后一阶段混凝土浇筑应在前一阶段混凝土强度达到设计要求后进行。拱圈或拱肋的拱架，可在拱圈混凝土强度达到设计强度的 70%以上时，在第二阶段或第三阶段开始施工前拆除，但应对拆架后的拱圈稳定进行验算。

在浇筑主拱圈混凝土时，立柱的底座应与拱圈或拱肋同时浇筑，钢筋混凝土拱桥应预留与立柱的联系钢筋。主拱圈的浇筑方法主要根据桥梁跨径选定，其浇筑方法有：连续浇筑、分段浇筑和分环、分段浇筑法。

2）在拱架上砌筑圬工砌体

在拱架上砌筑的拱桥主要是石拱桥和混凝土预制块拱桥。石拱桥按其材料规格分有粗料石拱、块石拱和浆砌片石拱等。

（1）拱圈放样与备料。石拱桥的拱石要按照拱圈的设计尺寸进行加工，为了能合理划分拱石，保证结构尺寸准确，通常需要在样台上将拱圈按 1∶1 的比例放出大样，然后用木板或镀锌铁皮在样台上按分块大小制成样板，进行编号，以利加工。

（2）拱圈的砌筑。

① 连续砌筑。跨径<16 m，当采用满布式拱架施工时，可以从两拱脚同时向拱顶依次按顺序砌筑，在拱顶合龙；跨径≤10 m，当采用拱式拱架时，应在砌筑拱脚的同时，预压拱顶以及拱跨 1/4 部位。

预加压力砌筑是在砌筑前在拱架上预压一定重量，以防止或减少拱架弹性和非弹性下沉的砌筑方法。它可以有效地预防拱圈产生的不正常变形和开裂。预压物可采取拱石，随撤随砌，也可采用砂袋等其他材料。

砌筑拱圈时，常在拱顶预留一龙口，最后在拱顶合龙。刹尖封顶应在拱圈砌缝砂浆强度达到设计规定强度后进行。

② 分段砌筑。当跨径在 16~25 m 采用满布式拱架，或跨径在 10~25 m 并采用拱式拱架时，可采用半跨分成三段的分段对称砌筑方法。分段砌筑时，各段间可留空缝，空缝宽 3~4cm。在空缝

处砌石要规则，为保持砌筑过程中不改变空缝形状和尺寸，同时也为拱石传力，空缝可用铁条或水泥砂浆预制块作为垫块，待各段拱石砌完后填塞空缝。填塞空缝应在两半跨对称进行，各空缝同时填塞，或从拱脚依次向拱顶填塞。当用力夯填空缝砂浆时，可使拱圈拱起，宜在小跨径拱使用。

砌筑大跨径拱圈时，在拱脚至 1/4 段，当其倾斜角大于拱石与模板间的摩擦角时，拱段下端必须设置端模板并用撑木支撑。闭合楔应设置在拱架挠度转折点处，宽约 1.0 m，撑木三脚架应支撑在模板上。砌筑闭合楔时，必须拆除三脚架，可分两三次进行，先拆一部分，随即用拱石填砌，一般先在桥宽的中部填砌，再拆第二部分。

③ 分环分段砌筑。较大跨径的拱桥，当拱圈较厚、由三层以上拱石组成时，可将拱圈分成几环砌筑，砌一环合龙一环。当下环砌筑完并养护数日后，砌缝砂浆达到一定强度时，再砌筑上环。

④ 多跨连拱的砌筑。多跨连拱的拱圈砌筑时，应考虑与邻孔施工的对称均匀，以免桥墩承受过大的单向推力。因此，当为拱式拱架时，应适当安排各孔的砌筑程序；当采用满布式支架时，应适当安排各孔拱架的卸落程序。

（3）拱上建筑施工。拱上砌体必须在拱圈砌筑合龙并达到设计强度30%以后进行。拱圈一般要求不少于 3 d 的养护时间。

拱上建筑的施工，应掌握对称均衡地进行，避免使主拱圈产生过大的不均匀变形。

10.2.2　桥梁预制安装法

1. 构件预制

1）预制方法分类

（1）立式预制与卧式预制。构件的预制方法按构件预制时所处的状态分立式预制和卧式预制两种。等高度的 T 梁和箱梁在预制时采用立式预制。对于变高度的梁，宜采用卧式预制，这时可在预制平台上放样布置底模，侧模高度由梁宽度决定，便于绑扎钢筋和浇筑混凝土，构件尺寸和混凝土质量也易得到保证。卧制的构件需在预制后翻身竖起。

（2）固定式预制与活动台车预制。构件预制方法按作业线布置不同分固定式预制和活动台车上预制两种。固定式预制，是构件在整个预制过程中一直在一个固定底座上，立模、扎筋、浇筑和养护混凝土等各个作业挨次在同一地点进行，直至构件最后制成被吊离底座（即所谓"出坑"）。一般规模桥梁工程的构件预制大多采用此法。在活动台车上预制构件时，台车上具有活动模板（一般为钢模板），能快速地装拆，当台车沿着轨道从一个地点移动到另一个地点时，作业也就按顺序一个接一个地进行。

2）预制基本作业

构件是在预制场（或厂）内预制的，预制场地和各种车间的布置必须合理。预制场（厂）内布置的原则是使各工序能密切配合，便于流水作业，缩短运输距离和占地面积尽量少。

2. 装配式梁桥的安装

1）预制梁的出坑和运输

（1）出坑。预制构件从预制场的底座上移出来，称为"出坑"。钢筋混凝土构件在混凝土强度达到设计强度70%以上，预应力混凝土构件在预应力张拉以后才可出坑。

（2）运输。预制梁从预制场至施工现场的运输称为场外运输，常用大型平板车、驳船或火车运至桥位现场。

预制梁在施工现场内运输称为场内运输，常用龙门轨道运输、平车轨道运输、平板汽车运输，也可采用纵向滚移法运输。

2）预制梁的安装

在岸上或浅水区预制梁的安装可采用龙门起重机、汽车式起重机及履带式起重机安装；水中梁跨常采用穿巷吊机、浮吊安装及架（造）桥机安装等方法。

（1）用跨墩龙门起重机安装。跨墩龙门起重机安装适用于岸上和浅水滩以及不通航浅水区域安装预制梁。

在水深不超过 5 m、水流平缓、不通航的中小河流上的小桥孔，采用跨墩龙门起重机架梁。这时必须在水上桥墩的两侧架设龙门起重机轨道便桥，便桥基础可用木桩或钢筋混凝土桩。在水浅流缓而无冲刷的河上，也可用木笼或草袋筑岛来做便桥的基础。便桥的梁可用贝雷桁架组拼。

（2）用穿巷起重机安装。穿巷起重机可支承在桥墩和已架设的桥面上，不需要在岸滩或水中另搭脚手架与铺设轨道，因此，它适用于在水深流急的大河上架设水上桥孔。

穿巷起重机根据导梁主桁架间净距的大小，可分为宽、窄两种。

（3）自行式汽车起重机安装。陆地桥梁、城市高架桥预制梁安装常采用自行式汽车起重机安装。一般先将梁运到桥位处，采用一台或两台自行式汽车起重机或履带式起重机直接将梁片吊起就位，方法便捷，履带式起重机的最大起吊能力达 3 000 kN。

（4）浮吊安装。预制梁由码头或预制厂直接由运梁驳船运到桥位，浮吊船宜逆流而上，先远后近安装。浮吊船吊装前应下锚定位，航道要临时封锁。

采用浮吊安装预制梁，施工速度快，高空作业较少，是航运河道上架梁常用的办法。广东省在使用浮吊安装时，其最大起重能力达 5 000 kN。

（5）架桥机安装。架桥机架设桥梁一般在长大河道上采用，公路上采用贝雷梁构件拼装架桥机；铁路上采用 800 kN、1 300 kN、1 600 kN 架桥机。公路斜拉式双导梁架桥机，50/150 型可架设跨径 50 m T 梁，40/100 型架设 40 m T 梁，XMQ 型可架设 30 m T 梁，BX-25 型为贝雷轻型架桥机。目前国内架桥机最大起吊能力 3 MN。

3. 装配式拱桥的安装

1）缆索吊装施工

（1）概述。在峡谷或水深流急的河段上，或在通航的河流上需要满足船只的顺利通行，缆索吊装由于具有跨越能力大，水平和垂直运输机动灵活，适应性广，施工比较稳妥方便等优点，在拱桥施工中被广泛采用。缆索吊装由单跨发展到双跨连续缆索。在采用缆索吊装的拱桥上，为了充分发挥缆索的作用，拱上建筑也可以采用预制装配施工。

（2）吊装方法和要点。缆索吊装施工工序为：在预制场预制拱肋（箱）和拱上结构，将预制拱肋和拱上结构通过平车等运输设备移运至缆索吊装位置，将分段预制的拱肋吊运至安装位置，利用扣索对分段拱肋进行临时固定，然后吊装合龙段拱肋，对各段拱肋进行轴线调整，最后合龙主拱圈，安装拱上结构。

2）桁架拱桥与刚架拱桥的安装

桁架拱桥与刚架拱桥，由于构件预制装配，具有构件重量轻、安装方便、造价低等优点。

（1）桁架拱桥安装。

① 施工安装要点。桁架拱桥的施工吊装过程包括：吊运桁架拱片的预制段构件至桥孔，使之就位合龙，处理接头，与此同时随时安装桁架拱片之间的横向联结系构件，使各片桁架拱片联成整体。然后在其上铺设预制的微弯板或桥面板，安装人行道悬臂梁和人行道板。

桁架拱片的桁架段预制构件一般采用卧式预制，实腹段构件采用立式预制。

安装工作分为有支架安装和无支架安装。

② 有支架安装。有支架安装时，需在桥孔下设置临时排架。桁架拱片的预制构件由运输工具运

到桥孔后，用浮吊或龙门起重机等安装就位，然后进行接头和横向联结。常采用的有塔架斜缆安装、多机安装、缆索吊机安装和悬臂拼装等。

施工时，构件由运输工具或由龙门起重机本身运至桥孔，然后由龙门起重机起吊、横移和就位。跨间在相应于桁架拱片构件接头的部位，设有排架，以临时支承构件重力。

③ 无支架安装。无支架安装是指桁架拱片预制段在用吊机悬吊着的状态下进行接头和合龙的安装过程。塔架斜缆安装，就是在墩台顶部设一塔架，桁架拱片边段吊起后用斜向缆索（亦称扣索）和风缆稳住再安中段。一般合龙后即松去斜缆，接着移动塔架，进行下一片的安装。

用无支架安装方法时，须特别注意桁架拱片在施工过程中的稳定性。

（2）刚架拱桥安装。刚架拱桥上部结构的施工分有支架安装和无支架安装两种。安装方法在设计中确定内力图式时即已决定，施工时不得随便更改。

采用无支架施工时（浮吊安装或缆索吊装），首先将主拱腿一端插入拱座的预留槽内，另一端悬挂，合龙实腹段，形成裸拱，电焊接头钢板；安装横系梁，组成拱形框架；再将次拱腿插入拱座预留槽内，安放次梁，焊接腹孔的所有接头钢筋和安装横系梁，立模浇接头混凝土，完成裸肋安装；将肋顶部分凿毛，安装微弯板及悬臂板，浇筑桥面混凝土，封填拱脚。

3）钢筋混凝土箱形拱桥

钢筋混凝土箱形拱桥主要的施工步骤为：拱箱预制；吊装设备的布置；拱箱吊装。

4）桁式组合拱桥

桁式组合拱桥由两个悬臂桁架支承一个桁架拱组成，它除保持桁式拱结构的用料省、跨越能力大、竖向刚度大等特点外，更具有桁梁的特性和可以采用无支架悬臂安装的方法施工，使桁式组合拱桥具有一定的竞争能力。

（1）桁式组合拱桥构造特点。为了减轻自重，保证截面的强度和整体刚度，桁式组合拱桥的上下弦杆和腹杆及实腹段的截面，一般均采用闭合箱形截面，并按照吊装顺序，分次拼装组合而成。为了增强构件的整体性，在所有箱形杆件内均设有隔板加强，隔板间距为 $4\sim5$ m。

（2）桁式组合拱桥施工。桁式组合拱桥能迅速得到发展，除结构受力的合理性带来材料的节省外，其主要原因是它可采用无支架悬臂安装进行施工，这是最突出的优点。

10.2.3 悬臂施工法

悬臂施工法也称为分段施工法。悬臂施工法是以桥墩为中心向两岸对称、逐节悬臂接长的施工方法。预应力混凝土桥梁采用悬臂施工法是从钢桥悬臂拼装发展而来的。

1. 悬臂施工法的分类

悬臂施工法主要有悬臂拼装法及悬臂浇筑法两种。

（1）悬臂拼装法。悬臂拼装法利用移动式悬拼吊机将预制梁段起吊至桥位，然后采用环氧树脂胶及钢丝束预应力连接成整体。采用逐段拼装，一个节段张拉锚固后，再拼装下一节段。悬臂拼装的分段，主要取决于悬臂起重机的起重能力，一般节段长 $2\sim5$ m。节段过长则自重大，需要悬拼吊机起重能力大；节段过短则拼装接缝多，工期也延长。一般在悬臂根部，因截面面积较大，节段长度采用较短，以后向端部逐渐增长。

（2）悬臂浇筑法。悬臂浇筑采用移动式挂篮作为主要施工设备，以桥墩为中心，对称向两岸利用挂篮逐段浇筑梁段混凝土，待混凝土达到要求强度后，张拉预应力束，再移动挂篮，进行下一节段的施工。悬臂浇筑每个节段长度一般为 $2\sim6$ m，节段过长，将增加混凝土自重及挂篮结构重力，而且要增加平衡重及挂篮后锚设施；节段过短，影响施工进度。

第 10 章　桥梁结构工程施工

2. 悬臂拼装法施工

悬臂拼装施工包括块件的预制、运输、拼装及合龙。下面主要介绍预应力混凝土箱形 T 构采用悬臂拼装法施工。

1）块件预制

（1）预制方法。箱梁块件通常采用长线浇筑法或短线浇筑的立式预制方法。桁架梁段采用卧式预制方法。

① 长线预制。长线预制是在预制厂或施工现场按桥梁底缘曲线制作固定的底座，在底座上安装底模进行块件预制工作。图 10.1 所示为预应力混凝土 T 形刚构桥的箱梁预制台座构造。箱梁节段的预制在底板上进行。为加快施工进度，保证节段之间密贴，常采用先浇筑奇数节段，然后利用奇数节段混凝土的端面弥合浇筑偶数节段。也可以采用分阶段的预制方法。当节段混凝土强度达到设计强度 70% 以上后，可吊出预制场地。

图 10.1　预应力混凝土 T 形刚构桥的箱梁预制台座构造

1—底板；2—斜撑；3—帽木；4—纵梁；5—木桩

② 短线预制。短线预制箱梁块件的施工，是由可调整外部及内部模板的台车与端模架来完成的（图 10.2）。

图 10.2　台车与端模架

1—封闭端；2—配合单元；3—灌筑单元；4—配合单元；5—运往贮存

（2）定位器和孔道形成器。设置定位器的目的是使预制梁块在拼装时能准确而迅速地安装就位。有的定位器不仅能起到固定位置的作用，而且能承受剪力。这种定位装置称抗剪楔或防滑楔。

2）块件运输

箱梁块件自预制底座上出坑后，一般先存放于存梁场，拼装时块件由存梁场至桥位处的运输方式，一般可分为场内运输、块件装船和浮运三个阶段。

（1）场内运输。当存梁场或预制台座布置在岸边，又有大型悬臂浮吊时，可用浮吊直接从存梁场或预制台座将块件吊放到运梁驳船上浮运。

块件的起吊应该配有起重扁担。每块箱梁4个吊点，使用两个横扁担用两个吊钩起吊。如用一个主钩以人字千斤起吊时，还必须配一根纵向扁担以平衡水平分力。

（2）块件装船。块件装船在专用码头上进行。码头的主要设施是施工栈桥和块件装船起重机。栈桥的长度应保证在最低施工水位时驳船能进港起运，栈桥的高度要考虑在最高施工水位时栈桥主梁不应被水淹，栈桥宽度要考虑到运梁驳船两侧与栈桥之间需有不少于 0.5 m 的安全距离。栈桥起重机的起重能力和主要尺寸（净高和跨度）应与预制场上的起重机相同。

（3）浮运。浮运船只应根据块件重量和高度来选择，可采用铁驳船、坚固的木䒤船、水泥驳船或用浮箱装配。

为了保证浮运安全，应设法降低浮运重心。开口舱面的船应尽量将块件置于船舱底板上。必须置放在甲板面上时，要在舱内压重。

3）悬臂拼装

（1）悬拼方法。预制块件的悬臂拼装可根据现场布置和设备条件采用不同的方法来实现。当靠岸边的桥跨不高且可在陆地或便桥上施工时，可采用自行式汽车起重机、门式起重机来拼装。对于河中桥孔，也可采用水上浮吊进行安装。

① 悬臂起重机拼装法。悬臂起重机由纵向主桁架、横向起重桁架、锚固装置、平衡重、起重系、行走系和工作吊篮等部分组成，如图 10.3 所示。

图 10.3 悬臂起重机拼装示意图

纵向主桁架为起重机的主要承重结构，可由贝雷片、万能杆件、大型型钢等拼制。一般由若干桁片构成两组，用横向联结系联成整体，前后用两根横梁支承。

横向起重桁架是供安装起重卷扬机直接起吊箱梁块件之用的构件。纵向主桁的外荷载就是通过横向起重桁架传递给它的。横向起重桁支承在轨道平车上，轨道平车搁置于铺设在纵向主桁架上弦的轨道上，起重卷扬机安装在横向起重桁架上弦。

设置锚固装置和平衡重的目的是防止主桁架在起吊块件时倾覆翻转，保持其稳定状态。对于拼装墩柱附近块件的双悬臂起重机，可用锚固横梁及吊杆将起重机锚固于0号块上。对称起吊箱梁块件，不需要设置平衡重。单悬臂起重机起吊块件时，也可不设平衡重，而将起重机锚固在块件吊环上或竖向预应力筋的螺丝端杆上。

起重系一般由 50 kN 电动卷扬机、吊梁扁担及滑车组等组成。起重系的作用是将由驳船浮运到桥位处的块件提升到拼装高度以备拼装。滑车组要根据起吊块件的重量来选用。

起重机的整体纵移可采用钢管滚筒在木走板上滚移，由电动卷扬机牵引。牵引绳通过转向滑车系于纵向主桁前支点的牵引钩上。横向起重桁架的行走采用轨道平车，用倒链滑车牵引。

工作吊篮悬挂于纵向主桁前端的吊篮横梁上，吊篮横梁由轨道平车支承以便工作吊篮的纵向移

第 10 章　桥梁结构工程施工

动。工作吊篮供预应力钢丝穿束、千斤顶张拉、压注灰浆等操作之用，可设上、下两层，上层供操作顶板钢束用，下层供操作肋板钢束用；也可只设一层，此时，工作吊篮可用倒链滑车调整高度。

② 连续桁架（闸式起重机）拼装法。连续桁架悬拼施工可分移动式和固定式两类。移动式连续桁架的长度大于桥的最大跨径，桁架支承在已拼装完成的梁段和待拼墩顶上，由起重机在桁架上移运块件进行悬臂拼装。固定式连续桁架的支点均设在桥墩上，而不增加梁段的施工荷载。

③ 起重机拼装法。尚可采用伸臂起重机、缆索起重机、龙门起重机、人字扒杆、汽车式起重机、履带式起重机、浮吊等进行悬臂拼装。根据起重机的类型和桥孔处具体条件的不同，起重机可以支承在墩柱上、已拼好的梁段上或处在栈桥上、桥孔下。

（2）接缝处理及拼装程序。梁段拼装过程中的接缝有湿接缝、干接缝和胶接缝等几种。不同的施工阶段和不同的部位，将采用不同的接缝形式。

① 1 号块和调整块用湿接缝拼装。1 号块件即墩柱两侧的第 1 块，一般与墩柱上的 0 号块以湿接缝相接。1 号块是 T 形刚构两侧悬臂箱梁的基准块件。T 形刚构悬拼施工时，防止上翘和下挠的关键在于 1 号块定位准确，因此，必须采用各种定位方法确保 1 号块定位的精度。定位后的 1 号块可由起重机悬吊支承，也可用下面的临时托架支承。为便于进行接缝处管道接头操作、接头钢筋的焊接和混凝土振捣作业，湿接缝一般宽 0.1~0.2 m。

② 环氧树脂胶。块件接缝采用环氧树脂胶，厚 1.0 mm 左右。环氧树脂胶接缝可使块件连接密贴，可提高结构抗剪能力、整体刚度和不透水性。

（3）穿束及张拉。

① 穿束。T 形刚构桥纵向预应力钢筋的布置有两个特点：较多集中于顶板部位；钢束布置对称于桥墩。因此拼装每一对对称于桥墩块件用的预应力钢丝束须按锚固这一对块件所需长度下料。

明槽钢丝束通常为等间距排列，锚固在顶板加厚的部分上（这种板俗称"锯齿板"）。加厚部分在预制时留有管道。穿束时先将钢丝束在明槽内摆放平顺，然后再分别将钢丝束穿入两端管道之内。钢丝束在管道两头的伸出长度要相等。

暗管穿束比明槽难度大。经验表明，60 m 以下的钢丝束穿束一般均可采用人工推送。较长钢丝束穿入端，可点焊成箭头状缠裹黑胶布。60 m 以上的长束穿束时可先从孔道中插入一根钢丝与钢丝束引丝连接，然后一端以卷扬机牵引，一端以人工送入。

② 张拉。钢丝束张拉前要首先确定合理的张拉次序，以保证箱梁在张拉过程中每批张拉合力都接近于该断面钢丝束总拉力重心处。

钢丝束张拉次序的确定与箱梁横断面形式、同时工作的千斤顶数量、是否设置临时张拉系统等因素关系很大。

4）悬臂挠度控制

（1）悬拼挠度计算。悬拼施工过程中所产生的挠度，涉及梁体自重、预应力、混凝土徐变、施工荷载等的作用。鉴于施工挠度与许多不定因素有关（例如各段混凝土间材料性能、温度、湿度以及养护等方面的差异，各段的工期也很难准确估计），并由于施工中荷载的随时间变化以及梁体截面组成也随施工进程中预应力筋的增多而发生变化等，故要精确计算施工挠度是非常困难的。

为使悬臂梁在恒载、活载、预应力及混凝土徐变等的综合挠度下，保持良好的行车条件，就需设置一定的预拱度。

（2）安装误差的控制和纠正。在悬臂拼装阶段，影响挠度的因素主要是预应力、自重力和在接缝上引起的弹性和非弹性变形，还有块件拼装的几何尺寸误差。当前，有不少采用悬臂拼装施工的 T 构桥上挠值大大超过计算值。这种情况主要是由安装误差引起的。

5）合龙段施工

箱梁 T 构在跨中合龙时初期常用剪力铰，使悬臂能相对位移和转动，但挠度连续。现在箱梁 T

构和桁架 T 构的跨中多用挂梁连接。预制挂梁的吊装方法与装配式简支梁的安装相同。但需注意安装过程中对两边悬臂加荷的均衡性问题，以免墩柱受到过大的不均衡力矩。有两种方法：采用平衡量；采用两悬臂端部分批交替架梁，以尽量减少墩柱所受的不平衡力矩。

3. 悬臂浇筑法施工

悬臂浇筑法施工是桥梁施工中难度较大的施工工艺，需要一定的施工设备及一支熟悉悬臂浇筑工艺的技术队伍。由于 80%左右的大跨径桥梁均采用悬臂浇筑法施工，通过大量实桥施工，使悬臂浇筑施工工艺日趋成熟。下面按悬浇施工程序、0 号块施工、梁墩临时固结、施工挂篮、浇筑梁段混凝土、结构体系转换、合龙段施工及施工控制几个方面进行较详细介绍。

1）悬臂浇筑施工程序

连续梁桥采用悬臂浇筑施工时，因施工程序不同，有以下 3 种基本方法：逐跨连续悬臂施工法、T 构—单悬臂梁—连续梁施工法、T 构—双悬臂梁—连续梁施工法。

（1）逐跨连续悬臂施工法（图 10.4）。

图 10.4　逐跨连续悬臂施工法

首先从 B 墩开始将梁墩临时固结，进行悬臂施工；岸跨边段合龙，A 墩临时固结释放后形成单悬臂梁；从 C 墩开始，梁端临时固结，进行悬臂浇筑施工；BC 跨中间合龙，释放 C 墩临时固结，形成带悬臂的两跨连续梁；从 D 墩开始，D 墩进行梁墩固结悬臂施工；CD 跨中间合龙，释放 D 墩临时固结，形成带悬臂的 3 跨连续梁。按上述方法以此类推进行，最后岸跨边段合龙，完成多跨 1 联的连续梁施工。

上述逐跨连续悬臂法施工，从一端向另一端逐跨进行，逐跨经历了悬臂施工阶段，施工过程中进行了体系转换。该法每完成一个新的悬臂并在跨中合龙后，结构稳定性、刚度不断加强，所以逐跨连续悬臂法常在多跨连续梁及大跨长桥上采用。

（2）T 构—单悬臂梁—连续梁施工法（图 10.5）。

图 10.5　T 构—单悬臂梁—连续梁施工法

首先从 B 墩开始，梁墩固结，进行悬臂施工；岸跨边段合龙，释放 B 墩临时固结，形成单悬臂梁；C 墩进行施工，梁墩固结，进行悬臂施工；岸跨边段合龙，释放 C 墩临时固结，形成单悬臂梁；BC 跨中段合龙，形成三跨连续梁结构。

本法也可以采用多增设两套挂篮设备，B、C 墩同时悬臂浇筑施工，再两岸跨边段合龙，释放 B、C 墩临时固结，最后中间合龙，形成三跨连续梁，以加速施工进度，达到缩短工期的目的。

多跨连续梁施工时可以采取几个合龙段同时施工，以加速施工进度，也可以逐个进行。本法在 3～5 跨连续梁施工中是常用的施工方法。

第 10 章 桥梁结构工程施工

（3）T构—双悬臂梁—连续梁施工法（图 10.6）。

图 10.6 T构—双悬臂梁—连续梁施工法

首先从 B 墩开始，梁墩固结后，进行悬臂施工；再从 C 墩开始，梁墩固结后，进行悬臂施工；BC 跨中间合龙，释放 B、C 墩的临时固结，形成双悬臂梁；A 端岸跨边段合龙；D 端岸跨边段合龙，完成三跨连续梁施工。

本方法当结构呈双悬臂梁状态时，结构稳定性较差，所以一般遇大跨径或多跨连续梁时不采用上述方法。

上述连续梁采用的三种悬臂施工方法是悬臂施工的基本方法，遇到具体桥梁施工时，可选择合适的一种方法，也可综合各种方法优点选用合适的施工程序。

2）悬臂梁段 0 号块施工

采用悬臂浇注法施工时，墩顶 0 号块梁段采用在托架上立模现浇，并在施工过程中设置临时梁墩锚固，使 0 号块梁段能承受两侧悬臂施工时产生的不平衡力矩。

施工托架有扇形、门式等形式，托架可采用万能杆件、贝雷梁、型钢等构件拼装，也可采用钢筋混凝土构件作临时支撑。托架总长度视拼装挂篮的需要而决定。横桥向托架宽度要考虑箱梁外侧主模的要求。托架顶面应与箱梁底面纵向线形一致。

由于考虑到在托架上浇筑梁段 0 号块混凝土，托架变形对梁体质量影响很大，在作托架设计时，除考虑托架强度要求外，还应考虑托架的刚度和整体性；采用万能杆件、贝雷梁、板梁、型钢等做托架时，可采取预压、抛高或调整等措施，以减少托架变形。上海吴淞大桥采用扇形钢筋混凝土立柱作托架支撑于承台上，并设置竖向预应力索作梁墩临时锚固用，减小了托架变形。

3）梁墩临时固结措施

大跨径预应力混凝土桥梁采用悬臂施工法施工，如结构采用 T 形刚构，因墩身与梁本身采用刚性连接，所以不存在梁墩临时固结问题。悬臂梁桥及连续梁桥采用悬臂施工法，为保证施工过程中结构的稳定可靠，必须采取 0 号块梁段与桥墩间临时固结或支承措施。

临时梁墩固结要考虑两侧对称，施工时有一个梁段超前的不平衡力矩，应验算其稳定性，稳定性系数不小于 1.5。

当采用硫黄水泥砂浆块作临时支承的卸落设备，要采取高温熔化撤除支承时，必须在支承块之间设置隔热措施，以免损坏支座部件。

4）施工挂篮

挂篮是悬臂浇筑施工的主要机具。挂篮是一个能沿着轨道行走的活动脚手架，挂篮悬挂在已经张拉锚固的箱梁梁段上，悬臂浇筑时箱梁梁段的模板安装、钢筋绑扎、管道安装、混凝土浇筑、预应力张拉、压浆等工作均在挂篮上进行。当一个梁段的施工程序完成后，挂篮解除后锚，移向下一梁段施工。所以挂篮既是空间的施工设备，又是预应力筋未张拉前梁段的承重结构。

（1）挂篮形式。挂篮主要有梁式挂篮、斜拉式挂篮及组合斜拉式挂篮三种。

① 梁式挂篮。梁式挂篮由底模板、悬吊系统、承重结构、行走系统、平衡重、锚固系统、工作平台等部分组成。

用梁式挂篮施工初始几对梁段时，由于墩顶位置限制，施工中常将两侧挂篮的承重结构临时联结在一起，待梁段浇筑到一定长度后，再将两侧承重结构分开。

② 斜拉式挂篮。斜拉式挂篮也称为轻型挂篮。随着桥梁跨径越来越大，为了减轻挂篮自重，以达到减少施工阶段增加的临时钢丝束，在梁式挂篮的基础上研制了斜拉式挂篮。

斜拉式挂篮承重结构由纵梁、立柱、前后斜拉杆组成，杆件少，结构简单，受力明确，承重结构轻巧。其他构造系统与梁式挂篮相似。斜拉式挂篮构造如图 10.7 所示。

图 10.7 斜拉式挂篮构造

③ 组合斜拉式挂篮。组合斜拉式挂篮是在斜拉式挂篮的基础上加以改进的一种新的结构形式。挂篮自重更轻，其承重比不大于 0.4，最大变形量不大于 20 mm，走行方便，箱梁段施工周期更短。

（2）挂篮的安装。

① 挂篮组拼后，应全面检查安装质量，并做载重试验，以测定其各部位的变形量，并设法消除其永久变形。

② 在起步长度内梁段浇筑完成并获得要求的强度后，在墩顶拼装挂篮。有条件时，应在地面上先进行试拼装，以便在墩顶熟练有序地开展拼装挂篮工作。拼装时应对称进行。

③ 挂篮的操作平台下应设置安全网，防止物件坠落，以确保施工安全。挂篮应呈全封闭，四周设围护，上下应有专用扶梯，方便施工人员上下挂篮。

④ 挂篮行走时，须在挂篮尾部压平衡重，以防倾覆。浇筑混凝土梁段时，必须在挂篮尾部将挂篮与梁进行锚固。

5）悬臂浇筑梁段混凝土

悬臂浇筑梁段混凝土时需注意以下几点：

（1）挂篮就位后，安装并校正模板吊架，此时应对浇筑预留梁段混凝土进行抛高，以使施工完成的桥梁符合设计标高。抛高值包括施工期结构挠度、因挂篮重力和临时支承释放时支座产生的压缩变形等。

（2）模板安装应核准中心位置及标高，模板与前一段混凝土面应平整密贴。如上一节段施工后出现中线或高程误差需要调整时，应在模板安装时予以调整。

（3）安装预应力预留管道时，应与前一段预留管道接头严密对准，并用胶布包贴，防止灰浆渗入管道。管道四周应布置足够定位钢筋，确保预留管道位置正确，线形和顺。

（4）浇筑混凝土时，可以从前端开始，应尽量对称平衡浇筑。浇筑时应加强振捣，并注意对预应力预留管道的保护。

（5）为提高混凝土早期强度，以加快施工速度，在设计混凝土配合比时，一般加入早强剂或减水剂。混凝土梁段浇筑一般以 5～7 d 为一个周期。为防止混凝土出现过大的收缩、徐变，应在配合比设计时按规范要求控制水泥用量。

（6）梁段拆模后，应对梁端的混凝土表面进行凿毛处理，以加强接头混凝土的连接。

（7）箱梁梁段混凝土浇筑，一般采用一次浇筑法，在箱梁顶板中部留一窗口，混凝土由窗口注入箱内，再分布到底模上。当箱梁断面较大时，考虑梁段混凝土数量较多，每个节段可分二次浇筑，先浇筑底板到肋板倒角以上，待底板混凝土达一定强度后，再支内模，浇筑肋板上段和顶板。其接缝按施工缝要求进行处理。

（8）箱梁梁段分次浇筑混凝土时，为了不使后浇混凝土的重力引起挂篮变形，导致先浇混凝土开裂，要有消除后浇混凝土引起挂篮变形的措施。当挂篮就位后，即可在上面进行梁段悬臂浇筑施工的各项作业。

6）结构体系转换

悬臂梁桥及连续梁桥采用悬臂施工法，在结构体系转换时，为保证施工阶段的稳定，一般边跨先合龙，释放梁墩锚固，结构由双悬臂状态变成单悬臂状态，最后跨中合龙，成连续梁受力状态。这中间就存在体系转换。

7）合龙段施工

合龙段施工时通常由两个挂篮向一个挂篮过渡，所以先拆除一个挂篮，用另一个挂篮走行跨过合龙段至另一端悬臂施工梁段上，形成合龙段施工支架。也可采用吊架的形式形成支架。

在合龙段施工过程中，由于存在昼夜温差影响，现浇混凝土的早期收缩、水化热影响，已完成梁段混凝土的收缩、徐变影响，结构体系的转换及施工荷载等因素影响，因此，需采取必要措施，以保证合龙段的质量。

8）施工控制

悬臂浇筑施工控制是桥梁施工中的一个难点，控制不好，两端悬臂浇筑至合龙时，梁底高程误差会大大超出允许范围（公路桥梁挠度允许误差为 20 mm，轴线允许偏位 10 mm），既对结构受力不利，且因梁底曲线产生转折点而影响美观，形成永久性缺陷。

悬臂浇筑大跨径桥梁施工过程中，由于有许多因素的影响，施工中的实际结构状态将偏离预定的目标，这种偏差严重时将影响结构的使用。为了使悬臂浇筑状态尽可能达到预定的目标，必须在施工过程中逐段进行跟踪控制和调整。采用计算机程序控制，可提高控制速度和精度。

4. 拱桥的悬拼施工

悬拼施工方法仍属无支架施工，它是利用一具简易的钢制人字吊架进行拱肋拼装。吊架先支承在桥墩上，吊装第一组框架就位后用临时钢拉杆与墩顶的混凝土锚固墙联结牢固，即可拆除吊架（图 10.8（a）），然后把吊架移到第一框架的前端吊装第二组框架（图 10.8（b））。采用这种悬拼方法，框架稳定性好，操作安全可靠。

（a）　　　　　　　　　　　　　　（b）

图 10.8　悬拼吊架示意图

1—临时拉杆；2—混凝土锚固墙；3—卷扬机；4—临时压杆

5. 预应力混凝土斜拉桥悬臂施工

预应力混凝土斜拉桥悬臂拼装施工法是先在塔柱区现浇一段放置起吊设备的起始梁段，然后用适宜的起吊设备从塔柱两侧依次对称安装预制节段，使悬臂不断伸长直到合龙。非塔、梁、墩固结的斜拉桥采用悬臂拼装法施工时，需采取临时固结措施，方法与悬臂浇筑法相同。

1）特点及适用条件

悬臂拼装法由于主梁是预制的，墩塔与梁可平行施工，因此可以缩短施工周期，加快施工速度，减少高空作业。主梁预制混凝土龄期较长，收缩和徐变影响小，梁段的断面尺寸及浇筑质量容易得到保证。但该法需配备一定的吊装设备和运输设备，要有适当的预制场地和运输方式，安装精度要求较高。

2）梁段的预制、移运及整修

主梁在预制场的预制应考虑安装顺序，以便于运输。预制台座按设计要求设置预拱度，各梁段依次串联预制，以保证各梁段相对位置及斜拉索与预应力管道的相对尺寸。预制块件的长度划分以梁上水平索距为标准，并根据起吊能力决定，采用一个索距或将一个索距梁段分为有索块和无索块两个节段预制安装。块件的预制工序、移运和整修均与一般预制构件相同。

3）块件拼装基本程序

（1）主梁预制块件按先后顺序，从预制场通过轨道或驳船运至桥下吊装位置。

（2）通过起吊工具将块件提升至安装标高。

（3）进行块件连接与接缝处理，接头有干接头和湿接头两种，与一般梁式桥悬拼类似。

（4）张拉纵向预应力筋。

（5）进行斜拉索的挂索与张拉，并调整标高。

对于一个索段主梁分两个节段预制拼装的，一般情况下，安装有索块后，挂索并初张至主梁基本返回设计线，再安装无索块。

4）块件拼装施工方法

斜拉桥主梁悬臂拼装常用的起重设备为悬臂起重机、缆索起重机、大型浮吊、千斤顶及各种自制起重机，并可结合挂篮进行悬臂拼装工作。

由于斜拉桥主梁相对于一般梁桥主梁的高度较小，有些自重较大的起重机难以满足施工荷载的要求，因此在选用悬拼起吊设备时需遵循自重轻、结构强度高、稳定性好的原则。

5）质量保证措施

（1）严格按照设计和规范要求进行悬拼施工。

（2）悬拼施工时主要控制主梁悬拼块件和相邻已成梁段的相对高差，使之与设计给定的相对高差吻合，以保持主梁线形与设计相符。控制办法采用标高和索力双控，当标高和索力与设计值不符时，以标高控制为主，依靠斜拉索索力使主梁的标高与设计值吻合。

10.2.4 转体施工法

桥梁转体施工是在河流的两岸或适当的位置，利用地形或使用简便的支架先将半桥预制完成，之后以桥梁结构本身为转动体，使用一些机具设备，分别将两个半桥转体到桥位轴线位置合龙成桥。转体施工一般适用于单孔或三孔的桥梁。

转体的方法可以采用平面转体、竖向转体或平竖结合转体。平面转体可分为有平衡重转体和无平衡重转体。

1. 拱桥竖向转体施工

现以某大桥施工为例介绍竖向转体的施工方法。

该大桥全长 341.9 m，桥面宽 18.5 m，主桥跨径为 48.3 m + 114 m + 48.3 m 的三跨钢管混凝土系杆拱桥。中跨为中承式无铰拱，两边跨为上承式一端固定另一端铰支拱。拱肋断面为哑铃形，由直径为 1.2 m 的上、下钢管和腹板构成，拱肋高为 3 m。两拱肋之间设有钢管混凝土横斜撑联系。半跨拱肋的拼装就在桥轴线位置立架安装。

1）钢管拱肋竖转扒杆吊装的计算

钢管拱肋竖转扒杆吊装的工作内容为：将中拱分成两个半拱在地面胎架上焊接完成，经过对焊接质量、几何尺寸、拱轴线形等验收合格后，由竖在两个主墩顶部的两副扒杆分别将其拉起，在空中对接合龙。

由于两边拱处地形较高，故边拱拱肋直接由吊车在胎架上就位拼装。扒杆吊装系统设计的主要工作为：起吊及平衡系统的计算；扒杆的计算；扒杆背索及主地锚的计算；设置拱脚旋转装置等。以下分别给予介绍。

（1）起吊过程中扒杆系统最大受力计算。扒杆吊装系统的计算，以起吊左侧半拱为准，计算简图如图 10.9 所示。

图 10.9　拱桥计算简图

图中 G_1 为半拱拱肋和横斜撑及附件等的重力，共 2 522 kN，G_2 为平衡梁重力 53 kN。考虑到施工荷载以及起吊过程中的冲击荷载，起吊荷载为 2 880 kN。

由图 10.9 可计算出各部钢丝绳的受力：吊索受力 $P_1 = 3\ 122$ kN；起重索受力 $P_2 = 3\ 455$ kN；扒杆背索受力 $P_3 = 2\ 919$ kN。经计算知，由起始位置计算出的上述各力均为最大值。

（2）起吊及平衡系统的计算。

起吊系统包括卷扬机、起重索、滑轮组等；平衡系统包括平衡梁、吊索、吊扣等。

① 起吊系统的计算。根据起重索受力 P_2 的值，起吊系统选用两对 2 000 kN 的滑轮组，起重索选用 ϕ39 mm 的钢丝绳，采用双联穿法，通过平衡梁上的导向滑轮将两对滑轮组串联起来。每对滑轮组绕 8 圈钢丝绳，共有 34 道钢丝绳受力。经计算得到两个跑头的拉力均为 $T = 142$ kN，故选用两台 200 kN 的卷扬机。起重索的安全系数为 $K = 5.55$。

② 平衡系统的计算。平衡梁采用 36 mm 厚的 16Mn 钢板焊接而成，上下端的吊耳通过轴销分别与起重索和吊索的滑轮相连。经计算，平衡梁具有足够的强度，并具有较大的刚度，在起吊过程中起到一个刚性扁担的作用。根据 P_1 的值，吊索选用 ϕ56 mm 的钢丝绳，每边走 6 道，两边等长且在起吊过程中保持定长。吊索与拱轴线之间的水平夹角为 14°。经计算吊索的安全系数为 $K = 6.12$。

（3）扒杆的计算。

扒杆的结构如图 10.9 所示，两根立柱采用钢板卷制的钢管，钢管直径为 ϕ800 mm，顶部横梁为钢板箱梁。扒杆的计算高度为 35 m，顶部立柱中距 2.7 m，底部为 16.8 m。扒杆底部为一块 1 400 mm ×

1 200 mm×36 mm 的钢板，并与立柱焊连。扒杆面内设有横撑和剪刀撑，面外设有槽钢，以加强其刚度。扒杆属于偏心受压构件，因此按偏心受压进行整体稳定性检算。由于扒杆底脚板是放置于墩顶的，且脚板下铺设 5 cm 厚的木板，在起吊拱肋时允许其有微小转动，故按铰支考虑。

（4）扒杆背索及主地锚的计算。

已知背索所承受的最大总拉力为 2 919 kN，每副扒杆有 4 副背索，每副背索承受 730 kN 的拉力。考虑到起吊过程中 4 副背索可能张力不均匀，取 0.85 的不均匀折减系数，故每副背索按 860 kN 受力计算。每副背索分为上下两段，上段用 $\phi56$ mm 的钢丝绳走 2 道，下段用一对 1 000 kN 的滑轮组，以便调整背索的受力。钢丝绳采用 $\phi26$ mm，走 12 道。主地锚按 3 100 kN 承载能力计算，采用 L 形卧式钢筋混凝土地锚，长 15 m、高 2.8 m，底板宽 4.5 m、厚 55 cm，背墙厚 35 cm。地锚的抗滑、抗倾覆、抗拔安全系数均大于 2。

（5）拱脚旋转装置。

拱肋在竖转吊装过程中，拱肋需绕拱脚旋转。旋转装置采用厚度为 36 mm 的钢板在工厂进行配对冲压而成，这样使两个弧形钢板较密贴。在两弧形钢板之间涂上黄油，以减小摩阻力。

2）钢管拱肋竖转吊装

（1）竖转吊装的工作顺序。安装拱肋胎架，安装拱脚旋转装置，安装地锚，安装扒杆及背索，拼装钢管拱肋，安装起吊及平衡系统，起吊左侧侧半拱，起吊右侧侧半拱，拱肋合龙，拱肋标高调整，焊接合龙接头，拆除扒杆，封固拱脚。

（2）扒杆安装。为了便于安装，扒杆分段接长，立柱钢管以 9 m 左右为一节，两节之间用法兰连接。安装时先在地面将两根立柱拼装好，用吊车将其底部吊于墩顶扒杆底座上，并用临时轴销锁定，待另一端安装完扒杆顶部横梁后，由吊车抬起扒杆头至一定高度，再改用扒杆背索的卷扬机收紧钢丝绳将扒杆竖起。

（3）拱肋吊装。起吊采用两台 200 kN 同步慢速卷扬机，待拱肋脱离胎架 10 cm 左右，停机检查各部运转是否正常，并根据对扒杆的受力与变形、钢丝绳的行走、卷扬机的电流变化等情况的观测结果，判断能否正常起吊。当一切正常时，即进行拱肋竖向转体吊装。拱肋吊装完成后，进行拱肋轴线调整和跨中拱肋接头的焊接。

2. 拱桥平面转体施工

1）有平衡重平面转体施工

其特点是转体重量大，施工的关键是转体。要把数百吨重的转动体系顺利、稳妥地转到设计位置，主要依靠以下两项措施实现：正确的转体设计；制作灵活可靠的转体装置，并布设牵引驱动系统。

目前国内使用的转体装置有两种：第一种是以四氟乙烯作为滑板的环道平面承重转体；第二种是以球面转轴支承辅以滚轮的轴心承重转体（图 10.10）。

（a）　　　　　　　　　　　　（b）

图 10.10　有平衡重转动体系构造

第一种转体装置是利用了四氟材料摩擦系数特别小的物理特性，使转体成为可能。根据试验资料，四氟板之间的静摩擦系数为 0.035～0.055，动摩擦系数为 0.025～0.032，四氟板与不锈钢板或镀铬钢板之间的摩擦系数比四氟板间的摩擦系数要小，一般静摩擦系数为 0.032～0.051，动摩擦系数为 0.021～0.032，而且随着正压力的增大而减小。

第二种转体装置是用混凝土球面铰作为轴心承受转动体系重力，四周设保险滚轮，转体设计时要求转动体系的重心落在轴心上。这种装置一方面由于铰顶面涂了二硫化钼润滑剂，减小了牵引阻力（根据几座桥实测，动摩擦系数约为 0.06），另一方面由于牵引转盘直径比球铰的直径大许多倍，而且又用了牵引增力滑轮组，因而转体也是十分方便可靠的。

（1）转动体系的构造。从图 10.10 中可知，转动体系主要由底盘、上盘、背墙、桥体上部构造、拉杆（或拉索）组成。

转动体系最关键的部位是转体装置，它是由固定的底盘和能旋转的上转盘构成的。底盘就是桥台的下部。

① 聚四氟乙烯滑板环道。这是一种平面承重转体装置，它由设在底盘和上转盘间的轴心和环形滑道组成。环形滑道构造与轴心构造之间由扇形板联结。

Ⅰ．环形滑道。这是一个以轴心为圆心，直径为 7～8 m 的圆环形混凝土滑道，宽 0.5 m，上、下滑道高度约 0.5 m。下环道混凝土表面要既平整又粗糙，以利铺放 80 mm 宽的环形四氟板；上环道底面嵌设宽 100 mm 的镀铬钢板。

Ⅱ．转盘轴心。它由混凝土轴座、钢轴心和轴帽等组成。轴座是一个直径在 1.0 m 左右的 25 号钢筋混凝土矮墩，它不但对固定钢轴心起着定位作用，而且支承上转盘部分重量。合金钢轴心直径 0.1 m、长 0.8 m，下端 0.6 m 固定在混凝土轴座内，上端露出 0.2 m 车光镀铬，外套 10 mm 厚的聚四氟乙烯管，然后在轴座顶面铺四氟板，在四氟板上放置直径为 0.6 m 的不锈钢板，再套上外钢套。钢套顶端封固，下缘与钢板焊牢，浇筑混凝土轴帽，凝固脱模后轴帽即可绕钢轴心旋转自如。

② 球面铰辅以轨道板和钢滚轮。这是一种以铰为轴心承重的转动装置。它的特点是整个转动体系的重心必须落在轴心铰上，球面铰既起定位作用，又承受全部转体重力，钢滚轮只起稳定保险作用。

球面铰可以分为半球形钢筋混凝土铰、球面形钢筋混凝土铰、球面形钢铰。前两种由于直径较大，故能承受较大的转体重力。

（2）转体拱桥的施工。有平衡重平面转体拱桥的主要施工程序如下：制作底盘；制作上转盘；试转上转盘到预制轴线位置；浇筑背墙；浇筑主拱圈上部结构；张拉拉杆，使上部结构脱离支架，并且和上转盘、背墙形成一个转动体系，通过配重基本把重心调到磨心处；牵引转动体系，使半拱平面转动合龙；封上下盘，夯填桥台背土，封拱顶，松拉杆，实现体系转换。

2）无平衡重的平面转体施工

无平衡重转体施工是把有平衡重转体施工中的拱圈扣索拉锚在两岸岩体中，从而节省了庞大的平衡重。锚碇拉力由尾索预加应力传给引桥桥面板（或平撑、斜撑），以压力的形式储备。桥面板的压力随着拱箱转体的角度变化而变化，当转体到位时达到最小。

根据桥位两岸的地形，无平衡重转体可以把半跨拱圈分为上、下游两个部件，同步对称转体；或在上、下游分别在不对称的位置上预制，转体时先转到对称位置，再对称同步转体，以使扣索产生的横向力互相平衡；或直接做成半跨拱体（桥全宽），一次转体合龙。

无平衡重转体施工需要有一个强大牢固的锚碇，因此宜在山区地质条件好或跨越深谷急流处建造大跨桥梁时选用。

（1）构造与设计。

① 设计构思与构造。拱桥无平衡重转体施工具有锚固、转动、位控三大体系。

Ⅰ.锚固体系。锚固体系由锚碇、尾索、平撑、锚梁（或锚块）及立柱组成。锚碇设在引道或边坡岩石中，锚梁（或锚块）支承于立柱上，两个方向的平撑及尾索形成三角形稳定体，使锚块和上转轴为一确定的固定点。拱箱转至任意角度，由锚固体系平衡拱箱扣索力。

Ⅱ.转动体系。转动体系由上转动构造、下转动构造、拱箱及扣索组成。上转动构造由埋入锚梁（或锚块）中的轴套、转轴和环套组成，扣索一端与环套连接，另一端与拱箱顶端连接，转轴在轴套与环套间均可转动。

下转动构造由下转盘、下环道与下转轴组成。拱箱通过拱座铰支承在转盘上，马蹄形的转盘中部卡套在下转轴上，并支承在下环道上，转盘下设有安装了许多四氟小板块的千岛走板，转盘的走板可在下环道上沿下转轴作弧形滑动，转盘与转轴的接触面涂有四氟粉黄油，以使拱箱转动。

Ⅲ.位控体系。位控体系由系在拱箱顶端扣点的缆风索与无级调速自控卷扬机、光电测角装置、控制台组成，用以控制在转动过程中转动体的转动速度和位置。

② 无平衡重转体的施工设计。

Ⅰ.锚固体系的设计包括以下几部分：

锚碇设计：锚碇处岩体的抗剪强度、抗滑稳定性，其计算值应分别大于使用值，并有足够的安全储备。锚碇是无平衡重转体施工的关键部位，必须绝对稳妥可靠。

平撑、尾索的设计：在双箱对称同步转体时，一般可只设轴向平撑或用引桥的桥面板代替。但在双箱不对称同步转体，或对称同步转体，当考虑施工中可能出现拱箱自重误差和转体速度差而引起的锚梁上的横向水平力时，还应增设斜向平撑和尾索，或上、下游斜向尾索，以平衡其横向水平力。

设计中，确定平撑及尾索的预加应力大小及锚块位移极为重要，设计的原则是：应满足上转轴铰点的内力平衡与平撑的变形协调条件。平撑要有足够的压力储备，才能防止在转体过程中，锚块可能产生的较大位移。

立柱设计：桥台拱座上的立柱在转体阶段是用来支承锚块（锚梁）的。对于跨径 100～200 m 的拱桥而言，桥台上立柱高度可达 30～50 m，下端要承受拱箱的水平推力，构件长细比大，上下端受力大，经过计算比较，立柱按桅杆体系进行设计更合理。当立柱中部设置平撑与岩体相连，立柱顶端变形可控制在较小范围内时，也可按刚架计算。

如拱座上无立柱，或立柱位置不符合施工要求时，通常需在转体所要求的位置上临时设置立柱，柱顶上支承锚块和平撑。临时立柱在转体完成后拆除。

锚梁及锚块设计：锚梁是一个短梁；锚块是一个节点实体，用以联系立柱、轴平撑及斜平撑，并作为扣索与尾索的锚固点。锚梁及锚块可以用钢筋混凝土制作，也可用钢结构作为工具，多次重复使用。

Ⅱ.转动体系的设计包括以下几部分：

拱箱：转体施工过程中，拱箱的设计关键在于结构体系的选择。为了使拱箱受力状态良好和易于操作控制，只在拱箱顶端设一扣点并调整扣点高程便可以使拱箱在整个转体过程中完全处于受压状态，不出现拉应力。

上转轴：埋于锚梁中的轴套采用铸钢，内圆表面光洁度为▽5，环套外端与扣索连接，在连接端加焊 $t = 20$ mm 的钢板和三角板加强。设计时其弯应力与焊缝剪应力均应满足荷载要求。转轴采用空心钢管，其外圆表面光洁度用▽5，设计时其弯应力与局部应力应满足荷载要求。

下转盘：转盘采用 3～4 层半环形钢带弯制成马蹄形，内弧与下转轴接触处表面光洁度采用▽5，钢带间灌注混凝土，除考虑拱箱水平推力所产生的拉力外，还应考虑拱座处的剪应力与铰座的局部应力。转盘下设走板，走板前后均设倒角，走板开了许多小孔嵌设聚四氟乙烯蘑菇头，称千岛走板，使其滑动时摩阻力较小。

下转轴：它是锚固体系的立柱上端呈圆截面的钢筋混凝土柱。除与转盘接触外，外套一个钢环，

第 10 章　桥梁结构工程施工

高 0.2 m，外圆表面光洁度用▽5，并垫有摩擦系数较小的滑道材料。设计时应考虑轴能承受拱箱水平推力所产生的剪应力、弯应力和局部应力。

下环道：在基础顶面、下转轴四周设置宽 50 cm 经机械加工的圆环形钢制下环道，为减少安装变形，最好与下转轴上套的钢环焊在一起加工制作。

扣索：通常选用 ϕ32 mm 精轧螺纹钢筋，使用应力为设计强度的 30% ~ 45%。

③ 位控体系设计。位控体系的设计原则是预先设置的上转轴与下转轴的偏心值 e 所产生的自转力矩（$M = T \cdot e$）应大于上、下转轴及转盘转动的摩阻力矩（$M_摩$）。

自转力矩：当张拉扣索至设计吨位拱箱离架时，因拱箱预制角度的不同，自转力矩 M 较小。而当拱箱转至顺河方向与桥轴线垂直时，M 值最大。而摩阻力矩 $M_摩$ 启动前为静摩擦，此时 $M_摩$ 值最大，而一经启动，即为动摩擦，$M_摩$ 值减小。特别是以四氟板作滑道材料，静、动摩擦阻力相差较大，因此设计时应使最小的自转力矩大于最大的摩阻力矩，即

$$M_{min} > M_{摩\,max}$$

缆风索及卷扬机系统的选择：应用所求得的自转分力（F），再考虑风缆不同角度的因素而定。设若单偏心值，当拱箱转至 160°以后，则应设反向缆风索，帮助转动，或者在下转盘前后用千斤顶顶推，辅助转体。

通过以上计算，可以确定上、下转轴顶设的偏心值，并选定控制拱箱转体速度的缆风索直径和卷扬机的规格。

（2）无平衡重转体施工。拱桥无平衡重转体施工的主要内容和工艺有以下各项：

① 转动体系施工，包括以下内容：

设置下转轴、转盘及环道；设置拱座及预制拱箱（或拱肋），预制前需搭设必要的支架、模板；设置立柱；安装锚梁、上转轴、轴套、环套；安装扣索。

这一部分的施工主要保证转轴、转盘、轴套、环套的制作安装精度及环道的水平高差的精度，并要做好安装完毕到转体前的防护工作。

② 锚碇系统施工，包括以下内容：

制作桥轴线上的开口地锚；设置斜向洞锚；安装轴向、斜向平撑；尾索张拉；扣索张拉。

这一部分的施工对锚碇部分应绝对可靠，以确保安全。

③ 转体施工：正式转体前应再次对桥体各部分进行系统、全面的检查，检查通过后方可转体。拱箱的转体是靠上、下转轴事先预留的偏心值形成的转动力矩来实现的。启动时放松外缆风索，转到距桥轴线约 60°时开始收紧内缆风索，索力逐渐增大，但应控制在 20 kN 以下，如转不动则应以千斤顶在桥台上顶推马蹄形下转盘。为了使缆风索受力角度合理，可设置两个转向滑轮。缆风索走速，启动时宜选用（0.5 ~ 0.6）m/min，一般行走时宜选用（0.8 ~ 1.0）m/min。

④ 合龙卸扣施工：拱顶合龙后的高差，通过张紧扣索提升拱顶、放松扣索降低拱顶来调整到设计位置。封拱宜选择低温时进行。先用 8 对钢楔楔紧拱顶，焊接主筋、预埋铁件，然后先封桥台拱座混凝土，再浇封拱顶接头混凝土。当混凝土达到 70%设计强度后，即可卸扣索，卸索应对称、均衡、分级进行。

10.2.5　顶推施工法

顶推法是预应力混凝土连续梁桥常用的施工方法，适应于中等跨径、等截面的直线或曲线桥梁。顶推法施工是沿桥轴方向，在台后开辟预制场地，分节段预制梁身并用纵向预应力筋将各节段连成整体，然后通过水平液压千斤顶施力，借助不锈钢板与聚四氟乙烯模压板组成的滑动装置，将梁段向对岸推进。这样分段预制，逐段顶推，待全部顶推就位后，落梁、更换正式支座，即完成桥梁施工。

1. 顶推施工时梁的内力分析、力筋布置与施工验算

1）顶推施工时梁的内力

预应力混凝土连续梁桥在营运状态下的内力为支点截面有一个最大的负弯矩峰值，在跨中附近出现最大正弯矩；而在顶推施工中，由于梁的内力控制截面的位置在不断地变化，因此梁的每一个截面内力也在不断地变化。虽然在施工时的荷载仅为梁的自重和施工荷载，其内力峰值没有桥梁在营运状态时的峰值大，但每一截面的内力为正、负弯矩交叉出现，其中在第一孔出现较大的正、负弯矩峰值，之后各孔的正负弯矩值较稳定，而到顶推的末尾几孔的弯矩值较小。图 10.11 所示为一座六孔连续梁顶推施工中梁的弯矩包络图。

图 10.11　六孔连续梁顶推施工梁弯矩包络图

2）力筋布置

预应力混凝土连续梁桥的纵向力筋可分三种类型：一种是兼顾营运与施工要求所需的力筋；第二是为施工阶段要求配置的力筋；第三是在施工完成之后，为满足营运阶段需要而增加的力筋。

3）施工验算的内容与要求

采用顶推法施工，需要进行的施工验算主要有：

（1）各截面的施工内力计算和强度验算。将每跨梁分为 10～15 等份，计算各截面在不同施工状态所产生的内力。验算的荷载有梁的自重、机具设备重力、预加力、顶推力和地震力等，同时还要考虑对梁施加的上顶力、顶推时梁底不平以及临时墩的弹性压缩对梁产生的内力影响。在施工验算时，可不考虑混凝土的收缩、徐变二次力、温度内力等。如果在顶推施工中使用钢导梁，应计入钢导梁的叠合作用，按变刚度梁进行内力计算。

梁的施工内力计算可结合梁在营运阶段的内力计算同时进行，按不同阶段计算各截面的内力。需注意的是：施工阶段内力计算的截面要多些。当桥梁的纵向力筋布置之后，可同时进行施工阶段和营运阶段的强度验算。

（2）顶推过程中的稳定计算。

① 主梁顶推时的倾覆稳定计算：施工时可能发生倾覆失稳的最不利状态发生在顶推初期，导梁或箱梁尚未进入前方桥墩，呈最大悬臂状态时。要求在最不利状态下的倾覆安全系数要大于等于 1.2。当不能保证有足够的安全系数时，应考虑采取加大锚固长度或在跨间增设临时墩的措施。

② 主梁顶推时的滑动稳定计算：在顶推初期，由于顶推滑动装置的摩擦系数很小，抗滑能力很弱，当梁受到一个不大的水平力时，很可能发生滑动失稳。特别是地震区的桥梁和具有较大纵坡的桥梁，更要注意计算各阶段的滑动稳定，满足大于等于 1.2 的安全系数。

第 10 章 桥梁结构工程施工

（3）钢索引伸量的计算。在各施工阶段，张拉预应力筋采用"双控"，需要验算各钢索张拉后的引伸量，用以控制钢索的张拉应力。

（4）施工中临时结构的设计与计算。采用顶推法施工，可能在梁的前端设置钢导梁；在桥墩间设置临时支墩，或是其他临时设施，如预制台座、拉索等。这些临时结构均需要进行设计和内力计算，确定结构形式、材料规格、数量以及连接的方式。对于多次周转使用的临时结构，其容许应力和强度不予提高。

（5）确定顶推设备、计算顶推力。根据施工的各阶段计算顶推力。计算时应按实际的摩擦系数、桥梁纵坡和施工条件进行计算。

在计算顶推力时，如果顶推梁段在桥台后连有台座、台车等需同时顶推向前时，也应计入这一部分影响。

有了所需的顶推力，即可根据所采用的顶推施工方法，确定施工中所需的机具、设备（规格、型号和数量）和滑道设计，并进行立面、平面布置，确定顶推时的支承。

（6）顶推过程中，桥墩台的施工验算。在顶推过程中，对桥墩台将产生水平力及瞬时水平冲击力，需要计算各施工阶段墩台所承受的水平力。在顶推施工时，加在墩台和基础上的荷载与营运阶段不同，桥墩台的静力计算图式也不相同。顶推时，主梁在桥墩上滑动，作用在桥墩上的水平力取决于桥梁上部结构的重力、顶推坡度与滑动支座的摩擦系数。

对桥墩除进行强度和稳定验算外，在结构构造上还要满足布置滑移设备、顶推和导向设备所需的位置。

（7）顶推施工时梁的挠度计算。在顶推施工时，桥梁的结构图式在不断地变化，要求计算各施工阶段梁的挠度，用以校核施工精度和调整施工时梁的标高。这项工作十分重要。当计算结果与施工观测结果出现较大不符时，必须要查明原因，确定对策，以保证施工顺利进行。

2. 顶推施工的方法

顶推法施工的关键是顶推作业，核心的问题在于应用有限的顶力将梁顶推就位。根据聚四氟乙烯的材性，摩擦系数与垂直压强成反比，与滑动速度成正比。初始的静摩擦系数大于稳定后的静摩擦系数，静摩擦系数大于动摩擦系数。摩擦系数大小与四氟板厚度及不锈钢板的光洁度有关。顶推施工中所用的滑移设备与在转体施工中采用的聚四氟乙烯转动设备相似。

顶推的施工方法多种多样，主要依照顶推的施工方式分类，同时也可由支承系统和顶推的方向来区分顶推的施工方法。

1）单点顶推

顶推的装置集中在主梁预制场附近的桥台或桥墩上，前方墩各支点上设置滑动支承。顶推装置又可分为两种：一种是由水平千斤顶通过沿箱梁两侧的牵动钢杆给预制梁一个顶推力；另一种是由水平千斤顶与竖直千斤顶联合使用，顶推预制梁前进，如图 10.12 所示。它的施工程序为顶梁、推移、落下竖直千斤顶和收回水平千斤顶的活塞杆。

（a）升顶　　　　　　　（b）滑移

（c）落下　　　　　　（d）复原

图 10.12　水平千斤顶与竖直千斤顶联用顶推

滑道支承设置在墩上的混凝土临时垫块上，它由光滑的不锈钢板与组合的聚四氟乙烯滑块组成，其中的滑块由四氟板与具有加劲钢板的橡胶块构成，外形尺寸有 420 mm × 420 mm、200 mm × 400 mm、500 mm × 200 mm 等数种，厚度也有 40 mm、31 mm、21 mm 之分。顶推时，组合的聚四氟乙烯滑块在不锈钢板上滑动，并在前方滑出，通过在滑道后方不断喂入滑块，带动梁身前进，如图 10.13 所示。

图 10.13　顶推滑块安装示意图

顶推时，升起竖直顶活塞，使临时支承卸载，开动水平千斤顶去顶推竖直顶，由于竖直顶下面设有滑道，顶的上端装有一块橡胶板，即竖直千斤顶在前进过程中带动梁体向前移动。当水平千斤顶达到最大行程时，降下竖直顶活塞，使梁体落在临时支承上，收回水平顶活塞，带动竖直顶后移，回到原来位置，如此反复不断地将梁顶推到设计位置。

2）多点顶推

在每个墩台上设置一对小吨位（400～800 kN）的水平千斤顶，将集中的顶推力分散到各墩上。由于利用水平千斤顶传给墩台的反力来平衡梁体滑移时在桥墩上产生的摩阻力，从而使桥墩在顶推过程中承受较小的水平力，因此可以在柔性墩上采用多点顶推施工。同时，多点顶推所需的顶推设备吨位小，容易获得。在顶推设备方面，国内一般较多采用拉杆式顶推方案，每个墩位上设置一对液压穿心式水平千斤顶，每侧的拉杆使用一根或两根 $\phi25$ mm 高强螺纹钢筋，它的前端通过锥形楔块固定在水平顶活塞杆的头部，另一端使用特制的拉锚器、锚碇板等连接器与箱梁连接，水平千斤顶固定在墩身特制的台座上，同时在梁位下设置滑板和滑块。当水平千斤顶施顶时，带动箱梁在滑道上向前滑动，拉杆式顶推装置如图 10.14 所示。

（a）　　　　　　　　　　　　（b）

图 10.14　拉杆式顶推装置示意图

多点顶推装置由竖向千斤顶、水平千斤顶和滑移支承组成。施工程序为落梁、顶推、升梁和收回水平千斤顶的活塞，拉回支承块，如此反复作业。多点顶推施工的关键在于同步。

10.2.6　逐孔施工法

逐孔施工法从施工技术方面可分为三种类型。

第一种类型：用临时支承组拼预制节段逐孔施工。它是将每一桥跨分成若干节段，预制完成后在临时支承上逐孔组拼施工。

第二种类型：使用移动支架逐孔现浇施工。此法亦称移动模架法，它是在可移动的支架、模板上完成一孔桥梁的全部工序，即从模板工程、钢筋工程、浇筑混凝土到张拉预应力筋等工序，待混凝土有足够强度后，张拉预应力筋，移动支架、模板，进行下一孔梁的施工。

第三种类型：采用整孔吊装或分段吊装逐孔施工。这种施工方法是早期连续梁桥采用逐孔施工的唯一方法。近年来，由于起重能力增强，使桥梁的预制构件向大型化方向发展，从而更能体现逐孔施工速度快的特点，可用于混凝土连续梁和钢连续梁桥的施工中。

1. 使用临时支承组拼预制节段逐孔施工

对于多跨长桥，在缺乏较大能力的起重设备时，可将每跨梁分成若干段，在预制场生产。架设时采用一套支承梁临时承担组拼节段的自重，在支承梁上张拉预应力筋，并将安装跨的梁与施工完成的桥梁结构按照设计的要求联结，完成安装跨的架梁工作。之后，移动临时支承梁，进行下一桥跨的施工。

1）节段划分

采用节段组拼逐孔施工的桥梁，为了便于组拼，通常组拼的梁跨在桥墩处接头，即每次组拼长度为桥梁的跨径。

对于桥宽在 10 ~ 12 m，采用单箱截面的桥梁，分节段时在横向不再分隔。节段长一般取 4 ~ 6 m，每跨内的节段通常可分两种类型。

（1）桥墩顶节段。由于桥墩节段要与前一跨连接，需要张拉钢索或钢索接长，为此对墩顶节段构造有一定要求。此外，在墩顶处桥梁的负弯矩较大，梁的截面还要符合受力要求。

（2）标准节段。除两端桥墩顶节段外，其余节段均可采用标准节段，以简化施工。

2）支承梁的类型

（1）钢桁架导梁。导梁长取用桥墩间跨长，支承在设置于桥墩上的横梁或横撑上，钢桁架导梁的支承处设有液压千斤顶用于调整标高。为便于节段在导梁上移动，可在导梁上设置不锈钢轨与放在节段下面的聚四氟乙烯板形成滑动面。钢梁需设置预拱度，要求每跨箱梁节段全部组拼之后，钢导梁上弦应符合梁桥纵断面标高要求。同时还需准备一些附加垫片，用于临时调整标高。

（2）下挂式高架钢桁架。采用一副高架桁架吊挂节段组拼时，为了加强桁架的刚度，可采用一对或数对斜缆索加劲。高架桁架长度大于两倍桥梁跨径，由三个支点支撑，支点分别设置在已完成孔和安装孔的桥墩上。高架桁架可独立设有行走系统，由支脚沿桥面轨道自行驱动。吊装时，支脚落下，用液压千斤顶锚固于桥墩处桥面上。预制节段由平板车沿已安装的桥孔或由驳船运至桥位后，借助架桥机前部斜缆悬臂梁吊装，并将第一跨梁的各节段分别悬吊在架桥机的吊杆上。当各节段位置调整准确后，完成该跨设计的预应力张拉工艺。并在张拉过程中，逐步顶高架桥机的后支腿，使梁底落在桥墩上的油压千斤顶上。千斤顶高出支座顶面 100 mm，在拆移千斤顶的前一天将支座周围加设模板并压注膨胀砂浆，凝固后，再卸千斤顶使支座受力。

2. 使用移动支架逐孔现浇施工（移动模架法）

逐孔现浇施工与在支架上现场浇筑施工的不同点在于逐孔现浇施工仅在一跨梁上设置支架，当预应力筋张拉结束后移动支架，再进行下一跨逐孔施工，而在支架上现浇施工通常需在连续梁的一联桥跨上布设支架连续施工。因此，前者在施工过程中有结构的体系转换问题，混凝土徐变对结构产生次内力。

对中小跨径连续梁桥或建造在陆地上的桥跨结构，可以使用落地式或梁式移动支架，如图10.15所示。梁式支架的承重梁支承在锚固于桥墩的横梁上，也可支承在已施工完成的梁体上，现浇施工的接头最好设在弯矩较小的部位，常取离桥墩较远较远处。

逐孔就地浇筑施工需要一定数量的支架，但比起在支架上现场浇筑施工所需的支架数量要少得多，而且周转次数多，利用效率高。

采用落地式或轨道移动式支架逐孔施工，可用于预应力混凝土连续梁桥，也可在钢筋混凝土连续梁桥上使用，每跨梁施工周期约两周，支架的移动较方便，但在河中架设较为困难。

（a）落地式支架

（b）梁式支架

图 10.15　使用移动支架逐孔现浇施工

当桥墩较高，桥跨较长或桥下净空受到约束时，可以采用非落地支承的移动模架逐孔现浇施工，称为移动模架法。

常用的移动模架可分为移动悬吊模架与支承式活动模架两种类型。

1）移动悬吊模架施工

移动悬吊模架的形式很多，各有差异，其基本结构包括三部分：承重梁、从承重梁上伸出的肋骨状的横梁、吊杆和承重梁的固定及活动支承。承重梁也称支承梁，通常采用钢梁，采用单梁或双梁依桥宽而定。承重梁的前段作为前移的导梁，总长度要大于桥梁跨径的两倍。承重梁是承受施工设备自重、模板和脚手架系统重力和现浇混凝土重力的主要构件。承重梁的后段通过可移式支承落在已完成的梁段上，它将重力传给桥墩或直接坐落在墩顶。承重梁的前端支承在前方墩上，导梁部分悬出，因此其工作状态呈单悬臂梁。移动悬吊模架也称为上行式移动模架、吊杆式或挂模式移动模架。

　　承重梁除起承重作用外，在一孔梁施工完成后，作为导梁带动悬吊模架纵移至下一施工跨。承重梁的移位以及内部运输由数组千斤顶或起重机完成，并通过中心控制室操作。承重梁的设计挠度一般控制在 1/500~1/800 范围内。钢承重梁制作时要设置预拱度，并在施工中加强观测。

　　从承重梁两侧悬出的许多横梁覆盖桥梁全宽，横梁由承重梁上左右各 2~3 组钢束拉住，以增加其刚度。横梁的两端悬挂吊杆，下端吊住呈水平状态的模板，形成下端开口的框架并将主梁（待浇制的）包在内部。当模板支架处于浇混凝土的状态时，模板依靠下端的悬臂梁和锚固在横梁上的吊杆定位，并用千斤顶固定模板。当模板需要向前运送时，放松千斤顶和吊杆，模板固定在下端悬臂梁上，并转动该梁，使在运送时的模架可顺利地通过桥墩。

2）支承式活动模架施工

　　支承式活动模架的构造形式较多，其中一种构造形式由承重梁、导梁、台车和桥墩托架等构件组成。在混凝土箱形梁的两侧各设置一根承重梁，支撑模板和承受施工重力。承重梁的长度要大于桥梁跨径，浇筑混凝土时承重梁支承在桥墩托架上。导梁主要用于运送承重梁和活动模架，因此需要有大于两倍桥梁跨径的长度。当一孔梁施工完成后进行脱模卸架，由前方台车（在导梁上移动）和后方台车（在已完成的梁上移动）沿桥纵向将承重梁和活动模架运送至下一孔，承重梁就位后导梁再向前移动，如图 10.16 所示。

图 10.16　使用支承式活动模架施工

　　支承式活动模架的另一种构造是采用两根长度大于两倍跨径的承重梁分设在箱梁截面的翼缘板下方，兼有支承和移运模架的功能，因此不需要再设导梁。两根承重梁置于墩顶的临时横梁上，两根承重梁间用支承上部结构模板的钢螺栓框架连接起来，移动时为了跨越桥墩前进，需先解除连接杆件，承重梁逐根向前移动。

　　施工中的体系转换包括固定支座与活动支座的转换。如跨中为固定支座，但施工时为活动支座，施工完成后转为固定式。

3. 整孔吊装或分段吊装逐孔施工

　　整孔吊装和分段吊装需要先在工厂或现场预制整孔梁或分段梁，再进行逐孔架设施工。由于预制梁或预制段较长，需要在预制时先进行第一次预应力索的张拉，拼装就位后进行二次张拉，因此，在施工过程中需要进行体系转换。吊装的机具有桁式起重机、浮吊、龙门起重机、汽车式起重机等多种，可根据起吊物重力、桥梁所在的位置以及现有设备和掌握机具的熟练程度等因素决定。

整孔吊装和分段吊装施工与装配式桥的预制与安装雷同，不再赘述。逐孔吊装施工应注意以下几个问题。

（1）采用分段组装逐孔施工的接头位置可以设在桥墩处也可设在梁的附近，前者多为由简支梁逐孔施工连接成连续梁桥；后者多为悬臂梁转换为连续梁。在接头位置处可设有 0.5 ~ 0.6 m 现浇混凝土接缝，当混凝土达到足够强度后张拉预应力筋，完成连续。

（2）桥的横向是否分隔，主要根据起重能力和截面形式确定。在桥梁较宽，起重能力有限的情况下，可以采用 T 梁或工字梁截面，分片架设之后再进行横向整体化。为了加强桥梁的横向刚度，常采用梁间翼缘板有 0.5 m 宽的现浇接头。采用大型浮吊横向整体吊装将会简化施工和加快安装速度。

（3）对于先简支后连续的施工方法，通常在简支梁架设时使用临时支座，待连接和张拉后期钢索完成连续时拆除临时支座，放置永久支座。为使临时支座便于卸落，可在橡胶支座与混凝土垫块之间设置一层硫黄砂浆。

（4）在梁的反弯点附近设置接头，在有可能的情况下，可在临时支架上进行接头。结构各截面的恒载内力根据各施工阶段进行内力叠加计算。

10.3 钢桥施工

在桥梁施工装备方面，起重机的起重能力不断提高，伸臂拼装所使用的行走于桥上的起重机起重能力已经用到 1 000 kN，大型浮吊的起重能力也普遍达到 6 500 kN，并且也已经有一次起吊重力达 35 000 kN（整孔桥梁）的例子。为了将拼好的桥顶高或顶推就位，千斤顶的行程已扩大到 2.0 m。

在体系方面，一些营运不良、费工费料的结构（如悬臂桁梁）已经淘汰，而代之以结构紧凑、线条简洁、造型美观、受力优越的结构。值得注意的是，钢结合梁（Composite Beam）已从中小跨度（40 ~ 80 m）的范围内越出，而走向大跨度领域。钢桥今后几十年的方向应以大跨、轻质、高强、美观、施工快速等为发展的特点。

10.3.1 钢构件的制作

钢构件的制作主要包括下列工艺过程：作样、号料、切割、零件矫正和弯曲、制孔、组装、焊接、杆件矫正、结构试拼装、除锈和涂漆等。

1. 作样

（1）作样。根据施工图制作样板或样条的工作叫作样。利用样板或样条可在钢料上标出切割线及栓孔位置。

（2）样板。一般构件用普通样板，它可用薄铁皮或 0.3 ~ 0.5 mm 的薄钢板制作。对于精度要求高的桥梁，栓孔可采用机器样板钻制。

（3）样条。用 2 ~ 3 cm 宽的钢条做成的样板叫样条，它适用于较长的角钢、槽钢及钢板的号料。

2. 号料

利用样板、样条在钢材上把零件的切割线画出，称为号料。号料使用样板、样条而不直接使用钢尺，这是为了避免出现不同的尺寸误差，而使钉孔错位。号料的精确度应和放样的精度相同。

第 10 章　桥梁结构工程施工

3. 切　割

钢料的切割方法有剪切、焰切、联合剪冲和锯切四种。

剪切是使用剪切机进行的,对于 16Mn 钢板,目前可切厚度在 16 ~ 20 mm。

对于一般剪切机不能剪切的厚钢板,或因形状复杂不能剪切的板材都可采用焰切。焰切分手工切割、半自动切割和自动切割机切割。

联合剪冲用于角钢的剪切。目前联合剪冲机可剪切的最大角钢为 L125 × 125 × 12。

锯切主要用于槽钢、工字钢、管材及大型角钢,锯切的工具为圆锯机。

4. 矫　正

由于钢材在轧制、运输、切割等过程中可能会产生变形,因此需要进行矫正。

5. 制　孔

制孔是借助样板或样条,用样冲在钢料上打上冲点,以表示钉孔的位置。如果采用机器样板则不必进行制孔。

制孔的一般过程为:画线钻孔→扩孔套钻→机器样板钻孔→数控程序钻床钻孔。

6. 组　装

组装是按图纸把制备完成的半成品或零件拼装成部件、构件的工序。

构件组装前应对连接表面及焊缝边缘 30 ~ 50 mm 范围内进行清理,应将铁锈、氧化铁皮、油污、水分等清除干净。

7. 焊　接

钢桥采用的焊接方法有自动焊、半自动焊和手工焊 3 种。焊接质量在很大程度上取决于施焊状况。在焊接前,如无焊接工艺评定试验的,应做好焊接工艺评定试验,并据此确定焊接工艺。焊接完毕后应检查焊缝质量。

8. 试拼装

栓焊钢梁某些部件,由于运输和架设能力的限制,必须在工地进行拼装。

运送工地的各部件,在出厂之前应进行试拼装,以验证工艺装备是否精确可靠。

10.3.2　钢桥的安装

1. 悬臂拼装法

悬臂安装是在桥位上拼装钢梁时,不用临时膺架支承,而是将杆件逐根地依次拼装在平衡梁上或已拼好的部分钢梁上,形成向桥孔中逐渐增长的悬臂,直至拼至次一墩(台)上。这称为全悬臂拼装。

若在桥孔中设置一个或一个以上临时支承进行悬臂拼装,则称为半悬臂拼装。用悬臂法安装多孔钢梁时,第一孔钢梁多用半悬臂法进行安装。

钢梁在悬臂安装过程中,值得注意的关键问题是:降低钢梁的安装应力;伸臂端挠度的控制;减少悬臂孔的施工荷载;保证钢梁拼装时的稳定性。

(1)杆件预拼。由桥梁工厂按材料发送表发往工地的都是单根杆件和一些拼接件,为了减少拼装钢梁时桥上的高空作业,减少吊装次数,通常将各个杆件预先拼装成吊装单元,把能在桥下进行的工作尽量在桥下预拼场内进行,以期加快施工进度。

（2）钢梁杆件拼装。由预拼场预拼好的钢梁杆件经检查合格后，即可按拼装顺序先后运至提升站，由提升站起重机把杆件提运至在钢梁下弦平面运行的平板车上，由牵引车运至拼梁起重机下拼装就位。拼梁起重机通常安放在上弦，遇到上弦为曲弦时，也可安放在下弦平面。

在拼装工作中，应随时测量钢梁的立面和平面位置是否正确，钢梁安装偏差的容许值参见《铁路钢桁梁拼装及架设施工技术规则》。

（3）高强度螺栓施工。在高强度螺栓施工中，目前常用的控制螺栓预拉力的方法是扭角法和扭矩系数法。

安装高强螺栓时应设法保证各螺栓中的预拉力达到其规定值，避免超拉或欠拉。

（4）安装时的临时支承布置。临时支承的主要类型有临时活动支座、临时固定支座、永久活动支座、永久固定支座、保险支座、接引支座等，这些支座随拼梁阶段变化与作业程序的变化将互相更换、交替使用。

（5）钢梁纵移。钢梁在悬臂拼装过程中，由梁的自重引起的变形、温度变化的影响、制造误差、临时支座的摩阻力对钢梁变形的影响等因素所引起的钢梁纵向长度几何尺寸的偏差，致使钢梁各支点不能按设计位置落在各桥墩上，使桥墩偏载。为了调整这一误差至允许范围内，钢梁需要纵移。

（6）钢梁的横移。钢梁在伸臂安装过程中，由于受日光偏照和偏载的影响，加之杆件本身的制造误差，钢梁中线位置会随时改变，有时偏向上游侧，有时偏向下游侧，以致到达墩顶后，钢梁不能准确地落在设计位置上，造成对桥墩偏载。为此必须进行钢梁横移，使偏心在允许范围之内。

横移可用专用的横移设备，也可以根据情况采取临时措施。横移必须在拼装过程中逐孔进行。

2. 拖拉法架设钢梁

（1）半悬臂的纵向拖拉。根据被拖拉桥跨结构杆件的受力情况和结构本身稳定的要求，在拖拉过程中有时需要在永久性的墩（台）之间设置临时性的中间墩架，以承托被拖拉的桥跨结构。

在水流较深且水位稳定，又有浮运设备而搭设中间膺架不便时，可考虑采用中间浮运支承的纵向拖拉。必须指出的是，船上支点的标高不易控制，所以要十分注意。

（2）全悬臂的纵向拖拉。全悬臂的纵向拖拉指在两个永久性墩（台）之间不设置任何临时中间支承的情况下的纵向拖拉架梁方法。

拖拉钢桁梁的滑道，可以布置在纵梁下，也可以布置在主桁下。纵梁中心距通常为 2 m，主桁中心对单线梁通常为 5.75 m。

牵引滑轮组根据计算牵引力设置。两副牵引滑车组应选用同样设备，以便控制两侧牵引前进速度一致。

当梁拖到设计位置后，拆除临时连接杆件及导梁、牵引设备等。拆除时应先将导梁或梁的前端适当顶高或落低，使连接杆件处于不受力状态，然后拆除连接栓钉。

拆除临时连接杆件和导梁等后，可以落梁。落梁时钢梁每端至少用两台千斤顶顶梁，以便交替拆除两侧枕木垛。

3. 整孔架设

（1）用架桥机架梁。用架桥机架梁有既快又省的效果。目前常用的架桥机有胜利型架桥机、红旗型窄式架桥机。

（2）钓鱼法架梁。钓鱼法通过立在前方墩台上有效高度不小于梁长 1/3 的扒杆，用固定于扒杆顶的滑轮组牵引梁的前端（悬空）到前方墩台上。图 10.17 所示是用钓鱼法架设跨度 24 m 拆装式桁梁的示意图。图中后方桥台上也竖立了扒杆，供梁到位后落梁用。梁后端设制动滑轮组控制梁的前进速度。前后每端至少用两台千斤顶顶梁，以便交替拆除两侧枕木垛。

图 10.17　钓鱼法架设拆装式桁梁

（3）整孔架设。钢桥施工除小跨度的钢板梁可用整孔架设外，大跨度钢梁用整孔架设的例子较少。近年来，随着起重能力的提高，国外也曾有用浮吊整孔架设重达 35 000 kN 桥梁的例子。

4. 膺架法拼组钢梁

在满布支架上拼组钢梁和在场地上拼组钢梁的技术要求基本一致，其工序可分为杆件预拼、场地及支架布置、钢梁拼装、钢梁铆合或栓合等几部分。

（1）杆件预拼。首先应将工厂发送到工地的钢梁的单根杆件和有关的拼接件在场地上预拼，拼组成吊装单元。

（2）支架和拼装场地布置。支架最好用万能杆件拼装，如图 10.18 所示。支架基础可用木桩基础。在较密实的地层上，当施工过程中不受水淹时，可整平夯实后密铺方木或木枕，在方木或木枕上固定支架支承梁。

图 10.18　支架拼装

支架顶面铺木、铺板，板面标高应低于支承垫石面，以便于梁落到支座上为度。根据钢梁设计位置，在每个钢梁节点处设木垛。木垛间留有千斤顶的位置，可供设置千斤顶调整节点的标高。木垛的最上一层用木楔，以便调整钢梁节点标高。

（3）钢梁拼装。钢梁拼装用的起重机类型很多，在支架上和场地上拼装钢梁可用万能杆件组成的龙门起重机，也可用轨道式起重机。

钢梁常用的拼装顺序有两种：一种是从梁的一端逐节向另一端拼装；另一种是先从一端拼装下弦桥面系和下平纵联到另一端，然后再从一端拼装桁架的腹杆、上弦杆、上平联及横联到另一端。

（4）钢梁栓合。钢梁拼装完毕后应根据精度的要求，经过复测检查调整后才能进行栓合。

栓合的要求与本节的悬臂法安装中的栓合相同。

钢梁在支架上拼装组合完毕后，可落梁到支座上。支座位置应十分正确，必要时应调整支座高度。

5. 横移法施工

有些旧桥改建工程，只需要更换桥跨结构，在采用横移法换梁时，对于运输繁忙的线路，如何缩短线路封锁时间，是极为重要的问题。

采取横移法的主要缺点是辅助结构工程量大，当孔数较多或桥高水深时，尤为显著。

6. 浮运法施工

浮运施工是在桥位下游侧的岸上将钢梁拼铆（或栓合）成整孔后，利用码头把钢梁滚移到浮船上，再浮运至预定架设的桥孔上落梁就位。

浮运支承主要由浮船、船上支架、浮船加固桁架以及各种系缚工具组成。

7. 有支架节段安装法

对曲线钢桥或异形钢桥，可采用分节段制造，在支架上拼装的施工方法。制造时把钢梁在其横截面方向划分成数个纵向节段，当桥宽时亦可再将纵向节段在桥梁纵向划分成横向分段。在现场则在钢梁纵向分段的横截面附近处设立临时支架，然后用吊机把梁节段按安装程序吊装就位，全部梁吊装固定后，即可落梁、卸架。纵向节段的划分主要由起重能力和运输条件决定，适当增长节段长度可减少临时支架数量。

第 11 章　建筑施工组织设计概论

11.1　绪　论

作为一项系统工程，建筑施工要顺利地进行，必须要采用科学的方法进行施工管理。施工组织就是建筑施工管理的重要环节，它对统筹建筑施工全过程、推动企业技术进步和优化施工管理起到核心作用。

建筑施工组织是研究和制定使建筑安装工程施工全过程经济合理的方法和途径。每一个工程对象都是由许多施工过程组成的，每一个施工过程所采用的方法和机械设备又随施工速度、气候条件及其他许多因素的影响而异。因此必须用科学的方法在每一独特的场合下寻求合理的施工组织方法。随着社会进步和经济发展，现代化的建筑结构跨度、高度更大，基础更深，安装技术更复杂，在质量、安全、环保和文明施工等都有更高的要求。

11.1.1　建筑产品的特点

与其他工业产品相比，建筑产品有其自身特点。

1. 建筑产品的固定性

建筑产品设计的结构和建造过程直接与地基基础相连，因此只能在建造地点上固定地使用，一般情况下无法转移。这种一经形成就在空间上固定的属性，称为建筑产品的固定性，这是与其他工业产品最大的区别。

2. 建筑产品的庞大性

建筑产品与一般工业产品相比，体量庞大，自重较大，置于露天。

3. 建筑产品的多样性

建筑物的使用要求、规模、建筑设计、结构类型等各不相同，不能像一般工业产品那样批量生产，这就形成了它的单件性。

11.1.2　建筑施工的特点

建筑施工的特点很大程度上取决于其生产的最终产品，建筑施工有以下特点：

（1）建筑产品的固定性和单件性决定建筑产品施工要在限定的地点（即工地）上进行，使建筑施工具有个别性、流动性的特点。各类建筑工人和各种施工机械均在此工地上进行操作。在有限的时间、空间上，要想发挥工人和施工机械的最大工效，避免相互之间的矛盾，使施工进程有条不紊，必须应用先进的技术和方法，编制出合理的施工计划，并用它来协调各方面在空间和时间上的关系，处理好各方面的矛盾，否则很难做到有节奏地、顺利地、科学地进行施工。对拥有数百、上千甚至上万名建筑工人的大型建设工程，编制合理的施工计划尤为必要。

（2）建筑产品体量庞大，置于露天，形成建筑施工劳动密集、工期长、露天作业、受气候影响大的特点。建筑业是劳动密集的行业，必须重视计划的平衡和优化。由于建筑产品体积庞大，需消耗的物资种类多、数量大，而且生产周期较长，施工期占用的资金多，特别是耗用劳动力多，因此，在组织建设工程的施工时，必须重视劳动力、资源、资金的综合平衡，应按照企业现有的或可能得到的人力、物力、财力来编制施工计划，并尽力达到资源、成本与工期的优化。

（3）建筑施工的系统性与灵活性。一项建设工程是由许多工种来完成的，一个工种的施工可采用不同的施工方法、不同的施工机械与设备来完成。同样，材料和物资的供应也有数种运输方式和若干种运输工具。工程施工组织还涉及仓库、附属加工企业（如混凝土搅拌站、预制加工厂、木工厂、钢筋车间等）、运输、机修、后勤以及生活等设施。因此，施工组织是一个系统工程，应从全局出发，局部服从全局。此外，不同的建筑施工地点，其地质、气候、环境、施工条件等也不一样，因此在组织施工时应考虑一定的灵活性。施工系统性与灵活性的结合是组织工程施工的特点，施工的组织者应充分运用"系统工程"的思想与方法，正确地处理施工中的各种矛盾。

（4）必须重视建筑施工的各项辅助工作。在工程施工中，除直接建造建筑产品的生产活动（如砌墙、浇筑混凝土等）以外，在施工工地上尚有许多辅助工作，如建材、物资的供应和运输，成品、半成品制作，施工机械设备的供应和维修，施工用水、电、气的供应和铺设管网，仓库管理，临时办公及生活福利设施的修建等。这些辅助工作是工程施工的保证，必须妥善安排。

在工程施工前要先确定好施工部署，选择好正确的施工方法和施工机械，编制好合理的施工进度计划，确定并配备好各种劳动力、施工机械，计算出各种资源、设备、成品、半成品的需要量并确定其来源，计算出现场所需要的仓库、预制场、附属加工企业、办公和生活等临时用房的面积并合理布置它们的位置，确定并设计现场运输路线、管线等，做好一切开工前的准备工作。

需要强调的是，施工组织设计文件并非一成不变，在贯彻执行过程中，当某些施工条件或自然条件发生了变化，以及产生意外情况时，必须结合实际情况及时地加以补充、修改和调整。这种调整和补充是在最初的施工组织设计基础上进行的，因此，必须重视最初施工组织设计文件的编制工作，而且要认真做好施工组织设计的贯彻执行工作。

11.2 施工准备工作

建设项目施工前的准备工作是保证工程施工与安装顺利进行的重要环节，它直接影响工程建设的速度、质量、生产效率以及经济效益，因此，必须予以重视。施工准备工作是为各个施工环节在事前创造必需的施工条件，这些条件是根据细致的科学分析和多年积累的施工经验确定的。制订施工准备工作计划要有一定的预见性，以利于排除一切在施工中可能出现的问题。

施工准备工作不是一次性的，而是分阶段进行的。开工前的准备工作比较集中并很重要，随着工程的进展，各个施工阶段、各分部分项工程及各工种施工之前，也都有相应的准备工作。准备工作贯穿于整个工程建设的全过程，每个阶段都有不同的内容和要求，对各阶段的施工准备工作应指定专人负责和逐项检查，切忌有施工准备工作一劳永逸的思想。

在施工组织设计文件中，必须列入施工准备工作占用的时间，对大型或技术复杂的工程项目，要专门编制施工准备工作的进度计划。

11.2.1 技术准备工作

工程施工前，在技术上需要准备的工作有下列几项：

1. 熟悉和审查施工图以及有关设计文件

施工人员阅读施工图纸绝不能只是"大致"了解，而应对图上每一个细节都应彻底了解其设计意图，否则必然导致施工的失误。施工人员参加图纸会审有两个目的：一是了解设计意图并向设计人员质疑，询问图纸中不清楚的部分，直到彻底弄懂为止；二是对图纸中的差错及不合理的部分或不符合国家制定的建设方针、政策的部分，本着对工程负责的态度予以指出，并提出修改意见供设计人员参考。

施工图中的建筑图、结构图、水暖电管线及设备安装图等，有时由于设计时配合不好或会审不严而存在矛盾，此外，在同一套图的先后图纸中也可能存在图形、尺寸、说明等方面的矛盾。遇到上述情况，施工人员必须提请设计人员作书面更正或补充，决不能"想当然"地或自作主张擅自更改。

2. 掌握地形、地质、水文等资料

施工前编制施工组织设计的人员，要到现场实地调查地貌、地质、水文、气象等资料，还要对建设地区的社会、经济、生活等进行调查和分析研究。编制人员要掌握施工现场的第一手资料，并在施工组织设计文件中反映和妥善处理与实际结合的问题。

3. 编制施工组织设计

施工组织设计本身就是施工准备工作的主要文件，所有施工准备的主要工作，均集中反映在施工组织设计之中。欧美一些国家把我国施工组织设计的内容称为施工准备工作文件，例如德国的施工准备工作文件有三个特点：一是密切结合实际；二是有权威性，在工程备料、配备设备及实施的施工方法中，务必遵照执行经审批的施工准备工作文件；三是编入施工准备工作文件中的施工方案、设备选用等，均需进行技术经济分析，从中选择最优方案。

我国的建筑企业也十分重视施工组织设计，有些建筑企业严格规定，没有施工组织设计，工程不得开工。

关于施工组织设计的内容，将在以后的各章中分别详述。

4. 编制施工预算

在施工图预算的基础上，结合施工企业的实际施工定额和积累的技术数据资料编制施工预算，作为本施工企业基层工程队对该建设项目内部经济核算的依据。施工预算主要是用来控制工料消耗和施工中的成本支出。根据施工预算的分部分项工程量及定额工料用量，在施工中对施工班组签发施工任务单，实行限额领料及班组核算。

当前，多数建筑企业还没有建立和积累本企业的施工定额，绝大多数的施工预算都是应用地区施工定额编制的。编制施工预算要结合拟采用的施工方法、技术措施和节约措施进行。在施工过程中要按施工预算严格控制各项指标，以促进降低工程成本和提高施工管理水平。

施工预算是建筑企业内部管理与经济核算的文件。如果应用电子计算机编制预算，根据施工图纸将工程量一次输入，然后应用预算定额（或单位估价表）、地区施工定额及本企业的施工定额这三种数据库文件，即可输出三种不同的预算，即施工图预算、施工预算及本企业实际的工料、成本分析。根据这些预算文件再在施工过程中进行严格控制，实行限额领料、限额用工和成本控制，必然会降低工程造价、提高企业效益。因此，编制施工预算是施工准备中的重要工作。

11.2.2　施工现场准备工作

在工程开工前，为了给施工创造条件，必须做好以下准备工作：

1. 做好"三通一平"

"三通一平"是指在建设工程用地的范围内修通道路、接通水源、接通电源及平整场地。对于一

个建设项目，尤其是大中型建设项目而言，"三通一平"的工程量较大，为了尽早开工，在不影响施工的情况下，"三通一平"工作可以分段分批完成，不必强调非全部完成后才能开工。另一方面也要防止借故拖延"三通一平"，给工程施工造成困难，应根据实际情况和条件，妥善安排。

修筑临时道路可结合永久性道路提前修筑。此外，还要考虑场外的运输道路和桥涵的修筑或加固，必要时还要考虑设置转运站等中转仓库。要重视施工场地的排水问题，特别要注意安排好雨季、暴雨时的排洪措施，在雨季到来之前修好排洪沟、泄水洞、挡土墙等工程。也可考虑在雨季到来之前事先运入材料。如果利用水路运输，在航道封冻之前应将材料基本运到。

施工用电要考虑到最大负荷的容量，如果供电系统不能供给时，还要考虑自行发电或其他措施。

另外还要考虑建筑垃圾、弃土的清除，载重运输汽车开往城市工地的通道，避免施工排水堵塞城市下水道的措施，以及估计到打桩对邻近建筑物将产生的不良影响等。

2. 建造好施工用的临时设施

施工用临时设施有临时仓库、车库、办公室、宿舍、休息室、食堂、施工附属设施（各种加工厂、搅拌站等），应本着节约原则，合理计算需要的数量，在工程开工前建造好。

3. 工程定位

施工人员在开工前要先确定建筑物在场地上的位置。确定位置的方法是根据建筑物的坐标值或根据它与原有建筑物、道路或征地红线坐标点的相应距离来测设并进行复核。建筑物、管道及地坪的标高根据竖向设计来确定，在工地上要设置平面控制点及高程控制点。

11.2.3 物资与施工机械的准备工作

施工管理人员需尽早计算出各阶段对材料、施工机械、设备、工具等的需用量，并说明供应单位、交货地点、运输方法等，特别是对预制构件，必须尽早从施工图中摘录出构件的规格、质量、品种和数量，制表造册，向预制加工厂订货并确定分批交货清单和交货地点。对大型施工机械、辅助机械及设备要精确计算工作日并确定进场时间，做到进场后立即使用，用毕立即退场，提高机械利用率，节省机械台班费及停留费。

物资准备的具体内容有：① 对主要材料尽早申报数量、规格，落实地方材料来源，办理订购手续，对特殊材料需确定货源或安排试制。② 提出各种资源分期分批进入现场的数量、运输方法和运输工具，确定交货地点、交货方式（例如水泥是袋装还是散装）、卸车设备，各种劳力和所需费用均需在订货合同中说明。③ 订购生产用的工业设备时，要注意交货时间与土建进度密切配合，因为某些庞大设备的安装往往要与土建施工穿插进行，如果土建全部完成或封顶后，安装会有困难，故各种设备的交货时间要与安装时间密切结合，它将直接影响建设工期。④ 尽早提出预埋铁件、钢筋混凝土预制构件及钢结构的数量和规格，对某些特殊的或新型的构件需要进行研究和试制。⑤ 安排进场材料、构件及设备等的堆放地点，严格验收、检查、核对其数量和规格。⑥ 施工机械、设备的安装及调试。

11.2.4 施工队伍准备

根据工程项目，核算各工种的劳动量，配备劳动力，组织施工队伍，确定项目负责人。对特殊的工种需组织调配或培训，对职工进行工程计划、技术和安全交底。

施工准备工作是根据施工条件、工程规模、技术复杂程度来制订的。对一般的单项工程需具备以下准备工作方能开工。

（1）工程项目已纳入年度计划并已取得开工许可证。

第 11 章　建筑施工组织设计概论

（2）施工图经过会审，并对存在的问题已作修正，所编制的施工组织设计已批准，施工预算已编妥。

（3）"三通一平"已能满足工程开工的要求，材料、成品、半成品、设备能保证连续施工的需要。

（4）开工后立即需要使用的施工机械、设备已进场并能保证正常运转。工地上的临时设施已基本满足施工与生活的需要。

（5）已配备好施工队伍，并经过必要的技术安全教育，工地消防、安全设施具备。

11.3　施工组织设计概念

11.3.1　施工组织设计的任务与作用

作为国民经济中的一个独立的物质生产部门，建筑业已成为我国国民经济中重要的支柱产业，担负着当前国家经济发展与工程建设的重大任务。建筑施工与安装是工程建设的重要组成部分，是在工程建设中历时最长，耗用物资、财力及劳动力最多的一个阶段。因此，在工程建设项目施工前必须做好一切准备工作，"施工组织设计"就是准备工作中的一项重要文件。在基本建设的各个阶段中，必须编制相应的施工组织设计文件，并且要经过有关部门的审核、签证后方能施工，即工程建设必须遵循经批准的"施工组织设计"。施工组织设计的内容与任务，在本书中将全面、系统地讨论与介绍。

我国基本建设程序中把施工组织设计作为必要的文件。我国第一个五年计划期间，在某些大中型工业建设工程中，开始推行施工组织设计，并取得了较大的成效。从此以后，"建筑施工组织设计"在我国逐渐全面推广。新中国成立以来，经历亿万建设工程项目的实践考验和革新，以往不少陈旧的、传统的规程、文件、方法在不断改革中得到更新、发展或否定。唯独"施工组织设计"在工程建设中始终得到肯定和使用，被公认是施工中不可缺少的、必须遵循的文件。无数实践证明，它绝不是一种形式，而是切实必要的文件。没有施工组织设计或施工组织设计编制得不好、审核得不严，都将给工程建设带来种种损失，并使质量、工期、安全得不到保证。经过 60 年来的工程实践，我国已积累了丰富的经验，使"施工组织设计"日趋充实、完善，并增加了许多现代的先进科学技术。

施工组织设计文件是实践中总结出来的经验，也是工程施工中必须遵循的客观规律，任何违背这种规律的做法，必然会延缓施工速度，且难以保证工程质量与施工安全，造成施工中人力、物力的浪费，直接影响国民经济建设的成效。因此，研究建筑施工组织设计的理论及其在实际工程建设中的应用，有重要意义。

施工组织设计是指导拟建工程施工全过程的基本技术经济文件，它对工程施工的全过程进行规划和部署，制定先进合理的施工方案和技术组织措施，确定施工顺序和流向，编制施工进度，计划各种资源的需要和供应，合理安排现场平面布置。总体的施工组织设计是实施建设项目的总的战略部署，如同作战的总体规划，对项目的建设起控制作用。一个具体的建筑物单体的施工组织设计，是单个工程项目施工的战术安排，对工程的施工起指导作用。以上两者总称为建设项目的施工组织设计。

施工组织设计是长期工程建设实践的总结，是组织建筑工程施工的客观规律，必须遵照执行，否则必然导致损失，如产生拖延工期、质量不符要求、停工待料、施工现场混乱、材料物资浪费等现象，甚至出现安全事故。

要完成一个建设项目都要考虑需要原材料、施工方法、设备工具、工期、成本，对这些问题科学地、有条理地加以安排，才能获得好的效果，特别要安排好劳动力、材料、设备、资金及施工方法这五个主要的施工因素。在特定条件的建筑工地上和规定工期的时间内，如何用最少的消耗，取得最大的效益，也就是使工程质量高、功能好、工期短、造价低并且是安全、文明施工，这就需要很好地总结以往的施工经验，采用先进的、科学的施工方法与组织手段，合理地安排劳力和施工机械，通过吸收各方面的意见，精密规划、设计、计算，进行分析研究，最后得出的一个书面文件，就是建设项目的施工组织设计。由此可见，施工组织设计的任务就是根据建设工程的要求、工程实际施工条件和现有资源量的情况，拟订出最优的施工方案，在技术和组织上作好全面而合理的安排，以保证建设项目优质生产、经济和安全。

由于建设项目的类型各异，建造的地点与施工条件不同，工期的要求亦不一样，因此施工方案、进度计划、施工现场布置、各种施工业务组织也不相同。施工组织设计就是在这些不同因素的特定条件下，拟订若干个施工方案，然后进行技术经济比较，从中选择出最优方案，包括选用施工方法与施工机械最优、施工进度与成本最优、劳动力和资源组织最优、全工地性业务组织最优以及施工平面布置最优等。只有遵照我国的基建方针政策，并从实际条件出发，才能编制出切合实际的施工组织设计。

编制一个好的施工组织设计，并在工程施工中切实贯彻，就能协调好各方面的关系，统筹安排各个施工环节，使复杂的施工过程有条理地按科学程序进行，也就必然能使建设项目取得各种好指标。由此可见，建设项目的施工组织设计编制得成功与否，直接影响基本建设投资的效益，它对我国国民经济建设有深远的意义。

11.3.2　施工组织设计的种类

施工组织的目的是最有效、经济合理、有节奏、文明、安全地组织工程项目的施工，并正确贯彻国家建设方针政策和技术经济政策。从建设工程项目全局出发，从技术和经济的统一性出发，力求达到在技术上是先进的、在经济上是合理的，并以最少的消耗取得最大的成果，从而保质、保量、迅速、安全地实现工程项目。

施工组织设计是在工程项目施工前必须完成并经审核批准的文件，是包括施工准备工作在内的，对工程项目施工全过程的控制性、指导性、实施性文件。在工程建设的各个不同阶段，要提出相应的施工组织设计文件。如在初步设计阶段，对整个建设项目或民用建筑群编制施工组织总设计，目的是对整个项目的施工进行通盘考虑、全面规划，用以控制全场性的施工准备和有计划地运用施工力量，开展施工活动。其作用是确定拟建项目的总施工期限、施工顺序、主要施工方法、各种临时设施的需要量及现场总的布置方案等，并提出各种技术物资资源的需要量，为施工准备创造条件。在施工图设计阶段，对单位工程编制单位工程施工组织设计，它是用以直接指导单位工程或单项工程施工的文件，具体安排人力、物力和建筑安装工作，是施工单位编制作业计划和制订季（月）度施工计划的重要依据。对某些特别重要的和复杂的，或者缺乏施工经验的分部工程（如复杂的基础工程、特大构件吊装工程、大型土石方工程等），还应为该分部工程编制专门的、更为详尽的施工作业设计。

施工组织总设计是对整个建设项目的通盘规划，是带有全局性的技术经济文件。因此，应首先考虑和制订施工组织总设计，作为整个建设项目施工的全局性指导文件。在总的指导文件规划下，再深入研究各个单位工程，对其中的主要建筑物分别编制单位工程的施工组织设计。就单位工程而言，对其中技术极复杂或结构特别重要的分部工程，还需要根据实际情况编制若干分部工程的施工作业设计。

本教材是以施工组织总设计及单位工程施工组织设计为主，既介绍施工组织设计的理论，又结合工程实际进行分析。其主要内容包括：编制各阶段施工组织设计的原则和要求；施工准备工作及

第 11 章　建筑施工组织设计概论

原始资料的调查；编制工程计划中应用的流水理论和网络计划技术及其优化；施工图设计阶段中单位工程施工组织设计及初步设计或扩大初步设计阶段中全工地性的施工组织总设计；建筑工地运输、仓库、供水、供能、临时设施等业务组织；工业与民用建筑群体及单位工程施工组织设计示例；施工组织设计的贯彻与调整。

工程项目施工组织、进行施工准备及编制施工组织设计，必然要涉及建筑企业的经营管理问题，并对建筑施工方案进行技术经济效果评价，以选择最优的施工方案。此外还要在全面了解各种建筑施工技术方案的条件下，结合实际，对所提出的施工方案进行比较。对施工方案进行技术经济效果比较、优化是编制施工组织设计的重要组成部分。

要组织好一项工程的施工，施工管理人员和基层领导，必须注意了解各种建筑材料、施工机械与设备的特性，懂得房屋及构筑物的受力特点、构造和结构，能准确无误地看懂施工图纸，并掌握各种施工方法。这样才能做好施工管理工作，才能选择最有效、最经济的方法来组织施工，才能获得最优效果。

建筑施工组织设计文件的编制工作，可广泛运用数学方法、网络技术和计算技术等定量方法，借助现代化的计算手段——电子计算机来处理，将长年累月积累的各种技术经济资料进行归纳、分析、总结，并对工程进度、工期、施工方法等进行技术经济方案比较，选择最优方案，作为同类建筑物施工组织的依据。

各施工单位应根据自身的条件和拥有的资料、数据，研制专用的"施工组织设计"软件，以简化编制施工组织设计工作。将施工组织设计与施工图预算、施工预算、签发任务单、成本控制、财务核算、工程决算等连成一个工程项目的软件包，就能实现施工组织设计和施工组织管理的现代化，提高施工组织设计的编制水平和实施效果。

施工组织设计的定型化、标准化是本学科研究的另一新课题。在收集各种类型建筑工程施工的技术经济数据的基础上，总结施工经验，归纳出最优的施工方案，供编制各类建筑工程的标准施工组织设计参考。编制标准施工组织设计可以节省分别编制各工程项目施工组织设计的时间，并能提高施工组织设计的质量。

根据基本建设各个不同阶段建设工程的规模、工程特点以及工程的技术复杂程度等因素，可相应地编制不同深度与各种类型的施工组织设计。因此，施工组织设计是一个总名称，一般可分为施工组织条件设计、施工组织总设计、单位工程施工组织设计和分部工程施工作业设计三类。

1. 施工组织条件设计

施工组织条件设计是对拟建工程，从施工角度分析工程设计的技术可行性与经济合理性，同时作出轮廓的施工规划，并提出在施工准备阶段首先要进行的工作。施工条件设计是初步设计的一个组成部分，主要由设计单位进行编制。

2. 施工组织总设计

施工组织总设计是以整个建设项目或民用建筑群为对象编制的，目的是对整个工程进行通盘考虑、全面规划，用来知道全场性的施工准备和有计划地运用施工力量，开展施工活动。其作用是确定拟建项目的施工期限、施工顺序、主要施工方法、各种临时设施的需要量及现场总的布置方案等，并提出各种技术物资的需要量，为施工准备创造条件。施工组织总设计应在扩大初步设计批准后，依据扩大初步设计和现场施工条件，由建设总承包单位组织编制。当前对新建的大型工业企业的建设，有以下三种情况：一种是成立工程项目管理机构，在工程项目经理领导下，对整个工程的规划、可行性研究、设计、施工、验收、试运转、交工等负全面责任，并由这个机构来组织编制施工组织总设计；另一种是由工程总承包单位（或称总包）会同并组织建设单位、设计单位及工程分包单位共同编制，由总包单位负责；第三种是当总包单位并非是一个建筑总公司，没有力量来编制施工组织总设计时，由建设单位委托监理公司来编制施工组织总设计。

3. 单位工程施工组织设计

单位工程施工组织设计是以单项工程或单位工程为对象编制的，用以直接指导单项工程或单位工程施工的。它是在施工组织总设计和施工单位的施工部署的指导下，具体安排人力、物力和建筑安装工作，是施工单位编制作业计划和制订季度或月施工计划的重要依据。单位工程施工组织设计是在施工图设计完成并经过会审以后，以施工组织总设计、施工图和施工条件为依据由施工承包单位负责编写。

4. 分部分项工程施工条件设计（也称为施工方案）

规模较大或结构复杂的单位工程，在工程施工阶段对其中某些分部工程，如大型设备基础、大跨度的屋盖吊装、有特殊要求的工种工程或大型土方工程等，在以上分部工程施工前，应根据单位工程施工组织设计来编制施工作业设计。这是对单位工程施工组织设计中的某项分部工程更深入细致的施工设计，只有在技术复杂的工程或大型建设工程中才需编制。分部工程的施工作业设计是根据单位工程施工组织设计中对该分部工程的约束条件，并考虑其前后相邻分部工程对该分部工程的要求，尽可能为其后的工程创造条件。对一般性建筑的分部工程不必专门编制作业设计，只需包括在单位工程施工组织设计中即可。尤其是对常规的施工方法，施工单位已十分熟悉的，只需加以说明即可。总之，一切从实际需要和效果出发。施工组织设计的深度与广度应随不同施工项目的不同要求而异。

11.3.3 施工组织设计的内容

各种类型施工组织设计的内容是根据建设工程的范围、施工条件及工程特点和要求来确定的，这是就施工组织设计的深度与广度而言，但无论是何种类型的施工组织设计，都应该具备以下的基本内容：

1. 建设项目的工程概况和施工条件

施工组织设计的第一部分要将本建设项目的工程情况作简要说明，有如下内容：

工程简况：结构形式、建筑总面积、概（预）算价格、占地面积、地质概况等。

施工条件：建设地点、建设总工期、分期分批交工计划、承包方式、建设单位的要求、承建单位的现有条件、主要建筑材料供应情况、运输条件及工程开工尚需解决的主要问题。

对上述情况要进行必要的分析，并考虑如何在本施工组织设计中作相应的处理。

2. 施工部署及施工方案

施工部署是施工组织总设计中对整个建设项目全局性的战略意图；施工方案是单位工程或分部工程中某项施工方法的分析，例如某现浇钢筋混凝土框架的施工，可以列举若干种施工方案，对这些施工方案耗用的劳动力、材料、机械、费用以及工期等在合理组织的条件下，进行技术经济分析，从中选择最优方案。

3. 施工进度计划

应用流水作业或网络计划技术，根据实际条件，合理安排工程的施工进度计划，使其达到工期、资源、成本等优选。根据施工进度及建设项目的工程量，可提出劳动力、材料、机械设备、构件等的供应计划。

第11章 建筑施工组织设计概论

4. 施工总平面图

在施工现场合理布置仓库、施工机械、运输道路、临时建筑、临时水电管网、围墙、门卫等，并要考虑消防安全设施。最后设计出全工地性的施工总平面图或单位工程、分部工程的施工总平面布置图。

5. 保证工程质量和安全的技术措施

这是施工组织设计所必须考虑的内容，应结合工程的具体情况拟订出保证工程质量的技术措施和安全施工的安全措施。

6. 施工组织设计的主要技术经济指标

这是衡量施工组织设计编制水平的一个标准，它包括劳动力均衡性指标、工期指标、劳动生产率、机械化程度、机械利用率、降低成本等指标。

第 12 章　流水施工基本原理

　　流水施工是施工企业普遍采用的一种科学的施工组织方法。建筑工程流水施工与工业企业的生产流水线本质是相同的，其区别在于：工业企业的各加工件（即劳动对象）由前一工序向后一工序移动，而生产者固定在自己的工作地点上；而建筑流水施工的劳动对象（即各分部分项工程）是固定的，各专业施工队伍由第一施工段向后一施工段流动，这是由建筑产品体量巨大的特点决定的。

12.1　流水施工的基本概念

12.1.1　工程进度计划的表示方法

　　任何一个建筑工程都是由许多施工过程组成的，各活动之间存在先后关系、相互配合的关系及其他逻辑关系。在时间和空间上存在穿插和搭接关系。在组织施工时要求明确这些施工过程的关系，清楚地掌握每项施工过程在时间和空间上所处的位置。因此必须在施工以前制订指导施工进展的计划，反映出各活动的先后顺序、相互配合关系以及在时间、空间上的进度情况，这个计划即是工程进度计划。工程进度计划的表示方法有线条图和网络图。线条图分为横道图和斜线图，反映各施工过程的先后顺序和配合关系（图 12.1）。其中横道图绘制简单，形象直观，因而应用普遍；斜线图中各施工过程的斜率反映出施工速度；网络图将在下一章专门讲述。

（a）横道图

（b）斜线图

图 12.1　某钢筋混凝土工程流水施工线条图

第 12 章　流水施工基本原理

12.1.2　流水作业施工的特点

为弄清楚流水施工特点，我们将流水施工组织方式与其他施工组织方式进行对比，主要以工作面、工期、施工队伍人数（资源需求量）及施工过程的连续性等方面进行比较。

1. 依次施工

将图 12.1（a）改为图 12.2（a）或图 12.2（b）即为依次施工横道图。

（a）按施工过程依次施工

（b）按施工段依次施工

图 12.2　依次施工

依次施工是将各施工过程（或施工段）依次开工，完工后再施工下一个施工过程（或施工段）。对图 12.2 进行分析，可看出其特点：

（1）任一单位时间内投入的劳动力（资源）较少，任一时间内仅有 1 个施工队伍施工，因此施工现场管理简单。

（2）任一单位时间内只有一个施工段在施工，多数施工段处于闲置，实际增加了相邻施工过程的时间间隔，工期增长。

（3）图 12.2（a）按施工过程施工，同一施工段相邻施工过程存在间隙、不连续；图 12.2（b）按施工段施工，同一施工过程相邻施工段存在间隙，不连续。这都会使工期增长。

（4）在总工期内，按施工过程施工的劳动力（资源）需求连续但不均衡，按施工段施工既不连续也不均衡。

（5）总工期较长。

需注意的是，对于多层建筑主体施工，由于低层全部施工完成后，才能为施工上一自然层提供工作面，因而不能采用按施工过程施工。

2. 平行施工

如图 12.3 所示，平行施工是某一施工过程的不同班组同时在不同施工段上展开工作，由于施工过程的先后顺序，不在同一施工段上同时开展存在先后的施工过程，否则会造成现场混乱。

施工过程	人数	施 工 进 度/天				
		1	2	3	4	5
支模板		▨▨				
扎钢筋				▨▨		
浇筑混凝土						▨

图 12.3　平行施工

平行施工具备以下特点：

（1）工期短，能充分利用工作面。

（2）工作人数成倍增加，导致资源集中消耗，专业施工人数剧增，有可能工作面不够，影响工人生产效率的发挥。

（3）对于多层建筑主体结构施工，不能同时提供所有工作面。

3. 流水施工

由图 12.1 可知，流水施工保证了专业施工队伍的连续性和资源需求的连续性和均衡性，工期适中。从图中可以看出，每个专业施工队伍仅在一个施工段上施工，而任一施工段仅有一个专业施工队伍，这样利于现场管理。流水施工克服了平行施工和依次施工的不足，保留了它们的优点。

流水施工是将拟建工程在平面上划分为若干个工程量基本相等、相对独立的施工段落（施工段），作为各专业施工队在空间上发生转移时的明确分界，每个施工过程由相应的专业施工队伍依次在不同施工段上完成工作任务，各施工过程在同一施工段上保持一定时间间隔。将图 12.1 中各施工过程相应专业队伍的持续时间连在一起，可看出流水施工是搭接施工，因此在多数时间内，是各个施工队伍同时施工，通过划分施工段后，各施工队伍有独立的施工段，因而不至于造成现场混乱。这种分段作业、搭接施工称为流水施工。

流水施工使建筑工程施工生产有节奏、连续而均衡地进行，在时间和空间上通过合理的技术组织，经济效果明显，具有以下特点：

（1）流水施工各专业施工队伍自始至终从事某一项专业生产活动，有利于总结工作中的经验教训，提高工作质量、工程质量和劳动生产率。专业化施工也为施工任务的安排、现场管理提供了方便。

（2）各施工过程的相应施工队伍连续施工，通过划分施工段后进行恰当的搭接，减少了停工、窝工的损失。

（3）由于工程施工的连续性和均衡性，使劳动力（资源）需求相对平衡，有利于充分发挥劳动力、设备的作用，提高管理水平，降低工程成本。

（4）充分利用场地内的空间，使工期相对较短。

施工现场管理涉及人员、材料、机具、设备、技术、资金、质量、安全、成本以及环境的影响，其复杂程度使工程施工的组织管理与实际情况有所差异，但并不妨碍我们运用流水施工的基本原理，相反，对流水施工原理认真分析，更利于将其用于指导现场施工。

12.1.3　施工活动的分类

在建筑工程施工中采用流水作业的方法，首先要把工程对象的施工活动按施工发展的阶段或采用专业工种的不同分解成若干个施工过程。根据组织流水范围的大小和活动细分的程度，施工过程可以是专业工程、分部工程、分项工程或者工序。施工活动分解深度不同，编制的建筑流水施工计划的作用也不同。

第 12 章　流水施工基本原理

　　组织建设项目流水施工时，按工程专业性质、类别分解成各个专业工程：房屋建筑工程、道路工程、给水工程、排水工程、电气工程、暖通工程、绿化工程等。各个专业工程之间组织流水施工。

　　组织单位工程流水施工时，按专业工程对象的各个工程部位（或施工阶段）分解成若干个分部工程，如房屋建筑工程的基础工程、主体结构工程、装饰工程、屋面工程等。各个分部工程由多种工种完成，因此，分部工程间的流水具有较强的综合性。

　　建设项目和单位工程的施工活动分解比较粗，其流水施工计划具有指导性的作用。

　　组织分部工程的流水施工时，按施工顺序分解成若干个分项工程，例如基础工程分解为挖土、浇筑钢筋混凝土基础、砌筑基础墙、回填土等。各个分项工程的流水施工中，某些分项由多种工种实现，有一定的综合性。但由于分项较细，可以指出各个分项工程的施工顺序。此流水施工计划具有控制作用。

　　组织某些多工种综合施工过程的分项工程的流水施工时，按专业工种不同将分项工程分解成若干个由专业工种施工的工序，例如钢筋混凝土施工的支模板、绑扎钢筋、浇筑混凝土等，对工序组织流水施工。此时，施工活动的分解最彻底，每个工序具有独立性，彼此之间相互依附、制约。这种分解深度的流水施工计划具有实施作用。

　　建筑工程施工可以分解为各种各样不同工艺特征的施工过程，但只有那些对工程施工进程有直接影响的施工过程才组织流水施工。这样才有利于缩短工期和全工地的劳动力、材料、机械的综合平衡和现场管理。为此，必须分析施工活动的工艺特征。

　　分解后的施工活动可以分为四大类：

1. 安装、浇筑和砌筑类

　　这类施工是主要施工过程，直接构成了工程对象的形体，必须在施工对象（施工段）上开展施工。这类施工过程直接影响工程施工的工期，并为后续施工过程提供工作面，必须以它们为主，组织流水施工。

2. 加工和制作类

　　工业化、工厂化施工提供了在施工现场之外进行加工制备建筑产品的有利条件。这些施工活动可以不占施工现场和不影响工程工期。但是，当加工制备必须在施工现场进行时，它就直接影响到工程的进程，例如大型钢筋混凝土构件的现场预制、网架结构的分件组装等，就成为主要施工过程。

3. 运输类

　　运输分为场外运输和场内运输。把建筑材料及其制品、半成品运入现场中转仓库（或堆场）为场外运输；把建材制品、半成品由现场中转仓库（或堆场）转运到施工操作地点为场内运输。由于场内运输随相应的主要施工过程开展，如浇注混凝土时的运混凝土等，没有独立性，不作为单独的施工过程组织流水施工，归入相应的主要施工过程。场外运输在时间、空间上跨越的范围大，一般也不作为单独的施工过程组织流水施工。但是，当在施工现场没有设置中间转运仓库时或者现场暂存位置有限时，场外运输就要与相应的主要施工过程一起开展，应归入相应的主要施工过程（如随运随吊），或者作为一个单一的施工过程组入主要施工过程的流水施工，例如多层装配式构件的分层进场。

4. 土方和脚手架搭设类

　　土方开挖和脚手架搭设都具有竖向展开的工艺特性，但是并不构成工程对象的本身，然而它们又和加工制备不同，必须在施工现场进行，在时间和空间的展开上与相应的主要施工过程密切相关。当和主要施工过程交替展开时，则归入主要施工过程，例如砌墙和脚手架并在一起，作为一个综合过程。当它作为主要施工过程的前导施工过程时，则可作为单一的施工过程，组入流水作业，如大面积基础混凝土浇筑前的架空马道搭设。

12.2　流水施工参数

组织流水施工时用于描述各施工过程在时间、空间上的相互关系，以及施工进度计划图的各种数量关系的参数，称为流水施工参数。其按性质分为工艺参数、时间参数和空间参数。

12.2.1　工艺参数

1. 施工过程数

施工过程数是指参与到流水施工当中的施工过程数，用 n 表示。需要指出的是，这里的施工过程是广义的，是流水施工在工艺上开展状况的有关过程，并不仅指组成分项工程的施工过程，准确地讲应是一次施工活动（本章以后仍称施工过程）。施工过程个数的多少，涵盖内容的大小由以下因素决定：

1）工程进度计划的作用

（1）编制指导作用的进度计划时，施工过程是指大型建设项目的专业工程，如给排水工程、道路工程、房屋建筑工程等，或者是单位工程的各分部工程，如基础工程、主体工程、装饰工程等。

（2）编制控制作用的进度计划时，施工过程指分部工程中按施工顺序分解而成的分项工程，如基础工程的挖土方、基础的回填土等。

（3）编制实施作用的进度计划时，施工过程指独立的施工过程和组成分项工程的真正意义上的施工过程，如主体施工中的砌砖、支撑、轧钢筋、浇筑混凝土等。

2）施工方案

施工方案确定了施工顺序和施工方法，不同的方法有不同的施工过程划分，如一般现浇混凝土有支模板和浇筑混凝土两个施工过程。

3）劳动组合和劳动量

施工过程数还取决于班组专业划分的粗细和施工习惯。有的施工单位将脚手架和模板支设分成两个独立专业班组，专业划分细，而有些施工单位则习惯于将二者合一，专业划分相对较粗。

施工过程数也取决于劳动量的大小。某些工程量小的施工过程，为了满足最小劳动组合的人数，而使持续时间最短，可以并入其他施工过程中，专业工种工人也一并合并，形成混合班组，使流水施工简洁明了，利于管理。

个别工程量大的施工过程，组织均衡连续的流水施工有困难，或者因为班组人数太多，每个工人不具备足够的操作空间（工作面），而使效率降低，此时可增加专业工作队数。

2. 流水强度

流水强度（用 v 表示）是指每一施工过程在单位时间内所完成的工程量。对于具体的机械设备和专业工人，其台班定额和产量定额是一定的，工程量直接决定了台班数量和劳动量，而劳动量影响到每个施工段的工作持续时间、机械数量和专业工种人数。

1）机械施工过程

$$v = S \cdot P$$

$$P = R \cdot t$$
$$v = S \cdot R \cdot t \tag{12-1}$$

式中　v——机械施工工程量；

　　　P——机械台班量；

　　　S——机械台班产量定额：

　　　R——机械台数；

　　　t——机械施工持续间。

2）人工施工过程

$$v = \frac{P}{S}, \quad P = R \cdot t, \quad v = \frac{R \cdot t}{S} \tag{12-2}$$

式中　v——人工施工工程量；

　　　P——工人劳动量；

　　　S——工人产量定额；

　　　R——班组工人数；

　　　t——个施工段工作持续时间。

12.2.2　时间参数

1. 流水节拍

流水节拍是指每个施工过程中相应的专业工作队在各个施工段上完成工作的持续时间。当施工过程在各施工段上的持续时间不同时，用 t_{ij} 表示，其中：

　　　i（$i = 1, 2, \cdots, n$）为施工过程编号；

　　　j（$j = 1, 2, \cdots, m$）为施工段编号。

1）流水节拍的计算

对一个具体工程，施工段一旦确定，每个施工段的工程量便确定下来，流水节拍就直接影响机械、设备、材料、劳动力等资源的投入强度、工程工期的长短，以及施工节奏性。流水节拍一般由资源投入量和工期来确定。

（1）用总工期推算出大致的流水节拍，再根据式（12-3）和式（12-4）复核资源需求强度：

$$t_i = \frac{Q_i}{S_i \cdot R_i \cdot Z_i} = \frac{P_i}{R_i \cdot Z_i} \tag{12-3}$$

$$t_i = \frac{Q_i \cdot H_i}{R_i \cdot Z_i} = \frac{P_i}{R_i \cdot Z_i} \tag{12-4}$$

式中　Q_i——工程量；

　　　H_i——时间定额；

　　　Z_i——工作班制；

　　　其余符号意义同前。

（2）用式（12-3）或式（12-4）计算流水节拍，再计算总工期。

2）确定流水节拍的因素

（1）总工期。参与流水施工的施工过程是工程总工期的重要决定因素，确定流水节拍时需考虑其对总工期的影响，如果不能满足工期要求，要考虑增加资源投入量。

（2）最小工作面。最小工作面是指一个班组或一个技术工人（或设备）能保证施工安全生产和充分发挥工作效能的工作场地的大小，决定着所安排的人员和设备数量。不能因为工期紧张而盲目增加人员和设备数量，否则会造成工作面不够而产生工作班内窝工，这种损失比工作班外窝工更大。

（3）最小劳动组合。最小劳动组合是指某个施工过程正常施工所必需的班组人数及合理的技术等级组合。它有数量和配置两方面的要求，如砌砖工程要按技工和普工进行配置，技工太多，会使个别技术去干技术含量低的工作，造成人才浪费；普工太多，主导操作工序人员不足，而多余普工要么不能发挥效力，要么做技工的操作而不能保证质量和速度。在数量方面，如预制空心板安装，需要一台吊车和一名司机，其他工人数量要能使吊车充分运行。

（4）工作班制。工作班制是某项施工过程在一天内轮流安排的班组次数。有一班制、二班制、三班制。工作班制安排除考虑流水节拍和工期外，还有组织管理、技术等方面的考虑。工期安排不很紧张，且在技术上无连续施工要求时，可采用一班制；工期紧时，工艺要求连续施工，或为了充分发挥设备效率时，可安排二班制，甚至三班制。需要指出的是，安排二班或三班制，涉及夜间施工，要考虑到照明、安全、扰民以及后勤辅助方面的成本支出。有时为了给后续工作创造条件，个别工程量小的关键施工过程要在夜间进行，尽管工作量小，其目的在于白天多数班组能全面开展工作，这些工作可以不在流水过程中表明出来，如砖混圈梁模板拆除，工程量小，夜间施工后，能保证次日预制板安装的时间和空间。另外，由于班组休息需要，增加工作班制，实质上增加了专业工作队，可以解决最小工作面不足的问题。

（5）机械台班定额和劳动定额。这是确定设备数量和班组人数的依据。机械设备数量变化程度相对较小，确定班组人数要考虑人机配套，使机械设备达到相应台班定额，又不超过其限度。

（6）为了便于现场管理、劳动安排，流水节拍应取整天，至少应取 0.5 天。

2. 流水步距

流水步距是两个相邻施工过程进入同一施工段的时间间隔，用 $B_{i,i+1}$ 表示。流水步距的数目取决于施工过程数 n，流水步距为 $n-1$ 个。

为保证每个施工段只有一个专业施工队伍，流水步距 $B_{i,i+1}$ 应大于 t_i，在满足该条件下，步距应尽量小，以使工期最短。

在组织流水施工时，各施工过程连续施工，只需确定某个施工段上相邻施工过程的最小步距，在后面的内容中，在没有特别说明时，流水步距均是指在第一个施工段上的最小步距。

确定流水步距的基本要求：

（1）专业施工队连续施工。流水步距的长度要保证各专业施工队进入某施工段能立即投入生产，不停工、不窝工，同时也不能使工作面闲置（技术上有要求时例外）。

（2）$B_{i,i+1}$ 应大于 t_i，以保证前一施工过程未完成时，下一施工过程不提前介入，但是个别情况下，为缩短工期，工艺条件许可时，次要施工过程可穿插或提前进入，形成短暂搭接，搭接时间用 t_d 表示，即 $t_{i,i+1}$。

（3）技术组织间歇。有些施工过程完成后，后续施工过程不能立即投入作业，需要留一定时间间隔，以满足工艺要求（养护等）和组织管理要求（隐蔽工程验收检查等）。技术组织间歇用 t_j 表示。目前对技术组织间歇有两种处理观点：一种是计算到流水步距中；另一种是单独计算。为了在以后组织流水施工计算时不产生混乱，本书仍把 t_j 考虑在流水步距以外，相邻施工过程先后进入一个施工段上的时间间隔为 $B_{i,i+1} + t_{i,i+1}$。

3. 施工过程流水持续时间

施工过程在工程对象各施工段上工作持续时间的总和，为施工过程流水持续时间 T_i：

$$T_i = \sum_{j=1}^{m} t_i^j \tag{12-5}$$

最后一个施工过程流水持续时间：

$$T_n = \sum_{j=1}^{m} t_n^j \tag{12-6}$$

T_n 在计算总工期时经常用到。

4. 流水施工工期

第一个施工过程在第一个施工段上开始施工到最后一个施工过程退出最后一个施工段施工的整段时间为流水施工工期 T_L，容易得到：

$$T_L = \sum B_{i,i+1} + \sum t_{i,i+1}^j + \sum t_{i,i+1}^d + T_n \tag{12-7}$$

12.2.3 空间参数

1. 工作面

工作面是指提供工人进行操作的工作空间，它是根据施工过程的性质按不同的单位计量的，如砌砖墙按长度计算。组织流水施工时，有在施工过程一开始就在长度和广度上形成工作面，如土方开挖，这种称为完整工作面。多数施工过程都是随工程进度而逐步形成的。一种是前导施工过程的结束就为后续施工过程的施工提供工作面，如道路、管道等线性工程；另一种是前后施工过程相互制约而又相互开拓工作面，如多层建筑主体结构的流水施工中最后一个施工过程需前导施工过程完成来提供工作面，而其本身的完成又为更高一层的前导施工过程提供工作面。这种存在相互开拓工作面的流水施工相对复杂，极有可能某些施工过程不连续施工。

在确定工作面时，要考虑前一个施工过程为这个施工过程能提供工作面的大小，也要注意安全和技术要求，以及工人能力的发挥和工作班内工作面闲置等因素。工作班内工作面闲置是指，某班组占用了施工段，但班组人数却不能在整个施工段上施工。

2. 施工段数

施工段数 m 是指工程对象在平面上划分的独立区段数目，施工段是各专业施工队伍在空间上发生转移的分界，每个施工段供一个专业施工队施工。划分施工段相当于将一个巨大的单一建筑产品分解成大致相同的批量产品，每个专业施工队伍负责不同的施工过程，类似于工厂化生产，具有重要意义。

划分施工段应考虑以下因素：

（1）施工段的划分应尽量与工程对象平面特点相适应，尽量维护结构整体性，利用结构界限，如沉降缝、抗震缝、温度缝、单元分界处、转角处等。

（2）各施工段的劳动量应尽量相等，以保证各施工过程连续施工、均衡施工。若不相同时，应将先施工的施工段划得大一些，以免从第二个施工过程开始产生"阻塞"。当劳动量相当大时，采用分别流水施工。

（3）不同施工过程的施工段划分应尽量一致。

（4）施工段划分的数目应当符合最小劳动组合和最小工作面的要求。

（5）施工段划分应能保证工程量大或者技术上关键的主导施工过程连续施工。施工段数 m 不小于 n。

当 $m = n$ 时，工作班组连续施工，每个施工段上都有工作班组，较理想；

当 $m > n$ 时，工作班组连续施工，施工段有闲置现象，可做场地上的准备工作；

当 $m < n$ 时，工作面充分利用，工作班组有窝工现象，可去做场外辅助性工作，或与其他项目组织大流水，但这种情况相当于把两个或以上项目看作一个施工对象，其总施工段数 m 是与施工过程数相适应的。当参与流水的施工对象的施工段数 $m < n$ 时，不适宜，除非对工程班组的间断时间有具体安排。

3. 施工层数

各层建筑以楼层作为界限划分的施工层数。这种工程各施工过程工作面随施工进展而形成。

12.3 流水施工分类及计算

12.3.1 流水施工的分类

建筑工程的流水施工中，各专业施工应协调配合，每个施工过程的相应专业施工队以一定的规律从一个施工段转移到下一个施工段。根据某一施工过程先后进入相邻施工段的时间不同，对流水施工进行分类，当这个转移时间（实质是流水节拍 t_i, $i = 1, 2, \cdots, m-1$）在各施工段上相同时，该施工过程就是有节奏的，否则是无节奏的。

1. 有节奏流水施工

流水施工节奏性由流水节拍决定，根据流水节拍又可分为不等节奏流水（异节奏流水）和全等节拍流水（等节奏流水）。

1）全等节拍流水（等节奏流水）

全等节拍流水施工是指各施工过程在各施工段上的流水节拍相等，而且各施工过程彼此的流水节拍也相等。在斜线图上能看出，各施工过程的进度线是一组平行直线，如图 12.4 所示。

施工过程	人数	施工进度/天				
		1	2	3	4	5
1	20	I	II	III		
2	15		I	II	III	
3	10			I	II	III

（a）横道图

施工段	施工进度/天				
	1	2	3	4	5
III					
II					
I					

（b）斜线图

图 12.4 全等节拍流水施工

2）不等节奏流水（异节奏流水）

其特点是组入流水的每个施工过程的流水节拍相等，斜线图成直线，而施工过程彼此的流水节拍不完全相等（斜线不平行），如图 12.5 所示。在不等节奏流水当中，如果施工过程的流水节拍成倍数，称为成倍节拍流水。

（a）横道图　　　　　　　　　　（b）斜线图

图 12.5　不等节拍流水施工

2. 无节奏流水

组入流水施工的施工过程在不同施工段上流水节拍不相等时，称为无节奏流水。其斜线图中的进度线为一折线，如图 12.6 所示。

（a）横道图　　　　　　　　　　（b）斜线图

图 12.6　无节奏流水施工

12.3.2　有节奏流水施工

1. 流水步距的确定

1）全等节拍流水步距的确定

全等节拍流水各施工过程流水节拍相等，各施工过程彼此的流水节拍也相等，其施工速度（流水速度，用 v 表示）也相同，若相邻施工过程的时间间隔保持为一个流水节拍，即可满足连续均衡施工。全等节拍流水施工的流水步距为

$$B_{i,\ i+1} = t_i \tag{12-8}$$

2）不等节奏流水施工的流水步距

不等节拍流水的流水节拍不同，其流水速度 v 也不相等，会出现以下情形：

（1）$v_i = v_{i+1}$（$t_i = t_{i+1}$）。

实质为全等节拍流水施工，$B_{i,\ i+1} = t_i$。无节奏流水施工也有可能满足 $V_i = V_{i+1}$，其斜线图见图 12.7。

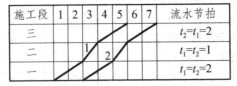

图 12.7　流水速度相等的无节奏流水施工

（2）$v_i > v_{i+1}$（$t_i < t_{i+1}$），见图 12.8。

前导施工过程流水速度快，每个施工段都在后续工程开工前完成，从第二个施工段开始施工过程衔接不紧，施工段有闲置现象，但能满足工艺要求和连续施工。

$$B_{i, i+1} = t_i$$

图 12.8　$v_i > v_{i+1}$ 斜线图

图 12.9　$v_i < v_{i+1}$ 斜线图

（3）$v_i < v_{i+1}$（$t_i > t_{i+1}$），见图 12.9。

前导施工过程流水速度慢，从 a 点开始后续施工过程（$B_{i, i+1} = t_i$），则后续施工过程从第二个施工段（图中 b 点）开始发生"阻塞"。为避免这种现象发生，后续施工过程应推迟一段时间（$t_i - t_{i+1}$）开始。但是第三个施工段发生同样问题，因此应推迟的时间应为

$$\delta_{i, i+1} = (m-1)(t_i - t_{i+1}) \tag{12-9}$$

$\delta_{i, i+1}$ 称为"连续滞量"，流水步距应为

$$B_{i, i+1} = t_i + \delta_{i, i+1} \tag{12-10}$$

3）成倍节拍流水施工的流水步距

成倍节拍流水施工分两种形式：

当采用增加工作班制时，流水步距为

$$B_{i, i+1} = t_i \text{ 的最大公约数} \tag{12-11}$$

当采用增加工作队时，流水步距为

$$B_{i, i+1} = t_i \tag{12-12}$$

2. 施工段数的确定

施工段数是保证各施工过程连续施工、充分利用工作面的关键。

（1）对于道路工程、管道工程等线性工程，前导施工过程工作面的形成与后续施工过程的完成与后继施工过程无关，施工段数的多少不影响各施工过程的连续性，施工段数主要取决于工程对象的特点、工期及资源供应情况。

（2）对于多层建筑，前后施工过程相互开拓工作面时，施工段数直接影响流水施工的连续性和工作面的利用。

1）全等节拍流水施工的施工段数确定

以 1 个 2 层主体结构，3 个主导施工过程，流水节拍为 1 天的流水施工为例。

（1）$n = 3$，$m = 2$，施工段数 m 小于施工过程数 n，如图 12.10 所示。

将第二层的进度合并到第一层的后面（图中虚线），可以看出每个施工过程均有 1 个流水节拍的间断，其原因在于，每个施工过程用两个流水节拍时间完成第一层的两个施工段的工作，就应该进行第二层的施工，但是第二层施工段要等其相应的第一层的施工段第 3 个施工过程施工完毕后才能提供工作面，因此存在 1 个流水节拍的时间等待工

施工层S	施工过程n	1	2	3	4	5	6	7
一	1				A			
	2				B			
	3					C		
二	1							
	2							
	3							

A、B、C 分别为第 1、2、3 个施工过程的间断时间

图 12.10　施工段数小于施工过程数的流水作业进度

作面形成。从另一方面看，由于层间关系，任何时刻只有两个施工段（工作面），始终只有两个施工过程能施工，一个施工过程窝工。

（2）$n=3$，$m=4$，施工段数 m 大于施工过程数 n，如图 12.11 所示。由图可以看出，每个施工段有 1 个流水节拍时间的闲置，其原因在于，每个施工段经过 3 个施工过程（共 3 个流水节拍）的施工后，已经提供出第二层相应施工段的工作面，此时第一个施工过程需要在第一层施工第 4 个施工段，因此施工段工作面形成以后需要闲置 1 个流水节拍的时间，等待施工队伍进入施工。由于划分了施工段，任何时候均可以提供 4 个工作面给 4 个工作队伍施工，此时只有 3 个施工过程，总有一个施工段段闲置。

D、E、F、G 分别为 4 个施工段闲置时间

图 12.11　施工过程数大于施工段数的流水作业进度

（3）$n=3$，$m=3$，每个施工过程连续施工，各施工段无闲置，比较理想。因此组织多层建筑流水施工时，施工段数 m 等于施工进度数 n 时最佳。

当施工过程之间存在技术间歇时，相当于增加了施工过程，只是这个施工过程不需要劳动力等资源消耗，施工段数 m 为

$$m = n + \frac{\sum t_j}{B} \tag{12-13}$$

如图 12.12 所示，从斜线图可以看出由于技术间歇 $t=0.5$ 和 $t=0.5$ 的存在，使每个施工段有停歇时间，相当于将斜线 2、3 推后，使原本在层间连续的施工过程出现间断，若增加 $\sum t_j / B$ 个施工段时，斜线延长后就连续。从横道图中可以看出，每个施工段要么在施工，要么处于技术间歇（这是一个不需要资源消耗的施工过程，而非组织上的间段），将图中技术间歇放在一起正好是连续过程。当 $\sum t_j / B$ 不为整数时，应当取大于 $\sum t_j / B$ 的最小整数，相当于把某个技术间歇延长，这时始终存在不足一天的工作面技术间歇以外的闲置。

图 12.12　有技术间歇的流水作业进度图

2）成倍节拍流水施工段数的确定

成倍节拍流水施工，各施工过程流水节拍成整数比，可以通过增加工作队将不等节奏变为类似等节奏流水，保证施工过程连续施工，工作面不闲置，如图 12.13 所示，施工过程 B 流水节拍为 A、C 的两倍，增加一个工作队，在第一个工作队 B_1 未施工完毕第一施工段时，让其继续施工，由另一个施工队 B_2 进入已提供出来的第二施工段，这样类推下去，A、B_1、B_2、C 都是连续施工，而无工作面闲置。由于每个施工队在各自的施工段施工，施工段数应等于工作队数，而施工队数为

$$D_i = \frac{t_i}{B} \tag{12-14}$$

图 12.13　增加工作队的成倍节拍流水进度计划

施工段数 m 为

$$m = \sum_{i=1}^{n} D_i + \frac{\sum t_j}{B} \tag{12-15}$$

3. 流水施工工期

1）等节奏流水施工工期

等节奏（全等节拍）流水施工中各施工过程流水节拍相等，流水步距等于流水节拍，如图 12.4 所示，流水施工工期为

$$T_L = \sum B + T_n \tag{12-16}$$

式中　T_L——流水施工工期（d）；

　　　B——流水步距（d）；

　　　T_n——最后一个施工过程的流水持续时间（d）。

$$T_n = \sum_{j=1}^{m} t_n^j$$

由于　　　　$\sum B = (n-1)t_i \qquad T_n = mt_i$

故　　　　　$T_L = (m+n-1)t_i \tag{12-17}$

当施工过程中有技术间歇时：

$$T_L = (m+n-1)t_i + \sum t_j \tag{12-18}$$

2）不等节奏流水施工工期

组织异节拍（不等节奏）流水施工时，各施工过程流水节拍不相等，故必须考虑到连续滞量的影响：

$$T_L = \sum_{i=1}^{n-1} t_i + \sum_{i=1}^{n-1} \delta_{i,i+1} + \sum t_j + T_n \tag{12-19}$$

$$T_L = \sum_{i=1}^{n-1} t_i + \sum_{i=1}^{n-1} (m-1)(t_i - t_{i,i+1})\Big|_{t_i > t_{i,i+1}} + \sum t_j + T_n \tag{12-20}$$

或

$$T_L = \sum_{i=1}^{n-1} B_{i,i+1} + T_n + \sum t_j \tag{12-21}$$

3）成倍节拍流水施工工期

（1）采用增加工作队方式，如图 12.13 所示，流水施工工期为

$$T_L = \left(\sum D_i + m - 1\right) \cdot t_i \text{的最大公约数} + \sum t_j + T_n \tag{12-22}$$

（2）采用增加工作班制时，如图 12.14 所示，类似于全等节拍流水：

$$T_L = (n + m - 1) \cdot t_i \text{的最大公约数} + \sum t_j + T_n \tag{12-23}$$

施工层	施工段	1	2	3	4	5	6	7	8
1	A	一	二	三					
	B		一	二	三				
	C			一	二	三			
2	A				一	二	三		
	B					一	二	三	
	C						一	二	三

施工段 m	1	2	3	4	5	6	7	8
一								
二								
三	A	B	C					

图 12.14　增加工作班制的成倍节拍流水进度计划

12.3.3　无节奏流水施工

无节奏流水施工是指施工过程在各施工段上的流水节拍不相等。组织无节奏流水施工时，由于流水节拍各不相等，施工段闲置不可避免，但必须保证正确的工艺顺序和各施工过程连续施工。

1. 流水步距的确定

图 12.15 所示是从无节奏流水施工横道图中截取的第 k、$k+1$ 施工过程在 j、$j+1$ 施工段的片段。根据上述原则：k、$k+1$ 两施工过程连续施工，第 $k+1$ 施工过程在 $j+1$ 施工段的施工必须在第 k 个施工过程第 j 施工段完成后开始，即

$$\sum_{i=1}^{j+1} t_k^i \leqslant B_{k,k+1} + \sum_{i=1}^{j} t_{k+1}^j \tag{12-24}$$

$$B_{k,k+1} \geqslant \sum_{i=1}^{j+1} t_k^i - \sum_{i=1}^{j} t_{k+1}^j \qquad (12\text{-}25)$$

式中　$\sum\limits_{i=1}^{j+1} t_k^i$——第 k 个施工过程第 $1 \sim j+1$ 施工段流水节拍之和；

　　　$\sum\limits_{i=1}^{j} t_{k+1}^j$——第 $k+1$ 个施工过程第 $1 \sim j$ 施工段流水节拍之和。

施工过程 m	进 度 计 划						
⋮							
k	⋯		$j+1$		⋯		
$k+1$	⋯		j			$j+1$	⋯
⋮							

图 12.15　无节奏流水施工进度图（局部）

由于有多个施工段，会有几个不同的流水步距，因此：

$$B_{k,k+1} = \max\left(\sum_{i=1}^{j+1} t_k^i - \sum_{i=1}^{j} t_{k+1}^j\right) \quad (j = 1, 2, \cdots, m-1) \qquad (12\text{-}26)$$

根据上式，需要计算出每个施工过程第 1 个施工段到第 2，3，…，m 施工段的累计持续时间，再与前一施工过程多一个施工段的累计持续时间相减，取最大值，即累加斜减取大值。

【**例 12.1**】　某工程有 4 个施工过程、4 个施工段，流水节拍见表 12.1，组织流水作业并计算工期。

表 12.1　各施工过程流水节拍　　　　　　　　　　　　　　　　　天

施工过程 ＼ 施工段	一	二	三	四
1	2	4	3	3
2	3	3	2	4
3	2	1	5	2
4	3	2	4	1

B_{12}:

```
    2    6    9    12
 -) 3    6    8    12
 ─────────────────────
    2    3    3   [4]    -
```

B_{34}:

```
    2    3    8    10
 -) 3    5    9    10
 ─────────────────────
    2    0   [3]   1    -
```

B_{23}:

```
    3    6    8    12
 -) 2    3    8    10
 ─────────────────────
    3    4   [5]   4    -
```

即：$B_{12} = 4$
　　$B_{23} = 5$
　　$B_{34} = 3$

流水作业进度如图 12.16 所示。

第12章 流水施工基本原理

施工过程	1	2	3	4	5	6	7	8	9	10	11	12	13	14	15	16	17	18	19	20	21	22
1																						
2	$B_{12}=4$																					
3					$B_{23}=5$																	
4											$B_{34}=3$											

图 12.16 无节奏流水施工进度图

2. 流水施工工期

无节奏流水施工工期为

$$T_L = \sum B_{i,i+1} + T_n + \sum t_j$$

例 12.1 流水施工工期为

$$T_L = 4 + 5 + 3 + 10 + 0 = 22（天）$$

第 13 章　网络计划技术

组织建筑工程施工，必须在认识建筑工程施工客观规律的基础上从事建筑工程对象的具体施工。小型的、按常规方法施工的工程对象，通常凭经验进行组织即能达到目的。但是，当建筑工程对象规模大、标准高、采用新工艺、施工过程错综复杂，或者涉及浩大的人力、物力、机具和器材，要求取得较高的经济效益时，只凭施工经验就不能达到理想的目的，必须用一套科学的组织管理方法去组织协调其中各项工作间的配合，否则就必然会造成大量的窝工和频繁的返工，致使工程蒙受巨大损失。

要做到施工时有条不紊，采用网络计划技术是一种有效的方法。网络计划技术是在 20 世纪中叶发展起来的一项计划技术。

13.1　网络计划技术概述

13.1.1　网络技术

网络是指由一组相互交叉的线段联结构成的网状结构。当每条线段代表一个具体含义时，该网状结构（网络）就反映了一个完整的系统，如交通网络、通信网络、计算机网络、工程施工网络等。网络技术是研究和分析网络的专门技术，广义的网络技术范围非常广泛，凡是可以采用网络加以描述或表达的任何系统、问题和对象，都可以应用网络技术。尽管，反映不同的系统和问题的网络技术也有各自的特征和性质，网络技术仍有其专有的共同特征。

网络模型是指网络技术所采用的模型，即表达网络的方式。本章所讨论的网络技术是工程项目建设范畴内的网络技术。

网络技术是应用网络模型形象、直观、正确地描述各种工程技术、生产组织、经营管理问题或系统，简捷地分析、求解、优化这类问题或系统的有效技术。随着科学技术的进步和社会化大生产的发展，现代化的工程技术、生产组织等问题具有规模大、工艺复杂、影响因素多、时间观念强等特点，从系统的角度来看，这些问题都是由众多互相关联、互相制约的要素组成的复杂系统，要求认真思考、分析和研究，以取得较满意的结果或较好的经济效益。

网络技术在理论上和应用方面不断迅速发展的原因是其具有下述非常显著的特点。

1. 结构清晰，形象直观

网络技术通过网络结构（网络）图，非常形象而正确地描述系统或对象，反映系统或对象的各组成要素（组成部分或子系统）之间的相互关系。例如，一项非常复杂的包括成千上万个组成部分的工程系统的研究计划，不能正确、完整和形象地表达各项要素间的关系，也就无法对它们实行有效的控制和协调。应用网络技术，就能非常简明、直观地描述这个系统。

2. 正确表达逻辑，便于分析计算

网络技术不仅可以通过网状结构图（网络图）方式形象而直观地表明系统的构成，而且可以通过逻辑矩阵反映系统。根据网络结构的逻辑矩阵，就可以应用计算机进行所要求的各种分析和计算。

对于大多数工程技术、经营管理系统和问题，只要能应用网络技术进行分析和计算，就能发挥其特点。与应用其他优化技术相比，采用网络模型更具有减少输入、缩短运算时间等优点。

3. 配合需要，机动调整

任何系统和问题随着管理层次、管理部门、时期的变化，具体要求也不同。上级部门需要有比较综合和概要的信息，具体执行部门要求比较详细、正确的安排；正在执行的任务应有具体的、能直接起指导作用的计划，今后的任务则可以适当粗略。应用网络模型，可以根据不同的需要，绘制相应具有不同综合程度和作用的模型。例如，一个建设项目可能包括很多单项工程，每一个单项工程又由很多单位工程组成（土建、安装、电气、市政、环保、供热、上水、排污、通信、设备、装饰等）；而每一单位工程，如土建单位工程，又可能包含着很多分部工程；每个分部工程也是由一定数量的分项工程组成。在不同的时期，不同部门有不同的要求：投资者、业主或主管部门关心的是整个建设项目以及每个单项工程建设所需的投资额及投产使用的时间；工程的承包者主要考虑的是其所包任务的人、财、物的组织和成本控制；一个现场施工队（组），主要解决逐日逐项的工作任务的实施。应用网络技术，可以非常简捷地进行合并和分解。

正是由于上述基本特点，使网络技术能在较短时间内很快得到广大工程技术人员、领导人员、管理决策人员普遍的认可和广泛的应用。

13.1.2　网络计划技术

网络计划技术是 20 世纪 50 年代末发展起来的一种编制复杂系统和工程计划的有效方法。目前，这种方法已广泛应用于世界各国和各个部门，并取得了显著的效果。网络计划技术是网络技术（网络分析方法和网络理论）在计划管理中的具体应用。计划是管理的首要职能。任何一个组织、一个企业、一项工程以及一项工作或任务，都需要编制指导实现目标的计划。计划的主要作用如下：

（1）确定工期、成本、质量、安全、盈利等各方面的要求和指标达到的目标。

（2）确定完成计划所包含的活动。活动是指计划实施过程中相对独立的工作或工序、操作、任务等。

（3）确定实施计划及完成各项活动的具体方法，如施工方案、施工方法等。

（4）确定各项活动间的逻辑顺序以及具体的实施时间（施工活动的持续时间）。

（5）确定计划实施期间的各种资源（人、财、物、设备、资金、技术、信息等）的需求数量及时间。

合理可行的计划是成功地完成计划任务和达到预期目标的重要保证和必要前提。比较复杂的或是从未接触过的工程或任务，就必须在实施任务和工程开始之前，认真地编制计划。同时，计划的作用是指导实际的工作，单依靠几个人的智力、在办公室里是编制不出可行有效的计划的。编制计划应以调查研究为基础，以掌握充分、必要、可靠的资料和信息为前提，结合计划对象（工程或任务）的具体特点、条件和要求而进行。

计划的方法取决于计划对象，同时也随着生产和科学技术的发展而不断改进和完善。19 世纪的工业革命促进了科学管理，也促进了计划方法的发展。在美国著名管理科学家泰罗（Frederick Winslow Taylor）提出生产中工序或作业的专业化分工的同时，甘特（Henry Laurence Gantt）提出了有时间坐标的线条图计划方法（第 12 章）。线条图计划简明，直观易懂，编制方便，因此一直沿用至今。随着科学技术的进步和社会化大生产的发展，现代工程系统不仅工艺复杂、规模巨大和专业化程度高，而且要求高速度、高质量和大协作。因此，传统的线条图计划不适应需求，人们在实践中不断探索新的、更有效的计划方法。

13.1.3　网络技术的发展

网络技术的产生与发展都来自于工程技术和管理实践。在 20 世纪 50 年代后期，根据工程计划管理的实际需求而产生了网络计划技术。此后，随着对网络技术理论研究的不断突破以及实际应用的迅速扩大，网络技术不断完善、深化，并逐步发展成为目前与随机排队系统、各种资源优化系统、模拟技术及电子计算机密切结合并获得广泛应用的网络技术系统。网络技术的发展与其理论研究的发展是相互制约和相互促进的。

1956 年至 1957 年，美国杜邦化学公司研究创立了关键线路方法——CPM（Critical Path Method），试用于一个化学工程上，使该工程提前 2 个月完成；60 年代初期，网络计划方法在美国得到了推广，大多数新建工程全面采用了这种计划管理新方法，在这一时期内，该方法开始引入日本、苏联及西欧其他国家。我国也正是在这一时期引入和推广这一新方法的。这种方法以系统工程的观念，运用网络的形式来设计和表达一项计划中各个工作的先后顺序和相互关系——逻辑关系。通过计算找到关键线路和关键工作，不断改善网络计划，选择最优的方案付诸实施。由于这种方法是建立在网络模型基础之上的，主要用于进行计划和控制管理，因此，统称为网络计划技术。华罗庚教授将此归之于"统筹方法"。

我国建筑业在推广应用网络计划技术中，广泛地采用时间坐标网络计划方式（具备网络计划逻辑关系明确和横道图清晰易看的优点），使网络计划技术更为适合广大工程技术人员的使用。后来又提出与"时间坐标网络"类似的方法，称为"新横道图计划方法"。

1980 年起，我国建筑业针对建筑流水施工的特点及其在应用网络技术方面存在的问题，提出了"流水网络计划方法"，并于 1981 年开始在实际工程中进行试点，取得了较好的效果。

表 13.1 所示是网络技术的发展概况。

表 13.1　网络技术的发展

网络技术名称	英文代号	开发年代	特点与功能
横道图（甘特图）	GANTT	1900	能清晰地表明活动开始及完成时间
关键线路图	CPM	1956	表明肯定型活动逻辑关系、随机型时间参数
计划评审技术	PERT	1957	表明肯定型活动逻辑关系、随机型时间参数
搭接网络技术	OLN	1968	表明活动搭接关系
随机网络技术	GERT	1967	随机型活动逻辑关系及时间参数
随机网络仿真技术	GERTS	1968	有仿真能力的随机网络
风险评审技术	VERTS	1972	对时间、费用与效果综合分析的仿真技术
综合优化仿真随机网络	GERTSZ	1974	对成本与资源综合优化的仿真 GERT
综合随机系统仿真技术	SMOOTH	1974—1980	对连续与离散型参数综合分析仿真网络语言
多任务综合网络分析	SATNT	1974	具有人机对话功能的网络技术

13.2　网络图的建立

网络计划模型是由节点、枝线和流三个基本要素构成的，各要素所表示的含义如表 13.2 所示。

网络计划模型中可以用枝线表示活动，也可以用节点表示活动，两种方式的基本原理、基本要素是完全一致的，并可得出完全相同的结果。

表 13.2　网络计划模型的构成

网络计划模型类型	枝　线	节　点
双代号网络模型 又称箭杆式网络模型 （两个节点表示一项活动）	组成工程的各项 独立的活动（或任务）	各项活动之间的逻辑 关系（先后顺序等）
单代号网络模型 又称节点式网络模型 （一个节点表示一项活动）	各项活动之间的逻辑 关系（先后顺序等）	组成工程的各项独立 的活动（或任务）

用枝线表示活动的双代号网络计划模型，是最初提出的网络计划模型，在世界许多国家、地区以及我国曾得到广泛的应用。但由于这种网络计划模型表示方式，尤其是绘制网络计划图时的一些固有的难点以及计算机在网络计划技术中的广泛应用，双代号网络计划模型已逐渐地被单代号网络计划模型所代替。

网络图与横道图在施工应用中各有特点。

横道图具有以下特点：

① 绘图简便、形象直观、便于统计资源需求量；

② 表达流水作业时，各施工过程的起止时间、延续时间、工作进度、总工期都清楚，排列有序，一目了然；

③ 不能反映出各项工作之间错综复杂、相互联系、相互制约的生产和协作关系；

④ 不能明确反映关键线路，看不出可以使用的自由时间和调整范围，不便于抓住工作的重点，看不到潜力所在；

⑤ 不能对施工计划进行科学的调整与优化。

网络计划的特点：

① 能全面而明确地反映出各施工过程的关系；

② 网络计划通过时间参数的计算，能找出对全局有影响的关键工作和关键线路，便于在施工中集中力量抓住主要矛盾，确保竣工工期，避免盲目施工；

③ 能利用工作的机动时间，进行调整，充分利用和调配人力、物力，达到降低成本的目的；

④ 不能清楚地在网络计划上反映流水作业，可由流水网络解决；

⑤ 绘图较麻烦，表达不很直观，不易显示资源平衡情况，可以采用时间坐标网络来弥补。

13.2.1　双代号网络图

网络图是表示一项工程计划实施顺序的模型。它是由若干个代表工程计划中各项活动的箭杆和连接箭杆的节点所构成的网状图形。

1. 基本符号

1）箭　杆

箭杆是有向的线段，其长度不限。为了使网络图更清晰，应尽量采用直线或规则的线段。实线箭杆代表消耗时间和资源（人力、财力、物力）的活动；虚线箭杆则只反映两个活动之间的逻辑关系，不消耗时间与资源。箭杆的箭头在网络图中是表示活动的流向。

2）节　点

节点一般画成圆圈，也可以画成矩形等形状，表示活动的逻辑制约关系。网络计划中活动的基本逻辑制约关系有三种：

（1）活动必须在哪些活动开始前完成；

（2）此活动与哪些活动平行进行；

（3）此活动在哪些活动完成后才能开始。

双代号网络图是由两个节点和一个箭杆代表一项活动，箭线的长短与活动时间无关，箭头只代表进程无矢量含义。其中箭尾节点 i 表示本活动的开始瞬间，箭头节点 j 表示本活动的结束瞬间，以 i—j 表示节点的先后次序，如图 13.1 所示。

2. 基本术语

1）工作（活动）

工作（活动）是指完成一项任务的过程。每个活动是一个随着时间的推移而逐步进展的过程。每个活动包含的内容由网络计划要求解决问题的深度而定。大活动可以分解为小活动，例如一个建设项目、一个单项工程、一个单位工程、一个分部工程、一个分项工程乃至一个工序都可以根据计划设计深度的需要设为一个活动。用两个节点代号表示一个活动或在箭杆上注明活动名称，箭杆下方则注明完成活动的持续时间，如图 13.2 所示。

图 13.1　双代号箭杆　　　　**图 13.2　活动的双代号表示方法**

在网络图中，一般需注意对活动分解深度的一致性，如统一分解到分项或分解到工序，不宜使活动有的分得太粗，有的分得太细。活动一般需要消耗一定的时间和资源，但是有的则仅仅需要时间而不消耗资源，如混凝土的养护等。既不消耗资源又不需时间的活动是没有的。但是，在双代号网络图中为了说明一个活动和另一个活动间的约束关系，需用虚线箭杆表示，这种箭杆称为虚箭杆或虚活动，也可用时间为零的实箭杆来表示。

2）事项（节点）

事项是指两个活动交接的瞬时。每个活动都有一个开始的瞬时和一个结束的瞬时。前个活动结束的瞬时也就是紧后活动开始的瞬时。事项能起到衔接前后工作、承上启下的交接作用，它是检验活动完成与否的标志。

3）线路和关键线路

从起始节点开始按箭线的方向通过一系列的节点和箭线到终止节点的通路称为线路。网络图中的线路有很多，但总有一条累计时间最长的线路，它决定了网络计划的工期，这条线路称为关键线路，该线路上的活动称为关键活动，是施工管理的重点。

3. 网络图的逻辑关系

网络图绘制的关键在于正确处理所有活动间的逻辑关系。在组织计划中的逻辑关系主要指以下两种：

1）工艺逻辑关系

工艺逻辑关系取决于生产、活动过程的自身规律，例如浇注混凝土之前应支好模板等。设计切实可行的网络图必须熟悉工艺逻辑关系。

第 13 章　网络计划技术

2）组织逻辑关系

组织逻辑关系是网络计划人员根据工程对象所处的时间、空间环境以及资源的客观条件，采取的组织措施。例如，一般建设项目，采取的先地下后地上、先结构后装饰、先室内后室外的施工顺序，并以此来确定施工力量、施工机具的配备和调动。

工艺逻辑关系和组织逻辑关系两者矛盾统一，并非孤立不变，这就有赖于网络计划人员的运筹帷幄，合理安排。一般来讲，工艺逻辑关系与技术要求紧密联系，是比较客观的，而组织逻辑关系是网络计划人员主观能动性的具体体现，能反映编制者对工程具体的了解程度和施工时间经验，但是必须以符合工艺逻辑关系的要求为基础。

双代号网络计划中的逻辑顺序关系有三种：

（1）依次关系：各活动依次进行，如图 13.3 所示，A、B、C 三个活动依次进行。在图 13.4 中，活动 A、D 和活动 B、C 在时间上有可能平行进行，没有共同的起始或结束节点，不属于平行逻辑关系。但是增添虚活动的除外，如图 13.5 中 C、D、E 属平行关系。

（2）平行关系：具有共同开始或结束节点的活动有平行关系，如图 13.4 的活动 A、B 和活动 C、D 都有平行关系。

（3）搭接关系：若 A 活动比 B 活动先开始又先结束，但有一段时间同时作业，则 A、B 两个活动形成搭接关系，双代号网络图表示这种关系时，必须分别将各活动分解成两个活动，造成节点增加和虚活动，这是双代号网络图与单代号网络相比的不足。近年来，有专门的单代号搭接网络图表示搭接关系。

图 13.3　活动为依次关系的双代号网络图

图 13.4　活动为平行关系的双代号网络图

图 13.5　有虚活动的平行关系

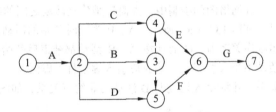

图 13.6　双代号网络图

4. 网络图的识读

图 13.6 是一个简单的网络计划，下面结合网络图的基本符号及基本术语进行识读。

1）开始节点

在各个节点中编码最小，没有内向箭杆（箭头指向本节点的箭杆），没有紧前活动和先行活动，表示整个网络计划由此事项开始。图中节点①是开始节点。

2）结束节点

在各个节点中编码最大，没有外向箭杆（箭头背向本节点的箭杆），没有紧后活动和后继活动。表示整个网络计划到此事项结束。图中节点⑦是结束节点。

3）中间节点

除节点①和⑦以外的所有节点都是中间节点。中间节点的编码介于开始节点和结束节点之间，每个中间节点既有外向箭杆又有内向箭杆，都有紧前或先行活动和紧后或后继活动。它们各自表示网络计划中某个活动的开始瞬间以及这个活动的紧前活动的结束瞬间。

4）紧前活动

在某个活动开始之前刚完成的活动，如 A 活动是 B、C、D 的紧前活动，E、F 活动是 G 活动的紧前活动。

5）紧后活动

某个活动完成之后紧接着开始的活动，如 B、C、D 活动是 A 活动的紧后活动。

6）先行活动

一个活动之前的所有活动都是它的先行活动，如 A、B、C 活动是 E 活动的先行活动。

7）后继活动

一个活动之后的所有活动都是它的后继活动，如 E、F、G 活动是 B 活动的后继活动。

8）虚活动

③—④活动用虚线表示，它表示 B、C 活动是 E 活动的紧前活动。

9）线　路

线路指网络图中从开始节点，通过若干个中间节点到达结束节点的各条箭流。图 13.6 中有 4 条线路：

（1）①—②—③—④—⑥—⑦。

（2）①—②—④—⑥—⑦。

（3）①—②—③—⑤—⑥—⑦。

（4）①—②—⑤—⑥—⑦。

5. 网络图的绘制

在网络图的绘制中，虚箭杆是建立活动之间的约束关系和避免活动之间多余约束关系的重要工具。如图 13.7（a）所示，A、B 为同时开始的活动，在同时结束后 C、D 活动同时开始。如果其逻辑顺序关系为：C 活动在 A、B 活动都结束后开始，B 活动结束后 C、D 活动才能开始，显然，D 活动不受 A 活动的约束，应引入虚箭杆（虚活动），使 C、D 活动与 A、B 活动之间建立正确的约束关系，并解除 A 活动与 D 活动的非约束关系，如图 13.7（b）所示。

图 13.7　虚箭杆的应用

1）网络图绘制的基本规则

（1）一幅网络图中只允许有一个开始节点和一个结束节点。

（2）网络图中箭头的编码必须大于箭尾的编码，开始节点最小，结束节点最大，即图 13.1 中，节点 j 必须大于节点 i，为调整网络的需要，编码可不连续。

（3）不得有重复的节点编码。

（4）任两个节点之间只能有一根箭线（即只能有一个活动）。图 13.8（a）中活动 A、B 的节点编码相同，应加虚箭线，如图 13.8（b）所示。

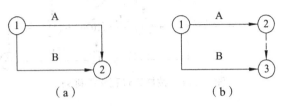

图 13.8

（5）任一活动只能有一对节点，不能将一个活动分成两个活动。

（6）箭流只能从开始节点流向结束节点，不得出现循环箭流，若出现必然违背规则（2）的要求。

2）网络图的绘制技巧

只要各活动的关系表达正确，网络图即是正确的，但是网络图还需要进行计算，用以指导以后的施工，在保证逻辑关系正确的前提下，还应力求布局合理、条理清楚、层次分明、重点突出。

根据逻辑关系绘制网络图后，应进行加工整理，箭杆应尽量横平竖直，节点排列均匀。尽可能减少不必要的虚箭杆和多余节点，为网络图的计算提供方便；尽可能减少箭杆的交叉，无法避免时可以采用过桥法，如图 13.9 所示。

图 13.9　网络图的过桥法

3）网络图的排列

（1）施工段水平排列。

每个施工过程的各施工段按水平方向横排，施工过程成行排列，如图 13.10 中共有 A、B、C 3 个施工过程，4 个施工段。

图 13.10　按施工段水平排列

（2）施工过程水平排列。

每个施工段的各施工过程按水平方向横排，施工段成行排列，如图 13.11 所示。

图 13.11　按施工过程水平排列

（3）网络图的连接。

比较复杂的网络图，一般先根据不同的分部工程编制网络图，再依照相互之间的逻辑关系进行连接。连接时应注意不是简单的对接，施工过程有搭接时应体现出来，以保证资源的均衡和缩短工期；连接后应添加必要的虚箭杆和节点，删除多余的虚箭杆和节点。

6. 双代号网络图绘制实例

根据表 13.3 中各施工过程的逻辑关系绘制双代号网络图。

表 13.3　各施工过程逻辑关系

施工过程	A	B	C	D	E	F	G	H	I	J
紧前工作	—	—	—	A	A、B	C	E	E	E、F	D、G
紧后工作	D、E	E	F	J	G、H、I	I	J	—	—	—

网络图如图 13.12 所示。

图 13.12　网络图绘制实例

13.2.2　单代号网络图

一系列活动具有相同的逻辑关系，但单代号网络图的表达方式则不同于双代号网络图。双代号网络图是用两个节点（通常用圆圈）或一个箭杆表示一项活动。两项活动间的逻辑关系通过节点的共用、分离或者增加节点间的虚箭杆（或零箭杆）来表现。单代号网络图与双代号网络图相反，用一个节点来表示一项活动，两项活动间的逻辑关系用两个节点之间的箭杆表示。在一般情况下，单代号网络图不用虚箭杆。图 13.6 所示的双代号网络图若用单代号网络图表示，如图 13.13 所示。

在建筑工程施工组织中，用得比较多的是双代号网络图。单代号网络图的优点是不需零箭杆，逻辑关系表达方式单一，便于检查和修改。在有些情况下，使用单代号比双代号方便。

图 13.13　单代号网络图

1. 基本符号

单代号网络的一个节点表示一项活动。节点可以用任意的几何图形，如图 13.14 用方框或圆圈等表示。在节点中以活动的名称（或代号、代码）和这个活动所需的持续时间为中心，标明各个时间参数、资源强度、日历日期等。这些数据可以画在节点的分隔格子内外。

图 13.14　单代号网络图的节点表示

在单代号网络图中，活动用节点表示。把这些节点按其代表的活动的先后顺序、互相依存和互相制约的关系，用箭杆联系起来就构成了一套完整的工作计划。网络计划中，最先开始的活动有两个或两个以上时，需增加一个虚设的开始节点，从开始节点引出箭杆与最先开始的活动的节点相连，表示这些活动是最先开始。网络计划中最后结束的活动，无论是一个或是多个，最后都要与增设的一个虚设的结束节点用箭杆相连，以表示网络计划到达结束节点才是计划的全部内容和过程。

2. 逻辑关系模型

最基本的关系有下列 5 种。

（1）A 活动和 B 活动先后衔接，如图 13.15 所示。

图 13.15　先后衔接

（2）A 活动和 B 活动可以同时结束，如图 13.16 所示。

（3）A 活动和 B 活动可以同时开始，如图 13.17 所示。

图 13.16　同时结束　　　　**图 13.17　同时开始**

（4）A 活动和 B 活动可以同时开始和同时结束，如图 13.18 所示。

（5）A 活动和 B 活动无关，如图 13.19 所示。

图 13.18　同时开始同时结束　　　　　图 13.19　两活动无关

任何单代号网络图，都是由以上 5 个（或其中一部分）基本模型构成的。

3. 绘图的基本规则

（1）一个节点仅仅表示一项活动。因此，活动的代号不能重复使用。

（2）用数字代表活动的名称时，应由小到大地按活动先后顺序编号。

（3）不允许出现循环的线路。

（4）不允许出现双向箭杆。

（5）除了始、终节点外，所有的节点都应该有内向箭杆和外向箭杆。

（6）在一幅网络图中，单代号和双代号的画法不能混用。

13.2.3　单、双代号网络图对比

单、双代号网络图对比见表 13.4。

表 13.4　单代号网络图与双代号网络图表达关系的对比

序号	逻辑关系	双代号模型	单代号模型
1	A、B 衔接		
2	A、B 同时开始		
3	A、B 同时结束		
4	A、B 同时开始并同时结束		
5	A、B 无关		
6	B、C 都在 A 之后进行		
7	C 在 A、B 之后进行		

续表 13.4

序号	逻辑关系	双代号模型	单代号模型
8	C、D 都在 A、B 结束后进行		
9	C 在 A 后进行，D 在 A、B 后进行		

从表 13.4 可以看出，在不同的情况下，网络图形的复杂程度是不同的。一般地，多个工序在多个施工段的分段作业，用单代号比较简单，而用双代号时要增加许多虚箭杆。在多个工序的相互交叉衔接时，用双代号比较简单，而用单代号时，会有许多箭杆的交叉。故是采用单代号还是双代号绘制，要根据解决问题的对象的具体情况选择。单代号网络图与双代号网络图的区别有：

（1）单代号网络图绘制方便，不必增加虚工作。

（2）单代号网络图具有便于说明、容易被非专业人员所理解和易于修改的优点。

（3）双代号网络图表示工程进度比用单代号网络图更为形象，特别是在应用带时间坐标的网络图中。

（4）双代号网络图应用电子计算机进行计算和优化的过程更为简便，这是因为双代号网络图中用两个代号代表一项工作，可直接反映其紧前或紧后工作的关系；而单代号网络图就必须按工作逐个列出其紧前紧后关系，这在计算机中需占用更多的存储单元。

（5）双代号网络图绘制时容易产生逻辑关系错误。

由于单代号和双代号网络图上述各自的优缺点，且两种表达方法在不同的情况下其表现的繁简程度不同，所以它们互为补充、各具特色。

双代号网络图需增添虚活动，绘制、调整麻烦，影响应用，加之施工生产的复杂性要求网络图表达更多的逻辑关系，搭接网络应用增多，单代号网络逐渐在取代双代号网络图。

单代号网络图与双代号网络图除了符号的用法、意义不同外，绘图的步骤基本相似。绘图的步骤如下：

（1）根据对工序间的逻辑关系的描述，画出相关工序间的网络模型。

（2）把相关工序间的网络模型连接起来。

（3）将网络图进行整理。

13.3 网络计划时间参数的计算

网络图的建立是为了确定各项活动之间的逻辑关系，属于定性指标。为了充分发挥网络图的作用，需要对网络计划进行定量的计算。这些计算是为了确定计划、控制计划、执行计划和修改计划，使网络图具有实际应用的价值。

网络图中各项活动的持续时间可以分为肯定型时间和非肯定型时间，本节仅对肯定型时间参数的计算进行分析，非肯定型时间参数的计算在下一节讲述。

网络计划时间参数计算的内容有：

（1）完成工程的最小时间——工程工期。

（2）各项活动的可能开始和结束时间。

（3）不影响工期的前提下，各活动的允许机动时间——时差。

（4）控制工程工期的关键线路和关键活动。

13.3.1 网络计划的时间参数

网络计划应确定下列基本时间参数：

（1）活动的持续时间 t_{ij}（Activity time）。

（2）活动的最早可能开始时间 ES_{ij}（Earliest start time）。

（3）活动的最迟必须开始时间 LS_{ij}（Latest start time）。

（4）活动的最早可能结束时间 EF_{ij}（Earliest finish time）。

（5）活动的最迟必须结束时间 LF_{ij}（Latest finish time）。

（6）活动的总时差 TF_{ij}（Total float）。

（7）活动的自由时差（又称局部时差）FF_{ij}（Free float）。

13.3.2 网络计划时间参数的计算

单、双代号网络计划的表现形式不同，但时间参数的计算在原理上是一样的，计算步骤相同，下面以双代号网络计划为例说明计算方法。

1. 活动持续时间的计算

活动持续时间是网络计划最基本的参数。如果没有活动持续时间，网络计划就失去了自身存在的意义。

2. 活动开始和结束时间的计算

活动开始和结束时间的计算可采用图上计算法和表上计算法进行。现以图 13.20 为例介绍图上计算法计算网络图中的上述时间参数。

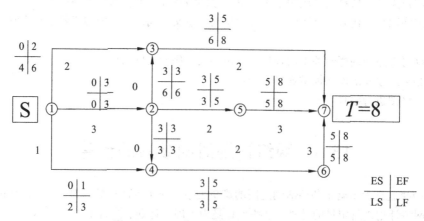

图 13.20 双代号网络图时间参数计算

图上计算法是直接在网络图上推算各活动的各有关时间参数，并直接把计算结果标注在相应箭杆的上方，并无统一规定标准方式，现采取"十"字坐标标注方式，即将计算所得的结果标注在"十"字坐标的各相应象限内。

1）活动最早时间（ES、EF）的计算

活动的最早时间参数包括最早可能开始时间和最早可能结束时间，限制着活动提前开始或结束的时间。它与紧前活动的时间参数有紧密的关系，首先受到开始节点的开始时间（TE_i）的限制。一般假定 $TE_i = 0$，即与网络图开始节点连接的所有活动的最早开始时间都是零，由此顺箭流计算，直至网络图的结束节点。在计算过程中，便直接将结果标注在图上，如图 13.20 所示。

在图 13.20 中，设 $TE_1 = 0$（TE_1——节点 1 的开始瞬时时间）

故 $ES_{12} = ES_{13} = ES_{14} = TE_1 = 0$

活动的最早可能结束时间等于本活动的最早可能开始时间和本活动持续时之和，即

$$EF_{ij} = ES_{ij} + t_{ij} \tag{13-1}$$

如图 13.20 所示（活动持续时间写在箭杆上方），可计算得

$$EF_{12} = ES_{12} + t_{12} = 0 + 3 = 3$$
$$EF_{13} = ES_{13} + t_{13} = 0 + 2 = 2$$
$$EF_{14} = ES_{14} + t_{14} = 0 + 1 = 1$$

活动的最早可能开始时间应在其紧前活动的最早可能结束时间以后，即

$$ES_{jk} = EF_{ij} \tag{13-2}$$

如图 13.20 所示，

$$ES_{23} = ES_{24} = EF_{12} = 3$$
$$EF_{23} = ES_{23} + t_{23} = 3 + 0 = 3$$
$$EF_{24} = ES_{24} + t_{24} = 3 + 0 = 3$$

如果某个活动有多个紧前活动时，必须等所有的紧前活动均完成以后才能开始，该活动的最早可能开始时间应是多个紧前活动的最早可能结束时间中的最大值。

$$ES_{ij} = \max\{EF_{ni}\} \ (n<i) \tag{13-3}$$

如图 13.20 所示，

$$ES_{37} = \max\{EF_{13}, EF_{23}\} = \max\{2, 3\} = 3$$

其他最早时间参数计算结果见图 13.20。

与网络图的结束节点连接的所有活动最早可能结束时间的最大值便是结束节点的结束时间。

$$TL_j = \max\{EF_{nj}\} \ (n>j)（TL_j——结束节点的结束瞬时时间）$$

如图 13.21 所示，

$$TL_7 = \max\{EF_{37}, EF_{57}, EF_{67}\} = \max\{5, 8, 8\} = 8$$

2）活动最迟时间（LS、LF）的计算

活动的最迟时间参数包括最迟必须开始时间和最迟必须结束时间。它是在不影响工程的总工期的前提下本活动最迟必须开始或完成的时间，受结束节点结束时间 TL_j（j 为结束节点代号）的约束，每个活动的最迟时间也都受着它们紧后活动的最迟时间的约束。所以各个活动的最迟时间应从网络图的结束节点开始逆箭流计算直至开始节点，并将计算结果标注在图上。

如图 13.20 所示，$TL_7 = 8$

与结束节点连接的所有活动最迟必须结束的时间等于结束节点的结束时间，即

$$LF_{37} = LF_{57} = LF_{67} = TL_7 = 8$$

活动的最迟必须开始时间等于本活动的最迟必须结束时间和本活动持续时间之差，即

$$LS_{ij} = LF_{ij} - t_{ij} \qquad (13\text{-}4)$$

如图 13.20 所示，

$$LS_{37} = LF_{37} - t_{37} = 8 - 2 = 6$$

$$LS_{57} = LF_{57} - t_{57} = 8 - 3 = 5$$

由于总工期的限制，在紧后活动的最迟必须开始时间之前紧前活动必须结束，即

$$LF_{ij} = LS_{jk} \qquad (13\text{-}5)$$

如图 13.20 所示，

$$LF_{25} = LS_{57} = 5$$

$$LF_{46} = LF_{67} = 5$$

$$LF_{13} = LF_{23} = LS_{37} = 6$$

如果某个活动有多个紧后活动时，该活动必须在所有活动开始之前完成，该活动的最迟必须结束时间便应为多个紧后活动的最迟必须开始时间中的最小值，即

$$LF_{ij} = \min\{LS_{jn}\} \ (n>j) \qquad (13\text{-}6)$$

如图 13.21 所示，

$$LF_{12} = \min\{LS_{23}, \ LS_{24}, \ LS_{25}\} = \min\{3, \ 3, \ 3\} = 3$$

其他最迟时间参数的计算结果见图 13.21。

图 13.21　双代号网络图时差计算

从以上计算可以看出，有多个紧前活动时最早时间取大值，有多个紧后活动时最迟时间取小值，即"早大迟小"。

3. 时差的计算与分析

采用图上计算法计算时差时，各时间参数计算结果在"十"字坐标中的位置规定为：

1）总时差（TF）的计算

从图 13.21 可见，各项活动中，某些活动的最早可能开始时间和最迟必须开始时间相同，或者

说开始时间值仅有一个，例如活动①—②、②—⑤和⑤—⑦。而某些活动则有 2 个不同的开始时间值（自然它们的最早可能结束时间和最迟必须结束时间也不同，或者说也有 2 个不同的结束时间值），例如活动①—③的开始时间，最早是 0，最迟是 4；又如活动③—⑦的开始时间，最早是 3，最迟是 6 等。

一个活动的两个开始时间值之差就是这个活动的总时差；或者说，一个活动的两个结束时间值之差也就是这个活动的总时差。总时差用 TF_{ij} 表示，其计算式如下：

$$TF_{ij} = LS_{ij} - ES_{ij} = LF_{ij} - EF_{ij} \qquad (13\text{-}7)$$

如图 13.21 所示，各项活动的总时差计算如下：

$$TF_{12} = LS_{12} - ES_{12} = 0 - 0 = 0$$

$$TF_{13} = LS_{13} - ES_{13} = 4 - 0 = 4$$

$$TF_{14} = LS_{14} - ES_{14} = 2 - 0 = 2$$

$$TF_{23} = LS_{23} - ES_{23} = 6 - 3 = 3$$

$$TF_{24} = LS_{24} - ES_{24} = 3 - 3 = 0$$

$$TF_{25} = LF_{25} - ES_{25} = 3 - 3 = 0$$

$$TF_{37} = LF_{37} - ES_{37} = 6 - 3 = 3$$

$$TF_{46} = LS_{46} - ES_{46} = 3 - 3 = 0$$

$$TF_{57} = LS_{57} - ES_{57} = 5 - 5 = 0$$

$$TF_{67} = LS_{67} - ES_{67} = 5 - 5 = 0$$

总时差具有对网络计划整体产生影响的意义。

2）关键线路

活动的最早可能开始时间若等于最迟必须开始时间时，它的总时差就等于零，这就表明该项活动的开始时间没有机动时间，也就是说没有任何松动余地，故而它们被称之为"关键活动"。如图 13.21 中的活动①—②、②—⑤和⑤—⑦。全部由关键活动构成的线路被称之为"关键线路"，即图 13.21 中的①—②—⑤—⑦线路。为了醒目起见，关键线路通常用加粗箭杆的方式表示。

总时差不等于零的活动都被称之为非关键活动。有非关键活动组成的线路，都被称为非关键线路。由于关键活动和非关键活动在网络计划中必然存在着一定的逻辑关系，某些关键活动必然会既存在于关键线路中又存在于非关键线路中，即非关键线路有时会包含有某些关键活动。非关键线路与关键线路相交（或相重）时的相关节点把非关键线路划分成若干个非关键线路段。各段都有它们各自的总时差，各段之间没有关系。

总时差不等于零的活动，使用全部或部分总时差时，则通过该活动线路上所有的非关键活动的总时差都会消失或减少。当非关键活动的总时差消失为零时，就转变为关键活动了。

关键线路的特点：

（1）关键线路是网络计划从开始节点到结束节点持续时间最长的线路。

（2）关键线路有可能有多条。

（3）非关键活动使用完总时差或延长时间超过总时差时，转变为关键活动。

3）自由时差（FF）的计算

自由时差是指在不影响紧后活动最早可能开始时间的条件下，允许本活动能够有机动余地的最大幅度。在这个范围内，延长本活动的持续时间，或推迟本活动的开始时间，都不会影响紧后活动的最早可能开始时间。自由时差用 FF_{ij} 表示，计算式如下：

$$FF_{ij} = ES_{jk} - EF_{ij} = ES_{jk} - ES_{ij} + t_{ij}$$

（13-8）

由于自由时差仅为某些非关键活动所自由使用，故亦称之为局部时差。如图 13.22 中活动①—②$EF_{12} = 3$，活动③—⑦$ES_{37} = 3$，显然活动①—③的结束时间若为 3，则还不致影响活动③—⑦的最早可能开始时间。自由时差必小于总时差。总时差为零的活动，其自由时差也必为零。

如图 13.21 所示，各项活动的自由时差相应的计算结果已分别填写在图中"十"字坐标的右下象限位置内：

$$EF_{12} = ES_{23} - ES_{12} - t_{12} = 3 - 0 - 3 = 0$$

$$EF_{13} = ES_{37} - ES_{12} - t_{13} = 3 - 0 - 2 = 1$$

$$EF_{14} = ES_{46} - ES_{14} - t_{14} = 3 - 0 - 1 = 2$$

$$EF_{23} = ES_{37} - ES_{23} - t_{23} = 3 - 3 - 0 = 0$$

$$EF_{24} = ES_{46} - ES_{24} - t_{24} = 3 - 3 - 3 = 0$$

$$EF_{25} = ES_{57} - ES_{25} - t_{25} = 5 - 3 - 2 = 0$$

$$EF_{37} = TL_7 - ES_{37} - t_{37} = 8 - 3 - 2 = 3$$

$$EF_{46} = ES_{67} - ES_{46} - t_{46} = 5 - 3 - 2 = 0$$

$$EF_{56} = TL_7 - ES_{57} - t_{57} = 8 - 5 - 3 = 0$$

$$EF_{67} = TL_7 - ES_{67} - t_{67} = 8 - 5 - 3 = 0$$

13.4　非肯定型网络计划

前面所述的网络计划中各项活动之间的逻辑关系是肯定不变的，每项活动的完成时间也是确切不变的，这种网络计划称为肯定型网络计划。关键线路法（CPM）就是这种网络计划技术的主要代表。但是在实际工作中，往往由于一些预见不到的因素和客观条件的变化，一些活动的完成时间并不能肯定，不可能绝对按计划时间完成，总会有些改变，即每项活动的时间参数是一个随机变量，由这些活动所构成的网络计划称为非肯定型网络计划。一般来说，非肯定型网络计划是更常见的，特别是一些复杂的工程，或者是本单位从未做过的工程以及某些科研项目，大多都属于这种类型。非肯定型网络计划方法有计划评审法（Program Evaluation and Review Technique，PERT）以及图例评审法（Graphical Evaluation and Review Technique，GERT）等，其中计划评审法应用得较多，现将其主要内容介绍于下。

13.4.1　活动持续时间的分析

1. 每项活动的 3 个估计时间

当对完成计划中的某项活动不能提出一个确切的时间时，应根据过去经验等提出完成该活动的 3 个估计时间，即：

（1）最少的时间，即在最顺利的条件下估计能完成的时间，亦称最乐观时间，用 a 表示。

（2）最长的时间，即在最困难的情况下完成活动的估计时间，亦称最保守时间（或最悲观时间），用 b 表示。

（3）最大可能的时间，即在正常工作条件下完成活动需用的时间，亦是完成机会最多的估计时间，用 c 表示。

肯定型网络计划的每项活动只有一个确切的完成持续时间，而非肯定型网络计划的每项活动则要提出 3 个时间估计，这是两者的主要区别。

2. 随机过程出现概率的分布

非肯定型网络中的上述 a、b、c 3 种时间是随机过程出现频率分布的 3 个有代表性的数值。该频率分布的主要特点是：所有可能估计值均位于 a 和 b 两边界之间。如果将该随机过程进行若干次，可以得到出现不同频率的各时间估计值位于以 a 和 b 为界的区间内。

如果该过程进行无限多次，则出现的频率分布将趋于一条连续的正态分布曲线。按正态分布分析，可以使计算大为简化，并可估计出实现的概率，对计划的执行作出预测。

求解非肯定型网络计划是根据概率统计理论，求出平均持续时间后，就按解肯定型网络计划的方法进行计算分析；同时根据概率分布规律可确定各种时间参数所出现的概率，作出客观的预测。

3. 时间估计期望值 T_m 的计算

时间估计期望值是根据下列假定计算的：

（1）假定"完成机会最多的估计时间 c"出现的可能性是两倍于"最乐观时间 a"。则用加权平均方法计算，得 a、c 之间的平均值是：$(a+2c)/3$。

（2）假定"完成机会最多的估计时间 c"出现的可能性也是两倍于"最保守时间 b"。同样用加权平均方法计算，得 b、c 之间的平均值为：$(b+2c)/3$。

（3）完成该项活动的时间按上述所求得的两个平均值，各以 1/2 可能性出现的分布来代表它。则该项活动的时间估计期望值 T_m 可按下式求出：

$$T_m = \frac{1}{2}\left(\frac{a+2c}{3}+\frac{b+2c}{3}\right)=\frac{a+4c+b}{6} \tag{13-9}$$

13.4.2　持续时间的离散性分析

用方差 σ 来衡量活动估计的平均持续时间估计偏差的大小。方差越大，说明时间估计期望值分布的离散程度越大，实现的概率便越小。反之，方差越小，说明其分布的离散程度也越小，实现的概率就越大。

方差 σ 按下式计算：

$$\sigma_i^2 = \frac{1}{2}\left[\left(\frac{a+4c+b}{6}-\frac{a+2c}{3}\right)^2+\left(\frac{a+4c+b}{6}-\frac{b+2c}{3}\right)^2\right]=\left(\frac{b-a}{6}\right)^2 \tag{13-10}$$

对整个网络计划来说，可通过该网络计划关键线路上各项活动的方差，求得各方差总和的平方根，称为"标准离差 σ"，以标准离差的大小来衡量实现网络计划的可能性。

标准离差 σ 的计算公式如下：

$$\sigma = \sqrt{\Sigma\sigma_i^2} \tag{13-11}$$

式中　　σ_i^2——网络计划关键线路上各活动的方差。

13.4.3　网络计划实现的可能性

设有一个非肯定型网络计划，其关键线路上各活动的时间估计期望值之和为 M，关键线路的标

准离差为 σ，计划完成的规定工期为 T，则该网络计划实现的可能性可通过 λ 值的计算，查表 13.5，便可得出其实现概率 P。λ 值可按下式计算：

$$P(-\lambda) = 1 - P(\lambda)$$

表 13.5　计划实现概率表

λ值	实现概率 P	λ值	实现概率 P	λ值	实现概率 P	λ值	实现概率 P
0.0	0.500 0	0.8	0.788 1	1.6	0.945 2	2.4	0.991 8
0.1	0.539 8	0.9	0.815 9	1.7	0.955 4	2.5	0.993 8
0.2	0.579 3	1.0	0.841 3	1.8	0.964 1	2.6	0.995 3
0.3	0.617 9	1.1	0.864 3	1.9	0.971 3	2.7	0.996 5
0.4	0.655 4	1.2	0.884 9	2.0	0.977 3	2.8	0.997 4
0.5	0.691 5	1.3	0.903 2	2.1	0.982 1	2.9	0.998 1
0.6	0.725 7	1.4	0.919 2	2.2	0.986 1	3.0	0.998 7
0.7	0.758 0	1.5	0.933 2	2.3	0.989 3	3.1	0.999 0

【例 13.1】　图 13.22 所示为一个非肯定型网络计划图，图中箭杆上面的数据分别为该活动的 a、c、b 3 个估计时间，规定完成计划的时间有 A、B 两个方案（分别为 16 月、20 月），要求确定该计划在 A、B 两个方案的规定工期内完成的可能性。

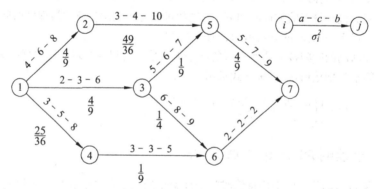

图 13.22　非肯定型网络计划

【解】　（1）根据公式（13-13）计算每项活动的时间估计期望值 T_m：

活动①—②：$T_m = \dfrac{4+4\times 6+8}{6} = 6$

活动①—③：$T_m = \dfrac{2+4\times 3+6}{6} = 3.3$

活动①—④：$T_m = \dfrac{3+4\times 5+8}{6} = 5.2$

活动②—⑤：$T_m = \dfrac{3+4\times 4+10}{6} = 4.8$

活动③—⑤：$T_m = \dfrac{5+4\times 6+7}{6} = 6$

活动③—⑥：$T_m = \dfrac{6+4\times 8+9}{6} = 7.8$

活动④—⑥：$T_m = \dfrac{3+4\times 3+5}{6} = 3.3$

活动⑤—⑦：$T_m = \dfrac{5 + 4 \times 7 + 9}{6} = 7$

活动⑥—⑦：$T_m = \dfrac{2 + 4 \times 2 + 2}{6} = 2$

（2）将非肯定网络图视为肯定性网络图，找出关键线路。

时间参数计算结果见表 13.6，关键线路为①—②—⑤—⑦。

表 13.6　网络的时间参数计算

活　动	时间估计期望值 T_m	最早开始时间 ES	最迟开始时间 LS	总时差 TF
①—②	6	0	0	0
①—③	3.3	0	1.5	1.5
①—④	5.2	0	7.1	7.1
②—⑤	4.8	6	6	0
③—⑤	6	3.3	4.8	1.5
③—⑥	7.8	3.3	8	4.7
④—⑥	3.3	5.2	12.3	7.1
⑤—⑦	7	10.8	10.8	0
⑥—⑦	2	11.1	15.8	4.7

（3）计算关键线路的方差及标准离差。

活动①—②：$\sigma_{1-2}^2 = \left(\dfrac{8-4}{6}\right)^2 = \left(\dfrac{2}{3}\right)^2$

活动②—⑤：$\sigma_{2-5}^2 = \left(\dfrac{10-3}{6}\right)^2 = \left(\dfrac{7}{6}\right)^2$

活动⑤—⑦：$\sigma_{5-7}^2 = \left(\dfrac{9-5}{6}\right)^2 = \left(\dfrac{2}{3}\right)^2$

关键线路时间估计期望值之和 T：

$$T = 6 + 4.8 + 7 = 17.8 \text{（月）}$$

标准离差 σ：

$$\sigma = \sqrt{\sigma_{1-2}^2 + \sigma_{2-5}^2 + \sigma_{5-7}^2}$$

（4）计算方案的实现概率。

方案 A：

$$\lambda = \dfrac{16 - 17.8}{1.5} = -1.2, \quad P = 0.115\,1$$

方案 B：

$$\lambda = \dfrac{20 - 17.8}{1.5} = 1.467, \quad P = 0.928\,6$$

13.4.4　非肯定型网络计划事件的实现概率

在非肯定型网络计划中，将两个事件之间（即活动）的时间估计期望值 T_m 作为工作的持续时间，可以利用双代号网络图的数学模型进行时间参数计算，计算时假定整个时间分布呈正态分布，如图 13.23 所示。

图 13.23

从开始节点到事件（节点）的活动越多，则假定更精确，因为正负偏态分布是随机的，相互抵消的可能性越大。

1. 时间参数的计算

计划评审法是以事件（节点）为基础的，其时间参数的计算如下：

事件的最早时间 EF：与整个网络图结束节点的完成时间参数计算一样，即取以该节点为结束节点的各活动的最早完成时间的最大值。

事件的最迟时间 LF：取以该节点为开始节点的各活动的最迟必须开始时间的最小值。

2. 事件的标准离差 σ

从开始节点到达需计算节点的线路有多条，应按时间最长的线路计算节点的标准离差，如果线路时间相等应选择标准离差较大的一条线路。标准离差的计算同式（13-11）。

3. 事件的实现概率 P

事件的总时差 TF 用最迟时间与最早时间的差计算。需注意的是：在非肯定型网络计划中，可以对总工期（结束节点）或其他节点规定实现的期限，这时最迟时间的计算应以规定的期限作为总工期计算，而当规定拟计算节点的期限时，其最迟时间就是规定的节点期限。

$$\lambda = \frac{TF}{\sigma} \tag{13-12}$$

实现概率 P 可以根据 λ 值查相应的概率表。

规定工期大于计算工期时，各活动相应的最迟时间增加了其二者的差值，所有活动的总时差均增加一个差值（包括关键活动），关键活动的时差不再为 0，由时差最小的工作组成关键线路。当有多个紧前活动时，用 ES 较大的活动计算节点的 ES。

【例 13.2】 图 13.22 所示为一个非肯定型网络计划图，图中箭杆上面的数据分别为该活动的 a、b、c 3 个估计时间，试求线路累计方差和各节点的工期为 20 个月时的实现概率。

【解】 （1）活动时间参数计算结果见表 13.6。

（2）节点（事件）的最早时间：

$$ES_1 = 0 \qquad\qquad ES_2 = EF_{1-2} = 6$$

$$ES_3 = EF_{1-3} = 3.3 \qquad\qquad ES_4 = EF_{1-4} = 5.2$$

$$ES_5 = \max\{EF_{2-5},\ EF_{3-5}\} = 10.8$$

$$ES_6 = \max\{EF_{3-6},\ EF_{4-6}\} = 11.1$$

$$ES_7 = \max\{EF_{5-7},\ EF_{6-7}\} = 17.8$$

（3）节点的最迟必须开始时间：

$$节点 6：\lambda = 8.28，\quad P = 1$$
$$节点 7：\lambda = 1.467，\quad P = 0.928\,6$$

可见，终节点⑦的实现概率等于网络计划的实现概率。

按一般网络计划，终点⑦的 $ES_7 = LS_7$，但是本例规定工期为 20 个月，因此终点最迟必须开始时间为 $LS_7 = 20$，按此倒推其他节点 LS。

$$LS_6 = 18 \qquad LS_5 = 13 \qquad LS_2 = 8.2 \qquad LS_4 = 14.7$$
$$LS_3 = \min\{LS_{3-5}, LS_{3-6}\} = 7 \qquad LS_1 = \min\{LS_{1-2}, LS_{1-3}, LS_{1-4}\} = 2.2$$

（4）总时差的计算：$TF = LS - ES$

$$TF_1 = 2.2 \qquad TF_2 = 2.2 \qquad TF_3 = 3.7 \qquad TF_4 = 9.5$$
$$TF_5 = 2.2 \qquad TF_6 = 6.9 \qquad TF_7 = 2.2$$

（5）关键线路的确定，由于规定工期与计算工期相差 2.2 月，因此 $TF = 2.2$ 的连线组成关键线路：①—②—⑤—⑦。

（6）线路累计方差和 $\sum \sigma_i^2 = \sum \sigma_n^2 + \sum \sigma_{n-i}^2$，其中工作 $n-i$ 是节点 i 的所有紧前工作活动中 EF 最大的工作，如果 EF 相等，取方差和的较大者计算。

$$\sum \sigma_1^2 = 0 \qquad \sum \sigma_2^2 = \frac{4}{9} \qquad \sum \sigma_3^2 = \frac{4}{9} \qquad \sum \sigma_4^2 = \frac{25}{36}$$

$$\sum \sigma_5^2 = \frac{65}{36} \qquad \sum \sigma_6^2 = \frac{25}{36} \qquad \sum \sigma_7^2 = \frac{9}{4}$$

（7）计算各节点的实现概率。

节点 1：$\lambda = \infty$，　　　　$P = 1$
节点 2：$\lambda = 3.3$，　　　　$P = 0.999\,0$
节点 3：$\lambda = 5.55$，　　　　$P = 1$
节点 4：$\lambda = 11.4$，　　　　$P = 1$
节点 5：$\lambda = 1.637$，　　　　$P = 0.950\,0$
节点 6：$\lambda = 8.28$，　　　　$P = 1$
节点 7：$\lambda = 1.467$，　　　　$P = 0.928\,6$

可见，终节点 7 的实现概率等于网络计划的实现概率。

13.5　日历网络计划

13.5.1　日历网络计划的特点

日历网络计划是网络计划的另一种表示形式，亦称时间坐标网络计划，简称时标网图。在前述网络计划中，箭杆长短并不表明时间的长短，因而不如横道图能直观地看出每个活动在总工期上所处的开始和结束时间的位置。为了综合网络图和横道图的优点，在日历网络计划中，箭杆长短和所在的位置表示活动的时间进程，这是日历网络计划的主要特点。

由于日历网络计划形同水平进度计划，具备网络图与横道图的优点，因而表达清晰醒目，编制亦方便，在编制过程中又能看出前后各活动的逻辑关系。这是一种深受计划部门欢迎的形式。它具备以下特点：

（1）日历网络计划既是一个网络计划，又是一个进度计划。它能标明计划的时间进程，便于网络计划的使用。

（2）日历网络计划能在图上显示各项活动的开始与完成时间、时差和关键线路。

（3）日历网络计划便于在图上计算劳动力、材料等资源的需用量，并能在图上调整时差，进行网络计划的时间和资源的优化。

（4）日历网络计划的调整工作较繁。一般网络计划，若改变某一活动的持续时间，只需更动箭杆上所标注的时间数字。但是，日历网络计划是用箭杆或线段的长短来表示每一活动的持续时间的，改变时间就需改变箭杆的长度和位置，这样往往会引起整个网络图的变动。

日历网络计划对以下两种情况比较适用：

（1）活动项目较少并且工艺过程简单的工程施工计划，它能迅速地边绘、边算、边调整；对活动项目较多，并且工艺复杂的工程仍以采用常用的网络计划为宜。

（2）将已编制并计算好的网络计划绘制成日历网络计划，以便在图上直接表示各活动的进程。

13.5.2　日历网络计划的表示形式

日历网络计划有双代号、单代号与水平进度表三种表示形式：

1. 双代号日历网络计划

双代号日历网络计划是在双代号网络计划的基础上配以时间坐标绘制而成的。

例如图 13.24 所示的双代号网络计划，已分别计算出每个活动的最早可能开始时间 ES、最迟必须开始时间 LS 及总时差 TF。

图中各活动后面的数字表示所在的施工段编号，例如挖槽 1 表示第一施工段的挖槽工作，其余类同。在双代号日历网络计划中，箭杆沿水平方向画，其长短表示活动持续时间。用粗实线箭杆表示关键活动，双实线（或细实线）箭杆表示非关键活动，粗虚线表示总时差，垂直虚箭线表示活动之间的衔接关系。

双代号日历网络计划可按活动最早可能开始时间来绘制，也可按最迟必须开始时间来绘制。

按活动最早可能开始时间绘制日历网络计划的步骤如下：

（1）计算网络计划各活动的时间参数。

（2）在有横向时间坐标刻度的表格上，按每项活动的最早可能开始时间确定其节点位置，并按持续时间的长短画出箭杆。例如图 13.24 所示的双代号网络计划，有挖槽、垫层、基础、砖基、回填土 5 项活动，可分别按其最早可能开始时间将其开始节点画在相应时间坐标位置上，如图 13.25 所示。以第一施工段的垫层 1 活动为例，因其最早可能开始时间 ES = 2，故其节点②画在时间坐标第 2 天末位置处。在定各节点位置时，一定要将所有内向箭杆全画出以后才能最后确定该节点的位置。

图 13.24　双代号网络计划

第 13 章　网络计划技术

图 13.25　按最早开始时间绘制的时标网络图

（3）将不在同一水平位置而又有衔接关系的箭杆用垂直细虚线加以连接，并用粗虚线绘出各活动的总时差。例如图 13.25 中各非关键活动（挖槽 2、垫层 2、砖基 1、回填 1）的时差分别用波浪线加以表示。从图中很明显地可看出，当前导活动的总时差使用后，则后续活动相继后移。其后移天数相当于前导活动使用的时差。例如图 13.25 中挖槽 2 的一天时差使用后，则垫层 2 相继后移一天，亦刚占用垫层 2 的时差（一天）；当砖基 1 使用一天时差后，回填 1 因原有 2 天时差，仍可后移 1 天。所有这些，在日历网络计划中十分清楚地表示出来，从而施工单位可根据实际劳动力、设备等限制的条件，调整各活动的时差来求得均衡。

（4）检查全部水平箭杆。无时差的箭杆就是关键活动，应绘成粗箭杆，形成关键线路。最后成如图 13.25 所示的形式。

图 13.26 所示是按最迟必须开始时间绘制的日历网络计划。绘制步骤方法与上述相同，仅各活动节点的位置是按最迟必须开始时间来确定。

图 13.26　按最迟开始时间绘制的时标网络图

日历网络计划的绘制方法多样，另一种是，当确定好活动各节点在有横向时间坐标刻度的表格上的位置（按最早可能开始时间计）后，沿水平方向按持续时间长短画出实线箭杆，再用波形线把实线部分与其紧后活动的最早开始节点连接起来，在两线连接处加一圆点予以标明。波形线的水平投影长度就是活动的自由时差。但是不管采用哪种绘制方法，都必须遵守以下规定：

（1）时标网络计划以时间为尺度表示工作时间，时间单位应根据需要在编制前确定，可以为时、天、周、旬、月或季。

（2）应以实箭线表示实工作，虚箭线表示虚工作，波形线表示时差。

（3）时标网络图中所有符号的水平位置及水平投影均应与其所代表的时间值对应。

（4）时间坐标网络图宜采用最早时间绘制，绘制以前先确定时间单位，绘制出时间表，必要时可以在时间坐标之上标注对应的日历时间。

（5）绘制前应先画无时标网络计划草图，计算时间参数，按每项工作的最早开始时间确定箭尾节点在时标上的位置，再按照规定线型绘制出工作和时差，形成时标网络图。

（6）简单网络图不计算时间参数直接绘制按以下步骤：

① 将起始节点确定在起始时间刻线上；

② 绘制起始节点的所有外向箭线；

③ 当所有内向箭线绘制完成后，选最迟的一个箭头确定相应的节点，不足的内向箭线用波形线补足；

④ 按上述方法自左至右，直至终节点完成定位。

2. 单代号日历网络计划

单代号日历网络计划的主要特点是各活动用单代号符号及其联系箭杆绘制，其余均与双代号日历网络计划相同。

图 13.27 所示为用上例所编制的单代号日历网络计划。其各活动均按最早可能开始时间绘制。

图 13.27　按最早开始时间绘制的单代号时标网络图

在节点中填写活动名称及其施工段编号（如挖槽 1、垫层 1 等，图中简写为挖 1、垫 1 代替）。本来还可填入活动持续时间、资源量、时差，甚至还可填入最早可能开始时间及最迟必须开始时间等，但在日历网络计划中这些已在带时间坐标的水平箭杆中表示，所以往往可以不必填入。

3. 网络计划用水平进度表形式表示

将上述双（单）代号时间坐标网络计划中的节点代号去掉，并标明总时差和关键线路，即成水平进度表形式的网络计划。如图 13.28 所示是按最早可能开始时间（ES）绘制的水平进度表，图 13.29 所示是按最迟可能开始时间（LS）绘制的水平进度表。

图 13.28　最早开始时间绘制的水平水平进度表

图 13.29　最迟开始时间绘制的水平水平进度表

这种形式与水平进度表（即横道图）几乎完全一样，只是增加了关键线路和总时差，但是它的实质却是网络计划。这种网络计划与人们熟悉和掌握的横道图在形式上一样，各活动的进度线醒目、清楚，除标明了该工程的关键线路和总时差外，在图上还可以看出这些活动的施工间歇。

13.5.3　利用日历网络计划计算资源需要量

编制出日历网络计划以后，将资源需求量逐天叠加，画出各种资源需要量随进度的动态曲线，即可确定每天所需各种资源的数量（如各专业工种劳动力、各种材料、各种设备及投资的数量等），从而可计算出各资源总需要量计划、最高峰消耗量等，为工程计划管理、现场管理提供可靠的依据。这项计算的工作量较大，复杂的网络计划一般通过计算机来计算，许多现在使用的施工管理软件都能根据生成的网络计划直接处理。

利用日历网络计划进行资源计算时，可分别按最早可能开始时间和最迟必须开始时间绘制出不同的资源需要量曲线。如图 13.30 所示的网络图，方框内是资源需求数量，箭线上的数据为持续时间，图 13.31 和图 13.32 所示分别是以最早和最迟可能开始时间绘制的时间坐标网络图和资源需求曲线，阴影部分为关键工作的资源需求量。

图 13.30　双代号网络图

图 13.31　按最早必须完成时间绘制的时标网络图及资源曲线

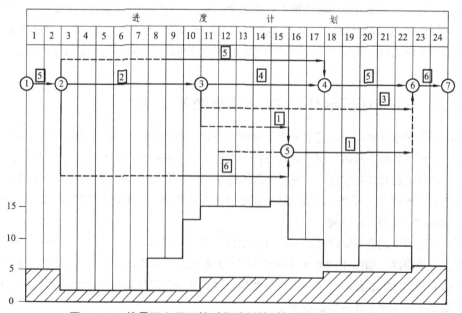

图 13.32　按最迟必须开始时间绘制的时标网络图及资源曲线

13.6　搭接网络计划

13.6.1　搭接网络的基本概念

随着工程施工的发展，受施工技术和施工管理要求的影响，需要表达工程对象中各种施工过程之间的更为复杂的关系。以上所述的网络计划（如 CPM 或 PERT），各活动之间的逻辑关系是前后衔接关系，这种单一的衔接关系已不能满足要求，需要将某些相邻的工作安排成搭接一段时间进行施工，这种关系称为搭接关系。这种搭接关系也有利于在编制计划中缩短工期。

一般的网络计划中要表示活动之间的搭接关系，必须将一个施工过程分解成若干个活动（或箭杆）来表达，这就增加了活动（或箭杆）数量和计算工作量，并且只是局限于表示相邻两个工作的紧前紧后搭接关系。同时，在工艺复杂的工程当中，编制网络计划之前难以确定工作之间的紧前紧后关系，而对两项工作的开始、结束时间关系却比较明确（或者是有特别的要求），如果能直接利用这些时间约束关系编制网络计划，能使编制工作简单准确，不易出错。比如，要求一个工作开始（或结束）后一段时间后另一工作开始（或结束），这种情况用单一的搭接关系是不能表达的。在欧洲使用较多的是梅特拉位势法（Metra Potential Method，MPM）和组合网络计划（Baukasten Netplan，BKN），其基本原理是相似的，搭接网络计划一般用单代号网络表示，因此又称为单代号搭接网络计划。

搭接网络计划的优点是能表示一般网络中所不能表达的多种搭接关系；缺点是计算过程比较复杂，但可借助于电子计算机计算。以下介绍在一般工程上常用的比较直观、简单并易于掌握的图上计算法。

13.6.2　相邻活动的各种连接关系

在一般网络计划中，相邻两个活动的关系均是衔接关系。而搭接网络中的相邻活动有多种连接关系，图 13.33 所示是相邻两个活动 i 和 j 的时间搭接关系。设图中前后两个方框表示相邻两个活动，方框中的前后两个圆圈表示该活动的开始时间（S）和结束时间（F），该相邻两个活动的连接关系有以下 5 种基本形式：

图 13.33　搭接网络计划中相邻工作的连接关系

1. 开始到开始的连接关系

用紧前活动的开始时间（S）到紧后活动的开始时间（S）的时距来表达，图中用 STS（即 Start to Start）的关系连接线来表示。

2. 开始到结束的连接关系

用紧前活动的开始时间（S）到紧后活动的结束时间（F）的时距来表达，用 STF（即 Start to Finish）来表示。

3. 结束到开始的连接关系

用紧前活动的结束时间（F）到紧后活动的开始时间（S）的时距来表达，用 FTS（即 Finish to Start）来表示。

4. 结束到结束的连接关系

用紧前活动的结束时间（F）到紧后活动的结束时间（F）的时距来表达，用 FTF（即 Finish to Finish）来表示。

5. 混合连接关系

即相邻两个活动既有 STS，又有 FTF 的限制关系；或者既有 STF，又有 FTS 的限制关系等。

搭接网络计划中，相邻活动之间的逻辑关系可以通过以上 4 种时距表达方式来表达，这满足了网络计划的各种复杂的逻辑关系要求，是其他网络计划所不及的，这是搭接网络计划的主要特点所在。要注意的是，这些连接关系均是连接的最小时间限值，由于工作之间错综复杂的约束关系，计算完成后的网络计划的时间参数与连接关系相应的时间有可能大于原有的限值。

13.6.3 搭接网络计划时间分析

搭接网络计划中的时间参数计算要根据不同的连接关系确定：

1. 开始到开始的时距计算（STS）

如图 13.34 所示，根据时距为紧前活动的开始到紧后活动的结束，时间参数用开始时间计算，见式（13-13）和式（13-14）。

$$ES_j = ES_i + STS_{ij} \tag{13-13}$$

$$LS_i = LS_j - STS_{ij} \tag{13-14}$$

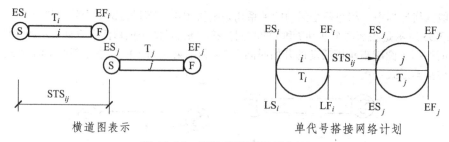

图 13.34　STS 的时距表示方法

2. 开始到结束的时距计算（STF）

如图 13.35 所示，根据时距为紧前活动的开始到紧后活动的结束，时间参数用紧前活动的开始时间和紧后活动的结束时间计算，见式（13-15）和式（13-16）。

$$EF_j = ES_i + STF_{ij} \tag{13-15}$$

$$LS_i = LF_j - STF_{ij} \tag{13-16}$$

图 13.35　STF 的时距表示方法

3. 结束到开始的时距计算（FTS）

如图 13.36 所示，根据时距为紧前活动的开始到紧后活动的结束，时间参数用紧前活动的结束时间和紧后活动的开始时间计算，见式（13-17）和式（13-18）。

$$ES_j = EF_i + FTS_{ij} \tag{13-17}$$

$$LF_i = LS_j - FTS_{ij} \tag{13-18}$$

图 13.36　FTS 的时距表示方法

4. 结束到结束的时距计算（FTF）

如图 13.37 所示，根据时距为紧前活动的开始到紧后活动的结束，时间参数用结束时间计算，见式（13-19）和式（13-20）。

$$EF_j = EF_i + FTF_{ij} \tag{13-19}$$

$$LF_i = LF_j - FTF_{ij} \tag{13-20}$$

图 13.37　FTF 的时距表示方法

5. 混合连接时距

这是在搭接网络计划中除上述 4 种基本连接关系以外的另一种特殊连接关系，即同时由以上 4 种基本连接关系中的两种连接来限制相邻间的逻辑关系。

1）既有开始到开始（STS）又有结束到结束（FTF）的限制

即相邻两个活动具有 STS 和 FTF 连接关系同时控制，如图 13.38 所示。其时间参数要同时满足时间连接限制：

$$ES_j = \max\{ES_i + STS_{ij}, \ EF_i + FTF_{ij} - T_j\} \tag{13-21}$$

$$LF_i = \min\{LF_j - FTF_{ij}, \ LS_j - STS_{ij} + T_i\} \tag{13-22}$$

横道图表示   单代号搭接网络计划

图 13.38 STS 和 FTS 的时距表示方法

2）既有开始到结束（STF）又有结束到开始（FTS）的限制

即相邻两个活动具有 STF 和 FTS 连接关系同时控制，如图 13.39 所示。其时间参数要同时满足时间连接限制：

$$ES_j = \max\{EF_i + FTS_{ij}, \ ES_i + STF_{ij} - T_j\} \tag{13-23}$$

$$LF_i = \min\{LS_j - FTS_{ij}, \ LF_j - STF_{ij} + T_i\} \tag{13-24}$$

横道图表示   单代号搭接网络计划

图 13.39 STF 和 FTS 的时距表示方法

13.6.4 搭接网络计划的时间间隔及时差计算

1. 时间间隔的计算

在活动的连接关系中，已经说明计算完成后的网络计划的时间参数与连接关系相应的时间有可能大于原有的限值。这是因为各种连接时距决定了相邻两个活动的逻辑关系，但是相邻两活动在满足时距限制以外，由于各工作相互间的联系影响使其满足它们之间的连接关系后还有一段多余的空闲时间，称之为"时间间隔"（Lag）。根据相邻活动不同的连接关系计算"时间间隔"的方法如下：

（1）当相邻两活动的连接关系为从开始到开始（STS）时，如图 13.40 所示。

根据公式（13-13）：

$$ES_j = ES_i + STS_{ij}$$

由图可知，当 $ES_j > ES_i + STS_{ij}$ 时，Lag_{ij} 出现：

$$Lag_{ij} = ES_j - ES_i - STS_{ij} \tag{13-25}$$

图 13.40　STS 时计算 Lag 的横道图

图 13.41　STF 时计算 Lag 的横道图

（2）当相邻两活动的连接关系为从开始到结束（STF）时，如图 13.41 所示。

根据公式（13-15）：

$$EF_j = ES_i + STF_{ij}$$

由图可知，当 $EF_j > ES_i + STF_{ij}$ 时，Lag_{ij} 出现：

$$Lag_{ij} = EF_j - ES_i - STF_{ij} \qquad (13-26)$$

（3）当相邻两活动的连接关系为从结束到开始（FTS）时，如图 13.42 所示。

图 13.42　FTS 时计算 Lag 的横道图

图 13.43　FTF 时计算 Lag 的横道图

根据公式（13-17）：

$$ES_j = EF_i + FTS_{ij}$$

由图可知，当 $ES_j > EF_i + FTS_{ij}$ 时，Lag_{ij} 出现：

$$Lag_{ij} = ES_j - EF_i - FTS_{ij} \qquad (13-27)$$

（4）当相邻两活动的连接关系为从结束到结束（FTF）时，如图 13.43 所示。

根据公式（13-19）：

$$EF_j = EF_i + FTF_{ij}$$

由图可知，当 $EF_j > EF_i + FTF_{ij}$ 时，Lag_{ij} 出现：

$$Lag_{ij} = EF_j - EF_i - FTS_{ij} \qquad (13-28)$$

（5）当相邻而活动为混合连接时。当相邻两个活动之间是由上述 4 种时距中的任意两种组合时，计算 Lag 应分别按各个时距，用上述方法计算出相应的 Lag，然后选取其最小值。

2. 总时差的计算

搭接网络计划中活动总时差（TF_{ij}）的计算公式与一般单代号网络计划的相同，即

$$TF_i = LS_i - ES_i = LF_i - EF_i \qquad (13-29)$$

3. 自由时差的计算

自由时差（FF_i）是在不影响所有紧后活动最早可能开始时间的条件下，该活动可能机动利用的

最大时间间隔。在搭接网络计划中，活动的自由时差根据不同连接关系的时距进行计算，其有以下两种情况：

（1）活动 i 只有一个紧后活动 j 时。在只有一个紧后活动 j 时，自由时差就等于时间间隔 Lag_{ij}，其可按 Lag 的计算方法计算，即

$$FF_{ij} = Lag_{ij} \tag{13-30}$$

（2）活动 i 有两个以上的紧后活动 $j1$、$j2$、$j3$、$\cdots$、jn 时。

在有两个以上的紧后活动时，自由时差则取各 Lag_{jn} 中的最小值，即

$$FF_i = \min\{Lag_{ij1},\ Lag_{ij2},\ Lag_{ij3},\ \cdots,\ Lag_{ijn}\} \tag{13-31}$$

13.6.5　搭接网络计划计算示例

搭接网络计划的时间参数包括 ES、EF、LS、LF、TF、FF 等。其计算方法取决于相邻活动的连接关系，可根据不同的时距按前述有关公式进行计算。但是搭接网络计划有不同于一般单代号网络计划之处，需在计算过程中加以调整。

一般网络计划相邻活动之间是紧前紧后的关系，紧前活动结束以后紧后活动才能开始，因此，紧后活动必定在紧前活动之后开始（或结束）；同样，紧前活动必定在紧后活动之前开始（或结束）。搭接网络计划由于有 4 种基本的连接关系，约束的时间有开始和结束两种，不能根据网络图节点的先后来直接判定活动之间的先后关系。

（1）当前后节点之间连接关系为 STF 或 FTF 时，即：前节点与后节点的结束时间连接，只能说明后节点在前节点之后结束，但不能说明在前节点之后开始，见图 13.44。如果 $T_j > STF_{ij}$ 或 $T_j > T_i + FTF_{ij}$，则 $ES_j > ES_i$，j 活动在 i 活动之前开始；当 i 为开始节点时，ES_j 为负值，说明该活动在工程开工前已开始工作，应将该活动与开始节点用虚箭杆相连，这时，该活动的最早可能开始时间应为 0（$ES_j = 0$），最早可能结束时间（EF_j）应为

$$EF_j = ES_j + T_j = 0 + T_j$$

图 13.44　后节点在前节点之前开始的横道图　　　图 13.45　前节点在后节点之后结束的横道图

（2）当前后节点之间的联系为 STS 或 STF 时，即：后节点与前节点的开始时间连接，只能说明前节点在后节点之前开始，但不能说明在后节点之前结束，见图 13.45。如果 $T_i > STF_{ij}$ 或 $T_i > T_j + STS_{ij}$，则 $EF_i > EF_j$，i 活动在 j 活动之后结束；当 j 为结束节点时，EF_i 大于结束节点时间，说明该活动在终节点完成之后尚未完成，工期（T）由该活动控制，应将该活动与结束节点用虚箭杆相连，其最迟必须开始时间（LS_i）应为

$$LS_i = LF_{il} - T_i = T - T_i$$

【例 13.3】　计算图 13.46 中工程项目的单代号搭接网络图的各时间参数，并确定其关键线路。各活动的名称为 A、B、C$\cdots$，其持续时间为 T_i。

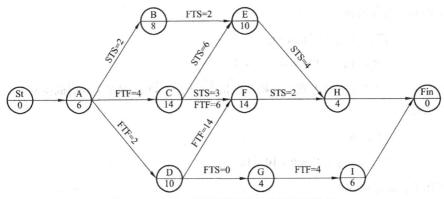

图 13.46　某工程项目的单代号搭接网络图

【解】　1. 计算搭接网络计划中各活动的最早时间（ES_i，EF_i）。

计算最早时间应从搭接网络图的开始节点算起，沿箭头方向按顺序直算至结束节点。开始节点因是虚设的，故其工作时间是 0。

（1）凡是与起点节点相连的工作最早开始时间为零，即

$$ES_A = 0$$

$$EF_A = ESA + T_A = 0 + 6 = 6$$

（2）工作 B 的最早时间：

$$ES_B = ES_A + STS_{AB} = 0 + 2 = 2$$

$$EF_B = ES_B + T_B = 2 + 8 = 10$$

（3）工作 C 的最早时间：

$$EF_C = EF_A + FTF_{AC} = 6 + 4 = 10$$

$$ES_C = EF_C - T_C = 10 - 14 = -4$$

由于 ES_C 为负值，用虚箭线将 C 节点与开始节点相连（图 13.47），最早开始时间由开始节点确定，最早时间重新计算：

$$ES_C = 0$$

$$EF_C = ESA + T_C = 0 + 14 = 14$$

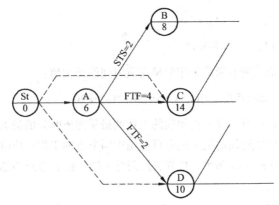

图 13.47　用虚箭线将 C、D 工作与起始节点相连

（4）工作 D 的最早时间：

$$EF_D = EF_A + FTF_{AD} = 6 + 2 = 8$$

$$ES_D = EF_D - T_D = 8 - 10 = -2$$

ES_D 为负值，用虚箭线将 D 节点与开始节点相连（图 13.47），最早开始时间由开始节点确定，最早时间重新计算：

$$ES_D = 0$$

$$EF_D = ES_D + T_D = 0 + 10 = 10$$

（5）工作 E 的最早时间：

工作 E 有两个紧前工作，其最早时间应按两个搭接关系分别计算，取其较大值：

$$FTS_{BE} = 2, \quad ES_E = EF_B + FTS_{BE} = 10 + 2 = 12$$

$$STS_{CE} = 6, \quad ES_E = ES_C + STS_{CE} = 0 + 6 = 6$$

取较大值，$ES_E = 12$。

$$EF_E = ES_E + T_E = 12 + 10 = 22$$

（6）工作 F 的最早时间：

工作 F 有两个紧前工作，三个搭接关系，取其较大值：

$$STS_{CF} = 6, \quad ES_F = ES_C + STS_{CF} = 0 + 3 = 3$$

$$FTF_{CF} = 2, \quad EF_E = EF_C + FTF_{CF} = 14 + 6 = 20$$

$$ES_F = EFF - T_F = 20 - 14 = 6$$

$$FTF_{DF} = 14, \quad EF_F = EF_D + FTF_{DF} = 10 + 14 = 24$$

$$ES_F = EF_F - T_F = 24 - 14 = 10$$

取较大值，$ESF = 10$。

$$EF_F = ES_F + T_F = 10 + 14 = 24$$

（7）同理，可以计算工作 G、H、I 的最早时间：

$$ES_G = 10, \qquad EF_G = 14$$

$$ES_H = 16, \qquad EF_H = 20$$

$$ES_I = 12, \qquad EF_I = 18$$

（8）终节点的时间应取其所有紧前工作最早完成时间的最大值：

$$ES_{Fin} = \max\{EF_H, EF_I\} = \max\{20, 18\} = 20$$

单代号网络计划一般以所有与终节点相连的工作的最早完成时间的最大值作为工程的总工期，但是由于约束关系，最早完成时间的最大值有可能是中间节点的工作，应将所有工作的最早完成时间进行比较，本例中是由 $EF_F = 24$ 最大，F 节点控制总工期。在 F 节点与结束节点之间用虚箭线连接（图 13.48）：

$$T = ES_{Fin} = 24$$

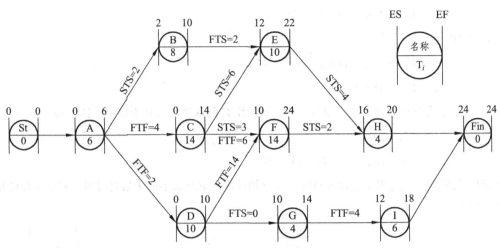

图 13.48　搭接网络的最早时间计算结果

2. 计算搭接网络计划中各活动的最迟时间（LS_i，LF_i）。

最迟时间的计算必须从结束节点开始，逆箭杆方向依次计算至开始节点。以网络计划的总工期，即结束节点的最迟必须完成时间作为时间计算的基础。

（1）与终节点相连的工作，其最迟必须完成时间为结束节点的完成时间：

$$LF_F = LF_H = LF_I = LF_{Fin} = 24$$

$$LS_H = LF_H - T_H = 24 - 4 = 20$$

$$LS_I = LF_I - T_I = 24 - 6 = 18$$

（2）工作 E 的最迟时间：

$$LS_E = LS_H - STS_{EH} = 20 - 4 = 16$$

$$LF_E = LS_E + T_E = 16 + 10 = 26$$

计算工作最迟时间时，如果出现某工作的最迟完成时间大于总工期时，应将该工作与结束节点用虚箭线相连（图 13.49），其最迟时间参数为

$$LF_E = 24$$

$$LS_E = 24 - 10 = 14$$

图 13.49　最迟完成时间大于总工期时的处理

（3）工作 G 的最迟时间：

$$LF_G = LF_I - FTF_{GI} = 24 - 4 = 20$$

$$LS_G = LF_G - T_G = 20 - 4 = 16$$

（4）工作 F 的最迟时间：

$$LS_F = LS_H - STS_{FH} = 20 - 2 = 18$$

$$LF_F = 18 + 14 = 32$$

由于工作 F 有两种连接关系，即与终节点和工作 H 的联系，应从中取最小值，即

$$LF_F = 24$$

$$LS_F = LF_F - T_F = 24 - 14 = 10$$

同理，与紧后节点有多个连接关系时，应分别计算，取其最小值为最迟时间。其余工作的最迟时间见图 13.50。

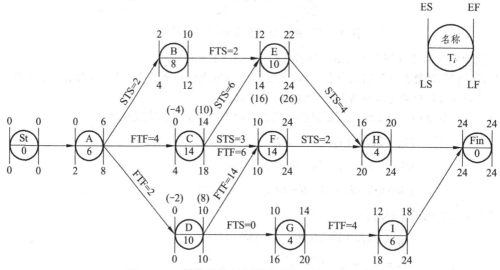

图 13.50　搭接网络计划最早最迟时间参数计算

3. 搭接网络计划的时差计算及关键线路的确定。

（1）搭接网络计划线路长度与线路时差的计算。搭接网络计划由若干条线路所构成，线路延续的总时间称为线路长度。在搭接网络计划中必然且至少有一条最长的线路，它决定着总工期，这就是关键线路，其余的即属非关键线路。非关键线路长度与关键线路长度之差称为线路时差，它就是非关键线路上所存在着的机动时间。

在搭接网络计划中，各相邻活动之间并非衔接关系，而是以各种时距表达的连接关系。所以它与一般网络计划不同，各条线路的线路长度并非等于在该线路上各活动的持续时间的总和，而是分别由其连接时距来决定的。

本例搭接网络计划，从开始节点到结束节点共 13 条线路，各条线路的线路长度和线路时差见表 13.7。

（2）搭接网络计划各活动的总时差与自由时差的计算。活动的总时差就是在总工期范围内该活动可能利用的机动时间，可按公式（13-29）计算。本例各活动总时差的计算结果见图 13.50。活动的自由时差根据该活动与紧后活动的连接状况按公式（13-30）或（13-31）计算。本例各活动自由时差与时间间隔的计算结果见图 13.50。

（3）关键线路的确定。搭接网络计划中由总时差 TF = 0 的活动所连接的线路即为关键线路。本例如图 13.50 所示，St—D—F—Fin 线路为关键线路。

表 13.7　线路长度及时差

序　号	线路通过的工作	线路长度	线路时差
1	St—C—E—H—Fin	16	24 − 16 = 8
2	St—C—F—Fin	20	24 − 20 = 4
3	St—C—F—H—Fin	20	24 − 20 = 4
4	St—A—B—E—H—Fin	22	24 − 22 = 2
5	St—A—C—E—H—Fin	16	24 − 16 = 8
6	St—A—C—F—Fin	20	24 − 20 = 4
7	St—A—C—F—H—Fin	20	24 − 20 = 4
8	St—A—D—F—Fin	24	24 − 24 = 0
9	St—A—D—F—H—Fin	24	24 − 24 = 0
10	St—A—D—G—I—Fin	18	24 − 18 = 6
11	St—D—F—Fin	24	24 − 24 = 0
12	St—D—F—H—Fin	24	24 − 24 = 0
13	St—D—G—I—Fin	18	24 − 18 = 6

13.7　流水网络计划

流水网络计划是流水作业原理与网络技术相结合的网络计划方法。其目的是在组织流水施工时正确使用网络图。流水网络计划是运用建筑流水理论中计算"流水步距"的原理,把流水步距作为网络计划中的一种组织约束,使它成为网络计算中的重要参数,使网络图能够正确表达建筑工程流水作业。第 13.6 节中的搭接网络计划是表达流水作业计划的一种方法,此外有单代号流水网络计划和双代号流水网络计划两种形式。

在前面对同样的流水施工对象作横道图和网络图时,已经注意到二者的总工期有可能不相等。这是因为网络图按最早时间计算工期,没有确切地表达流水作业对各施工过程连续性施工的要求,将各个施工过程分解到各施工段以后,后续施工过程的流水速度快(流水节拍小)时,对整个施工过程来看就间断了。这种不考虑流水施工的特点,单纯地用断路法设计计算分段流水施工网络图的方式,不一定能满足所有流水施工计划的要求。而且在双代号网络图中,用增加节点和零箭杆的办法来表示流水作业中各活动的严密逻辑关系,将使网络图的绘制和计算工作量大增,流水网络计划就是为解决这些问题所提出来的一种计划方法。

13.7.1　双代号流水网络计划

1. 双代号流水网络的形式

如图 13.51 所示是双代号流水网络的基本形式。

(1)将双代号网络图中同一活动的若干个连续作业箭杆合并,在其开始节点和结束节点之间用一粗横向分段线条连接,其中每一小段对应于双代号网络图中的一个箭杆。合并后两节点之间总的持续时间为原来各箭杆持续时间的总和,可以标为:3 + 2 + 2 + 3、4 × 2 等。

图 13.51 双代号流水网络计划

（2）在两相邻活动的开始节点与结束节点之间分别用细斜线相连接，称为时距斜线，其时间间隔称为开始时距（K）和结束时距（J）：

开始时距即为流水施工中的流水步距，相当于搭接网络中的 STS；结束时距是相邻两个施工过程完成最后一个施工段的时间间隔，相当于搭接网络计划中的 FTF，见图 13.52。

$$K_{n-1} = T_{n-1} + \delta_n \qquad (13\text{-}32)$$

$$J_{n-1} = K_{n-1} + T_n - T_{n-1} \qquad (13\text{-}33)$$

（3）双代号流水施工网络中专业施工活动箭流方向与横道图的进度线相似。

① 活动自左至右用水平线表示；

② 开始时距线是自左至右的斜线；

③ 所有流水分网络形成的圈总是呈平行四边形或梯形；

④ 流水网络的几何图形倾斜趋势与人们习惯自左至右表示

图 13.52 开始时距和结束时距的关系

时间流的方式具有一致性，所以箭头一律被省略，也不致被误解为无向的工作流。

2. 流水网络计划中时距的计算

1）流水网络的时距方程

流水网络要求相邻两个专业施工队相互之间的开始时距和结束时距之间的关系应符合下列时距方程（图 13.52）：

$$K_{n-1} + T_n = J_{n-1} + T_{n-1} \qquad (13\text{-}34)$$

式中 K——开始时距（$K_n > 0$）；

J——结束时距（$J > 0$）；

T——活动的持续时间（$T > 0$）。

任何流水网络计划都必须符合上述时距方程，否则就不算作流水关系。

根据时距方程可以粗略地估定开始时距。由于相邻两项活动间后续活动必须在前导活动开始之后开始和在前导活动结束之后结束。所以开始和结束时距均应大于零，于是时距方程可以改写成开始时距的判定式，即

$$K_{n-1} > \max\{T_{n-1} - T_n,\ 0\} \qquad (13\text{-}35)$$

在计划设计的资料及数据不很详尽时，编制控制性计划，施工活动作较"粗"的分解，各项流水活动的综合性较强，对工程对象不可能也不必要具体划分施工段。此时，开始时距判定式使用比较方便，符合式（13-35）的任意值都是可以的。当然，估定值太大会使搭接时间过短而工期太长，不合适；估定值太短会使专业施工队伍频繁调动，影响能力发挥。

估定值的确定一方面可以根据计划总工期的具体要求，另一方面还可以参考同类工程的经验数据。当编制的流水网络计划用作指导性计划或实施性计划时，计划线条要求较"细"，要求能符合设计资料提供的较明确的流水分段依据。此时用开始时距判定式估定开始时距则往往不可靠，开始时距应根据流水作业中流水步距的确定方法来计算确定。

2）流水网络开始时距的计算确定

（1）全等节拍流水网络开始时距 K_{n-1} 的确定：同流水步距的确定，$K_{n-1} = t_i$。

（2）成倍节拍流水网络开始时距 K_{n-1} 的确定。当相邻两项活动为成倍节拍流水关系时，需分别按下列两种情况确定开始时距 K_{n-1}：

当 $T_n > T_{n-1}$ 时（图 13.53（a）），

$$K_{n-1} \geq T_{n-1}/m \tag{13-36}$$

当 $T_n < T_{n-1}$ 时（图 13.53（b）），

$$K_{n-1} \geq T_{n-1}/m + T_{n-1} - T_n \tag{13-37}$$

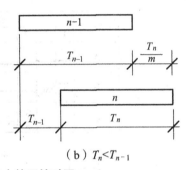

（a）$T_n > T_{n-1}$ （b）$T_n < T_{n-1}$

图 13.53 成倍节拍流水的开始时距

（3）无固定节拍流水网络开始时距计算可用"各施工段累计持续时间错位相减后，取最大值"的方法（见第 12 章）。

3. 专业施工队施工合理中断的处理

在流水作业施工中，由于各个专业施工队加入流水所需总的持续时间可能比较悬殊，不可能或不必要调整到彼此的持续时间相近或相等。这样组织流水作业过分地强调所有的专业施工队都必须连续工作，往往带来其他方面的不良后果（在第 12 章中已经强调）。这类情况，在施工组织中经常遇到，这就允许施工时间短的专业施工队合理地中断。如图 13.54 中的工作 B，将施工和中断时间同时标注在箭线上，中断时间加上括号以示区别，需注意的是在计算中断工作与后续工作之间的时距时，每个施工段的持续时间应包含其合理中断时间在内计算，再扣除其中断时间。

图 13.54 专业施工队施工合理中断

13.7.2 单代号流水网络计划

图 13.55 是单代号搭接网络计划表示的全等节拍流水施工，工作之间的时距用 STS（即开始时距）和 FTF（结束时距）表示，可见搭接网络计划是流水网络的一种形式。但是一般工程往往是一部分或者几部分采用流水施工，其余的采用平行、交叉或衔接施工，而且在网络计划中反映流水作业时要说明分段施工的情况，因此采用流水网络更适用。

单代号流水网络计划的时距计算与双代号相同，绘制网络计划和计算时间参数时应遵循以下原则：

（1）没有组入流水施工的施工过程，其工作关系为衔接关系 FTS，按一般的单代号网络计划处理。

（2）组入流水施工的施工过程，其工作关系为搭接关系 STS，连接箭线用点画线表示，标注相应的流水步距 K（即 STS）。

（3）一个施工过程的流水节拍相等时，持续时间为施工段数乘以流水节拍（图 13.55），各施工段的流水节拍不同时，采用逐段相加来标注，没有划分施工段的标注总的持续时间，有中断时间时标注在括号内。

图 13.55　全等节拍流水的单代号搭接网络计划

13.8　网络计划的优化

在经过调查研究、确定施工方案、划分施工过程、分析施工过程之间的逻辑关系、编制施工过程一览表、绘制网络图、计算时间参数等步骤以后，便确定了网络计划的初始方案。但是要使工程网络计划顺利实施，获得工期短、质量优、资源消耗少、工程成本低的效果，还需要对网络计划进行优化。网络计划的优化，是指通过不断改善网络计划的初始方案，在满足既定的约束条件下，按某一指标（如工期、成本、资源等）来寻求一个最优计划方案的过程。网络计划的优化通常有工期优化、资源优化、费用优化等。

13.8.1 工期优化

网络计划编制以后，经常遇到的问题是计算工期超过规定工期，除了改变施工方案和组织方案以外，就是增加劳动力和机械设备，缩短工期的持续时间，进行工期优化。工期优化是利用缩短关键路线的方法来达到缩短工期的目的。在缩短关键路线时，会使一些时差小的非关键线路上升为关键线路，于是又进一步缩短新的关键线路，逐渐逼近，直至达到规定的目标为止。工期由关键线路的累计时间确定，那么缩短工期时组成关键线路的所有工作都是考虑的对象。确定需要压缩持续时间的工作，有"顺序法""加权平均法""选择法"等。"顺序法"是按关键工作的开工时间来确定，开工早的先压缩。"加权平均法"是按关键工作持续时间长度的百分比压缩。这两种没有考虑到各关键工作资源的影响作用。"选择法"更接近于实际需要，故介绍选择法。

1. 工期优化的步骤

（1）计算网络计划的时间参数，确定工期、关键线路和关键工作。

（2）按工期要求计算应缩短的时间。

（3）确定各关键工作能够缩短的持续时间。

（4）按下列因素来选择关键工作，缩短其持续时间：

① 缩短时间对质量和安全影响不大的工作；

② 有充足备用的资源；

③ 缩短时间所增加的费用最少。

（5）计算工期仍超过要求工期时，重复上述步骤，直至满足工期要求。

（6）当所有关键工作的持续时间均压缩到极限还不能满足要求时，对原施工方案、组织方案进行调整或对要求工期重新审定。

2. 工期优化的方法

工期优化要处理两个方面的问题：一是工期过长超过规定工期；二是工期远小于规定工期，资源需求强度过大，直接费用增加，提高成本。

根据每项工作的工程量、定额、合理的劳动组合，按公式（13-1）和式（13-2）计算出其正常的持续时间 T_i，通常还能确定持续时间的极大值 T_L、极小值 T_N，即

$$T_L \geqslant T_i \geqslant T_N$$

T_L、T_N 主要根据各个工作的最小工作面和最小劳动组合来确定，应力求合理，否则会造成工作面过小、劳动组合不够或者工作面班内闲置等现象，影响工作进展。

先以正常时间确定总工期 T，与要求工期 T_r 进行比较：

（1）当 $T > T_r$ 时，用 T_N 代替 T，按上述步骤缩短工期。

（2）当 $T < T_r$ 时，用 T_L 代替 T，如果所有工作代替完毕仍比要求工期少很多，则在非关键线路上用 T_L 代替 T，直到符合工期要求为止。非关键线路上的工作应符合以下条件：$T_L - T > T_F$，这是可能转变为关键工作的必要条件。如果还不满足要求，则要重新对施工方案和组织方案做出调整。

3. 工期优化实例

【例13.4】 当要求工期为 21 d、27 d 时，对图 13.56 所示的网络计划进行优化。

【解】（1）各工作时间参数计算结果如图 13.56 所示，工期为 23 天，关键线路为①—②—⑥—⑦。

（2）要求工期为 21 天时，需要压缩 2 天，压缩工作②—⑥两天，资源变化不大，易于实现。重新计算后，线路①—③—⑥—⑦由非关键线路变为关键线路，工期为 22 天，尚不满足

图 13.56　双代号网络计划

要求；再压缩工作①—③一天时间，线路①—④—⑤—⑦成为关键线路，这样有 3 条线路为关键线路。最终结果如图 13.57 所示。

由此可以看出，当对关键工作进行压缩时，某些时差小的非关键工作会因为工期缩短而成为关键工作，因此，在进行压缩时应对总时差小于工期调整值的工作一并调整，便可以加速工期的调整过程，减少许多计算参数的工作量。

（3）当工期要求为 27 天时，需要延长 4 天，将工作①—②和②—⑥的持续时间各延长两天即能够满足要求。延长后结果如图 13.58 所示。

图 13.57　工期压缩结果　　　　　　　　　　图 13.58　工期延长结果

以上仅介绍了工期优化的基本规律，但是工期优化并不如此简单，在优化过程中需要考虑的因素较多。如上例中，压缩持续时间时要考虑实现的可能性，即使同一关键线路上的前后工作都可以压缩，也要看压缩哪些工作不至于造成离极小值过近，以使劳动组合及工作面更合理，易于实现；在相等条件下应尽量选择合理持续时间长的工作，这样对资源供应强度影响会小一些。再如，在延长工期时，①—②、②—⑥、⑥—⑦三个工作均可以延长，但是⑥—⑦工作持续时间仅延长一天就等于极大值，实现可能性小，而①—②、②—⑥两工作的合理时间、调整范围均相当，因此各压缩 2 天。

需要强调的是，不管压缩还是延长，都只是对网络计划中部分工作的调整，作为一个网络系统，工作之间是相互影响、制约的，尤其是通过资源相互影响，不能因为调整使部分工作过于紧张或松懈，造成资源供应强度短期剧增或施工队伍在工作班内窝工。如上例，延长持续时间时，其余工作的时间未变，时差进一步增大，不利于均衡施工；缩短时间时，部分工作资源用量增加，资源需求曲线峰值加大。进行工期优化要同时考虑资源、劳动组合、工作面、实现概率及工作之间的影响，优化时应尽量对更多的工作一起做均衡协调的处理。

13.8.2　资源优化

建筑施工中的资源是指完成施工任务所需的劳动力、材料、机械、动力、燃料、资金等的统称。资源优化分为以下两类：

1）资源有限、工期最短

资源有限、工期最短的优化又分为两类。

（1）资源强度（一项工作在单位时间内所需资源的数量）固定、工期最短。是指资源有限时，保持各个活动的每日资源需要量（即强度）不变，寻求工期最短的施工计划。根据优化的标准，分别有以资源和工期为主两种方法。

（2）资源强度可变、工期最短的优化。资源可变的工作，其持续时间也是一个变量，持续时间与资源用量成反比。整个网络计划的工期也是可变的。优化的目标是研究有限资源在各项工作之间的分配原则，寻求资源有限条件下工期最短的计划方案。

本书介绍常用的"资源有限、强度不变、工期最短"优化。

2）工期固定、资源均衡

该优化的前提是工期不变，使资源总量随时间变化最小，接近于资源用量的平均值，有利于施工组织管理，也可以取得较好的经济效益。

1. 以资源为标准的资源有限、工期最短优化

1）资源有限（强度不变）、工期最短优化的前提条件

（1）网络计划一经制订，在优化过程中各活动的持续时间即不予变更。

（2）各活动每天的资源需要量是均衡的、合理的，在优化过程中不予变更。

（3）各活动除规定可以中断的活动外，一般不允许中断，应保持活动的连续性。

（4）优化过程中不能改变网络计划的逻辑结构。

2）资源优化分配的原则

资源优化的过程是按照各活动在网络计划中的重要程度，把有限的资源进行科学分配的过程。因此，优化分配的原则是资源优化的关键。

资源分配的级次和顺序：

第一级，关键活动。按每日资源需要量大小，从大到小顺序供应资源。

第二级，非关键活动。按总时差大小，从小到大顺序供应资源。总时差相等时，按资源需求量从大到小，以叠加量不超过资源限额的活动优先供应资源。在优化过程中，已被供应资源而不允许中断的活动在本级优先供应。

第三级，优化过程中，已被供应资源，而总时差较大的、允许中断的活动。

3）资源优化的步骤

网络计划的每日资源需要量曲线是资源优化的初始状态。每日资源需要量曲线的每一变化都意味着有的活动在该时间点开始或结束，每日资源需要量不变而又连续的一段时间，称为时段。有限资源是分时段按分配原则逐个时段进行优化的。因此，资源优化的过程也是在资源限制条件下合理地调整各个活动的开始和结束时间的过程。其步骤如下：

（1）将网络计划画成带时间坐标的日历网络计划（或水平进度表），标明各个活动的每日资源需要量 R_k（k 为资源代号）和总时差 TF。

（2）计算和画出资源需要量曲线，标明每一时段每日资源需要量数值，用虚线标明资源供应量限额 r_k。

（3）在每日资源需要量曲线图中，从第 1 d 开始，找到首先出现超过资源供应限额的时段进行调整。其后的各时段因在优化过程中将发生变化，故在本时段优化时，对它们暂时不予理会。在本时段内，按资源优化分配原则，对各活动的分配顺序进行编号，从第 1 到 n 号。

（4）按照编号的顺序，依次将本时段内各活动的每日资源需要量 R_k 累加，并逐次与资源供应限额进行比较。当累加到第 x 号活动，累加值大于限量时，将第 x 至 n 号活动全部推移出本时段。

（5）画出活动推移后的时间坐标网络图（如有关键活动或剩余总时差为零的活动推移时，网络图仍需符合网络逻辑结构，必要时需作适当修正），进行每日资源需要量的重新叠加，从已优化的时段向后找到首先出现超过资源供应限额的时段进行优化。重复第（3）至第（5）步骤，直至所有的时段每日资源需要量都不再超过资源限额，资源优化即告完成。

2. 以工期为标准的资源有限、工期最短优化

1）优化的原则

同前者一样，对网络计划的资源需求曲线逐日检查，资源用量超过资源限量时进行调整。调整计划时，对资源有冲突的各个工作做新的排序安排，所不同的是，顺序安排以工期为标准，即：在

有资源冲突的工作中，如果某一工作移到另一工作之后进行，对工期的延长时间应最少。以单代号网络计划为例：

$$\Delta D_{m',\ i'} = \min\{\Delta D_{m,\ n}\} \tag{13-38}$$

$$\Delta D_{m,\ i} = EF_m - LS_i \tag{13-39}$$

式中　$\Delta D_{m',\ i'}$——在各顺序安排中，最佳顺序安排所对应的工期延长的最小值，要求将 LS 最大的工作 i 安排在 EF 最小的工作 m 后进行；

　　　　$\Delta D_{m,\ i}$——在资源冲突的各工作中，工作 i 安排在工作 m 之后进行时，工期所延长的时间。

2）优化的步骤

（1）计算网络计划时间参数，绘制日历网络计划（或水平进度表），统计每天的资源需求量。

（2）分析超过资源限量的时段，将各工作两两组合，依据公式（13-38）的计算结果，确定新的安排顺序。

（3）若 EF 最小值与 LS 同属一个工作，则应选 EF 次小和 LS 次大的工作组成两个顺序方案，从中选其小者进行调整，将排序在后的工作移出超资源限量的时段。

（4）绘制调整后的网络计划，重复上述第（1）到第（3）步骤，直到满足要求。

3. 资源有限、工期最短优化示例

如图 13.59 所示，方框内数据为资源用量，当资源限量为 11 时，用两种方法求工期最短的优化解。

1）第一种方法按资源为标准

（1）检查图 13.60 中的 3—8 时段，资源用量超过限量，结果如图 13.61 所示。

图 13.59　网络计划示例

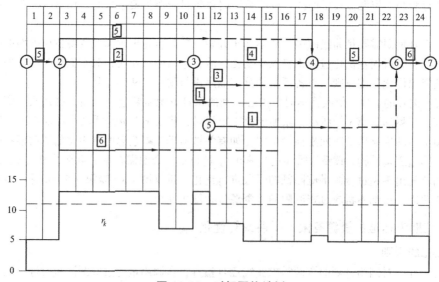

图 13.60　时标网络计划

时　段	3—8		
天　数	6		
活　动	2—5	2—4	2—3
TF	7	6	0
R	6	5	2
分配顺序	3	2	1
分配数量	—	5	2
推移活动	2—5		
剩余时差	1		

图 13.61　第一次调整结果

（2）检查图 13.61 中的 9—10 时段，资源用量超过限量，结果如图 13.62 所示。

时　段	9—10		
天　数	2		
活　动	2—5	2—4	2—3
TF	1	6	0
R	6	5	2
分配顺序	3	2	1
分配数量	—	5	2
推移活动	2—5	已供	
剩余时差	1	资源	

图 13.62　第二次调整结果

（3）检查图 13.62 中的 11 天和 12—13 时段，资源用量超过限量，经过上面两次调整，我们能够很直观地发现将工作③—④、③—⑤移至 12 天，工作③—⑥移出该时段到 14 天，结果如图 13.62 所示，再往后检查，均符合资源限量要求。图 13.63 所示为最终结果，总工期延长 1 天。

2）第二种方法，以工期为标准

（1）对图 13.60 所示网络计划的每天资源消耗量从左至右逐天进行检查，对超过限量的 3—8 天进行调整。

对有冲突的工作做先后顺序排队，LS 最大和 EF 最小同属②—⑤，选 EF 次小，$\Delta D_{23,25} = 10 - 9 = 1$，工作②—⑤移出该超限量时段，结果同图 13.62。

（2）对图 13.62 所示网络计划的每天资源消耗量从左至右逐天进行检查，对超过限量的 11 - 13 天进行调整。

对有冲突的工作做先后顺序排队，

$\Delta D_{24,36} = -10$，$\Delta D_{35,36} = -10$，工作③—⑥在工作②—④和③—⑤之后进行；

剩余工作仍有冲突，$\Delta D_{24,35} = -5$，工作③—⑤在工作②—④之后进行；

剩余工作仍有冲突，$\Delta D_{24,25} = 0$，工作②—⑤在工作②—④之后进行；

同样可知，工作③—⑥仍须在工作③—⑤之后进行，结果同图 13.63。

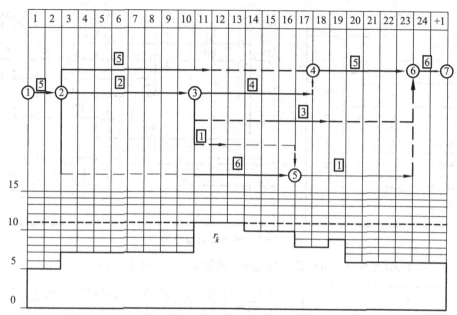

图 13.63　最终调整结果

从上述步骤可见，两种优化的方法是一致的，优化过程的计算方法并不复杂，但计算工作量相当大。对于实际工程，网络计划的活动很多，且往往需要同时对多种资源进行优化，需要借助相应的软件用计算机求解。

4. 工期固定、资源均衡（强度不变）优化

资源有限、工期最短优化的网络计划，主要是解决资源需要和资源供应两者的矛盾。

由于资源需要量曲线"高峰"的压低，因此在一定程度上解决了资源的均衡问题。但它还不能完全解决资源的均衡问题。

网络计划的工期固定、资源均衡优化是指解决在规定的工期内，资源可以保证供应的条件下，不仅使资源需要量曲线"高峰"压低，而且还可把资源需要量曲线"低谷"抬高，可以较好地解决资源的均衡问题。但由于各种活动的资源强度不变，故而比强度可变的工期固定、资源均衡优化稍逊，不过优化的方法则比它简单，也能满足一般的要求。

资源需要量曲线表明了在计划期内资源数量的分布状态。而最理想的状态就是保持一条水平直线（即单位时间内的资源需要量不变）。但这在实际上是不可能的。资源需要量曲线总是在一个平均水平线上下波动。波动的幅度越大就说明资源需要量越不均衡，反之则越均衡。在资源优化中需要定量地分析波动幅度的大小，而衡量波动幅度的主要指标之一就是"方差"σ，其在数理统计中是反映离散程度的统计指标。

1）方差的计算

$$\sigma^2 = \frac{1}{T}\sum_{i=1}^{T}\left[R_i(t) - \bar{\mu}\right]^2$$

$$= \frac{1}{T}\left[\sum_{i}^{T} R_i(t) - \sum_{i}^{T} R_i(t)\bar{\mu} + \sum_{i}^{T} \bar{\mu}^2\right]$$

$$= \frac{1}{T}\sum_{i=1}^{T} R_i^2(t) - \bar{\mu}^2 \tag{13-40}$$

式中 σ^2——方差；

$\quad T$——工期；

$\quad R_i(t)$——每天的资源需要量；

$\quad \bar{\mu}$——在工期 T 内每天的平均资源需要量。

方差的大小表示了每天的资源需要量 $R_i(t)$ 对于资源需要量的平均值 μ 的离散程度。方差越大，其离散程度越大，资源需要量越不均衡；方差越小，其离散程度越小，资源需要量越均衡。根据方差大小就可以判定资源需要量分布的优劣。

2）优化调整时的判别式

在方差计算公式中，T 是常数，R_i 是变量。因此要使 σ 最小，实际上就是使 R_i 最小。资源需求曲线的每一转折都意味着一些工作开始或一些工作结束，所以非关键活动的每一移动（即开始时间的推迟）都会使资源需要量曲线发生变化。如图 13.64 所示，网络计划中非关键活动 a—b，资源需要量为 $r_{a,b}$，$ES = i$，$EF = j$。如果工作 a—b 向后推移一天，则只有第 i 天和第 $j + 1$ 天的资源用量发生变化。

工作 a—b 移动前后的方差变化值：

图 13.64 方差变化分析

$$\Delta = (R_i - r_{a,b}) + (R_{j+1} + r_{a,b}) - R_i - R_{j+1}$$

$$= 2\,r_{a,b}[R_{j+1} - (R_i - r_{a,b})]$$

要使移动后方差减少，上式必须小于零，即：

$$R_i - r_{a,b} \geq R_{j+1} \tag{13-41}$$

利用上述判别式即可判定活动能否推移。当推移一天后，按式（13-41）计算两边的数值，若符合判别式条件，说明推移一天可以使方差减小，则本次推迟予以认可。再继续推移，计算及判别，直至不满足上式时，说明本次推移会使方差增大，本次推移便予以否认，只确认本次推移前的累计推移值。然后再对其他非关键活动进行推移、计算及判别。

3）优化的步骤

（1）将网络计划画成日历网络计划，标明各活动的每日资源需要量 r_k（k 为资源代号）和 FF。

（2）计算和画出资源需要量曲线，标明每日资源需要量 R_i。

（3）以与网络图指向结束节点的非关键活动为调整的起点，从右向左进行调整。

当无非关键活动指向结束节点时，以关键线路上倒数第二个节点为起点；若有多条关键线路，则以节点时间大的为起点，节点时间相等则按同一个节点考虑，直至找到最后一个非关键活动与关键活动相关的结束点为调整的起点。不以关键线路上节点作结束节点的非关键工作，则在其所有紧后工作调整完毕后紧接着调整。图 13.65 中关键线路是①—③—⑥—⑦，调整顺序是⑤—⑦、②—⑤、④—⑤、①—④、②—⑥、①—②。

同一结束节点的若干非关键活动，以其中最早开始 ES 较大的先行调整，其中最早开始时间相同的若干个活动，以时差较小的先行调整，而当它们时差相同时，又以每日资源量大的先行调整。

（4）利用方差增减的简易判别式（13-41），依次对各非关键活动在自由时差范围内逐日调整。凡向右推移一个单元时间后，资源需要量变化符合判别式的，则可

图 13.65 调整顺序示意图

以右移一个单元时间。逐日推移，进行计算。逐次判别，以定可否推移，直至本次调整时不能再推移为止。画出第一次调整后的带时间坐标的日历网络计划和资源需要量曲线图。

（5）进行次一轮的优化调整，重复第（3）、（4）步骤，直至最后一轮不能再调整为止。画出最后时间坐标网络及资源需要量曲线。至此，完成了工期固定、资源均衡优化解的全过程。

5. 工期固定、资源均衡优化示例

对图 13.59 所示网络计划进行工期固定、单一资源均衡（强度不变）优化。

（1）画出日历网络计划，见图 13.60，箭杆上方框内数字为该活动每日资源需要量。

（2）从右至左，第一个与非关键活动有关的节点是⑥，与其相关的非关键活动有③—⑥和⑤—⑥，$ES_{56}=12$，$ES_{36}=11$。先调整⑤—⑥：向右移动一天，$i=12$，$j=18$，$R_{12}-r_{5.6}=8-1=7$，$R_{19}=5$，可以移动一天；再右移动一天，$i=13$，$j=19$，$R_{13}-r_{5.6}=8-1=7$，$R_{20}=5$，可以移动一天；再右移动一天，$i=14$，$j=20$，$R_{14}-r_{5.6}=5-1=4$，$R_{21}=5$，不能移动，累计右移两天，资源曲线变化见图 13.66（a）。

（3）工作③—⑥：向右移动一天，$i=11$，$j=13$，$R_{11}-r_{3.6}=13-3=10$，$R_{14}=5$，可以移动一天；再右移动一天，$i=12$，$j=14$，$R_{12}-r_{3.6}=8-3=5$，$R_{15}=5$，不能移动，累计右移一天，资源曲线变化见图 13.66（b）。

（4）工作②—④：向右移动一天，$i=3$，$j=11$，$R_3-r_{2.4}=13-5=8$，$R_{12}=7$，可以移动一天；再右移动一天，计算同上，累计可以移动 6 天，资源曲线变化见图 13.66（c）。

（5）结束节点不在关键线路上的工作有③—⑤、②—⑤，均以节点 5 为结束，$ES_{35}=11$，$ES_{25}=3$。先调整工作③—⑤：向右移动一天，$i=11$，$j=11$，$R_{11}-r_{3.5}=10-1=9$，$R_{12}=12$，不能移动。

（6）工作②—⑤：向右移动一天，$i=3$，$j=8$，$R_3-r_{3.5}=8-6=2$，$R_9=7$，不能移动。

(d)

图 13.66 资源均衡优化过程

（7）重新绘制时标网络图和资源曲线（图 13.67），再从结束节点开始，自左向右检查，工作⑤—⑥：向右移动一天，$i=14$，$j=20$，$R_{14}-r_{5,6}=13-1=12$，$R_{21}=5$，可以移动一天；再右移动一天，$i=15$，$j=21$，$R_{15}-r_{5,6}=10-1=9$，$R_{22}=5$，可以移动一天。

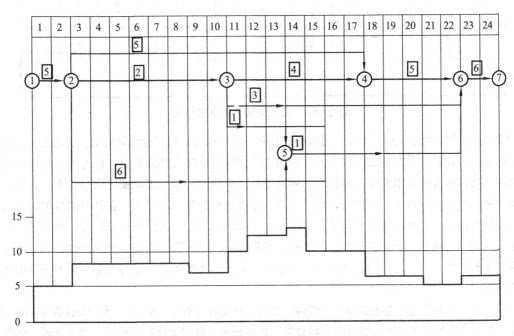

图 13.67 第一轮资源均衡优化结果

由于时差已用完，视为关键工作，累计移动两天，资源曲线变化见图 13.66（d）。

（8）检查工作③—⑥，不能移动；工作②—④时差用完，视为关键工作，不能移动；③—⑤也不能移动，绘制优化后的网络计划及资源曲线如图 13.68 所示。

将图 13.68 和图 13.60 进行比较，明显经过均衡优化的结果方差是比较小的。从网络计划资源均衡优化的过程来看，计算很简单，但相当烦琐，一般网络计划的资源均衡优化都用计算机进行计算。有几点需注意：

（1）在资源均衡优化过程中也可以用最迟时间绘制时标网络图，从开始节点开始自左至右优化，被优化的工作是以关键线路上节点开始的工作，优化的结果有一点区别，即当判别式两边相等时，工作没有移动（事实上是移动与否不影响方差的改变），这种工作用最早时间的方法优化则开始时间靠前，用最迟时间的方法则靠后。

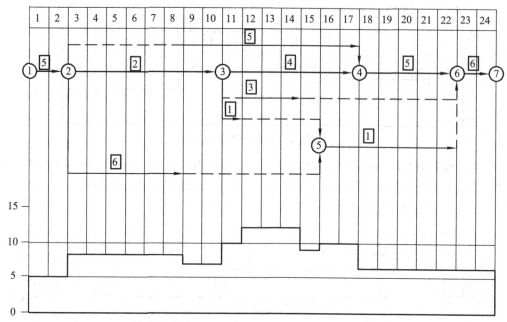

图 13.68　资源均衡优化最终结果

（2）在工作移动过程中要注意"过波谷"问题。从均衡优化的过程可以看出，优化的实质就是在某项工作的时差范围内寻找不包括该工作用量的资源需求曲线的最低点，作为该工作对应的工作时间。要量的资源需求曲线是起伏的，可能不止一个波谷，在上述均衡优化过程中，一个工作移动到第一个波谷谷地就不再移动；但是，如果某项工作的时差比较大，在其调整范围内有两个以上的波谷，第二个波谷的值更小时，是还可以继续移动工作、获得更小方差的，如图 13.68 的工作③—⑥，再移动一天方差不变，移动两天方差增加，但是移过第 16、17 的峰值从第 18 天开始施工方差会更小。因此，均衡优化时要特别注意时差较大的工作，最好在整个时差范围内考虑移动与否。

（3）资源均衡优化的方法是按单一资源考虑的，在实际工程中，任何一项工作都不只需要一种资源，按单一资源的优化方法处理完一种资源，再根据另一种资源进行优化时会出现矛盾，要将各种资源综合考虑，同时处理。

（4）"工期固定，资源均衡（强度可变）"优化，乃至于工期、资源强度均可变的优化，能获得最优的网络优化解，但相当复杂、烦琐，读者可参考其他有关资料，本书从略。

13.8.3　费用优化

费用优化是通过不同工期及其相应工程费用的比较，寻求与工程费用最低相对应的最优工期。

1. 工期与费用的关系

工程费用包括直接费用和间接费用两部分。直接费即建筑工程的人工费、材料费、机械费等，间接费由施工管理费等项目组成。图 13.69 所示是直接费与工期的关系，图 13.70 所示是成本与工期的关系。

图 13.69 直接费与工期的关系 图 13.70 成本与工期的关系

由于工程所采用的施工方案不同，对直接费有较大的影响，对间接费也有一定的影响，它们与工期都有密切关系。工程的间接费一般与工程工期成正比，随工期的增加而递增。间接费包括管理人员、企业领导、技术人员、后勤人员的工资，设备、全工地性设施的租赁费，现场临时设施，公用和福利事业费，利息等。在一定范围内，直接费用随着工期的缩短而增加，如增加工人数量、增加工作班次、增加施工机械和设备的数量及更换大功率的设备、采取特殊施工方法和新工艺，以及增加人员、设备后因工作面不足的降效都会增加工程成本。然而工期缩短有一个极限，无论增加多少直接费也不能再缩短工期，此极限称为临界点，此时的工期为最短工期，此时的费用为最短时间直接费，如图 13.69 中的 A 点；工期延长可以减少直接费，延长至某一极限，则无论将工期延至多长，也不能再减少直接费，该极限称为正常点 B，此时的工期为正常工期，费用称为最低直接费或正常费用。

工程的总成本是直接费和间接费用之和（图 13.70），任何一个工程都有一个最优工期，即工程成本曲线的最低点（A 点）及对应的工期（T），通过曲线可以找到各种不同工期的总成本。

直接费用曲线实际上并不像图中那样圆滑，而是由一系列线段组成的，越接近于最短工期越陡，为简化计算，用直线代替，其斜率为 k，费用率 $e = -k$，即

$$e = -k = -\frac{C_n - C_s}{T_n - T_s} = \frac{C_s - C_n}{T_n - T_s} \tag{13-42}$$

式中　e——费率；

　　　C_n——正常时间的直接费；

　　　C_s——最短时间的直接费；

　　　T_n——正常持续时间；

　　　T_s——最短持续时间。

根据施工过程的不同性质，工作持续时间与费用之间的关系有以下两种：

1）连续性变化关系

连续性变化关系是指在 $T_s \sim T_n$ 范围内，工程费用是工期的连续函数，直接费用随着工作持续时间的改变而改变，持续时间可以在正常时间和最短时间之间取任意值，费率可以按式（13-42）计算。

2）离散性变化关系

离散性变化关系是指某些施工过程的直接费用与持续时间之间的关系是根据不同施工方案确定的，费用也是工期的函数，不过是间断的，只存在几种情况供选择。

如某工业厂房吊装工程，采用不同的吊装机械，每种机械有相应的工期和直接费，只能从中选择一个工期时间。

2. 费用优化的调整和计算步骤

（1）简化网络计划并计算各工作的费率 e。

（2）找出费率最低的一项工作或组合费率最低的一组工作。

（3）缩短持续时间，计算相应的费用增加值。

（4）考虑工期变化带来的间接费变化和其他损益变化，计算费用总和。

（5）重复（2）~（4）步骤，直至费用不再降低或已满足要求工期为止，找出费用总和最低点对应的工期或要求工期对应的费用总和。费用最低工期大于合同工期，按合同工期组织实施；最低工期低于合同工期，则按最低费用工期组织实施。

如果一个工程的间接费用为 c 元/天，第 i 个工作的费率为 e_i，工期压缩一天，成本降低值为：

$$\Delta C = c - e_i \qquad\qquad (13\text{-}43)$$

该工作可以压缩的前提是 $\Delta C \geqslant 0$，即 $c \geqslant e_i$。所以按上述步骤以费率从小到大的顺序调整，如果不满足 $c \geqslant e_i$ 时，调整即可终止。

3. 费用优化示例

某工程任务的网络计划如图 13.71 所示。箭线上方括号外为正常时间直接费，括号内为最短时间直接费；箭线下方括号外为正常持续时间，括号内为最短持续时间。假定平均每天的间接费为 170 元，试对其进行费用优化。

第一步，列出时间和费用的原始数据表，并计算各工作的费用率（表 13.8）。

第二步，分别计算各工作在正常持续时间网络计划时间参数，确定其关键线路，如图 13.72 所示。从图表中可知：正常持续时间网络计划的计算工期为 60 天，关键线路为①—④—⑤—⑥，正常时间直接费为 6 350 元，总成本为 $6\,350 + 60 \times 170 = 16\,550$。

图 13.71　某工程网络计划

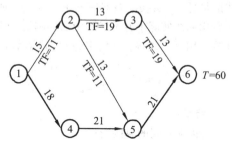

图 13.72　正常时间网络计划

表 13.8　时间–费用数据

正常时间		最短时间		相　差		费率 E / （元/天）	费用与时间变化关系
时间 T_n	直接费 C_n	时间 T_s	直接费 C_s	ΔC/元	ΔT/天		
15	800	11	1 200	400	4	100	连续
18	900	11	1 800	900	7	129	连续
13	750	10	1 350	600	3	200	连续
13	700	10	1200	500	3	167	离散
21	1 100	11	2 200	1 100	10	110	连续
13	1 300	8	2 200	900	5	180	连续
21	800	9	3 000	2 200	12	183	连续
Σ	6 350		12 950				

第三步，进行工期缩短，从直接费用增加额最少的关键工作入手进行优化。优化通常需经过多次循环。而每一个循环又分以下几步：

① 通过计算找出上次循环后网络图的关键线路和关键工作；

② 从各关键工作中找出缩短单位时间所增加费用最少的方案；

③ 通过计算并确定该方案可能缩短的最多天数；

④ 计算由于缩短工作持续时间所引起的费用增加或其循环后的费用。

第一次压缩：在正常时间网络计划图中，关键工作为①—④、④—⑤、⑤—⑥，从表 13.8 中看到，④—⑤工作费用变化率最小为 110 元/天，时间可缩短 10 天，小于非关键活动的最小时差 $Min\{TF\} = 11$，因而不影响其他工作，则：

工期为 $\qquad T_1 = 60 - 10 = 50$（天）

工程成本为 $\qquad C_1 = 6\,350 + 10 \times 110 + 50 \times 170 = 15\,950$（元）

结果如图 13.73。

第二次压缩：在图 13.73 网络计划图中，可压缩的关键工作为①—④、⑤—⑥，从表 13.8 中看到，①—④工作费用变化率最小为 129 元/天，时间可缩短 7 天，大于非关键活动的最小时差 $Min\{TF\} = 1$，因而先压缩一天，即：

工期为 $\qquad T_2 = 50 - 1 = 49$（天）

工程成本为 $\qquad C_2 = 15\,950 + 1 \times 129 - 1 \times 170 = 15\,909$（元）

结果如图 13.74。

第三次压缩：在图 13.74 网络计划图中，关键线路有两条：①—④—⑤—⑥和①—②—⑤—⑥。压缩方案有 6 个：

Ⅰ．工作①—②和①—④同时压缩，$e = 229$；

Ⅱ．工作①—④和②—⑤同时压缩，$e = 296$；

Ⅲ．工作①—②和④—⑤同时压缩，$e = 210$；

Ⅳ．工作④—⑤和②—⑤同时压缩，$e = 277$；

Ⅴ．工作⑤—⑥压缩 8 天，全部成为关键线路，$e = 183$；

Ⅵ．工作①—②和②—⑤同时压缩，$e = 267$。

但不管采用哪种方式，$e \geq c$，所以均不能压缩，图 13.74 所示网络计划为最终结果。

图 13.73　第一次压缩结果

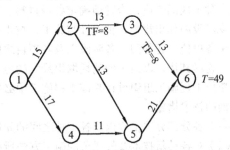

图 13.74　第二次压缩结果

第 14 章　单位工程施工组织设计

14.1　单位工程施工组织设计的任务、内容及编制依据

14.1.1　单位工程施工组织设计的任务

单位工程施工组织设计的编制以单位工程为对象，根据设计图纸和招投标的要求、组织施工的原则和实际条件，从整个建筑物施工全局的角度出发，选择最有效的施工方案和方法，确定各分部分项工程的搭接和配合，以最少的劳动力和物力消耗，在规定的工期内，保质保量地完成或提前完成该项工程。

施工队伍往往同时承担若干个工程项目，即同时有若干单位工程进行施工。对一个施工队伍来说，它的全部生产活动是一个统一的、有机的整体，在一定时期内的人力、物力、财力等施工条件是有限的。因此，单位工程施工组织设计不能是孤立地只考虑本单位工程来编制，而应从整个施工队伍整体来考虑，尤其是对某些主要建筑机械和专业工人的平衡。

当单位工程属于某群体工程中的一个组成部分时，编制该单位工程施工组织设计时应考虑群体工程对本单位工程的种种条件限制，应满足群体工程的要求，即局部要服从全局的规定。

建筑工程招标投标中，投标单位除了提出工程投标报价以外，还要根据现场实际条件和工程要求，提出单位工程的施工技术措施和进度计划，这相当于一个初步的单位工程施工组织设计。这是一个十分重要的材料，它非但作为投标文件的一部分，并且是计算投标报价的根据之一。不同的施工方案、技术措施、主要设备的选用以及施工平面布置，都与报价有密切关系。当然，在报价时可参考过去的施工经验和现成的数据，但更应考虑各个单位工程的特定条件。

单位施工组织设计的任务是在党和国家的方针、政策指导下，从施工全局出发，站在技术和经济统一的角度，根据具体条件，拟订施工方案，合理地确定施工程序、施工流向、施工顺序、施工方法、劳动组织、技术组织措施，正确地选择施工机具，安排施工进度和劳动力、机具、材料、构件及各种半成品供应，合理地确定各种材料、制品和机具在空间上的布置，对运输道路、场地、水电等现场设施作出规划，把设计与施工、技术和经济、前方和后方、企业全局和工程施工组织，把施工中各单位、各部门、各阶段以及各项目之间有机地协调起来，在科学合理的基础上，做到人尽其才、物尽其用，以最少的消耗取得最大的经济效益和社会效益。

单位工程施工组织设计是该工程施工中必须遵循的技术资料。为此，应研究和确定下列几个主要方面的技术措施：

（1）各分部分项工程以及各工种之间的先后施工顺序和交叉搭接。

（2）对各种新技术及较复杂的施工方法所必须采取的有效措施与技术规定。

（3）设备安装的进场时间以及与土建施工的交叉搭接。

（4）施工中的安全技术和所采取的措施。

在单位工程施工组织设计中，还应对主要分部工程的施工方案进行技术经济比较，最后选择切合实际的、最优的方案。

总之，单位工程施工组织设计的任务是能对该建筑物的施工起指导和组织施工的作用。它必须与实际密切联系，一切从实际出发并考虑技术上的先进性、经济上的合理性和现实性。

14.1.2　单位工程施工组织设计的内容

根据建筑物的规模大小、结构的复杂程度、采用新技术的内容、工期要求、建设地点的自然经济条件、施工单位的技术力量及其对该类工程施工的熟悉程度，单位工程施工组织设计的编制内容与深度应有所不同。每一个施工组织设计的重点，根据实际要求而定，不能强求一致，应讲求实效，以在实际施工中起指导作用为目的。

单位工程有以下两种情况：

一是该单位工程属建筑群施工中的一个组成部分。凡属于这种群体工程中的单个建筑物，应根据整个建筑群施工组织总设计中对该建筑物所提供的条件和要求来编制某施工组织设计。

另一种情况是独立的单个建筑物。例如建造一幢教学大楼，或扩建一个车间等，按独立的单个建筑物的施工条件出发来编制其施工组织设计。

不管属于哪种情况，单位工程施工组织设计一般应包括下列主要内容：

1. 拟建工程的概况和施工条件

这是编制施工组织设计的依据和基本条件。工程概况可附简图说明，各种工程设计和自然条件的参数可列表说明，简明扼要。工程概况应包括工程的建筑、结构特征、基础设计等，让人看后能在头脑中形成一个拟建工程的清晰轮廓。施工条件包括现场水、电及运输条件，工程水文地质条件，设备、材料、构件、成品、半成品及劳动力供应条件。

2. 施工方案

施工方案是单位工程施工组织设计的重点。应着重于施工方案的技术经济比较，力求采用新技术，选择最优方案。确定施工方案时，应确定各主要工种工程的施工机械及其布置和开行路线，现浇混凝土的模板选用，混凝土的水平和垂直运输方案，降低地下水的方案，材料、构件运输方案，预制构件的种类数量以及各主要分部分项工程的施工方法和技术经济比较。

3. 施工进度计划表

施工进度计划要反映工程项目的分部分项和施工过程的组成情况，以及它们之间的连接关系、施工顺序和搭接、交叉作业情况，各施工过程的劳动组织、工作日以及配备的施工机械台班数量。因此，施工进度计划要反映出整个工程施工的全过程。最优的施工进度是资源需用量均衡、工期合理或符合规定工期，合理使用资源，在不提高费用的基础上，使工期最短。应用流水作业原理和网络计划技术来编制施工进度计划能获得比较好的效果。在施工进度计划的基础上还要编制出材料、预制构件、半成品、机械等资源的需要量计划。

4. 施工平面图

施工平面图上应说明施工现场"三通一平"要求，现场临时建筑物、围墙、机械、搅拌站、工棚及仓库等布置，力求使材料及预制构件的二次搬运最少。文明施工主要是指施工现场井井有条、布置合理，各种运输路线畅通，为施工创造良好的条件，施工垃圾能及时回收利用和清运处理，排水系统能迅速排除雨水和施工废水，材料、构件堆放方便施工而有利于减少损耗，现场符合安全生产管理规定。

5. 质量、安全、防火措施

质量、安全、防火措施是单位工程施工组织设计的必需内容，但是务必要结合工程实际和施工单位的具体情况来拟订，要避免千篇一律地堆砌条文，没有针对性，要拟订能起实际指导作用的具体措施。常规的规则、工人应知应会的内容不必写入，以免喧宾夺主。

除施工方案要进行技术经济比较以外，进度计划和施工平面布置也需要进行方案比较，在多方案的论证下才能选择最优方案，以达到最好的经济效益。

综上所述，单位工程施工组织设计的内容主要是施工方案、施工进度计划表和施工平面图三大部分。特别应指出的是技术经济比较应贯彻始终，以寻求最优方案和最佳进度。

对简单的或一般常见而施工单位又比较熟悉的工程项目，其单位工程施工组织设计可以简略一些，根据工程和施工条件的特点，着重阐明施工技术措施、施工进度控制和材料、门窗及预制构件等的需要量以及绘制施工平面布置图；对常规的某些施工方法，可不必写入。施工单位可以依靠自己的力量，依据过去的经验和本单位的具体条件拟订标准、定性的施工组织设计，并针对具体工程的条件加以局部补充和修改，可以简化施工组织设计的编制手续、节约时间和劳动力，在投标阶段尤为重要。

14.1.3　单位工程施工组织设计的编制依据

根据建设工程的类型和性质、建设地区的各种自然条件和技术经济条件、工程项目的施工条件以及本施工单位的施工力量配备，向各有关部门搜集和调查设计资料。不足之处可通过实地勘测或调查取得，作为编制单位工程施工组织设计的依据。主要依据资料包括：

（1）建筑群或建设项目施工组织总设计。当单位工程为建筑群或建设项目的一个组成部分时，该建筑物的施工组织设计必须按照施工组织总设计的各项指标和任务要求进行编制。

（2）建设单位和主管部门对本工程的要求和施工合同的条款规定，如开竣工日期、质量要求、特殊施工技术要求、采用的先进技术、计划材料提供情况、施工图提供计划以及建设单位可以提供的条件（施工用临时设施、水电气供应、食堂和生活设施等）、施工现场拆迁情况等。

（3）地质与气象资料。本工程的地质勘探资料，包括地下水及暴雨后场地积水情况和排水方向，气象资料包括施工期间最低及最高气温和雨量、地形图等。

（4）施工单位对本工程可提供的条件有：劳动力、主要施工机械设备、各专业工人数以及年度生产经营计划。

（5）材料、预制构件及半成品等的供应情况，包括：主要材料、构件、半成品的来源及供应方式、运距、价格、货源以及水运封冻时间、铁路运输转运条件等，尤其要注意地方材料的供应条件方式和价格。

（6）水电供应条件，包括水源、电源及其供应量，水压、电压以及是否需单独设置变压器，供电连续性情况。

（7）劳动力配备情况。施工期间提供的总劳动量和专业工种劳动量。

（8）主要施工机械的配备情况、种类和数量、供应方式、进场条件。

（9）本工程项目的施工图、地区定额手册、操作规程和国家规范、施工手册、标准图集、验收规程、操作规程。

（10）协作单位情况，各阶段设备安装进场的时间。

（11）施工单位对类似工程的经验资料。

（12）当地政治经济、文化生活、商业、市场以及民族特点、民俗风气等。

14.1.4　单位工程施工组织设计的编制程序

由于单位工程施工组织设计是施工基层控制和指导施工的文件，必须切合实际，在编制前应会同各有关部门共同讨论和研究主要的技术措施和组织问题。单位工程施工组织设计的编制程序如图14.1所示。

图 14.1　单位工程施工组织设计编制程序

14.2　编制单位工程施工组织设计的基本原则

编制单位工程施工组织设计时，除应遵循前述编制施工组织总设计的基本原则以外，还应遵循下列原则：

1. 保证重点，统筹安排，遵守合同承诺

工程项目的轻重缓急，要根据承包合同的要求进行排队，把人、财、物投入到急需的工程上去，使其尽快建成投产。同时注意重点工程和一般工程的结合、主要项目和辅助附属项目的配套，做到主次分明、统筹兼顾。

2. 充分做好施工准备工作

单位工程施工准备工作是围绕材料、设备及施工队伍进场所做的工作，如图纸会审、三通一平以及施工用临时设施的搭设。工程开工后在施工过程中，每一个分部工程、分项工程施工前都有相应的施工准备工作，必须提前完成，为后继工程施工创造条件。施工准备工作是贯穿工程施工全过程的。施工准备工作要有预见性，成功的项目管理人员都是努力把施工准备工作的各个环节做得很充分的。

3. 做好现场工程技术资料的调查工作

工程技术资料是编制单位工程施工组织设计的主要依据，原始资料必须真实、数据必须可靠，特别是水文、地质、材料供应、运输及水电供应的资料。每个工程都有其不同的难点和重点，组织设计中应在施工难点、重点上收集完整、确切的资料，就可以根据实际条件制订方案并从中优选。

4. 合理安排施工顺序

按照建筑施工的客观规律安排施工程序，可将整个工程划分成几个阶段，如施工准备、基础工程、预制工程、主体结构工程、屋面防水工程、装饰工程等。在各个施工阶段之间互有搭接，衔接紧凑，尽可能采用流水作业，力求均衡施工、缩短工期。合理的施工顺序应注意各个施工过程的安全施工，尤其是立体的交叉作业和平行作业更要采取必要可靠的安全措施。安排施工顺序时要考虑以下几点：

（1）及时完成施工准备，为正式施工创造条件。

（2）具备条件时应先进行全场性工程，再进行各个工程项目的施工。

（3）单个建筑的施工既要考虑空间顺序，也要考虑工种之间的时间顺序。空间顺序解决施工流向，时间顺序解决工序的搭接、衔接关系。

（4）可供施工期间使用的永久性设施可以尽量先建造，以便减少暂设工程，节约投资。

5. 采用先进的施工技术和进行合理的施工组织

采用先进的施工技术和组织管理技术是提高劳动生产率、保证工程质量、加快施工速度和降低工程成本的途径。应从自身的技术、管理水平出，以实事求是的态度，在调查研究的基础上拟订经过努力能够实现的新技术、新方法，经过科学分析和技术经济论证后作出决定，切忌好高骛远和消极对待。

6. 土建施工与设备安装应密切配合

某些工业建筑，设备安装工程量较大，成为工程项目建设的关键工序，处于主导地位。为了能使整个厂房提前投产，土建施工应为设备安装创造条件，提出设备安装进场时间。设备安装时间应尽可能与土建搭接，特别是对于电站、化工厂及冶金工厂等，设备安装与土建施工的搭接关系更为密切。在土建与设备安装搭接施工时，应考虑到施工安全和对设备的污染，最好采取分区分段进行。水、电、卫生设备的安装，也应与土建施工交叉配合，严格执行前后工序搭接验收制度。

7. 施工方案的技术经济比较

对主要工种工程的施工方法和主要机械的选择应进行多方案技术经济比较，选择经济上合理的、技术上先进的、切合现场实际的施工方案。此外，进度计划、施工平面布置、交通运输、材料设备的采购以及各种组织管理体制都要进行技术经济分析，采用多方案评比，从中选优。

8. 减少暂设工程和物资运输量，合理布置施工平面，节约施工用地

暂设工程在施工结束后要拆除，要达到节约的目的，采取下列措施：

（1）尽量利用原有的建筑物，满足施工的需要。

（2）可为施工服务的正式工程提前施工。

（3）构件尽量在工地所在地附近的加工企业加工，必要时才自建加工场所。

（4）广泛采用可移动装拆的房屋和设备。

（5）合理组织建筑材料和制品的供应，减少仓储量和仓储面积。

运输费在工程成本中占有一成左右的比重，应尽量利用当地资源，减少物资运输量，正确选择运输工具和方式，降低运输费用。

9. 确保工程质量、施工安全和降低工程成本

在单位工程施工组织设计中必须提出确保工程质量、施工安全的措施和降低成本的措施，尤其是新技术和本施工单位较生疏的工艺。制定措施务必切合实际、有的放矢。

14.3　施工方案的拟订

施工方案的拟订是单位工程施工组织设计中带决策性的重要环节，直接影响单位工程施工的经济效益和工程性质。施工方案包括施工程序、施工流程、施工顺序、施工组织、主要分部分项工程的施工方法和施工机械的选择等内容。施工方案拟订时，一般须对主要工程项目的几种可能采用的施工方法作技术经济比较，然后从中选择最优方案作为安排施工进度计划、设计施工平面图的依据。在拟订施工方案之前应先研究决定下列几个主要问题，即：

（1）整个建筑的施工应划分成几个施工阶段及每一个施工阶段中需配备的主要机械、设备。

（2）现场预制和预制厂供应构件的数量，工程施工中需配备多少劳动力和设备。

（3）结构吊装和设备安装应如何配合，有哪些协作单位。

（4）主要工种工程拟采用哪种施工方法。

（5）施工总工期及完成各主要施工阶段的控制日期。

14.3.1　确定施工程序

1. 单位工程施工部署

施工部署是从整个工程的全局出发，针对施工对象作出的指导全局、组织施工的战略规划，是组织施工中决策性的重要环节。单位工程施工部署主要解决以下问题：

（1）对该单位工程施工阶段的划分，即每个阶段需配备的主要施工机械、劳动力和主要施工方法。对一般工程而言，可分为：

① 基础工程——包括地下水处理、土方、打桩、垫层、钢筋混凝土基础、砖基础、防潮层等分项工程。

② 主体结构工程——主要有：装配式工业厂房（包括构件预制、安装）、砖混结构房屋（包括砌筑砖墙和安装预制板）、现浇钢筋混凝土框架（包括模板、钢筋、混凝土、养护、拆模、部分预制构件安装）。

③ 围护及装饰工程——砌围护墙、屋面防水、内外装饰、地坪、门窗、油玻等。

（2）单位工程预制构件在场内预制和场外供应的安排，混凝土的拌制和商品混凝土用量，劳务和设备的供应。

（3）确定结构安装、设备安装、高级装饰、特殊施工项目的协作单位。

（4）各主要施工阶段的工期搭接和工期控制的总工期。

2. 单位工程施工程序

施工程序是指单位工程中各分部工程或施工阶段的先后次序及其制约关系。工程施工受到自然条件和物质条件的制约，不同施工阶段的不同工作内容有其固有的、不可违背的先后次序和组织

要求，需循序渐进地向前开展，它们之间有着不可分割的联系，既不能相互代替，也不允许颠倒或跨越。

1）施工准备工作（分内业和外业）

（1）内业准备工作，包括熟悉图纸、图纸会审、编制施工组织设计、施工预算、技术交底、落实设备和劳动力计划、签订协作单位、职工岗前教育等。

（2）现场准备工作，包括拆迁清障、管线迁移、平整场地以及设置施工用临时建筑、附属加工设施，铺设临时水电管网，完成临时道路、机械和必要的材料进场等。

2）遵守"先地下后地上""先土建后设备""先主体后围护""先结构后装饰"的原则

"先地下后地上"，指的是在地上工程开始之前，尽量把管线、线路等地下设施和土方及基桩工程做好或基本完成，以免对地上部分施工有干扰，带来不便，造成浪费，影响质量。

"先土建后设备"，就是说不论是工业建筑还是民用建筑，设备工程往往要固定在土建工程上，土建与水、暖、电、卫设备的关系都需要摆正，尤其在装修阶段，要从保质量、讲成本的角度处理好两者的关系。

"先主体后围护"，主要是指框架结构，应注意在总的程序上有合理的搭接。一般来说，多层建筑，主体结构与围护结构以少搭接为宜，而高层建筑则应尽量搭接施工，以便有效地节约时间。

"先结构后装饰"，是指一般情况而言，有时为了压缩工期，也可以部分搭接施工。但是，由于影响施工的因素很多，故施工程序并不是一成不变的，特别是随着建筑工业化的不断发展，有些施工程序也将发生变化，例如，大板结构房屋中的大板施工，已由工地生产逐渐转向工厂生产，这时结构与装饰可在工厂内同时完成。

3）合理安排土建施工与设备安装的施工程序

随着建筑工业化和新技术的发展，某些特殊的工程施工程序会有所改变。工业厂房的施工很复杂，除了要完成一般土建工程外，还要同时完成工艺设备和工业管道等安装工程。为了使工厂早日投产，不仅要加快土建工程施工速度，为设备安装提供工作面，而且应该根据设备性质、安装方法、厂房用途等因素，合理安排土建工程与工艺设备安装工程之间的施工程序。一般有三种施工程序：

（1）开敞式施工，是指设备基础和厂房基础同时开挖，再安装工艺设备，最后建造厂房的施工方式。它适用于冶金、电站、石化等工业的某些重型工业厂房。开敞式施工能避免地下部分工程的重复性工作，可以避免设备基础施工对厂房基础和结构的影响，能为设备安装、调试提供时间，节约工期。但是可能对厂房构件现场预制的场地提供不足，设备安装调试在露天进行，受气候影响大，会增加费用。

（2）封闭式施工，是指土建主体结构完成之后（或装饰工程完成之后），再进行设备安装的施工方式。它适用于一般机械工业厂房（如精密仪器厂房）。封闭式施工的优点：由于工作面大，有利于预制构件现场就地预制、拼装和安装就位的布置，适合选择各种类型的起重机和便于布置开行路线，从而加快主体结构的施工速度；围护结构能及早完工，设备基础能在室内施工，不受气候影响，可以减少设备基础施工时的防雨、防寒设施费用；可利用厂房内的桥式吊车为设备基础施工服务。其缺点是：出现某些重复性工作，如部分柱基回填土的重复挖填和运输道路的重新铺设等；设备基础施工条件较差，场地拥挤，其基坑不宜采用机械挖土；当厂房土质不佳，而设备基础与柱基础又连成一片时，在设备基础基坑挖土过程中，易造成地基不稳定，须增加加固措施费用；不能提前为设备安装提供工作面，因此工期较长。当设备基础不大时，一般采用封闭式施工。

（3）设备安装与土建施工同时进行，这样土建施工可以为设备安装创造必要的条件，同时又可采取防止设备被砂浆、垃圾等污染的保护措施，从而加快了工程的进度。例如，在建造水泥厂时，经济效益最好的施工程序便是两者同时进行。

第 14 章　单位工程施工组织设计

　　工业化建筑中的全装配民用建筑施工，外墙的外装饰可在预制厂事先完成，到现场吊装即可。此外，滑模施工的主体和结构可一起施工，说明施工程序应根据工程施工的实际条件和采用的施工方法来确定，没有固定不变的程序。

3. 单位工程施工流程

　　施工流程是指单位工程在平面或空间上施工的开始部位和展开方向，着重强调单位工程。粗线条的施工流程，决定着整个单位工程施工的方法和步骤。

　　确定单位工程施工流程，一般应考虑以下因素：

　　（1）施工方法是确定施工流程的关键因素。如一幢建筑物要用逆作法施工地下两层结构，它的施工流程可作如下表达：测量定位放线→地下连续墙→钻孔灌注桩→地面标高结构层→地下两层结构、地上一层结构同时施工→底板、各层柱，完成地下室施工→上部结构。

　　若采用顺作法施工地下两层结构，其施工流程为：测量定位放线→底板→换拆第二道支撑→地下两层→换拆第一道支撑→地面顶板→上部结构（先主楼后裙房，以保证工期）。

　　（2）生产车间的生产工艺流程也是确定施工工艺流程的主要因素。因此，从生产工艺上考虑，影响其他工程试车投产的工段应该先施工。例如，B 车间生产的产品需受 A 车间生产的产品影响，A 车间又划分为三个施工段（Ⅰ、Ⅱ、Ⅲ），且Ⅱ、Ⅲ施工段的生产要受Ⅰ段的约束，故其施工应从 A 车间的Ⅰ段开始，A 车间施工完后，再进行 B 车间施工。

　　（3）建设单位对生产和使用的需要。一般应考虑建设单位对生产或使用要求急的工段或部位先施工。

　　（4）单位工程各部分的繁简程度。一般对技术复杂、施工进度较慢、工期较长的工段或部位应先施工。例如，高层现浇钢筋混凝土结构房屋，先主楼施工，后裙房部分施工（当然也有考虑地基沉降的因素）。

　　（5）当有高低层或高低跨并列时，应从高低层或高低跨并列处开始。例如，在高低跨并列的单层工业厂房结构安装中，应先从高低跨并列处开始吊装；又如在高低层并列的多层建筑物中，层数多的区段常先施工。

　　（6）工程现场条件和施工方案。施工场地大小、道路布置和施工方案所采用的施工方法和机械都影响着施工流程。例如，土方工程施工中，随开挖随外运，则施工起点应确定在远离道路的部位，由远及近地展开施工。又如，根据工程条件，挖土机械可选用正铲、反铲、拉铲等，吊装机械可选用履带吊、汽车吊或塔吊，这些机械的开行路线或布置位置便决定了基础挖土及结构吊装的施工流程。

　　（7）施工组织的分层分段。划分施工层、施工段的部位，如伸缩缝、沉降缝、施工缝等也决定着施工流程。

　　（8）分部工程或施工阶段的特点及其相互关系。如基础工程由施工机械和方法决定其平面的施工流程；主体结构工程从平面上看，从哪一边先开始都可以，但竖向一般应自下而上施工；装饰工程竖向的流程比较复杂，室外装饰一般采用自上而下的流程，室内装饰则有自上而下、自下而上及自中而下再自上而中三种流向。密切相关的分部工程或施工阶段，前面施工过程的流程确定后续施工过程，如单层工业厂房的土方工程的流程决定了柱基础施工过程和某些构件预制、吊装施工过程的流程。

　　室内装饰工程流程有以下几种：

　　① 室内装饰工程自上而下的流水施工方案是指主体结构工程封顶，做好屋面防水层以后，从顶层开始，分层水平向下或按单元垂直向下。其优点是主体结构完成后有一定的沉降时间，能保证装饰工程的质量；做好屋面防水层后，可防止在雨季施工时因雨水渗漏而影响装饰工程质量。此外，

自上而下的流水施工，各施工过程之间交叉作业少、影响小，便于组织施工，有利于施工安全和成品保护，从上而下清理垃圾方便。其缺点是不能与主体施工搭接，因而工期较长。

② 室内装饰工程自下而上的流水施工方案是指主体结构工程给室内装饰提供出工作面后，室内装饰从第一层插入，分层向上进行。这种方案的优点是可以和主体砌筑工程进行交叉施工，故可以缩短工期。其缺点是各施工过程之间交叉多，需要很好地组织和安排，并采取安全技术和成品保护措施。由于主体结构验收的原因，此方案受限制。

③ 室内装饰工程自中而下再自上而中的流水施工方案，综合了前两者的优缺点，一般适用于高层建筑的室内装饰工程施工。其主体结构要分阶段验收。

4. 各分项工程施工顺序

施工顺序是指分项工程和施工过程之间的先后次序。它体现了施工组织的规律，也有利于解决工作之间在时间上的搭接和空间上的利用。合理安排施工顺序是编制施工进度计划首先应考虑的问题。确定施工顺序时应有以下考虑：

（1）遵循施工程序。施工程序确定了施工阶段或分部工程之间的先后次序，确定施工顺序时必须遵循施工程序。

（2）必须符合施工工艺的要求。这种要求反映出施工工艺上存在的客观规律和相互间的制约关系，一般是不可违背的，如支模板必须在浇筑混凝土之前。

（3）与施工方法协调一致。如单层工业厂房结构吊装工程的施工顺序，当采用分件吊装法时，则施工顺序为"吊柱→吊梁→吊屋盖系统"；当采用综合吊装法时，则施工顺序为"第一节间吊柱、梁和屋盖系统→第二节间吊柱、梁和屋盖系统→……→最后节间吊柱、梁和屋盖系统"。

（4）按照施工组织的要求。如安排室内外装饰工程施工顺序时，可按施工组织规定的先后顺序。

（5）考虑施工安全和质量。如为了保证质量，楼梯抹面在全部墙面、地面和天棚抹灰完成之后，自上而下一次完成。

（6）当地的气候条件影响。如冬期室内装饰施工时，应先安门窗扇和玻璃，后做其他装饰工程。

多层砖混结构居住房屋、多层全现浇钢筋混凝土框架结构房屋和装配式钢筋混凝土单层工业厂房是应用最多的结构形式，对其施工顺序应作详细叙述。

5. 多层混合结构居住房屋的施工顺序

多层混合结构居住房屋是当前面广量大的建筑工程，其中尤其是住宅房屋比重最大。这种房屋的施工，一般可划分为基础工程、主体结构工程、屋面及装饰工程三个施工阶段。图14.2所示为多层混合结构居住房屋施工顺序示意图。

图14.2 多层混合结构居住房屋施工顺序

1）基础工程阶段的施工顺序

基础工程阶段是指室内地坪（±0.000）以下的工程，一般有基槽挖土、垫层、钢筋混凝土基础或砖基础、防潮层、回填土等施工过程。施工顺序比较容易确定，一般是：挖基槽→浇筑混凝土垫层→砌筑基础和做防潮层→回填土。这一阶段施工的特点是工期要抓紧，挖基槽和浇筑垫层混凝土在施工安排上要紧凑，时间不能隔得过长。可以采取分段流水施工，施工段划分尽量与主体工程一致，以防下雨后基槽坑内灌水，影响土的承载能力，造成质量事故或人工材料的浪费。由于回填土对后续工程牵制不大，可视施工条件灵活安排：原则上是在基础工程完工之后一次分层夯填完毕，可以为主体结构工程阶段施工创造良好的工作条件，例如对搭外脚手架及底层砌墙便创造了比较平整的工作地点。特别是在基础比较深、回填土量较大的情况下，回填土最好在砌墙以前填完；在工期紧迫的情况下，也可以与砌墙平行施工。防潮层等零星工程可以合并在砖基础中，不必单列项目。

2）主体结构工程阶段的施工顺序

主体结构工程是主导施工过程，应作为工作重点来考虑。主体结构工程阶段的工作，包括搭脚手架、砌墙、安装门窗框、吊装预制门窗过梁、吊装楼板和楼梯、浇筑钢筋混凝土圈梁、雨篷及吊装屋面板等。主体结构工程可以归并为砌墙和吊装楼板两个主要工序，它们在各层楼之间先后交替施工。砌墙施工过程包括搭脚手架、运砖、安门窗、构造柱钢筋、部分现浇构件等工作内容；安装楼板包括安装楼梯和其他预制构件。在组织混合结构单个建筑物的主体结构工程施工时，尽量设法使砌墙连续施工。通常采用的办法是将一个工程分为两个或几个施工段，组织流水施工，当某一段砌墙完毕后，接着吊装楼板，与此同时，另一段又正在砌墙，各层各段主体结构施工逐步上升。

在主体结构工程阶段，应当重视楼梯间、厨房、厕所、盥洗室的施工。各层预制楼梯段的吊装应该在砌墙、吊装楼板的同时或相继完成，特别是当采用现浇钢筋混凝土楼梯时，更应与楼层施工紧密配合，否则由于混凝土养护时间的需要，使后续工程不能如期投入，会因此拖长工期。

3）装饰工程阶段的施工顺序

在民用房屋的施工中，装饰工程的施工过程繁多，耗用的劳动量大，所占的工期也较长（约为总工期的30%～40%）。因此，妥善地安排装饰工程阶段的施工顺序，在保证安全与质量的情况下，组织立体交叉平行流水施工，对加快工程进度有重大意义。

装饰工程中抹灰是主要施工过程，工程量大、用工多、占的工期长。抹灰工程包括内外墙抹灰与装饰、室内地面抹平、粉窗台、墙裙、散水等工序。装饰工程阶段施工顺序的安排，主要就是解决好抹灰工程在上述装饰工程项目中的施工顺序。

装饰工程通常是在主体结构完成以后进行，前面已经讲到了装饰工程的流向。至于同一楼层中的楼、地面和墙面、天棚的抹灰，则可以先做楼面面层后再做墙面、天棚抹灰，这样有利于收集落地灰以节约材料，有利于楼面面层与预制楼板的黏结，但需要楼面的养护和成品保护；也可以先做墙面天棚抹灰后再做楼面面层，不过须将地面结构层上的落地灰和渣子扫清洗净，保证楼、地面面层质量。走道的装饰一般在各房间完成以后施工。

室内外装饰工程的施工顺序，在操作工艺上不相互影响，与施工条件和天气变化有关。通常是先做室外后做室内。天晴时抢做外粉刷，雨期或冬期时做内粉刷；或者内外粉刷同时施工。当采用单排脚手架砌墙时，由于留有脚手眼需要填补，至少在同一层应做完外粉刷后再做内粉刷。

楼梯间抹灰和踏步抹面，因为它是施工时期的主要通道，容易受到损坏，通常在整个抹灰工作完工以后，再自上而下进行。门窗扇的安装通常是在抹灰后进行的，油漆和玻璃安装的次序，则可根据具体情况决定先后。但一般最好是先油漆，后安玻璃，以免油漆施工时搞脏玻璃。

屋面防水工程与装饰工程可平行施工，一般不影响总工期。但应在顶层装饰施工前完成，以免渗漏损坏室内装饰。

土建施工和水电安装通常也是采取预留管线和孔道的办法，进行交叉施工。基础和楼层施工时要预留上下水管的孔洞；墙体施工时要预留电线孔槽，而室内的水电器具安装最好与楼地面和墙面抹灰穿插施工，这样有利于工程早日竣工，对工程质量也有保证。如实际安排有困难时，水电安装应配合砌墙和安装楼板，预埋管线及预留孔，尽量避免在楼板和墙身上凿洞。

装饰工程阶段施工过程之间应紧紧相扣，其工序穿插多、人员多，组织施工时要制定相应的质量要求和安全措施。在立体交叉施工时，各工种的人数较多，因此要特别注意安全。

6. 装配式钢筋混凝土单层厂房的施工顺序

通常分 4 个施工阶段，即基础工程、预制工程、结构吊装工程及其他工程（包括砌墙、屋面防水、地坪、装饰等）。图 14.3 所示为装配式钢筋混凝土单层厂房施工顺序示意图。

图 14.3　装配式钢筋混凝土单层厂房施工顺序

单层工业厂房施工的一般程序是：先地下、后地上，先主体、后围护，先结构、后装饰，先土建、后设备。

1）基础工程施工阶段

单层工业厂房一般都有设备基础，某些甚至有大型设备基础。施工时可采用主体结构先施工（称封闭式）或设备基础先施工（称开敞式）两种施工程序。前面已阐述了两种程序的利弊。柱基施工从基坑开挖到柱基回填土应分段进行流水施工，与现场预制工程、结构吊装工程的分段相结合。单层工业厂房的基础一般为钢筋混凝土杯形基础，沿厂房纵向布置，当基础较深、体积较大时，可以使用机械整条轴线贯通开挖，即使增加一些土方量，但可能更经济有效。

2）预制工程施工阶段

预制构件的预制场地，应根据具体条件作技术经济分析比较。它涉及运输工具、交通道路、运费、加工厂的生产能力和技术条件。一般来说，柱、屋架等大型构件运输不便，通常在现场制作；中小型构件运输较方便，可在预制场预制，当预制厂离工地较远，或者运输道路及工具不能及时解决时，也可以在工地附近开辟露天预制场。所有这些均应在作细致的调查与分析后确定。

构件预制顺序，原则上是先安装先预制。但是屋架虽迟于柱子安装，但需要张拉、灌浆等工作，还需要两次养护，往往提前预制。对于大型工业厂房的构件预制，应分批、分段施工，构件预制顺序、安装顺序应与机械开行路线紧密配合。为加速现场预制构件的制作，对双肢柱及屋架的腹杆可以事先预制后在现场拼装入模板内。原则上对预应力混凝土构件的现场制作，在安排施工进度时应考虑预应力筋张拉、灌浆及养护时间。布置构件时要考虑预应力张拉、抽管的技术间距和安全措施。

预制构件养护时间应根据当时气温而定。装配式钢筋混凝土构件在安装时，混凝土的强度要求应不低于设计对吊装所要求的强度，并不低于设计强度等级的 70%。若工期要求紧迫，可采取加速硬化的措施，在必要时还可以提高混凝土强度等级来提早吊装时间，可是采用这种方法需增加水泥用量，应尽量少用。对装配式钢筋混凝土柱脚与杯形基础灌浆，吊车梁与柱牛腿之间的灌浆，混凝土宜采取促硬、早强等措施。

3）吊装工程施工阶段

单层厂房结构安装是整个厂房结构施工的主导工程，施工过程应配合安装顺序。一般安装顺序是：柱子安装校正→连系梁→吊车梁→屋盖系统。吊装机械的运输及装卸费用耗用工时、人力较多，厂房面积较大时，可采用两台或多台起重机安装，柱子吊车梁与屋盖系统分别流水作业；一般面积为 4 000 ~ 5 000 m² 的中型单层厂房，在工期并非紧迫的情况下通常用一台起重机吊装比较合理。如果吊装工程是由机械施工公司承担，则另外单独编制吊装工程施工组织设计，内容有吊装进度、构件平面布置图、机械开行路线、吊装工艺、吊装构件一览表以及机械、工具、材料需用计划等。

单层工业厂房吊装顺序通常采用大流水吊装全部柱子、校正及灌浆后吊装基础梁、连系梁、吊车架。其优点是，起重机在同一时间安装同一构件，包括就位、绑扎、临时固定、校正等工序，使用同一种索具，劳动组织不变，可提高效率；缺点是起重机开行路线较长。最后用综合法安装屋盖系统，可以减少起重机开行路线，但索具和劳动组织有周期性变化，影响生产率。当然也可以单纯采用分件吊装和综合吊装，视施工条件和安装队伍的经验而定。

4）其他工程施工阶段

其他工程如砌砖、屋面防水、地坪、装饰工程等可以组织平行作业，尽量利用工作面安排施工。一般当屋盖安装后应尽量先进行屋面灌浆嵌缝；随即进行地坪施工，与此同时进行砌墙，砌墙结束后跟着内外装饰。

屋面防水工程一般在屋面板安装后即进行灌浆及抹水泥砂浆找平层，通常应在找平层干燥后才能开始铺油毛毡。在铺油毛毡之前应将天窗扇和玻璃安装好并油漆完毕。避免在刚铺好的油毡屋面上行走和堆放材料、工具等物，以防损坏油毡。

门窗油漆可以在内墙刷白以后进行，油漆工程也可与设备安装同时进行。

地坪应在地下管道、电缆完成后进行，以免凿开嵌补。

7. 多层全现浇钢筋混凝土框架结构的施工顺序

钢筋混凝土框架结构适用于多层民用建筑及工业厂房，也常用于高层建筑。一般分为 4 个施工阶段：基础工程、主体结构工程、围护工程和装饰工程。图 14.4 所示是多层钢筋混凝土框架结构的施工顺序示意图。现对其主体和围护工程做一介绍，其余阶段与多层混合结构类似。

图 14.4　多层全现浇钢筋混凝土框架结构施工顺序

1）主体结构工程的施工顺序

多层全现浇钢筋混凝土框架结构的施工顺序为：绑扎柱钢筋→支柱模板及梁板支撑系统→浇筑柱混凝土→梁板模板→梁板钢筋→梁板混凝土→养护。现浇混凝土结构的模板、钢筋、混凝土三个施工过程工程量大，耗用劳动力和材料多，对工程质量起决定性作用，一般分层分段组织流水施工。

2）围护工程施工顺序

围护工程包括墙体工程、门窗安装和屋面工程。其中的重点是墙体工程，根据工期的情况分两种：一是在所有框架完成后连续砌筑；二是各层模板拆除后即可砌筑，随框架上升。前者施工过程单纯，减少了工作的穿插和立体交叉，有利于保证安全，有充足的时间让墙体沉实，保证装饰的质量，但工期较长。后者能节约工期，但主体施工阶段施工人员多，资源强度大，工作之间立体交叉频繁，需要特别注意安全措施。

以上是对几种常见工程结构的施工阶段进行的初步分析，从中可以了解一般规律。施工人员要根据不同的施工对象和具体条件，因事因地因时制宜，合理地安排施工顺序。

14.3.2 拟订施工方法、选择施工机械

选择施工方法和施工机械是施工方案中的关键问题，它直接影响施工进度、质量、安全及工程成本。施工方法和施工方案的选择是紧密联系的，在技术上是解决主要施工过程的施工工艺和手段的问题。在编制施工组织设计时要根据建筑结构特点、抗震要求、工程量大小、工期长短、资源供应情况、施工现场及周围环境等因素制订可行方案，并经技术经济比较确定出最优方案。从施工组织的角度应注意到：① 施工方法的技术先进性和经济合理性的统一；② 施工机械的适用性和多用性的兼顾，尽可能发挥机械的利用程度和效率；③ 结合施工单位的技术特点和施工习惯以及现有机械设备。

1. 施工方法的选择

主要项目施工方法是施工方案的核心，是针对本工程的主要分部分项工程而言的。它是为进行该项分部分项工程在具体施工条件下拟订的战术措施，其内容要求简明扼要，编制时要根据工程特点找出主要项目，应有针对性，突出重点。凡新技术、新工艺和对本工程质量起关键作用的项目，以及工人在操作上还不够熟练的项目，应详细而具体，有时甚至必须单独编制作业设计。在拟订施工方法时不仅要拟订进行这一项目的操作过程和方法，而且要提出质量要求，以及达到这些质量要求的技术措施，并要预见可能发生的问题和提出预防措施，同时提出必要的安全措施。凡按常规做法和工人熟练的项目，不必详细拟订，只要提出这些项目在本工程上一些特殊的要求即可。

例如，在单层工业厂房中，重点应拟订土方工程及基础、构件预制及结构吊装工程等施工方法和技术措施。如有大型设备基础时，有时还需编制大型设备基础的作业设计。而对砌墙及一般装饰工程等只需提出有特殊要求的几条，如解决垂直运输的设备和方法等。在混合结构民用房屋中，重点应拟订基槽开挖、排除地下水措施、垂直及水平运输机械及起重机的选择等。

选择施工方法时要遵循以下原则：

（1）方法可行，具备条件，能满足施工工艺要求。

（2）符合国家颁发的施工验收规范和质量检验评定标准。

（3）尽量选择经过试验鉴定的科学、先进、节约的方法，尽可能进行技术经济分析。

（4）要与选择的施工机械和相应的组织方法协调。

在施工方法中，除拟订保证质量的技术措施外，还应提出节约材料的措施和安全施工措施，确保多快好省又安全地完成生产任务。现将有关分部分项工程的主要施工方法分别介绍如下：

1）基础工程

钢筋混凝土基础工程包括挖土、垫层、支模、扎筋、浇筑混凝土、养护、拆模及回填土等工序。挖土是基础工程中的主要工序之一，有机械挖土和人工挖土两种。当采用机械施工时，首先是选用挖土机的型号和确定其台数。机械开挖时也需配合人工修边槽。挖土时需将回填土用的土方，尽可能堆置在场内基坑附近，以减少往返搬运，但不应妨碍基础施工时的放线及混凝土与其他材料运输。在基础挖土中基底标高低的先挖。冬期严寒时挖土应日夜连续进行，以免间断时受冻。在不可能采用昼夜连续施工时，必须将未挖部分加以覆盖。在冬期及雨期施工时，当挖土完后如果不能立即支

模及浇筑垫层时，面层必须留 200 mm 土暂时不挖，在支模或浇筑垫层前再用人工挖去。冬、雨期挖土的进度，还须与浇筑基础混凝土的进度密切配合，以免开挖后槽底长期暴露使地基受水浸入或受冻，破坏地基承载力。

基础工程中的挖土、垫层、支模、扎筋、浇筑混凝土、养护、拆模、回填土等工序应采用流水作业法连续施工，以浇筑混凝土为主导工序来划分施工段。每段工程量尽可能相近，使得劳动力均匀。但是，当普工不能相应地平衡时，则可将挖土工序另列，以组织专业工人进行挖土，原则上是要满足每班浇筑混凝土需要的基坑数，以使劳动力既能平衡又能机动配合。若遇有深坑，可提前开挖，以保证后续工程能依次顺利进行。基础浇筑混凝土时最好不留施工缝。

土方开挖时地下水的排除应予以重视，对一般有地下水的浅基础往往在基槽（坑）过深处挖集水坑，用抽水机排水。对较深的设备基础，且地下水流量较大时，施工常采用井点排水。特别是遇到流砂层时，更应提出切实可行的具体措施。

2）钢筋混凝土工程

钢筋混凝土工程有钢筋、模板、混凝土三个主要施工过程。

模板的类型和支模方法是根据不同的结构类型、现场条件确定的。模板的类型有：工具式钢模板、木模板、竹模板、纤维模板等。支撑方法有钢、木立柱支撑，桁架，钢制托具等。模板工程的重点是确定类型，重要的、复杂的要单独做模板搭设方案，根据工程量、工期及模板类型确定周转时间和周转量。

混凝土工程是整个钢筋混凝土工程中的重点，劳动量、劳动强度大，对工程的质量有重要影响，应尽量提高机械化程度，以提高劳动生产率。混凝土工程主要有计量、拌制、运输、浇筑、振捣、养护等施工过程。混凝土的计量准确性直接影响混凝土质量。拌制和运输的重点是选择方案，一般有集中、分散或二者相结合，取决于工程量、工期和运距。现在有混凝土运输车运商品混凝土、现场集中搅拌泵送或运输车运输、现场分散搅拌吊车运输等方式。商品混凝土的质量稳定可靠，但运输费和成本较高；集中搅拌能有效控制混凝土的质量，可以及时调整配合比，但由于生产的不均衡性使机械不能充分发挥效率；现场分散搅拌比较灵活，机械成本也低，但不利于控制配合比和质量。

钢筋工程有调直、切断、弯曲、成型、焊接、绑扎、安装等施工过程。要注意选择加工方式，如集中在加工厂加工或现场设立加工场地，二者各有利弊，施工单位要根据自己的条件和工程特点灵活选择。

3）预制工程

一般单层工业厂房施工中的一些重大构件，如屋架、柱等通常在现场就地预制，而其他小型构件则在构件厂制作后运到工地。

构件现场预制的平面布置与厂房平面、构件数量、吊装路线及选用起重机的类型有密切关系，应按照吊装工程的布置原则进行。

屋架的布置一般分平摆与立摆二种，平摆的优点是支模及浇筑混凝土方便，并可数榀叠浇，可是占地面积大，构件在安装前必须扶直和就位。若数榀叠浇时预制工期较长，则可以立摆；立摆对屋架的安装有利，如布置适宜就无须重新就位，可是模板及劳动力消耗增加，并且混凝土浇筑与振捣不便，容易出质量事故。目前多数工地采用平摆，一般 3 ~ 4 榀叠浇，最多也有 6 榀叠浇。在预应力混凝土屋架布置时，应考虑到拔出预留孔钢管及穿预应力筋所需的位置。

构件布置是预制工程的重要工作，布置时土建单位应会同吊装单位共同研究确定。

4）吊装工程

构件吊装方法通常有分件吊装及综合吊装两种。分件吊装的特点是构件校正工作容易进行，现场构件的布置可以分批进行，柱吊完后再进行屋架、吊车梁的就位，现场不致过分拥挤；同时构件供应单一，准备工作时间较短，吊装速度较快，并且能够充分发挥起重机的能力。

综合吊装法的实质是选用一台合适的起重机，在每一节间里将所有的构件逐步吊装到设计位置并立即校正和固定。综合吊装法的优点是能够及时打开工作面，在一定程度上为后续工程创造了有利条件。其缺点是：不能充分利用起重机的能力；构件校正工作较困难；构件供应和布置工作也比较复杂。桅杆式起重机由于转移不灵活，因此一般采用综合吊装法。

通常采用综合上述两种方法的混合方法，即对柱、吊车梁、连系梁及基础梁采用分件吊装，屋盖采用综合吊装。

吊装机械的选择是一个十分重要的问题。选择吊装机械的根据是：建筑物外形尺寸，所吊装构件外形尺寸、位置及重量；工程量与规定的施工工期；现场条件、吊装工地拥挤的程度与吊装机械通向建筑工地的可能性；工地可能获得吊装机械的类型。按照以上条件与吊装机械的参数和技术特性加以比较，选出最适当的机械并作技术经济分析。

混合结构民用房屋中，砌墙工程的材料和预制楼板等构件的垂直运输，可采用轻型塔式起重机作为垂直运输和吊装楼板的机械，亦可采用带起重臂的井架作为垂直运输和吊装用机械。

塔式起重机运输和吊装效率高，并可节约辅助工，但台班费及一次费用（运输、铺轨、装拆等费用）较高，故在工程量较大或多幢房屋同时施工时较为合适。采用带起重臂的井架作垂直运输时，在地面上还需配备水平运输的工具。为了减少水平运输量，可将砖与预制构件尽量堆放在井架旁。当采用带起重臂的井架时，预制构件吊至吊装层后一般用杠杆小车运送和就位，或者采用台灵架吊装，这时，在吊装层需配备运输构件的小车。

5）砌砖工程

砌砖工程是混合结构民用房屋施工的重要工序之一。施工时如采用内脚手，随着工程进展，内脚手可用起重机或人工转移。为了安全施工，在使用内脚手时，应在房屋外墙四周搭设安全网。用手推车在走道板上运砖时，注意走道板能否承载施工荷载，否则应采取措施。砌砖与吊装楼板可采用流水作业施工，砌墙将每一楼层划分 2~3 个砌筑层。采用外脚手时应考虑砌砖与搭架的配合。

对砖砌外墙及混凝土内墙的房屋，施工沿房屋横向划分流水段时，每个流水段均应先吊装内墙板（或浇筑内墙）后再砌外墙，以保证节点的可靠连接。纵墙应断在窗口处，在窗台下留 90 cm 高的踏步楼，山墙和纵墙必须同时砌筑。

单层工业厂房砌墙用外脚手，最好采用工具式钢管外脚手。砖及砂浆的垂直运输用井架。当结构吊装完毕后即可进行砌墙，在安排顺序时考虑到可能有些永久性设备比门孔尺寸大。就要在设备进入后再封山墙。在封山墙前应会同机械施工公司调查车间内是否所有构件全部吊完，起重机是否再需进入车间。

2. 施工机械的选择

选择施工方法必须涉及施工机械的选择，机械化施工是建筑工业化的基础。施工机械选择是施工方法的中心环节，施工机械的选择应遵循切实需要、实行可能、经济合理的原则。选择时要充分考虑技术、经济两方面的条件，进行技术经济比较后选择最优机械。技术条件包括技术性能，工作效率，工作质量，能源耗费，劳动力节约，使用的安全性、灵活性、通用性、专用性，维修的难易程度，耐用程度等；经济条件包括原始价值、使用寿命、使用费用、维修费用、租赁费用等。选择施工机械时应着重考虑以下几方面：

（1）首先根据工程特点选择适宜主导工程的施工机械。如单层工业厂房结构安装用的起重机，工程量大且集中时可选用生产效率较高的塔式起重机，工程量小或者是分散时，采用自行式起重机。起重机的型号应符合工作半径、起重量、起重高度的要求。

（2）各种辅助机械和运输工具应与主导机械的生产能力协调配套，以保证主导机械效率的发挥。如运土车的载重量应为挖土机斗容量的倍数，汽车数量应当保证挖土机能够连续施工。

（3）在同一工地上应力求建筑机械的种类和型号尽量少，以利于机械设备管理。工程量大且分散时，应采用多用途施工机械。

（4）施工机械的选择还应考虑充分发挥现有机械的能力。当本单位的机械能力不能满足要求时才购置和租赁新型机械或多用途机械。

14.4　施工进度计划、准备工作及资源计划

单位工程进度计划是根据确定的施工方案和施工顺序编制的，要符合实际施工条件，在规定的工期内，要有节奏、有计划、高质量、低消耗地完成。单位工程进度计划的主要作用是控制单位工程的施工进度，是其他职能部门的工作依据，为其提供编制季、月计划平衡劳动力的基础，也是其他各职能部门调配材料、构件、机具进场的基础。

切合实际、正确反映施工客观规律、合理安排施工顺序的进度计划是组织施工的核心。编制人员要遵照和贯彻组织施工的基本原则，吸取过去的经验，有预见性和创造性，同时听取基层施工队伍的意见，才能编制出有指导作用的施工进度计划。

但是施工生产中可变影响因素多，组织实施时要根据客观变化进行调整。一方面，编制时要留有调整余地；另一方面，要在实施中积极调整，占主动地位。施工计划的改变调整是正常现象，是为了使进度计划能处于最佳状态，是实事求是的做法。不能因进度计划需要调整而不精心编制，或者执行时随心所欲。

编制单位工程施工进度计划的步骤是：确定工程项目及计算工程量；确定劳动量和建筑机械台班数；确定各分部分项工程的工作日；确定各分部分项工程的施工顺序、相互搭接关系、安排施工进度。图 14.5 所示是施工进度计划编制程序。

图 14.5　施工进度计划编制程序

14.4.1　进度计划的组成和编制依据

施工进度计划是用表格形式表示的，由两大部分组成：左面部分是以分部分项工程为主的表格，包括了相应分部分项工程的工程量、定额和劳动量等计算数据；右面部分是以表格左面计划数据设计出来的指示图表，它用线条形象地表现了各个分部分项工程的施工进度、各个工程阶段的工期和总工期，并且综合地反映了各个分部分项工程相互之间的关系。进度计划表的形式如表 14.1 所示，除这种横道图的形式外，也可以用水平进度表、网络图的形式表示。

表 14.1　施工进度计划表

项次	分部分项工程名称	工程量		定额	劳动量		机械		工作班数	每班人数	工作日	进度日程					
		单位	数量		工种	数量	名称	台班				月			月		
												10	20	30	10	20	30

编制单位工程施工进度计划必须具备下列资料：

（1）建筑物的全部施工图、建筑总图及图纸会审纪要。施工人员在编制施工进度计划前必须熟悉建筑结构的特征、基本数据（如平面尺寸、层高、单个预制构件重量等），对所建的工程有全面的了解。

（2）规定的开、竣工期限。如果本单位工程是建设项目或建筑群体的组成部分，还要看相应的施工组织总设计对本工程的要求和限制。

（3）施工预算。为减少工程量计算工作，可直接应用施工预算中所提供的工程量数据。但是有的项目需要变更、调整、补充、合并、组合，有些应按所划分的施工段、自然层来计算工程量。

（4）预算定额。包括劳动定额、综合预算定额、单位估价表、施工定额。它是计算完成各工序产品所需要的劳动量的依据，分为时间定额和产量定额两种。

全国各省市大都制定有统一的定额手册供施工单位使用。编制单位工程施工进度计划应该根据本单位的实际情况，采用本单位的定额，这可使施工进度计划更符合实际。

（5）主要分部工程的施工方案。包括主要施工机械和设备的选择和进出场时间及要求。不同的施工方案直接影响施工程序和进度，特别是采用新的施工技术，必须周密考虑。

（6）施工单位计划配备在该工程上的工人数及机械设备数量。同时了解有关结构吊装、设备水电安装等协作单位的意见和工序搭接要求。

14.4.2　确定工程项目及工程量计算

拟订工程项目是编制进度计划的首要工作。一个建筑物的分部分项工程项目很多，在确定工程项目时要详细考虑，根据工程特点按工程施工顺序逐项列出。单位工程进度计划是按照分部分项工程来列项目的。但是并不完全照搬分项工程的划分：为了减少项目，有些劳动量小、持续时间短的分项工程可以合并，例如基础工程中防潮层施工就可以合并到基础项目内，砖混结构立构造柱钢筋、预制过梁可以合并到砌砖项目内；而对于工期长、劳动量大、施工过程复杂的项目还可以在分项工程内再划分成施工过程，既简化进度计划的内容又突出重点。此外，准备工作与水电卫生设备安装也应列入进度内，表明与土建的配合关系，对于零星、次要的项目可以归并为其他工程，适当估算劳动力。有些项目的操作地点可以在场内，也可以在场外，要视具体情况而定。各施工层或施工段的进度不必在进度表内再划分，可以向右横向在水平进度线上标注，类似于网络计划的按施工段排列。

工程量计算工作十分烦琐，重复性劳动多，在工程概算、施工图预算、投标报价、施工预算等文件中都计算工程量，基本上应根据施工预算的数据，分配到各施工层和施工段。进度计划的工程量用来计算劳动量、资源用量、工作持续时间，不作为工资、材料核算和工程结算的依据，可以适当粗略。但按照实际需要作某些必要的调整：如计算土方工程量时还应根据土质情况、挖土深度及施工方法（放边坡或加支撑）等来计算；机械台班量要根据设备性能调整等。此外，需注意以下几点：

（1）计算每一分部分项工程的工程量时，计量单位应与所采用的施工定额的计量单位一致。门窗在施工图预算中按平方米，而在施工定额中却是以樘为单位。

（2）工程量计算应符合相应的分部分项工程的施工方法和施工规范。如土方量计算时放坡规定，计算混凝土时的运输方法和运输设备。

（3）工程量要按施工层、施工段开列，以便组织流水施工。

14.4.3　确定劳动量和建筑机械台班数量

根据各分部分项工程的工程量、施工方法、施工机械、采用的定额、组织要求及以往类似工程的经验，可以计算出完成各个分部分项工程需要的劳动量和机械台班数量。

$$劳动量 = \frac{工程量}{产量定额}$$

或　　　　　　　　劳动量 = 工程量×时间定额

$$机械台班数量 = \frac{工程量}{机械产量定额}$$

或　　　　　　　机械台班数量 = 工程量×机械时间定额

当某分项工程是由若干个分项工程合并而成时，则应分别根据各分项工程的产量定额及工程量，计算出合并后的综合产量定额。计算公式如下：

$$S = \frac{\sum Q_1}{\dfrac{Q_1}{S_1} + \dfrac{Q_2}{S_2} + \cdots + \dfrac{Q_n}{S_{2n}}} \tag{14-1}$$

式中　S——综合产量定额；

Q_1、Q_2、$\cdots$、Q_n——各个参加合并项目的工程量；

S_1、S_2、$\cdots$、S_n——各个参加合并项目的产量定额。

"其他工程"项目所需的劳动量，等于各零星工程所需劳动量之和，或者结合实际情况根据施工单位经验估算。

14.4.4　确定各工程项目的工期

在确定了各分部分项工程的劳动量及机械台班后，根据每天在该分部分项工程中安排的工人数（机械台数），就可计算该分部分项工程的工期（即所需的工作日）。按下列公式计算：

$$完成分部分项工程的工期 = \frac{分部分项工程的总劳动量（工日）}{每天安排的工人数×工作班数}$$

$$完成分部分项工程的工期 = \frac{分部分项工程的总机械台班数}{每天安排的施工机械数×工作班数}$$

对于采用新工艺、新方法、新材料等无定额可循的项目，可以采用估计的方法。有时为了提高估计的精度，采用三时间估计，即最长、最短和最可能时间，然后求出持续时间的期望值。

计算出的工作日，要与单位工程的工期和各施工阶段的控制工期协调配合，也应与相邻的分项工程的工期和搭接一致，否则应调整工人数、机械台数和每天工作班数。在确定分项工程每班安排的工人数时，必须考虑到以下几点；

1. 最小劳动组合

建筑施工中的许多工序都不是一个人所能完成的，而必须要有几个部门配合进行。而有的工序则必须在一定的劳动组合时生产效率才高。人数过少或比例不当都将引起劳动生产率的下降。最小劳动组合是指某一个工序要进行正常施工所必需的最低限度的小组人数及其合理组合，因此，每班人数不能少于这一人数。对班组人数进行调整时要符合工种搭配要求，以获得较高的工作效率；同时还应尽量照顾原有的班组建制，以便于管理。

2. 最小工作面

每一个工人或一个班组施工时，都需要有足够的工作面才能发挥效能、保证施工安全，这种必需的工作面称为最小工作面。因为安排施工人数和机械台数时，必然受到工作面的限制，所以不能为了要缩短工期而无限制地增加工人或机械的数量。这样做势必造成工作面不足而产生窝工，甚至发生安全事故。所以最小工作面决定了安排人数的最高限度。工作面也不能太大，否则会造成工作班内的工作面闲置，变相地延长了工期。

3. 可能安排的人数

在安排工人人数时，只要在上述最少必需人数和最多可能人数（或机械台数）的范围内，根据实际情况安排就可以了。必须指出，可能安排的人数，并不是绝对的。有时为了缩短工期，可以保证在有足够的工作面条件下组织非本专业工种的支援。如果在最小工作面的情况下，安排了最大人数仍不能满足缩短工期的要求时，可以组织两班制、三班制来达到缩短工期的目的。

14.4.5 编制施工进度计划

各个分部分项工程的工作日确定后，可开始编排进度。编制进度时必须考虑各分部分项工程的合理顺序，应力求同一施工过程连续施工，并尽可能组织流水施工，将各个施工阶段最大限度地搭接起来，以缩短工期。对某些主要工种的专业工人应力求使其能连续施工。

在编排进度时，首先应分析施工对象的主导工种，即采用主要的机械、耗费劳动力及工时最多的工种，例如混合结构民用房屋施工的主要施工阶段是主体结构施工阶段，单层工业厂房施工的主导工种是结构吊装。安排好主导工种的施工时间，尽量采用分层分段流水作业，各工种则尽可能予以配合、穿插、搭接，以保证连续施工。在各个施工阶段内也有主导施工过程，如现浇混凝土的模板工程，应当首先安排。

编排进度时，可以先安排各分部分项工程（例如基础、构件预制、吊装、装饰工程等）的施工组织，并使其相互之间有最大程度的搭接，最后汇总成单个建筑物进度计划的初步方案。

从初步的进度计划可以看出，不是所有项目对工程工期都有影响，不影响总工期的项目可以根据资源供应条件予以适当调整，使资源尽量均衡。然后，对进度计划的初步方案进行检查，视其施工顺序、搭接时间是否合理，是否满足规定总工期的要求，劳动力、机械等使用有无出现较大的不均衡现象。根据检查结果，对初步方案进行必要的调整。在调整某一工种工程时应注意到对其他工种工程的影响，因为它们是相互联系的。调整的方法是适当增减某项工种工程的工作日，或调动某项工种工程的开工日期。进度计划的调整往往要经过多次反复，直到最后达到既能满足规定工期的要求又能达到技术上和组织上的合理为止，并且尽可能符合各工程的最佳工期，就是使工程成本最低的工期。编制进度计划时，必须深入群众，进行细致的调查研究工作，听取各协作单位的意见，这样才能使所编的进度计划有现实意义。

采用网络计划方法编制进度计划可做到各工种工程之间逻辑顺序严密。当工程项目复杂时，还可借助电算进行网络计划的各种优化计算，最终同样可以打印出水平进度计划表。

14.4.6　劳动力、材料、成品、半成品、机械等需要量计划

施工组织设计还应该对施工中所需要的人力和物资作出规划和安排。有了施工进度计划之后，就可以根据单位工程施工进度计划编制劳动力、材料、成品、半成品、机械等需要量计划，提供有关职能部门按计划调配或供应。各种材料、成品、半成品等进场的时间和在现场的储存量应根据运距、运输条件以及供应情况而定。塔式起重机、桅杆式起重机进场时间还需考虑铺设轨道及安装起重机的时间。

劳动力、材料、成品、半成品、机械需要量计划表及运输计划表的格式如表 14.2～14.5 所示。

表 14.2　劳动力需要量计划表

项次	工种名称	人数	月份										
			1	2	3	4	5	6	7	8	9	10	…

表 14.3　建筑材料、构件、成品、半成品和设备需要量计划

项次	名称	单位	数量	规格	月份									
					1	2	3	4	5	6	7	8	9	10	…

表 14.4　建筑机械需要量计划表

项次	机械名称	特性	数量	月份											备注
				1	2	3	4	5	6	7	8	9	10	…	

表 14.5　运输计划表

项次	运输设备名称	设备型号	台班	运输项目						备注
				货物名称	单位	数量	货源	运距/km	运输量/(t·km)	

14.5　施工平面图

14.5.1　单位工程施工平面图的设计依据和内容

建筑工地的有序与否取决于施工平面图设计的合理程度。合理的施工平面布置图有利于顺利实施施工进度计划，反之，则造成施工现场混乱，影响施工进度、劳动生产率、工程成本、文明施工

和安全生产。单位工程施工平面图是施工组织设计的主要组成部分，是根据建筑总平面图、施工图、本工程的施工方案、施工进度计划等资料设计的。如果单位工程是建筑群的一个组成部分，还要符合建筑群的施工总平面图的条件。施工平面图是施工方案在现场空间上的体现，反映已建工程和拟建工程之间、各种临时建筑和设施之间的空间关系。其设计就是结合工程特点和现场条件，按照设计原则，对施工机械、施工道路、加工棚、材料构件堆场、临时设施、水电管网、排水系统进行平面的布置和竖向设计，并绘制成图。在设计施工平面图前，应对施工现场及有关情况作深入细致的调查研究，其中包括：

1. 原始资料

（1）自然条件资料：气象、地形、水文、工程地质资料等，主要用于确定临时设施的位置，设计施工排水，确定易燃、易爆及有碍人体健康的设施的位置。

（2）技术经济资料：交通运输、供水供电及排水条件、地方资源、生产生活基地状况。主要用于设计仓库位置、材料和构件堆场，布置水电管线及道路，确定现场施工可利用的生产和生活设施。

（3）建设地点的交通运输情况，河流、水源、电源，建材运输方式。

2. 设计资料

（1）建筑总平面图，包括地形图。图中有已建和拟建建筑和构筑物，据此设计临时建筑和设施的位置，修建运输道路解决排水，从中找出可以利用的已建建筑和需拆除的障碍物。

（2）已有和拟建的地上、地下管线的位置。施工中尽可能利用这些管线，如果对施工有影响时，应考虑拆除、迁移、保护等措施。

（3）建筑区域的竖向设计资料和土方调配图。这些资料与水电管线的布置、土方的挖填和取弃土密切相关。

（4）有关的施工图及图纸会审纪要。

3. 施工资料

（1）施工方案，是确定起重机械和其他施工机具位置、吊装方案、预制构件堆场布置的依据。

（2）单位工程施工进度计划，对了解各施工阶段进度、分阶段布置施工现场、有效利用施工用地起重要作用。

（3）资源需用量计划表，用于确定仓库和堆场面积、形式与尺寸、位置等。

（4）建设单位提供的原有房屋和其他生活设施情况。

（5）属于建设项目时，其相应的施工总平面图。

单位工程施工平面图的比例尺一般采用 1：500～1：200，图的内容如下：

① 建筑总平面图上的已建及拟建的永久性房屋、构筑物及地下管道；

② 施工用的临时设施，包括运输道路、钢筋棚、木工棚、化灰池、砂浆搅拌站、混凝土搅拌站、构件预制场、材料仓库和堆场、行政管理及生活用临时建筑、临时给排水管网、临时供电线网、临时围墙以及一切保安和消防设施等；

③ 垂直运输井架位置，塔式起重机的轨道或位置，必要时还应绘出预制构件的布置位置。

14.5.2　单位工程施工平面图设计的基本原则

设计施工平面图时应遵循下列基本原则：

（1）从施工现场的实际情况出发，遵循施工方案和施工进度计划的要求。

（2）在满足施工的条件下，尽可能地减少施工用地。减少施工用地，可以使现场布置紧凑、便于管理，并减少施工用的管线。

（3）在保证施工顺利进行的情况下，尽可能减少临时设施费用。尽量利用施工现场附近的原有建筑物作为施工临时设施为施工服务，多采用拆装式或临时固定式房屋做临时设施，这些都是增产节约的有效途径。

（4）最大限度地减少场内运输，特别是减少场内二次搬运。各种材料应尽可能按计划分期分批进场，充分利用场地。各种材料堆放的位置，根据使用时间的要求，尽量靠近使用地点、保证施工顺利进行，既节约了劳动力，也减少了材料多次转运中的损耗。

（5）临时设施的布置应有利于施工管理及工人的生产和生活；办公用房应靠近施工现场；福利设施应在生活区范围之内。

（6）要符合劳动保护、保安、消防、环保、市容卫生的要求。

施工现场的一切设施都要有利于生产，保证安全施工，使国家财产免受损失。要求场内道路畅通，机械设备的钢丝绳、电缆、缆风绳等不得妨碍交通，如必须横过道路时，应采取措施。有碍工人健康的设施（如熬沥青、化石灰等）及易燃的设施（如木工棚、易燃物品仓库）应布置在下风向，离开生活区远一些；工地内应布置消防设备；出入口设警卫室；山区建设中还要考虑防洪泄洪等特殊要求。

根据以上基本原则并结合现场实际情况，施工平面图可布置几个方案，选其技术上最合理、费用上最经济的方案。可以从如下几个方面进行定量的比较：施工用地面积、施工用临时道路、管线长度、场内材料搬运量、临时用房面积等。

14.5.3　施工平面图的设计步骤、要求

单位工程施工平面图设计的步骤是：熟悉、分析、研究有关资料→确定起重机械的位置→确定搅拌站、加工厂、仓库及材料和构件堆场的位置、尺寸→布置运输道路→布置临时设施→布置水电管网→布置安全消防设施→评价技术经济指标及优化→绘制施工平面布置图。在设计时各个步骤是相互关联和相互影响的，一个合理的步骤有利于节约设计时间，减少矛盾。在设计时，除平面设计外，还要考虑空间上是否可能和合理。

各个步骤的设计要求如下：

1. 熟悉、分析、研究资料

熟悉了解设计图纸、施工方案、施工进度的要求，研究分析有关原始资料，掌握现场情况。

2. 确定垂直运输机械的位置

垂直运输设备的位置影响着仓库、料堆、砂浆搅拌站、混凝土搅拌站的位置及场内道路和水电管网的布置，因此要首先予以考虑。

布置塔式起重机的位置要根据现场建筑物四周的施工场地的条件及吊装工艺决定。如在塔式起重机的工作幅度内，原有建筑物、构筑物上空有高压电线通过时，要特别注意采取安全措施；当塔式起重机轨道路基在排水坡下边时，应在其上游设置挡水堤或截水沟将水排走，以免雨水冲坏轨道及路基。

布置固定式垂直运输设备（如附墙式塔机、井架等）时，要照顾到材料运输的方便，最好靠近路边，并使高空水平运输量为最小，一般根据机械性能、建筑物平面形状和大小、施工段的划分情况、材料来向和已有运输道路的情况确定。其目的是充分发挥起重机的能力，并使上、下水平运输的运距小。一般布置在施工段分界处或高低分界处，各施工段不相互干扰。卷扬机不宜离起重机过近，应使司机能看到整个升降过程。

有轨式起重机的轨道布置方式取决于建筑物的平面形状、尺寸和周围施工场地条件。要避免死角，又要争取轨道最短。轨道通常沿建筑物一侧或两侧布置，必要是增设转弯设备。应做好轨道路基周围的排水工作。

无轨道的自行式起重机的开行路线由建筑物的平面布置、构件重量、安装高度和吊装方法确定。

3. 布置材料、构件仓库和搅拌站的位置

材料堆放尽量靠近使用地点，离使用区域重心近，并考虑到运输及卸料方便。基础、底层用材料可堆放在基础四周，但不宜离基坑（槽）边缘太近，以防压坍土壁。二层以上的材料布置在起重机附近。

如用固定式垂直运输设备，则材料、构件堆场应尽量靠近垂直运输设备，以减少二次搬运。采用塔式起重机作垂直运输时，材料、构件堆场、砂浆搅拌站、混凝土搅拌站出料口等应布置在塔式起重机工作幅度范围内。采用移动式起重机时，应靠近轨道或开行路线。

构件的堆放位置要考虑到吊装顺序：先吊的放在上面，后吊的放在下面或稍远一些。吊装构件进场时间应密切与吊装进度配合，力求直接卸到就位位置，避免二次搬运。

砂浆、凝土搅拌站的位置应尽量靠近使用地点和靠近垂直运输设备。有时浇筑大型混凝土基础时，为减少混凝土运输量，可将混凝土搅拌站直接设在基础边缘，待基础混凝浇筑好后再转移。砂石堆场、水泥仓库应紧靠搅拌站布置，因砂石、水泥或用量极大，因此搅拌站的位置亦应同时考虑到使这些大宗材料的运输和卸料方便。

木工棚和钢筋加工棚可在建筑物四周较远的地方，但应在起重机工作范围内。石灰和淋灰池接近砂浆搅拌站的下风向。沥青库和熬制锅远离易燃仓库和堆场，且在下风向。

4. 布置运输道路

现场主要道路尽可能利用永久性道路，或先选好永久性道路的路基，在土建工程结束后再铺路面。现场的道路最好是环形布置，不能布置成环形时应在路端设 12 m×12 m 的回车场，保证运输工具有回转的可能。道路宽度一般不小于 3.5 m，困难时不小于 3 m，双车道不小于 5.5 m。单位工程施工平面图的道路布置，应与全工地性施工总平面图的道路相配合。

5. 布置行政管理及生活用临时房屋

临时设施应考虑使用方便，不妨碍施工，并符合消防和保安的要求。出入口设门岗；办公室要布置在靠近现场的地方；工人生活用房尽可能利用建设单位永久性设施。若系新建企业，则生活区应与现场分隔开。一般新建企业的行政管理及生活用临时房屋由全工地施工总平面来考虑。

6. 布置水电管网

施工用临时用水、用电的计算在施工组织总设计中讲述。一般建筑面积在 5 000~10 000 m² 的单位工程，给水总管为 DN100，支管为 DN40 和 DN25。DN100 的管可以供给一个消防龙头的水量，在现场还应考虑消防水池、水桶、灭火器等消防设施。单位工程施工中的防火一般利用建设单位的永久性消防设施，属于新建的建设项目由全工地性施工总平面图考虑。消防水管不小于 DN100，消防栓离建筑不应小于 5 m，也不能大于 25 m，距离路沿不大于 2 m，间距不大于 120 m。水压不足时可设高压泵或蓄水池解决。

为满足施工阶段排水需要，要先修通能为施工所用的永久性下水管道，结合现场竖向设计资料和地形情况在建筑物四周设置排泄地面水和地下水的沟渠。

单位工程施工用电应在全工地性施工总平面图中一并规划，扩建工程一般计算出用电总数后提供建设单位解决，不单设变压器。独立的单位工程的变电站应布置在现场边缘高压线接入处，离地大于 3 m，2 m 以外用高度大于 1.7 m 的铁丝网作围护，变电站不宜布置在交通要道口。用电线路距建筑物水平距离 1.5 m 以上，垂直距离 2 m 以上，立杆间距 25~40 m。

施工平面图设计时应考虑施工阶段的变化，复杂的或施工用地紧张的工程应按不同的施工阶段

分别设计施工平面图，整个施工期间要使用的道路、水电管线和临时设施应尽量固定，以充分利用场地、节约费用。

　　施工平面布置图的方案比较一般考虑施工用地面积、场地利用率、场内运输情况、临时建筑面积、临时道路和各种管线长度，以及劳动保护、安全、消防、环保、卫生、市容等方面。

14.6　技术组织措施

　　技术组织措施是在技术组织方面对保证工程质量、安全、节约和文明施工所采用的方法。制定技术组织措施是施工组织设计者创造性的工作。

14.6.1　保证质量措施

　　保证工程质量措施的关键是从全面质量管理的角度，建立质量保证体系，对施工组织设计的工程对象容易发生的质量通病和采用的"四新"（新技术、新材料、新结构、新工艺）制定防治措施，从材料、加工、运输、储存堆放、施工、验收等方面去保证质量。ISO9000 是保证工程质量的有效质量保证体系，QC 小组活动、工序质量控制点、工序"三检制"都对保证施工质量和改进施工有很大作用，要坚持推广。当工程采用"四新"时，需吸取过去的施工经验，制定有针对性的技术措施来保证工程质量。对于复杂的地基处理、桩基施工、基础结构施工、主体结构施工、施工测量、防水和装饰工程施工等，都要制定施工技术措施，并且要将措施落实，切实保证工程质量。

　　保证工程质量措施还应从以下几方面考虑：

　　（1）确保拟建工程定位、放线、轴线尺寸、标高抄测准确无误。

　　（2）保证地基承载能力符合设计规定的有关技术措施。

　　（3）各种基础、地下结构、地下防水工程施工的质量措施。

　　（4）保证主体承重结构主要施工过程的质量、预制承重构件的检查措施，材料、半成品、砂浆、混凝土等的检验和使用要求。

　　（5）冬、雨期施工的质量措施。

　　（6）防水工程、装饰工程的保证质量措施和成品保护措施。

　　（7）质量通病防治措施。

　　（8）施工质量的检查验收制度，各分部分项工程的质量目标。

14.6.2　安全施工措施

　　安全施工占有十分重要的地位，在制订施工方案和施工组织设计时，应予以足够的重视。安全技术措施应贯彻安全操作规程，对施工过程中可能发生安全问题的各个施工环节进行预测，并有针对性地提出预防措施，切实加以落实，以保证安全施工。

　　安全措施应着重考虑下述方面：

　　（1）安全教育。提出安全施工的宣传、教育具体措施，对新职工和复岗职工做上岗前的安全教育和安全操作培训。

　　（2）预防自然灾害。针对拟建工程的地形、环境、自然气候、气象等情况，提出防台风、雷电、洪水、滑坡以及防冻、防暑、降温的措施和具体办法，以便减少损失，避免伤亡。

　　（3）深坑、高空和立体交叉作业。严格明确合理的施工顺序，制定结构吊装、上下垂直平行施工时的安全要求和措施，确保结构施工过程中的稳定，在施工过程中正确使用安全用具。

（4）易燃、易爆、危险品。"三品"的管理和使用的安全技术措施，有毒、有尘、有害气体环境下操作人员的安全要求和措施。

（5）机电设备。包括安全用电、电气设备的管理和使用，机械、机具的安全操作规程，交通、车辆的安全管理。

（6）防火、防爆措施。

（7）安全检查。对安全检查的规定，安全隐患的处理，安全维护制度。

此外，还有环境保护、保安等，还要明确安全生产目标、安全事故处理程序。

14.6.3　降低成本措施

降低成本措施要以施工预算为尺度，以企业或基层施工单位年度、季度降成本计划和技术组织措施为依据进行编制。要针对工程施工中降低成本潜力大、工程量大、有采取措施可能性和条件的项目，发动技术人员、预算人员开动脑筋，提出措施，计算出经济效益指标，加以评价决策。降低成本措施包括采用先进的技术和设备、节约材料和劳动力、降低机械使用费、降低间接费、节约临时设施费用、节约资金等。降成本措施应考虑以下几方面：

（1）生产力水平先进。

（2）有合理的劳动组织和管理组织，保证措施的落实。

（3）物资计划管理，从采购、运输、现场管理、竣工材料的回收方面降低成本。

（4）采用新技术、新工艺提高功效、降低耗用。

（5）保证工程质量，减少返工费用。

（6）保证安全生产，避免安全事故带来的损失。

（7）提高机械的利用率，减少机械费开支。

（8）工程建设提前完工，减少管理费等费用的开支。

需注意，成本、质量、工期三者是相互联系、相互影响的，要综合考虑，不能只强调某一方面，否则最终达不到预期目标。

14.6.4　季节性施工措施

工程施工时间跨越冬季和雨季时，要制定冬期施工措施和雨期施工措施。制定这些措施的目的是保证工期、安全、质量和成本。

雨期施工措施根据工程所在地的雨量、雨期及施工工程的特点进行制定。要在防淋、防潮、防泡、防淹、防拖延工期等方面，分别采用疏导、堵挡、遮盖、排水、防雷、合理储存、调整施工顺序、避雨施工、加固防陷等措施。

冬季因气温、降雪量不同，工程部位和施工内容不同，施工单位的条件不同，应采用不同的冬期施工措施。要按照有关的冬期施工规定选用措施，以达到保温、防冻、改善操作环境、保证质量、控制工期、安全施工、减少浪费的目的。

14.7　单位工程施工组织设计的技术经济分析

技术经济分析是论证施工组织设计在技术上是否可行、在经济上是否合算的过程，通过科学的计算和分析比较，选择技术经济最佳的方案，为不断提高施工组织设计水平提供依据，为寻求增产节约途径和提高经济效益提供信息。技术经济分析既是单位工程施工组织设计的内容，也是必要的设计手段。

第 14 章　单位工程施工组织设计

技术经济分析要按以下基本要求进行：

（1）全面分析。对施工的技术方法、组织方法及经济效果进行分析，对需要与可能进行分析，对施工的具体环节及全过程进行分析。

（2）应抓住施工方案、进度计划、施工平面图三个重点，建立技术经济指标体系。

（3）灵活运用定性方法和有针对性地运用定量方法。做定量分析时，主要指标、辅助指标和综合指标要区别对待。

（4）技术经济分析要以设计要求、有关国家规定和工程实际需要为依据。

14.7.1　技术经济比较指标

单位工程施工组织设计技术经济分析的指标比较多（图 14.6），包括工期指标、劳动生产率指标、质量指标、安全指标、成本率、机械化施工指标、三大材节约指标等。这些指标在单位工程施工组织设计基本完成后计算，反映在施工组织设计中，作为考核的依据。

图 14.6　施工组织设计技术经济分析指标

1. 主要指标

1）工　期

（1）提前工期。

$$提前工期 = 上级要求或合同规定工期 - 计划工期$$

单位工程进度计划必须符合规定工期，力求达到使成本最低或收益最高的最佳工期。

（2）节约工期。

$$节约工期 = 定额工期 - 计划工期$$

2）资源的均衡性

单位工程进度计划中的资源均衡性主要是指劳动力消耗的均衡性。因为劳动力耗用均衡，其他资源也基本能够均衡。单位工程的劳动力耗用动态图，不允许出现短时间高峰或长时期的低谷。当在短时期内出现工人人数高峰时，这就在建筑工地必须相应地增加为工人服务的各种临时设施，导致增加了间接费用的支出；当在施工期间较长时期出现人数低谷时，这说明工程拖延和工人有窝工现象，计划安排得不紧凑。

劳动力耗用的均衡性可以用劳动力不均衡系数 K 来评价：

$$劳动力不均衡系数 K = \frac{最高峰的工人数}{平均工人人数}$$

劳动力不均衡系数 K 越接近 1，说明劳动力的安排是最理想的。在组织流水作业的情况下，可得到较好的 K 值。除了总劳动力耗用要均衡以外，对各专业工种工人的均衡性更应正视。不均衡系数一般以在 1.5 内为宜，超过 2 则不正常。

当建筑工地有若干个单位工程同时施工时，就应该考虑全工地范围内劳动力耗用的均衡性，在编制单位工程进度计划时应与全工地总进度计划相配合，并绘出全工地性的劳动力耗用动态图。

3）主要机械的使用率

单位工程进度计划中主要机械的使用程度会直接影响工期和成本，这是衡量进度计划的一个重要指标。不同主要机械的使用率可以作多方案比较，选择最优方案。选择使用率最高即停歇率最低的方案为进度计划的决策方案。

2. 辅助指标

单位工程进度计划的评价，除上述主要指标以外，还有以下辅助指标：

$$单位建筑安装工程的机械化程度 = \frac{机械化施工工作量}{单位工程总工作量}$$

$$预制装配程度 = \frac{预制装配工作量}{单位工程总工作量}$$

$$每平方米建筑物劳动消耗量 = \frac{总用工数（工日）}{建筑面积}$$

$$每工平均日产量或日产值 = \frac{工程总工作量（产值）}{总劳动量}$$

$$劳动量节约率 = \left(1 - \frac{计划用工数}{施工预算用工数}\right) \times 100\%$$

$$有节奏流水施工资源均衡系数 = \frac{n}{m+n-1}$$

3. 施工平面指标

$$施工占地系数 = \frac{施工占地面积}{建筑面积}$$

$$施工场地利用率 = \frac{施工设施占用面积}{施工用地面积}$$

$$临时设施投资率 = \frac{临时设施费用总和}{施工总造价}$$

14.7.2　技术经济分析的方法

技术经济分析应围绕质量、工期、成本三个主要方面进行。选用方案的原则是：在质量达到优良的前提下，工期合理，成本节约。

单位工程施工组织设计技术经济分析的重点是：工期、质量、成本、劳动力使用、场地占用、临时设施、协作配合、材料节约、新技术、新设备、新工艺、新材料。

技术经济比较一般采取定性和定量分析的方法。定性分析是各方案一般优缺点的分析和比较，例如，施工操作上的难易和安全，可否为后续工序提供有利条件，对冬期或雨期施工带来的困难，是否可利用某些现有的机械和设备，能否一机多用，能否给现场文明施工创造条件，等等。定量的技术经济分析在计算的基础上用劳动力及材料消耗、工期及成本费用等来进行比较。进行分析时往往可将二者结合起来进行分析，而定量分析是主要根据。

定量分析有多指标和单指标（或称综合指标）两种方法。

1. 多指标分析方法

这种方法是用一系列的价值指标、实物指标和时间指标等个体指标来反映的。每一个个体指标只说明某一方面的情况，是从某一个局部直接反映经济效果，比较单一、具体，例如工期、劳动量、能耗等。这种方法是常用的方法，已为建筑部门的技术经济人员所掌握。这种方法当用作总体方案比较时，如果某方案的全部指标都优于其他方案，这无疑是最优方案。但是实际上全部指标最优的方案在客观上是极少的，往往各个方案有部分指标较优，另一些指标较差。即各个方案实际上都存在着不同程度的优劣指标，而且各种指标对方案经济效果的影响是不等同的。在这种情况下，应将每种方案比较分成若干主要指标和辅助指标，分别作定量分析，按以下原则评价：

（1）主要指标是决定方案取舍的主要依据，如果大部分主要指标的经济效果比较显著，则整个方案基本上可以肯定。

（2）各方案在主要指标之间发生矛盾时，应着重考虑价值指标。因为它是集中反映了各方面的技术经济情况，亦可说有某些综合性，故应起主导作用。

（3）在主要指标相差不大的情况下，需要分析辅助指标，用辅助指标作为选择方实的补充论证。

（4）在进行综合经济评价时，不能孤立地考虑各个指标，应当结合实际情况，从全局出发，因地制宜地加以选择。

（5）要考虑预期经济效果。对每项新技术的掌握都有一个发展过程，它的经济效果也必然是逐渐提高的，因此要进行预期效果的经济分析，即以预计长远的效益作为补充论证。

2. 单指标分析方法

单指标分析是用一个综合指标作为评价方案的客观标准。单指标是在多指标计算的基础上加以综合分析的。其计算方法有多种，常用的综合指标计算是根据各个指标重要程度分别定出"权值"，最重要的指标"权值"最高，划分等级定值。此外，各个指标分别定出相对的"指数"，即同一指标根据指标的优劣程度定出相应的指数值。每个方案各指标的"指数"乘以相应的"权值"之和即为综合指标。

必须指出，单指标分析并非唯指标决策，尤其是当不同方案的综合指标相近时，还应考虑社会、技术进步、环境等其他因素和实际条件，然而它能给决策人提供综合效果的定量值，为最后决策提供科学依据。

多指标分析与单指标分析方法并不是相互排斥的。虽然综合指标能全面地反映优劣程度，但由于它所含的内容繁杂，要受到很多因素影响，亦会掩盖某些不利因素。为了完整和正确地分析各个方案的经济效果，应把单指标和多指标两者结合起来评价，相互补充，以综合指标为主、个体指标为辅,也就是在综合分析的基础上,着重分析和解决个体指标所反映的不利因素,促进有利因素。

在某些特定条件下,往往某些个体指标会占主导作用,例如:某一时期需要节约使用国民经济某种短缺的资源;边缘地区或缺乏劳动力的地区,劳动力指标往往成为主要因素;某些地区甚至可能会以利用工业废料作为主要的因素。这就是综合指标所不能替代的特殊作用。

14.8　单位工程施工组织设计的执行与管理

14.8.1　施工组织设计的贯彻执行

施工组织设计是指导拟建工程施工全过程技术、经济和组织的综合性文件。它是由工程技术人员从技术经济的角度出发,根据建筑产品的生产特点,对人员、资产、材料、机械和施工方法进行的科学合理的安排,对施工各项工作活动作出全面的规划和部署,使工程能有组织、有计划、有条不紊地进行施工,达到相对的最佳效果。

首先,要正确看待施工组织设计。施工组织设计是用于指导施工全过程的技术经济文件。因此要充分认识到它对施工生产的指导作用,否则施工组织设计就毫无价值。具体工作中要尽可能地发挥其指导作用,使施工生产有依据可循。施工组织设计一经审批,就具备权威性,不能轻易更改。同时,由于施工生产的复杂性,可变影响因素多,应用过程中应当根据具体情况的变化进行调整,以便更好地指导施工生产。在实际施工过程中有以下现象要予以纠正:

(1)没有充分认识施工组织设计的作用,编制、实施过程不认真,更使其指导性差。

(2)忽视施工组织设计的权威性,更改指标、进度等随心所欲,或者没有对调整方案认真进行分析、不进行审批等,造成部门不了解情况,一线不能适应变化,形成浪费。

(3)编制人员构成不合理,编制出的施工组织设计不能做到技术与经济的统一,偏重某一方面,使其应用价值降低。

(4)把施工组织设计教条化,不能随机应变,使施工组织设计逐渐脱离生产实际,最终不具备指导作用。

因此,在施工组织设计的编制和执行中要注意以下问题:

(1)选定合适的编制人员。

为保证施工组织设计的编制质量和效率、实施的指导作用,应尽可能选择通晓工程技术和管理技术,了解施工队伍具体情况,具备一定经济知识,了解设计技术并具有丰富施工经验的技术人员承担。

(2)编制施工组织设计要密切结合实际。

编制以前要认真收集整理资料,摸清现场情况,制订方案要集思广益,多方征求意见,使施工组织设计成为基层技术人员和相关管理人员的共同成果,为实施创造条件。

(3)严格审批程序。

施工组织设计编制后,需按规定逐级审批,审批后方能生效。审批的目的在于保证质量和有效地指挥生产,审批也是上级部门了解工程施工的一个途径,能使上下步调一致。

(4)做好单位工程施工组织设计交底。

在工程开工前,应召开各级生产和技术会议,逐级进行交底工作,使各级参与人员心中有数,形成人人把关的局面。在交底中,应详细讲解其内容要求、施工中的关键问题、各项保证措施;责成生产计划部门或项目经理部,按单位工程施工进度计划要求编制具体的实施计划;责成技术部门或项目经理部,拟订实施的具体技术细则。

（5）制定有关贯彻施工组织设计的规章制度。

为了维持企业的正常生产秩序，顺利贯彻实施单位工程施工组织设计，企业和项目经理都必须制定、完善和健全各项规章制度，保证施工组织设计的顺利实施。

（6）积极推行各项技术经济承包制。

采用技术经济承包办法，如节约材料奖、技术进步奖、优良工程综合奖、工期提前奖等，把技术经济责任同职工物质利益结合起来，便于贯彻过程中的相互监督和激励，这是贯彻执行单位工程施工组织设计的重要手段之一。

（7）统筹安排，综合平衡，适时调整。

在施工的进行过程中，要严格按照单位工程施工组织设计的要求，统筹安排好人力、物力和财力，保持合理的施工规模。要通过月、旬作业计划，及时分析各种不均衡因素，综合各种施工条件进行各专业工种间的综合平衡，随条件变化、生产进展完善和调整施工组织设计，保证施工能连续、均衡而富有节奏地进行。

上述各项工作是单位工程施工组织设计顺利贯彻执行的保证，各级施工和技术领导人员，应严格按照单位工程施工组织设计，检查和督促各项工作的落实。但是由于建筑施工是一个复杂的生产过程，受到周围客观条件影响的因素很多，所以单位工程施工组织设计，并不是一成不变的。在施工过程中，由于情况和条件发生变化，施工方案可能会有较大的变更，这时应及时修改和补充单位工程施工组织设计，并经原审批部门同意后，按修改后的施工组织设计执行。

有时又由于劳动力、材料和机械等物质的供应及自然条件等因素的影响，打破原进度计划也是常见的事，故在工程进展中，应随时掌握施工动态，善于使主观的东西适应客观情况的变化，不断修改和调整计划，使施工进度计划发挥指导施工的具体作用。随着工程的进展，各种机械、材料、构件等在工地上的实际布置情况是随时在改变的，这就需要按不同的施工阶段来布置施工平面图。因此，单位工程施工组织设计的检查与调整工作，不仅在其编制时要认真进行，而且在其贯彻执行过程中也应经常检查和调整，使其贯穿整个施工过程的始终。

14.8.2　横道图进度计划的检查与调整

1. 横道图计划的检查

1）双线法

横道图计划可采用日常检查或定期检查，检查的内容是在进度计划执行记录的基础上，将实际执行结果与原计划的规定进行比较。比较的内容有：开始时间、结束时间、持续时间、实物量或工作量、总工期。同时，也还应对施工顺序和资源消耗均衡性进行检查。

横道图比较法是一种反映进度实施进展状况的方法，施工进度安排图中用粗实线表示原计划进度，双线表示实际进度（实际工作中也可用彩色线表示），也可根据编制的正式横道图跟踪记录。通过简单而直观的比较，能使进度控制人员掌握到进度实施现状，以便采取相应的措施。

（1）对施工顺序进行检查。应从技术上、工艺上、组织上检查各个施工顺序是否符合建筑施工的客观规律，各个施工项目的安排是否合理。

（2）对资源消耗均衡性的检查。主要是针对劳动力、材料、机械等的供应与使用，应避免过分集中，尽量做到均衡。

2）"S"形曲线比较法

S 形曲线是一个以横坐标表示时间，纵坐标表示工程量或工作量累计完成量的曲线图。一般是实物工程量大小、工时消耗或费用支出额，也可以用相应的百分比来表示。

对于大多数工程项目来说，时间与完成的工程量或工作量的关系呈中间大而两头小的形状，如图 14.7（a）所示。由于这一原因，累加后便形成一条中间陡而两头平缓的形如"S"的曲线，故因此而得名，如图 14.7（b）所示。

（a）时间与完成工作量关系曲线　　　　（b）S 形曲线比较图

图 14.7

如同横道图，S 形曲线也能直观地反映工程的实际进展情况。检查时，先作出计划的 S 曲线，在执行过程中，每间隔一定时间，将实际进展情况用前述方法绘制在原计划的 S 曲线上进行直观比较，如图 14.8 所示。通过检查比较，可以获得如下信息：

图 14.8

（1）实际工程进展速度。如果按工程实际进展描点落在原计划的 S 曲线左侧，则表示此刻实际进度比计划进度超前，如图 14.8 中的 a 点；反之，如在右侧，则表示实际进度比计划进度拖后，如图 14.8 中的 b 点。

（2）进度超前或拖延的时间。在图 14.8 中，Δt_a 表示在 t_a 时刻进度超前的时间，Δt_b 表示在 t_b 时刻进度拖延的时间。

（3）工程量完成情况。在图 14.8 中，Δy_a 表示在 t_a 时刻超额完成的工程量，Δy_a 表示 t_b 时刻拖欠的工程量。

（4）后期工程进度预测。在图 14.8 中，Δt_c 表示若后期工程按原计划速度实施，则总工期拖延的预测值。

2. 横道图计划的调整

当采用横道图比较法检查出问题后，应及时进行调整。如检查时，某项工作有可能拖延完成，但对其后续工作无影响，可不作调整；若对其后续工作有直接影响，则应在后续工作中对工期起控制作用的施工项目进行缩短工作时间的调整，并注意施工人数、机械台数的重新确定。如检查时，某项工作有可能提前完成，但对其整个总工期影响不大，也可不作调整。若有利于整个总工期的提前，这时应分别考虑，如整个总工期提前有利项目效益，则后续各施工项目顺延提前；如整个总工期提前对项目效益不大，则应从资源均衡角度出发，对后续某施工过程延长工作时间，以避免资源需用的过分集中。

对资源均衡性检查中，如发现出现短期需用量高峰，这时应进行调整。一种方法是延长某些施工项目的持续时间，把资源需用的强度降低；另一种方法是在施工顺序允许的情况下，将施工项目向前或向后移动，消除短期资源需用量高峰。

在 S 曲线检查中，如实际进度比计划进度超前，应考察质量和成本情况，如果正常，则应抽出人力，并使各资源供应强度降低，放慢施工进度；如实际进度比计划进度要慢（拖后），则应增加人力及资源投入，赶上计划进度。

14.8.3　网络计划的检查与调整

1. 网络计划的检查

网络计划的检查一般采用定期检查。检查周期的长短应视计划工期的长短和管理的需要决定，可按一日、双日、五日、周、旬、半月、一月、一季等为周期。当计划执行过程中突然出现意外情况时，可进行"应急检查"，以便采取应急调整措施。上级如认为有必要，可进行"特别检查"。定期检查应在制度中规定。

网络计划检查的主要内容有：关键工作的进度；非关键工作的进度及时差利用；工作之间的逻辑关系；资源状况；成本状况；存在的其他问题。

检查网络计划时，首先必须收集网络计划的实际执行情况，并进行记录。

1）前锋线法

当采用时标网络计划时，可采用实际进度前锋线（简称前锋线）记录计划执行情况。前锋线应自上而下地从计划检查时的时间刻度线出发，用直线段依次连接各项工作的实际进度前锋，最后到达计划检查时刻的时间刻度线为止。有时，前锋线也可采用点画线或彩线，相邻的前锋线可采用不同的颜色。在时标图上标画前锋线的关键是，标定工作的实际进度前锋点的位置，其标定方法可采用比例法。如按已完成的工程量比例来标定，检查计划时，某工作的工程实物量完成了几分之几，其前锋点就从表示该工作的箭线起点自左而右地量取几分之几打点；有时也可按时间比例，如总的需 5 天时间，已完成 4 天，即完成 4/5，则取该工作横线长度的 4/5 处打点，这种方法形象、直观、简便。观察时，线路与前锋线的交点正好在检查日期—线上的，表示进度正常，在检查日期线前（右方）的表示进度提前，在后（左方）的则表示拖后，前锋线头尾表示检查日期。处于波峰上的线路较相邻线路进度快，处于波谷上的线路则较相邻线路的进度慢。

2）"香蕉"曲线比较法

"香蕉"曲线实际上是由两条 S 形曲线组合而成的，因其外形像"香蕉"，故因此而得名，如图14.9 所示。

图 14.9　香蕉曲线

从图 14.9 中可观察出,"香蕉"曲线的两条 S 形曲线具有相同的开始时间和结束时间,其中一条是以各工作均按最早开始时间安排进度所绘制的 S 形曲线,简称 ES 曲线。另一条是以各工作均按最迟开始时间安排进度所绘制的 S 形曲线,简称 LS 曲线。

除开始和结束束外,ES 曲线上其余各点均落在 LS 曲线的左侧,某一检查时刻两条曲线各对应完成的工作量是不同的。在具体实施过程中,理想的状况是任一时刻接实际进度描出的检查点,应落在两条曲线所包的区域以内。如检查点落在两条曲线所包的区域之外,则需进行调整。检查点在 ES 曲线左侧区域,表明实际进度过快,在考察质量和成本正常的情况下,降低资源供应强度,使施工速度放慢;反之,如在 LS 曲线右侧,表明实际进度拖后,应增大资源投入,把计划进度赶上。

"香蕉"曲线的作图方法与 S 形曲线的作图方法一致,所不同之处在于:它是以工作的最早开始时间和最迟开始时间分别绘制的,通常用来表示某项目的总体进展情况。在进行计划检查时,先按网络图计算出工作的最早开始时间和最迟开始时间;其次,确定各工作在不同时间的工作量(如工时消耗、费用支出或实物工程量);再次,确定项目总工作量,并计算出某一时刻完成项目总工作量的百分比,分别作出 ES 和 LS 曲线,从而构成香蕉曲线;最后,按实际进度确定不同时间实际完成工作量百分比,作出其 R 曲线。

网络计划检查后,宜列表反映检查结果及情况判断,以便对计划执行情况进行分析判断,为计划的调整提供依据。一般宜采用实际进度前锋线,分析计划的执行情况及其发展趋势,对未来的进度情况作出预测判断,找出偏离计划目标的原因及可供挖掘的潜力所在。

2. 网络计划的调整

网络计划的调整时间一般应与网络计划的检查时间一致,或定期调整,或在必要时进行应急调整、特别调整等,一般以定期调整为主。通过调整解决检查出的问题。

1)调整的内容

(1)关键线路长度的调整。

(2)非关键工作时差的调整。

(3)增减工作项目。

(4)调整逻辑关系。

(5)重新估计某些工作的持续时间。

(6)对资源的投入作局部调整。

2)关键线路长度的调整

(1)当关键线路的实际进度比计划进度提前时,若不拟缩短原计划工期,则应利用这个机会选择资源占用量大或直接费用高的后续关键工作,适当延长其持续时间,以降低资源强度或费用,延长的时间不应超过已完成的关键工作提前的时间量;若要缩短原计划工期,使提前完成的关键线路的效果变成整个计划工期的提前完成,则应将计划的未完成部分作为一个新计划重新进行计算与调整,按新的计划执行,并保证新的关键工作按新计算的时间完成。

(2)当关键线路的实际进度比计划进度落后时,计划调整的任务是:采取措施把失去的时间抢回来,故应在未完成的关键线路中,选择资源强度小或费用率低的关键工作予以缩短,并把计划的未完部分作为一个新计划,重新进行时间参数的计算,按新参数执行。这样有利于减少赶工费用。

3)非关键工作时差的调整

非关键工作时差的调整应在时差的范围内进行,以便更充分地利用资源、降低成本、满足施工的需要。每次调整均必须重新计算时间参数,从而观察这次调整对计划全局的影响。调整的方法一般有三种:将工作在总时差的范围内移动;延长非关键工作的持续时间;缩短非关键工作的持续时间。三种方法的前提均是降低资源强度。

4)增减工作项目

增减工作项目时,均不应打乱原网络计划总的逻辑关系,只对局部逻辑关系进行调整。增减工作项目之后,应重新计算时间参数,以分析此调整是否对原网络计划工期有影响,必要时采取措施,以保证计划工期不变。

5)调整逻辑关系

逻辑关系的调整只有当实际情况要求改变施工方法或组织方法时才能进行。调整时应避免影响原定计划和其他工作的顺利进行。一般说来,只能调整组织关系,而工艺关系不宜进行调整,以免打乱原计划。同时应注意,调整的结果绝对不应形成对原计划的否定。

6)调整工作的持续时间

当发现某些工作的原计划持续时间有误或实现条件不充分时,应重新估算其持续时间,并重新计算时间参数。

7)对资源的投入作局部调整

当资源供应发生异常时,应采用资源优化方法对计划进行调整或采取应急措施,使其对工期的影响最小。资源调整的前提是保证工期或使工期适当。

14.8.4 施工平面图的优化配置

1. 施工平面图的贯彻

施工平面图是安排和布置施工现场的基本依据,是有组织、有计划地组织文明施工的重要保证,也是加强施工现场科学管理的基础。因此,应严格地按照经批准后的施工平面图贯彻执行,这样不仅能顺利地完成施工任务,而且还可以提高施工效率,并取得较好的施工经济效益。

施工平面图的贯彻应设专人负责,严格按其管理制度执行。督促现场管理人员按施工平面设计图布置施工机械、临时设施、材料、构件、半成品、水电管网、道路等,减少施工垃圾,排除污染,合理布置各种宣传牌,设置安全防护设施和安全标志牌。坚持文明施工,为施工作业创造良好的环境。另外,要随时检查施工平面图的合理性,对不合理部分,要进行相应的修改,并应根据施工阶段的不同,及时制订改进方案,经批准后,按新的方案监督执行。

2. 施工平面图的优化配置

在施工平面图的贯彻执行过程中,由于建筑安装工程工种繁多、流动性大,许多工种常年处于露天作业,高空、地下、立体交叉作业以及小面积多工种作业,笨重的劳动密集型重体力劳动。因此,应结合现场施工平面图的布置,加强安全措施的贯彻执行及优化配置工作。

在施工现场,应成立以项目经理为首的安全管理小组,认真贯彻执行上级有关安全施工的规定,推动和组织施工中的安全工作,在业务上接受上一级安全管理部门的领导。制订可靠的安全保证措施,建立健全安全施工的有关制度,使安全管理标准化、制度化。施工安全制度主要有:安全生产责任制度、安全生产教育制度、安全检查制度、安全技术措施计划制度及伤亡事故的调查和处理制度等。

根据"全员管理、安全第一"的原则,优化安全管理方法,建立安全施工责任制,明确规定企业各级领导、职能部门、工程技术人员和生产工人在施工生产中的安全责任。强化安全教育，使职工在思想上重视安全生产，在技术上懂得安全生产的基本知识，在操作上掌握安全生产的要领，这是做好安全生产和劳动保护工作的保证。安全教育的内容包括：安全思想教育、安全知识教育、安全法制教育、安全技术教育、安全纪律教育、卫生安全教育及典型经验和事故教训的教育。

优化安全技术组织措施，主要包括以改善施工劳动条件、防止伤亡事故和职业病为目的的一切技术措施。应做好以下工作：

首先，开展以机械化、自动化为中心的技术革新，积极改进施工工艺和操作方法，改善劳动环境条件，减轻劳动强度，消除危险因素，保证安全生产。

其次，机械设备应设有安全装置。

最后，应注意安全设施的设置，如在施工现场设置安全围栏，设置防火设置，坚持使用高空作业的安全网、安全带、安全帽措施等。

14.8.5 施工现场管理方法简介

施工现场管理涉及施工企业各职能部门，是整个企业综合管理的集中反映，关系到工程进度、质量、成本、安全与资金运转、场容场貌、文明施工等综合效果。因此，企业内各职能部门必须坚持"现场第一、强化服务"的原则。

施工企业应建立健全责任制及施工现场内部各项管理制度，实行建筑施工现场管理科学化、标准化，做到优质、高效、文明、安全地施工。

一般施工企业应以国家、行业及企业的有关规定标准、制度、规范为依据，制定下列施工现场管理标准，以利科学化、标准化管理：施工现场准备管理标准、施工现场工序作业标准、施工现场材料管理标准、施工现场设备管理标准、施工现场安全管理标准、施工现场质量管理标准、施工现场场容管理标准、施工现场进度管理标准、施工现场生活管理标准、施工现场宣传管理标准等。这样可为施工现场管理科学化、标准化创造良好环境，在此基础上，从施工组织设计入手，抓好施工现场管理标准化的总体布局，特别是施工平面图的贯彻执行，可以树立良好场容场貌的市场形象，并可带动各项基础管理纳入标准化轨道，如围墙大门规范化、道路水沟网络化、物料堆放定置化、资料管理档案化、工序衔接定时化、合同管理程序化、成本核算动态化等，为施工项目的现场管理带来明显的社会和经济效益。

在施工现场除注重标准化管理方法外，还应加强劳动安全、卫生防疫、污染防治、市容环卫、社会治安、消防安全工作的日常管理。现分别就施工现场管理中施工管理、卫生管理、环境管理、治安管理应注意的问题作一简介。

施工管理：建筑工程应在批准的施工现场范围内组织施工，按照批准的施工现场和临时占用的道路，施工单位不得随意挖掘或擅自改变其使用性质；施工现场必须设置明显的标牌，并在标牌上写明工程名称、建设单位、设计单位、建设监理单位、施工单位及项目经理和施工现场总代表人姓名、开工日期、竣工日期，施工现场的管理人员、务工人员应当佩戴证明其身份的证卡，非施工人员不得擅自进入施工现场。施工现场的各种安全设施和劳动保护器具，必须保持完好状态；在施工现场周边设立围护设施，属临街和居民居住区在建工程的，应当设置封闭式围护设施作业，保持工地周边整洁；土方、爆破、机械施工时，按有关规定执行。

卫生管理：施工现场的生活饮用水，必须符合国家规定的卫生标准；施工现场职工食堂卫生状况，必须达到国家食品卫生的有关规定标准，并应向当地卫生部门申请办理"卫生许可证"；食堂工作人员必须先体检，培训合格后方可上岗；施工现场人员居住地卫生条件应符合国家有关标准，并建有符合卫生条件的厕所。

　　环境管理：建立冲洗保洁制度，并设置沉淀池、冲水池和排水沟，妥善处理施工废水及生活垃圾、粪便等，使各种污染物排放达到国家规定排施标准；对产生噪声的施工机械，应采取有效措施，减轻或消除扰民噪声；处理建筑渣土，应向市容环卫管理部门办理有关手续，运输车辆必须装载适量，并作好遮盖和捆扎，严禁运输途中抛撒、遗漏。

　　治安管理：在施工现场内必须加强社会治安综合治理工作，实行谁主管谁负责的原则；外来务工劳动者应办理"外来人员就业证"和"暂住证"，协助公安机关执行公务。

第 15 章　施工组织总设计

　　基本建设工作是按照计划、设计和施工三个阶段进行的。施工阶段的主要任务是按计划文件的要求和设计图纸的内容，组织人力和物力，把建设项目迅速建成，使之早日交付使用。

　　现代建筑施工是一项十分复杂的生产活动。在一个大型建筑工地上，有成千上万工种专业的建筑工人，使用着几十、几百台机械，消耗着千百种几十、几百万吨的材料，进行着建筑产品（房屋和构筑物）的生产。除去这种直接的生产活动（基本生产）以外，在工地上还要组织建筑材料、构件和半成品等的生产（附属生产），还要组织材料的运输和储存、机具的供应和修理、临时供水供电及动力管网的铺设、为生产和生活服务的临时设施的修建等辅助生产。要将这些复杂的生产活动有效地、科学地组织起来，使工地上的工人、机械、材料能够各得其所，各得其时，人尽其能，物尽其用，以最少的消耗取得最大的效果，必须认真细致地做好组织、技术及物资供应等几方面的通盘规划，作为施工生产活动的指南。施工组织总设计就是这样一个全局性的指导性文件。所谓施工组织总设计，就是以整个建设项目为对象，根据初步设计（或扩大初步设计）图纸进行编制的，重点是研究整个建设项目在施工组织中的全局问题并进行通盘规划，作为整个建设工程施工的全局指导性文件。

15.1　施工组织总设计的编制依据和内容

　　在接到施工任务通知书后，应进行施工组织总设计编制前的各项技术准备工作，熟悉已批准的初步设计（或扩大初步设计）图纸和有关设计资料，做好建设地区的调查研究和现场勘测工作，从中取得可靠的依据资料，以便编制出合理的、切实可行的施工组织总设计。施工组织总设计由建设总承包单位或建设主管部门领导下的工程建设指挥部负责编制。

15.1.1　施工组织总设计的编制依据

编制施工组织总设计需要下列资料：

1. 计划文件

　　如国家批准的基本建设计划文件、工程项目一览表、分期分批投产的期限要求、投资指标和工程所需设备材料的订货指标；建设地点所在地区主管部门的批件；施工单位主管上级下达的施工任务等。

2. 设计文件

　　批准的初步设计（或扩大初步设计）、设计说明，总概算和已批准的计划任务书等。

3. 人力、机具装备和自然条件及技术经济条件

　　施工中可能配备的人力、机具装备和施工准备工作中所取得的有关建设地区的自然条件及技术经济条件等资料，如有关气象、地质、水文、资源供应、运输能力等。

4. 上级的有关指示

如对建筑安装工程施工的要求，对推广新结构、新材料、新技术及有关的技术经济指标等。

5. 规定、规范、定额

国家现行的规定、规范、概算指标、扩大结构定额、万元指标、工期定额、合同协议和议定事项及各施工企业累积统计的类似建筑的资料数据等。

15.1.2 施工组织总设计的编制程序

施工组织总设计的编制程序如图 15.1 所示。

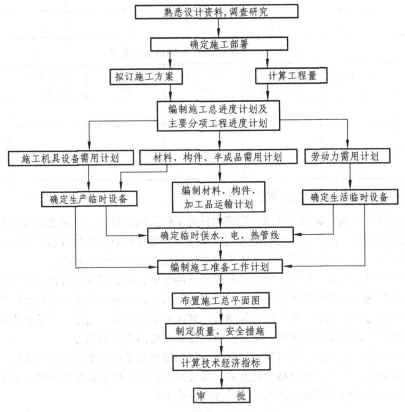

图 15.1 施工组织总设计编制程序

15.1.3 施工组织总设计的内容

施工组织总设计的内容和编制深度，视工程的性质、规模、建筑结构的特点和施工复杂程度、工期要求和建设地区条件等而有所不同，通常大致包括：工程概况、施工部署和主要项目施工方案、施工总进度计划、施工总平面图和技术经济指标。

1. 建设工程概况

建设工程概况主要包括：工程名称、建设地点、工程性质、建设总规模、总期限及分期分批投入使用的规模和期限，占地总面积、建筑面积、管线和道路长度，设备安装及其吨数，总投资、建筑安装工作量及厂区和生活区的工作量，生产流程及工艺特点，建筑结构类型特征，新技术复杂程度等，见表 15.1、表 15.2。另外还有建设地区特征，主要包括气象、地形、地质、水文、资源、交通运输能力，水、电等动力和建筑物供应条件；参加施工各单位的生产能力；上级对本工程的指示等。概括起来，就是一个总的说明。

表 15.1　建筑安装工程项目一览表

序　号	工程名称	建筑面积/m²	建安工作量/万元		吊装和安装工程量/（t 或件）		结构形式
			土　建	安　装	吊　装	安　装	

表 15.2　主要建筑物和构筑物一览表

序　号	工程名称	结构特征或示意图	建筑面积/m²	占地面积/m²	建筑体积/m³	备　注

2. 施工部署及主要建筑物的施工方案

施工部署是用文字阐述如何完成整个建设项目施工任务的总设想，针对关系施工全局的问题作出决策，拟就指导全局、组织施工的战略规划。而施工方案是针对单个建筑物作出的战术安排。施工部署和施工方案分别为施工组织总设计和单个建筑物施工组织设计的核心。

施工部署的重点内容是：根据上级指示和任务书的要求，确定好分期分批的施工项目及其开工程序和竣工投产的期限；规划各项准备工作；组织施工力量，明确参加施工的各单位的任务和施工区段的划分；规划为全工地施工服务的建设项目，如水电供应设施、道路、工地仓库的修建、预制构件厂和其他加工厂的数量及其规模；生活供应上需要采取的重大措施等。

对主要建筑物的施工方案，此时仅对关键性工程和特殊要求以及牵涉到全局性的一些需要解决的问题，作出原则性的考虑，提出指导性方案，并为其提供施工组织和技术条件。至于详细的施工方案和措施则到编制单位工程施工组织设计时再进一步拟订。

3. 施工总进度计划

施工总进度计划是根据施工部署中所决定的各建筑物的开工顺序及施工方案、施工的力量（包括人力、物力），通过计算或参照类似建筑物的工期，定出各主要建筑物的施工期限和各建筑物之间的搭接时间，用进度表的形式表达出来的用以控制施工时间进度的指导文件。施工总进度计划是编制资源计划、运输计划的依据。

4. 各项资源需用计划

按照施工准备工作计划和施工总进度计划的要求和主要分部分项工程进度，套用概算定额或经验资料，编制出下列资源需要量计划表。

（1）劳动力需要量计划表。

（2）主要材料和预制加工品需要量计划表。

（3）主要施工机具及运输工具需要量计划表。

（4）运输计划表。

（5）大临设施需用计划表。

5. 施工总平面图

施工总平面图是解决建筑群施工所需的各项设施和永久建筑（拟建的和已有的）相互间的合理布局，系按照施工部署、施工方案和施工总进度计划，将各项生产、生活设施（包括房屋建筑、临时加工预制场、材料仓库、堆场、水电源、动力管线和运输道路等）在现场平面上进行周密规划和布置。施工平面图是一个具体指导现成施工的空间部署方案，用于指导现场有组织、有计划的文明施工。对于大型建设项目，由于施工期限长，需分期分批建设或因为场地所限，必须数次周转使用场地时，则应按照施工现场的变化要求，规划不同施工阶段的施工总平面图。

6. 技术经济指标

一般需要反映的指标有：

（1）施工周期，即从主要项目开工到全部项目投产使用，共多少个月。

（2）全员劳动生产率。

$$建筑安装企业全员劳动生产率 = \frac{自行完成的建筑安装工作量}{全部在册职工人数 - 非生产人员平均数 + 合同工、临时工人数}$$

（3）非生产人员比例，即管理、服务人员数与全部职工人员数之比。

（4）劳动力不均衡系数，即施工期高峰人数与施工期平均人数之比。

（5）单位面积用工数。

（6）临时工程费用比。

$$临时工程费用比 = \frac{全部临时工程费}{建筑安装工程总值}$$

$$全部临时工程费 = 临时工程一次投资费 + 租用资 - 回收费$$

（7）单位体积、单位面积造价。

（8）综合机械化程度。

$$综合机械化程度 = \frac{机械化施工完成的工作总量}{建筑安装工程总工作量}$$

（9）工厂化程度（房建部分）。

$$工厂化程度 = \frac{加工预制厂完成的工作量}{建筑安装工程总工作量}$$

（10）装配化程度。

$$装配化程度 = \frac{用装配化施工的房屋建筑面积}{施工的全部房屋面积}$$

（11）施工场地利用系数。

$$施工场地利用系数 \ K = \frac{\sum F_6 + \sum F_7 + \sum F_8 + \sum F_9}{F}$$

式中　$F = F_1 + F_2 + \sum F_3 + \sum F_4 - \sum F_5$

F_1——永久厂区围墙内的施工用地面积；

F_2——厂区外施工用地面积；

F_3——永久厂区围墙内施工区域外的零星用地面积；

F_4——施工区域外的铁路、公路占地面积；

F_5——施工区域内应扣除的非施工用地和建筑物面积；

F_6——施工场地有效面积；

F_7——施工区域内永久性建筑物的占地面积。

15.2 施工部署

施工部署是对整个建设工程的全局作出战略安排，并解决其中影响全局的重大问题。根据建设工程的性质和客观条件的不同，考虑的重点也不同，但在施工部署中，一般对下列问题需要进行细致的研究。

15.2.1 施工任务的组织安排

明确建设项目施工的机构、体制，建立施工现场同意的指挥系统及职能部门，明确划分参与整个建设项目的各施工单位和各职能部门的任务；确定综合的和专业化组织的相互配合；划分施工阶段，明确各单位分期分批的主攻项目和穿插项目，作出战役组织的决定。

15.2.2 确定工程开展程序

确定合理的各项工程总的开展程序，是关系到整个建设项目能否迅速建成的重大问题，也是施工部署中组织施工全局生产活动的战略目标，必须慎重研究，并考虑以下主要问题。

1. 主体系统工程施工程序安排

对于大型的工业企业来说，根据产品的生产工艺流程，分为主体生产系统、辅助生产系统及附属生产系统等。根据生产系统的划分，在施工项目上分为主体系统工程和辅助、附属系统工程。在安排主体系统工程的施工程序时，应考虑下列几点要求：

（1）分析企业产品生产的内在联系和工艺流程，从施工程序上保证各系统工程生产流程的合理性和投产的先后顺序。

（2）尽量利用已建成的生产车间的生产能力，为建设期间的施工服务。

（3）各个系统工程施工所需的合理工期。

（4）如企业分期建设时，为了发挥每套生产体系的设备或机组的能力，在施工程序上，必须考虑前、后期工程建设的阶段性，使每期工程能配套交付生产；在考虑施工均衡性的同时，注意投资均衡与节约，保证建设的连续性，使前期工程为后期工程的生产准备服务。

（5）应该使每个系统工程竣工投产后有一个运转调试和一个试生产的时间，以及有为下一工序生产配料和必要储备量的时间；此外尚需考虑设备到货及安装的时间，也就是说，安排施工程序时在时间上要留有余地。

2. 辅助、附属系统工程的施工程序

一个大型工业企业，除了主体系统工程以外，必然还有一些为主体生产系统服务的辅助设施，以及利用生产主要产品的废料而设置的某些附属工程，如为整个企业服务的机修、电修系统，动

力系统，运输系统等辅助工程系统及生产过程中综合利用余热、废气、废料等附属产品的附属工程系统。

对辅助工程系统的施工程序安排，既要考虑生产时为全企业服务，又要考虑在基建施工时为施工服务的可能性。因此一般把某些辅助工程系统安排在主体工程系统之前，不能为施工服务的辅助系统安排在主体系统之后，安排成辅—主—辅的施工程序，使之既可为生产准备服务，又可为施工服务。而辅助工程系统本身，也应成组配套，使其发挥应有的能力。与整个企业有关的动力设施，如水、电、蒸汽、压缩空气、煤气和氧气等，应根据轻重缓急，相应配合。一般先施工厂外的中心设施及干线。

解决全企业的生活用水，特别是冶金、化工、电厂等企业，在生产过程中更是分秒不许间歇。供水系统的施工顺序应是"先站后线、先外后内"，即先修建供水系统的外部中心设施，如水泵站、净化站、升压站及厂外主要干线，后建各施工区段的干线。一个大型企业的建设项目往往包括电厂建设工程，企业生产与电厂发电采用联合供水，而电厂的投产又必须走在主体工程系统之前。因此厂外供水设施，在建设顺序上的投产时间应视电厂施工期限而定，最好是在电厂建成投产前 1～2 个季度为宜，以便进行试验和调整。排水系统不仅包括生产废水的处理与排除设施，而且还包括在施工期间地面水的排除。排除地面水对于现场施工环境和保证运输畅通具有重要意义，必须按照生产系统投产顺序及施工分期的要求，在运输道路基层施工之前，铺设排水干管。

交通运输工程系统，是辅助生产系统的重要系统工程项目，包括线路、站、埠（码头）等运输设施。实践证明，建设现代化的大型工业企业，如果只注意主体系统工程的投产顺序，而忽略运输设施的及时修建和施工程序安排，就必然会带来生产上的减产（严重的甚至停产），施工材料的运输及设备不能及时到达。对于铁路运输线的安排，首先考虑厂外的专用线与国家铁路的连接，同时不放松各系统工程的车站建设。至于车站通向各系统工程的内部线路，则应与各系统工程投产要求相适应。

附属工程系统施工程序应与主体生产系统相适应，保证各生产系统按计划投入生产。

3. 规划建设顺序的要求和步骤

综上所述，编制或规划一个大型工业企业建设顺序的目的，主要是保证企业内各生产系统在满足国家产品生产计划的要求下，充分发挥基本建设投资效果和达到均衡施工。要达到上述目的，就必须在建厂过程中研究和遵守企业内各生产系统在产品上的内在规律性。也就是必须保证建设的项目、投产的产量和投产期限在建设过程中，按生产工艺要求，有步骤按比例地开展。特别是大型企业的建设，由于其建设工期长、投资巨大，在规划建设顺序时，必须贯彻保证重点、统筹安排、有效地集中力量分期分批地打歼灭战的方针，实现分期分批投产，使企业在逐年建设过程中，充分发挥投资效益。

根据我国建设经验，一个大型工业企业建设顺序的规划，可按下列步骤进行：

（1）按照企业的对象、规模，正确地划分准备期和建厂期，以及建厂期的施工阶段。

（2）按企业对象的特点划分主体系统工程和辅助系统工程，并确定系统工程的数量，以每一个系统工程作为交工系统。一个交工系统，必须具有独立的完整的生产系统。

（3）参考国内外先进水平及有关工期定额，结合本单位的技术水平、技术装备等确定各交工系统的工期。特别应注意第一个交工系统的重要性和复杂性。同时必须考虑投产后生产技术过关所需要的时间及其为一个加工系统生产一定储备量所需的时间。每一个交工系统还应该算出其投资额。

（4）按照生产工艺流程的要求，找出各交工系统投产的衔接时间，并遵守国家或上级规定的指标要求，以此来决定交工系统施工的先后顺序。规划时还要考虑投资的均衡性和高峰程度。

（5）绘制企业建设分期分批投产顺序的进度计划表。表的格式示例如表 15.3 所示。

表 15.3 大型企业建设分期分批投产顺序进度计划表

项次	项	目	工期/月	第一年				第二年				第三年				第四年				占总投资比例/%
				1	2	3	4	1	2	3	4	1	2	3	4	1	2	3	4	
1	准备期	附属企业																		
2		生活基地																		
3		场地平整																		
4		运输设施																		
5		供水排水																		
6		动力设施																		
7	建设期	某系统																		
8		某系统																		
9		某系统																		
10	历年投资数/万元																			
11	占总投资/%																			

15.2.3 现场施工准备工作规划

在建设工程的范围内,修通道路,接通施工用水、用电管网,平整好施工场地,一般简称为"三通一平"。这是现场施工准备工作中重要的内容,也是搞好施工必须具备的必要条件。此外,尚需按照建筑总平面图做好现场测量控制网;在充分掌握地区情况和施工单位情况的基础上,尽可能利用本系统,本地区的永久性工厂、基地,永久道路等为施工服务,然后按施工需要,做好暂设工程的项目、数量的规划。

必须指出:施工准备不仅开工前需要,而且在开工以后,随着施工的迅速开展,在各个施工阶段,仍要不断地为各阶段施工预先做好准备。所以施工准备工作是有计划有步骤分阶段进行的,它贯穿于整个建设的全过程,不过随着各阶段的特点和要求,有不同的内容和重点。在施工部署中的施工准备工作,是对整个建设工程的总体要求。做出全工地性的施工准备工作规划,重点考虑首期工程的需要和大型临时设施工程的修建。

15.2.4 主要建筑物施工方案的拟订

拟订主要建筑物的施工方案和一些主要的、特殊的分部工程的施工方案,其目的是组织和调集施工力量,并进行技术和资源的准备工作;同时也为了施工进程的顺利开展和现场的合理布置,其内容应包括工程量、施工工艺流程、施工的组织和专业工种的配合要求、机械设备等。其中较为重要的是做好机械化施工组织和选好机械类型,使主导施工机械的性能既能满足工程的需要,又能发挥其效能。

15.3 施工总进度计划的编制

施工总进度计划是全现场施工活动在时间上的体现。它是根据施工部署中建设分期分批投产顺序,将每一个系统的各项工程分别列出,在系统工程控制的期限内,进行各项工程的具体安排。如建设项目的规模不大,各系统工程项目不多时,也可不先安排分期分批投产顺序,直接安排施工总进度计划。施工进度计划的作用是在确定各个系统及其主要工种工程、准备工程和全工地性工程的施工期限及其开竣工时间的基础上，确定建筑工地上劳动力、材料、成品、半成品的需要和调配，建筑机构附属企业的生产能力，堆场和临时设施面积，供水、供电的数量等。正确编制施工计划是保证各个系统以及整个建设项目如期交付使用，充分发挥投资效果，降低建筑工程成本的重要条件。

15.3.1　施工总进度计划的编制方法

施工总进度计划是以表格的形式表示的，表格形式可以根据各单位的实际情况与编制经验而拟订。表 15.4 所示为常用的表格形式。

表 15.4　施工总进度计划表

序号	工程名称	建筑面积/m²	劳动量/工日	进　度　计　划														
				××年						××年								
				7	8	9	10	11	12	1	2	3	4	5	6	7	8

施工总进度计划按下列步骤编制：

1. 工程项目的开列

总进度计划主要起控制总工期的作用，因此项目划分不宜过细，计划搞得过细不利于调整。列项系根据施工部署中分期分批投产顺序，并突出每一个系统的主要工程项目分别列入工程名称栏内，一些附属及民用建筑可予以合并。

2. 计算拟建建筑物以及全工地性工程的工程量

根据批准的建设项目一览表，按工程分类计算各单位工程的主要工种工程的工程量。工种工程量是指把每个建筑物都按土方、砌砖、浇筑混凝土等主要的和大规模的工种工程分别计算出来，其中包括为施工服务的全工地性工程，如平整场地、修筑道路、建造临时建筑等。此时计算工程量的目的是为选择施工方案和选择主要的施工、运输机械提供依据，同时也为了初步规划主要施工过程在建筑群间组织流水施工和计算劳动力及技术物资的需要量。因此，工程量只需粗略地计算即可。

工程量的计算方法，可按初步设计（或扩大初步设计）图纸并套用下列定额、资料进行计算（表15.5）。

表 15.5　建筑安装工程万元消耗工料指标

序号	1	2	3	4	5	6	7	8	9	10	11	12	13	14	15
工程种类				工　业　建　筑					民　用　建　筑						
	工业民用综合	工业建筑	民用建筑	装配式重型结构	装配式轻型结构	框架结构	单层混合结构	多层混合结构	办公、教学楼	实验、门诊、医院	食堂、浴室、厨房	住宅、宿舍类	沿街建筑、招待所	旅馆、车站、公用建筑	农村建筑
人工/工日	397	373	492	345	339	362	410	434	508	398	424	473	435	521	995
钢材/t	2.95	2.96	1.40	3.06	3.04	5.29	2.34	2.00	1.29	1.23	1.77	1.24	1.51	2.78	1.09
水泥/t	14.2	14.7	14.29	15.48	12.35	15.96	14.24	15.05	14.89	13.05	14.63	14.89	15.65	14.33	6.17

续表 15.5

序号	1	2	3	4	5	6	7	8	9	10	11	12	13	14	15
工程种类	工业民用综合	工业建筑	民用建筑	工业建筑					民用建筑						
				装配式重型结构	装配式轻型结构	框架结构	单层混合结构	多层混合结构	办公、教学楼	实验、门诊、医院	食堂、浴室、厨房	住宅、宿舍类	沿街建筑、招待所	旅馆、车站、公用建筑	农村建筑
模板 /m²	1.17	1.23	0.94	1.06	0.59	4.74	0.72	1.52	1.15	0.52	1.01	0.84	1.20	1.27	0.12
成材 /m³	1.87	1.40	3.77	1.23	.071	1.18	1.58	3.48	3.70	3.10	3.6	4.9	3.1	2.1	2.5
砖 /万块	2.3	1.9	3.9	1.1	1.1	1.3	3.2	2.7	3.7	3.1	3.6	4.9	3.1	2.1	2.5
瓦 /千块	0.91	0.8	1.35		1.06		1.39	0.65	1.11		2.42	1.01	0.13	0.98	8.48
砂 /t	66	63	76	47	52	62	84	64	70	67	73	86	95	78	9
碎石 /t	62	64	53	64	58	71	74	44	74	45	40	50	74	42	13
白铁皮 /m²	5	5	6	4	3	8	4	7	4	6	8	7	6	11	
玻璃 /m²	18	16	26	18	11	17	17	24	26	23	23	29	24	16	27
油毡 /m²	62	63	58	92	99	37	21	44	42	123	96	34	69	140	
焊条 /kg	18	20	11	23	21	16	19	18	18	16	6	5	15	35	
铁钉 /kg	20	19	22	13	16	39	19	25	21	17	21	26	17	24	8
铁丝 /kg	12	13	7	18	13	21	5	16	5	8	8	6	13	10	5
沥青 /kg	101	114	50	274	37	81	44	271		235	20		166	156	

（1）万元、十万元投资的工程量、劳动力及材料消耗扩大指标（即万元定额）。在这种定额中，规定了某一种结构类型的建筑，每十万元投资中需消耗的劳动力、主要材料的数量等。对照设计图纸中的结构类型及概算，即可求得拟建工程分项需要的劳动力和主要材料的消耗数量。

（2）概算指标或扩大结构定额。这两种定额，都是在预算定额的基础上的进一步扩大。概算指标以建筑体积为单位，扩大结构定额以面积为单位，分别按建筑物的结构类型、跨度、高度分类，给出每 100 m³ 建筑体积和每 100 m² 建筑面积的劳动力和材料消耗指标。

（3）标准设计或已建房屋、构筑物的资料。在缺少定额手册的情况下，可采用已建类似工程实际所消耗的劳动力、材料数量，按比例估算。但是和拟建工程完全相同的已建工程是比较少见的，因此在采用已建工程资料时，一般都要进行必要的换算和调整。也可以采用分部工程造价占土建总工程造价的百分比进行估算（表 15.6）。

除房屋外，还必须计算主要的全工地性工程的工程量，例如铁路及道路、水电管线等长度。这些长度可以从建筑总平面图上量得。

按上述方法计算出的工程量，填入工种工程量汇总表（表 15.7）中。次要工程可以归并成组计算。从工程量汇总表中，将计算出的劳动量进行综合，分别填入总进度计划表中相应栏内。

第 15 章　施工组织总设计

表 15.6　分部工程造价占土建总造价的百分比

序号	建筑物名称	基础	砖墙	现浇混凝土	预制钢筋混凝土	预应力混凝土	门窗	木结构	金属	屋面	楼地面	粉刷	其他
1	框架厂房	9.30	11.86	4.70	27.24	9.97	9.33	—	8.88	2.56	8.67	—	7.67
2	混合厂房	7.40	15.80	1.50	27.93	10.40	9.31	—	14.10	0.72	6.92	0.41	5.47
3	砖木厂房	5.86	20.88	0.84	0.27	—	11.52	16.21	—	—	12.82	—	—
4	混合教学楼	3.36	23.35	18.64	17.63	5.22	8.82	1.52	—	3.30	7.67	3.00	7.49
5	混合宿舍	6.17	33.00	4.48	17.92	8.12	9.83	2.03	—	—	8.07	3.31	7.07
6	混合医院	7.42	25.21	5.61	8.76		14.12	8.44	—	8.78	9.33	6.14	6.19
7	混合营业楼、办公楼	6.27	32.71	3.67	13.45		9.86	5.87	—	8.66	9.68	4.57	5.56
8	饭堂、厨房	6.30	24.27	—	0.47		8.54	13.59		23.03	15.50	3.49	4.81

表 15.7　各工种工程量汇总表

序号	工程名称	单位	工业建筑			居住建筑					临时建筑				
			主要建筑	辅助建筑	附属工程	单身宿舍	家属宿舍	公共房屋	道路	管道	住房	公共房屋	道路	加工房	仓库
1	准备工程														
2	土方工程　平整场地　挖土　回填　运土														
3	砖石工程　砌块石　砌砖														
4	混凝土　现浇　预制														
5	吊装　钢筋混凝土　钢结构														
6 7 8 9 10	屋面工程　装饰工程　水电安装　道路　其他														

3. 确定各单位工程（或单个建筑物）的施工期限

影响单位工程施工期限的因素很多，如建筑类型、结构特征、施工方法、施工技术和施工管理水平、施工单位的机械化程度以及施工现场的地形和地质条件等。因此，各单位工程的工期应根据现场具体条件对上述影响因素进行综合考虑后予以确定。此外也可参考有关的工期定额（或指标）。

工期定额（或指标）是根据我国各部门多年来的建设经验经分析对比后而制定的，可查阅建筑施工手册或有关资料。

4. 确定各单位工程（或单个建筑物）开竣工时间和相互搭接关系

开竣工及各建筑物工期之间的搭接关系，需要在施工总进度计划中进一步考虑并作具体确定。通常在解决这一问题时，主要应考虑下列诸方面因素：

（1）同一时期开工的项目不宜过多，以避免人力、物力的分散。同时对于在生产（或使用）上有重大意义的主体工程，工程规模较大、施工难度较大、施工周期较长的项目，以及需要先期配套使用或可供施工使用的项目，在各系统的控制期限内，应尽量先安排施工。

（2）在确定每个施工项目的开、竣工时间上，应充分估计设计图纸和材料、构件、设备的到达情况，务使每个施工项目的施工准备、土建施工、设备安装和试生产（运转）的时间能合理衔接，保证工程施工的连续进行。

（3）尽量使劳动力和技术物资消耗在全工程上均衡，避免资源负荷高峰和减少劳动力调度的困难。因此，在各建筑物工期之间的搭接关系上，应进一步考虑土建工程中各主要工种及设备安装工程实行工程项目间的流水作业（即建筑群间的大流水施工），使各工种工人及技术资源，有计划、有组织地从一个施工项目转移到下一个施工项目，达到劳动力、土方、材料、构件和施工机械的综合平衡。

（4）确定一些调剂项目（或称吞吐工程），如某些宿舍、附属或辅助车间等，用以调节主要项目的施工进度和作为既能保证重点又能实现均衡施工的措施。

通过以上各方面的考虑，在施工总进度计划表中以横道图的表达方式予以确定。

15.3.2 施工准备工作计划的编制

施工总进度计划能否按期实现，很大程度上取决于相应的施工准备工作能否及时开始、按时完成。因此，按照施工部署中的施工准备工作规划的项目，施工方案的要求和施工总进度计划的安排等，编制全工地性的施工准备工作计划，将施工准备期内的准备工程和其他准备工作进行具体安排和逐一落实，是施工总进度计划中准备工程项目的进一步具体化，也是实施施工总进度计划的要求。

施工准备工作计划，通常以表格形式表示（表 15.8）。

表 15.8 施工准备工作进度计划

序 号	项 目	施工准备工作内容	责任单位	协作单位	进 度	备 注

15.4 劳动力和主要技术物资需要量计划的编制

劳动力和主要技术物资需要量计划是根据表 15.7 所列各建筑物分工种的工程量，套用万元定额、概算指标（或扩大结构定额）等有关资料，计算出各建筑物所需的劳动力、主要材料、预制加工品的需要量。然后再根据总进度计划，大致估计出劳动力、主要材料等在某季度内的需要量，填入相应的各种表格（表 15.9 ~ 15.11 等）中，从而编制好各项需要量计划，作为规划临时建筑、组织劳动力进场和调集施工机具的基本依据。

第 15 章 施工组织总设计

表 15.9 整个建筑工程劳动力综合一览表

| 项次 | 工种名称／工程内容 | 工业建筑 | | | 道路 | 铁路 | 上下水道 | 电气工程 | 其他 | 居住建筑 | | 仓库加工厂临时性建筑 | ××年 | | | | ××年 | ××年 |
		主厂房	辅助	附属						永久性	临时住宅		一季度	二季度	三季度	四季度		
1	土工																	
2	钢筋工																	
3	木工																	
4	瓦工																	
5	混凝土工																	
	综合																	

表 15.10 整个建筑工程主要机具需要量一览表

| 项次 | 机具名称 | 简要说明型号、生产率 | 单位 | 电机功率/kW | ××年 | | | | ××年 | ××年 | 解决途径 |
					一季度	二季度	三季度	四季度			
1											
2											
3											
4											

表 15.11 整个建筑工程构件、半成品、主要建材综合一览表

| 项次 | 类别 | 构件、半成品及主要材料名称 | 单位 | 总计 | 运输线路 | 上下水工程 | 电气工程 | 工业建筑 | 居住建筑 | | 其他临建工程 | 需要量计划 | | | | | | | |
| | | | | | | | | | 永久性住宅 | 临时性住宅 | | ××年 | | | | ××年 | | | |
												一季度	二季度	三季度	四季度	一季度	二季度	三季度	四季度
1	构件及半成品	钢筋	t																
2		混凝土及钢筋混凝土	m³																
3		木结构梁、楼板屋架等	榀																
4		钢结构	t																
5		模板	m³																
6	主要建筑材料	砖	千块																
7		石灰	t																
8		水泥	t																
9		圆木	m³																
10		沥青	t																
11		钢材	t																
12		碎石	m³																

15.5 施工总平面图的设计

施工平面图表示全工地在施工期间所需各项设施和永久性建筑（已建和拟建）之间在空间上的合理布局。它是指导现场施工部署的行动方案，对于指导现场进行有组织有计划的文明施工具有重大意义。建筑施工的过程是一个变化的过程，工地上的实际情况随时在变，所以施工总平面图也应随之进行必要的修改，施工总平面图的比例一般为 1：1 000 ~ 1：2 000。

15.5.1 设计施工总平面图需具备的资料

设计施工总平面图时，应掌握以下资料：

（1）建筑总平面图。图中必须表明本建设范围内一切拟建的及已有的建筑物和构筑物、地形的变化。这是正确确定仓库和加工厂的位置以及铺设工地运输道路和解决工地排水等问题所必需的资料。

（2）与本建设有关的一切已有的和拟建的地下管道位置。这是为了避免把临时建筑物或仓库布置在管道上面，和便于考虑是否可以利用永久性管线为施工服务。

（3）总进度计划及主要建筑物的施工方案。由此可了解各建设阶段的施工情况，以及各建筑物和构筑物的施工次序。这样可以考虑把属于后期施工的建筑物及构筑物的场地作为某些临时建筑或仓库的场地。

（4）各种建筑材料、半成品等的供应情况及运输方式、施工机械及运输工具的数量，以便规划工地内部的运输线路。

（5）构件、半成品及主要建筑材料。

（6）各加工厂的规模、生产生活临时设施一览表。

（7）水源、电源及建筑区域的竖向设计资料。以便可以据此布置水电管线和考虑土方的挖填调配。

15.5.2 设计施工总平面图应遵循的原则

一般应遵照下列原则：

（1）在保证施工顺利进行的前提下，尽量少占用土地。因此要合理布置各项临时设施及运输道路，恰当地考虑保安和防火的要求。在进行大规模建筑工程施工时，要根据各阶段施工平面图的要求，分期分批地征用土地。

（2）一切临时性建筑业务最好不占用拟建永久性建筑物和设施的位置，以避免拆迁所引起的浪费。

（3）在满足运输要求的条件下，工地的运输费越少越好。为了降低运输费用，必须最合理地布置各种仓库、起重设备、加工厂和机械化装置，合理地选择运输方式和铺设工地运输道路，以保证各种建筑材料、制品和其他资源的运输距离以及其转运数量最小，加工厂的位置应设在便于原料运进和成品运出的地方，同时保证在生产上有合理的流水线。

（4）在满足施工需要的条件下，临时工程的费用应该最少。应力求减少临时建筑和设施工作量，尽可能利用现有的建筑物以及可供施工使用的设施，按施工部署的规划，力争提前修建能为施工利用的永久性建筑物、道路以及上下水道管网、电力设施等。

（5）工地上各项设施，应有利于生产、方便生活，应该使工人因路途往返而损失的时间最少。这就要求最合理地规划行政管理及文化生活福利用房的相对位置。

（6）遵循劳动保护和技术保安以及防火规则，各房屋之间要保持一定的距离，如木材加工厂、煅工场距离施工对象均不得小于 30 m，易燃房屋应布置在下风向，易爆易燃品的仓库等距拟建工程及临时建筑物不得小于 50 m，必要时应做成地下仓库。

15.5.3　设计施工总平面图的内容

施工总平面图的内容有：

（1）原有的地形等高线，测量基准点，作为安排运输、排水等工作的依据。

（2）一切已有的和拟建的地上和地下的房屋、构筑物及其他设施的位置和尺寸。

（3）为施工服务的一切临时设施的布置：

① 工地上与各种运输业务有关的建筑物和运输道路；

② 各种加工厂、半成品制备站及机械化装置等；

③ 各种材料、半成品及零件的仓库和堆场；

④ 行政管理及文化、生活、福利用的临时建筑物；

⑤ 临时给水、排水管线，供电线路，蒸汽及压缩空气管道；

⑥ 机械站和车库位置；

⑦ 一切安全及消防设施的位置。

（4）永久性、半永久性坐标位置、取弃土位置。

15.5.4　施工总平面图的设计方法和步骤

施工总平面图需考虑的问题很多，但总的来说，也是将施工部署进一步具体化，而且用图的方式体现出来。一般可按下述步骤和方法进行。

1. 运输线路的布置

设计施工总平面图时，首先从研究大批材料、成品、半成品及机械设备等进入工地的运输方式开始。运输方式一般为铁路、公路、水路。

当大批材料由铁路运入工地时，应先解决铁路由何处引入及可能引到何处的方案。一般大型工业企业，厂内都有永久性铁路专用线，通常可将建筑总平面图中的永久性铁路专用线提前修建为工程施工服务。但是，有时这种专用线要铺入工地中部，影响工程施工，故大多数情况下是将铁路由工地的一侧或两侧引入。标准宽轨铁路的特点是转弯半径大、坡度严，引入铁路时要注意铁路的转弯半径和竖向设计的要求。铁路的修建工作量大、施工工期长，施工准备期间及建筑施工初期赶不上。因此在规划时，可在施工阶段的初期先以公路为主，等铁路专用线建成再逐步转向以铁路运输为主。

大批材料由水路运入时，应充分利用原有码头的吞吐能力。当需增设码头时，卸货码头不应少于两个，其宽度应大于 25 m，并可考虑在码头附近布置生产企业或转运仓库。

大批材料如以公路运输为主，由于公路可以较灵活布置，设计施工总平面图时应该先将仓库及生产企业布置在最合理最经济的地方，然后再来布置通向场外的公路线。

对公路运输的规划，应先抓干线的修建。布置道路时，需注意下列几个问题：

1）临时道路与地下管网的施工程序及其合理布置

修好永久性道路的路基，作为施工中临时道路使用，一般可以达到节约投资的目的。但当地下管网的图纸尚未下达，而必须采取道路先施工，管网后施工的程序时，临时道路就不能完全按永久道路的位置布置，而应该尽量布置在无管网地区或扩建工程范围内的地段上。否则，由于地下管网一般都是沿着厂内永久道路铺设，而埋深一般在 3~4 m，深的可达 10 m，当开挖管沟时就会破坏临时道路，影响工地运输。

2）保证运输通畅

道路应有两个以上进出口。厂内干线要采用环形布置，主要道路用双车道，宽度不小于 6 m，次要道路可用单车道，宽度不小于 3.5 m。道路末端应设置回车场地，尽量避免临时道路和铁路交叉。如必须交叉，其交角亦应为直角。

3）施工机械行驶线路的设置

道路养护费用的多少，取决于规划是否恰当。一个大型工业工地，在干线上行驶的各种车辆和机械十分频繁，如事先不作出具体的安排和拟订妥善的管理办法，施工机械的行驶往往损坏路面，不仅增加养路工作量，而且会引起运输阻碍、堵塞而影响施工。因此在全工地性的道路规划中应专设施工机械行驶路线。可附设在道路干线的路肩上，宽度约 4 m，长度可仅限于从机械停放场到施工现场必须经过的一段线路。土方机械运土应指定专门线路。此外，应及时疏通路边沟，并尽量利用自然地形排水，在永久渠道或新的排水未建成前，不应破坏原来自然的排水方向，否则，如遇厂区排水不畅，易使道路积水，即影响路基，均会增加养护工作及其费用。

4）公路路面结构的选择

根据经验，凡厂外与省、市公路相连的干线，可以一开始就建成混凝土路面，这是因为两旁多属住宅工程，网管较少，同时也由于按照城市规划来建筑，变动不大。因而，路面修成后遭到破坏的可能性较小。而围绕厂区的环厂道路以及厂内的道路，在施工期间，应选择碎石级配路面。因为厂区内外的管网和电缆、地沟较多，即使是有计划的、密切配合的施工，在个别地方，路面亦难免不遭破坏；采用碎石级配路面，修补也较方便。

2. 确定仓库及加工厂的面积及位置

建筑工程所用仓库按其用途分为：转运仓库，设在火车站、码头附近作为转运之用；中心仓库，用以储存整个企业大型施工现场材料之用；现场仓库（或堆场），为某一工程服务的仓库。

1）各种仓库面积的确定

某一种建筑材料仓库面积的确定，与该建筑材料需储备的天数、材料的需要量以及仓库每一平方米能储存的定额等因素有关。

一般可采用下列近似公式计算其储备量：

$$P = T_n \cdot \frac{QK}{T_1} \tag{15-1}$$

式中　P——某种材料的储备量（t 或 m）；

Q——某种材料年度或季度需要量（t 或 m），可根据材料需要量计划表求得；

T_1——年或某季度工作天数（d），与需要量相适应；

K——材料需要量不均匀系数，一般可采用 1.5~2，见表 15.12；

T_n——储备天数（天），根据材料的供应情况及运输情况确定，见表 15.13。

在求得某种材料的储备量后，便可根据某种材料每平方米的储备定额，用以下公式算出其需要的面积：

$$F = \frac{P}{qK'} \tag{15-2}$$

式中　F——某种材料所需要的总的仓库面积（m²）；

第 15 章　施工组织总设计

q——仓库每平方米面积内能存放的材料、半成品和成品的数量（t/m² 或 m/m²），其指标可参照表 15.13 取值；

K'——仓库的面积利用系数，应估计到人行道和车道所占仓库的面积，见表 15.14。

仓库面积的计算，还可以采取另一种简便的方法，即按系数计算法：

$$F = \phi \cdot m \tag{15-3}$$

式中　ϕ——系数，查表 15.15；

　　　m——计算基础数，查表 15.15。

表 15.12　材料需要量不均衡系数表

序　号	材料名称	材料使用不均衡系数	
		$K_季$	$K_月$
1	砂　子	1.2 ~ 1.4	1.5 ~ 1.8
2	碎石、卵石	1.2 ~ 1.4	1.6 ~ 1.9
3	石　灰	1.2 ~ 1.4	1.7 ~ 2.0
4	砖	1.4 ~ 1.8	1.6 ~ 1.9
5	瓦	1.6 ~ 1.4	2.2 ~ 2.5
6	块　石	1.5 ~ 1.7	2.5 ~ 2.8
7	炉　渣	1.4 ~ 1.6	1.7 ~ 2.0
8	水　泥	1.2 ~ 1.4	1.2 ~ 1.6
9	型钢及钢板	1.3 ~ 1.5	1.7 ~ 2.0
10	钢　筋	1.2 ~ 1.4	1.6 ~ 1.9
11	木　材	1.2 ~ 1.4	1.6 ~ 1.9
12	沥　青	1.3 ~ 1.5	1.8 ~ 2.1
13	卷　材	1.5 ~ 1.7	2.4 ~ 2.7
14	玻　璃	1.2 ~ 1.4	2.7 ~ 3.0

表 15.13　仓库面积计算数据参考资料

序号	材料名称	单位	储备天数 /d	每平方米 储存量	堆置高度 /m	仓库类型
1	钢　材	t	40 ~ 50	1.5	1.0	
2	工槽钢	t	40 ~ 50	0.8 ~ 0.9	0.5	露　天
3	角　钢	t	40 ~ 50	1.2 ~ 1.8	1.2	露　天
4	钢筋（直筋）	t	40 ~ 50	1.8 ~ 2.4	1.2	露　天
5	钢筋（盘筋）	t	40 ~ 50	0.8 ~ 1.2	1.0	棚或库约占 20%
6	钢　板	t	40 ~ 50	2.4 ~ 2.7	1.0	露　天
7	钢管以上	t	40 ~ 50	0.5 ~ 0.6	1.2	露　天
8	钢管以上	t	40 ~ 50	0.7 ~ 1.0	2.0	露　天
9	钢　轨	t	20 ~ 30	2.3	1.0	露　天
10	铁　皮	t	40 ~ 50	2.4	1.0	库或棚

续表 15.13

序号	材料名称	单位	储备天数 /d	每平方米 储存量	堆置高度 /m	仓库类型
11	生 铁	t	40~50	5	1.4	露 天
12	铸铁管	t	20~30	0.6~0.8	1.2	露 天
13	暖气片	t	40~50	0.5	1.5	露天或棚
14	水暖零件	t	20~30	0.7	1.4	库或棚
15	五 金	t	20~30	1.0	2.2	库
16	钢 丝	t	40~50	0.7	1.0	库
17	电线电缆	t	40~50	0.3	2.0	库或棚
18	木 材	m³	40~50	0.8	2.0	露 天
19	原 木	m³	40~50	0.9	2.0	露 天
20	成 材	m³	30~40	0.7	3.0	露 天
21	枕 木	m³	20~30	1.0	2.0	露 天
22	灰板条	千根	20~30	5	3.0	棚
23	水 泥	t	30~40	1.4	1.5	库
24	生石灰（块）	t	20~30	1~1.5	1.5	棚
25	生石灰（袋装）	t	10~20	11.3	1.5	棚
26	石 膏	t	10~20	1.2~1.7	2.0	棚
27	砂、石子（人工堆置）	m³	10~30	1.2	1.5	露 天
28	砂、石子（机械堆置）	m³	10~30	2.4	3.0	露 天
29	块 石	m³	10~30	1.0	1.2	露 天
30	红 砖	千块	10~20	0.5	1.5	露 天
31	耐火砖	t	20~30	2.5	1.8	棚
32	黏土瓦、水泥瓦	千块	10~30	0.25	1.5	露 天
33	石棉瓦	张	10~30	25	1.0	露 天
34	水泥管、陶土管	t	20~30	0.5	1.5	露 天
35	玻 璃	箱	20~30	6~10	0.8	棚或库
36	卷 材	卷	20~30	15~24	2.0	库
37	沥 青	t	20~30	0.8	1.2	露 天
38	液体燃料润滑油	t	20~30	0.3	0.9	库
39	电 石	t	20~30	0.3	1.2	库
40	炸 药	t	10~30	0.7	1.0	库
41	雷 管	t	10~30	0.7	1.0	库
42	煤		10~30	1.4	1.5	露 天
43	炉 渣	m³	10~30	1.2	1.5	露 天
44	钢筋混凝土构件	m³				
45	板	m³	3~7	0.14~0.24	2.0	露 天

续表 15.13

序号	材料名称	单位	储备天数 /d	每平方米 储存量	堆置高度 /m	仓库类型
46	梁、柱	m	3～7	0.12～0.48	1.2	露 天
47	钢筋骨架	t	3～7	0.12～0.18	—	露 天
48	金属结构	t	3～7	0.16～0.24	—	露 天
49	铁 件	t	10～20	0.9～1.5	1.5	露天或棚
50	钢门窗	t	10～20	0.65	2	棚
51	木门窗	m²	3～7	30	2	棚
52	木屋架	m³	3～7	0.3	—	露 天
53	模 板	m³	3～7	0.7	—	露 天
54	大型砌块	m³	3～7	0.9	1.5	露 天
55	轻质混凝土制品	m³	3～7	1.1	2	露 天
56	水、电及卫生设备	t	20～30	0.35	1	棚、库各约占 1/4
57	工艺设备	t	30～40	0.6～0.8	—	露天约占 1/2
58	多种劳保用品	件		250	2	库

表 15.14　仓库面积利用系数

序 号	材料名称	材料使用不均衡系数	
		$K_季$	$K_月$
1	砂 子	1.2～1.4	1.5～1.8
2	碎石、卵石	1.2～1.4	1.6～1.9
3	石 灰	1.2～1.4	1.7～2.0
4	砖	1.4～1.8	1.6～1.9
5	瓦	1.6～1.4	2.2～2.5
6	块 石	1.5～1.7	2.5～2.8
7	炉 渣	1.4～1.6	1.7～2.0
8	水 泥	1.2～1.4	1.2～1.6
9	型钢及钢板	1.3～1.5	1.7～2.0
10	钢 筋	1.2～1.4	1.6～1.9
11	木 材	1.2～1.4	1.6～1.9
12	沥 青	1.3～1.5	1.8～2.1
13	卷 材	1.5～1.7	2.4～2.7
14	玻 璃	1.2～1.4	2.7～3.0

表 15.15　按系数计算仓库面积

序号	名　　称	计算基础数 m	单　位	系　数 ϕ
1	仓库（综合）	工地全员	m²/人	0.7～0.8
2	水泥库	当年水泥用量的 40%～50%	m²/t	0.7
3	其他仓库	当年工作量	m²/万元	2～3
4	五金杂品库	建安工作量	m²/万元	0.2～0.3
		在建建筑面积	m²/100 m²	0.5～1
5	土建工具库	高峰年（季平均人数）	m²/人	0.1～0.2
6	水暖器材库	在建建筑面积	m²/100 m²	0.2～0.4
7	电器器材库	在建建筑面积	m²/100 m²	0.3～0.5
8	化工油漆危险品库	建安工作量	m²/万元	0.1～0.15
9	三大工具	在建建筑面积	m²/100 m²	1～2
10	脚手、跳板、模板	建安工作量	m²/万元	0.5～1

2）加工厂面积的确定

加工厂的种类很多，如木材加工厂、钢筋加工厂、混凝土预制构件加工厂、金属结构加工厂等。对每一个建设工程来说，不一定每一个加工厂都要在建设工地设立。如附近有某一种加工厂，其生产能力可以满足本建设工程的需要，而且运输力量又能解决，经施工部署中作了技术方案比较，恰当时便可与已有加工厂订好协议，这时本建设工程施工总平面图中，就可以不再考虑其规模和建设。如果建设地区没有或加工能力只能满足部分需要时，就应该从实际情况出发，作出技术经济的综合分析来确定加工厂的规模。加工厂的规模是根据建设工程对某种产品的加工量来确定的。

工地常用的几种临时加工厂（站）建筑面积计算如下：

钢筋混凝土构件预制厂、锯木间、模板加工间、细木加工间、钢筋加工间等建筑面积皆可用下式确定：

$$F = \frac{KQ}{TS\alpha} \tag{15-4}$$

式中　F——所需建筑面积（m²）；

Q——加工总量（m、t…）；

K——不均衡系数，取 1.3～1.5；

T——加工总工期（月）；

S——每 m² 场地月平均产量（查建筑施工手册或有关资料）；

α——场地或建筑面积利用系数，取 0.6～0.7。

混凝土搅拌站建筑面积：

$$F = NA \tag{15-5}$$

式中　F——搅拌站建筑面积（m²）；

N——搅拌机台数（台）；

A——每台搅拌机所需的建筑面积（m²），取 10～18 m²。

$$F = \frac{KQ}{TR} \tag{15-6}$$

式中　Q——混凝土总需要量（m³）；

K——不均衡系数，取 1.5；

T——混凝土工程施工总工作日；

R——混凝土搅拌机台班产量。

加工厂和作业棚面积也可参照表 15.16、表 15.17 选择。

表 15.16　现场作业棚参考面积

加工厂名称	年产量		单位产量所需建筑面积	占地总面积/m²	备注
	单位	数量			
混凝土搅拌站	m³	3 200	0.022（m²/m³）	按砂石堆场考虑	400 L 搅拌机 2 台
	m³	4 800	0.021（m²/m³）		400 L 搅拌机 3 台
	m³	6 400	0.020（m²/m³）		400 L 搅拌机 4 台
临时性混凝土预制厂	m³	1 000	0.25（m²/m³）	2 000	生产屋面板和中小型梁柱板等，配有蒸养设施
	m³	2 000	0.20（m²/m³）	3 000	
	m³	3 000	0.15（m²/m³）	4 000	
	m³	5 000	0.125（m²/m³）	<6 000	
半永久性混凝土预制厂	m³	3 000	0.6（m²/m³）	9 000～12 000	
	m³	5 000	0.4（m²/m³）	12 000～15 000	
	m³	10 000	0.3（m²/m³）	15 000～20 000	
木材加工厂	m³	15 000	0.0244（m²/m³）	1 800～36 000	进行原木、大方加工
	m³	24 000	0.0199（m²/m³）	2 200～4 800	
	m³	30 000	0.0181（m²/m³）	3 000～5 500	
综合木工加工厂	m³	200	0.30（m²/m³）	100	加工门窗、模板、地板、屋架等
	m³	500	0.25（m²/m³）	200	
	m³	1 000	0.20（m²/m³）	300	
	m³	2 000	0.15（m²/m³）	420	
粗木加工厂	m³	5 000	0.12（m²/m³）	1 350	加工屋架、模板
	m³	10 000	0.10（m²/m³）	2 500	
	m³	15 000	0.09（m²/m³）	3 750	
	m³	20 000	0.08（m²/m³）	4 800	
细木加工厂	万 m³	5	0.0140（m²/m³）	7 000	加工门窗、地板
	万 m³	10	0.0114（m²/m³）	10 000	
	万 m³	15	0.0106（m²/m³）	14 300	
钢筋加工厂	t	200	0.35（m²/t）	280～560	加工、成型、焊接
	t	500	0.25（m²/t）	380～750	
	t	1 000	0.20（m²/t）	400～800	
	t	2 000	0.15（m²/t）	450～900	
现场钢筋调直或 冷拉 拉直场 卷扬机 时效场	所需场地（长×宽） （70～80）×（3～4）（m²） 15～20（m²） （40～60）×（3～4）（m²） （30～40）×（6～8）（m²）			卷扬机棚含3～5 t电动卷扬机一台 其余场地包括材料及成品堆放	

续表 15.16

钢筋对焊 对焊场地 对焊棚	所需场地（长×宽） （30~40）×（4~5）（m²） 15~24（m²）	包括材料及成品堆放 寒冷地区应适当增加
钢筋冷加工 冷拔、冷轧机 剪断机 弯曲机 ϕ12 以下 弯曲机 ϕ40 以下	所需场地（m²/台） 40~50 30~50 50~60 60~70	
金属结构加工 （包括一般铁件）	所需场地（m²/t） 年产 500 t 为 10 年产 1 000 t 为 8 年产 2 000 t 为 6 年产 3 000 t 为 5	按一批加工数量计算
储灰池 淋灰池 淋灰槽	5×3 = 15（m²） 4×3 = 12（m²） 3×2 = 6（m²）	每 2 个储灰池配一套淋灰池和淋灰槽， 每 600 kg 石灰可消化 1 m³ 石灰膏
沥青锅场地	20~24（m²）	台班产量 1~1.5 t/台

表 15.17　现场作业棚参考面积

名称	单位	面积/m²	备注
木工作业棚	m²/人	2	占地为建筑面积的 2~3 倍
电锯房	m²	80	34~36 in 圆锯 1 台
电锯房	m²	40	圆锯 1 台
钢筋作业棚	m²/人	3	占地为建筑面积的 3~4 倍
搅拌棚	m²/台	10~18	
卷扬机棚	m²/台	6~12	
烘炉房	m²	30~40	
焊工房	m²	20~40	
电工房	m²	15	
白铁工房	m²	20	
油漆工房	m²	20	
机、钳工修理房	m²	20	
立式锅炉房	m³/台	5~10	
发电机房	m²/kW	0.2~0.3	
水泵房	m²/台	3~8	
空压机房（移动式）	m²/台	18~30	
空压机房（固定式）	m²/台	9~15	

注：1 in = 25.4 mm。

3）布置仓库应注意的几个问题

（1）仓库要有宽广的场地。

（2）地势较高而平坦。

（3）位置距离各使用地点适中，以便使运输距离尽可能地缩短。

（4）交通运输方便，能通达铁路与公路。

（5）铁路运输时总仓库要铺设装卸线（最好铺设在仓库与仓库之间，轨面标高低于仓库地坪1 m），以便火车运到材料立即入库，不必倒运。

（6）要注意技术和防火安全的要求。例如：砖堆不能堆得太高；靠近沟边堆放块石等时，要保持一定距离，避免压垮土壁；易燃材料仓库应布置在拟建房屋的下风向，并需设消防器材；对于危险品仓库更应设在边缘、人少又易保卫的地方，等等。

建筑材料仓库与设备仓库一般以分开设立为好，有以下优点：

① 分别建仓所需场地较之集中建仓所需的场地为小，因此地点易于选择；

② 业务分工明确，便于管理；

③ 不同的材料和设备往往通过不同的运输方式运来，分开设立仓库可以分别设置在适当的地方，如水路运来的大宗砂、石应考虑与码头的距离。

但是假如所选场地平坦宽广，而运输设备等机械化程度又很高，则也可考虑把设备仓库与建筑材料仓库设在一起。这样，有利于统一领导、集中管理、节约人力，并可减少铁路、公路的投资；又可以集中使用运输工具，灵活调配；也可以使某些非标准设备、材料不因分散管理而影响统一使用，保证用到重点工程上。因此，设备仓库与建筑材料仓库究竟分散设置还是集中设置，还应根据具体情况而定。

4）加工厂的布置

加工厂的布置在施工总平面图中这是一项很突出的问题，按加工厂种类分述如下：

（1）混凝土搅拌站和砂浆搅拌站。

混凝土搅拌站可采用集中与分散相结合的方式，其理由是：混凝土搅拌站集中设置，可以提高搅拌站的机械化、自动化程度，从而节约大量劳动力。由于是集中搅拌，统一供应，可以保证重点工程和大型建筑物的施工需要。同时由于管理专业化，混凝土的质量得到保证，而且使生产能力能得到充分发挥。但集中搅拌也存在一些不足的地方，如混凝土的运输，由于集中供应，一般运距较远，必须备有足够的运输车辆；大型工地建筑物和构筑物类型多，混凝土的品种、强度等级也多，要在同一时间，同时供应几种混凝土较难于调度；而且集中供应不易适应工地施工情况的变化，因为集中搅拌的加工厂的产品供应是以计划平衡为基础的，临时改变供应的数量或品种较困难。据上述分析，混凝土搅拌站最好采取集中与分散相结合的布置方式，而分散搅拌规模的总和，不宜超过集中搅拌的规模，以占 40% ~ 50% 为宜。如过于分散，则不能发挥集中搅拌的优越性；过分集中，又缺乏分散搅拌供应的灵活性。集中搅拌站的位置，应尽量靠近混凝土需要量最大的工程，至其他各重点供应的工程的服务半径大致相等。

砂浆搅拌站以分散布置为宜，在工业建筑工地一般砌筑工程量不大，很少采用三班连续作业，如集中搅拌砂浆，不仅造成搅拌站的工作不饱满，不能连续生产，且集中供应又会增加运输上的困难。因此砂浆搅拌站采用分散设置较为妥当。

（2）钢筋加工厂。

钢筋加工采取分散还是集中布置方式，各有优缺点，要根据工地实际情况，具体分析，作出比较后决定。

对需进行冷加工、对焊、点焊的钢筋和大片钢筋网，宜设置中心加工厂集中加工后直接运到工地，这样，可以有效发挥加工设备的效能，满足全工地需要，保证加工质量，降低加工成本。但集中生产也有加工厂成批生产与工地需要成套供应的矛盾。必须加强加工厂的计划管理以及与工地的生产需要紧密配合，树立为现场施工服务的观点。小型加工件、小批量生产利用简单机具成型的钢筋加工，由工地设置分散的临时性钢筋加工棚，反而比较灵活。

（3）木材联合加工厂。

木材联合加工厂是否集中设置要根据木材加工的工作量和加工性质而定。如锯材、标准门窗、标准模板等加工量大时，设置集中的木材联合加工厂比较好，因为这样，设备可以集中，生产可以机械化、自动化，从而可节约大量的劳动力，同时残料锯屑可以综合利用，利于节约木材、降低成本。而且标准构件集中加工，不但可以保证质量，也可以加快制作速度。至于非标准件的加工及模板修理等工作，则最好是在工地设置若干个临时作业棚。这样分工合作，无论对加快建设速度，或提高机械化程度及降低加工成本都是有利的。因此，一个大型建设工地，设置木材联合加工厂是必要的，但其规模不宜过大。其地点，如建设区有河流时，最好是靠近码头，因原木多用水运。运到后即可锯割成材和加工，直接运到工地，以减少二次搬运，节省时间与运输费用。

3. 临时房屋及其布置

临时房屋可分为：

（1）行政管理和辅助生产用房，包括办公室、警卫室、消防站、汽车库以及修理车间等。

（2）居住用房，包括职工宿舍、招待所等。

（3）生活福利用房，包括浴室、理发室、开水房、小卖部、食堂、邮电、储蓄所等。

临时房屋的建筑面积主要取决于建筑工地的人数。建筑工地人员分职工和家属两类。

职工包括：直接生产的建筑、安装工人；辅助生产工人（如机械维修、运输、仓库管理、附属企业的工人等）；党、政、技术干部；勤杂服务人员以及生活福利服务机构的人员，等。以上的工人和干部，从人事组织和劳动管理又分为正式职工、合同工和临时工三种。前一种为企业编制内正式在册的工人和干部，人数可从组织部门取得，后两种则可从劳动部门取得。

建筑工地生产人员，还可以采取下列方法计算：直接生产工人数从劳动力需要计划表中高峰年（或季）中求得每个工作日的平均人数，辅助工人一般占直接生产工人的 $5\% \sim 10\%$，非生产人员约占工人总数的 20%。

家属人数可按职工人数 $10\% \sim 30\%$ 估算。

人数确定后便可按表 15.18 计算各类临时房屋面积。

表 15.18　行政、生活、福利临时设施面积参考表

临时房屋名称	指标使用方法	参考指标/（m²/人）	备　注
办公室	干部人数	3～4	1. 本表根据全国收集到的有代表性的企业、地区册资料综合
宿　舍	按高峰年（季）平均职工人数（扣除不在工地住宿人数）	2.5～3.5	
单层通铺		2.5～3	
双层床		2.0～2.5	
单层床		3.5～4.0	2. 工区以上设置的会议室已包括在办公指标内
家属宿舍		16～25	
食　堂	按高峰年平均职工人数	0.5～0.8	
食堂兼礼堂	按高峰年平均职工人数	0.6～0.9	3. 家属宿舍应以施工期长短和离基地情况而定，一般按高峰年职工平均人数的 10%～30% 考虑
其他合计	按高峰年平均职工人数	0.5～0.6	
医务室	按高峰年平均职工人数	0.05～0.07	
浴　室	按高峰年平均职工人数	0.07～0.1	
理　发	按高峰年平均职工人数	0.01～0.03	
浴室兼理发	按高峰年平均职工人数	0.08～0.1	
俱乐部	按高峰年平均职工人数	0.1	4. 食堂包括厨房、库房，应考虑在工地就餐的人数和几次进餐
小卖部	按高峰年平均职工人数	0.03	
招待所	按高峰年平均职工人数	0.06	
托儿所	按高峰年平均职工人数	0.03～0.06	

续表 15.18

临时房屋名称	指标使用方法	参考指标/（m²/人）	备　注
子弟小学	按高峰年平均职工人数	0.06～0.08	
其他公用	按高峰年平均职工人数	0.05～0.10	
现场小型设施			
开水房		10～40	
厕　所	按高峰年平均职工人数	0.02～0.07	
工人休息室	按高峰年平均职工人数	0.15	

计算所需的临时建筑时，应尽量利用建设单位的生活基地或其他永久性建筑为基建生活基地，不足部分才另建临时建筑基地。

大型工地办公楼宜设在现场入口处或中心地区，现场办公室应靠近施工地点；生活基地一般设在场外，距工地 500～1 000 m 为宜，并避免设在低洼潮湿、有烟尘和有害健康的地方；食堂宜布置在生活区，也可设在工地与生活区之间。

4. 规划施工供水

1）供水量的确定

建筑工地的用水，包括生产（一般生产用水和施工机械用水）、生活和消防用水三个方面。其计算方法如下：

（1）一般生产用水。

$$q_1 = \frac{1.1 \times \sum Q_1 N_1 K}{t \times 8 \times 3\ 600} \tag{15-7}$$

式中　q_1——生产用水量（L/s）；

Q_1——最大年度（或季度、月度）工程量，可由总进度计划及主要工种工程量中求得；

N_1——各项工种工程的施工用水定额（表 15.19）；

K_1——每班用水不均衡系数（表 15.20）；

T——与 Q_1 相应的工作延续时间（天数），按每天一班计；

1.1——未考虑到的用水量修正系数。

（2）施工机械用水。

$$q_2 = \frac{1.1 \times \sum Q_2 N_2 K_2}{8 \times 3\ 600} \tag{15-8}$$

式中　q_2——施工机械用水量（L/s）；

$\sum Q_2$——同一种机械台数（台）（如多种机械则分别计算）；

N_2——该种机械台班用水定额（表 15.21）；

K_2——施工机械用水不均衡系数（表 15.20）；

1.1——未考虑到的用水量修正系数。

（3）生活用水。

$$q_3 = \frac{1.1 \times P N_3 K_3}{24 \times 3\ 600} \tag{15-9}$$

式中　　q_3——生活用水量（L/s）；

　　　　P——建筑工地上最大工人人数；

　　　　N_3——每人每日生活用水定额（表 15.22）；

　　　　K_3——每日用水不均衡系数（表 15.20）；

　　　　1.1——未考虑到的用水修正系数。

（4）消防用水。

q_4 应根据建筑工地大小及居住人数确定，见表 15.23。

（5）总用水量计算。

总用水量应根据下列三种情况进行考虑：

① 当 $(q_1 + q_2 + q_3) \leqslant q_4$ 时，

则　　　　　　　　　$Q = q_4$（当失火时生产停止进行）

② 当 $(q_1 + q_2 + q_3) \geqslant q_4$ 时，

则　　　　　　　　　$Q = q_1 + q_2 + q_3$（当失火时生产停止进行）

以上适用于建筑工地面积小于 10 ha（1 ha = 10 000 m²）的情况。

③ 当建筑工地面积大于 10 ha 时，只考虑一半工程停止生产，因此其用水量为

$$Q = q_4 + \frac{1}{2}(q_1 + q_2 + q_3) \tag{15-10}$$

表 15.19　施工用水定额

序号	用水对象	单位	耗水量	备　注
1	浇注混凝土全部用水	L/m³	1 700～2 400	
2	搅拌普通混凝土	L/m³	250	
3	搅拌轻质混凝土	L/m³	300～350	
4	搅拌泡沫混凝土	L/m³	300～400	
5	搅拌热混凝土	L/m³	300～350	
6	混凝土养护（自然养护）	L/m³	200～400	
7	混凝土养护（蒸汽养护）	L/m³	500～700	
8	冲洗模板	L/m³	5	
9	搅拌机清洗	L/台班	600	
10	人工冲洗石子	L/m³	1 000	
11	机械冲洗石子	L/m³	600	
12	洗　砂	L/m³	1 000	
13	砌砖工程全部用水	L/m³	150～250	
14	砌石工程全部用水	L/m³	50～80	
15	抹灰工程全部用水	L/m²	30	包括砂浆搅拌
16	耐火砖砌体工程	L/m³	100～150	

第15章 施工组织总设计

续表 15.19

序号	用水对象	单位	耗水量	备 注
17	浇砖	L/块	200~250	
18	浇硅酸盐砌块	L/m³	300~350	
19	抹面	L/m²	4~6	不包括调制用水
20	楼地面	L/m²	190	主要是找平层
21	搅拌砂浆	L/m³	300	
22	石灰消化	L/t	3 000	
23	上水管道工程	L/m	98	
24	下水管道工程	L/m	1 130	
25	工业管道工程	L/m	35	

表 15.20 用水不均衡系数

K 值	用水对象	系 数
K_1	施工工程用水	1.5
	附属生产企业	4.25
K_2	施工机械运输机具	2.0
	动力设备用水	1.05~1.1
K_3	工地生活用水	1.3~1.5
	居住区生活用水	2.0~2.5

表 15.21 机械用水定额

用水机械名称	单位	耗水量/L	备 注
内燃挖土机	L/（m³·台班）	200~300	以斗容量 m³ 计
内燃起重机	L/（t·台班）	15~18	以起重量吨数计
蒸汽打桩机	L/（t·台班）	1 000~1 200	以锤重吨数计
内燃压路机	L/（t·台班）	12~15	以压路机吨数计
蒸汽压路机	L/（t·台班）	100~150	
拖拉机	L/（台·昼夜）	200~300	
汽车	L/（台·昼夜）	400~700	
标准轨蒸汽机车	L/（台·昼夜）	10 000~20 000	
空压机	L/（台班·m³·min）	40~80	以每分钟排气量计
内燃机动力装置（直流水）	L/（马力·台班）	120~300	
内燃机动力装置（循环水）	L/（马力·台班）	25~40	
锅炉	L/（t·h）	10~50	
点焊机25型	L/（台·h）	100	
点焊机50型	L/（台·h）	150~200	
点焊机75型	L/（台·h）	250~300	
对焊机	L/（台·h）	300	
冷拔机	L/（台·h）	300	
凿岩机01-38	台·min	3~8	
凿岩机 YQ-100 型	台·min	8~12	
木工场	台班	20~25	
锻工房	台班	40~50	

注：1 马力 ≈ 735 W。

表 15.22　每人每日生活用水定额

用水对象	单　位	耗水量
生活用水（盥洗、饮用）	L/（人·日）	20～40
食　堂	L/（人·次）	10～20
浴室（淋浴）	L/（人·次）	40～60
淋浴带大池	L/（人·次）	50～60
洗衣房	L/（人·kg 干灰）	40～60
理发室	L/（人·日）	10～25
学　校	L/（学生·次）	10～30
幼儿园托儿所	L/（儿童·日）	75～100
病　院	L/（病床·日）	100～150

表 15.23　现场消防用水定额

用水名称	火灾同时发生次数	单位	用水量
居民区消防用水：			
5 000 人以内	一次	L/s	10
10 000 人以内	二次	L/s	10～15
250 000 人以内	二次	L/s	15～20
施工现场消防用水：			
施工现场在 25 ha 内	一次	L/s	10～15
每增加 25 ha	一次	L/s	5

2）水源选择及临时给水系统

（1）水源选择。

建筑工地的临时供水水源，最好利用附近居民区或企业区的现有给水管，只有在建筑工地附近没有现成的给水管，或无法利用时，才另选天然水源。

天然水源有：地面水（江河水、湖水、水库水等）、地下水（泉水、井水）。

选择水源应考虑下列因素：水量充沛可靠，能满足最大需水量的要求；符合生活饮用水、生产用水的水质要求，混凝土用水的水质要求见表 15.24；取水、输水、净水设施安全可靠；施工、运转、管理、维护方便。

表 15.24　混凝土用水质量要求

项　目	标　准		
	预应力混凝土	钢筋混凝土	素混凝土
pH 值	>4	>4	>4
不溶物含量/（mg/L）	<2 000	<2 000	<5 000
可溶物含量/（mg/L）	<2 000	<5 000	<10 000
氯化物（以 Cl^- 计）/（mg/L）	<500	<1 000	<3 500
硫化物（以 SO_4^{2-} 计）/（mg/L）	<600	<2 700	<2 700
硫化物（以 S^{2-} 计）/（mg/L）	<100	—	—

（2）临时给水系统。

给水系统由取水设施、净水设施、储水构筑物（水塔、蓄水池）、输水管及配水管组成。通常应尽量先修建永久性给水系统，只有在工期紧迫、修建永久性给水系统难应急需时，才修建临时给水系统。

① 取水设施一般由取水口、进水管及水泵站组成。取水口距河底（或井底）不得小于 0.25 m，在冰层下部边缘的距离也不得小于 0.25 m。给水工程一般用离心泵，所用的水泵要有足够的抽水能力和扬程。水泵应具有的扬程计算数据，可参阅《建筑施工手册》。

② 储水构筑物有水池、水塔和水箱。在临时供水中，只有在水泵非昼夜工作时才设置，其容量以每小时消防用水量来决定，但容量一般不小于 $10 \sim 20$ m³。

（3）管径计算。

根据工地总需水量 Q，按下列公式计算管径：

$$D = \sqrt{\frac{4Q \times 1\,000}{\pi \times v}} \tag{15-11}$$

式中　D——配水管直径（mm）；

　　　Q——工地总需水量（L/S）；

　　　v——管网中的水流速度（m/s），查表 15.25。

表 15.25　施工用水管道经济流速

管道类别及直径	流　速/（L/s）	
	正　常	消防时
支管 $D>100$ mm	2	
生产消防水管 $D=100 \sim 300$ mm	1.3	>3.0
生产消防水管 $D>300$ mm	$1.5 \sim 1.7$	2.7
生产用水管 $D>300$ mm	$1.5 \sim 2.5$	3.0

3）配水管网的布置

在规划施工用水的临时管网时需注意：

（1）尽量利用永久性管网，这是最经济的方案。

（2）临时管网布置应与土方平整统一规划。如果临时管网在规划时不与整个土方平衡统一考虑，势必会产生将铺设了而使用不久的管道，因挖土而暴露于地面，甚至挖断；或因填土而深埋地下，这样就必须拆除，再行埋设，造成返工浪费。

（3）临时水池、水塔应设在地势较高处；过冬的临时管道要采取保温措施；消防站一般布置在工地的出入口附近，沿道路设置消火栓，消火栓间距不大于 120 m，距拟建房屋不小于 5 m，距路边不大于 2 m。

（4）布置的方式通常有环状式或树枝状式。前者管道干线围绕施工对象一圈；后者干线为一条或若干条，从干线到各使用点则用支线联结。也可两者结合布置。

5. 规划施工供电

建筑工地临时供电组织一般包括：计算用电量、选择电源、确定变压器、布置配电线路和决定导线截面。

1）用电量计算

施工用电量包括动力用电和照明用电两类。可用下式计算：

$$P = 1.05 \sim 1.10 \left(K_1 \frac{\sum P_1}{\cos\phi} + K_2 \sum P_2 + K_3 \sum P_3 + K_4 \sum P_4 \right) \qquad (15\text{-}12)$$

式中　P——供电设备总需要容量（kW）；

　　　P_1——电动机额定功率（kW）；

　　　P_2——电焊机额定容量（kV·A）；

　　　P_3——室内照明容量（kW）；

　　　P_4——室外照明容量（kW）；

　　　$\cos\phi$——电动机的平均功率因数（在施工现场最高为 0.75~0.78，一般为 0.65 ~ 0.75）；

　　　$K_1 \sim K_4$——电动机、电焊机、室内、室外照明等设备的同期使用系数，工地中设备数量越多，此系数越小。当电动机、电焊机均为 3 ~ 10 台时，$K_1 = 0.7$，$K_2 = 0.6$；电动机为 11 ~ 30 台时，$K_1 = 0.6$；当电动机在 30 台以上、电焊机在 10 台以上时，$K_1 = 0.5$，$K_2 = 0.5$，K_3 一般取 0.8，K_4 一般取 1。

施工现场的照明用电量所占的比重较动力用电量要少得多，所以在估算总用电量时可以动力用电量之外再加上 10% 作为照明的用电量即可。

施工现场照明用电量也可以查表 15.26 和表 15.27 进行计算。

2）电源选择

关于电源的选择，最经济的方案是利用施工现场附近已有的高压线路或发电站及变电所，但事前必须将施工中需要的用电量向供电部门申请。如果在新辟的地区中施工，不可能获得，或者离现有电源较远和能力不足时，就必须考虑临时供电设施。

当工地由附近高压电力网输电时，则在工地上设降压变电所，把电压从 110 kV 或 35 kV 降到 10 kV 或 6 kV，再由若干分变电所把电压从 10 kV 或 6 kV 降到 380/220 V。变电所的有效供电半径为 400 ~ 500 m。变压器的容量可按下式计算：

$$P = K \frac{\sum P_{\max}}{\cos\phi} \qquad (15\text{-}13)$$

式中　P——变压器的容量（kW）；

　　　K——功率损失系数，取 1.05；

　　　$\sum P_{\max}$——各施工区的最大计算负荷（kW）；

　　　$\cos\phi$——功率因数，取 0.75。

根据计算所得容量，选用相近的变压器。施工机械用电量参见表 15.28。导线的截面选择应符合表 15.29 的规定。

施工组织总设计一经批准后，即成为组织整个施工活动的指导性文件，必须严肃对待，认真执行。各总、分承建单位的施工活动，必须按照施工组织总设计进行安排。生产计划、技术、物资供应、劳动工资和附属加工企业等部门，都必须按照施工组织总设计的内容认真安排各自的工作。各级生产和技术领导，应严格按照施工组织总设计检查和督促各项工作的落实。在施工过程中，如果情况和条件发生变化，施工组织总设计应及时修改调整，并按照修改后的施工组织总设计执行，切实保证施工任务的顺利进行。

第15章 施工组织总设计

表 15.26 室内照明用电参考资料

用电定额	容量/（W/m²）	用电定额	容量/（W/m²）
混凝土及灰浆搅拌站	5	锅炉房	3
钢筋室外加工	10	仓库及棚仓库	2
钢筋室内加工	8	办公楼、试验室	6
木材加工锯木及细木作	5~7	浴室、盥洗室、厕所	3
木材加工模板	8	理发室	10
混凝土预制构件厂	6	宿　舍	3
金属结构及机电修配	12	食堂或俱乐部	5
空气压缩机及泵房	7	诊疗所	6
卫生技术管道加工厂	8	托儿所	9
设备安装加工厂	8	招待所	5
发电站及变电所	10	学　校	6
汽车库或机车库	5	其他文化福利	3

表 15.27 室外照明用电参考资料

用电名称	容量/（W/m²）	用电名称	容量/（W/m²）
人工挖土工程	0.8	设备堆放、砂石、木材、钢筋、半成品堆放	0.8
机械挖土工程	1.0		
混凝土浇筑工程	1.0	车辆行人主要干道	2 000 W/km
砖石工程	1.2	车辆行人次要干道	1 000 W/km
打桩工程	0.6	夜间运料（夜间不运料）	0.8（0.5）
安装及铆焊工程	2.0	警卫照明	1 000 W/km
卸车场	1.0		

表 15.28 施工机械用电定额参考资料

机械名称	型号	功率/kW	机械名称	型号	功率/kW
振动夯土机	HW-20	1.5	卷扬机	JJK0.5	3
	HW-60	2.8		JJK-0.5B	2.8
振动夯土机	HZ-380A	4		JJK-1A	7
振动沉桩机	北京 580 型	45		JJK-5	40
	北京 601 型	45		JJZ-1	7.5
	广东 10 t	28		JJ2K-1	7
	CH20	55		JJ2K-3	28
	DZ-4000 型（拔桩）	90		JJ2K-5	40
	DZ-8000 型（拔桩）	90		JJM-0.5	3
螺旋钻机	LZ 型长螺旋钻	30		JJM-3	7.5
	BZ-1 型短螺旋钻	40		JJM-5	11
	ZK2250	22		JJM-10	22

续表 15.28

机械名称	型号	功率/kW	机械名称	型号	功率/kW
螺旋钻扩孔机	ZK120-1	13	自落混凝土搅拌机	J1-250（移动式）	5.5
冲击式钻机	YKC-20C	20		J1-250（移动式）	5.5
	YKC-22M	20		J1-400（移动式）	7.5
	YKC-23M	40		J1-400A（移动式）	7.5
塔式起重机	红旗Ⅱ-16整体拖运	19.5		J1-800（固定式）	17
	QT40（TQ2-6）	48	强制混凝土搅拌机	J4-375（移动式）	10
	TQ	55.5		J4-1500（固定式）	55
	TQ	58	混凝土搅拌站、楼	HZ-15	38.5
	QT	63.37	混凝土输送泵	HZ-15 台	32.2
	法国 POTAIN 厂产 H5-56B5P（225 t·m）	150	混凝土喷射机（回转式）	HPH6	7.5
	法国 POTAIN 厂产 H5-56B（235 t·m）	137	混凝土喷射机（罐式）	HPG4	3
	法国 POTAIN 厂产 TOPKIT FO/25（132 t·m）	60	插入式振动器	HZ6X-30(行星式)	1.1
				HZ6X-35(行星式)	1.1
	法国 P.B.R 厂产 GTA91-83（450 t·m）	160		HZ6X-50(行星式)	1.1~1.5
	德国 PEINE 厂产 SK280-055（307，314 t·m）	150		HZ6X-60(行星式)	1.1
				HZ6P-70A（偏心式）	2.2
	德国 PEINE 厂产 SK560-05（675 t·m）	170	平板式振动器	PZ-501	0.5
				N-7	0.4
	法国 PEINER 厂产 TN112（155 t·m）	90	附着式振动器	HZ2-4	0.5
真空吸水机	HZJ-40	4		HZ2-5	1.1
	HZJ-60	4		HZ2-7	1.5
	改型泵Ⅰ号	5.5		HZ2-10	1.0
	改型泵Ⅱ号	5.5		HZ2-20	2.2
预应力拉伸机 油漆泵	ZB4/500 型	3	混凝土振动台	HZ9-1X2	7.5
	58M4 型卧式双缸	1.7		HZ9-1.5X6	30
	LYB-44 型立式	2.2		HZ9-2.4X6.2	55
	ZB10/500	10	纸筋麻刀搅拌机动	HM4	2.2
钢筋调直机	GJ4-14（TQ4-14）	2×4.5		HM4-1	3
	GJ8-8/4（TQ4-8）	5.5		CM2-1	1
	北京人民机器厂	5.5		MQ-1	1.65
	数控钢筋调直切断机	2×2.2	液压升降台	YSF25-50	3
钢筋切断机	GJ5-40（QJ40）	7	泥浆泵	红星-30	30
	GJ5-40-1（QJ40-1）	5.5		红星-75	60
	GJ5t-32（Q32-1）	3	液压控制台	YKT-36	7.5
			自控自动调平液压控制台	YZKT-56	11
				ZTYY-2	10
			静电触探车	BC-D1	5.5

446

续表 15.28

机械名称	型号	功率/kW	机械名称	型号	功率/kW
钢筋弯曲机 交流电焊机	GJ7-45（WJ40-1）	2.8	混凝土沥青切割机	G-1	6.7
	北京人民机器厂	2.21	小型砌块成型机	JH5	7.5
	四头弯筋机	3	载货电梯	76-MIB2-80/1	11/0.7
	BX3-120-1	9	木工电刨板机	MB1043	3
	BX3-300-2	23.4	木工刨板机	MJ104	3
	BX3-500-2	38.6	木工圆锯	MJ106	5.5
	BX3-1000（BC-1000）	76	木工圆锯	MJ114	3
直流电焊机	AX1-165（AB-165）	6	木工圆锯	MJ217	7
	AX4-300-1（AG-300）	10	脚踏截锯机	MB103	3
	AX-320（AT-320）	14	单面木工压刨床	MB103A	4
	AX5-500	26	单面木工压刨床	MB106	7.5
	AX3-500（AG-500）	26	单面木工压刨床	MB104A	4
纸筋麻刀 搅拌机动	ZMB-10	3	双同木工刨床	MB206A	4
	UB3	4	木工平刨床	MB503A	3
	UBJ2	2.2	木工平刨床	MB504A	3
	UB-76-1	5.5	普通木工车床	MCD616B	3
	FL-16	4	单头直榫开榫机	MX2112	9.8
墙围水磨石机	YM200-1	0.55	灰浆搅拌机	UJ325	3
地面磨光机	DM-60	0.4	灰浆搅拌机	UJ100	2.2
套丝切管机	TQ-3	1			
电支液压弯管机	WYQ	1.1			
电动弹涂机	DT120A	8			

表 15.29　导线按机械强度所允许的最小截面

导线用途	导线最小截面面积/mm²	
	铜线	铝线
照明装置用导线：户内用	0.5	2.5
户外用	1.0	2.5
双芯软电线：用于吊灯	0.35	—
用于移动式生产用电设备	0.5	—
多芯软电线及软电缆：用于移动式生产用电设备	1.0	—
绝缘导线：固定架设在户内绝缘支持件上，其间距为		
2 m 及以下	1.0	2.5
6 m 及以下	2.5	4
25 m 及以下	4	10
裸导线：户内用	2.5	4
户外用	6	16
绝缘导线：穿在管内	1.0	2.5
设在木槽板内	1.0	2.5
绝缘导线：户外沿墙敷设	2.5	4
户外其他方式敷设	4	10

参考文献

[1]　童华炜. 土木工程施工. 北京：科学出版社，2006.

[2]　应惠清. 土木工程施工. 上海：同济大学出版社，2007.

[3]　重庆大学，同济大学，哈尔滨工业大学. 土木工程施工. 北京：中国建筑工业出版社，2003.

[4]　张登良. 沥青路面工程手册. 北京：人民交通出版社，2003.

[5]　宁仁岐，郑传明. 土木工程施工. 北京：中国建筑工业出版社，2006.

[6]　李自光. 桥梁施工成套机械设备. 北京：人民交通出版社，2003.

[7]　范立础. 桥梁工程. 北京：人民交通出版社，2003.

[8]　住房和城乡建设部. GB 50010—2010 混凝土结构设计规范. 北京：中国建筑工业出版社，2010.

[9]　住房和城乡建设部. GB 50011—2010 建筑抗震设计规范. 北京：中国建筑工业出版社，2010.

[10]　住房和城乡建设部. GB50204—2011 混凝土结构工程施工质量验收规范（2010年版）. 北京：中国建筑工业出版社，2010.

[11]　李忠富. 建筑施工组织与管理. 北京：机械工业出版社，2004.

[12]　中国建设监理协会编写组. 建设工程进度控制. 北京：中国建筑工业出版社，2004.

[13]　于立军，孙宝庆. 建筑工程施工组织. 北京：高等教育出版社，2005.